POLYAMIDE AND ITS COMPOSITE MATERIALS

聚酰胺
及其复合材料

邓如生　黄安民　王文志　等 编著

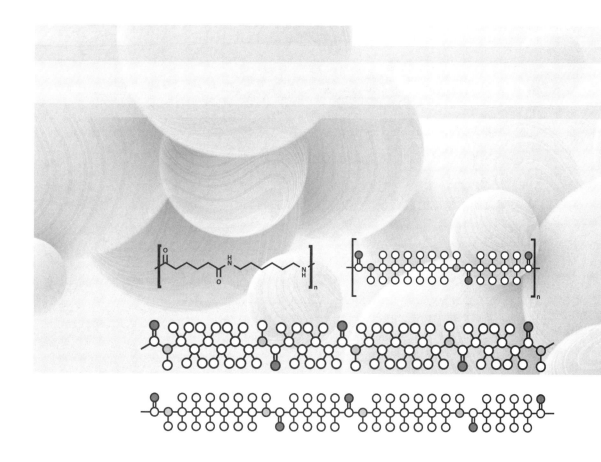

化学工业出版社

·北 京·

内容简介

本书较为系统地介绍了聚酰胺树脂合成、结构与性能，聚酰胺复合材料制造及其加工应用的最新成果。结合编著者多年研究成果与经验，力求为读者提供有益的参考。本书共分7章，分别为聚酰胺及其复合材料概述、聚酰胺树脂的合成、聚酰胺的结构与性能、聚酰胺复合材料制备技术、聚酰胺加工成型技术、聚酰胺及其复合材料的应用、聚酰胺树脂废料回收利用。

本书可供从事聚酰胺合成、改性与加工技术研究、生产及营销人员参考，也可作为大专院校相关专业参考书。

图书在版编目（CIP）数据

聚酰胺及其复合材料 / 邓如生等编著. —北京：化学工业出版社，2024.4

ISBN 978-7-122-45077-7

Ⅰ.①聚… Ⅱ.①邓… Ⅲ.①聚酰胺-复合材料
Ⅳ.①TB333.2

中国国家版本馆 CIP 数据核字（2024）第 033444 号

责任编辑：仇志刚　高　宁　　　　文字编辑：任雅航
责任校对：宋　夏　　　　　　　　装帧设计：张　辉

出版发行：化学工业出版社
　　　　　（北京市东城区青年湖南街 13 号　邮政编码 100011）
印　　装：三河市航远印刷有限公司
787mm×1092mm　1/16　印张 26¼　字数 651 千字
2024 年 4 月北京第 1 版第 1 次印刷

购书咨询：010-64518888　　　　　售后服务：010-64518899
网　　址：http://www.cip.com.cn
凡购买本书，如有缺损质量问题，本社销售中心负责调换。

定　　价：188.00 元　　　　　　版权所有　违者必究

前 言

21世纪以来，特别是近十多年间，我国聚酰胺（PA）产业蓬勃发展。2021年，我国PA6总产能超500万吨/年，PA66产能达60万吨/年；长期困扰PA66产业发展的己二腈、己二胺合成技术取得重大突破，2022年，天辰20万吨/年生产线试车成功，打破PA66单体长期被英威达等国外企业垄断的局面；聚酰胺合成及装备技术实现重大突破，湖南石化60万吨/年己内酰胺新工艺生产线一次试车成功，PA6树脂生产线产能达5万吨/年；PA6T、PA10T及透明聚酰胺等特种聚酰胺实现产业化；聚酰胺复合材料产能超200万吨/年，聚酰胺复合材料生产工艺技术特别是装备自动化智能化技术突飞猛进，培育了一批具有行业影响力的企业，如金发科技、杭州本松新材、广东泰塑新材、中广核俊尔新材、南京聚隆、苏州旭光、上海普利特等，引领我国聚酰胺复合材料产业赶超世界先进水平；聚酰胺加工应用技术发展迅速，如精密注射成型、水辅助注射成型及3D打印成型等新技术广泛应用，不断拓展聚酰胺及其复合材料应用领域；我国汽车、电子电气、工程机械、轨道交通及轻工机械等相关产业的快速发展，有力推动了聚酰胺及其复合材料产业的发展，使我国成为全球最大的聚酰胺及其复合材料产销大国。

但是，我国聚酰胺树脂产业仍然存在重复建设、品种单一、产业链上下游发展不平衡、特种聚酰胺品种仍然依赖进口、企业技术研发能力不足等诸多问题，特别是差异化聚酰胺新品种开发及应用研究与国外的差距较大，严重影响聚酰胺产业的可持续发展。

本书较为全面地总结了近十年来国内外聚酰胺产业发展成果，较为系统地介绍了聚酰胺树脂特性、聚酰胺新品种合成、复合材料生产及加工应用新技术，期待为我国聚酰胺产品结构调整、产业链创新发展做出有益的贡献。

本书由邓如生、黄安民和王文志等编著，各章编写人员名单如下：

第一章：黄安民、胡峰、邓如生；

第二章：王文志、黄安民；

第三章：胡峰；

第四章：甘典松、邓如生；

第五章：胡天辉；

第六章：王春花、邓如生；

第七章：王文志。

全书由邓如生策划与审定。

本书编写过程中承蒙中车株洲时代新材料科技股份公司（简称时代新材）、化学工业出版社的大力支持；杭州本松新材料技术股份有限公司（简称本松新材）等企业提供了相关产品技术参数，为读者提供了有益参考；中车时代新材首席科学家杨军教授、中车时代新材高纪明教授的指导与帮助，本松新材张光辉总工程师提出修改意见。在此一并表示诚挚的感谢！

由于编者水平有限，书中难免存在一些疏漏之处，敬请读者批评指正。

编著者

邓如生

于株洲

2023 年 12 月 28 日

目　录

第 4 章　聚酰胺复合材料制备技术　　149

第5章 聚酰胺加工成型技术 **269**

第6章 聚酰胺及其复合材料的应用 **344**

第7章　聚酰胺树脂废料回收利用 　389

第1章
概　述

1.1　聚酰胺的命名与分类

聚酰胺（polyamide，PA）是一类分子主链上含酰氨基重复单元（—CONH—）的聚合物，俗称尼龙（nylon）。自 20 世纪 30 年代由美国杜邦公司开发并工业化以来，聚酰胺产业已有 90 多年的历史。聚酰胺是五大工程塑料中产量最大、品种最多、用途最广的品种，不仅具有良好的力学性能、耐热性能、耐磨损性、耐化学品性和自润滑性，而且具有低密度、易于加工成型、设计自由度大等特点，可一体化成型复杂的结构部件，减少生产工序以及降低生产成本。因此，聚酰胺及其复合材料被广泛应用于汽车工业、薄膜包装、电子电气、机械工业、纺织及日常用品、轨道交通等领域，成为工业中不可或缺的结构与基础材料。如图 1-1 所示。

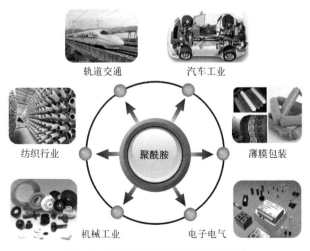

图 1-1　聚酰胺材料的主要应用领域

1.1.1 命名

聚合物的命名方法，有习惯命名法和系统命名法。到目前为止，聚酰胺还没有统一的命名原则。所有聚酰胺都有规范的化学名。如 PA6 的化学名为聚己内酰胺，PA66 的化学名为聚己二酰己二胺。全芳香族聚酰胺，还常使用其英文缩写表示。如对苯二胺和对苯二甲酸缩聚的聚合物，称为聚对苯二甲酰对苯二胺，英文缩写为 PPTA。

1.1.1.1 脂肪族聚酰胺的命名

① 由 ω-氨基酸自缩聚或内酰胺开环聚合制得的聚合物称为聚酰胺 n，俗称尼龙 n，记为 PA_n，其中 n 为重复单元碳原子数目。其通式为：

$$\left[\begin{matrix} H \\ N \end{matrix} - (CH_2)_{n-1} - \begin{matrix} O \\ \| \\ C \end{matrix} \right]_p$$

② 由二元酸和二元胺缩聚而得的聚酰胺，则要同时标记出两种单体的碳原子数，称为聚酰胺 mn，也可称尼龙 mn，记为 $PAmn$，其中 m 为二元胺碳原子数（标记在前面），n 为二元酸碳原子数。通式为：

$$\left[NH - (CH_2)_m - NH - \begin{matrix} O \\ \| \\ C \end{matrix} - (CH_2)_{n-2} - \begin{matrix} O \\ \| \\ C \end{matrix} \right]_p$$

1.1.1.2 半芳香族聚酰胺的命名

对于半芳香族聚酰胺，如果二元胺或二元酸是芳香族，以 GB/T 32363.1—2015 中对应的缩写代号表示，再按上述原则组合命名，即重复单元的二元胺的碳原子数目或缩写代号在前，二元酸的碳原子或缩写代号在后组成聚酰胺的名称。如由己二胺和对苯二甲酸缩聚制得的聚酰胺称为聚酰胺 6T（PA6T），由间苯二甲胺（GB/T 32363.1—2015 中缩写代号为 MXD）和己二酸缩聚而成的聚己二酰间苯二甲胺可记为 PAMXD6。

1.1.1.3 共聚聚酰胺的命名

共聚聚酰胺的命名，通常要求标明每一种聚酰胺的代号，且代号之间用斜划线分开，把主要成分放在前面，例如以 PA6 为主的 PA6 和 PA66 的共聚体，表示为 PA6/PA66；而 PA66/PA6，则表示以 PA66 为主的 PA66 和 PA6 的共聚体。

由异构体的混合物聚合而成的聚酰胺，除 GB/T 32363.1—2015 标准有指定代号的以外，要求记写时要同时标记出每一种异构体的代号，如三甲基己二胺 [2,2,4-三甲基-1,6-己二胺（ND）和 2,4,4-三甲基-1,6-己二胺（IND）的混合物] 和对苯二甲酸缩聚制备的聚酰胺，可记为 NDT/INDT。同时，由于甲基位置和键合形式的不同，还存在头-头（head to head，H-H）、头-尾（head to tail，H-T）、尾-尾（tail to tail，T-T）的多种异构体结构，为简明起见，可按 GB/T 32363.1—2015 编写代号简写为 TMDT。

1.1.2 分类

聚酰胺是一类多品种的高分子材料。按照制备聚酰胺的化学反应来分类，可以分成两大类：一类是由氨基酸缩聚或内酰胺开环聚合制得，也称为 AB 型聚酰胺；另一类是由二元胺和二元酸缩聚制得，也称为 AABB 型聚酰胺。一般来说，按照分子链重复结构中所含有的基团来分类可以分为：脂肪族聚酰胺、半芳香族聚酰胺、全芳香族聚酰胺三大类。图 1-2 为聚酰胺的分类，图 1-3 为聚酰胺复合材料的分类。

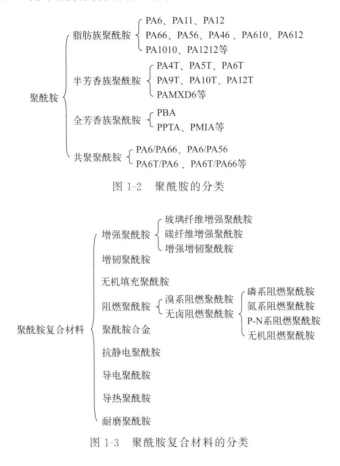

图 1-2　聚酰胺的分类

图 1-3　聚酰胺复合材料的分类

1.2　聚酰胺发展历程

1.2.1　产业发展概述

聚酰胺树脂的生产已有 90 多年的历史，作为工程塑料使用也有近 70 年的历史。聚酰胺材料的发展历程，是一部以合成技术、改性技术、形体设计、成型加工技术、应用技术和回收再利用技术为基础的综合技术的发展史。

聚酰胺的发展按时间划分，大约经历了两个阶段：

① 以聚酰胺新品种为主的开发阶段（20 世纪 70 年代前）；

② 以聚酰胺改性为主的发展阶段（20 世纪 70 年代至今）。

当然，这样划分不是绝对的。如果按照主要聚酰胺品种单体合成的原料又可以划分为：

① 以农副产品和煤化学品为主要原料的阶段；

② 以石油化学品芳烃为主要原料的阶段；

③ 以生物基材料为主要原料的阶段，如 PA56、PA11、PA1212 的主要原料来源于生物

材料。

高分子材料是为了制造各种制品而存在和发展的，因此，聚酰胺树脂及其改性技术的发展，与其加工技术和应用的开发又是相互促进、不可分割的。进入 21 世纪，由于地球环境的要求和自然资源的限制，聚酰胺合成所涉及的原料的可再生性、聚酰胺材料的回收再利用技术均将是制约它发展的重要因素。

聚酰胺产业链的基本原料以石油产品苯为主，其次是丁二烯、苯酚、甲苯等，中间产品有环己酮、己内酰胺、己二酸、己二胺、己二腈及蓖麻油等，下游产品主要是聚酰胺纤维、聚酰胺薄膜和聚酰胺工程塑料。图 1-4 为聚酰胺上下游产业链结构。

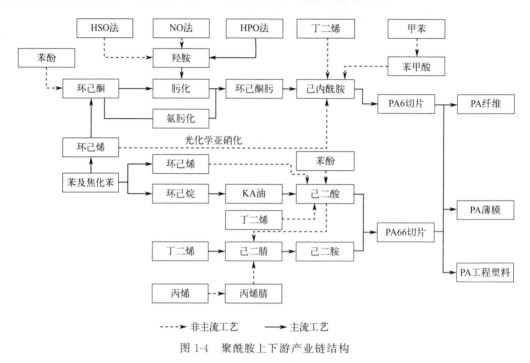

图 1-4　聚酰胺上下游产业链结构

1.2.2　原料变迁

聚酰胺是一类多品种的高分子材料，其中，聚酰胺 6 和聚酰胺 66 约占总产量的 90%，其主要中间体或单体是己内酰胺、1,6-己二胺和 1,6-己二酸，同时也是聚酰胺 46、聚酰胺 610、聚酰胺 612、聚酰胺 6T 和聚酰胺 MXD6 的中间体。因此，生产这些中间体的原料对聚酰胺树脂的发展起着至关重要的作用。

（1）以农副产品和煤化学品为主要原料的发展阶段

1899 年，Gabriel 和 Maass 两人成功合成了己内酰胺。1900 年，O. Wallach 等人采用贝克曼反应使环己酮肟重排制得己内酰胺。1937 年，德国的 IG Farben（法本）公司发明了 PA6，当时生产己内酰胺的原料是从煤焦油中分离出来的苯酚，其产量较少，难以实现大规模生产。20 世纪 30 年代，美国杜邦公司发明 PA66 并实现了工业化生产，生产两个中间体的原料主要是糠醛和苯酚（从煤焦油中分离）。由于原料来源没有保证，加之生产工艺复杂，流程长，也不能形成大规模生产，为此，美国杜邦公司从 1962 年起不再用糠醛作为原料，转向采用石油化学品芳烃为原料。

（2）以石油化学品芳烃为主要原料的发展阶段

生产己二胺和己二酸的原料，从 20 世纪 50 年代开始转向石油化学品——芳烃，己内酰胺的原料也转向石油化学品——苯。

德国 BASF（巴斯夫）公司从 20 世纪 50 年代开始开发以苯为原料制造己内酰胺的技术，1960 年开发成功；1954 年，美国联信公司开始以苯酚为原料生产己内酰胺；1965 年，BASF 公司以苯为原料，将生产己内酰胺的氧化氨还原法工业化；1971 年，荷兰 DSM 公司开发了 HPO 法合成己内酰胺，并首先在日本宇部兴产公司工业化，到目前为止生产己内酰胺仍是以苯为主要原料；1972 年，意大利 Snia 公司用甲苯为原料生产己内酰胺。

从 20 世纪 60 年代初以苯为原料生产己二酸至今，苯仍然是生产己二酸的主要原料，此外，也有以苯酚为原料生产己二酸的。己二胺的生产主要是以己二腈为原料，而己二腈是以己二酸、1,3-丁二烯和丙烯腈为原料。

石油化学工业的迅速发展，为合成聚酰胺中间体提供了丰富、廉价的烯烃。从 20 世纪 50 年代开始，1,6-己二胺逐步转向以烯烃为原料。如 20 世纪 50 年代初，美国杜邦公司开发出丁二烯氰化法（又称为丁二烯间接氰化法）合成 1,6-己二胺，并实现了工业化。1965 年美国孟山都化工公司（现更名为首诺 Solutia）成功开发丙烯腈电解加氢二聚法合成 1,6-己二胺，并实现了工业化。1971 年日本旭化成公司改进了孟山都 1,6-己二胺合成方法，也实现了工业化。1972 年美国杜邦公司研究出直接氰化法合成 1,6-己二胺，并用于工业化生产。1979 年美国以烯烃为原料生产 1,6-己二胺的产量占总产量的 84%。1995 年，杜邦、孟山都、罗纳布朗克（法）、BASF 四大公司合成 1,6-己二胺的生产能力约占世界总生产能力的 90%。丁二烯直接氰化法生产的 1,6-己二胺的成本，与己二酸法比较降低了约 30%。20 世纪 80 年代后，以丁二烯为原料合成己内酰胺的研究取得重大突破。德国 BASF 公司从 20 世纪 80 年代开始研究以丁二烯为原料合成己内酰胺的新工艺，1994 年完成中试。该工艺的主要副产物是 1,6-己二胺，因此，BASF 公司和杜邦公司（有成熟的以丁二烯为原料合成己二腈的技术）拟联合建立 30 万吨/年己二腈工厂，以此为原料每年可生产 15 万吨己内酰胺和 15 万吨 1,6-己二胺。

制备己二酸的传统方法是将苯加氢制取环己烷，再氧化制取 KA 油（环己醇和环己酮的混合物），或者是由苯酚加氢制取环己醇（酮或 KA 油），最后用 HNO_3 氧化制备己二酸。德国 BASF、美国杜邦、ARCO 等公司以 1,3-丁二烯为主要原料，经加氢羰甲氧基化或加氢羰基酯化制备 1,6-己二酸，已取得重大突破，BASF 公司已建立一套 6 万吨/年的己二酸生产装置。另外，1,4-丁二胺也可以用丙烯腈为原料制备，1,9-壬二胺、十二内酰胺等也可用 1,3-丁二烯为原料合成。还可用热裂解法从聚酰胺废料中提取己内酰胺，许多业内大公司都在从事该方向的研究，但大多数处于工业试验阶段。例如，1998 年欧洲地毯回收公司（CRE）建立了一套 5 万吨/年的废地毯处理装置；荷兰帝斯曼（DSM）和美国联信（Allied-signal）公司合资在美国佐治亚州的奥古斯塔（Augusta）市，建成当时全球第一座大规模处理废聚酰胺地毯工厂（EV-ERGreen 聚酰胺回收厂），1999 年 11 月建成并投产，处理废聚酰胺地毯能力为 9 万吨/年，可回收聚合级己内酰胺 4.5 万吨/年，回收的己内酰胺商品名为"Recap"。DSM 公司用回收的己内酰胺成功地合成了纺丝级和工程塑料级的聚酰胺 6"Akulon Renew"，联信公司也生产出聚酰胺，商品名为"Forever Renewable Nylon"。

由以上发展动向可看出：合成聚酰胺的主要中间体正由石油化学品芳烃为主要原料转向

以烯烃和回收的中间体为主要原料的发展阶段，这必将大大促进聚酰胺工业的发展。

1.2.3 主要单体品种开发历程

聚酰胺可以由内酰胺、氨基酸或聚酰胺盐缩聚而成，其中，聚酰胺盐是由二元酸与二元胺反应制得。常见的内酰胺主要有己内酰胺和十二内酰胺；常见的氨基酸主要有氨基己酸和氨基十一酸；常见的二元酸有己二酸、癸二酸、十二烷二酸、对苯二甲酸和间苯二甲酸等；常见的二元胺有丁二胺、戊二胺、己二胺、癸二胺、长碳链二元胺以及间苯二甲胺等。表1-1列举了聚酰胺主要单体的名称、合成方法及开发单位。

表 1-1　聚酰胺主要单体的名称、合成方法及开发单位

单体名称	合成方法	开发单位
己内酰胺	HPO工艺法、NO还原工艺法、甲苯法、苯酚工艺法、PNC工艺法	荷兰DSM、德国BASF、意大利Snia、美国Allied Signal、日本东丽
十二内酰胺	氧化肟化法、过氧胺法	德国Hüls(许尔斯)、英国B.P. Chemicals
氨基十一酸	蓖麻油经酯交换、裂解、水解、溴化和氨解制得	法国Arkema
己二酸	环己烷法、环己醇法、丁二烯羰基化法	美国英威达、法国罗地亚、美国首诺
癸二酸	传统稀释法、固裂解法、催化裂解法、微波感应碱熔法、己二酸电解法以及生物发酵法	河北衡水京华化工
十二烷二酸	环己酮法、环己烷法以及生物发酵法	美国杜邦
对苯二甲酸	非硝酸氧化法	—
间苯二甲酸	液相空气氧化法、水解法	—
丁二胺	催化加氢法	荷兰DSM
戊二胺	生物发酵法	上海凯赛生物技术
己二胺	催化加氢法、己二醇法、己内酰胺法	美国杜邦、美国首诺、美国英威达、法国罗地亚
癸二胺	催化加氢法	—
长碳链二元胺	催化加氢法	—
间苯二甲胺	间苯二甲胺	日本三菱瓦斯化学

（1）己内酰胺的开发历程

目前工业上采用的传统己内酰胺工艺有DSM的HPO工艺、BASF的NO还原工艺、Inventa的NO还原工艺、波兰的Capropol工艺、Allied Signal的苯酚工艺、东丽的PNC工艺、Snia甲苯法工艺等，前5种工艺都是对Raschig法（拉西法）的改进。这些工艺各具特点：HPO工艺采用硝酸根加氢还原的方法制备羟胺，羟胺制取无硫酸铵副产物；采用BASF、Inventa的NO还原工艺和波兰的Capropol工艺制备羟胺，过程中需采用铂或Pt/C为催化剂，将NH氧化为NO，再经氢气还原即可，该工艺是对拉西法的改进；东丽的PNC工艺通过光化学法一步将环己烷生成环己酮肟再重排生成己内酰胺；Snia甲苯法工艺采用甲苯为原料，经过甲苯氧化、加氢、酰胺化生成己内酰胺。

上述工艺都或多或少有副产物硫酸铵，为了减少副产物，降低生产成本，各公司通过改善原有工艺或者开发新工艺，取得了一定成效。

① 氨肟化工艺：氨肟化一步合成环己酮肟技术以环己酮为原料，钛硅酸盐为催化剂进行氨肟化反应，无硫酸铵副产物。日本住友化学采用气相贝克曼重排技术将环己酮肟转化成己内酰胺，此过程也无硫酸铵副产物。该方法生产己内酰胺过程简单、环境污染少。

② HPO plus 工艺：该工艺是对 HPO 工艺的改进，降低了硫酸铵的生成量。

（2）己二酸的开发历程

目前己二酸已工业化的路线有环己烷法、环己醇法、丁二烯羰基化法等，其中环己烷法生产己二酸约占全球己二酸总生产能力的 93%，但该路线产生大量的"三废"（废水、废气、固体废弃物的总称），特别是氮氧化物，严重污染环境，开发清洁的己二酸合成工艺成为发展的方向。

巴斯夫公司开发了以 1,3-丁二烯加氢羰基甲氧基化合成己二酸新工艺，目前已经建成 60kt/a 的工业化装置。

日本旭化成公司开发出苯部分加氢技术生产环己醇，该工艺（又称环己烯法）与环己烷法相比，碳资源的利用率由原来的 70%～80% 提高到 90%，几乎没有副产物生成，废液和废气大为减少，产品纯度达 99.5%。

（3）己二腈的开发历程

己二腈是一种重要的基本有机化工原料，主要用于加氢生产聚酰胺 66 的单体己二胺。目前，己二腈的合成技术主要被巴斯夫、英威达、旭化成、首诺等国外公司垄断，2022 年国内山东天辰化工公司 200kt/a 己二腈生产装置建成投产，标志着国内己二胺工业化技术的重大突破。

己二腈的工业合成方法主要包括丙烯腈电解二聚法、丁二烯氢氰化法、己二酸氨化脱水法等。

丙烯腈电解二聚法生产己二腈的工艺最早由孟山都化工公司研发成功，后来旭化成、巴斯夫、杜邦等公司也掌握了相关的技术。丙烯腈法相对于丁二烯法、己二酸法最大的优势在于反应历程只有一步，反应过程中，阳极发生氧化反应，提供自由电子，丙烯腈在阴极发生二聚反应生成己二腈，反应过程见图 1-5。

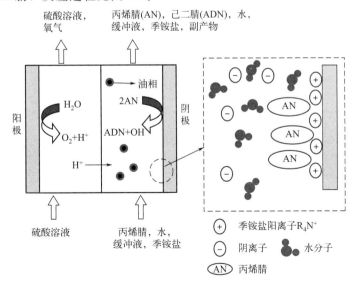

图 1-5　丙烯腈电解二聚法的反应过程

丁二烯氢氰化法的化学反应过程分两个阶段，其反应条件温和、原料成本低，具有其他方法无法比拟的优势，但由于原料氰化氢具有剧毒，一旦泄漏后果不堪设想，生产过程对设备、操作、管理具有极高的要求。

己二酸氨化脱水法的工艺路线在 20 世纪 60 年代末由法国罗纳普郎克公司开发成功，齐尔别尔曼对反应机理进行了研究，其反应过程如图 1-6 所示。

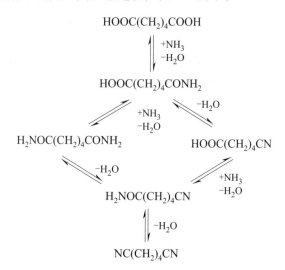

图 1-6　己二酸氨化脱水法合成己二腈的反应过程

综上所述，三种己二腈生产工艺的特点和优劣对比见表 1-2。

表 1-2　三种己二腈生产工艺的对比

工艺	己二酸氨化脱水法		丙烯腈电解二聚法		丁二烯氢氰化法
	溶液法	气相法	隔膜法	无隔膜法	
原料成本	高	高	高	高	低
工艺过程	复杂	复杂	一般	一般	一般
能耗	一般	一般	高	较低	较低
生产规模	适中	适中	小	小	大
产品质量	一般	一般	一般	高	高
收率	较低	较低	较低	高	高
投资	较低	较低	较高	较高	高

（4）十二内酰胺的开发历程

1956 年，德国 Max plank 煤炭研究所的 G. Wilke 等用 Ziegler-Natta 催化剂进行丁二烯三聚，高收率得到环十二碳三烯（CDT），并提出以 CDT 为原料制备十二内酰胺的工艺，使合成十二内酰胺成为可能。此后，德国、法国、瑞士、日本、美国等都进行了聚十二内酰胺的开发工作。

德国的 Hüls 公司成为世界上第一家生产十二内酰胺的公司，其生产能力达到 16000t/a。1969 年，英国 B. P. Chemicals 公司公开了以环己酮为原料，经 PXA 合成、热分解、加氢制得聚十二内酰胺单体 ω-氨基十二酸（ω-ADA）的新方法，并获得专利，但未能实现工业化。1973 年，日本宇部兴产公司获得 B. P. Chemicals 公司的专利许可，在 B. P. Chemicals 公司的基础上进行开发，1977 年建成 ω-氨基十二酸的连续聚合试验装置，并于 1979 年建成了 2400t/a 十二内酰胺工业装置。1978 年，意大利又成功地采用了 CDT 臭氧化合成 ω-氨基十二酸的方法。

十二内酰胺的工业化方法分为两大类，共四种工艺路线。第一类是以丁二烯为原料制备聚十二内酰胺的路线，此路线除了利用由丁二烯合成环十二碳三烯的环氧化和甲酰化以外，其余的基本上与制备己内酰胺相似，又分为氧化肟化法（Hüls 法）、光亚硝化法（ATO 法）、斯尼亚法（Snia 法）三种。第二类是以环己酮为原料，因该方法要合成过氧化双环己胺中间体，故称之为过氧胺法（即 PXA 法）。

1.2.4　树脂合成技术

聚酰胺可以分为聚酰胺 n 和聚酰胺 mn。通常以内酰胺或氨基酸为原料制备聚酰胺 n；聚酰胺 mn 则常以二元胺和二元酸为原料，经过缩聚反应制得。由于聚酰胺的缩聚反应是可逆反应，且反应后期有水的存在，因此，用普通工艺得到的聚酰胺分子量通常不高。聚酰胺缩聚方法主要包括：熔融缩聚、溶液缩聚和界面缩聚。除采用缩聚的方法外，还可以使用阴离子聚合的方法合成聚酰胺。

熔融缩聚是指在较高温度、压力和惰性气体保护条件下，聚合反应单体在熔融状态下进行缩聚反应，该法在工业中应用得最为广泛。采用该方法所得聚合物的纯度较高，且不需要额外的提纯工艺。反应过程中随反应程度的提高，体系的黏度也随之上升，此时，小分子的排除往往成为控制反应程度的关键。一般在反应的中后期通过提高真空度来排除体系中的小分子，以实现分子链的进一步增长。熔融缩聚方法的缺点是在高温下可能存在一些副反应，因此需要对聚合工艺进行优化以得到高质量的产品。

溶液缩聚往往是在无法进行熔融聚合，或者期望得到的聚合物熔点较高，无法创造较高温度的环境下使用。在溶液缩聚过程中，要么聚合物可以较稳定地溶解在溶剂中，要么溶剂只能溶解单体而聚合物溶解度较低甚至不溶。与熔融缩聚相比，溶液聚合的反应温度更低，并且能够有效地传导反应生成的热量。但溶液缩聚后需要将聚合物从溶液中分离并进行提纯、洗涤和干燥。

溶液缩聚又可以分为低温溶液缩聚法和高温溶液缩聚法。间位芳香族聚酰胺的合成多采用低温溶液缩聚法，缩聚后的体系经过中和并调整浓度后，可以直接用于纺丝。该方法可有效减少制备工序，从而可以提高产品的生产效率，因此被广泛地采用。此外，半芳香族聚酰胺的合成也可通过溶液缩聚的途径制得。

界面缩聚是由 Morgan 等人发现，主要用于合成薄膜的一种聚合方法。在界面缩聚过程中，位于不同相中的两种单体在界面处发生反应，大多数情况下是以多官能团的酰胺和多官能团的酰氯为单体，将它们分别溶于有机溶剂和溶液中，然后进行反应。界面缩聚反应被进行了广泛和深入的研究，尤其是在制备薄膜、复合物膜领域。界面缩聚被认为是发生在有机相中靠近界面的地方，主要是因为酰氯在水相中的溶解度较小，而酰胺在有机相中的溶解度较大。界面缩聚反应发生时，界面处很快就有薄膜产生并持续增长数秒，所得薄膜的厚度介于几十纳米到几微米之间，主要取决于单体浓度以及单体浓度比。

聚酰胺还可以通过阴离子聚合反应得到。所谓阴离子聚合反应，是指具有吸电子基团的单体，在碱性催化剂的作用下发生的聚合反应。阴离子聚合类似于链式聚合反应，可以分为链引发、链增长和链终止三步反应。单体先与催化剂通过电子的转移，或直接与催化剂中的负离子反应，形成活性中心，并不断地进行链增长。与缩聚方法得到的聚酰胺相比，采用离子聚合方式得到的聚酰胺的分子量和结晶度都更高。但离子聚合方法对于单体纯度和反应条件要求都比较苛刻（例如单体要进行充分脱水，否则，会对聚合造成很大影响甚至不能发生反应），通过阴离子聚合法所得的聚酰胺存在产品热稳定性差、低温冲击性能较差、吸水性较大等缺点。在离子聚合反应中，主要的影响因素是催化剂和活化剂的含量。一般而言，催化剂对材料的聚合速度和结晶度有较大影响，而活化剂则对聚合产物的分子量有直接影响。阴离子聚合的常见工艺有铸型尼龙、反应挤出、反应注射成型和滚塑成型四种方法。

1.2.5 树脂品种开发历程

1924 年，高分子之父、德国科学家 H. Staudinger 首先提出了大分子学说，1932 年发表第一部关于高分子有机化合物的专著，为 W. H. Carothers（卡罗泽斯）研究高分子缩聚反应、开发聚酰胺树脂奠定了理论基础。

1931 年美国杜邦中央研究所的卡罗泽斯发明了聚酰胺，申请了第一项聚酰胺专利（USP2130948）；1938 年公开了这项专利；1935 年杜邦公司宣布了可工业化生产的聚酰胺66；1938 年 10 月 27 日杜邦公司又宣布建设聚酰胺 66 工厂；1939 年 12 月 12 日该公司在美国特拉华州的 Seaford 工厂开始生产聚酰胺 66。

1941 年，杜邦公司发明了聚酰胺 610 并实现工业化生产。

1937 年，德国 IG Farben 公司（现为 BASF 公司的联营公司）的 P. Schlack 发明了聚酰胺 6，并发明了由己内酰胺在水存在下的开环聚合技术，1938 年进行了中试，1942 年实现工业化生产。

1944 年，法国 Societe Organico 公司利用蓖麻油为原料开发成功聚酰胺 11，1950 年由法国 Atochem 公司实现工业化生产。

1963 年，德国许尔斯公司开始生产聚酰胺 12，提供中试产品，并于 1966 年实现工业化生产。

1938 年，杜邦公司的卡罗泽斯发明聚酰胺 46，由于聚合度低、颜色较深等原因，没有工业化。1977 年荷兰 Twente 工科大学研究出无色聚酰胺 46；后来 Jacobs 等人成功研究出由丙烯腈与氢氰酸加成制得 1,4-丁二腈，再经过加氢制 1,4-丁二胺，同时，解决了其聚合过程中受热分解的问题；1984 年荷兰 DSM 公司宣布开发成功聚酰胺 46 工业化生产技术，1988 年 12 月完成中试，1990 年实现工业化生产。

1952 年，美国杜邦公司首次合成了全芳香族聚酰胺。

1958 年，中国以蓖麻油为原料开发出聚酰胺 1010，1961 年在上海赛璐珞厂实现工业化生产。

1967 年，美国杜邦公司实现了聚间苯二甲酰间苯二胺（PMIA）的工业化生产。1965 年，美国 Kwolek 等人发现了聚对苯二甲酰对苯二胺。1968 年，美国杜邦公司开发成功聚对苯二甲酰对苯二胺（PPTA），1972 年完成中试，1974 年建立工业生产装置，实现了工业化生产。

1980 年德国许尔斯公司开始生产聚酰胺热塑性弹性体（TPAE）。表 1-3 列出了聚酰胺开发的年代和品种。

表 1-3　聚酰胺开发的年代和品种

品种	商品名称	开发和生产者	工业化年份[①]/年
聚酰胺 66	Zytel(初期为 Nylon)	美国杜邦	1939(1931)
聚酰胺 6	Ultramid B	德国巴斯夫	1942(1937)
聚酰胺 610	Zytel	美国杜邦	1941
聚酰胺 11	Rilsan	法国 Atochem	1950(1944)
聚酰胺 1010	—	中国上海赛璐珞厂	1961(1958)
聚酰胺 12	Vestamid、Grilamid	德国许尔斯、瑞士 Emser	1966
PMIA[②]	Nomex	美国杜邦	1967
透明聚酰胺	Trogamid T	德国 Dynamit Nobel	1969
聚酰胺 612	Zytel 151	美国杜邦	1970
PPTA[③]	Kevlar	美国杜邦	1974(1968)
TPAE[④]	—	德国许尔斯	1980
聚酰胺 MXD6	Reny	日本三菱瓦斯化学	1983
聚酰胺 1212	Zytel 151L	美国杜邦	1990(1988)
聚酰胺 46[⑤]	Stanyl	荷兰 DSM	1990(1938)
聚酰胺 9T	Genestar	日本可乐丽	1999(公布)
聚酰胺 1012	—	中国郑州大学	2001(公布小试结果)
聚酰胺 10T	Vicnyl	中国广州金发科技	2010(2006)
聚酰胺 56	E-2260E-1273	中国上海凯赛生物技术	2014

① ( ) 为发明或开发年份。
② PMIA 为聚间苯二甲酰间苯二胺。
③ PPTA 为聚对苯二甲酰对苯二胺。
④ TPAE 为聚酰胺热塑性弹性体。
⑤ 聚酰胺 46 由美国杜邦公司卡罗泽斯 20 世纪 30 年代发明，1938 年公布。

1.2.6　改性技术发展历程

汽车、电器、机械、通信等相关行业的发展，对工程塑料的性能提出了更高更严格的要求，单一品种的聚酰胺工程塑料愈来愈难以满足某些技术领域的要求。需要通过共混、共聚、嵌段、接枝、互穿网络、填充、增强、阻燃等方法对基础树脂进行改性，以提高聚酰胺工程塑料的综合性能或赋予其某些特殊性能，不断地推出新型的改性聚酰胺品种。

从 20 世纪 70 年代，特别是 80 年代以来，对聚酰胺的改性研究已经成为高分子材料研究中最活跃的领域之一，也是开发具有高性能新型聚酰胺材料的重要途径。早在 1945 年美国杜邦公司就用短玻璃纤维（简称玻纤）增强热塑性塑料，1952 年美国 Fiberfil 公司开始用长玻璃纤维增强聚酰胺的研究（申请专利：USP2877501，3042570），1956 年率先实现工业化。经过 20 世纪 60 年代的进一步研究和推广应用，特别是各种偶联剂的成功开发和基础理论研究的进展，用玻璃纤维增强聚酰胺的改性有了飞跃发展。迄今，用玻璃纤维增强聚酰胺仍是最主要、最重要的改性方法。

1972 年，美国杜邦公司成功开发矿物填充聚酰胺和玻璃纤维增强聚酰胺，并实现了工业化生产。这个时期，对聚合物共混理论的研究和实践更加活跃，每年发表专利约 4500 项，共混结构、增韧机理和相容化技术等的研究均有突破性进展。

1975 年，美国杜邦公司用聚酰胺和乙丙橡胶或聚烯烃共混开发出划时代的超韧聚酰胺系列合金，1976 年实现工业化生产，供应欧美市场。

1985 年美国的通用电气公司（GE）首先实现了聚酰胺和 PPO 的合金工业化。20 世纪 70 年代，美国、日本、西欧等对阻燃聚酰胺进行了大量的研究，成功地开发出大量阻燃级聚酰胺，并实现了工业化生产。

1987 年日本丰田中央研究所首先公布了聚酰胺 6/黏土纳米复合材料，1990 年与宇部兴产公司合作，实现了工业化生产。许多科学家都认为纳米材料是 21 世纪最有前途的材料之一，聚酰胺纳米复合材料的研究也有重大进展。例如，1995 年，日本尤尼契卡公司等开发了聚酰胺 6/黏土纳米复合材料；1996 年日本昭和电工株式会社开发出聚酰胺 6/云母纳米复合材料；1998 年日本大日本油墨株式会社也开发出聚酰胺 66/锂蒙脱土纳米复合材料。

1975 年由美国杜邦公司开发的超韧聚酰胺 Zytel ST，由聚酰胺和聚烯烃弹性体（EPDM）组成。目前，聚酰胺合金主要有聚酰胺/EPDM、聚酰胺/PPO、聚酰胺/ABS、聚酰胺/PBT、聚酰胺/乙烯基聚合物、聚酰胺/有机硅 IPN（互穿聚合物网络）、聚酰胺/PC 等，前三种合金发展较快，已形成系列化产品。

21 世纪初，美国杜邦、日本三菱化学、日本可乐丽等公司先后开发出聚酰胺 6T、聚酰胺 9T 和聚酰胺 6I 及其复合材料，推动了电子电器元件向小型化、轻薄化、轻量化、动能化、精密、消声、耐热等方向发展。

随着欧盟 RoHS 指令的颁布和美国、日本、中国等相应安全环保法规的实施，绿色环保的无卤阻燃聚酰胺产品成为发展的趋势，如德国 Ulzenfeld 的 Frisetta 聚合物公司开发的 Frianyl 系列阻燃增强聚酰胺和罗地亚公司推出的 TECHNYLR 系列阻燃聚酰胺，均不含卤素和红磷成分，满足了欧盟的 WEEE 和 RoHS 两个指令要求，达到 UL94 V-0 的防火等级和 850℃ 的灼热丝燃烧温度（GWIT），适应各种电气产品的严格的环保要求。

在聚酰胺共混（包括增强、填充、聚合物共混合金）改性中，双螺杆挤出机发挥了关键性作用。早在 1935 年意大利 LMP 公司就研制出商业化的同向双螺杆挤出机；1978 年 M. L. Booy 首先将同向旋转双螺杆挤出机发展成为紧密啮合型同向双螺杆挤机，该机具有自洁功能，混合效果好，产品均一性好，生产能力为单螺杆挤出机的 3 倍，能耗低，并具有很强的操作性；20 世纪 80 年代初，德国 WP（科倍隆）创建双螺杆挤出机生产基地，开发各种不同用途的双螺杆挤出机，成为全球最大、最具影响力的改性工程塑料装备公司；20 世纪 90 年代，克拉斯马菲开发出一种在线混炼长玻璃纤维增强聚酰胺专用装备，意大利、日本、美国相继发展双螺杆挤出机及其计量混配设备，大大促进了聚酰胺改性高分子材料工业的技术进步与发展。表 1-4 列出了部分改性聚酰胺的开发情况。

表 1-4 部分改性聚酰胺的开发情况

名称	商品名称	开发公司	工业化年份[①]/年
玻纤增强 PA(GFPA)	3/30、2/30、1/30	美国 Fiberfil	1956(1952)
矿物填充 PA	Minlon	美国杜邦	1972
增韧 PA(PA66/EPDM)	Zytel-st801	美国杜邦	1976
阻燃 PA	Zytel FR	美国杜邦	20 世纪 70 年代

名称	商品名称	开发公司	工业化年份[①]/年
阻隔 PA(PA6/PA66)	Selar RB	美国杜邦	(1983)
ABS/PA 合金	Elemid	美国 Borg Warner	1984
非晶型 PA/弹性体合金	Bexloyc	美国杜邦	1985
PPO/PA 合金	Noryl GTX	美国 GE	1985
PA6/PA6T	＜Ultramid＞ T	德国巴斯夫	—
PA/PPO 合金	アトリー	日本住友化学	1986
PA66/PA6T/PA6I	Amodel	美国 Amoco	—
PAMCX-A(PA6T/PA6I)	Arlen	日本三井石油化工	1987
PA/PP 合金	System S	日本昭和电工	1989
PA6/黏土纳米复合材料	NCH1015C2	日本丰田、日本宇部	1990(1987)
PA6/黏土纳米复合材料	UBE Nylon M1030D	日本宇部	1996
PA6/云母纳米复合材料	System FE 2010Z	日本昭和电工	(1996)
PA66/锂蒙脱土纳米复合材料	アミドCL	日本大日本油墨	(1998)
抗菌 GFPA	CM1016G30	日本东丽	1998

① ( ) 内为开发时间。

1.2.7 加工技术发展历程

聚酰胺树脂的发展和应用，受到加工技术的制约，两者是相互促进、共同发展的。整个聚酰胺树脂的发展史，也是加工技术不断进步的历史。聚酰胺塑料的加工成型技术有：注射成型、挤出成型、吹塑成型、压制成型等。其中，注射成型是最主要的方法，约 60% 以上的聚酰胺塑料是用于注射成型的。

1939 年，聚酰胺 66 工业化的当年，它就被用于制造纺丝机械的齿轮，由于加工技术差，谈不上大规模使用。

1941 年德国用柱塞式注射成型机加工聚酰胺，由于品种和产量有限，也没有太大的发展，直到第二次世界大战后，才投入工业化生产。1941 年，美国杜邦公司首先开发出聚酰胺模塑料，加工成了齿轮、轴承和电线电缆等；1948 年杜邦公司生产的模塑制品和挤出制品达 6 种，12 个牌号。

1956 年单螺杆挤出机开发成功，许多著名的聚酰胺生产公司纷纷生产聚酰胺制品。

1958—1960 年，捷克、美国、联邦德国等国家相继研究成功单体浇铸聚酰胺，其特点是反应速度快、分子量大、强度高，可以生产大件制品，特别适宜加工注塑机不宜生产的大型制品和小批量制品，也可以生产型材。

1981 年美国孟山都公司开发出聚酰胺反应注射成型技术（Nylon RIM），它实际上是一种以化学反应过程为特征的注射成型技术。该方法是由己内酰胺阴离子快速聚合发展起来的，是两种或两种以上低分子量和低黏度的液态树脂在压力下，通过混合室混合后进入模具中，挤出、充模过程中同时进行反应，迅速聚合成型的 Nylon RIM 技术。该法的特点是生产成本低，适合要求生产率高的注射成型体系，适宜制造大型薄壁制品和多品种小批量的制件，制品具有良好的力学性能和耐热性。另外，还有 BASF、阿托化学、宇部兴产、东丽等公司也从事 Nylon RIM 技术的开发。Selar 技术（层状成型技术）是杜邦公司 1983 年开发的层流阻隔新工艺，经过近 10 年的开发完善，欧洲已采用该技术制造汽车大型油箱。该技术是由层流阻隔好的 Selar RB901 树脂（PA66/6）和 HDPE 干混经特制螺杆挤出-中空吹塑成型成为中空容器，大大提高了油箱阻渗效果。添加 7％Selar RB 所制得的汽车油箱，对汽油渗透量减少 97％。

20 世纪 80 年代初以来，聚酰胺树脂及其改性树脂，在以汽车发动机周边部件为主的应用中，取得了可喜成果，其中汽车发动机进气歧管是一种中空、形状复杂的大制件，用 PA 制造的进气歧管能否在汽车上得到应用，加工成型技术是关键。在这个时期，德国的拜耳、英国的 ICI 公司、日本的三菱工程塑料公司及宇部兴产等对成型方法进行了研究，已经开发出熔芯（lost core）法、振动熔接法、模具滑合注射成型法（die slide injection，DSI）、模具旋转注射成型法（die rotary injection，DRI）、激光焊接法等，并用于生产制品。用这些方法加工的汽车发动机 PA 进气歧管，已在欧美地区大量使用，日本也进入实用化阶段。如 1989 年欧洲福特汽车在 Fiesta 牌汽车上安装了整体用聚酰胺改性树脂制造的进气歧管，1990 年德国宝马（BMW）汽车公司在六气缸发动机上也安装用玻璃纤维增强 PA66 制造的进气歧管（熔芯法），大大促进了聚酰胺工程塑料在汽车上的应用。

近年来，主要工业国家，特别是日本、美国、德国、荷兰等发达国家的注射成型技术得到飞速发展。微孔发泡注射成型、夹芯注射成型、气辅成型、水辅成型、3D 打印成型、激光焊接成型和红外焊接成型等新技术的开发，进一步提升了聚酰胺制品的综合性能，拓展了其应用领域；同时，也促进了相关行业的技术进步与发展。如汽车的进气歧管、水箱、油箱等采用聚酰胺制造，在汽车轻量化与节能、减少大气污染等方面具有重大意义。

1.3 全球聚酰胺产业发展概况

1.3.1 聚酰胺主要单体

1.3.1.1 己内酰胺

20 世纪 70 年代后，己内酰胺（CPL）工业发展进入高潮，生产规模扩大，一些装置纷纷扩产或者新建，截至 2021 年，全球 CPL 生产能力已超过 8700kt/a，其中亚洲地区扩能是拉动全球增长的主要因素。预计今后几年，全球 CPL 的生产能力将以年均约 2.6％的速度增长，到 2025 年总生产能力将超过 10000kt/a。图 1-7 为 2010—2021 年全球己内酰胺的产能发展与变化情况。

1.3.1.2 己二酸

自 1937 年美国杜邦公司开始工业化生产己二酸以来，世界己二酸的产能发展很快。截止到 2021 年，随着亚洲多套己二酸新建或扩建装置的建成投产，世界己二酸的总生产能力已经达到约 4900kt/a。预计到 2025 年，世界己二酸的总生产能力将超过 5500kt/a，其中亚太地区将成为己二酸最主要的生产地区。图 1-8 为 2010—2021 年全球己二酸的产能发展与变化情况。

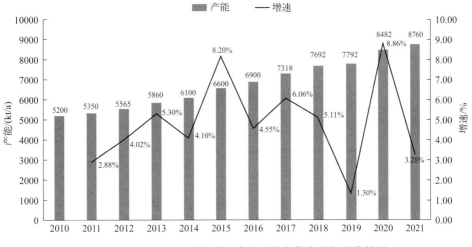

图 1-7　2010—2021 年全球己内酰胺的产能发展与变化情况

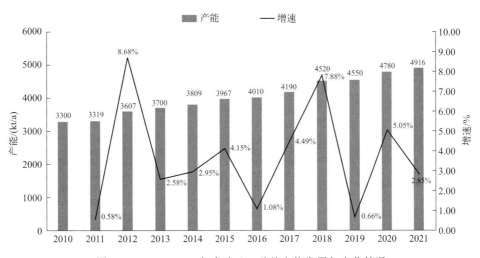

图 1-8　2010—2021 年全球己二酸的产能发展与变化情况

1.3.1.3　己二腈

　　己二腈是一种高纯度、高沸点的液态脂肪族二腈，是重要的中间体，用于生产己二胺，再用己二胺生产聚酰胺 66、聚酰胺 610、聚酰胺 612。美国英威达是己二腈的全球领导生产商。

　　世界各国己二腈生产厂商均建有配套的己二胺生产装置，大部分用于本公司己二胺及聚酰胺 66 的生产，仅有美国英威达公司、法国罗地亚公司等公司具有部分剩余己二腈商品外售，全世界己二腈市场已经趋于紧张状态。市场全球化趋势日益明显。发达国家的大型己二腈公司在全球寻求生产要素的最优配置和市场的最佳组合，加快将原料供应基地转移到中东，将产品生产重心转移到亚太地区。图 1-9 为 2010—2021 年全球己二腈的产能发展与变化情况。

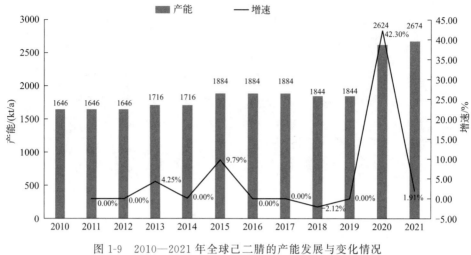

图 1-9　2010—2021 年全球己二腈的产能发展与变化情况

1.3.1.4　十二内酰胺

十二内酰胺为无色结晶，熔点 153℃，微溶于水，易溶于乙醇、乙醚、氯仿等有机溶剂，受热开环聚合，系尼龙 12 的单体。目前，以德国赢创公司为代表的大部分生产厂商都使用以丁二烯为原料的主流工艺路线，而日本宇部兴产公司取得英国石油化学公司的技术许可后，采用以环己酮为原料的工艺路线实现了十二内酰胺的工业化生产。图 1-10 为 2010—2021 年全球十二内酰胺的产能发展与变化情况。

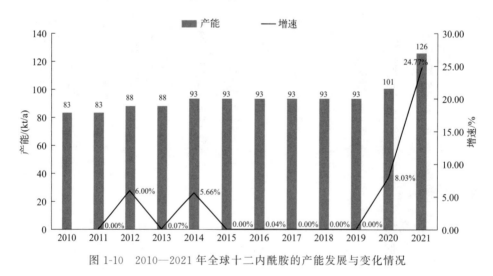

图 1-10　2010—2021 年全球十二内酰胺的产能发展与变化情况

1.3.2　聚酰胺树脂

1.3.2.1　PA6

PA6 是整个聚酰胺产业中产能最大、用途最广的一类产品，其 2010—2021 年全球产能发展与变化情况如图 1-11 所示。在全球范围内 PA6 产能逐年递增，2021 年，其产能达到 11050kt/a。

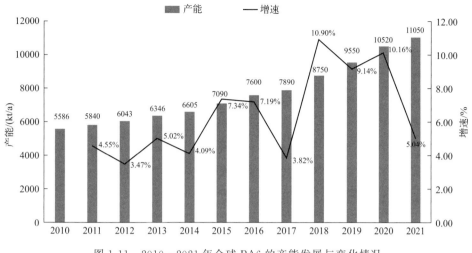

图 1-11　2010—2021 年全球 PA6 的产能发展与变化情况

1.3.2.2　PA66

PA66 的综合性能高于 PA6，由于性能上的优势，其可应用于某些 PA6 树脂性能参数满足不了的领域。伴随着下游应用端对高分子材料性能要求的日益苛刻，对 PA66 树脂的需求，与日俱增，其 2010—2021 年全球产能发展与变化情况如图 1-12 所示，2021 年，其产能达到 3305kt/a。

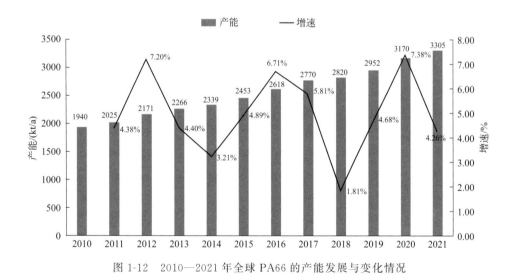

图 1-12　2010—2021 年全球 PA66 的产能发展与变化情况

1.3.2.3　共聚聚酰胺

共聚聚酰胺是近些年开发出的新型聚酰胺，根据下游应用端对高分子材料性能要求的多样性，可定制化开发各类功能各异的共聚聚酰胺树脂，其 2010—2021 年全球产能发展与变化情况如图 1-13 所示，2021 年，其产能达到 107kt/a。

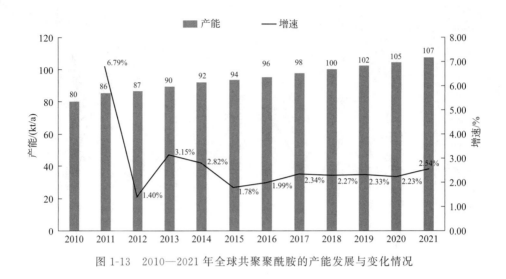

图 1-13　2010—2021 年全球共聚聚酰胺的产能发展与变化情况

1.3.2.4　长碳链聚酰胺

长碳链聚酰胺即重复单体中碳原子数量超过 10 的聚酰胺，主要包括 PA12、PA11、PA610、PA612、PA410、PA1010 和 PA1012 等，其 2010—2021 年全球产能发展与变化情况如图 1-14 所示，2021 年，长碳链聚酰胺产能达到 276kt/a。

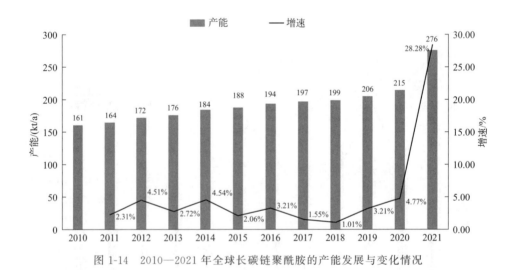

图 1-14　2010—2021 年全球长碳链聚酰胺的产能发展与变化情况

1.3.2.5　耐高温聚酰胺

20 世纪中期是聚酰胺飞速发展的时期，这段时期聚酰胺主要在工业领域上生产纤维制品。由于此阶段聚酰胺并没有被广泛用于工程塑料领域，导致耐高温聚酰胺的发展优势并没有充分地发挥出来。随着汽车轻量化和高端电子信息产业的快速发展，人们对聚合物材料的耐热性能提出了更高的要求，于是国内外企业纷纷转向研究开发耐高温聚酰胺，20 世纪末是耐高温聚酰胺高速发展的时代。

耐高温聚酰胺可以长期在 150℃ 以上使用，熔点一般在 290～320℃，主要包括 PA46、

PA4T、PA6T、PA9T、PA10T 等，其突出性能就是高耐热，可应用于温度条件更苛刻的场所。其 2010—2021 年全球产能发展与变化情况如图 1-15 所示，2021 年，其产能达到 33.5 万吨。

图 1-15　2010—2021 年全球耐高温聚酰胺的产能发展与变化情况

1.3.2.6　透明聚酰胺

透明聚酰胺（透明尼龙）是一种具备特殊结构的无定形结晶聚合物，它的分子链上通常含有侧基或环结构，以此破坏分子链的规整性，也就是它不会结晶，或者微结晶，从而实现良好的透明性。透明聚酰胺性能优异、无毒无味，应用范围广泛，可以在食品饮料包装、医疗器械、精密仪表、光学仪器、电子电气、汽车制造、机械、航空、体育用品等领域得到应用。精密零部件制造领域是透明聚酰胺的重要应用市场。除此之外，透明聚酰胺的高安全性使得其在家用电器、日常用品中的应用范围也在不断拓宽，电饭煲、豆浆机、咖啡壶、水杯、奶瓶等产品生产使用透明聚酰胺的比例不断提升，其 2010—2021 年全球产能发展与变化情况如图 1-16 所示，2021 年，其产能达到 177kt/a。

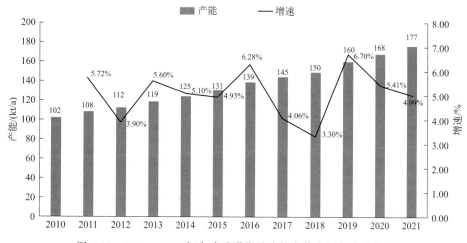

图 1-16　2010—2021 年全球透明聚酰胺的产能发展与变化情况

1.3.3 聚酰胺复合材料

聚酰胺复合材料主要包括增强、增韧、阻燃、耐磨、导热、耐候聚酰胺及其合金复合材料等，其产量逐年递增，以满足汽车工业、机械工程、电子电气、轨道交通等领域对高性能聚酰胺复合材料的旺盛需求。2010—2021 年全球聚酰胺复合材料的产能发展与变化情况如表 1-5 所示，由表中数据可知，增强聚酰胺年均增长 5.45%，增韧聚酰胺年均增长 6.56%，阻燃聚酰胺年均增长 4.59%，耐磨聚酰胺年均增长 4.43%，导热聚酰胺年均增长 8.19%，耐候聚酰胺年均增长 4.32%，聚酰胺合金年均增长 4.30%。

表 1-5　2010—2021 年全球聚酰胺复合材料的产能发展与变化情况　　单位：kt/a

聚酰胺复合材料种类	2010	2011	2012	2013	2014	2015
增强聚酰胺	471.90	482.94	534.41	569.35	569.84	596.22
增韧聚酰胺	73.49	77.85	82.68	89.08	92.86	101.54
阻燃聚酰胺	107.13	111.40	118.53	124.19	130.81	131.54
耐磨聚酰胺	25.30	26.14	28.07	30.44	31.37	31.90
导热聚酰胺	3.57	3.67	3.96	4.17	4.28	4.52
耐候聚酰胺	20.14	21.58	22.75	24.19	25.78	26.19
聚酰胺合金	196.88	204.07	223.56	239.71	233.46	243.70
年度合计	898.41	927.65	1013.96	1081.13	1088.4	1135.61
聚酰胺复合材料种类	2016	2017	2018	2019	2020	2021
增强聚酰胺	629.17	649.38	707.53	726.62	786.43	845.82
增韧聚酰胺	111.70	122.79	132.91	141.23	136.08	147.84
阻燃聚酰胺	135.47	143.52	158.07	161.90	166.76	175.55
耐磨聚酰胺	34.86	35.46	38.38	38.91	38.10	40.77
导热聚酰胺	4.66	5.53	6.16	6.80	7.42	8.49
耐候聚酰胺	27.13	28.44	30.96	30.71	30.51	32.06
聚酰胺合金	262.76	273.96	290.36	307.77	291.01	312.81
年度合计	1205.75	1259.08	1364.37	1413.94	1456.31	1563.34

1.3.4　全球主要企业聚酰胺产品结构变化

全球范围内，聚酰胺生产龙头企业主要包括美国杜邦、美国英威达、德国巴斯夫、荷兰帝斯曼、德国德固赛、法国阿科玛、日本宇部、日本三菱和中国河南神马等。伴随着科学技术的进步，各行各业对聚酰胺材料的综合性能提出了更高的要求，从而带动业内龙头企业产品结构的升级与优化，表 1-6 列举了全球主要企业聚酰胺产品结构的变化情况。

表 1-6　全球主要企业聚酰胺产品结构的变化情况

企业	1980—1990 年	1990—2000 年	2000—2010 年	2010—2020 年
杜邦	PA66 单体、树脂及纤维；PPTA 树脂与纤维	PA66 单体、树脂及纤维；PPTA 树脂与纤维；PA66 复合材料	PPTA；PA66 及其复合材料；PPA	PPTA 深加工；PA66 及其复合材料；PPA 及其复合材料

企业	1980—1990 年	1990—2000 年	2000—2010 年	2010—2020 年
英威达	PA66 纤维及纺织	PA66 纤维及纺织	纤维及纺织；PA66 单体及树脂	PA66 全产业链
BASF	己内酰胺及 PA6 树脂	己内酰胺及 PA6 树脂	PA6、PA66 树脂及其复合材料	PA66、PA6 树脂及其复合材料与应用
德固赛	单体及 PA12 树脂	PA12 及 PA612 树脂	PA12 及 PA612 树脂	PA12 及 PA612 树脂
阿科玛	单体及 PA11 树脂	单体及 PA11 树脂	单体及 PA11 树脂	单体及 PA11 树脂
宇部	己内酰胺及 PA6 树脂	己内酰胺及 PA6 树脂	PA6 树脂及其复合材料	PA6、PA6T 树脂及其复合材料
DSM	己内酰胺及 PA6 树脂	己内酰胺及 PA6 树脂；PA46 单体及树脂	PA46 单体及树脂；PA46 复合材料	PA46 复合材料与应用；PA4T
三菱	PA6 树脂及纤维	PA6 树脂及其复合材料；PAMXD6	PA6 树脂及其复合材料；PA6T；PAMXD6 复合材料	PA6T 树脂及其复合材料；PAMXD6 复合材料
东丽	PA6 树脂及纤维	PA6 树脂及纤维	PA6、PA66 复合材料	PA6、PA66 复合材料
可乐丽	纤维	纤维	PA9T 树脂及其复合材料	PA9T 树脂及其复合材料
神马	PA66 树脂及纤维	PA66 树脂及纤维	PA66 树脂及纤维	PA66 树脂及纤维
巴陵石化	PA6 树脂及纤维	PA6 树脂及纤维	PA6	PA6

1.3.5 全球聚酰胺消费结构变化

聚酰胺由于其优异的综合性能，下游应用领域十分广泛，主要应用于纤维纺织、交通运输（特别是汽车工业）、电子电气、薄膜包装和机械工程等行业。表 1-7 列举了全球范围内聚酰胺不同应用领域的占比情况，由表可知：聚酰胺在纤维行业占比约为 60%，汽车行业约为 10%，电子电气行业约为 10%，管材行业约为 5%。

表 1-7 全球范围内聚酰胺不同应用领域的占比情况 单位：%

应用领域	2010	2011	2012	2013	2014	2015	2016	2017	2018	2019	2020	2021
纤维	61.55	61.10	61.23	61.35	60.99	61.26	59.35	57.97	58.27	58.67	60.57	60.14
薄膜	3.82	3.79	3.78	3.74	3.77	3.75	3.77	3.73	3.50	3.67	3.68	3.68
管材	5.63	2.48	2.45	2.40	2.45	2.45	4.16	5.68	5.50	5.49	5.38	5.27
通信	3.57	3.71	3.67	3.65	3.74	3.72	3.70	3.64	3.78	3.73	3.48	3.65
汽车	10.03	9.92	9.97	9.84	9.91	9.87	9.81	9.74	9.65	9.22	8.62	8.84
轨道交通	2.24	2.27	2.17	2.19	2.18	2.17	2.19	2.11	2.07	2.05	1.94	1.95
机械工程	2.11	2.18	2.14	2.19	2.13	2.17	2.15	2.17	2.22	2.23	2.05	2.10
电子电气	9.98	10.18	10.28	10.37	10.57	10.37	10.65	10.78	10.77	10.73	10.28	10.29
农用机械	1.29	1.31	1.32	1.30	1.29	1.31	1.30	1.29	1.30	1.29	1.28	1.29
其他	2.98	3.07	2.99	2.97	2.97	2.92	2.92	2.89	2.93	2.90	2.72	2.79

1.4 我国聚酰胺产业发展概况

1.4.1 聚酰胺主要单体

进入 21 世纪，我国在合成聚酰胺主要单体生产技术上取得了长足的进步，尤其是己内酰胺、己二腈、己二酸等常用单体的生产工艺方面，经过消化、吸收引进技术，积累了丰富的经验，取得飞速发展；特种单体（例如氨基十一酸、ω-氨基十二酸、癸二酸、癸二胺、戊二胺和间苯二甲胺等）的研发与工业化技术获得突破。

1.4.1.1 己内酰胺

1995 年中石化石油化工科学研究院（以下简称石科院）开始进行钛硅分子筛（HTS）催化材料和环己酮肟新工艺的研究；1999 年完成小试验证；2000 年开始与中国石化巴陵公司共同进行中试和工程技术研究；2003 年在巴陵公司建成了一条 70kt/a 氨肟化-己内酰胺生产线，该工艺路线是以 HTS 为催化剂，采用单釜淤浆床连续反应-膜分离组合新工艺，将环己酮与氨、过氧化氢进行氨肟化反应，一步高选择性地制备环己酮肟，不产生和使用腐蚀性 NO_x，工艺简单，投资少。以氨肟化技术为主要内容的成套技术集成了环己酮氨肟化制环己酮肟及其催化剂制备和再生、环己酮肟贝克曼三级重排制己内酰胺、己内酰胺精制等新工艺，形成了由环己酮氨肟化技术路线生产己内酰胺的具有自主知识产权的 140kt/a 成套新工艺。另外，由石科院和巴陵石化共同攻关的"环己酮肟气相重排新工艺技术研究"课题也取得突破性的新进展。

中国石化石家庄炼化分公司和石科院等利用原 Snia 甲苯法己内酰胺工艺，开发出将原酰胺化反应液中的三氧化硫催化环己酮肟重排制备己内酰胺的六氢苯甲酸-环己酮肟联产己内酰胺的组合工艺，可提高己内酰胺的产量，不增加副产物硫酸铵，降低了成本。该工艺已在石家庄炼化分公司 16 万吨/年己内酰胺装置上实现了工业化应用。

南京东方帝斯曼公司己内酰胺装置采用荷兰 DSM 公司的专利技术 HPO plus 工艺，并于 2010 年将产能扩充到 20 万吨/年。表 1-8 列举了我国己内酰胺的主要生产厂家及产能。

表 1-8　我国己内酰胺的主要生产厂家及产能　　　　单位：万吨/年

序号	供应商	产能	序号	供应商	产能
1	沧州旭阳	15	12	浙江巨化	10
2	石家庄炼化	11	13	福建天辰耀隆	35
3	山西潞宝	10	14	福建申远	60
4	山西阳煤	20	15	福建永荣科技	28
5	山西兰花科技	14	16	神马实业	40
6	山东海力	20	17	巴陵石化	30
7	鲁西化工	30	18	湖北三宁	15
8	东明旭阳	30	19	内蒙古庆华	10
9	江苏海力	20	20	南京福邦特	40
10	华鲁恒升	30	21	兖矿鲁南	30
11	浙江巴陵恒逸	45	合计	543	

1.4.1.2 己二酸

我国己二酸的生产起步虽晚，但合成技术的创新和产能增速很快。己二酸的工业化生产，除神马集团引进日本旭化成工艺外，大都采用环己烷路线，由纯苯催化加氢生成环己烷，环己烷再经空气氧化生成 KA 油，KA 油硝酸氧化合成己二酸。这两种方法都采用硝酸氧化 KA 油合成己二酸，对环境污染较大。表 1-9 列举了我国己二酸的主要生产厂家及产能。

表 1-9　我国己二酸的主要生产厂家及产能　　　　单位：万吨/年

序号	供应商	产能	序号	供应商	产能
1	重庆华峰	75	6	唐山中浩	15
2	河南神马实业	47.5	7	洪达化工	14
3	华鲁恒升	34	8	辽阳石化	14
4	大丰海力	30	9	阳煤太化	14
5	海力化工	22.5	10	其他	27.1
合计					293.1

1.4.1.3 己二腈

由于我国 PA66 上下游产业链缺少己二腈的生产工艺，致使"己二腈-己二胺-PA66"产业链被英威达等国外公司长期垄断，己二腈完全依靠进口，国内 PA66 生产企业均需进口己二腈或己二胺或 PA66 盐作为原料。20 世纪 70 年代，中国石油辽阳分公司引进 2 万吨/年己二酸催化氨化法生产己二腈的技术，但 2002 年停产；2015 年，山东润兴化工采用丙烯腈电解法生产 10 万吨/年己二腈，在试生产时发生爆炸，项目停滞。

2022 年英威达在上海化学工业区建成 40 万吨/年己二腈生产基地；中国天辰工程有限公司和山东齐翔腾达采用天辰原创技术，建成 20 万吨/年己二腈装置。平顶山神马集团建成 5 万吨/年丁二烯法生产己二腈装置，2 万吨/年己内酰胺法生产己二腈中试装置；河南峡光高分子材料有限公司引进瑞典国际化工技术，5 万吨/年己二腈项目已完成可行性论证。以上项目顺利投产，有望改变国内聚酰胺产业格局。表 1-10 列举了我国己二腈的主要生产厂家及产能。

表 1-10　我国己二腈的主要生产厂家及产能　　　　单位：万吨/年

序号	企业名称	己二腈/己二胺		序号	企业名称	己二腈/己二胺	
		现有产能	拟建产能			现有产能	拟建产能
1	神马实业	5	40	6	唐山旭阳		5
2	浙江华峰		30	7	河北富海润泽		30
3	英威达	61.5		8	四川久源		40
4	中国辰	20		9	其他	10.8	
5	郓城旭阳		30		合计	97.3	175

1.4.1.4 特种聚酰胺单体

特种聚酰胺单体的自主开发对于国产高性能聚酰胺产品类别的丰富起到了至关重要的作用，目前国内科研工作者和相关企业主要聚焦于 11-氨基十一酸、ω-氨基十二酸、癸二酸、癸二胺、戊二胺和间苯二甲胺等特种聚酰胺单体的合成与产业化，并取得了关键性技术突破。

11-氨基十一酸是通过 11-溴代十一酸氨解反应来合成的，为提高产品 11-氨基十一酸的质量和收率，氨水需要大大过量，因此，后处理需要大量回收氨水，生产成本提高。黄初平等对氨化取代反应温度、配比、时间以及后处理工艺进行优化，提出了较经济、合理的工艺路线，经小试、中试和批量放大试验，基本实现 11-氨基十一酸的自主生产。另外，太原中联泽农化工通过蓖麻油生物发酵路线，实现千吨级 11-氨基十一酸的工业化生产，纯度可达98%，满足聚酰胺11聚合工艺对原材料纯度的基本要求。

ω-氨基十二酸是由 11-氰基十一酸加氢还原得到，目前对于 ω-氨基十二酸的研制基本停留在小试阶段，需等待工艺路线的进一步完善或创新，才能实现量产。

工业上普遍采用蓖麻油为原料生产癸二酸，有裂解法、合成法以及水解法等。我国是蓖麻油的生产大国，蓖麻油年产量达十万吨以上，所以绝大多数厂家使用蓖麻油为原料生产癸二酸。据报道，癸二酸已成为我国的传统出口产品，癸二酸年产量已达万吨，生产总量占世界癸二酸需求量的 1/3 左右。传统的癸二酸生产工艺由于使用苯（甲）酚作裂解稀释剂，所以会造成酚污染等问题。周鸿顺等研究了以液体石蜡为裂解稀释剂的催化碱裂工艺，该法用 Pb_3O_4 作为裂解催化剂，液体石蜡为裂解稀释剂，该工艺下癸二酸的平均收率达到 78%，纯度达 99.30%。微波感应碱熔法制备癸二酸是近几年发展出的新方法，其工艺简单、反应时间短、能耗低、产率高，但该方法放大生产过程中也会暴露出如反应物的量会受载体的影响、载体选择有一定难度等问题。

癸二胺产品工业化生产已有半个世纪之久，癸二胺的生产一直以来延续了原始的合成工艺：用癸二腈作为原料，选取雷尼镍等金属合金作催化剂，选择间歇式的加氢方式来进行催化生产。传统合成方法的优势是对于工艺掌握比较成熟，操作便于进行。但当今世界科技高速发展，癸二胺的下游应用端不约而同地对其品质和产量提出了更高的要求，所以原有的工艺不革新将面对新时代的压力与挑战，产品收率低、品质差、生产成本居高不下、缺乏市场核心竞争力，已经严重制约其自身的应用领域。陈尚标等人优化了传统的加氢工艺，用釜式反应器加氢，探讨了影响选择性及收率的参数影响，试验得到的最优化条件是：温度 70～90℃，压力 1.5～2.5MPa，选用雷尼镍为催化剂，催化剂用量为 5%～10%，氧化钾添加量为 0.05%～0.5%。按此优化工艺条件进行工业化放大生产，纯度＞99.7%，收率＞97.5%，与传统加氢工艺相比较，产率高出 3%～4%，且催化剂可重复使用。

戊二胺是 L-赖氨酸的衍生物，是近几年热度最高的新型生物基二胺，用于合成同样具有广泛应用的生物基聚酰胺的单体之一。戊二胺的微生物发酵具有绿色、可持续、经济和环保等优势，全细胞催化法是目前制备戊二胺较为理想的方法。其采用 L-赖氨酸为底物，以赖氨酸脱羧酶（CadA 或 LdcC）为生物催化剂，只需一步反应即可得到目标产物，整个操作过程简单，反应时间短，底物转化效率高，产物产量较高且环境友好。目前，生物法制备戊二胺在国内外正处于起步阶段，提高戊二胺产量和得率方面取得了一定的进展，凯赛生物于 2014 年实现了戊二胺的产业化技术突破并完成中试量产。但是，仍存在一些问题需要优化：一方面可以对工业上常用的模式菌进行基因定向改造，获得高效生产 1,5-戊二胺的基因工程菌；另一方面，为了完全实现 1,5-戊二胺生物合成工业化，需进一步深入研究微生物中 1,5-戊二胺的代谢途径、关键酶、代谢流动分配和控制因素等，应用生物信息学和代谢组学等知识构建完善的代谢模型和计算模型，通过优化戊二胺合成途径，抑制旁路代谢途径等策略，从而开发出具有产业化前景的 1,5-戊二胺基因工程菌，实现戊二胺的大规模工业化量产。

间苯二甲胺（MXDA）是具有芳香环的脂肪胺，为无色透明液体，主要用作环氧树脂固化剂和聚酰胺 MXD6 的聚合单体，是目前国内亟待发展的重要的精细化工中间体。

MXDA 的制备有两条合成路线：

① 以间二甲苯为原料，经溴化、氨化制得 MXDA。这种方法由于生产成本高、合成工艺路线长且对环境污染大而被逐渐淘汰。

② 以间二甲苯为原料，经气相氨氧化制得间苯二腈（IPN），而后 IPN 再通过催化加氢制得 MXDA。

目前工业上主要采用第二条合成路线生产 MXDA，该合成路线第一步间二甲苯氨氧化制备 IPN 的技术已经趋于成熟；第二步 IPN 催化加氢制备 MXDA 可采用釜式间歇加氢或固定床连续加氢工艺。固定床连续加氢工艺产品收率和产品质量高于釜式间歇加氢工艺，但 IPN 连续加氢工艺非常复杂，催化剂在使用过程中，其活性会因为高分子化合物聚集在催化剂表面而降低。目前国内 MXDA 生产均采用釜式间歇加氢工艺，尚未见固定床连续加氢工艺生产 MXDA 的报道。日本三菱瓦斯化学公司是全球最大的 MXDA 生产商，采用固定床连续加氢工艺，生产能力为 50kt/a。国内江苏新河农用化工有限公司 MXDA 生产能力为 6.5kt/a，采用釜式间歇加氢工艺，但产量非常少，按需生产。

1.4.2　聚酰胺树脂

我国聚酰胺树脂的产能发展主要集中于 PA6 和 PA66，这两类树脂的产能达到国内聚酰胺树脂总产能的 90%，随着己内酰胺、己二腈和己二胺等单体合成技术的成熟，逐渐解除对发达国家原材料的依赖性，从而实现 PA6、PA66 产能的稳步增长。

1.4.2.1　PA6

我国 PA6 树脂合成工业化始于 20 世纪 70 年代初，经历 50 多年的发展，2021 年总产销量超过 500 万吨，使我国成为全球 PA6 制造大国。

我国 PA6 产业发展大致经历四个阶段：

（1）1970—1990 年，产业发展初期

20 世纪 70 年代初，锦州、岳阳相继建成 3kt/a PA6 聚合装置；80 年代，岳阳化工总厂（现巴陵石化）经技术改造达到生产能力 5kt/a，用于常规纺丝。

（2）1990—2000 年，引进吸收消化阶段

此阶段以引进与国产化为主导，20 世纪 90 年代初，巴陵石化、长沙锦纶、常德锦纶先后引进伊文达 5kt/a 连续聚合装置，生产高速纺 PA6 树脂；90 年代末，巴陵石化引进吉玛两段聚合生产线，新会美达、浙江华建相继引进伊文达 25kt/a、吉玛的 35kt/a 高速纺切片

专用生产线及工艺，使我国 PA6 树脂生产工艺技术迈上新台阶。与此同时，巴陵石化研究院与华东纺织学院（现东华大学）合作完成 PA6 聚合动力学研究，于 1998 年，在 5kt/a 装置上完成产线放大试验。2002 年由巴陵石化设计院设计，建成国内首套 20kt/a 生产线，当年一次试车成功，形成了万吨级 PA6 生产工艺包，标志着我国 PA6 生产技术进入万吨级水平。

（3）2000—2010 年，国产技术推广应用阶段

巴陵石化化纤厂改制为岳阳化工化纤公司，其产能发展至 110kt/a；石家庄炼化公司、江苏海洋化纤、丹阳瑞美福、浙江华建等十多家企业采用国产设备技术建成 10 套万吨级 PA6 生产线。

（4）2010—2021 年，产业高速发展阶段

此阶段 PA6 树脂生产企业达 47 家，总产能由 1700kt/a 发展到 5850kt/a，此阶段产业发展表现出两大特点：

① 上下游产业链快速发展，由于单体己内酰胺产能飞速提高，推动了 PA6 树脂生产的不断扩大，如山东鲁西化工己内酰胺 30 万吨/年、PA6 为 40 万吨/年，浙江巴陵恒逸的己内酰胺和 PA6 产能分别为 45 万吨/年和 50 万吨/年；福建成为 PA6 生产重点地区，福建中锦、永阳锦江及江苏海洋化纤是以 PA6 聚合与纺丝一体化的企业，其 PA6 产能分别为 31 万吨/年、35 万吨/年及 35 万吨/年。

② 由于聚合装备与工艺技术的进步，促进了 PA6 树脂聚合生产线产能的大幅提高，岳阳化工化纤、福建中锦以及永阳锦江建成 50kt/a 生产线，大部分企业单线产能在 30kt/a 以上，标志着我国 PA6 生产技术的飞跃发展。2021 年国内 PA6 及其单体产能与展望列于表 1-11。

表 1-11　2021 年 PA6 及其单体产能与展望　　　　　　　单位：万吨/年

序号	企业名称	己内酰胺		PA6 树脂		产业链
		现有产能	拟建产能	现有产能	拟建产能	
1	巴陵石化	30	60	5	15	单体/树脂
2	岳阳化纤化工	0	0	16	40	
3	湖北三宁	15	40		40	单体/树脂/纤维
4	神马实业	40	20	7	—	
5	福建天辰耀隆	35		2		
6	沧州旭阳	15				
7	山西阳煤	20		10		
8	山东海力化工	20				
9	山东方明	30		6.5		
10	鲁西化工	40		30		单体/树脂
11	鲁南化工	30				
12	华鲁恒升	30				
13	内蒙古庆华	10				
14	江苏海力化工	20				
15	浙江巴陵恒逸	40	120	50	60	单体/树脂

序号	企业名称	己内酰胺		PA6 树脂		产业链
		现有产能	拟建产能	现有产能	拟建产能	
16	福建申远	60		20		
17	福建中锦新材	26		31		
18	江苏海洋化纤			35		树脂/纤维
19	新会美达			20		树脂/纤维
20	福建永阳锦江			35		树脂/纤维
21	福建长乐力恒			18		
22	福建长乐恒申			15		
23	无锡长安高分子			15		
24	杭州聚合顺			30	60	
25	江苏弘盛新材			20		
26	浙江方圆新材			18.5		
27	南京东方	40				
28	东明旭阳化工	30				
29	福建永荣科技	28				
30	江苏海力化工	20				
31	江苏永通新材			15		
32	中仓塑业			14		
33	其他	25		172		
	合计	604	240	585	215	

从产业链来看，PA6 的上游材料是石油化工产品，己内酰胺（CPL）是重要原材料，在国内尼龙产业发展初期，我国 CPL 生产能力不足，进口依赖度较高。随着 CPL 国产化技术突破，民营企业大规模进入 CPL 产业，国内 CPL 产能快速增长，价格下降，进而推动 PA6 产能快速增长。当前我国 PA6 切片行业呈现出较为明显的转型升级趋势，行业内企业主要可以分为两个层次：第一层次，国内少数几家企业通过自主研发和技术吸收消化，结合市场需求自主研发出一批拥有自主知识产权的 PA6 切片产品，在国内高端市场和国际市场上具有一定的竞争力；第二层次，是以中小型 PA6 切片企业或早期投资企业为主，这些企业技术水平较低，面临设备升级换代的压力，产品主要集中在中低端，利润率较低，市场竞争激烈。图 1-17 总结了 2010—2021 年我国 PA6 产能发展情况。

1.4.2.2　PA66 树脂

PA66 由己二酸和己二胺缩聚而成，由于己二胺长期依赖进口，严重限制了 PA66 产能的增长，直到前几年，国内相关企业逐步掌握己二腈、己二胺的生产技术，并开始大规模工业化生产，摆脱了原材料短缺的困境，稳步提升 PA66 的产能。

我国 PA66 树脂的生产始于 20 世纪 60 年代末，最早生产 PA66 树脂的是黑龙江尼龙厂，采用间隙聚合工艺，产能为 3kt/a。20 世纪 80 年代，平顶山神马工程塑料有限公司先后引进 2 套日本旭化成 6kt/a 生产线及工艺技术；90 年代技改扩能为 20kt/a；2021 年总产

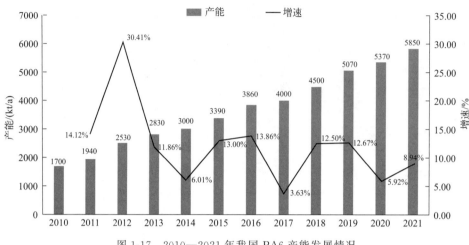

图 1-17　2010—2021 年我国 PA6 产能发展情况

能达 210kt/a。2009 年，浙江华峰集团建成 20kt/a 间隙聚合装置，2022 年，在重庆建设 300kt/a 连续聚合装置。2021 年国内己二腈产能列于表 1-12，2021 年国内 PA66 树脂产能列于表 1-13。2010—2021 年我国 PA66 产能发展情况见图 1-18。

表 1-12　2021 年国内己二腈产能　　　　　　　　　　　　单位：万吨/年

序号	生产企业	产能	序号	生产企业	产能
1	美国英威达	21.5	3	平顶山神马	5
2	中国天辰	20	合计		46.5

表 1-13　2021 年国内 PA66 树脂产能　　　　　　　　　　单位：万吨/年

序号	生产企业	产能	序号	生产企业	产能
1	神马实业	21	5	江苏华洋	3.0
2	英威达	20	6	优纤科技	2.0
3	华峰集团	8.0	7	辽东银珠化纺集团	1.6
4	辽阳兴家化工	4.0	合计		59.6

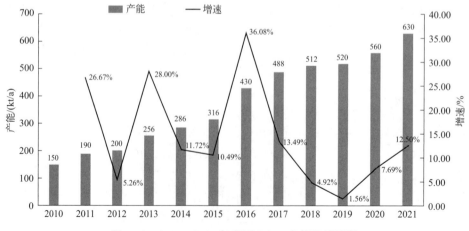

图 1-18　2010—2021 年我国 PA66 产能发展情况

1.4.2.3 特种聚酰胺

我国特种聚酰胺开发较晚，近十年来，全芳香族及半芳香族聚酰胺产业化取得较大突破。烟台泰和新材最早实现产业化也是国内全芳香族聚酰胺产量最大的企业，全芳香族聚酰胺产业化技术日趋成熟，产能突破万吨级水平；金发科技于 2010 建成千吨级 PA10T 生产装置；四川大学与青岛三力合作于 2020 年建成 3kt/a 生产装置；平顶山华伦于 2016 年建成 3kt/a 透明聚酰胺生产装置；河北安耐吉于 2018 年建成 3kt/a PAMXD6 生产装置。标志着我国半芳香族聚酰胺进入产业化阶段，但生产规模较小，产品稳定性较差，工艺有待进一步完善。2021 年我国特种聚酰胺产业化情况列于表 1-14。

表 1-14　2021 年我国特种聚酰胺树脂开发情况　　　　　　　　单位：kt/a

序号	树脂类型	生产企业	产能
1	PA10T、PA6T	金发科技	10
2	长碳链聚酰胺	山东东辰	5
3	透明聚酰胺	山东祥龙	5
4	PA10T	东莞华盈	2
5	PA6T	成都升宏	3
6	PAMXD6	河北安耐吉	3
7	PA6T	青岛三力	10
8	PA6T	浙江新和成	1
9	PA10T、PA6T	江门优巨	2
10	PA6T	江门德众泰	1
11	透明聚酰胺	平顶山华伦	3
12	透明聚酰胺	平顶山倍安德	2
13	PAMXD6	鞍山七彩化学	10
14	PPAT	烟台泰和	5.5
15	PPAT	中化国际	5.5
16	PPAT	东营中芳特纤	3.5
17	PPAT	仪征化纤	1
18	PPAT	蓝星晨光	1
19	PMIT	烟台泰和	9
20	PMIT	江苏超美斯	3
21	PMIT	赣州龙邦	1.5
22	PA11T	河南君恒	2
合计			89

1.4.2.4 己内酰胺反应成型技术

己内酰胺反应成型又称浇铸成型，其产品俗称浇铸尼龙（MCPA6），是己内酰胺经脱水在催化剂作用下，在模具中加热发生阴离子聚合反应而得到的具有一定形状的初坯部件。

我国 MCPA6 研究始于 20 世纪 80 年代，经历 40 余年的发展，成为 PA6 中产能较大、品种众多的一类。

20 世纪 80 年代初，中国科学院化学所王有槐研究员首次较系统地研究了己内酰胺阴离子聚合反应及其浇铸工艺。巴陵石化研究院于 1985 年开展了 MCPA6 制备的研究，并建成 100L 反应釜及离心浇铸装置，成功开发出多种辊轮用于矿山装备耐磨部件。

20 世纪 90 年代，MCPA6 产品主要为通用小型棒材、管材，用于机加工各种机械部件如齿轮、轴套等。绝大部分是手工作坊生产方式。

2000—2010 年，很多大学、专业研究院所和企业从事 MCPA6 制备装备、工艺过程及新产品开发研究。如 2009 年合肥工业大学开发出大型管材生产技术与装备，促进了 MCPA6 产业化发展。

在产品开发方面，各种耐磨型、自润型、增强型 MCPA6 产品问世。生产工艺方面，多家开发大型生产装置，如 1kt/a 级活化反应装备、Φ200 的棒材与管材生产线及板材浇铸装备；千吨级企业达 50 余家，总能达 100kt/a。

2010—2022 年是产业发展高峰期。此阶段产业呈现机械化、规模化及专业化发展特征。

① 新产品高性能化，众多企业开发出含油润滑 MCPA6、耐磨 MCPA6、高韧性 MCPA6、纤维增强 MCPA6 系列产品。

② 产品生产转向专用机械部件如机械传动齿轮、轴承轴套、矿山机械传动滑轮、电梯传动滑轮、工程机械滑轮滑块等。

③ 生产工艺向机械化、连续化发展，己内酰胺活化反应与连续自动浇注成型、自动脱模一体化，机加工与装配一体化。2013 年，笔者主持完成设计开发国内首套 2kt/a 连续反应自动浇铸生产线，在中车时代新材建成投产，成为汽车转向涡轮专业化生产线；2014 年江苏宜兴华泰建成万吨级自动浇铸电梯滑轮生产线；2018 年，湖南临湘五星建成万吨级工程机械滑轮、滑块自动生产线。

④ 产业规模化。近十年，MCPA6 产业迈入规模化发展阶段。国内千吨级规模企业高达 150 家，其中，河北地区超过 120 家，总产能超过 300kt/a。主要企业列于表 1-15。

表 1-15　MCPA6 主要生产企业情况

序号	企业名称	主要产品	产能/(kt/a)	主要应用领域
1	广州南方尼龙	板材、棒材、齿轮、链板	20	机械部件
2	宜兴泰华	板材、管材、滑轮、齿轮	30	电梯、电缆、矿山机械
3	临湘五星	滑轮、滑块管材、板材	20	工程机械
4	扬中江星	板材、棒材、齿轮	20	机械部件、铁路
5	河北辛集	板材、齿轮、磨耗盘	10	机械部件、铁路货车
6	扬中旭腾	板材、棒材、滑轮	15	机械部件、铁路器材、滑轮
7	邢台冀宏	管材、板材、滑轮	15	机械部件、矿山机械
8	盐城巨神	板材、棒材、管材、轴套、齿轮	10	机械部件
9	瑞安光静	板材及部件	10	机械部件
	合计		150	

1.4.3　聚酰胺复合材料

我国聚酰胺复合材料产业起步较晚,但发展迅速。目前,国内从事改性材料开发生产的企业超过 1000 家,总产能超过 4000kt/a,我国成为全球产销量最大的国家。其发展大致经历三个阶段。

① 1990—2000 年,产业初创期　1987 年巴陵石化研究院及北京市化工研究院先后引进德国 WP 公司双螺杆挤出试验机,是国内最早从事聚酰胺及改性工程塑料研究的研究机构。1992 年,广州黄埔天宇工程塑料有限公司和番禺莲花山工程塑料有限公司创建;1995 年广州金发科技和广州科苑相继成立,标志着我国改性工程塑料产业的正式起航。十年间,随着珠三角地区的改革开放,特别是深圳经济特区的发展,珠三角地区家电产业的迅速崛起,改性工程塑料产业蓬勃发展,从业企业超过 50 家,形成了一定规模的产业群。此阶段聚酰胺复合材料生产技术较为简单,主要采用人工配料,国产双螺杆挤出机共混挤出,生产玻纤增强、填充聚酰胺复合材料,技术水平、产品质量较低,单线产能约 200kg/h。

② 2000—2010 年,产业发展期　此阶段国家决定设立上海浦东开发区,以上海为龙头的长三角地区经济迅速崛起。此阶段,长三角的汽车、电动工具、电子电气及房地产迅猛发展,珠三角的家电、电子的飞速发展,给聚酰胺复合材料产业带来快速发展机遇。

同时,与之相关的装备技术快速提升,如双螺杆挤出机及辅助设备升级换代,单机产能达到 900kg/h;国外先进的加工助剂大量进入国内市场,国内助剂开发与工程化应用以及配色技术迅速发展,国内众多高校、研究院所广泛研究共混改性技术及其基础理论,有力促进了聚酰胺复合材料产业的技术进步,聚酰胺复合材料新产品层出不穷,如金发科技的电动工具专用增强 PA6 系列,浙江俊尔的低压电器专用氮系阻燃 PA6,深圳泰塑的电工电器专用阻燃增强 PA6、PA66,苏州旭光汽车专用增强 PA6,中车时代新材、南京聚隆及浙江德邦的高铁扣件专用增强 PA66 系列产品得到工程化应用。此阶段形成了以珠三角、长三角为主导,辐射东北、西南、中部地区的全国性复合材料产业。从业企业超过 500 家,聚酰胺复合材料产能超过 200 万吨。

③ 2010—2021 年,产业创新发展期　此阶段国内汽车产业迈入发展快车道,2012 至今,连续 8 年实现汽车产销量全球第一,年均产销量超过 2500 万辆。汽车轻量化给聚酰胺复合材料应用带来广泛的市场;电子电气装备高性能化、小型化发展促进了环保阻燃增强、耐高温聚酰胺复合材料的快速发展。

此阶段国内聚酰胺共混改性技术随聚酰胺树脂品种的增多,改性材料及助剂的开发与装备技术的发展,实现了跨越式进步。聚酰胺树脂包括各种 PA6、PA66、PA612、PA6T、PA10T 等得到了广泛应用,多种接枝共聚增韧、相容剂的推广应用,各种高性能新型润滑剂如高分子聚硅氧烷树脂、流动改性剂支化树脂、玻纤分散剂 TAF 及耐高温抗氧剂等推广应用,无卤阻燃剂如耐析出红磷母粒、次磷酸铝与聚磷酸铵复合阻燃剂的开发应用,促进了聚酰胺复合材料性能的提高以及品种的多样化;高扭矩双螺杆的引进及其国产化、自动加料与计量系统的引进与国产化技术推动了聚酰胺复合材料生产效率与产品品质的大幅提升,形成了自主研发创新和参与国际竞争的能力。

此阶段聚酰胺复合材料新产品开发呈井喷式发展，进入高性能聚酰胺复合材料创新发展期。金发科技成功开发 PA10T 及其增强、阻燃系列复合材料替代日本可乐丽 PA9T 用于节能灯支架，长玻纤增强 PA6 替代美国泰克拉公司产品用于汽车结构部件；广东泰塑开发出红磷母粒阻燃增强 PA6、PA6 复合材料替代 BASF 同类产品应用于电器部件；东莞意普万开发高性能玻纤增强 PA66、PA6 替代杜邦、DSM 同类产品应用于汽车进气管；长沙五犟开发高玻纤增强 PA6、PA66 复合材料替代杜邦产品应用于汽车结构部件；时代新材开发连续玻纤增强 PA6 替代朗盛产品应用于汽车刹车、油门踏板；南京聚隆开发长纤维增强 PA6 系列产品应用于汽车结构部件；杭州本松及长沙五犟开发阻燃增强 PA46、PA6T 替代杜邦、SDM、ESM 公司产品应用于电子电气部件；广东泰塑、金发科技、杭州本松、长沙五犟相继开发无卤阻燃增强 PA6、PA66 复合材料用于电子电气部件；株洲时代新材、南京聚隆、神马工程塑料、浙江德邦等企业开发高性能玻纤增强 PA66，广泛用于高铁线路扣件系统；金发科技、浙江本松、江苏旭光、长沙五犟、南京利华等企业开发超韧 PA6、PA66 替代杜邦、赢创、BASF 等公司产品用于体育器材、汽车部件、军工装备。

据有关统计，2021 年增强聚酰胺总产能超过 250 万吨，占比（占总聚酰胺复合材料的比例）40%，其次是阻燃增强聚酰胺占比 30%，聚酰胺合金（包括增韧聚酰胺）占比 20%，导电、导热、耐磨聚酰胺占比 10%。2022 年国内聚酰胺复合材料主要企业的产品及产能列于表 1-16。

表 1-16　2022 年国内聚酰胺复合材料主要企业的产品及产能

序号	企业名称	主要产品	产能/（kt/a）
1	金发科技	玻纤增强 PA6、PA66、PA10T，长玻纤增强 PA6，碳纤维增强 PA6、PA6，阻燃增强 PA6、PA66、PA10T，增韧 PA6	200
2	神马实业	玻纤增强 PA66	100
3	南京聚隆	玻纤增强 PA6、PA66、PA6T，长纤维增强 PA6，增韧 PA6、PA66	100
4	中广核俊尔	玻纤增强 PA6、PA66、PA6T，连续玻纤增强 PA6，碳纤维增强 PA6、PA66，阻燃增强 PA6、PA66，填充 PA6	100
5	深圳泰塑	玻纤增强 PA6、PA66、PA6T，玻纤增强 PA6、PA66，增强增韧 PA6、PA66，碳纤维增强 PA6	150
6	浙江本松	阻燃增强 PA6、PA66、PA6T，玻纤增强 PA6、PA66、PA6T，增强增韧 PA6、PA66，阻燃填充 PA6	100
7	苏州旭光	玻纤增强 PA6、PA66，增强增韧 PA6、PA66，增韧 PA66，增强填充 PA6	80
8	浙江德邦	玻纤增强 PA6、PA66	100
9	浙江新力	玻纤增强 PA6、PA66，阻燃增强 PA6、PA66，增强阻燃 PA6T，增韧增强 PA6、PA66	100
10	黑龙江鑫达	玻纤增强 PA6、PA66，增强增韧 PA6、PA66	200
11	广州科苑	玻纤增强 PA6、PA66，增强增韧 PA6	80
12	南京利华	玻纤增强 PA6、PA66，增强增韧 PA6、PA66，增韧 PA66、PA6	80
13	浙江永兴	玻纤增强 PA6、PA66，阻燃增强 PA6、PA66	80
14	上海普利特	玻纤增强 PA6、PA66	80
15	东莞意普万	玻纤增强 PA6、PA66，增强增韧 PA66、PA6，增强填充 PA6、PA66	60

序号	企业名称	主要产品	产能/(kt/a)
16	东莞宇虹	玻纤增强 PA66,高玻纤增强 PA6 系列	50
17	中山奇德	玻纤增强 PA6、PA66,增强增韧 PA6、PA66	40
18	广州聚赛龙	玻纤增强 PA6、PA66、PA6T	60
19	河南海瑞洋	玻纤增强 PA6、PA66	30
20	东莞华聚	玻纤增强 PA6、PA66,增强增韧 PA6、PA66	60
21	宁波佳尔隆	玻纤增强 PA6、PA66,增强增韧 PA6、PA6	20
22	长沙五犇	玻纤增强 PA6、PA66、PA6T,碳纤维增强 PA6、PA6,玻纤增强 PAMXD6,无卤阻燃增强 PA6、PA66,阻燃增强 PA6T	30
23	上海日之升	玻纤增强 PA6、PA66,增强增韧 PA6、PA66	30
24	宁波伊德尔	增强阻燃 PA6、PA66	20
25	江苏博云	玻纤增强 PA6、PA66,增强增韧 PA6	30
26	合肥汇通	玻纤增强 PA6、PA66,阻燃增强 PA6	50
27	南京立汉	玻纤增强 PA6、PA66	20
28	上海耐特	玻纤增强 PA6、PA66、PA6T	20
29	合肥杰事杰	玻纤增强 PA6、PA66	30
30	岳阳经源	玻纤增强 PA6、PA66	20
31	石家庄北田	玻纤增强 PA6、PA66,增韧 PA6	20
合计			2140

1.4.4 我国聚酰胺消费结构变化

表 1-17 列举了我国 2010—2021 年聚酰胺消费结构的变化情况,由表可知:聚酰胺纤维消费占比呈现逐年降低的变化趋势;薄膜、管材、通信、轨道交通、机械工程、农用机械和其他应用领域的消费占比变化幅度较小;汽车和电子电气行业的消费占比大幅增长。

预计未来 10 年,我国食品包装薄膜业将进入高速发展期;国产汽车将超越德系、日系、美系三大汽车,使我国成为全球汽车制造强国;轨道交通、工程机械、矿山机械、农业机械等高端装备高性能化、轻量化,对聚酰胺及其复合材料的需求将大幅增长。预计薄膜专用聚酰胺增长率可达到 8%,汽车专用聚酰胺达 12%,机械包括工程机械、轻工机械、矿山机械、农业机械专用聚酰胺将增长 8%,电子电气专用聚酰胺将增长 15%。

表 1-17 我国 2010—2021 年聚酰胺消费结构变化   单位/%

应用领域	2010	2011	2012	2013	2014	2015	2016	2017	2018	2019	2020	2021
纤维	68.24	67.03	66.15	65.40	63.71	63.19	63.10	62.76	63.17	62.36	61.76	61.51
薄膜	4.93	4.97	4.87	4.87	4.97	4.84	4.88	4.29	3.63	4.11	3.87	4.19
管材	1.49	1.48	1.49	1.52	1.46	1.49	1.52	1.49	1.46	1.50	1.51	1.50
通信	2.71	2.74	2.83	2.82	2.83	2.85	2.88	2.95	2.93	2.92	2.93	3.03

应用领域	2010	2011	2012	2013	2014	2015	2016	2017	2018	2019	2020	2021
汽车	6.74	7.33	7.90	8.27	8.74	9.05	9.25	9.44	9.67	9.73	10.02	10.02
轨道交通	1.75	1.78	1.77	1.74	1.75	1.76	1.73	1.77	1.74	1.79	1.78	1.77
机械工程	1.85	1.86	1.90	1.91	2.00	1.98	2.04	2.08	2.10	2.08	2.16	2.15
电子电气	7.93	8.61	9.14	9.52	10.64	10.92	10.73	11.33	11.51	11.71	12.15	12.06
农用机械	1.27	1.26	1.30	1.31	1.29	1.28	1.27	1.30	1.27	1.27	1.27	1.30
其他	3.09	2.94	2.64	2.65	2.59	2.65	2.59	2.59	2.50	2.53	2.54	2.46

1.4.5 产业发展趋势

过去的 20 世纪，是工业大规模发展的工业经济时代，其特征是大规模消耗能源和资源。21 世纪是知识经济的时代，化学工业的精细化、个性化和绿色化是这个时代的三大发展趋势。聚酰胺工程塑料的发展，也应该遵循知识经济时代的发展规律，所生产的聚酰胺产品应该是品种多、具有特异的性能、技术含量高、附加值高、对环境友好，而用户购买的是他们所需要的性能，生产厂出售的是特定规格、特异性能、安全、无公害的产品。聚酰胺树脂的生产规模化，30 万吨/年规模的生产线逐渐发展成为行业主流，其中 PA6 单线产能可达 5 万吨/年，PA66 单线产能可达 3 万吨/年，特种树脂装置规模达 1 万吨/年以上。

在聚酰胺消费结构方面，化纤消费占比将逐年下降，薄膜、复合材料消费占比将大幅上升。聚酰胺的生产过程绿色化，所生产的产品是高收率、低废物或无废物的"原子经济"（尽量使参加过程的原子都进入最终产品），整个生产聚酰胺的过程都要保护环境，减少公害，合理使用资源和能源，安全卫生。

（1）聚酰胺工程塑料的需求将大幅增长

聚酰胺工程塑料不仅具有良好的力学性能、韧性、自润滑性、耐磨性、耐化学品性、气体阻隔性、耐油性，而且还具有无毒、易着色等优点。聚酰胺不仅品种多，而且较易改性，改性效果非常显著，其中最重要的是玻璃纤维增强和合金技术。所以聚酰胺改性品种牌号也非常多，能满足不同领域、不同用途的需要。尤其是我国汽车、机械向高性能轻量化方向发展；电子电气、通信装备高性能化对聚酰胺复合材料的需求将大幅增长；食品包装薄膜向高阻隔、耐穿刺、耐蒸煮方向发展；电动汽车、电动摩托、电子及电力储能装备电池包装向软包装发展，铝塑复合膜将迎来高速发展期，因此，膜用聚酰胺树脂尤其是高性能共聚聚酰胺树脂的需求将快速增长。

（2）功能化聚酰胺尤其是耐高温聚酰胺、共聚聚酰胺将成为产业新的增长点

我国已成为全球最大的聚酰胺纤维产销大国，未来发展方向是功能化纤维，如高吸水性、高染色性、高弹性、保温性、抗起球、抗静电、阻燃纤维将成为纤维行业的发展方向，对功能化聚酰胺树脂的需求将持续增长；BOPA6 膜及复合膜、动力电池包装膜的快速发展，对膜用高性能聚酰胺树脂的需求将大幅增长；电子电器小型化对耐高温聚酰胺的需求将快速增长。因此，功能化聚酰胺尤其是耐高温聚酰胺、共聚聚酰胺是未来聚酰胺产业发展的重要方向。

（3）高性能化、功能化是聚酰胺复合材料发展的重要方向

纤维增强聚酰胺仍是聚酰胺复合材料发展的重要方向。随着汽车、机械轻量化对高强度聚酰胺复合材料的需求越来越大，高含量玻纤增强聚酰胺如玻纤含量 60% 的 PA6、PA66、PA6T、PA10T 等复合材料与低玻纤含量（30%～40%）聚酰胺复合材料相比具有更高的力学性能，其拉伸强度可达 290MPa，弯曲强度可达 350MPa 以上；连续纤维增强聚酰胺复合材料具有金属材料的力学性能，有望替代金属材料用于汽车、轨道交通装备、风电叶片及矿山机械等领域；长玻纤增强聚酰胺复合材料比双螺杆挤出共混聚酰胺复合材料具有更高的力学性能，更适合以塑代钢用于汽车机械结构部件；碳纤维增强聚酰胺复合材料具有高强度、高模量、耐磨、质轻等优异性能，将成为汽车轻量化的重要结构材料；碳纤维与芳纶复合增强聚酰胺复合材料具有优异的力学与耐磨性能，可替代金属耐磨材料；碳纤维与碳纳米管等增强聚酰胺作为导电材料具有广阔的发展前景；石墨烯及无机材料填充聚酰胺导热材料将得到广泛应用；低析出、高相比电痕化指数（CTI）无卤增强阻燃聚酰胺将成为电子电气广为应用的阻燃材料；低介电聚酰胺复合材料在通信装备中具有广阔的应用前景；阻燃增强 PA6T、PA10T、PA6T/6I、PA10T/6I 系列耐高温复合材料将成为电子电气的主导材料。这些聚酰胺复合材料将成为聚酰胺复合材料未来主要发展方向。

（4）创新发展聚酰胺工程塑料的加工成型技术

聚酰胺的加工成型技术是高分子材料工业的重要组成部分。随着科学技术的发展和聚酰胺应用领域的扩大，特别是在汽车、工程机械等工业中的应用，以塑代钢轻量化是必然趋势。目前，汽车发动机周边部件主要采用聚酰胺树脂，主要的成型方法是注射成型。但是用传统注射成型技术，难以加工成型形状复杂的制品，例如汽车发动机的进气歧管，是形状复杂的较大型中空部件。因此，从 20 世纪 80 年代初就着手研究其加工方法，相继开发熔芯注射成型法（lost core injection），该方法主要是利用低熔点合金（如锡-铋合金），先浇铸芯型后，将其固定在模具中，注入聚酰胺工程塑料树脂，最后熔化掉低熔点合金芯型，欧洲主要采用此法加工汽车发动机进气歧管。也有采用其他注射成型法加工进气歧管的，如模具滑合注射成型法（die slide injection，DSI）、模具移动注射成型法（die rotaty injection，DRI）、振动熔接法、激光焊接法等。日本岸本产业、KCK 等公司开发的在线混炼注射成型法（direct injection molding，DIM），主要用于玻璃纤维、碳纤维和矿物填充物含量高的改性高聚物的成型加工。该法无须造粒，将掺混物直接注射成制品，其关键是如何提高螺杆的混炼效率，一般是通过改变螺杆压缩段的构造来实现的，与传统方法相比较，降低了能耗，减少了基体树脂的降解、高温氧化变色、玻纤过度剪切而切断等问题。今后，为了使聚酰胺加工成更复杂的、更精确的制品，实现对制品聚集态等方面的控制或不同材料的复合，要充分发挥聚酰胺工程塑料的特性，制造高性能聚酰胺制品。随着聚酰胺制品的高度精密化、功能化、高产量等方面发展的需要，其加工成型以采用注射成型新技术为主，以多种方式相组合的加工成型技术也必然有一个很大的发展。

（5）聚酰胺树脂生产工艺不断提升

改进聚酰胺树脂生产工艺的目标是使产品收率高，不产生或少产生废物，不污染环境，合理利用资源，要尽可能提高资源的利用率。国外一些大公司做了大量研究，已初见成效。

如美国杜邦公司在田纳西州的 CHATTNOGA 聚酰胺生产装置，原料生成产品和副产品的转化率高达 99.8％，仅有 0.2％的废物，经处理后排放，该工厂正准备关闭废水处理装置。又如日本旭化成公司利用苯部分加氢技术制备环己醇，1990 年建成 6 万吨/年生产装置，该工艺技术大大改进了传统生产环己醇的工艺技术，使碳资源的利用率由原来的 70％～80％提高到 90％，几乎没有副产物，废液和废气减少到传统技术的几十分之一，另外产品中杂质少，纯度高达 99.5％。与传统工艺比较，该工艺安全卫生，大大减少了对环境的污染，而传统工艺副产物约为 20％～30％，能耗大，"三废"量大，需要庞大的处理装置，并存在安全隐患。

PA6 和 PA66 的中间原料更加易得、廉价，是聚酰胺合成工艺路线改进、发展追求的目标和发展趋势，由以芳烃为主的原料路线向以烯烃为主的原料路线转化。

BASF 公司开发成功的烯烃合成己内酰胺工艺技术，21 世纪初实现工业化。目前 95％生产己内酰胺的企业都是以苯、甲苯和苯酚为原料，沿用 Sohiack 教授开发的基本技术路线进行生产，这些传统的工艺路线产生大量副产物硫酸铵及"三废"。20 世纪 80 年代初，BASF 公司对生产己内酰胺的各种改进技术路线进行评估，认为在现有基础上很难有突破性的进展。因此，该公司开始研究生产己内酰胺的新工艺路线，原料为天然气或丁二烯。该方法合成己内酰胺的同时生成己二胺，生产装置可随市场需求改变这两种产物的比例 [（30∶70）～（70∶30）]。BASF 合成己内酰胺新工艺与己二胺工艺相结合，整个工艺过程不产生副产物，无污染环境。由环己烷氧化制己内酰胺传统工艺的产率约为 85％，而新工艺为 95％左右。该新工艺还具有投资少、流程短、节能等优点。目前，已进行了中试，正在与杜邦公司合作建立生产己内酰胺和己二胺的联合工厂。

（6）循环利用将成为聚酰胺产业发展的重大方向

大自然提供给人类可利用的天然资源是有限的，同时废聚酰胺造成环境污染，威胁着人类的生存条件，因此，资源循环利用是人们追求的目标。聚酰胺的回收再利用技术是今后研究的重要课题之一。要实现这一目标，还要解决很多技术问题。目前，世界上生产聚酰胺的大公司，都在投巨资开展这方面的研究，经水解、醇解等方法回收单体，实现原料的循环利用，现已初见成效。据报道，美国每年废弃的 PA 地毯约为 150 万吨，如能全部回收，其经济效益和环境效益是非常可观的。BASF 在北美正在开展 GIX Again 的 PA6 废地毯再生项目；杜邦公司也宣布在美国、加拿大兴建废 PA66 的再生项目；另外，罗纳-普朗克公司、Zimmer 公司等都在开发废聚酰胺再生循环利用技术。这里所说的废聚酰胺，包括生产加工过程中的废料、设备维修更换的废聚酰胺零部件和使用后的聚酰胺废弃物。

（7）绿色环保技术广泛应用

随着人类社会的进步，人们对塑料制品的安全、环境保护特别重视，要求越来越严格。就阻燃改性聚酰胺而言，阻燃剂趋向于无卤化，逐步淘汰卤系阻燃剂，特别是多溴二苯醚类的溴系阻燃剂，主要是由于其在燃烧过程中产生致癌性很强的二噁英和其他有害气体，今后主要使用无机和有机磷类等对生态环境污染小的阻燃剂。近年来，随着高耐热、稳定性优良的抗菌防霉剂的开发成功，形成了以汽车、家电、办公用品等抗菌防霉制品为中心的应用产品，日本东丽公司开发的抗菌级玻纤增强 PA6 不仅具有优良的抗菌性能，而且还具有优良的力学性能和耐化学品性，适用于门把手和其他手触摸部件。

参考文献

[1] 邓如生，魏运方，陈步宁．聚酰胺树脂及其应用［M］．北京：化学工业出版社，2002.

[2] 朱建民．聚酰胺树脂及其应用［M］．北京：化学工业出版社，2011.

[3] 董继龙，魏建伟，王红琴，等．我国己内酰胺合成技术研究进展及市场分析［J］．化工新型材料，2020，48（S1）：24-27.

[4] 金芝娟，金荣镇，朴正锡，等．新型十二内酰胺制备方法及合成装置［P］．CN113227046A，2019.

[5] 赵清香，王帅辉，刘民英，等．一种以己内酰胺为原料合成己二胺的方法［P］．CN110423201A，2019.

[6] 赵鑫，常静．己二酸合成己二腈技术路线［J］．煤炭与化工，2020，43（10）：124-126.

[7] 李东霞，黎明，王洪鑫，等．生物法合成戊二胺研究进展［J］．生物工程学报，2014，30（2）：161-174.

[8] 谢锐，徐保明，陈坤．己二胺合成工艺的研究进展［J］．应用化工，2022，51（3）：873-877，883.

[9] 刘宇轩．基于赖氨酸脱羧酶的高纯度戊二胺的合成工艺开发［D］．天津：天津大学，2020.

[10] 殷宇新．癸二胺工艺的研究与工业化生产［D］．上海：华东理工大学，2012.

[11] 兴可．长碳链二元酸制备二元胺的反应研究［D］．太原：中北大学，2015.

[12] 苏铁军，习伟，李克华．催化氧化在己二酸绿色合成实验中的应用［J］．化学工程与装备，2012（12）：1-2，38.

[13] 孙婧．浅析己二酸合成工艺研究进展［J］．化工中间体，2015，11（6）：32.

[14] 王彦伟．锦纶6产业链生产现状及市场分析与展望［J］．合成纤维工业，2017，40（5）：57-61.

[15] 李玉芳．我国己内酰胺及聚酰胺6切片进出口分析［J］．精细与专用化学品，2020，28（10）：13-17.

[16] 李敏．尼龙66切片市场分析及前景展望［J］．中国石油和化工经济分析，2019（7）：61-63.

[17] 王敏，韩斌，刘新新，等．耐高温尼龙的发展与应用［J］．工程塑料应用，2022，50（3）：170-175.

[18] 许雯靓，宋文川．热塑性尼龙弹性体的研究进展［J］．粘接，2011，32（11）：84-88.

[19] 王忠强，卢健体，易庆锋，等．聚酰胺纳米复合材料的应用进展［J］．合成材料老化与应用，2022，51（2）：85-87.

[20] 蒋莹．基于聚酰胺的改性碳纤维复合材料在体育器材中的制备和性能研究［J］．粘接，2021，48（10）：67-70，102.

[21] 王世博，刘洪涛，葛世荣，等．硅灰石增强铸型尼龙复合材料摩擦学行为研究［J］．中国矿业大学学报，2010，39（5）：723-727.

[22] 李爱元，张慧波，孙向东，等．异辛酸稀土含油MC尼龙的性能和应用研究［J］．工程塑料应用，2010，38（9）：48-50.

[23] 陈绮虹，林轩，周红军，等．超韧耐磨MC尼龙的制备及性能研究［J］．工程塑料应用，2011，39（7）：15-17.

[24] 刘俊宁，牛秀明．环氧树脂改性MC尼龙/碳纤维/二硫化钼复合材料的研制［J］．工程塑料应用，2012，40（9）：13-16.

[25] 葛跃军，汪晶．碳纳米管耐磨改性MC尼龙及磨耗机理［J］．沈阳化工大学学报，2014，28（1）：37-41.

[26] 林博，周强．含油MC尼龙轴套性能研究及其在装载机上的应用［J］．工程机械，2014，45（12）：

25-28，7.

[27] 陈谦，刘伟，杨丹．稀土含油 MC 尼龙的性能研究及其在重型车中的应用 [J]．汽车工艺与材料，2019 (1)：61-65.

[28] 刘继纯．一种含油铸型尼龙复合材料 [P]．CN102942694A，2012.

[29] 曾余平．一种超韧耐磨 MC 尼龙复合材料及其制备方法 [P]．CN104004346A，2014.

[30] 陶友瑞．一种纤维增强 MC 尼龙的工艺及设备 [P]．CN104890259A，2015.

[31] 张玉蓉．一种长纤维增强 MC 尼龙复合材料制备方法 [P]．CN103978693A，2014.

[32] 王亚兵．一种汽车稀土含油改性 MC 尼龙浇注衬套的生产工艺及其应用 [P]．CN107571527A，2017.

[33] 朱海霞．一种高强度超耐磨 MC 尼龙复合材料及其制备方法 [P]．CN106430714A，2017.

第2章
聚酰胺树脂的合成

聚酰胺是由内酰胺开环聚合或由二元酸与二元胺或氨基脂肪酸缩聚而成的高分子材料。按其大分子链结构分类，聚酰胺可分为三大类，即脂肪族聚酰胺、芳香族聚酰胺和共聚聚酰胺。

脂肪族聚酰胺是脂肪族二元酸与脂肪族二元胺或氨基脂肪酸缩聚的聚酰胺，这类聚酰胺具有结晶速率快、结晶度高和优良的综合力学性能。但这类聚酰胺存在明显的缺点，如吸水性大、制品尺寸稳定性较差、耐热性不好。

芳香族聚酰胺是大分子主链中含有苯环和酰氨基结构的聚酰胺。芳香族聚酰胺分为半芳香族和全芳香族两类。半芳香族聚酰胺是芳香族二元胺或芳香族二元酸与脂肪族二元酸或二元胺缩聚的芳香族聚酰胺；全芳香族聚酰胺是芳香族二元胺与芳香族二元酸缩聚的芳香族聚酰胺。这类聚酰胺的突出特点是耐高温、高强度、高模量、吸水性小、尺寸稳定性好，缺点是加工性能不如脂肪族聚酰胺。

共聚聚酰胺是用多种单体进行缩聚制得的聚酰胺，按其大分子链组成结构有无规共聚、嵌段共聚、交替共聚等。其生产方法与 PA6、PA66 很类似。这类产品主要用于粉末涂料、胶黏剂等方面。

本章主要介绍脂肪族聚酰胺、芳香族聚酰胺、共聚聚酰胺和注射成型聚酰胺的合成工艺路线及突出特点与用途。

2.1 脂肪族聚酰胺

脂肪族聚酰胺是聚酰胺中产量最大、用途最广、品种最多、大规模工业化生产的品种，其中，以 PA6、PA66 的产量最大，PA56、PA1010、PA610、PA612、PA1212、PA11、PA12、PA46 等品种具有很大的市场潜力。

2.1.1 聚己内酰胺

2.1.1.1 名称与结构

学名：聚己内酰胺

俗称：尼龙 6

英文名称：polycaprolactam，nylon6（PA6）

结构式：$\text{—[NH(CH}_2\text{)}_5\text{CO]}_n\text{—}$

2.1.1.2 单体合成工艺路线

己内酰胺全称 ε-己内酰胺（caprolactam，CPL），其来源广泛，原料合成路线最多。

己内酰胺生产工艺路线有以下五种：

① 苯加氢-环己烷氧化法　以苯为基础原料，经加氢制取环己烷，环己烷氧化生成环己酮，再与羟胺肟化生成环己酮肟，经贝克曼重排得到己内酰胺。主要化学反应过程如下：

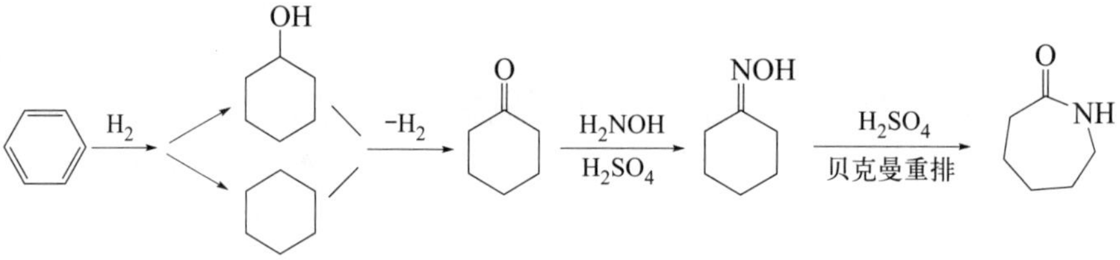

② 苯酚法　苯酚经加氢制环己醇，再氧化制环己酮，肟化后得到环己酮肟，最后经贝克曼重排得到己内酰胺。化学反应如下：

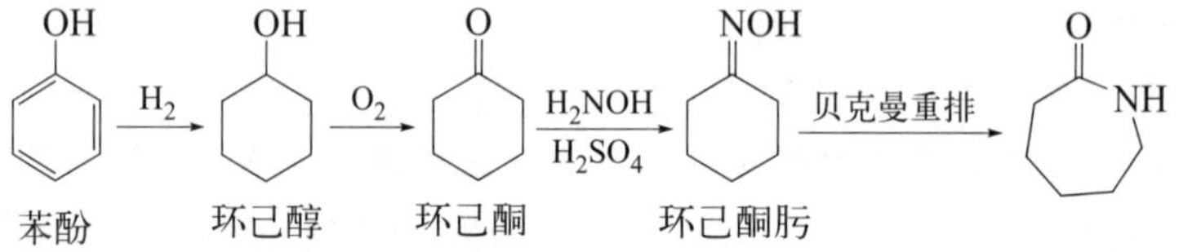

③ 甲苯法　甲苯在催化剂作用下氧化制取苯甲酸，再加氢制环己烷羧酸，再在发烟硫酸作用下与羟胺反应，并经贝克曼重排得己内酰胺。化学反应如下：

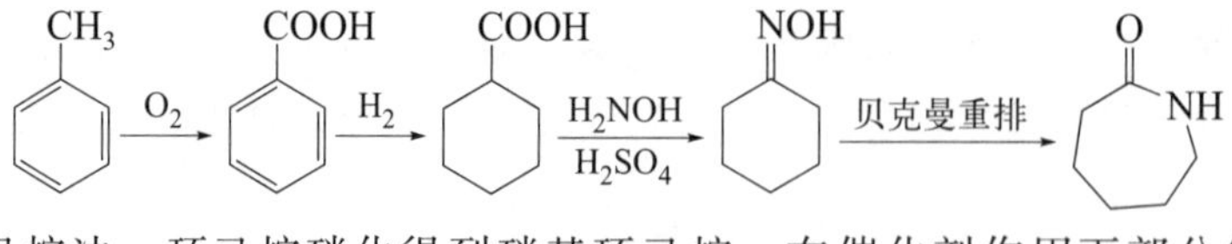

④ 硝基环己烷法　环己烷硝化得到硝基环己烷，在催化剂作用下部分氢化还原为环己酮肟，经贝克曼重排得到己内酰胺。化学反应如下：

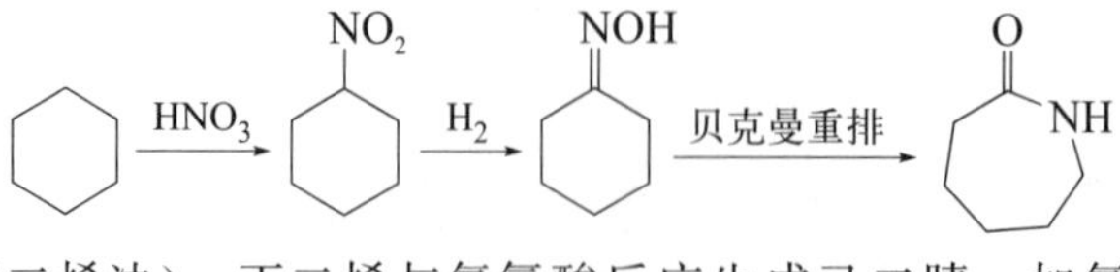

⑤ 己二腈法（丁二烯法）　丁二烯与氢氰酸反应生成己二腈，加氢制得氨基己腈，再经环化得到己内酰胺。化学反应如下：

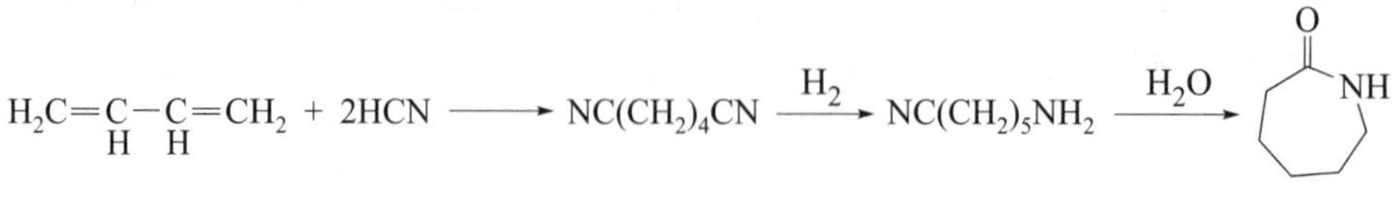

上述五种工艺路线，苯加氢-环己烷氧化法广为使用，丁二烯法将成为具有竞争力的工艺路线。

2.1.1.3　聚己内酰胺合成工艺路线

聚己内酰胺的生产工艺路线较多，不同的工艺路线所得到的产品性能有所不同，其用途也有所差异。

按聚合机理可分为：水解聚合、碱性阴离子催化聚合和固相聚合。水解聚合工艺是己内酰胺在 3%～10% 的水或酸的存在下，发生聚合反应。PA6 的水解聚合工艺可以分为一段聚合法、常压连续聚合法和二段聚合法。碱性阴离子聚合最早由 Joyce 提出，他做了环酰胺在碱性介质中的相关研究。己内酰胺在强碱性条件下可形成阴离子，温度为 200℃ 时，可快速聚合生成分子量高达 10 万以上的聚酰胺。固相聚合工艺是以聚酰胺预聚体为反应物，在低于聚合物熔点的温度下进行反应，是传统缩聚技术的有效补充。

按聚合工艺可分为：间歇聚合、连续水解聚合和阴离子聚合。其中，连续聚合工艺分为常压水解连续聚合、二段加压聚合及固相增黏聚合。工业上应用最多的是连续水解聚合，采用最多的工艺路线是常压水解连续聚合与二段水解连续聚合。这两种工艺路线均适合大规模化生产，产品分子量可调，可生产多种牌号的产品。固相聚合亦属催化聚合范畴，主要适用于高黏度产品的场合。催化聚合的工艺路线包括单体浇铸与双螺杆挤出聚合。单体浇铸主要用来制造大件制件或直接生产各种机械零部件。单体浇铸聚酰胺通常称为 MC 聚酰胺，是将单体脱水、活化后直接浇灌到模具中进行聚合反应，得到初级制件。双螺杆挤出聚合的特点是聚合速度快、流程短、投资少、产品分子量可控。

（1）水解聚合反应过程与工艺

① 水解聚合反应过程

a.水解：

$$\text{己内酰胺} + H_2O \Longleftrightarrow H_2N-(CH_2)_5-\overset{O}{\underset{\|}{C}}-OH$$

b.缩合：$H_2N(CH_2)_5COOH + H_2N(CH_2)_5COOH \Longleftrightarrow H_2N(CH_2)_5CONH(CH_2)_5COOH + H_2O$

c.加成聚合：$n\,H_2N(CH_2)_5COOH \longrightarrow \left[NH-(CH_2)_5-\overset{O}{\underset{\|}{C}}\right]_n$

d.酰胺交换：
$$\begin{array}{c} R_1-NH-CO-R_2 \\ + \\ R_3-NH-CO-R_4 \end{array} \Longleftrightarrow \begin{array}{c} R_1-NH \quad\; HN-R_3 \\ \;\;| \quad + \quad | \\ R_4-CO \quad OC-R_2 \end{array}$$

以上反应中，水解反应最为关键，水解反应速率影响聚合物分子量的增长，缩合反应与加成聚合反应是生成高分子聚合物的主要过程。

酰胺交换主要发生在聚合后期，这种反应能起到调节分子量分布的作用。在后期聚合过程中，同时存在聚合物的水解反应。因此，要得到高分子量的 PA6 必须设法除去体系中的水分。

② 水解聚合过程与工艺

聚己内酰胺水解聚合生产过程包括聚合、萃取、干燥与单体回收四大工序。

a. 聚合　目前广泛采用的是加压前聚-减压后聚工艺。该工艺将聚合过程分为两个阶段，采用两个聚合管，以不同的聚合工艺条件来实现产品牌号的调整。连续聚合所采用的设备均为聚合管（又称为 VK 管），管式反应器内装有熔体分配板，保证管内温度偏差控制在很小的范围内，从而可控制分子量分布。聚合反应温度：前期聚合为 240～245℃，后期聚合为 250～260℃，一般在后期适当提高反应温度有利于分子量的增长。后期采用抽真空除去系统中的水分，真空度控制在 -0.06～0.1MPa。聚合反应后生成的聚合物熔体从聚合管底部经齿轮泵送至铸带头挤出带条，带条在水下切粒机中冷却、切粒。其过程见图 2-1。

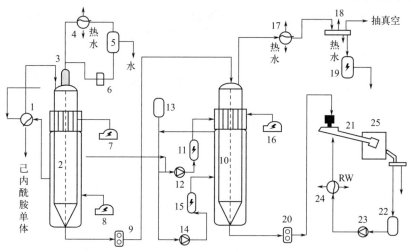

图 2-1　ZIMMER 公司 PA6 两段聚合工艺流程

1，4，17，18，24—换热器；2—前聚合器；3—填料塔；5—分液槽；6—柱塞泵；7，8，11，15，16—联苯加热器；9，20—齿轮泵；10—后聚合器；12，14，23—泵；13—加热罐；19—水封罐；21—切粒机；22—水罐；25—振动筛

b. 萃取　从聚合管出来的切片中含有 8%～10% 的单体和低聚物，工业上，用水作萃取剂，将单体、低聚物从切片中萃取出来。一般采用连续管萃取工艺。

c. 干燥　萃取后的 PA6 切片经机械脱水后仍含水 10%～15%，必须干燥使切片含水量在 0.08% 以下。为保证干燥过程中切片不被氧化，一般采用含 O_2 小于 $10\mu L/L$ 的热氮气作干燥介质。

d. 回收单体　从萃取塔出来的水，含单体和低聚物 8%～10%，一般采用先蒸发浓缩，蒸馏回收己内酰胺的方法进行处理，回收的己内酰胺以一定比例掺入新鲜己内酰胺中作为聚合的原料，这样，不仅可以降低消耗，而且减轻环境污染。

（2）碱性阴离子催化聚合反应过程

己内酰胺阴离子聚合分为三个阶段，其反应过程如下：

① 阴离子的形成：

42

从上式可以看出，在己内酰胺中加入 NaOH 或金属 Na 均能形成己内酰胺盐。这种盐具有很强的极性，能使己内酰胺分子成为活泼的阴离子，而这种阴离子的存在对己内酰胺开环聚合具有很强的催化作用。

② 链增长　在高温下，阴离子会迅速进攻己内酰胺分子中的羰基，形成新的阴离子：

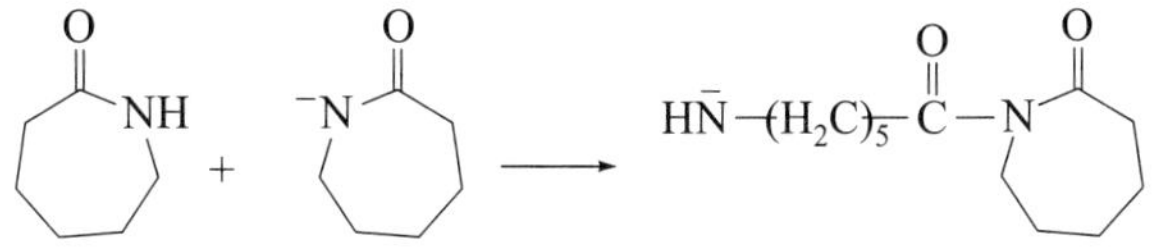

新生成的 N-(氨基己酰基) 己内酰胺负离子继续进攻另一分子己内酰胺的羰基，即发生链增长反应：

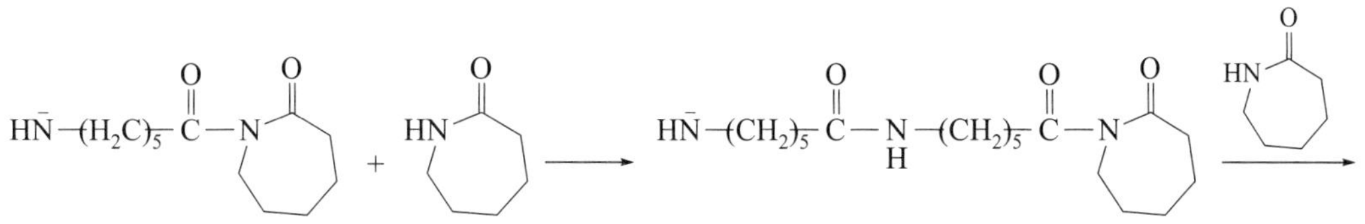

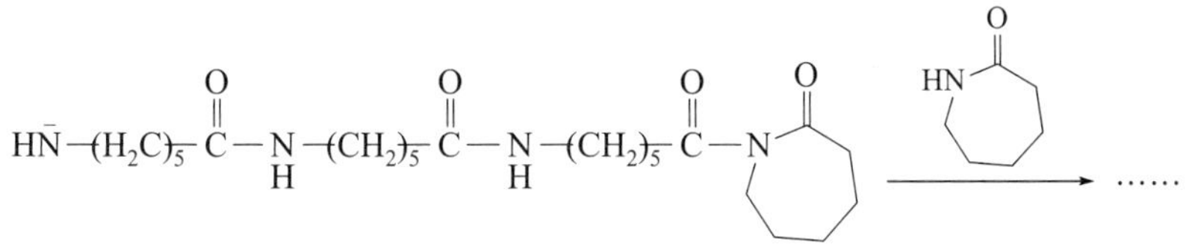

上述反应的速度相当快，反应体系黏度急剧上升，很快变成固态。实际上，为了控制聚合物分子量，往往还添加助催化剂。助催化剂的作用是控制分子链的增长速度，延长固化时间，保证聚合反应平稳进行，以利于大分子的形成。

③ 平衡反应与结晶　由于阴离子聚合反应是在聚合物熔点以下进行的，聚合后期的反应特征是分子量迅速增长的同时，伴随着聚合物的结晶和凝固。

（3）固相聚合过程与工艺

固相聚合也称固相后聚合，是将普通 PA6 切片用水萃取后，在干燥过程中，通过某种催化剂作用在 PA6 熔点以下进行聚合的方法，是 PA6 增黏的有效途径。

工业生产中，固相聚合工艺可分为连续固相聚合和间歇固相聚合两种，其中有三种反应器：真空间歇反应器、惰性气体保护下的固定床反应器和流化床反应器，后两种为连续聚合反应器。

固相聚合的干燥、增黏和冷却三个过程可在一套装置内进行，有转鼓式和连续式两种。图 2-2 为 Inventa 公司固相聚合工艺流程，与 VK 管连续聚合不同之处是：该工艺把连续干燥塔设备分为三段，第一段为干燥塔，第二段为固相后聚合塔，第三段为冷却塔，并设置 3 个氮气循环系统，塔内氮气温度为 160~180℃（第二段），通过调节氮气温度，使切片相对黏度从 2.5 提高到 4 以上。图 2-3 为 Zimmer 公司固相聚合生产流程，该工艺将干燥设备分为固相后聚合塔和冷却塔两段。用这种方法增黏时，一般采用磷酸、硼酸或者磷酸酯作催化剂。

2.1.1.4　突出特点与改性技术

PA6 突出的特点是良好的加工性、适应性广，可用多种方法加工成型，广泛用于各种机械零部件、吹膜、纺丝等领域。为适应高性能包装领域、电子材料领域、高强度纤维应用领域等对 PA6 材料性能要求的提高，PA6 的改性技术受到人们的重视。

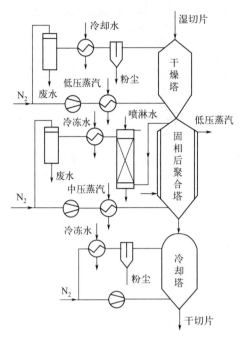

图 2-2　Inventa 公司固相聚合工艺流程

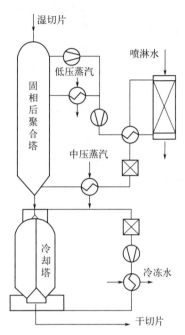

图 2-3　Zimmer 公司固相聚合生产流程

（1）增韧改性

PA6 具有分子量大、机械强度大、自润滑性好等特点。然而，由于其缺口冲击强度低，不能应用于一些要求高抗冲击性的应用领域。目前，在 PA6 的结构中引入柔性链段或增韧剂是较为可行的方法。

（2）纤维增强改性

PA6 的纤维增强改性是指在 PA6 的基础上，通过与纤维增强材料共混而改变其结构和性能的过程。常用的纤维增强材料包括玻璃纤维、碳纤维和合成纤维等。纤维增强改性可以使 PA6 具有更高的强度、刚度和模量，从而提高其加工性能和耐久性。同时，纤维增强改性还可以降低 PA6 的膨胀系数，使其具有更好的精度和尺寸稳定性。

（3）共聚改性

随着聚酰胺材料的发展和不断成熟，可以通过共聚的方式在聚合物中引入功能性其他基团，使得复合材料具有更优异的性能。PA6 的共聚改性是指在 PA6 的基础上，通过与其他聚合物共聚而改变其结构和性能的过程。共聚改性可以通过两种方式实现：一种是直接共聚，即在 PA6 制备过程中直接加入其他聚合物；另一种是间接共聚，即在 PA6 制备后再与其他聚合物共聚。共聚改性可以使 PA6 具有更高的强度、柔韧性、耐热性和耐化学腐蚀性等优点，改性后的材料广泛应用于汽车、航空、军事、医疗和电子等领域。

（4）阻燃改性

PA6 的阻燃改性是指在 PA6 的基础上，通过添加阻燃剂而改变其结构和性能的过程。阻燃剂是指能够降低塑料燃烧速率和熔融指数的物质。PA6 作为热塑性材料，容易在火焰中熔化导致二次引燃，限制该材料在阻燃材料领域的使用。在生产先进的复合材料时使用的阻燃 PA6 是新兴材料，通常需要添加阻燃剂等才能达到行业标准要求的性能。

2.1.1.5　反应注射成型聚己内酰胺

反应注射成型（reaction injection molding，RIM）是 20 世纪 60 年代末发展起来的集聚合与加工于一体的聚合物加工方法。它是直接将两种或两种以上反应物（单体或低聚物）精确计量，经高压碰撞混合后充入模内，完成聚合、交联、固化、成型等一系列反应，加工成制品的工艺过程。RIM 工艺具有生产效率高、能耗低、产品设计灵活、性能优良、适应面广等特点。该工艺最早用于聚氨酯材料的加工，生产汽车零部件。美国的 Monsanto 公司于 20 世纪 80 年代开发了 PA6-RIM 技术，其产品具有良好的耐热性能、耐油性、耐化学品性，以及优良的力学性能、耐磨性、无毒、无污染等优点。而后，荷兰 DSM 公司把 PA6-RIM 技术成功用于生产汽车外部构件，形成产业化。目前，PA6-RIM 技术在国内应用较少，因此，开发该技术具有巨大的经济和社会效益。

PA6-RIM 的聚合原理是己内酰胺在碱性催化剂存在下的阴离子聚合。催化剂多为金属钠或其氢化物、醇钠、氢氧化钠、碳酸钠等，也有用有机金属化合物如格氏试剂作为催化剂的。而所使用的活化剂主要有 N-（乙酰基）己内酰胺、各种异氰酸酯、氨基甲酸酯衍生物、碳酸酯、磺酸酯、羧酸酯、磷酰亚胺化合物、氯化磷腈等。目前，使用较多的是 N-（乙酰基）己内酰胺和各种异氰酸酯。聚合过程如图 2-4 所示。

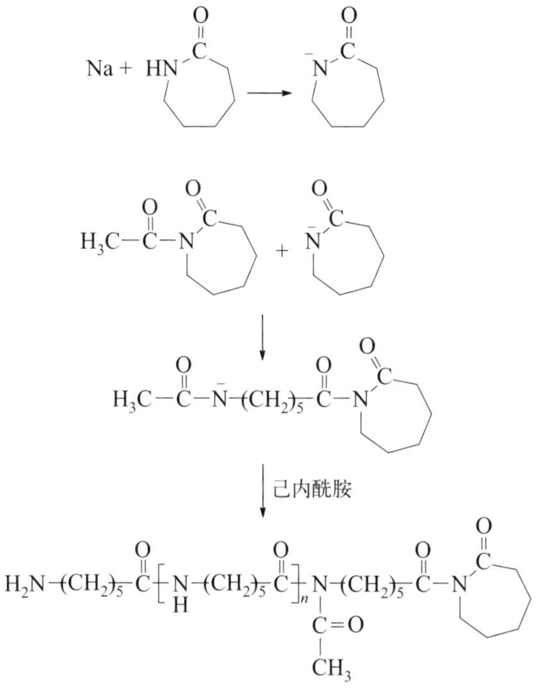

图 2-4　PA6-RIM 聚合机理

PA6-RIM 工艺的特点是使己内酰胺单体和共聚单体处于单体熔点之上和聚合物熔点之下的温度范围，在催化剂和聚合物引发剂的作用下，在模具内快速成型，成型工艺如图 2-5 所示。

PA6-RIM 的原料为 A、B 两组分，A 组分包括己内酰胺和催化剂；B 组分包括己内酰胺和预聚物。在进行 RIM 成型时，两组分原料按一定比例通过撞击式混合头，迅速混合均

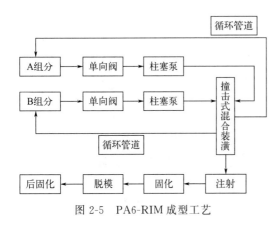

图 2-5　PA6-RIM 成型工艺

匀，注入预热到 135～170℃的密闭模具内，料液在模具内迅速聚合成型。

在 RIM 技术开发初期主要使用磨细的玻璃纤维（又称 H.M 型）作增强材料，它易于和己内酰胺料液混合，适当选择其长度，其添加量可达 40％以上。也可以在己内酰胺阴离子聚合过程中放入平坦连续的玻璃毡席，提高其力学性能，从而获得强度高、热变形温度高、刚性好、硬度大的 HMRIM 制件。该技术适于制作水平放置的结构制品。

反应注射成型 PA6 嵌段共聚物（NBC-RIM）通常是使用大量的活化剂与多羟基化合物反应，如聚醚或液态聚丁二烯，制备柔性链段大分子活化剂，即活性预聚体，然后与己内酰胺进行嵌段共聚，过程如图 2-6 所示。

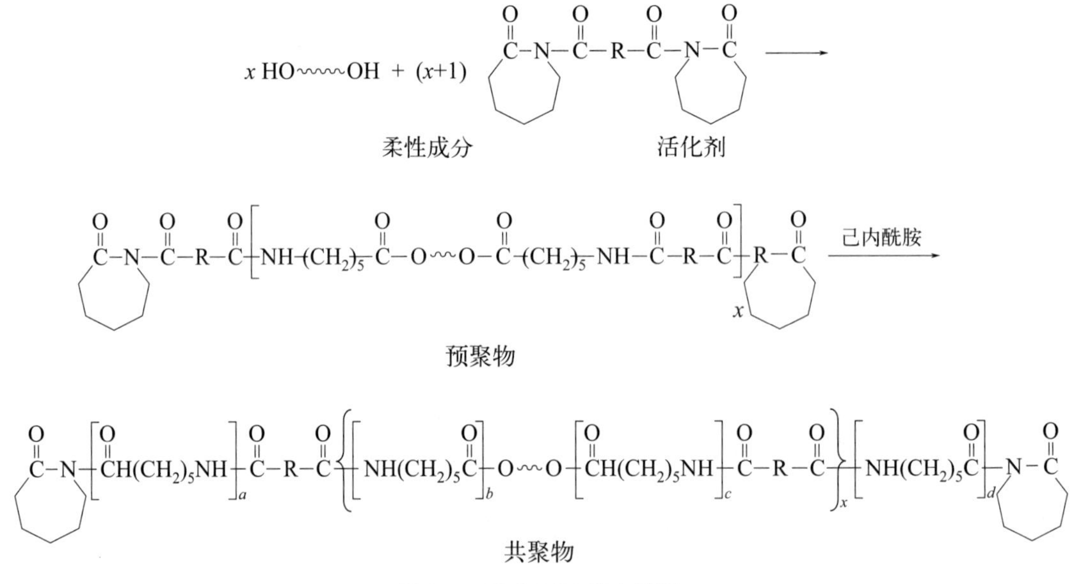

图 2-6　NBC-RIM 聚合机理

PA6-RIM 具有优良的力学性能，高硬度、质轻、高熔点，抗汽油、石油及油脂的腐蚀能力，加工周期短、成本低、废料可循环利用、环保等优点，广泛用于汽车制造业，如挡泥板、门板、发动机罩和防撞盖，在铁道电子设备的机箱、泵机架、工业发动机支架、叶轮、隧道建筑的暗哨、家电外壳、办公机械、农用机械、体育娱乐用品以及坦克履带板等方面也有应用。

2.1.2　聚己二酰己二胺

2.1.2.1　名称与结构

学名：聚己二酰己二胺

俗称：尼龙 66

英文名称：poly（hexamethylene adipamide）或 nylon66（PA66）

结构式：$\left[\!-NH(CH_2)_6NHCO(CH_2)_4CO-\!\right]_n$

2.1.2.2　单体合成工艺路线

PA66 的单体主要是己二酸和己二胺。这两种单体均以苯、苯酚等为原料，其生产过程与己内酰胺类似。

（1）己二酸的合成

① 环己醇硝酸氧化制己二酸

a. 环己醇的制备　环己醇的生产技术路线有苯加氢、苯酚加氢两条主要工艺路线。

（a）苯加氢路线：

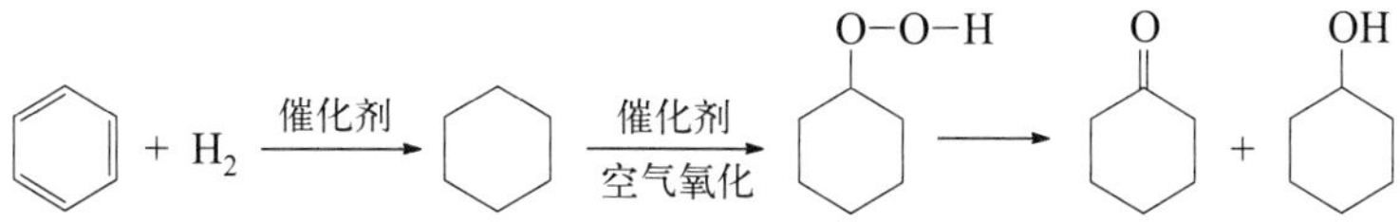

O-O-H
O
OH
+ H2
催化剂
催化剂
空气氧化
+

（b）苯酚加氢路线：

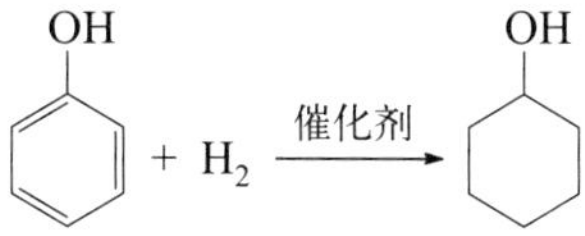

OH
+ H2
催化剂
OH

b. 环己醇氧化制己二酸

反应过程如下：

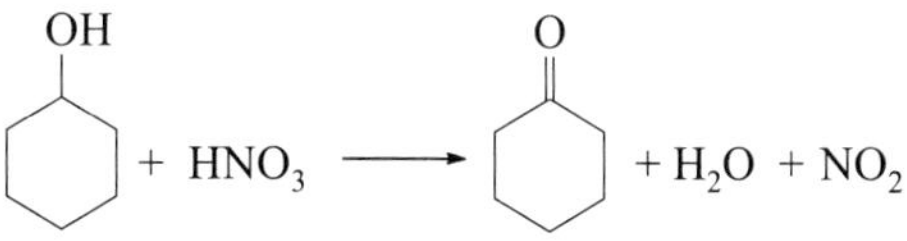

OH
+ HNO3
O
+ H2O + NO2

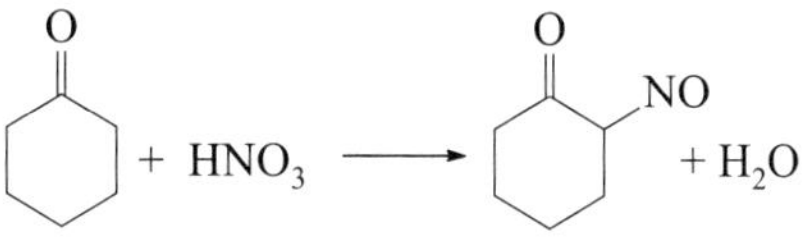

O
+ HNO3
O
NO
+ H2O

亚硝基环己酮

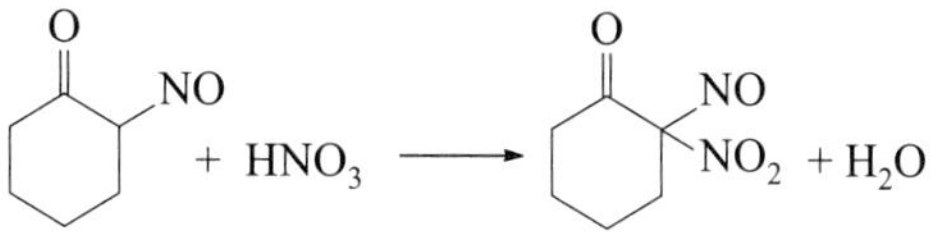

O
NO
+ HNO3
O
NO
NO2
+ H2O

2-亚硝基-2-硝基环己酮

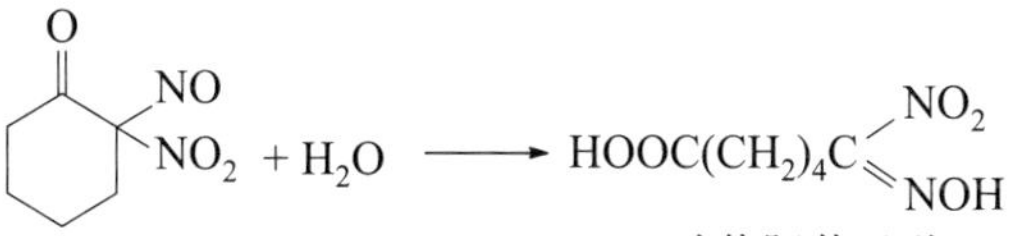

O
NO
NO2
+ H2O
HOOC(CH2)4C
NO2
NOH

硝基肟基己酸

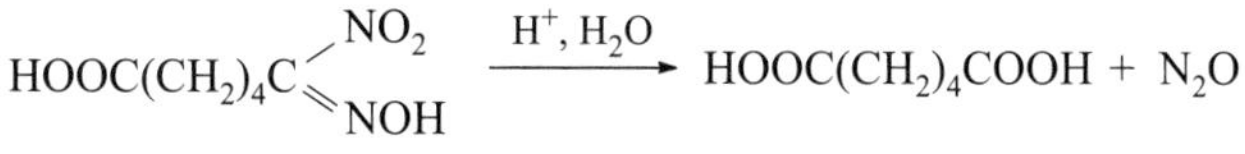

HOOC(CH2)4C
NO2
NOH
H+, H2O
HOOC(CH2)4COOH + N2O

由于环己醇氧化反应中存在副反应，因此，己二酸生产过程中产生一定量的副产物。见图 2-7，生产过程应严格控制反应条件，抑制副反应的发生。

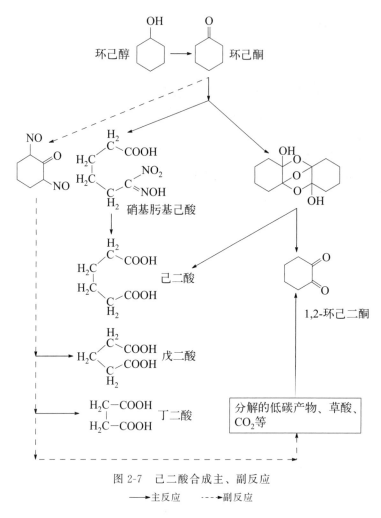

图 2-7　己二酸合成主、副反应

——→主反应　----→副反应

② 丁二烯制备己二酸

a. 1,3-丁二烯加氢羰基甲氧基化制备己二酸（BASF 法）

此法第一步是在吡啶及衍生物存在下，$Co_2(CO)_8$ 作催化剂，在一定温度、压力下，1,3-丁二烯生成戊烯酸酯，戊烯酸酯在 $HCo(CO)_4$ 作用下，进一步加氢羰基甲氧基化，生成己二酸二甲酯和副产物；然后，己二酸二甲酯水解得到己二酸。

$$CH_2=CHCH=CH_2 \ + \ CO \ + \ CH_3OH \xrightarrow[\triangle,\ P]{\text{催化剂}} \begin{bmatrix} CH_3CH_2CH=CHCOOCH_3 \\ CH_3CH=CHCH_2COOCH_3 \\ CH_2=CHCH_2CH_2COOCH_3 \end{bmatrix}$$

$$C_4H_7COOCH_3 + CO + CH_3OH \xrightarrow[\triangle,\ P]{\text{催化剂}} H_3COOC(CH_2)_4COOCH_3$$

$$H_3COOC(CH_2)_4COOCH_3 + H_2 \longrightarrow HOOC(CH_2)_4COOH$$

b. 1,3-丁二烯氧化羰基化制备己二酸

此法是丁二烯与二甲氧基环己烷在催化剂作用下，反应生成己-3-烯二酸二甲酯。己-3-烯二酸二甲酯加氢制得己二酸二甲酯，经水解生成己二酸。

$$CH_2=CHCH=CH_2 + \underset{\text{(cyclohexane with OCH_3, OCH_3)}}{} + CO + 1/2O_2 \xrightarrow{Pb/Cu}$$

$$H_3COOCCH_2CH=CHCH_2COOCH_3 + \underset{}{\bigcirc}=O$$

己-3-烯二酸二甲酯

$$\xrightarrow{Pb/Cu \mid H_2}$$

$$HOOC(CH_2)_4COOH \xleftarrow{\text{水解}} CH_3OOC(CH_2)_4COOCH_3$$

c. 1,3-丁二烯加氢羰基甲氧基化制备己二酸（孟山都法）

此法由美国孟山都公司开发，以钯作催化剂，醌作氧化剂，丁二烯氧化生成己-3-烯二酸二甲酯，加氢制成己二酸二甲酯，再水解得到己二酸。

$$CH_2=CHCH=CH_2 + 2CO + 2CH_3OH + O=\underset{}{\bigcirc}=O \longrightarrow$$

$$CH_3OOCCH_2CH=CHCH_2COOCH_3 + HO-\underset{}{\bigcirc}-OH$$

$$HO-\underset{}{\bigcirc}-OH + 1/2O_2 \longrightarrow O=\underset{}{\bigcirc}=O + H_2O \text{（循环使用）}$$

$$H_3COOCCH_2CH=CHCH_2COOCH_3 + H_2 \xrightarrow{5\% Pb/C} H_3COOC(CH_2)_4COOCH_3$$

$$H_3COOC(CH_2)_4COOCH_3 + 2H_2O \xrightarrow{H^+} HOOC(CH_2)_4COOH + 2CH_3OH$$

（2）己二胺的合成

① 苯酚法

苯酚加氢生成环己醇，再用硝酸氧化制成己二酸，己二酸氨脱水生成己二腈，再加氢生成己二胺。

$$\underset{}{\bigcirc}\text{OH} + H_2 \xrightarrow{Ni} \underset{}{\bigcirc}\text{OH} \xrightarrow{HNO_3} HOOC(CH_2)_4COOH \xrightarrow{NH_3} NC(CH_2)_4CN \xrightarrow{H_2} H_2N(CH_2)_6NH_2$$

② 环己烷氧化法

环己烷经空气氧化生成环己醇和环己酮的混合物，再用硝酸氧化生成己二酸，用与苯酚法相同的过程制成己二胺。

$$\underset{}{\bigcirc} \xrightarrow{\text{空气}} \underset{}{\bigcirc}\text{OH} + \underset{}{\bigcirc}\text{O} \xrightarrow{HNO_3} HOOC(CH_2)_4COOH \xrightarrow{NH_3} NC(CH_2)_4CN \xrightarrow{H_2} H_2N(CH_2)_6NH_2$$

③ 丁二烯法

丁二烯氯化生成氯丁烯，经氰化生成 1,4-二氰基-2-丁烯，再加氢生成己二腈，己二腈氢化制成己二胺。

$$CH_2=CH-CH=CH_2 \xrightarrow{Cl_2} ClCH_2-CH=CH-CH_2Cl \xrightarrow{HCN}$$

$$NC-CH_2-CH=CH-CH_2-CN \xrightarrow{H_2} NC(CH_2)_4CN \xrightarrow{H_2} H_2N(CH_2)_6NH_2$$

④ 丙烯腈电解法

丙烯腈电解还原二聚生成己二腈，再加氢成己二胺。

$$2CH_2{=}CHCN + 2H^+ \longrightarrow NC(CH_2)_4CN \xrightarrow{H_2} H_2N(CH_2)_6NH_2$$

⑤ 己内酰胺法

己内酰胺和氨气发生氨化开环反应生成 6-氨基己酰胺，6-氨基己酰胺脱水去除氧原子反应，生成 6-氨基己腈，6-氨基己腈和氢气进行加氢反应生成己二胺。

$$\xrightarrow{NH_3} H_2N(CH_2)_5CONH_2 \xrightarrow{-H_2O} H_2N(CH_2)_5CN \xrightarrow{H_2} H_2N(CH_2)_6NH_2$$

几种己二胺合成工艺路线比较见表 2-1。

表 2-1　几种己二胺合成工艺路线比较

方法	原料	工艺路线	优势	劣势
苯酚法	苯酚	苯酚加氢氧化制备己二酸，己二酸氨化加氢制备己二胺	制备方法路线成熟，原料来源丰富	工艺路线复杂，生产成本较高
环己烷氧化法	环己烷	环己烷两步氧化制备己二酸，然后己二酸氨化、加氢制备己二胺	制备方法路线成熟，原料来源丰富	工艺路线复杂，生产成本较高
丁二烯法	丁二烯	丁二烯氯化、氰化、加氢生成己二腈，己二腈氢化制成己二胺	避免了剧毒性的原料和己二腈中间体，生产成本较低	技术难度门槛较高
丙烯腈电解法	丙烯腈	丙烯腈电解还原二聚生成己二腈，再加氢制成己二胺	生成工艺路线简单，成本可控	丙烯腈为剧毒原料，环境影响比较大
己内酰胺法	己内酰胺	己内酰胺氨化、脱水生成 6-氨基己腈，然后再进行加氢反应生成己二胺	工艺路线简单，原料来源丰富	己内酰胺价格波动较大，成本不可控

2.1.2.3　聚己二酰己二胺合成工艺路线

（1）聚合反应

PA66 是由己二胺和己二酸进行缩聚反应制得，在工业生产中，为了保证己二胺和己二酸等物质的量进行缩聚反应，一般制成 PA66 盐后，再进行缩聚反应，反应式如下：

PA66 盐的形式：$HOOC(CH_2)_4COOH + H_2N(CH_2)_6NH_2 \longrightarrow {}^-OOC(CH_2)_4COO^- \ H_3N^+(CH_2)_6^+NH_3$

PA66 的聚合：$nH_3N^+(CH_2)_6^+NH_3 {}^-OOC(CH_2)_4COO^- \longrightarrow \left[HN(CH_2)_6NHCO(CH_2)_4CO \right]_n + 2nH_2O$

随着生成水的脱出，同时生成酰胺键，形成了线型高分子。

（2）生产工艺与过程

工业上生产 PA66 可采用间歇法和连续法两种工艺。大型化生产宜采用连续法，该法工艺先进，操作方便，劳动生产率高，经济合理。间歇法是在高压釜中进行的，设备简单，工艺成熟，产品更换灵活，但生产效率较低，产品质量稳定性较差。PA66 连续聚合过程见图 2-8。

如图 2-8 所示，将 PA66 盐水溶液和分子量调节剂加入混合器混合后，进入蒸发反应器，在温度 230℃、压力 1.72MPa 下保压 3h，然后进入管式反应器，温度从 230℃升至 285℃，压力从 1.72MPa 逐步降至 0.28MPa。反应 3h 后，将物料送入缩聚反应器，产品经铸带切粒、干燥、包装。聚合过程中最关键的是设法除去体系中的微量水，才能得到高分子量的 PA66。

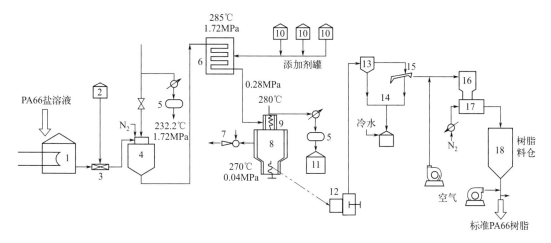

图 2-8　PA66 的连续缩聚工艺流程

1—PA66 盐贮罐；2—乙酸罐；3—静态混合器；4—蒸发反应器；5—冷凝液槽；6—管式反应器；

7—蒸汽喷射器；8—成品反应器；9—分离器；10—添加剂罐；11—冷凝液贮槽；12—挤压机；

13—造粒机；14—脱水桶；15—水预分离器；16—进料斗；17—流化床干燥器；18—树脂料仓

2.1.2.4　突出特点与用途

PA66 的突出特点是刚性、模量较高，耐热性较好，但加工温度窄，高温熔融状态下易水解，其用途与 PA6 相似。

2.1.3　聚己二酰戊二胺

2.1.3.1　名称与结构

学名：聚己二酰戊二胺

俗称：尼龙 56

英文名称：polyhexamethylene pentanediamine 或 nylon56（PA56）

结构式：$+NH(CH_2)_5NHCO(CH_2)_4CO+_n$

2.1.3.2　单体合成工艺路线

单体戊二胺的合成有多种方法，工业上采用微生物转化法和微生物直接生产法。

① 微生物转化法

微生物转化法主要利用底物赖氨酸在赖氨酸脱羧酶的催化下脱去羧基生成戊二胺。

$$H_2N\ \backsim\!\!\!\backsim\!\!\!\backsim\ COOH \xrightarrow{\text{L-赖氨酸脱羧酶}} H_2N\ \backsim\!\!\!\backsim\!\!\!\backsim\ NH_2 + CO_2$$

$$\quad\quad\quad NH_2$$

L-赖氨酸　　　　　　　　　　　　　　　　　　　　戊二胺

② 微生物直接生产法

通过对赖氨酸工业上生产所用的谷氨酸棒杆菌进行转基因操作，开发了从菌体流加葡萄糖通风发酵得到戊二胺的技术，工艺流程见图 2-9。

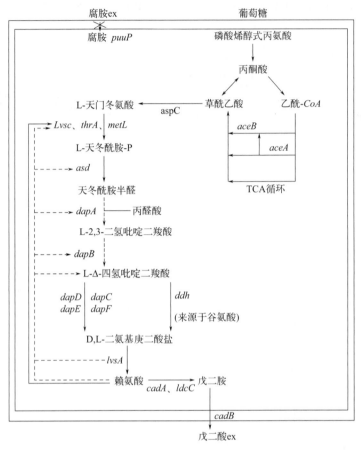

图 2-9　微生物法制备戊二胺工艺流程

2.1.3.3　聚己二酰戊二胺合成工艺路线

（1）聚合反应

在工业生产中，为了保证戊二胺和己二酸等质量进行缩聚反应，一般制成 PA56 盐后，再进行缩聚反应，反应式如下：

PA56 盐的形成：　　$HOOC(CH_2)_4COOH + H_2N(CH_2)_5NH_2 \longrightarrow$

$^-OOC(CH_2)_4COO^- \ H_3N^+(CH_2)_5^+NH_3$

PA56 的聚合：　　$nH_3N^+(CH_2)_5^+NH_3 \ ^-OOC(CH_2)_4COO^- \longrightarrow$

$\overline{\left[HN(CH_2)_5NHCO(CH_2)_4CO\right]_n} + 2nH_2O$

随着生成水的脱出，同时生成酰胺键，形成了线型高分子。

（2）生产工艺与过程

PA56 可采用间歇法和连续法两种工艺。大型化生产宜采用连续法，该法工艺先进，操作方便，劳动生产率高，经济合理。间歇法是在高压釜中进行的，设备简单，工艺成熟，产品更换灵活，但生产效率较低。PA56 连续聚合过程与 PA66 类似。将 PA56 盐水溶液和分子量调节剂加入混合器混合后，进入蒸发反应器，在温度 230℃，压力 1.8MPa 下保压 3h，然后进入管式反应器，温度从 230℃升至 275℃，压力从 1.8MPa 逐步降至 0.28MPa。反应 3h 后，将物料送入缩聚反应器，产品经铸带切粒、干燥、包装。聚合过程中最关键的是设法除去体系中的微量水，才能得到高分子量的 PA56。

2.1.3.4 突出特点与用途

PA56 的突出特点是刚性、模量较高，耐热性较好，但加工温度窄，高温熔融状态下易水解，环境中易吸水。其主要用于纺丝，也可替代 PA66 的部分用途。

2.1.4 聚癸二酰己二胺

2.1.4.1 名称与结构

学名：聚癸二酰己二胺

俗称：尼龙 610

英文名称：poly（hexamethylene sebacamide），nylon610（PA610）

结构式：$\{NH(CH_2)_6NHCO(CH_2)_8CO\}_n$

2.1.4.2 单体合成工艺路线

癸二酸为白色粉末状结晶，分子量为 202.24，熔点为 34℃，密度为 1.27g/cm³，酸值大于 545mgKOH/g，易溶于乙醇难溶于水，它的腐蚀性很强，熔融时温度升高与空气可发生氧化分解，温度大于 300℃时分解，是 PA610、PA1010 的单体。

癸二酸的制备主要以蓖麻油为原料，先用蓖麻油与 NaOH 反应生成甘油和蓖麻油酸钠盐，蓖麻油酸钠盐经硫酸酸化生成蓖麻油酸，再将蓖麻油酸在水和甲酚作用下进行热碱裂解，得到癸二酸钠盐，经酸化制得癸二酸，其反应过程如下：

$$\begin{array}{l} CH_3(CH_2)_5CHOHCH_2CH{=}CH(CH_2)_7COOCH_2 \\ CH_3(CH_2)_5CHOHCH_2CH{=}CH(CH_2)_7COOCH \\ CH_3(CH_2)_5CHOHCH_2CH{=}CH(CH_2)_7COOCH_2 \end{array} + 3NaOH \xrightarrow[100℃]{H_2O} \begin{array}{l} CH_2OH \\ CH_2OH \\ CH_2OH \end{array} +$$

$$3CH_3(CH_2)_5CHOHCH_2CH{=}CH(CH_2)_7COONa$$

$$CH_3(CH_2)_5CHOHCH_2CH{=}CH(CH_2)_7COONa \xrightarrow{H_2SO_4} CH_3(CH_2)_5CHOHCH_2CH{=}CH(CH_2)_7COOH$$

$$\xrightarrow[250\sim270℃]{H_2O, 甲酚} CH_3(CH_2)_5CHOHCH_3 + NaOOC(CH_2)_8COONa$$

2-辛醇

$$NaOOC(CH_2)_8COONa \xrightarrow[+H_2]{酸化} HOOC(CH_2)_8COOH$$

2.1.4.3 聚癸二酰己二胺合成工艺路线

聚癸二酰己二胺是以己二胺和癸二酸为单体，其合成过程与 PA66 合成类似。先将癸二酸溶解于乙醇中，加入己二胺中和生成 PA610 盐，然后，在 270～300℃、1.7～2.0MPa 压力下再将盐进行缩聚制成 PA610，反应式如下：

$$H_2N(CH_2)_6NH_2 + HOOC(CH_2)_8COOH \longrightarrow H_3N^+(CH_2)_6^+NH_3^-OOC(CH_2)_8COO^-$$

$$nH_3N^+(CH_2)_6^+NH_3^-OOC(CH_2)_8COO^- \longrightarrow \underset{}{\left[NH(CH_2)_6NHCO(CH_2)_8CO\right]_n} + 2nH_2O$$

PA610 生产工艺路线有间歇聚合和连续聚合，其工艺过程如下所示：

2.1.4.4 突出特点与用途

PA610 的较突出特点是兼具较好的刚性和良好的低温韧性，尺寸稳定性好，适用于汽车、机械部件，尤其是适合于尺寸稳定性要求高的领域。

2.1.5 聚十二碳二酰己二胺

2.1.5.1 名称与结构

学名：聚十二碳二酰己二胺
俗称：尼龙 612
英文名称：polyhexamethylene dodecanamide 或 nylon 612（PA612）
结构式：$\left[NH(CH_2)_6NHCO(CH_2)_{10}CO\right]_n$

2.1.5.2 单体合成工艺路线

PA612 的原料为己二胺和十二碳二酸，十二碳二酸的制备方法有两种：

① 丁二烯化学合成法　丁二烯三聚再经加氢合成环十二烷，空气氧化环十二烷制备环十二碳酮和环十二碳醇，最后经硝酸氧化制备十二碳二酸。反应式如下：

$$CH_2=CH-CH=CH_2 \longrightarrow \qquad \xrightarrow{H_2} \qquad \xrightarrow{O_2}$$

$$\longrightarrow HOOC(CH_2)_{10}COOH + HNO_3(60\%)$$

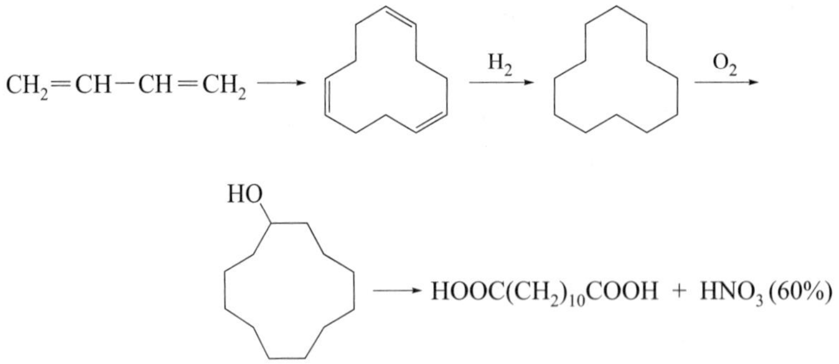

② 微生物发酵法　十二碳正构烷烃经微生物发酵得到十二碳二酸，反应式如下：

$$H_3C(CH_2)_{10}CH_3 \xrightarrow[\text{微生物},29\sim30℃]{\text{发酵}} HOOC(CH_2)_{10}COOH$$

2.1.5.3 聚十二碳二酰己二胺合成工艺路线

PA612 的合成方法类似于 PA66 的制备方法，也是将两种单体中和生成 PA612 盐（熔点 166℃），再经缩聚制得 PA612，聚合反应式如下：

$$H_2N(CH_2)_6NH_2 + HOOC(CH_2)_{10}COOH \longrightarrow H_3N^+(CH_2)_6^+NH_3^-OOC(CH_2)_{10}COO^-$$

$$\xrightarrow{-H_2O} \left[NH(CH_2)_6NHCO(CH_2)_{10}CO\right]_n$$

2.1.5.4　突出特点与用途

PA612 是一种韧性较好的尼龙，主要用作单丝、电线包覆等，可用注射、挤出、吹塑等成型方法加工各种部件、板材、管材和薄膜。

2.1.6　聚十二碳二酰十二碳二胺

2.1.6.1　名称与结构

学名：聚十二碳二酰十二碳二胺

俗称：尼龙 1212

英文名称：poly（doclecamethylent dodecanamide），nylon1212（PA1212）

结构式：$\text{NH(CH)}_{12}\text{NHCO(CH}_2)_{10}\text{CO}_{\overline{n}}$

2.1.6.2　单体合成工艺路线

PA1212 的主要原料是十二碳二酸和十二碳二胺，十二碳二胺是用十二碳二酸与氨反应得到十二碳二酰胺，再经脱水制得十二碳二腈，十二碳二腈加氢得到十二碳二胺。主要化学反应过程如下：

$$HOOC(CH_2)_{10}COOH + 2NH_3 \longrightarrow H_2NOC(CH_2)_{10}CONH_2 + H_2O$$

$$H_2NOC(CH_2)_{10}CONH_2 \xrightarrow{H_3PO_4} NC(CH_2)_{10}CN + H_2O$$

$$NC(CH_2)_{10}CN + H_2 \xrightarrow{催化剂} H_2N(CH_2)_{12}NH_2$$

2.1.6.3　聚十二碳二酰十二碳二胺合成工艺路线

PA1212 是以十二碳二酸与十二碳二胺经缩聚制得，其工艺过程与 PA66 缩聚类似，其缩聚的反应过程如下：

$$H_2N(CH_2)_{12}NH_2 + HOOC(CH_2)_{10}COOH \xrightarrow{成盐} H_3N^+(CH_2)_{12}^+NH_3^- OOC(CH_2)_{10}COO^-$$

$$\xrightarrow{缩聚} NH(CH_2)_{12}NHCO(CH_2)_{10}CO_{\overline{n}}$$

2.1.6.4　突出特点与用途

PA1212 最突出的特点是分解温度高，吸水性小，耐低温性能优良，易加工成型。主要用作汽车仪表板、油门踏板、刹车软管等部件，电子电器的消声部件、电缆护套、粉末涂料与胶黏剂。

2.1.7　聚癸二酰癸二胺

2.1.7.1　名称与结构

学名：聚癸二酰癸二胺

俗称：尼龙 1010

英文名称：poly（decamethylene sebacamide），nylon1010（PA1010）

结构式：$\text{NH(CH}_2)_{10}\text{NHCO(CH}_2)_8\text{CO}_{\overline{n}}$

2.1.7.2 单体合成工艺路线

以蓖麻油为基础原料，先制得癸二酸和癸二胺，在一定条件下，将两单体制成 PA1010 盐，经缩聚制得高分子量 PA1010。PA1010 也是我国特有的尼龙品种。

癸二酸前面已有介绍。癸二胺的制备是以癸二酸为原料，采用液相法或气相法进行氨化脱水反应制得癸二腈，精制以骨架镍为催化剂，氢氧化钾为助催化剂，在一定的温度和压力下，加氢反应制得癸二胺：

$$HOOC(CH_2)_8COOH + 2NH_3 \longrightarrow NC(CH_2)_8CN + 4H_2O$$

$$NC(CH_2)_8CN + 4H_2 \longrightarrow H_2N(CH_2)_{10}NH_2$$

2.1.7.3 聚癸二酰癸二胺合成工艺路线

PA1010 的生产类似于 PA66，其过程是先制备 PA1010 盐，然后再进行缩聚反应得到聚合产物。由于 PA1010 盐在乙醇中的溶解度小（40℃时为 0.072%），因此，先将癸二酸和癸二胺配成乙酸溶液，再进行中和反应，制备 PA1010 盐，反应式如下：

$$H_2N(CH_2)_{10}NH_2 + HOOC(CH_2)_8COOH \longrightarrow H_3N^+(CH_2)_{10}^+NH_3^- OOC(CH_2)_8COO^-$$

PA1010 盐在一定温度和压力下，进行缩聚反应，脱水生成带有酰胺基团的结晶高分子，缩聚反应如下：

$$n H_3N^+(NH_2)_{10}^+NH_3^- OOC(CH_2)_8COO^- \longrightarrow \left[HN(CH_2)_{10}NHCO(CH_2)_8CO \right]_n + 2nH_2O$$

为了控制聚合体的分子量在一定范围内，缩聚时需加入少量分子量调节剂（癸二酸），也可加入少量的抗氧剂和防老剂。反应结束后，将聚合体挤出、铸带、切粒、干燥，制得 PA1010 粒料。PA1010 生产流程见图 2-10。

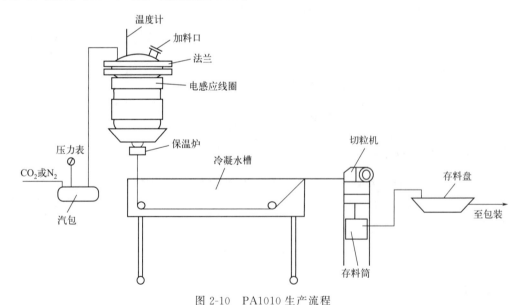

图 2-10　PA1010 生产流程

2.1.7.4 突出特点与用途

PA1010 最大的特点是具有高度延展性，在拉力作用下，可牵伸至原长的 3～4 倍，而且拉伸强度高，具有优良的冲击性能和低温性能，－60℃下不脆。但在高于 100℃情况下，长期与氧接触逐渐变黄，机械强度下降，特别是在熔融状态下，极易氧化降解。PA1010 是我国的特有品种，加工性能好，可挤出、注射、吹塑和喷涂加工，应用于机械、纺织、仪表、医疗器械等，还可通过玻璃纤维增强、填充、阻燃等改性用作工程塑料。

2.1.8　聚十一内酰胺

2.1.8.1　名称与结构

学名：聚十一内酰胺

俗称：尼龙 11

英文名称：polyunde cylamide，nylon11（PA11）

结构式：$\{NH(CH_2)_{10}CO\}_n$

2.1.8.2　单体合成工艺路线

PA11 的单体是 ω-氨基十一酸。ω-氨基十一酸是以蓖麻油为基料，经酯交换、热裂解、水解、加成、胺化等工序制得，主要反应如下：

① 酯交换

$$CH_3(CH_2)_5CHOHCH_2CH{=}CH(CH_2)_7COOCH_2$$
$$CH_3(CH_2)_5CHOHCH_2CH{=}CH(CH_2)_7COOCH \text{（蓖麻油）}+CH_3OH \longrightarrow$$
$$CH_3(CH_2)_5CHOHCH_2CH{=}CH(CH_2)_7COOCH_2$$

$$\underset{CH_2OH}{\overset{CH_2OH}{CH_3(CH_2)_5CHOHCCH{=}CH(CH_2)_7COOCH_3}}$$

② 热裂解

$$\underset{CH_2OH}{\overset{CH_2OH}{CH_3(CH_2)_5CHOHCCH{=}CH(CH_2)_7COOCH_3}}\xrightarrow{300℃}CH_3(CH_2)_5CHO+CH_2{=}CH(CH_2)_8COOCH_3$$
　　　　　　　　　　　　　　　　　　　　　　　　庚醛　　　　　十一-10-烯酸甲酯

③ 水解

$$H_2C{=}CH(CH_2)_8COOCH_3+H_2O\longrightarrow H_2C{=}CH(CH_2)_8COOH+CH_3OH$$

④ 加成

$$H_2C{=}CH(CH_2)_8COOH+HBr\xrightarrow{\text{过氧化物}}Br(CH_2)_{10}COOH$$

⑤ 胺化

$$Br(CH_2)_{10}COOH+NH_3\xrightarrow{+H_2O}H_2N(CH_2)_{10}COOH+HBr$$

2.1.8.3　聚十一内酰胺合成工艺路线

ω-氨基十一酸加热时，易脱水缩合，聚合原理很简单，但工业上反应难以控制，一般采用酸催化聚合。其聚合反应过程如下：

$$n NH_2(CH_2)_{10}COOH \longrightarrow \{NH(CH_2)_{10}CO\}_n + n H_2O$$

PA11 的生产分为间歇聚合与连续聚合。其过程包括单体熔融、聚合、切粒、干燥和包装。PA11 连续聚合流程见图 2-11。

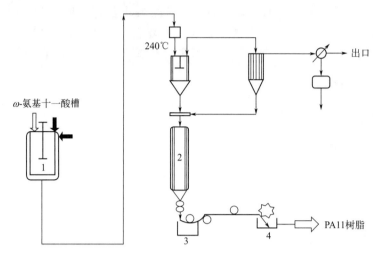

图 2-11 PA11 连续聚合工艺流程

1—浆料罐；2—反应器；3—冷却器；4—切粒机

2.1.8.4 突出特点与用途

PA11 的特点是熔融温度低，加工温度高，吸水性低，低温性能良好，可在－40～120℃保持良好的柔性。主要用作汽车输油管、制动系统软管、光纤电缆包覆、粉末涂料。

2.1.9 聚十二内酰胺

2.1.9.1 名称与结构

学名：聚十二内酰胺

俗称：尼龙 12

英文名称：polylaurolactam，nylon12（PA12）

结构式：$\text{—}[\text{NH}(\text{CH}_2)_{11}\text{CO}]_n$

2.1.9.2 单体合成工艺路线

PA12 的单体为 ω-十二内酰胺或 ω-氨基十二酸，单体合成有两大路线，即以丁二烯或环己酮为起始原料合成聚合单体。

（1）丁二烯路线

丁二烯为原料合成 PA12 有 3 种工艺路线。

① Hüls 法（氧化肟法）　丁二烯三聚生成环十二碳三烯，经加氢生成环十二烷，然后采用类似己内酰胺的合成方法，包括氧化、脱氢肟化、重排等工序制得 ω-十二内酰胺。其反应过程如下：

a. 环十二碳-1,5,9-三烯的合成：

$$3CH_2\!=\!CH\!-\!CH\!=\!CH_2 \xrightarrow{\text{Ni络合物}}$$

b. 环十二烷合成：

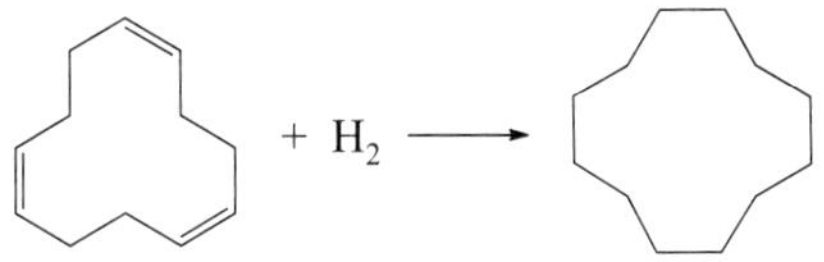

c. 氧化制环十二碳酮：

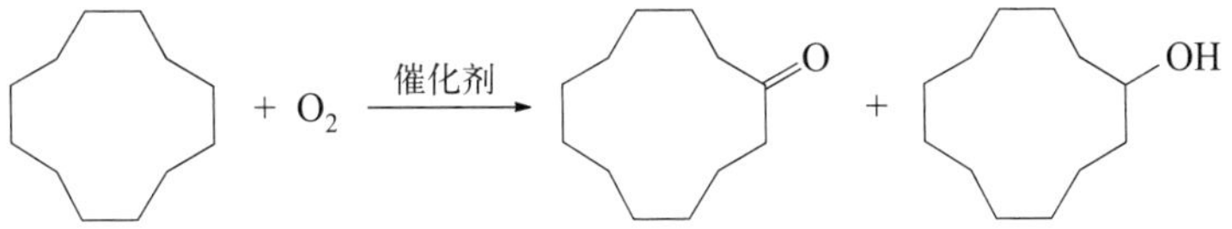

d. 脱氢：

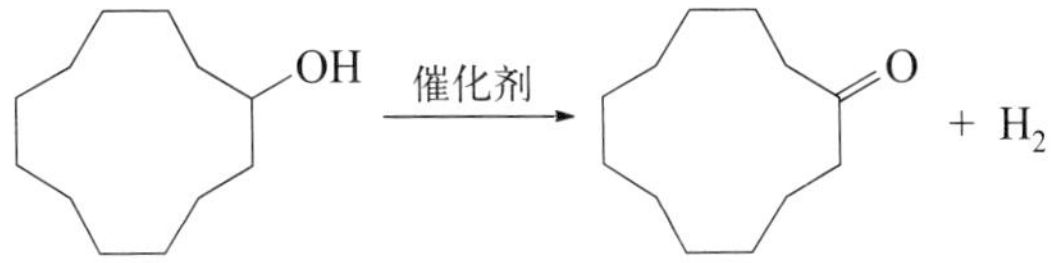

e. 肟化：

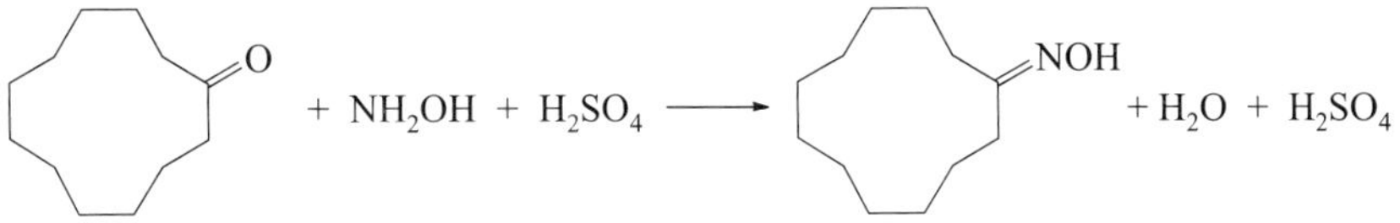

f. 重排：

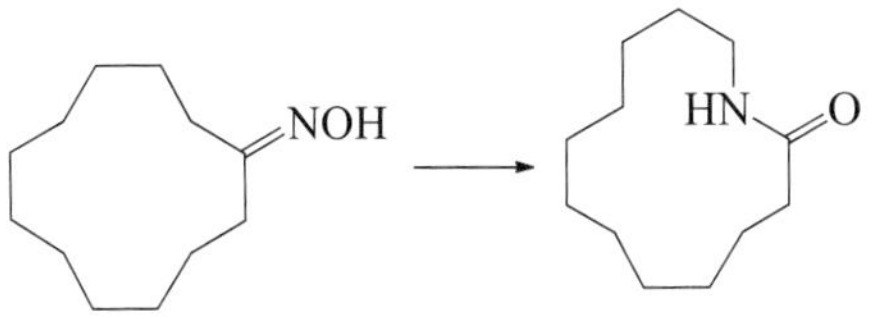

② 光硝化法（ATO 法）　由法国阿托化学公司开发，用光能将环十二烷合成环十二碳酮肟，其后工艺与 Hüls 法相同。

③ 臭氧氧化法（Snia 法）　用环十二碳-1,5,6-三烯通过臭氧化等合成 ω-氨基十二酸。

（2）环己酮路线

该法是以环己酮为原料，先制备过氧化双环己胺（PXA），PXA 经热裂解生成 11-氰基十一酸（CUA），再经加氢反应最后得 ω-氨基十二酸。其反应过程如下。

① PXA 的合成

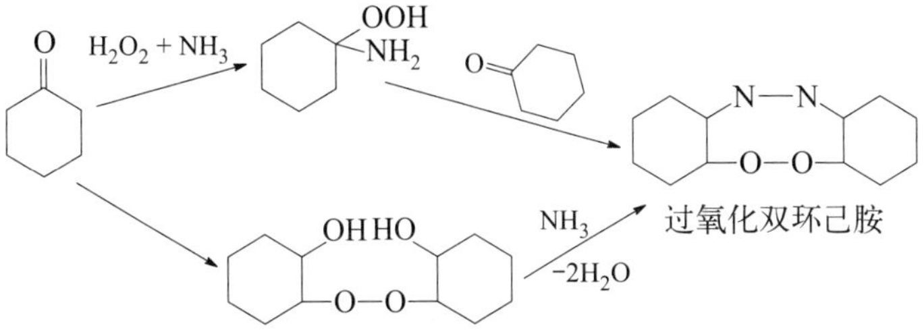

② 热裂解生成 CUA

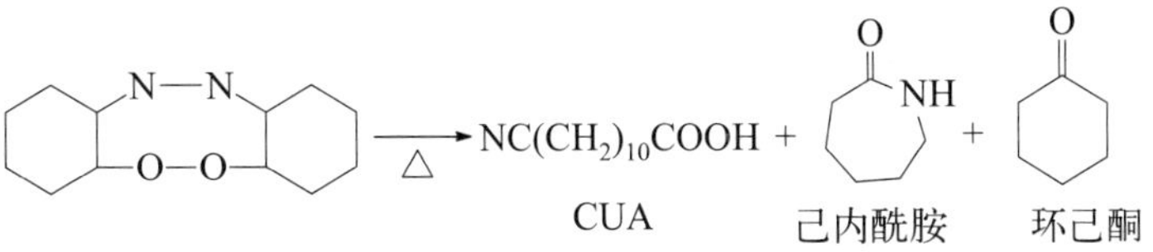

③ CUA 加氢生成 ω-氨基十二酸

$$NC(CH_2)_{10}COOH + H_2 \xrightarrow[\triangle]{催化剂} H_2N(CH_2)_{11}COOH$$

ω-氨基十二酸

2.1.9.3　聚十二内酰胺合成工艺路线

由于原料路线不同，用作聚合的单体不同，但聚合过程差别不大，以 ω-氨基十二酸为单体的聚合（图2-12）与 PA11 的生产过程相似；以 ω-十二内酰胺为单体，其聚合机理与己内酰胺聚合相似，但开环反应比己内酰胺开环反应慢得多。采用酸催化可加快开环反应速度。聚合反应过程如下：

$$n\,H_2N(CH_2)_{11}COOH \longrightarrow \underset{n}{\overline{\big[HN(CH_2)_{11}CO\big]}} + n\,H_2O$$

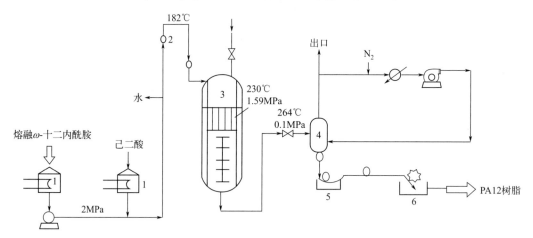

图2-12　PA12的生产过程

1—贮罐；2—混合器；3—反应器；4—柱式反应器；5—冷却器；6—切粒机

2.1.9.4　突出特点与用途

PA12 最突出的特点是分解温度高，吸水性小，耐低温性能优良，易加工成型。主要用于汽车仪表板、油门踏板、刹车软管等部件的加工，以及电子电器的消声部件、电缆护套、粉末涂料与胶黏剂。

2.1.10　聚己二酰丁二胺

2.1.10.1　名称与结构

学名：聚己二酰丁二胺
俗称：尼龙46
英文名称：poly（tetramethyleme adipamide），nylon46（PA46）
结构式：$\overline{\big[NH(CH_2)_4NHCO(CH_2)_4CO\big]}_n$

2.1.10.2　单体合成工艺路线

PA46 是 1,4-丁二胺与 1,6-己二酸缩聚形成的高结晶性聚酰胺，1,6-己二酸的制备原理已做介绍。1,4-丁二胺的合成是以丙烯腈为原料，在三乙胺存在下，丙烯腈与氰化氢发生加成反应，生成丁二腈；然后在雷尼钴催化剂作用下，加氢制得 1,4-丁二胺，其反应历程如下：

加成：
$$CH_2 = CHCN + HCN \xrightarrow{\text{催化剂}} NCCH_2CH_2CN$$

加氢：
$$NCCH_2CH_2CN + H_2 \xrightarrow{\text{催化剂}} H_2N(CH_2)_4NH_2$$

2.1.10.3　聚己二酰丁二胺合成工艺路线

PA46 的生产与 PA66 相似，先将 1,4-丁二胺和 1,6-己二胺制成 PA46 盐，再进行缩聚反应制得高分子量 PA46。

① PA46 盐的制备

用 2-吡咯烷酮或 N-甲基-2-吡咯烷酮为溶剂，两单体按比例混合配制成 PA46 盐溶液，反应如下：

$$H_2N(CH_2)_4NH_2 + HOOC(CH_2)_4COOH \longrightarrow H_3N^+(CH_2)_4^+NH_3^- \ OOC(CH_2)_4COO^-$$

② PA46 的聚合

有界面缩聚、溶液缩聚、熔融聚合和固相缩聚四种工艺路线。工业化生产技术路线是 DSM 公司开发的固相缩聚。其缩聚过程是将 PA46 盐在 3～4MPa 压力和 210～220℃ 高温下预缩聚得到低分子聚合物，然后将预聚体在真空和高温下（290℃）进行固相聚合，最后得到高分子量 PA46 产品。

其缩聚反应如下：

$$n\,H_3N^+(CH_2)_4^+NH_3^- \ OOC(CH_2)_4COO^- \longrightarrow \bracket{NH(CH_2)_4NHCO(CH_2)_4CO}_n + 2n\,H_2O$$

PA46 生产过程中往往加入少量的 1,4-丁二胺与其盐反应，实际上过量的 1,4-丁二胺只是作为分子量调节剂，生产工艺过程见图 2-13。

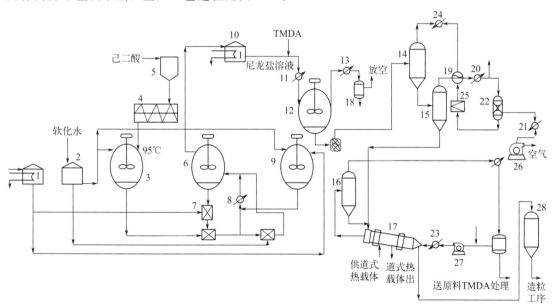

图 2-13　PA46 生产工艺过程

1—丁二胺（TMDA）贮罐；2—软化水贮槽；3—己二酸溶解槽；4—螺杆输送机；5—己二酸贮槽；6—反应器；

7—静态混合器；8,20—冷却器；9—丁二胺溶解槽；10—尼龙 46 盐贮罐；11—尼龙 46 盐预热器；

12—预聚合反应釜；13—放空冷凝器；14—喷雾干燥器；15—旋风分离器；16—除尘转鼓；17—反应器；

18—TMDA 贮槽；19—交换器；21—空气加热器；22—冷凝管；23,24—N_2 加热器；

25—N_2 压缩机；26,27—鼓风机；28—聚合物贮罐

2.1.10.4　突出特点与用途

PA46 是分子结构规整性很高的聚酰胺，其特点是具有高结晶度，耐高温与高刚性，高强度。主要用于汽车发动机及周边部件，如缸盖、油缸底座、油封盖、变速器。电气工业中用于接触器、插座、线圈骨架、开关等对耐热性、抗疲劳强度要求很高的领域。

2.2　芳香族聚酰胺

在聚酰胺分子结构中含有芳香环单元的称为芳香族聚酰胺，根据芳香环含量的比例又分为半芳香族聚酰胺和全芳香族聚酰胺。半芳香族聚酰胺具有高强度、高刚性、高耐温性等优点，广泛应用于汽车、电子电气等领域。常见的半芳香族聚酰胺有聚己二酰间苯二甲胺（PAMXD6）、聚对苯二甲酰己二胺（PA6T）、聚对苯二甲酰壬二胺（PA9T）、聚对苯二甲酰癸二胺（PA10T）等。

全芳香族聚酰胺是由芳香二元酸与芳香二元胺缩合的聚酰胺，其品种包括聚对苯二甲酰对苯二胺和聚间苯二甲酰间苯二胺。

2.2.1　半芳香族聚酰胺

半芳香族聚酰胺的生产与制备工艺，依照树脂品种及各生产商的不同而有一定差异。一般采用二元酸和二元胺在水中经过成盐和预聚得到预聚体，再增黏得到半芳香族聚酰胺树脂。低熔点或者非晶的产品采用熔融缩聚增黏，而高熔点半芳香族聚酰胺聚合工艺有四种：高温高压溶液缩聚法、低温溶液缩聚法、聚酯缩聚法、直接熔融缩聚法。

（1）半芳香族聚酰胺合成工艺路线

① 高温高压溶液缩聚法

高温高压溶液缩聚法是目前工业生产中最常采用的合成工艺。首先将等物质的量的二元酸和二元胺单体在 N_2 环境的保护下与适量的水、少量的反应助剂加入高压聚合反应釜中，在较低温度下（<100℃）合成聚酰胺盐，然后缓慢升高体系温度进行预聚合，得到分子量相对较小的预聚物。将预聚物在真空烘箱中干燥，粉碎成合适粒径的颗粒，然后通过固相缩聚工艺或者挤出设备经过熔融聚合得到高熔点、高分子量的终聚物。

该方法在水相体系下进行反应，生产成本低，经过多年发展，该工艺已经相当成熟，并且成功应用到工业化生产中。

② 低温溶液缩聚法

将等物质的量的二元酸和二元胺单体、少量的稳定剂加入 N-甲基吡咯烷酮（NMP）和吡啶的混合溶液中，加入适量的氯化钙和氯化锂，在一定条件下反应，所得产物在醇类溶剂中洗涤过滤后烘干，最后得到熔点在 310℃左右，分子量较低的预聚物。该工艺之所以没有在生产中得到应用，主要是由于反应体系所用溶剂成本较高，且后续处理较为麻烦，反应所得副产物会对反应容器造成腐蚀，给企业增加了极大的成本。

③ 聚酯缩聚法

聚酯缩聚法也是酯交换法，是近些年来新开发的工艺，其主要机理为利用聚酯与脂肪族二胺单体进行酰胺化反应制得半芳香族 PA。北京化工大学以聚对苯二甲酸乙二酯（PET）

和己二胺为原料，以环丁砜为溶剂成功制备出 PA6T。

该方法以回收聚酯作为原料，实现资源的再利用，符合环保政策要求。但是以高分子聚合物作为反应物，导致目标产物分子量无法控制，反应后期产物分子量增长困难，影响了该工艺的进一步产业化应用。

④ 直接熔融缩聚法

直接熔融缩聚法是在反应单体和聚合物熔融温度以上，保持熔融状态，在减压和氮气保护下，在熔融状态下发生聚合的合成工艺。

直接熔融缩聚法设备及操作简单，不需要溶剂，成本较低，而且高温有利于反应进行并提高 PA 产物的分子量，实现连续反应，降低生产成本。但是该法制备产物出料时存在粘釜问题，且在空气中易被氧化，限制了其在工业生产中的应用。

（2）几种合成工艺的比较（表 2-2）

表 2-2　半芳香族聚酰胺几种聚合工艺比较

合成方法	聚合溶剂	工艺路线	优势	劣势
高温高压溶液缩聚法	水	以水为溶剂，经成盐、预聚合、固相聚合三个步骤合成	制备方法路线成熟、无溶剂成本可控	工艺路线复杂，反应条件苛刻，设备技术难度大
低温溶液缩聚法	N-甲基吡咯烷酮（NMP）和吡啶	在溶剂中一步聚合，并且需要醇类溶剂进行洗涤过滤	反应条件温和可控	溶剂处理回收难度大，成本较高，分子量偏低
聚酯缩聚法	环丁砜	聚酯与脂肪族二胺单体进一步酰胺化反应	以回收聚酯为原料，实现资源的再利用	分子量不可控，工业化困难
直接熔融缩聚法	无溶剂	在熔融状态下一步缩聚反应	生产工艺路线简单，成本可控	物料黏附釜壁，出料困难，并且易氧化

2.2.1.1　聚己二酰间苯二甲胺

聚己二酰间苯二甲胺，简称 PAMXD6，结构式为

$$\left[NHCH_2-\text{（苯环）}-CH_2NH-\overset{O}{\underset{\|}{C}}-(CH_2)_4-\overset{O}{\underset{\|}{C}}\right]_n$$

是由己二酸与间苯二甲胺缩聚制得的结晶型聚酰胺。

PAMXD6 的聚合方法有两种：一种是直接缩聚法，即己二酸与间苯二甲胺直接进行熔融缩聚，此法最关键的问题是当由分子量增长而引起体系黏度增加时，反应釜的传热系数下降而影响缩聚反应速度；另一种是将两单体制成盐，然后在加热加压条件下进行缩聚。其反应式如下：

$$H_2NH_2C-\text{（苯环）}-CH_2NH_2 + HOOC(CH_2)_4COOH \longrightarrow$$

$$\left[NHCH_2-\text{（苯环）}-CH_2NH-\overset{O}{\underset{\|}{C}}-(CH_2)_4-\overset{O}{\underset{\|}{C}}\right]_n + H_2O$$

PAMXD6 是一种结晶型半芳香族聚酰胺，其主要特点如下：

它具有较高的耐热性、耐冲击性和耐化学品性，适用于制造高要求的机械零件、工具和电子部件。PAMXD6 还具有较好的加工性能，可以通过注射成型、挤出成型和模压成型等工艺制造出精密的零件。此外，PAMXD6 还具有较低的收缩率和较高的冲击韧性，可以在

较低的温度下加工，使得它在制造精密零件时更加稳定。其主要用途是：作为工程塑料用于汽车车轮盖、前后挡泥板、发动机气缸盖、缸体、活塞等部件；电动工具、磁性塑料；作为包装材料用于食品保鲜包装具有十分优异的阻隔性。

2.2.1.2 聚对苯二甲酰己二胺

聚对苯二甲酰己二胺，俗称尼龙 6T（PA6T），其化学结构为：

$$+HN(CH_2)_6NH-\overset{\overset{O}{\|}}{C}-\overset{}{\underset{}{\bigcirc}}-\overset{\overset{O}{\|}}{C}+_n$$

其聚合过程是将等物质的量的 1,6-己二胺、对苯二甲酸加入成盐釜，加入适量的水，在 80～100℃下成盐。调节 PA6T 盐溶液 pH 值至 7.5，反应 2h 后，把 PA6T 盐溶液加入预聚釜中，升温至 230℃，保压 2h，然后再降温至 150～160℃，经过喷雾干燥得到 PA6T 预聚体。预聚体加入真空固相釜中升温至 220～240℃，真空度保持在 50Pa 左右，固相反应 5～8h，降温得到高分子量的 PA6T 树脂粉料，最后经过挤出机挤出造粒得到 PA6T 树脂颗粒。典型的工艺生产流程如图 2-14 所示。

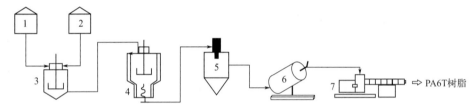

图 2-14 PA6T 树脂工艺流程图

1—对苯二甲酸储罐；2—己二胺储罐；3—成盐釜；4—预聚釜；
5—喷雾干燥器；6—真空转鼓；7—挤出造粒机

PA6T 的最大特点是耐高温，熔点为 370℃，玻璃化转变温度为 180℃，可在 200℃下长期使用，也可以在较高的温度下进行加工和成型，并且在使用温度范围内不会发生显著的变形。它的耐热性比一般的 PA6 材料要高。它的强度也要比一般的 PA6 材料要高，同时还具有较高的机械强度和抗冲击性。主要用于汽车部件，如油泵盖、空气滤清器，热电器部件如电线束接线板、熔断器等。

2.2.1.3 聚对苯二甲酰壬二胺

聚对苯二甲酰壬二胺，俗称尼龙 9T（PA9T），其化学结构为：

$$+HN(CH_2)_9NH-\overset{\overset{O}{\|}}{C}-\overset{}{\underset{}{\bigcirc}}-\overset{\overset{O}{\|}}{C}+_n$$

是由壬二胺与对苯二甲酸熔融缩聚制备的半芳香族尼龙。在溶解状态下，经过热力学平衡的条件，使得材料的力学性能得到改善。其缩聚方法与 PA6T 类似。

PA9T 的突出特点是：耐热性好，其熔点为 308℃，玻璃化转变温度为 126℃，其焊接温度高达 290℃；具有较高的强度和刚性，以及良好的耐冲击性和耐热性；还具有较低的吸水性（吸水率为 0.17%）和较低的膨胀系数，因此常用于制造精密仪器和零件；此外，PA9T 还具有较低的摩擦系数和较低的滑移系数，因此在轴承和滑动轴承方面有很好的应用前景。

2.2.1.4　聚对苯二甲酰癸二胺

聚对苯二甲酰癸二胺，俗称尼龙 10T（PA10T），其化学结构为：

$$\left[HN(CH_2)_{10}NH-\overset{O}{\underset{}{C}}--\overset{O}{\underset{}{C}}\right]_n$$

是由癸二胺与对苯二甲酸熔融缩聚制备的半芳香族聚酰胺，其缩聚方法与 PA6T 类似。

PA10T 的突出特点是：吸水性小，吸水率为 0.15%；耐热性好，其熔点为 315℃，玻璃化转变温度为 127℃，其焊接温度高达 290℃；具有良好的力学性能、抗冲击性和耐磨性；还具有较高的耐热性和耐氧化性，使其适用于高温环境；PA10T 还具有较好的电绝缘性和绝缘电阻，因此常被用于电气和电子行业；并且还具有优良的加工成型性，可以通过注射成型、挤出成型、模压成型等方法加工成各种形状的零件。主要用于电子、电器、信息设备和汽车部件。

2.2.1.5　聚对苯二甲酰三甲基己二胺

聚对苯二甲酰三甲基己二胺，俗称尼龙 TMDT，其结构式为：

$$\left[HNCH_2-\overset{CH_3}{\underset{CH_3}{C}}-CH_2-\overset{CH_3}{CH}-(CH_2)_2-NH-\overset{}{\underset{O}{C}}--\overset{}{\underset{O}{C}}\right]_n$$

是由 2,2,4-三甲基己二胺和 2,4,4-三甲基己二胺两种混合物与对苯二甲酸缩聚制得。其聚合过程及工艺与 PAMXD6 类似。

PATMDT 最大的特点是具有持久的玻璃般的透明性。具有高机械强度，可以承受较大的应力和扭矩，高绝缘电阻可以有效阻断电流的传导，耐溶剂性好可以有效抵抗溶剂的腐蚀作用。可广泛用于食品容器、液位计、仪表、电力、通信设备部件。

2.2.2　全芳香族聚酰胺

2.2.2.1　聚对苯二甲酰对苯二胺

聚对苯二甲酰对苯二胺，简称 PPTA，其化学结构式为：

$$\left[HN--NH-\overset{}{\underset{O}{C}}--\overset{}{\underset{O}{C}}\right]_n$$

是由对苯二甲酰氯和对苯二胺缩聚而成的高性能全芳香族聚酰胺，能制成高强度、高模量纤维，杜邦公司的纤维商品名为 Kevlar，我国称为芳纶Ⅱ。

PPTA 的合成方法有低温溶剂法、低温界面缩聚法、高温催化法和气相聚合法。PPTA 的合成有两大特点：一是聚合反应速度很快，生成的聚合物不溶于溶剂；二是反应过程发生相态变化，即体系由液态很快变成固态，聚合用有机溶剂均为极性有机化合物，如 N-甲基吡咯烷酮（NMP）、六甲基磷酸胺（HMP）等。聚合工艺采用间歇聚合或连续聚合。连续聚合要求严格的单体摩尔比，聚合后期需要强混合捏合作用才能制备高分子量的 PPTA。聚合设备主要是双螺杆挤出机，其聚合反应如下：

$$Cl-\overset{}{\underset{O}{C}}--\overset{}{\underset{O}{C}}-Cl + H_2N--H_2N \xrightarrow[NMP+LiOH]{LiOH} \left[HN--HN-\overset{}{\underset{O}{C}}--\overset{}{\underset{O}{C}}\right]_n +HCl$$

PPTA 属于高刚性聚合物，其分子结构具有高度的对称性和规整性，大分子链之间形成很强的氢键。

具有高强度、高模量、耐高温、低密度、热收缩性小、尺寸稳定性好等特点，广泛用于航空航天设备、军备的结构材料，防弹服等高尖端科技领域。用于轮胎帘子线具有良好的拉伸强度和耐热性；用于聚合物改性，能有效地提高其他聚合物的强度。

2.2.2.2 聚间苯二甲酰间苯二胺

聚间苯二甲酰间苯二胺，简称 MPIA，是由间苯二胺和间苯二甲酰氯缩聚制备的，与 PPTA 一样可纺成纤维，用于航空航天工业，杜邦公司的商品名为 Nomex，日本帝人公司的商品名为 Conex。

MPIA 的合成有两种工艺路线。

① 低温溶液聚合法

用二甲基乙酰胺（DMAC）作溶剂，在低温下，间苯二甲酰氯、间苯二胺按苯比进行缩聚反应，生成的 HCl，用 $Ca(OH)_2$ 中和，得到的聚合原液直接纺丝，其缩聚反应如下：

$$NH_2-\text{（苯环）}-NH_2 + ClOC-\text{（苯环）}-COCl \xrightarrow{DMAC} -[C(=O)-\text{（苯环）}-COHN-\text{（苯环）}-NH]_n- + HCl$$

② 界面缩聚法

界面缩聚分两步进行。第一步：间苯二胺、间苯二甲酰氯溶于不含酸受体的极性有机溶剂中，反应生成末端具有活性的低聚物。随聚合反应的进行，生成的低聚物呈固体粉末状析出：

$$NH_2-\text{（苯环）}-NH_2 + ClOC-\text{（苯环）}-COCl \xrightarrow[\triangle]{有机溶剂} -[C(=O)-\text{（苯环）}-COHN-\text{（苯环）}]_n-NH_2 + HCl$$

预聚物

第二步：将低聚物加入碱性水溶液中，使低聚物进一步缩聚得到高分子量的疏松的 MPIA 粉末，经分离水洗得到最终产品：

$$-[C(=O)-\text{（苯环）}-COHN-\text{（苯环）}]_n-NH_2 \xrightarrow{碱水} -[C(=O)-\text{（苯环）}-COHN-\text{（苯环）}-NH]_n-$$

MPIA 与 PPTA 有类似的结构特征，其突出的特点是既耐高温又耐低温，其次是具有阻燃性，氧指数为 30。主要用于消防服、防弹衣，还可用于高温过滤材料电器的绝缘材料。

2.2.3 其他芳香族聚酰胺

郑州大学、华南理工大学、湖南工业大学等单位以萘二甲酸、联苯醚二甲酸、联苯二甲酸、联苯砜二甲酸、对苯二乙酸和含有酰亚胺结构的芳香二元酸分别与癸二胺、十一碳二胺、十二碳二胺和十三碳二胺合成了一系列的半芳香族聚酰胺，详细研究了其热性能和力学性能。但由于原料来源问题，只限于实验室小试研究，未见产业化报道。

2.3 共聚聚酰胺

共聚聚酰胺是由多种二元酸与一种或多种二元胺共聚合，多种二元胺与一种或多种二元酸共聚合，内酰胺与氨基酸共聚合或二元酸和二元胺的混合物与内酰胺共聚合所生成的聚酰胺。其重复单元内含有多种酰胺基团。由两种单体同时参与的聚合，称为二元共聚，产物为二元共聚物。根据大分子中结构单元的排列情况，二元共聚物有四种类型：无规二元共聚物、交替二元共聚物、嵌段二元共聚物、接枝二元共聚物。均聚物的种类有限，通过与第二单体共聚合，可以改进大分子的结构性能，增加品种，扩大应用范围。性能的改变程度与共单体的种类、数量以及排列方式有关。

由三种单体同时参与的聚合，称为三元共聚。其产物可分为三元无规共聚物、三元嵌段共聚物和三元接枝共聚物。三元无规共聚物由三种单体一次投料聚合而成；三元嵌段共聚物则可由活性聚合逐一加入单体合成，也可用均聚物偶联法合成；三元接枝共聚物多是在二元无规共聚链上进行第三单体接枝聚合而成。加入第三种单体后可以改善二元共聚物的某些性能。

聚酰胺的化学改性是指在改性过程中聚合物大分子链的主链、支链、侧基及大分子链之间发生化学反应的一种改性方法。通过改变聚合物大分子的主链、支链及大分子链之间的结构以改变聚酰胺共聚物的熔点、玻璃化转变温度、溶解性、结晶性、透明性等性能，以适用于某些特定用途的改性方法。

根据结构的不同，所得共聚物可分为：无规共聚物、嵌段共聚物/短嵌段共聚物、接枝共聚物以及交替共聚物等。工业上最常用的是无规共聚聚酰胺，本节主要介绍此类共聚物。

制备无规共聚聚酰胺，通常有以下三条工艺路线：

① 先制得各链节所对应的酰胺盐，再进行溶液或熔融缩聚。

② 各初始单体——二元羧酸/羧酸酯、二元胺、内酰胺或氨基酸直接进行熔融缩聚。

③ 各初始单体——二元胺和二酰氯进行界面缩聚等。

无规共聚使聚酰胺分子链的规整性受到破坏，氢键形成率和结晶度降低，导致材料的物理、力学以及光学性能都发生很大的变化。

2.3.1　PA6/PA66、PA6/PA56 共聚聚酰胺

在己内酰胺中加入 PA66 盐或 PA56 盐，进行无规共聚合得到 PA6/PA66 或 PA6/PA56 共聚聚酰胺，由于 PA66 或 PA56 分子结构的加入，打破了 PA6 分子链的规整性，降低了 PA6 的熔点，提高了 PA6 的韧性和冲击性能，同时改善了 PA6 的透明性，在高端钓鱼线、耐寒渔网丝、多层共挤复合膜、高性能收缩纤维等领域具有广泛的应用。PA6 生产线进行升级改造后，可以生产 PA6/PA66 或 PA6/PA56，详见图 2-15。

2.3.2　PA6T/PA66、PA6T/PA6I、PA6T/PA6 共聚聚酰胺

由于 PA6T 的熔点为 370℃，玻璃化转变温度为 180℃，加工温度在 400℃ 左右，接近降解温度。商用 PA6T 一般通过与 PA66、PA6I、PA6 共聚，制备 PA6T/PA66、PA6T/PA6I、PA6T/PA6 共聚聚酰胺，其熔点在 315℃ 左右，制备方法与 PA6T 类似。PA6T/PA66、PA6T/PA6I、PA6T/PA6 共聚聚酰胺具有高强度、尺寸稳定、耐焊接性好和良好的加工性能。主要用于汽车部件如油泵盖、空气滤清器、热电器部件（如电线束接线板、熔断器等产品）。

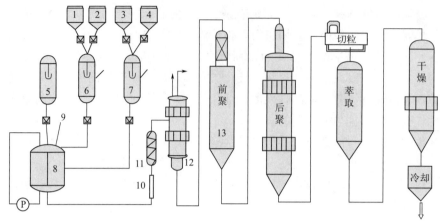

图 2-15　PA6/PA66 或 PA6/PA56 的制备工艺流程

1,3—胺罐；2,4—酸罐；5—己内酰胺配制罐；6—第二组分配制罐；7—第三组分配制罐；
8—盐液混合罐；9—进料管；10—输送泵；11—盐液储罐；12—预热器；13—加热器

2.3.3　PA10T/PA66、PA10T/PA1010 共聚聚酰胺

为了改善 PA10T 的韧性和加工性能，PA10T 与少量的 PA66 或者 PA1010 进行共聚，可制备熔点在 310℃左右的 PA10T 共聚聚酰胺，制备方法与 PA10T 类似。PA10T/PA66、PA10T/PA1010 共聚聚酰胺具有高强度、尺寸稳定、耐焊接性好和良好的加工性能。主要用于汽车部件如油泵盖、空气滤清器、热电器部件（如电线束接线板、断熔器、LED 等产品）。

2.3.4　多元共聚聚酰胺热熔胶

服装热熔衬是聚酰胺热熔胶的重要应用领域，它要求材料熔点低（大约 90～160℃），玻璃化转变温度低，以使黏合处应力形变易于分散，达到内部应力最小的稳定状态，从而提高黏合强度。因此大多数使用直链脂肪族单体进行二元、三元、四元或多元共聚，使所得共聚物熔点低、柔性大，有利于分子或链段的运动和摆动，使黏结体系中两种分子易于相互靠近并产生吸附力，如 PA66 盐与十二氨基酸的共聚物。对于使用温度较高的场合，可通过引入含环结构的单体来提高熔点，如二甲基对苯二甲酸的共聚物。

2.4　聚酰胺弹性体

热塑性聚酰胺弹性体（thermoplastic polyamide elastomer，TPAE）是由高熔点结晶性硬段（聚酰胺）和非结晶性软段（聚酯或聚醚）组成。其性能取决于硬段类型及两种嵌段的长度。硬段聚酰胺的存在，使 TPAE 具有优异的韧性、耐化学品性、耐磨性及消声性。通过选择和控制嵌段类别，其力学、热和化学性能可在很大范围内变化。TPAE 可分为聚醚嵌段酰胺（PEBA）、聚醚酯酰胺（PEEA）和聚酯酰胺（PEA）嵌段共聚物。

TPAE 合成方法较多，常用的有两步法和一步法。两步法合成工艺如下：第一步是制备双端羧基聚酰胺预聚体，即将酰胺单体、催化剂、二元羧酸等加入聚合釜，进行熔融聚合，得到双端羧基聚酰胺预聚体；第二步是以酯化反应为基础进行聚合，即将预聚体和聚醚二元醇（或双端羟基脂肪族聚酯）按一定的组成加入聚合釜中，在聚酰胺的聚合状态下进行

常压或减压熔融缩聚制得 TPAE 产品。一步法合成工艺如下：将双氨基封端聚醚、脂肪族二元酸、内酰胺或聚酰胺盐、水、催化剂加入聚合釜中进行熔融聚合即可以得到聚酰胺弹性体。

2.4.1 PA6/PEG 聚酰胺弹性体

双氨基聚乙二醇与己二酸在水溶液中成盐，将一定比例的聚醚胺盐分别与己内酰胺进行聚合反应，得到 PA6/PEG 聚酰胺弹性体。聚酰胺弹性体具有优异的柔顺性和回弹性，出色的耐低温性能，广泛应用于医疗器械、体育用品、汽车、机械电子等产品。

2.4.2 PA1010/PTMG、PA12/PTMG 聚酰胺弹性体

PA1010 盐或十二内酰胺与一定量的癸二酸进行缩聚反应，得到一定分子量的预聚体；然后，PA1010 预聚体或 PA12 预聚体在催化剂作用下与聚（四氢呋喃）（PTMG）进行酯化反应，得到一系列不同比例的 PA1010/PTMG、PA12/PTMG 聚酰胺弹性体。长碳链聚酰胺弹性体具有吸水率低、回弹性能好、耐低温性能优良等优点，在高档体育用品、医疗器械、汽车等领域具有较好的应用前景。

2.5 透明聚酰胺

在聚酰胺分子主链中引入含侧链或环状结构的单体可破坏分子链的规整性，大大降低氢键形成率和结晶度，直至获得非晶态透明聚酰胺。在脂肪族聚酰胺或半芳香族聚酰胺聚合过程中添加环状单体或带侧链单体，可制备出性能各异的多元共聚透明聚酰胺。

透明聚酰胺合成工艺通常采用熔融聚合方式，与脂肪族 PA6 或 PA66 的聚合过程相似。脂肪族二元胺、脂肪族二元酸或芳香族二元酸、脂环二元胺、支链二元胺以及内酰胺等原料，经过成盐、熔融聚合两个步骤合成一系列透明聚酰胺。

2.5.1 PA6T/PA6I 透明聚酰胺

己二胺分别与对苯二甲酸、间苯二甲酸在水中进行成盐，然后将一定比例的 PA6T 盐、PA6I 盐溶液加入聚合釜中，加入适量的水、助剂，置换空气后，加入氮气保护，进行升温缩聚反应得到 PA6T/PA6I 透明聚酰胺。PA6T/PA6I 具有良好的透光性、加工性能、耐热性能及低吸水率等优点，可广泛应用于光学领域、汽车领域、机械领域及电子电气领域。

2.5.2 多元共聚半芳香族透明聚酰胺

以对苯二甲酸、间苯二甲酸、己二酸、己二胺、癸二胺为原料，以水为溶剂，加入合适助剂，通过成盐反应和缩聚反应制备一系列半芳香族透明聚酰胺。透明聚酰胺的性能可以通过调整对苯二甲酸、间苯二甲酸、己二酸的比例来实现。由于分子主链中含有刚性苯环，半芳香族透明聚酰胺具有很好的刚性、透明性、尺寸稳定性和较低的吸水率，在光学领域、汽车领域、机械领域及电子电气等领域具有较好的应用前景。

2.5.3　含脂环透明聚酰胺

在脂肪族尼龙聚合过程中加入含脂环的单体，如 4,4′-二氨基二环己基甲烷、3,3′-二甲基-4,4′-二氨基二环己基甲烷、环己烷-1,4-二甲胺、环己烷-1,3-二甲胺、环己烷-1,4-二甲酸等含脂环的二酸或二胺单体，通过熔融缩聚得到一系列含脂环的透明聚酰胺。含脂环透明聚酰胺具有透明性好、冲击强度高等优点，在镜架、光学领域、汽车领域、机械领域及电子电气等领域具有广泛的应用前景。

参考文献

[1]　张凯钧.国内己内酰胺生产现状及生产工艺技术经济分析比较 [J].化工管理，2021 (18)：121-122.

[2]　范学松，张圣明，王朝生，等.己内酰胺聚合中低聚物控制及 PA6 熔体直纺可行性研究 [J].合成纤维工业，2020，43 (5)：1-6.

[3]　史雪芳，丁克鸿.环己酮肟气相重排制备己内酰胺工艺 [J].化工进展，2013，32 (3)：584-587.

[4]　廖明义，陈平.高分子合成材料学（下）[M].北京：化学工业出版社，2005.

[5]　李玉芳，伍小明.我国己内酰胺精制技术研究进展 [J].精细与专用化学品，2020，28 (1)：47-49.

[6]　游军杰，徐军，郭士岭，等.环己酮肟 Beckmann 重排制己内酰胺的研究进展 [J].河南化工，2003 (2)：1-5.

[7]　李海生，吴剑，王良芥，等.环己酮肟贝克曼重排反应动力学 [J].湘潭大学自然科学学报，2002 (1)：52-56.

[8]　宗保宁，慕旭宏，孟祥堃，等.镍基非晶态合金加氢催化剂与磁稳定床反应器的开发与工业应用 [J].化工进展，2002 (8)：536-539.

[9]　谢崇禹.影响聚己内酰胺质量的主要因素 [J].纤维复合材料，2006 (2)：33-34.

[10]　隆金桥，凌绍明.超声波辅助杂多酸催化环己醇氧化合成己二酸 [J].化学世界，2006 (9)：558-560.

[11]　李大为.我国己内酰胺产业现状及战略发展 [J].合成纤维工业，2016，39 (4)：61-64.

[12]　宫红，姜恒，吕振波.己二酸绿色合成新途径 [J].高等学校化学学报，2000，21 (7)：1121-1123.

[13]　丁宗彪，连慧，王全瑞，等.钨化合物催化过氧化氢氧化环己酮合成己二酸 [J].有机化学，2004，24 (3)：319-321.

[14]　Lapisardi G, Chiker F, Launay F, et al. A "one-pot" synthesis of adipicacid from cyclohexene under mild conditions with new bifunctional Ti-AISBA mesostructuredcatalysts [J]. Catalysis Communications，2004，5 (6)：277-281.

[15]　胡延韶.己二腈催化加氢制己二胺 [J].化工生产与技术，2005，12 (1)：43-44，52.

[16]　李博.尼龙 1010 生产工艺及三废排放的研究 [J].化工管理，2015 (21)：86.

[17]　欧阳少华.癸二酸的制备及应用研究进展 [J].化工中间体，2010，6 (4)：7-10.

[18]　Azcan N，Demirel E. Obtaining 2-octanol, 2-octanone, and sebacic acid from castor oil by microwave-induced alkali fusion [J]. Industrial and Engineering Chemistry Research，2008，47 (6)：1774-1778.

[19]　王文志，刘跃军，刘小超，等.PA6/1010 的制备及其在多层复合膜领域的应用研究 [C] //2016 年中国工程塑料复合材料技术研讨会论文集，2016：111-114.

[20] 陈尚标，丁浩军，顾建燕. 癸二腈加氢制癸二胺的工艺研究 [J]. 精细化工中间体，2008，38（6）：44-47，63.

[21] 张庆新，莫志深. 尼龙 11 结构与性能的研究进展 [J]. 高分子通报，2001（6）：27-37.

[22] Petrovicova E，Knight R，Schadler L S. Nylon 11/Silica nanocomposite coatings applied by the HVOF process [J]. Journal of Applied Polymer Science，2000，77（8）：1684-1699.

[23] 王文志，陈智军，张志军，等. 共聚 PA6/66 在 PA66/GF 复合材料中的应用 [J]. 工程塑料应用，2015，43（10）：28-31.

[24] Zhang Q X，Mo Z S，Zhang H F，et al. Crystal transitions of nylon 11 [J]. Polymer，2001，42：5543-5547.

[25] 王向龙，龚文照，张伟，等. 尼龙 11 工艺技术及研究进展 [J]. 山东化工，2017，46（20）：53-54，57.

[26] Xue M，Li F，Zhu J，et al. Structre-based enhanced capacitance：In situ growth of highly ordered polyaniline nanorods on reduced graphene oxide patterns [J]. Advanced Functional Materials，2012，22（6）：1284-1290.

[27] 涂开熙，于福德. 新型工程塑料尼龙 1212、尼龙 1313 和尼龙 1213 的开发与应用 [C] //第二届中国国际工程塑料展览会，北京：2001：364-368.

[28] 刘民英，赵清香，王玉东，等. 石油发酵尼龙 1212 的合成、性能及应用 [J]. 工程塑料应用，2002，30（9）：37-40.

[29] 卞世一. 三臂星型尼龙 12 的合成与表征 [D]. 郑州：郑州大学，2014.

[30] 唐新华，李馥梅. 尼龙 612 的合成及其性能研究 [J]. 合成纤维工业，2007（5）：8-10.

[31] 山东东辰工程塑料有限公司. 尼龙 612 的合成工艺 [P]. 中国专利：200410023703.2，2005-09-07.

[32] 中国石化集团巴陵石油化工有限责任公司. 一种尼龙 612 的制备方法 [P]. 中国专利：200510098959.4，2007-03-21.

[33] 郑州大学. 一种合成尼龙 612 的新工艺 [P]. 中国专利：200610106919.4，2007-04-11.

[34] 福本修. 聚酰胺树脂手册 [M]. 北京：中国石化出版社，1992：354-355.

[35] 彭治汉，施祖培. 塑料工业手册 [M]. 北京：化学工业出版社，2001：7-17.

[36] 魏香，马晟博，汤振棋，等. 新型生物基尼龙 56 的合成工艺研究进展及前景展望 [J]. 当代化工研究，2022（3）：144-146.

[37] Martin E R. Synthetic methods in step-growth poly-mers [M]. USA：A Wiley Interscience publication，2004：186.

[38] 于维才. 尼龙 56 的物理性能及可纺性探析 [J]. 聚酯工业，2014，27（1）：38-39.

[39] 王学利，张晨，俞建勇，等. 生物基聚己二酸戊二胺聚合物结构及高速仿长丝性能 [J]. 合成纤维，2015，44（9）：1-5.

[40] 孙鹏，姜其斌，王文志，等. 半芳香共聚尼龙 MXD6/6 的制备与性能研究 [J]. 塑料工业，2019，47（6）：36-40.

[41] Liu B，Qiao M H，Deng J F，et al. Skeletal Ni catalyst prepared from a rapidly quenched Ni-Al alloy and its high selectivity in 2-ethylanthraquinone hydrogenation [J]. Journal of Catalysis，2001，204（2）：512-515.

[42] 李民慧，王开，方世东，等. 锌粉还原法合成对苯二胺的研究 [J]. 光谱实验室，2001，18（6）：796-798.

[43] 李宽义. 钯-炭低压催化加氢生产对苯二胺方法 [P]. 中国专利：CN1475475，2004.

[44] 李世杰，王文志，刘跃军，等. MMT/超支化 PA6 纳米复合材料的制备及性能 [J]. 塑料工业，2019，47（1）：84-88，125.

[45] 金旭东. 三元共聚尼龙热熔胶的合成与性能研究 [D]. 太原：中北大学，2009.

[46] 金国珍. 工程塑料 [M]. 北京：化学工业出版社，2001.

[47] 姜兆辉，李志迎，贾翚，等. 聚己内酰胺铸膜液的制备及性能 [J]. 塑料工业，2015，43（1）：23-26.

[48] 张英伟，葛冬冬，李声耀，等. 低吸水共聚聚酰胺树脂的制备及性能表征 [J]. 塑料工业，2021，49（8）：162-166.

[49] 顾尧. 尼龙66 和尼龙6 的比较 [J]. 合成纤维工业，1982（4）：5-10，34.

[50] 张婷婷，赵献峰. 尼龙6 改性研究 [J]. 山西化工，2018，38（4）：132-134.

[51] Hashim Y A G E G. 新型尼龙56 纤维的制备和表征 [D]. 上海：东华大学，2014.

[52] 韩少卿，陈兴卫，赵春英. 尼龙610 工艺及改性概述 [J]. 广州化工，2013，41（10）：14-15，20.

[53] 崔晶，李应成，林程，等. 共聚尼龙66/1212 树脂的非等温结晶动力学分析 [J]. 化学反应工程与工艺，2022，38（3）：248-253.

[54] 王继库，赵国升，周云春. 尼龙1010 的拉伸结晶行为及 Brill 转变 [J]. 高等学校化学学报，2011，32（5）：1225-1230.

[55] 刘营营，姚奕强，周星星，等. 尼龙11 纤维的制备及结构与性能 [J]. 工程塑料应用，2022，50（9）：20-26.

[56] 汪艳，史玉升，黄树槐. 尼龙12 热稳定性研究 [J]. 武汉工程大学学报，2008，30（1）：59-61.

[57] 冉进成. 低吸水性耐磨碳纤维增强尼龙46 复合材料的研究 [D]. 广州：华南理工大学，2019.

[58] 聂玉梅，霍力超. 共聚型半芳香族尼龙6T [C] //第二届全国特种涂料（涂层）行业技术交流及应用研讨会论文集，2007：237-239.

[59] 庄心生，高金鹿. 聚合工艺参数对 PPTA 树脂黏度的影响 [J]. 河南化工，2020，37（4）：46-48.

[60] Shakiba M，Rezvani Ghomi E，Khosravi F，et al. Nylon-A material introduction andoverview for bio-medical applications [J]. Polymersfor Advanced Technologies，2021，32（9）：3368-3383.

[61] Xu Z，Gao C. In situ polymerization approach to graphene-reinforced nylon-6 composites [J]. Macro-molecules，2010，43（16）：6716-6723.

[62] Rafiq R，Cai D，Jin J，et al. Increasing the toughness of nylon 12 by the incorporation of functionalized graphene [J]. Carbon，2010，48（15）：4309-4314.

[63] Chowdhury M，Stylios G. Effect of experimental parameters on the morphology of electrospun nylon 6 fibres [J]. International Journal of Basic & Applied Sciences，2010，10（6）：70-78.

[64] Choi E Y，Kim K，Kim C K，et al. Reinforcement of nylon 6，6/nylon 6，6 grafted nanodiamond com-posites by in situ reactive extrusion [J]. Scientific reports，2016，6（1）：1-10.

[65] Papadopoulou E L，Pignatelli F，Marras S，et al. Nylon 6，6/graphene nanoplatelet composite films obtained from a new solvent [J]. RSC advances，2016，6（8）：6823-6831.

第3章
聚酰胺的结构与性能

3.1 聚酰胺大分子链的结构特征

3.1.1 聚酰胺大分子链的构型

按照酰氨基的定向排列方向和基本结构，聚酰胺分为以下两种类型。第一种是由 ω-氨基酸或其内酰胺合成的聚酰胺，其酰氨基的定向排列方向和化学结构式如图 3-1 所示。第二种是由二元胺和二元酸合成的聚酰胺，其酰氨基的定向排列方向和化学结构式如图 3-2 所示。

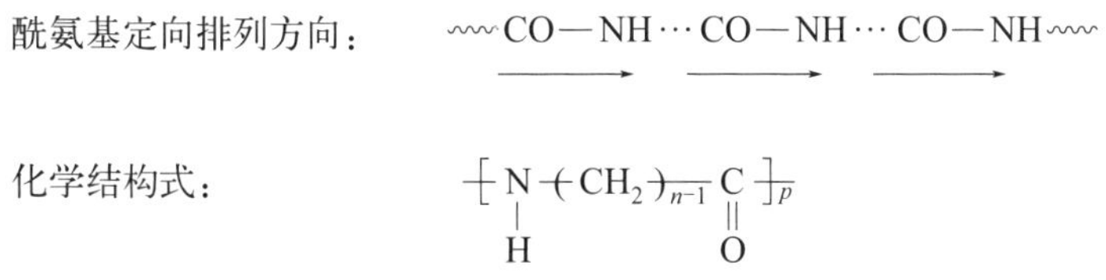

酰氨基定向排列方向：　〜〜CO—NH…CO—NH…CO—NH〜〜

化学结构式：

图 3-1　内酰胺类聚酰胺的酰氨基定向排列方向和化学结构式

酰氨基定向排列方向：　〜〜CO—NH…NH—CO…CO—NH〜〜

化学结构式：

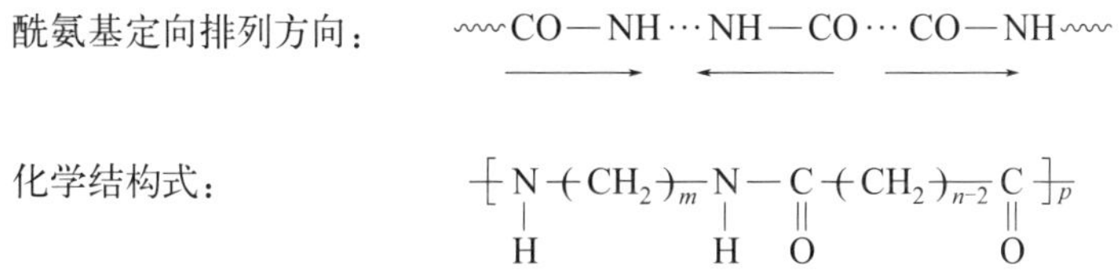

图 3-2　二元胺/二元酸类聚酰胺的酰氨基定向排列方向和化学结构式

以上两种类型的聚酰胺任一单体可以用环烷基、芳基取代，可以是一种单体被取代，也可以是全部单体被取代。即聚酰胺的品种按上述原则，有多种组合。但是，它们的结构都有一个共同的特征——都含有极性酰氨基（—CO—NH—），其中的—NH—和—C＝O 可形成氢键，氢键形成的多少和强弱是由其组成、酰氨基浓度和立体化学结构决定的。有人用 X 射线图证实了 PA66 分子中—NH—的氢原子和相邻分子中的—C ═O 上的氧原子形成了氢键，并在一个平面内，相距 0.28nm，这与文献报道的氢键键长的平均值为 0.286nm 基本一致。聚酰胺链构象受分子间氢键影响较大，呈现平面锯齿形分子链，分子间的氢键平行排列成片状结构，PA66 的分子链平行排列（↑↑↓↓），建立分子间氢键，而 PA6 分子链有方向性，只有取定平行排列（↑↓↑↓）。图 3-3 和图 3-4 分别为 PA6、PA66 分子间的氢键示意图。

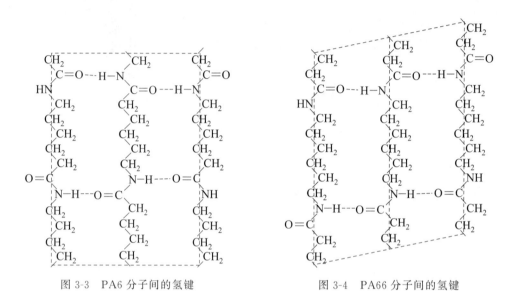

图 3-3　PA6 分子间的氢键　　　　　图 3-4　PA66 分子间的氢键

聚酰胺分子链结构的另一特征是具有对称性结构，这是聚酰胺具有较高结晶性的重要原因，对称性愈高，愈易结晶。

3.1.2　酰氨基及其特性

酰氨基属于极性基团，同时，具有一定的亲水性。聚酰胺大分子主链结构中大量极性酰氨基的存在，使其分子链间具有较强的作用力而形成氢键，使分子链排列规整，具有结晶性。大分子链中含酰氨基的多少决定形成氢键的数目。氢键对聚酰胺熔点的高低起决定性作用。

3.1.3　氨基和羧基及其特性

聚酰胺大分子主链末端含有氨基（—NH$_2$）和羧基（—COOH），在一定条件下，具有一定的反应活性，可通过嵌段、接枝、共混、增强和填充等方法对其进行化学和物理改性。利用聚酰胺的结构特点进行改性，可克服聚酰胺易吸水、制品尺寸变化大的弱点，提高聚酰胺的冲击强度和耐热性，同时，可显著丰富聚酰胺的改性品种与牌号。

聚酰胺的平均分子量一般采用测端基数量的方法来分析，这是因为大多数聚酰胺都是线型的，分子链结构单元个数正好等于端基总和的一半。聚酰胺都可采用酸碱滴定方法测定端基浓度，但其困难在于溶剂的选择——室温下聚酰胺仅溶解在强酸、间甲酚中，因此，就不能进行简单的酸碱测定，实验中常采用混合溶剂体系来分析。例如在测定PA6的端羧基时，可先在135℃时用苯甲醇溶解PA6试样，然后溶液冷却到60℃左右，加入适量的甲醇-水（2∶1）混合液，这样形成的混合物可在室温下较长时间（1~2h）不发生浑浊，最后用碱溶液进行滴定，计算端羧基的含量；也可将PA6溶解在间甲酚和醋酸的混合溶剂中，以高氯酸直接进行电位滴定，求得PA6中端氨基的含量。在测定PA66端羧基时则以苯酚和甲醇混合物溶解PA66，然后通过电位滴定或电导滴定来测定端氨基的含量。

聚酰胺大分子链中端氨基的存在，在一定程度上影响其耐温性与染色性，端氨基含量高，其耐热性较差，染色性较好，反之亦然。

3.1.4　亚甲基及其特性

对于亚甲基来说，因其是疏水性基团，所以相互之间只能产生较弱的范德华力，因此，亚甲基链段部分分子链卷曲度较大。亚甲基个数不仅会影响氢键的形式还会影响分子链卷曲的程度，这也正是不同聚酰胺的区别所在。聚酰胺大分子主链亚甲基个数越多，大分子构象也越多，分子柔性也就越好。

聚酰胺分子主链结构中的亚甲基使聚酰胺具有一定柔顺性，柔顺性是影响聚酰胺玻璃化转变温度（T_g）和熔点（T_m）的重要因素。聚酰胺熔融时，不仅需要一定能量破坏分子链段间的相互作用力，且还需要一定的能量使分子链段内旋转。聚酰胺的柔顺性愈大，T_g 和 T_m 愈低。

3.1.5　芳香基及其特性

聚酰胺分子主链中芳香基的存在，可显著提升其耐热性能。由于苯环属于刚性分子链，构象变化小，分子间的相互作用力大，热分解作用缓慢，因此，大分子链中芳香基的存在，可显著提高其耐热性。从酰氨基与苯环分子间结合的三种结构来看，对位苯环的熔融温度最高，间位苯环次之，而邻位苯环最低。

3.2　聚酰胺大分子链结构对性能的影响

3.2.1　对结晶性的影响

聚酰胺是典型的结晶型高聚物，其分子链结构是影响聚酰胺结晶性的决定性因素。结晶型聚酰胺的内部结构分为结晶区和非晶区，结晶区所占的质量分数称为结晶度。

影响聚酰胺结晶度的主要因素包括：

① 分子链排列愈规整，愈容易结晶，结晶度愈高。大分子链段之间能形成氢键，有利于分子链排列整齐。

② 大分子链之间相互作用增大有利于结晶。

③ 大分子链上取代基的空间位阻愈小，愈有利于结晶。

④ 分子结构愈简单，愈容易结晶。

3.2.2 对密度的影响

脂肪族聚酰胺的密度与其结晶度有关，结晶度愈大，密度愈大，详见表 3-1。随聚酰胺分子主链段亚甲基的增加，其密度逐渐减小，详见表 3-2。部分聚酰胺的 d_a 和 d_k 值列入表 3-3 中。聚酰胺树脂的密度和结晶度有以下关系：

$$结晶度 = (d - d_a)/(d_k - d_a)$$

式中，d 为 PA 样品的密度；d_a 为非结晶 PA 的密度；d_k 为结晶 PA 的密度。

表 3-1 聚酰胺结晶度与密度的关系

聚酰胺名称	结晶度（DSC 法测定）/%	密度/(g/cm³)
PA46	43	1.18
PA66	33	1.14
PA6	27	1.14

表 3-2 脂肪族聚酰胺的密度

聚酰胺名称	PA6	PA7	PA8	PA9	PA11	PA12
密度/(g/cm³)	1.12~1.14	1.10	1.09	1.06	1.03~1.05	1.01~1.02
聚酰胺名称	PA13	PA46	PA66	PA69	PA610	PA612
密度/(g/cm³)	1.01	1.18	1.13~1.15	1.08~1.10	1.07~1.09	1.06~1.10
聚酰胺名称	PA1010	PA1212	PA1012	PA613	PA1313	
密度/(g/cm³)	1.04~1.05	1.02	1.01	1.01	1.01	

表 3-3 部分聚酰胺的 d_a 和 d_k 值　　　　　　单位：g/cm³

PA 名称	d_a	d_k	PA 名称	d_a	d_k
PA6	1.10	1.23	PA8	1.04	1.18
PA66	1.09	1.24	PA11	1.01	1.12
PA610	1.04	1.17			

PA66 的密度还有以下关系式：

$$D_1 = 1.279 - 0.000455T$$

$$D_2 = 1/(0.486 \times 10^{-3} T + 0.751)$$

式中，D_1 为固态密度，g/cm³；D_2 为熔融态密度，g/cm³；T 为温度，K。

3.2.3 对吸水性的影响

聚酰胺分子主链中的酰氨基是亲水基团，具有吸水性，而力学性能会因聚酰胺吸水而下降。酰氨基密度愈小，吸水率愈小。聚酰胺吸水后，就破坏了分子间的氢键，削弱分子间的相互作用力，起增塑作用，导致聚酰胺强度和模量下降，冲击强度上升，制品尺寸发生较大变化。

聚酰胺是具有吸水性的高聚物，吸水率是由于非晶部分极性酰氨基（亲水基团）的作用，其大小由它的分子主链段的结构决定。吸水率随着聚酰胺分子主链段的次甲基的增加而下降，主要原因是极性酰氨基的密度降低，PA46 的酰氨基密度大，吸水率也高。另一方面，如果分子主链段中引入芳基或侧链基团等，由于位阻的因素，吸水率也会下降。吸水性是聚酰胺的一个非常重要的特性，它对聚酰胺的性能影响很大，将在以后的有关章节中详细讨论。表 3-4 列出了主要聚酰胺品种的吸水率。

表 3-4　主要聚酰胺品种的吸水率

聚酰胺名称	PA6	PA66	PA11	PA12	PA46	PA610
吸水率/%	1.5	1.3	0.3	0.25	1.8	0.4
聚酰胺名称	PA612	PA1212	PA1313	PA9T	PAMAD6	PAMCXA
吸水率/%	0.4	0.2	0.137~0.1	0.17	0.31	0.2

注：1. 吸水率测定条件为水中，24h，23℃。
2. PAMCXA 为 PA6T/6I（70∶30）。

3.2.4　对耐温性的影响

高聚物的耐热性通常用熔点（T_m）、玻璃化转变温度（T_g）和热分解温度（T_d）来衡量，聚酰胺也不例外。T_m 是结晶高聚物的使用温度上限，T_g 是非结晶高聚物（包括结晶型高聚物的非结晶相）分子链段运动被冻结的一个特征参数，是非结晶热塑性塑料的最高使用温度。高聚物的热分解温度一般都高于 T_m，因此，只讨论聚酰胺分子链结构与 T_m、T_g 的关系。

高聚物熔点的热力学定义为：$T_m = \Delta H / \Delta S$。根据这个定义，提高高聚物熔点的手段是：一要增加熔融热 ΔH，其次是减少熔融熵 ΔS。但是，不能只是孤立地考虑某一个因素，因为熔点的高低是由 ΔH 和 ΔS 两个因素所决定的。熔融热数值与熔点之间没有简单的对应关系，而熔融熵的大小取决于熔融体积变化和分子链可能存在的构象数目的变化，所以，熔融熵和熔融状态下构象之间可以建立较明确的对应关系，通常可由高聚物柔顺性来测定熔融熵。增加高聚物分子之间的作用力，可以增加高聚物熔融前后的 ΔH。提高高聚物的刚性，如在高聚物分子主链上导入环状（包括脂环和芳环）和共轭结构，这类高聚物具有比较高的熔融熵，因而具有较高的熔点。

聚酰胺是结晶型高聚物，其分子之间相互作用力大，熔点都较高。其中，分子主链结构对称性愈强，酰氨基密度愈高、结晶度愈大，聚酰胺的熔点愈高。对于由氨基酸合成的聚酰胺，其熔点随着分子主链段两相邻—CONH—之间亚甲基的增加，呈锯齿形下降，详见图 3-5。对于由二元酸和二元胺合成的聚酰胺，随着二元酸或二元胺的亚甲基的增加，其熔点也是呈锯齿形下降，详见图 3-6～图 3-8。

图 3-9 说明了脂肪族聚酰胺、聚酯等这类高聚物都随着大分子主链重复单元亚甲基的增加，其分子主链结构愈来愈接近聚乙烯的分子链结构，其熔点也趋向聚乙烯熔点。其原因是随着这类高聚物分子主链上极性基团的含量逐渐减少，分子链的柔顺性和相互作用越来越接

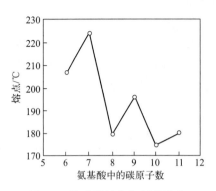

图 3-5　聚酰胺熔点与氨基酸中
碳原子数的关系

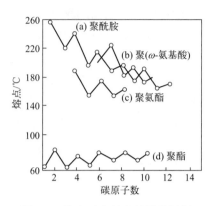

图 3-6　熔点对主链上极性基团间
碳原子数的依赖性

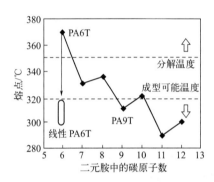

图 3-7　二元胺中的碳原子数与对
苯二甲酸聚合物熔点的关系

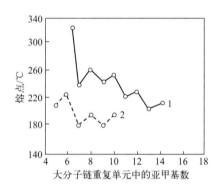

图 3-8　单体分子中亚甲基数对
聚酰胺熔点变化的影响

1—从己二胺与不同二元酸所得的聚酰胺；
2—从 ω-氨基酸所得的聚酰胺

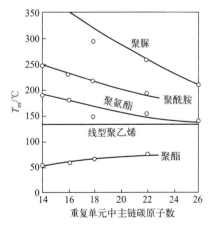

图 3-9　各种聚合物基本链节中
碳原子数对熔点的影响

近聚乙烯的情况，其熔点呈下降趋势。另外，这类高聚物的熔点随着分子主链段重复单元亚甲基的增加，总的变化趋势都是呈锯齿形下降，其原因是聚酰胺分子主链段上的酰氨基形成氢键的概率，随着分子主链单元中碳原子数的奇偶而交替变化，或者聚酰胺的结晶结构随着分子主链段单元中碳原子数的奇偶而交替变化。

聚酰胺和由二元胺合成的聚酰胺的 T_m 变化规律（包括原因）详见图 3-10。

在聚酰胺的分子链段中引入环烷基、芳基，使主链的单键减少，削弱了聚酰胺分子的热运动能力（如转动和振动），同时增加了键能，例如 $C_芳—C_芳$ 是 π-π 共轭型，$C_芳—NH$ 是 π-p 共轭型，它们的键能都比

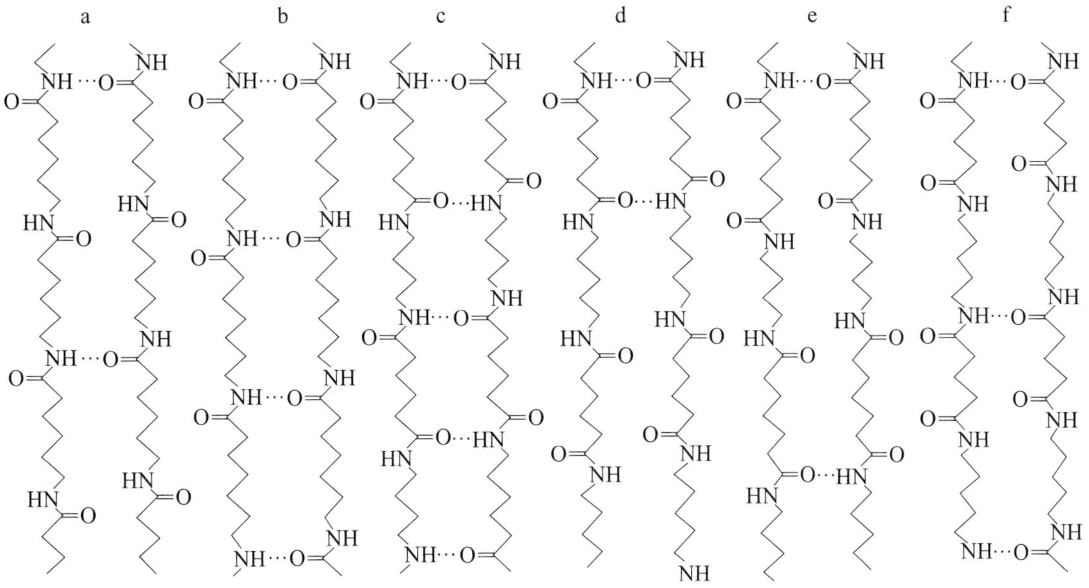

	a	b	c	d	e	f
碳原子数	偶数的氨基酸	奇数的氨基酸	偶酸偶胺	偶酸奇胺	奇酸偶胺	奇酸奇胺
形成氢键的氨基数	半数	全部	全部	半数	半数	半数
熔点	低	高	高	低	低	低

图 3-10　锯齿状分子链结构对氢键形成和聚酰胺熔点的影响

$C_{肪}$—$C_{肪}$ 和 $C_{肪}$—NH 的键能大，具有很大的刚性。表 3-5 列出了部分 PA 的分子结构与 T_m 的关系。

表 3-5　部分 PA 的分子结构与 T_m 的关系

PA 分子的化学结构	PA 名称	T_m/℃
$\left[NH\left(CH_2\right)_5\overset{O}{\overset{\|}{C}}\right]_n$	PA6	215～221
$\left[NH\left(CH_2\right)_{10}\overset{O}{\overset{\|}{C}}\right]_n$	PA11	185
$\left[NH\left(CH_2\right)_{11}\overset{O}{\overset{\|}{C}}\right]_n$	PA12	177
$\left[NH\left(CH_2\right)_4NH-\overset{O}{\overset{\|}{C}}\left(CH_2\right)_4\overset{O}{\overset{\|}{C}}\right]_n$	PA46	295
$\left[NH\left(CH_2\right)_6NH-\overset{O}{\overset{\|}{C}}\left(CH_2\right)_4\overset{O}{\overset{\|}{C}}\right]_n$	PA66	260～265
$\left[NH\left(CH_2\right)_6NH-\overset{O}{\overset{\|}{C}}\left(CH_2\right)_8\overset{O}{\overset{\|}{C}}\right]_n$	PA610	215
$\left[NH\left(CH_2\right)_6NH-\overset{O}{\overset{\|}{C}}\left(CH_2\right)_{10}\overset{O}{\overset{\|}{C}}\right]_n$	PA612	212

PA 分子的化学结构	PA 名称	$T_m/℃$
$-[NH-(CH_2)_{10}-NH-CO-(CH_2)_{10}-CO]_n-$	PA1012	194
$-[NH-(CH_2)_{12}-NH-CO-(CH_2)_{10}-CO]_n-$	PA1212	184
$-[NH-(CH_2)_6-NH-CO-(CH_2)_6-CO]_n-$	PA68	235
$-[NH-(CH_2)_6-NH-CO-C_6H_4-CO]_n-$	PA6T	350(分解)
$-[NH-(CH_2)_{10}-NH-CO-(CH_2)_8-CO]_n-$	PA1010	200~205
$-[NH-(CH_2)_{10}-NH-CO-CH_2-C_6H_4-CH_2-CO]_n-$		242~245
$-[NH-(CH_2)_8-NH-CO-(CH_2)_8-CO]_n-$	PA810	197
$-[HN-H_2C-C_6H_{10}-CH_2-NH-CO-(CH_2)_6-CO]_n-$		295
$-[HN-H_2C-C_6H_{10}-CH_2-NH-CO-(CH_2)_8-CO]_n-$		268
$-[NH-(CH_2)_9-NH-CO-C_6H_4-CO]_n-$	PA9T	308
$-[HN-H_2C-C_6H_4-CH_2-NH-CO-(CH_2)_4-CO]_n-$	PAMXD6	243
$-[NH-(CH_2)_6-NH-CO-C_6H_4-CO]_m-[CO-C_6H_4-CO]_n-$	PA6T/PA6I (70/30)	320
$-[HN-C_6H_4-NH-CO-C_6H_4-CO]_n-$	PMIA	430
$-[HN-C_6H_4-NH-CO-C_6H_4-CO]_n-$	PPTA	570

从表 3-5 中可以看出：由于同分异构体链的刚性不同，T_m 也不一样，随着聚酰胺刚性增加，分子链的活动能力下降，这对聚酰胺降解热力学过程有决定性影响。以 PPTA 为例，其基团围绕主链旋转时，构象变化小，熵值最小，所以 T_m 高。由于刚性分子链之间相互作用力较大，热分解作用缓慢，因此，提高了耐热性。全芳香族聚酰胺的软化点和 T_m 列于表 3-6。

表 3-6　全芳香族 PA 的软化点和 T_m

全芳香族聚酰胺类型	软化点/℃	T_m/℃	全芳香族聚酰胺类型	软化点/℃	T_m/℃
邻-间位	260	300	邻-对位	260	300
间-间位	270	430	对-对位	520	570
对-间位	300	470			

　　T_g 是表征聚酰胺耐热性的一个重要指标。大多数脂肪族聚酰胺的 T_g 都不高，这是由于它们都含有一定数量的亚甲基，是饱和单链，高聚物分子链可以围绕单键进行内旋转，因此，分子链容易活动，松弛时间短，聚合物比较柔顺。但是，由于大分子主链有极性酰氨基存在，能形成氢键，分子链之间相互有一定作用力，因此，T_g 又不是很低。脂肪族聚酰胺的 T_g 随着亚甲基的增加，柔顺性相应提高，T_g 呈下降趋势。聚酰胺分子链的对称性愈高，酰氨基密度愈大，高分子链的排列愈规整，有利于提高 T_g，PA46 就是一个例证。在聚酰胺分子链中引入芳环，减少了可以旋转的单键，分子链刚性增加，芳环愈多，T_g 愈高。在聚酰胺分子链中导入大体积的侧链，随着取代基体积增大，分子键内旋转位阻增加，也能提高 T_g。表 3-7 列出了部分聚酰胺的 T_g。

表 3-7　部分聚酰胺的分子结构与 T_g 的关系

PA 分子结构	PA 名称	T_g/℃
$-[NH-(CH_2)_5-C(=O)]_n-$	PA6	50
$-[NH-(CH_2)_{10}-C(=O)]_n-$	PA11	43
$-[NH-(CH_2)_{11}-C(=O)]_n-$	PA12	42
$-[NH-(CH_2)_6-NH-C(=O)-(CH_2)_4-C(=O)]_n-$	PA66	50
$-[NH-(CH_2)_4-NH-C(=O)-(CH_2)_4-C(=O)]_n-$	PA46	78
$-[NH-(CH_2)_6-NH-C(=O)-(CH_2)_8-C(=O)]_n-$	PA610	40
$-[HN-H_2C-\bigcirc-CH_2-NH-C(=O)-(CH_2)_4-C(=O)]_n-$	PAMXD6	85
$-[NH-(CH_2)_9-NH-C(=O)-\bigcirc-C(=O)]_n-$	PA9T	126
$-[NH-(CH_2)_6-NH-C(=O)-\bigcirc-C(=O)]_m[C(=O)-\bigcirc-C(=O)]_n-$	6T-6I	125

PA 分子结构	PA 名称	$T_g/℃$
┤HN─〈苯环〉─NH─C(=O)─〈苯环〉─C(=O)├$_n$	PMIA	275
┤HN─〈苯环〉─NH─C(=O)─〈苯环〉─C(=O)├$_n$	PPTA	355

3.2.5　对力学性能的影响

高分子材料的力学性能主要是用拉伸强度、弯曲强度、压缩强度、模量、冲击强度等表示的。在力的作用下，高分子材料分子之间相互作用的力受到破坏，发生宏观断裂。所谓强度就是指对这种宏观断裂的抵抗能力。影响高分子材料强度的因素很多，如高分子材料本身的结构、杂质、受力条件（温度、湿度、变形速率等）等，其中最本质的、最重要的是高分子材料本身的化学结构和杂质。就聚酰胺而言，最重要的特征是分子链中有极性酰氨基存在，分子之间能形成氢键，具有结晶性。也就是说聚酰胺分子链之间的作用力较大，因此，强度比较高。随着酰氨基密度的增加、分子链对称性增强和结晶度的提高，其强度也随之增加；随着聚酰胺分子链中亚甲基的增加，强度逐渐下降，柔顺性提高，即抗冲击强度增加。在聚酰胺分子链结构中引入芳基，由于键能增加，分子链之间的作用力增加（如范德华力），因此，强度随之提高。表 3-8 列出了部分有代表性的聚酰胺的力学性能。

表 3-8　部分聚酰胺的力学性能[①]

聚酰胺 名称	拉伸断裂强度 /MPa	断裂伸长率 /%	弯曲强度 /MPa	弯曲弹性模量 /MPa	缺口冲击强度 /(J/m)
PA6	75	150	110	2200	70
PA66	83	60	120	2300	45
PA46	100	40	144	3000	90
PA610	60	200	67~88	2200	56
PA1010[②]	49~59	340	76~80	2100	52
PA11	55	330	69	950	40
PA12	50	350	74	800	40~60
PAMXD6	101	2.3	162	4000	19
PA9T	90	20	140	3500	79
PA6T[③]	86	3.0	110	3900	26

① 测定标准 ASTM；在干态下测定。

② PA1010 原文未注明测定方法。

③ PA6T 为成都升宏产品检测数据。

聚酰胺分子链有极性酰氨基存在，因此，具有吸水性。吸水性对聚酰胺力学性能影响很大，拉伸强度、弯曲强度及其弯曲弹性模量等在吸水后大幅度下降，制品尺寸变化大，而冲击强度则大幅度上升，详见表 3-9 和图 3-11。

通常随着结晶度的增加，聚合物的屈服应力、强度、模量和硬度等均提高（图 3-12），而断裂伸长率和冲击韧性则降低，显然结晶使聚合物变硬变脆了。这是结晶度增加，分子链排列紧密有序，孔隙率低，分子间相互作用力增加，链段运动变得困难的缘故。

同样，当材料受到冲击时，分子链段没有活动余地，冲击强度降低。结晶作用提高了软化温度，使得结晶聚合物在玻璃化转变温度以上仍能保持适当的力学性能。另外，在玻璃化转变温度以上，微晶体可以起到物理交联的作用，使链间滑移减小，因而，结晶度增加可以使蠕变和应力松弛降低。

表 3-9　聚酰胺吸水性对强度的影响

聚酰胺名称 （吸水率）	拉伸断裂强度 /MPa	断裂伸长率 /%	弯曲强度 /MPa	弯曲弹性模量 /GPa	缺口冲击强度 /(J/m)
PA6(3.5%)	50(75)	270(150)	34(110)	0.65(2.4)	280(70)
PA66(3.5%)	58(83)	270(60)	55(120)	1.2(2.9)	110(45)
PA46(3%)	60(100)	200(40)	67(144)	1.1(3.2)	180(90)
PAMXD6(3%)	76(101)	>10(2.3)	130(162)	4.0(4.6)	31(19)

注：测定标准 ASTM，（）内为干态测定的数据。

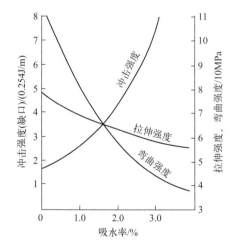

图 3-11　PA6 吸水率与强度的关系

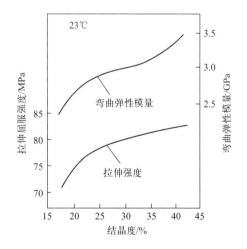

图 3-12　PA6 结晶度与力学性能的关系

3.2.6　对电性能的影响

聚酰胺的电性能主要是指其介电性能和导电性能。高聚物的介电性能是指在电场的作用下，对电能的贮存和损耗的性能，通常用介电常数和介电损耗角正切来表示。所谓介电常数是指含有电介质的电容器的电容和该真空电容器的电容之比，是表征电介质贮存电能大小的物理量，在宏观上，反映出电介质分子的极化程度，而介电损耗是指在交变电场中，电介质会损耗部分能量而发热。高分子材料绝大多数为绝缘体，其电性能通常用表面电阻率和体积电阻率来表示。介电强度是指物质能抗击穿（材料结构遭到破坏）和放电的最高电压梯度。高聚物的电性能反映了它的分子结构和分子运动的关系。材料按导电率又分为绝缘体、半导体、导体、超导体。高聚物作为电器绝缘材料，要求电阻率和介电强度要高，介电常数和介电损耗要小。

聚酰胺的电性能与其分子结构有着密切的关系。研究证明：非极性高聚物具有低介电常数和低介电损耗；而极性高聚物具有较高的介电常数和介电损耗，极性愈大，极性基团密度愈大，其介电常数和介电损耗就愈大。但是，实际上不能孤立考虑上述的结构因素，高聚物的介电常数还取决于其他结构因素，例如极性基团在分子链上所处的位置不同，对介电性能的影响也不一样。通常极性基团在高聚物分子主链段上的活动性小，它的取向要伴随着高聚物分子主链构象的变化。所以，极性基团在高聚物分子主链段上，对其介电性能影响小，而在侧链上的极性基团，对其介电性能影响较大。聚酰胺的极性基团（酰氨基）一般都在分子主链段上，因而，聚酰胺介电常数和介电损耗并不高，部分数据列于表 3-10。

如上所述，聚酰胺是较易吸水的高聚物，水是聚酰胺中的主要杂质，水的存在会增加它的电导电流和极化度，使聚酰胺介电损耗增加，介电性能恶化。水在低频条件下，以离子电导形式增加电导电流，从而引起介电损耗，在微波频率范围内，水分子发生偶极松弛，出现损耗峰；聚酰胺吸水后，引起表面极化，在较低频率范围出现损耗峰；水对聚酰胺有增塑作用，使聚酰胺的介电损耗峰移向较低的温度。

表 3-10　部分高聚物介电性能比较

高聚物名称	介电常数	介电损耗角正切	高聚物名称	介电常数	介电损耗角正切
PTFE	2.0	<0.0002	PA610	3.5	0.040
HDPE	2.20~2.35	0.0005	PA612	3.5	0.020
PP	2.2~2.6	<0.0005	PA69	3.3	0.022
POM	3.7	0.0048	PA12	3.1	0.030
PC	2.92~2.93	0.010	PA1010	3.6	0.072
PPS	3.8	0.014	PA6T	4.2	0.015
PA6	3.4	0.030	PA9T	3.7	0.014
PA66	4.0	0.040	PA10T	4.0	0.015
PA46	4.0	0.010	PMIA	4.5	0.019

注：测定条件为 10^6 Hz。

聚酰胺的分子结构是决定其导电性能的重要因素。饱和非极性高聚物具有很好的电绝缘性，因为它的结构本身就不能产生导电离子，也没有电子电导的结构。聚酰胺是极性高聚物，极性基团可能产生本征解离，提供导电离子，杂质离子间库仑力降低，促使杂质电离。聚酰胺中的极性杂质水对介电强度影响也很大。水会使聚酰胺电导率、介质损耗增加，介电强度降低。因此，聚酰胺工程塑料不适合作为高频和湿态环境下工作的电绝缘材料。

几种常见脂肪族聚酰胺的电性能参数列于表 3-11。

表 3-11　几种脂肪族聚酰胺的电性能参数

项目	PA6	PA66	PA46	PA11	PA12	PA1010
介电常数(10^6Hz)	3.4	3.3	4.0	3.2~3.7	3.1	3.6
介电损耗角正切(10^6Hz)	0.02	0.04	0.01	0.05	0.03	0.265
体积电阻率/Ω·m	7×10^{14}	4.5×10^{13}	10^{15}	6×10^{13}	8×10^{14}	$>10^{14}$
表面电阻率/Ω			$>10^{14}$			$>10^{14}$
介电强度/(kV/mm)	31	15.4	24	16.7	30	12

介电性能与高分子极性的关系密切，同时也受到杂质的较大影响。极性大的高聚物，其介电常数和介电损耗角正切也大；极性杂质（如水）会大大增加高聚物的电导电流和极化度，使介电性能严重恶化。水会使得高分子聚合物的电导率、介质损耗增大，因而，介电强度降低。

聚酰胺的化学结构是聚酰胺工程塑料电性能非常重要的影响因素。聚酰胺分子链中含有极性酰氨基，是典型的极性结晶高分子聚合物。聚酰胺虽电性能较好，但因分子主链中的极性酰氨基为易吸水基团，在使用时受到一定限制，不适合作为高频和湿态环境下的绝缘材料。

3.3　聚酰胺的基本物性

3.3.1　结晶性

3.3.1.1　聚酰胺的结晶形态

聚酰胺的结晶形态与其大分子链排列有关。除大分子链排列外，大分子链之间的氢键也对其结晶形态有较大的影响。聚酰胺大分子链间的氢键是通过相邻的分子链连接而形成氢键面的，以实现氢键最大化。此外，分子排列的分布规律决定了亚氨基—NH—和羰基—CO—之间形成的氢键是线性的。为了满足这两点要求，相邻分子链必须形成一个恰当的排列方式，这造成了不同聚酰胺分子链在形成氢键的过程中排列方式的差异，并形成了不同的晶体结构。所以，可以认为聚酰胺不同晶型及其转变是不同氢键排列的结果。对于由不同数量的二胺和二酸构成的聚酰胺来说，亚甲基的数量导致氢键的形成方式不同，由此说来，聚酰胺中的碳原子个数的奇偶性以及酰氨基团的方向性直接影响其晶型结构。

对于偶数碳的聚酰胺，如 PA6，其大分子链不是中心对称的，只有分子链排列方式为反平行，—NH—和—CO—才可以全部形成线型氢键。在其聚集态中，如果相邻的大分子平行排列，则只能形成一半的氢键。对于奇数碳聚酰胺，如 PA7 和 PA11，分子链中心对称，不仅分子链平行排列能形成全部氢键，分子链反平行排列也能使所有的—NH—和—CO—形成氢键。对于偶数碳聚酰胺，要让所有的—NH—和—CO—都形成氢键，那么，相邻分子链必须反平行排列。若分子链平行排列，则只有 50% 的—NH—和—CO—能够形成氢键。综上所述，在不同氢键连接作用下，聚酰胺大分子链可以形成两种形式的氢键面，分别是连续上升型（β 型）和上下交替型（α 型）。不论氢键排列方式是连续上升型还是上下交替型，聚酰胺大分子链都呈平面锯齿型构象。

最近，有人用试验证实 PA46 的结晶为 α 和 β 晶型。PA66 分子链结构的对称性不如 PA46，但比 PA6 好。PA66 的晶胞为三斜晶系，平面呈锯齿形，有 α 和 β 两种形态，当相邻平行大分子在 4 碳链段和 6 碳链段分别平行对位时，形成 α 晶格结构；当 4 碳链段和 6 碳链段互相交替交叉对位时，形成 β 型结构，其基本形状类似于 α 型结构，但晶胞尺寸参数不同。通常 α 晶型是结晶 PA66 主要而稳定的形式，结晶密度通常为 $1.24g/cm^3$。PA6 有 α、β、γ 三种不同的晶型。在这几种晶型中，α 型晶格结构是最稳定的，也是密度最高的。在 α 型晶体中，相邻分子链正好向反方向平行排列，生成一一对应的氢键，如图 3-13（a）所示。α 晶型属单斜晶系，熔点为 215℃。在 γ 型晶体中，相邻分子链同向平行排列，只能生成一半氢键，如图 3-13（b）所示，故其结晶结构不如 α 型稳定。β 晶型稳定性也不好，通常，较高温度下会生成 α 晶型，较低温度下会形成 γ 晶型。PA66 和 PA46 的结晶构造如图 3-14、图 3-15 所示。透明聚酰胺的分子链引入了三个甲基支链和一个苯环，破坏了分子链结构的对称性和规整性，增大了空间位阻。因此，大大削弱了结晶能力，成为非晶型（无规型）聚酰胺。影响聚酰胺结晶性的因素还有温度、是否添加成核剂等。部分 PA 结晶参数列入表 3-12 中。

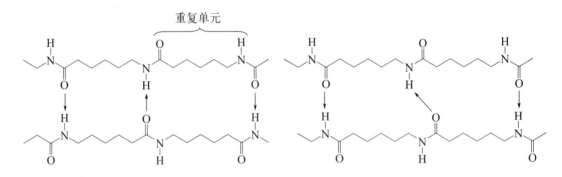

(a) PA6的α晶型分子反向排列　　　　　　　　　(b) PA6的γ晶型分子同向排列

图 3-13　PA6 不同晶型的分子排列方式

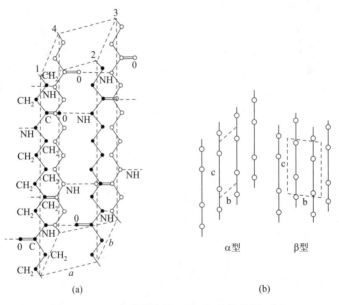

(a)　　　　　　　　　　(b)

图 3-14　PA66 结晶构造（a）和晶片排列（b）

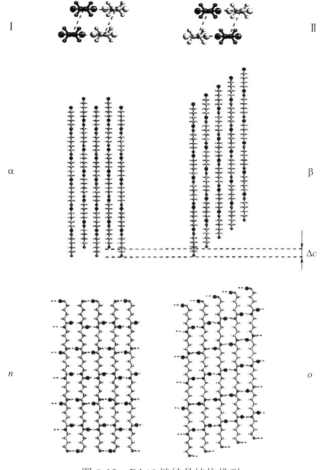

图 3-15　PA46 链结晶结构排列

表 3-12　部分聚酰胺的结晶参数

PA 名称	晶系	晶胞参数				N[②]	链构象	结晶密度 /(g/cm³)
		a/0.1nm	b/0.1nm	c/0.1nm	交角			
PA3	三斜	9.3	8.7	4.8	$\alpha=\beta=90°,\gamma=60°$	4	PZ[③]	1.40
PA4	单斜	9.29	12.4[①]	7.97	$\beta=114.5°$	4	PZ	1.37
PA5	三斜	9.5	5.6	7.5	$\alpha=48°,\beta=90°,\gamma=67°$	2	PZ	1.30
PA6	单斜	9.56[①]	17.2[①]	8.01	$\beta=67.5°$	4	PZ	1.23
PA7	三斜	9.8	10.0	9.8	$\alpha=56°,\beta=90°,\gamma=69°$	4	PZ	1.19
PA8	单斜	9.8	22.4[①]	8.3	$\beta=65°$	4	PZ	1.14
PA9	三斜	9.7	9.7	12.6	$\alpha=64°,\beta=90°,\gamma=67°$	4	PZ	1.07
PA11	三斜	9.5	10.0	15.0	$\alpha=60°,\beta=90°,\gamma=67°$	4	PZ	1.09
PA66	三斜	4.9	5.4	17.2	$\alpha=48.5°,\beta=77°,\gamma=63.5°$	1	PZ	1.24
PA610	三斜	4.95	5.4	22.4	$\alpha=49°,\beta=76.5°,\gamma=63.5°$	1	PZ	1.157

① 表示链轴（纤维轴）方向重复周期。

② N 表示晶胞中所含链数。

③ PZ 表示平面锯齿形。

对于奇偶、偶奇和奇奇数碳的聚酰胺来说，不管分子怎么排列，都不能形成全部氢键。因此，它们一般不能形成 α 或 β 晶型。1959 年，Kinishita 等对尼龙纤维的 X 射线衍射图进行研究分析后，发现了一种新的晶体结构，即 γ 晶型。与在 α 晶型中分子链是沿晶体表面倾斜一定方向排列所不同的是，在 γ 晶型中，聚酰胺的大分子链是沿垂直于晶体表面方向排列的。在 γ 晶型中，为了形成最多数量的氢键，酰胺基团相对于大分子链倾斜了 30°，所以在 γ 晶型的晶胞中 c 轴更短。在 γ 晶型中，c 轴在垂直面上的投影为正六边形，当晶体能够沿分子链轴自由旋转时，形成六方晶系，但是，由于氢键的阻碍作用，使晶体无法沿轴自由旋转，所以，形成的晶型被称作假六方晶系。相应地，γ 晶型的 X 射线衍射图中只有一个强衍射峰也是晶体沿轴无法自由旋转所致。

综上所述，聚酰胺在不同条件下，由于结构不同所形成的晶型多种多样，但从总体上看，主要有 3 类，分别是 α、β 和 γ 晶型。其中，β 和 α 晶型有相似性，β 晶型可以看作是 α 晶型的变体。另外，由热历史或其他条件不同造成晶胞参数以及结晶度等方面的差异，形成的其他形态，可看作是 α 晶型和 γ 晶型的亚稳态。这些晶型在合适的条件下可以发生转变，并且，有些转变是可逆的。

如上所述，氢键的不同堆积方式使聚酰胺的分子链排列大不相同，从而形成了不同的晶体结构。即使同一种聚酰胺，在一定外界条件作用下，也能发生晶型之间的转变。对于偶数碳聚酰胺，α 晶型可以在碘化钾溶液作用下转变为 γ 晶型，而在苯酚中能实现其逆转变。另外，不同热历史对聚酰胺晶体结构也有影响。例如，PA6 低温退火形成的晶体结构是 γ 晶型，高温退火形成 α 型晶体结构，γ 晶型不稳定，经退火处理可转化成 α 晶型。此外，PA12 经高压结晶或在熔点以下拉伸可得到 α 晶型，但这两种方法都必须经过一个中间淬火态 γ^*，而不能由 γ 晶型直接转变为 α 晶型。

从影响晶型转变的外界因素来看，通常诱导聚酰胺出现晶型转变的主要因素是温度和应力。

在不同退火条件或温度等温结晶时，聚合物会出现不同晶型之间的转变，且在某个特定的温度范围内可能会出现不同晶型共存的现象。很多聚合物在温度作用下都会出现晶型转变。张成贵等利用大角 X 射线衍射（WAXD）研究了不同温度等温结晶的聚酰胺 1212 的晶体结构特征，发现熔体在较高淬火温度下等温结晶可得到 α 晶型，但是，低温结晶得到的是 β 晶型，升温时 β 晶型可以转变为 α 晶型。Wang 等用差示扫描量热仪对 PA6 的研究发现，PA6 的结晶受样品原始晶型的影响很大，熔融结晶的 PA6 会倾向于形成和原来样品晶体结构一致的晶型。在只有 α 晶型时，聚酰胺的 α 晶核会对其再结晶产生诱导作用，在样品淬火到特定温度等温结晶时，能诱导 γ 晶核生成 α 晶型；在有 γ 晶型时，当 γ 晶型没有完全熔融时，γ 晶型会转变为热力学性能比较稳定的 α 晶型，并且，该转变是不可逆的。

诱导聚酰胺晶型转变的另一个因素是应力的作用，尤其拉伸是主要的诱因。利用 WAXD 对未拉伸和室温拉伸不同倍数的 PA1212 的晶型研究时，发现室温冷拉伸使 PA1212 的晶型由原来的 α 晶型转变为 β 晶型。还有研究表明，随着拉伸比提高，PA1010 晶体从三斜晶系的 α 晶型转变为拟六方相的 γ 晶型，这是一个明显的 Brill 转变；拉伸比保持一致，升温时 PA1010 会由 γ 晶型转变为 α 型结构。

3.3.1.2 聚酰胺结晶速率的影响因素

影响聚酰胺结晶速率的因素主要包括以下五个方面：

① 分子链结构规整性及对称性的影响：越简单，越对称，其结晶速率越快；

② 结晶温度的影响：在结晶过程中温度的微小变化会导致结晶速率的巨大变化；

③ 成核剂的影响：外加成核剂有利于提高结晶速率；

④ 分子量的影响：聚合物分子量越大链段运动性越差，结晶速率越慢；

⑤ 其他因素的影响：如溶剂、应力等会诱导聚合物结晶，从而在一定程度上加速结晶。

（1）分子链结构对结晶的影响

若高聚物分子链结构简单、对称性高、链柔顺，则结晶速率快、结晶度高。如支化度愈低或等规度愈高（聚乙烯），其结晶速率就愈快。脂肪族聚酰胺，在结构上相当于在聚乙烯的主链上引入了酰氨基，降低链的对称性，加上极性酰氨基团的相互作用牵制了链的运动，使得聚酰胺的结晶速率低于聚乙烯；而芳香族聚酰胺由于在脂肪族分子链上增加了芳香基，分子链刚性增大，结晶速率较慢。

一般来说，重复单元愈多，分子量愈大，聚合物的结晶速率就愈慢；但随着分子量的增加，其结晶度会单调下降，达到高分子量时，结晶度趋于某一极限值。对同一种聚酰胺来说，分子量越大，分子链越长，分子链间的相互作用越大，导致分子链的运动越困难，因此，其相同温度下的结晶速率越小。

脂肪族聚酰胺，随着分子链中酰氨基含量的降低，分子链结构与聚乙烯愈加接近，分子链的柔顺性增加，结晶速率加快。聚酰胺分子链中重复单元链节的长度也会影响聚酰胺的结晶速率，酰氨基含量和重复单元长度对聚酰胺结晶速率的影响是相反的。如 PA46 的分子结构与 PA66 的相似，PA46 的重复单元链节短，且分子链中每个酰氨基两侧都有 4 个亚甲基对称排列，链结构更对称，其结晶速率快，且结晶度高（可达 70%）；PA6 和 PA66 虽然酰氨基含量相等，但 PA66 却有较高的结晶速率，这是因为在酰氨基含量一定的情况下，具有较高对称性和较短重复链节的聚酰胺（如偶-偶聚酰胺）有较高的结晶速率。

（2）温度对结晶的影响

温度是影响聚合物结晶速率的一个重要因素。对所有的半结晶聚合物来说，在一定的温度下，其晶粒生长速率是一定的。对各种高聚物的结晶速率与温度关系的考察结果表明，高聚物的本体结晶速率-温度曲线都呈单峰形，其结晶温度范围处于玻璃化转变温度与熔点之间。在某一适当温度下，结晶速率将出现最大值。根据各种高聚物的实验数据，提出最大结晶速率的温度（T_{max}）和熔点（T_m）及玻璃化转变温度（T_g）之间存在如下经验关系式：

$$T_{max} = 0.63T_m + 0.37T_g - 18.5$$

式中，温度单位为 K。

聚合物在熔点（T_m）及玻璃化转变温度（T_g）之间的结晶过程可分成如图 3-16 所示的几个温度范围。

Ⅰ区：熔点以下 10～30℃范围内，是熔体由高温冷却时的过冷温度区。在此区域内成

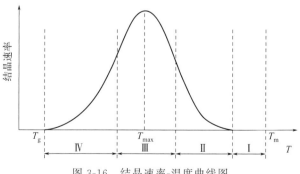

图 3-16　结晶速率-温度曲线图

核速率极小，结晶速率实际上等于零。

Ⅱ区：从Ⅰ区下限开始，向下30～60℃范围内，随着温度降低，结晶速率迅速增大，在这个区域内，成核过程控制结晶速率。

Ⅲ区：最大结晶速率出现在这个区域，是熔体结晶生成的主要区域。

Ⅳ区：在此区域内，结晶速率随温度降低迅速下降，结晶速率主要由晶粒生长过程控制。

聚合物的结晶速率随着熔体温度的逐渐降低，起初由于晶核生成的速率极小，结晶速率很小；随后，由于晶核形成速率增加，并且晶体生长速率又很大，结晶速率迅速增大；到某一适当的温度时，晶核形成和晶体生长都有较大的速率，结晶速率出现最大值；此后，虽然晶核形成的速率仍然较大，但是由于晶体生长速率逐渐下降，结晶速率也随之下降。在熔点以上，晶体将被熔融，而在玻璃化转变温度以下，链段被冻结，因此，通常只有在熔点与玻璃化转变温度之间，聚合物才能发生结晶。聚酰胺一般在冷却到其熔点以下20～30℃时开始结晶，在接近熔点的温度，结晶速率很慢，可以得到较大尺寸的晶体。随着温度的降低，结晶速率加快，晶粒尺寸变小，在某一温度下呈现最大值。

（3）成核剂对结晶的影响

PA成核剂可以改善PA的晶粒结构，提高结晶速率，增强力学性能，缩短成型周期。常用的PA成核剂可以分为无机成核剂和有机成核剂。无机成核剂是应用最早的成核剂，主要有：黏土类，包括高岭土、蒙脱土、黏土和滑石粉等；氧化物类，包括纳米SiO_2、纳米ZrO_2、纳米TiO_2、Nd_2O_3、MgO、ZnO晶须等；无机盐，包括纳米$CaCO_3$、CaF_2、$MgSO_4$晶须等。无机成核剂简单易得，成本低廉，使用简便。此类成核剂属于异相成核剂，其中纳米SiO_2尤其具有良好的成核效果。有机成核剂主要包括酰胺、苯基亚膦酸钠、聚碳酸酯、聚苯硫醚、碳纤维等，有机成核剂与PA相容性好，成核效果较好，但价格相对较高。复合成核剂由2种或2种以上不同成核剂复配而成，不同成核剂之间通常具有协同效应，并且，兼具性能和成本方面优势。因此，复合成核剂将成为PA成核剂研究的热点，复合方法、复合工艺、改性机理等将成为复合成核剂研究的重点。

基于成核剂的作用机理和PA的加工条件要求，PA成核剂一般应具备以下条件：

① 不与PA发生化学反应；

② 在PA的熔点以上不熔融；

③ 与PA具有良好的共混性；

④ 在PA中能以微细颗粒分散；

⑤ 最好与PA具有相似的结晶结构；

⑥ 无毒或低毒。

段丽爽等分别以四角状氧化锌晶须（T-ZnO）、硫酸镁晶须和蒙脱土为成核剂，制备了PA66的薄膜样品，通过偏光显微镜照片（PLM）直接测出样品的平均球晶直径和计算晶核密度，即单位体积内的晶核数，见表3-13。可以看出，随成核剂加入量的增加，其球晶尺寸显著减小，且以T-ZnO晶须成核剂作用下样品球晶尺寸最小，成核作用最明显。可以认为，成核剂在结晶过程中起晶核作用，增大异相成核概率，所以，PA66加入成核剂后，结晶的晶核密度变大，结晶速率加快，球晶尺寸变小。同时，随着成核剂用量的增加，PA66的断裂伸长率有所提高，当成核剂用量为1.5%时，PA66的断裂伸长率达到最大值，具有较好的韧性。这是由于成核剂用量大于1%时PA66球晶尺寸明显减小，一般球晶尺寸越大材料韧性越差，反之，球晶尺寸越小材料韧性越好。但3种成核剂均为无机物，表现脆性，加入量大于2%时，会使材料的韧性下降。

表 3-13　不同成核剂用量所得 PA66 样品球晶尺寸　　　　单位：μm

成核剂种类	成核剂用量				
	0	0.1%	1%	1.5%	2%
T-ZnO	46	—	26	16	19
MgSO$_4$	46	42	35	27	28
MMT	46	40	32	23	26

何素芹等利用 DSC 比较了 14 种成核剂〔其中无机物 8 种（化学纯）、高聚物粉末 4 种、有机盐类 1 种、混合物 1 种〕对 PA66 熔融与结晶性能的影响，结果列于表 3-14。表 3-14 结果表明，大部分成核剂的加入对 PA66 熔点影响不大，而熔程 ΔT_m、结晶度和熔融熵降低；结晶峰值温度 T_c 升高，ΔT_c 和半高宽 D 降低；低温峰所占的面积比例增加。其中滑石粉、石墨、氧化镁、聚醚砜和蒙脱土成核效果较好。不同成核剂对 PA66 的力学性能有不同的影响，其中成核剂 G23（无机物和有机物的混合物）、G205（有机成核剂）、MgO 使 PA66 的强度提高；CaF$_2$ 使其韧性增加；滑石粉的效果介于其间。Zhang 等采用 TG 和 DSC 研究了 PA66 和纳米羟磷灰石（n-HA）增强的双组分混合物 n-HA/PA66 的热和结晶性能。DSC 测定表明，随着 n-HA 的加入，PA66 的结晶温度升高，但结晶度下降，这归因于 n-HA 表面与 PA66 分子之间形成了氢键。随着 n-HA 含量的增加，PA66 的熔融峰向高温方向移动，表明溶解熔融受限，添加到 PA66 中的 n-HA 起成核剂的作用，提高了结晶速率。当 n-HA 的添加量（质量分数）分别为 0%、30% 和 40% 时，由 Liu 方法测定的非等温参数 a 分别从 1.13 变为 1.18，1.02 到 1.07 和 1.18 到 1.21，$K（T）$（非等温结晶常数）随着相对结晶度的提高而增加。

表 3-14　添加成核剂 PA66 样品的热力学参数

成核剂	T_m/℃	ΔT_m/℃	ΔH_m/(J/g)	T_c/℃	ΔT_c/℃	D/℃	结晶度/%
无	268.1	13.5	65.4	242.4	25.54	8.37	34.8
滑石粉	267.8	12.4	61.1	247.7	20.17	4.79	32.5
石墨	268.3	8.7	63.3	247.4	20.84	4.54	33.7
MgO	268.7	12.4	65.0	247.3	21.47	3.78	34.6
MoS$_2$	266.7	6.6	65.9	246.7	20.01	4.41	35.1
聚醚砜（PES）	268.6	8.6	61.3	245.6	22.98	4.16	32.6
SiO$_2$	267.7	12.3	63.4	245.2	22.50	4.60	33.7
蒙脱土	268.3	12.2	60.5	245.1	23.15	3.91	32.2
聚醚醚酮（PEEK）	267.8	12.1	62.9	244.2	23.55	4.91	33.1
云母	268.4	12.4	62.9	244.2	24.22	4.54	33.5
聚四氟乙烯（PTFE）	267.7	12.1	64.8	243.9	23.72	5.04	34.5
Al$_2$O$_3$	267.5	12.6	93.6	243.0	23.76	4.54	33.8
苯甲酸钠	267.5	13.3	63.0	243.0	24.44	4.91	33.5
G23	259.3	—	43.9	241.9	17.10	—	23.4
G205	261.8	—	71.0	240.6	21.20	—	11.2

注：T_c—结晶温度；ΔT_c—结晶焓；D—半高宽。

（4）分子量对结晶的影响

上海交通大学的王国明等用差示扫描量热法（DSC）研究了 3 种不同分子量的尼龙 1010 样品的等温结晶行为，在所研究的温度范围内，尼龙 1010 的等温结晶过程符合 Avra-mi 方程。Avrami 指数约为 2，基本上与分子量及结晶温度无关。随着分子量的增大，尼龙 1010 结晶速率变慢，其片晶的侧面自由能增大。

郑州大学的高建辉等制备了一系列分子量不同的 PA12 树脂，系统地研究了分子量的高低对其熔融结晶行为的影响。图 3-17 为不同相对黏度 PA12 的熔融与结晶曲线。从图 3-17 中能够明显看出，随着 PA12 相对黏度的增大，熔融峰值温度也在升高，且不同相对黏度 PA12 的样品在二次升温熔融过程中仅有一个强烈的吸热峰，由此能够得到 PA12 的熔融温度，即熔点（T_m）。随着 PA12 相对黏度的增大，结晶峰值温度也在增大，且不同相对黏度 PA12 仅有一个强烈的放热峰，由此能够得知 PA12 的结晶温度。

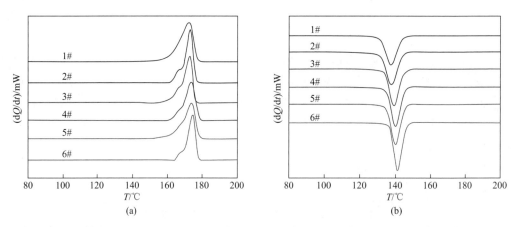

图 3-17　不同相对黏度 PA12 的熔融曲线（a）和结晶曲线（b）

1#～6#曲线表示不同相对黏度的 PA12：1#—1.4；2#—1.8；3#—2.4；4#—3.0；5#—3.2；6#—3.5

对图 3-17 的吸热单峰进行积分求面积，可以通过面积的大小来判断该相对黏度下 PA12 的结晶度的大小。按照如上方法，得到表 3-15 所示的不同 PA12 的熔融结晶数据。

表 3-15　不同黏度 PA12 的熔融结晶数据

编号	相对黏度	熔融温度/℃	结晶温度/℃	面积
1#	1.4	172.3	137.4	6.50
2#	1.8	172.7	137.6	5.52
3#	2.4	172.9	139.3	5.43
4#	3.0	173.6	140.2	5.38
5#	3.2	173.8	140.5	5.27
6#	3.5	174.5	141.6	4.34

从表 3-15 中可以明显看出：随着相对黏度的增大，PA12 的熔融温度和结晶温度也不断增大。另一方面，从表 3-15 中给出的 PA12 升温熔融峰面积的大小，可以间接衡量 PA12 结晶度的大小，随着相对黏度的增大，其面积不断减小，说明 PA12 的结晶度减小，内部分子排列的规整性降低。

（5）溶剂、应力等诱导作用对结晶的影响

结晶的过程中对聚合物熔体施加外力作用，也可能加速结晶过程。研究最多的外力施加方法是实时剪切，主要分为连续剪切、间歇剪切和流动剪切等。大多数的实验数据表明，在剪切时，聚合物熔体结晶的诱导时间变短，Avrami 指数大幅升高。Bove 分别分析剪切速率和剪切应变对熔体结晶速率的影响，指出这两者均需达到一个临界值之上才会有效果。Haudin 指出，这种实时剪切所起的提高高聚物熔体结晶速率的作用，只有在高聚物分子量超过某一临界值时才会起作用，而且，分子量越大，剪切敏感性越强。总的来说，单轴拉伸作用也可以提高高聚物的熔体结晶速度。然而，近来 Vasanthan 报道，经过拉伸的 PA6 样条和未经过拉伸的 PA6 样条在重新进行熔体结晶时，其结晶行为并未显示大的差别。

通常情况下，拉伸作用将导致 PA6 纤维的内部晶区和非晶区结构的改变。这些微观结构的改变，可以通过广角 X 射线衍射（WAXS）和小角 X 射线散射（SAXS）加以表征。通过 WAXS 和 SAXS，不仅能够得到纤维晶区的结构转变形式，而且能够获得纤维内部片晶的堆积结构以及微孔的变化。

由于 γ 晶型为动力学稳定相，因此，拉伸作用有利于 γ 晶型的 PA6 转变形成热力学上更加稳定的 α 晶型。对于这种在应力作用下的结构转变机理，有两种观点：

① Arimoto 研究表明，PA6 在拉伸作用下，首先是 γ 晶型遭到破坏，然后形成了 α 晶型。

② Miyasaka 等认为，在拉伸过程中，由于应力作用，晶型将直接转变成 α 晶型，并不存在 γ 晶型被彻底破坏的过程。他们通过实验得出，在室温条件下，这种 γ 晶型向 α 晶型转变的临界应力为 400MPa。当施加于纤维上的应力小于临界应力时，γ 晶型将由伪六面体晶型转变成为单斜晶型，而这种单斜晶型具有不稳定性，当撤掉应力后，将又恢复为原有的晶型；当施加于纤维上的应力大于临界应力时，γ 晶型将转变为 α 晶型，撤掉应力后将不能恢复。这种 γ 晶型向 α 晶型的转变需要满足一定的条件：首先，通过拉伸，晶型中的酰氨基团发生扭转使其氢键被打开；其次，拉伸过程中分子链发生平移，从而改变晶体的堆积结构。

Murthy 通过 SAXS 和 WAXS 的实验结果表明：PA6 纤维中存在微纤形态，在 γ 晶型向 α 晶型转变过程中经历了一个不稳定的中间相。Jiang 等人进一步研究表明，当 PA6 在玻璃化转变温度之下（30℃）拉伸时，在不同的拉伸阶段，将发生不同的结构转变。在弹性形变阶段，集中应力将导致 PA6 中的 γ 晶型直接转变形成 α 晶型；而在屈服阶段，应力不足以使 γ 晶型完全转变形成 α 晶型，从而形成一种介于 γ 晶型和 α 晶型之间的中间相。此外，由于拉伸过程中非晶区尺寸的增加，纤维的长周期也有明显的增加，如图 3-18 所示。

Samon 等通过同步辐射在线小角 X 射线散射和广角 X 射线衍射表明：γ 晶型在拉伸过程中要么直接转变成 α 晶型，要么被破坏；同时，部分非晶区在拉伸过程中转变成了具有 α 晶型的晶区。在拉伸过程中，纤维的长周期和非晶区厚度不断增加，晶区厚度有微弱的增加；原纤维的 Shish-Kebob 结构在拉伸过程中逐渐消失，最后转变成了片晶结构，如图 3-19 所示。

不同的拉伸温度下，水分子对纤维内部结构的转变也存在不同的影响。Miyasaka 等研究表明，当温度低于 −60℃ 时，与含水的 PA6 纤维相比，干燥的 PA6 纤维更易于由 γ 晶型转变成 α 晶型，这是由于水分子在低温下充当了凝结剂的作用，使得分子链的活化能提高。而当温度高于 −60℃，水分子的存在将有利于 PA6 的结构转变。可见，纤维在拉伸过程中，其内部结构的改变非常复杂。由于影响因素不同，其转变过程和转变机理也不同，可能存在多种不同的转变途径。

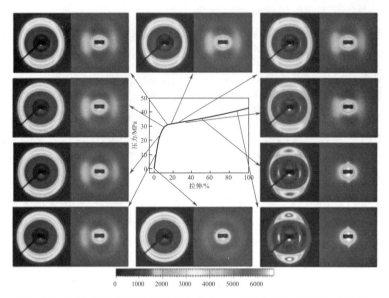

图 3-18 PA6 纤维拉伸形变过程中的应力-应变曲线和 SAXS、WAXS

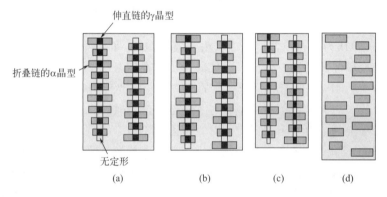

图 3-19 纤维在拉伸过程中 Shish-Kebob 结构向片晶结构的转变示意图

（a）Shish 的初始形态；（b）小的拉伸形变下，晶区和非晶区发生的仿射形变（阶段 1）；（c）大的拉伸形变下，
伸直链的 γ 晶型将转变形成折叠链的 α 晶型的片晶结构（阶段 2）；（d）最终，伸直链晶型被完全破坏，
而一些 Kebob 结构和片晶结构被保留了下来（阶段 3）

3.3.1.3 聚酰胺结晶动力学研究方法

通过分析结晶动力学，可以知道在给定情况下高聚物是否结晶，如何结晶，判断结晶的快慢和晶体的完善程度，推测晶体形态和生长方式。另外，结晶过程是放热过程，在实际加工如纺丝时一定会有热量的传递，这是保证加工正常必须考虑到的。对高聚物进行结晶动力学研究时的条件正好模拟的是实际加工过程中聚合物可能经历的过程，显然，这种理论研究可以用来指导实际加工。再次，材料的一些使用性能如强度、尺寸稳定性、耐热性受结晶影响很大。结晶动力学的必要性和重要性不言而喻。

通常，研究结晶的方法有差示扫描量热法、热台偏光显微镜法、光学解偏振光强度法、广角 X 射线衍射法、小角 X 射线散射法。另外，有文献报道用核磁共振法研究结晶行为。聚酰胺的结晶动力学和其他高聚物一样，分为等温结晶动力学和非等温结晶动力学。

等温结晶动力学普遍采用 Avrami 方程。通常情况下，Avrami 能解释聚酰胺的等温结晶行为。但是，在对很多聚酰胺的等温结晶动力学研究中还发现，Avrami 指数 n 值多为小数，而且结晶后期的实验点会对 Avrami 方程拟合直线发生偏离，说明用 Avrami 方程研究等温结晶行为并不是万无一失的。事实上，Avrami 方程只适合描述聚合物的主结晶期，也就是晶体没有发生相互接触时，到结晶后期，晶面相互接触挤撞后，用 Avrami 就不合适了。1988 年，IUPAC 高分子专业委员会建议规定 Avralmi 方程只适合于描述高聚物的初期结晶。随后，虽然许多研究者提出了很多改进方程，但是，由于方程式复杂再加上和原来的 Avrami 方程并无本质区别，所以研究等温结晶动力学时普遍采用的仍然是 Avrami 方程。

非等温结晶动力学用 Avrami 方程来描述是不合适的，这是因为该过程有温度变化再加上该过程十分复杂。但是，由于非等温结晶才能真正反映高聚物的实际生产加工过程，能在一定程度上指导工艺参数的确定，所以，许多学者从不同角度进行研究，诞生出了许多理论，常用的有 Jeziorny 法、Ozawa 法和莫志深法（Mo 法）。

Jeziorny 法是在 Avrami 方程的基础上，将降温速率考虑进去，通过 DSC 曲线给出 Avrami 指数 n 和结晶速率参数，但是这种动力学参数的物理意义不明确；Ozawa 法是在 Evans 理论上发展而来，主要考虑到了聚合物的结晶成核和晶体生长，但是数据处理时，图形上的数据点少，加上实际图形经常不是预期的直线，而是折线，所以要获得可靠的动力学参数有一定难度。后期，莫志深将 Avrami 方程和 Ozawa 方程联立，建立起确定的相对结晶度下降温速率与时间的关系，得到了有明确物理意义的参数。这种方法处理数据得到的图形线性度高，而且对结晶初期和后期通用。经验证，它对大多数聚酰胺的结晶动力学都是适用的。

3.3.1.4　主要聚酰胺树脂的结晶度

表 3-16 列出了部分聚酰胺的化学结构和结晶度。从表 3-16 中可以看出：PA46 的分子链结构中每个酰氨基的两侧都有四个次甲基对称排列，具有较好的规整性，在脂肪族聚酰胺中酰氨基密度最高，因此，决定其结晶度高，结晶速度快。

表 3-16　部分聚酰胺的化学结构和结晶度

聚酰胺种类	化学结构式	结晶度/%
PA6	$+NH+CH_2\!\frac{}{5}C\frac{}{}{}_n$	20～30
PA66	$+NH+CH_2\frac{}{6}NH—C+CH_2\frac{}{4}C\frac{}{}{}_n$	30～35
PA46	$+NH+CH_2\frac{}{4}NH—C+CH_2\frac{}{4}C\frac{}{}{}_n$	60～70
透明聚酰胺	$+HN—H_2C—C—CH_2—CH—CH_2—CH_2—NH—C—\text{〇}—C\frac{}{}{}_n$（含 CH_3 取代基）	无定形

3.3.2　吸水性

聚酰胺分子链中存在的大量酰胺基团容易与水分子形成氢键作用，使得聚酰胺具有

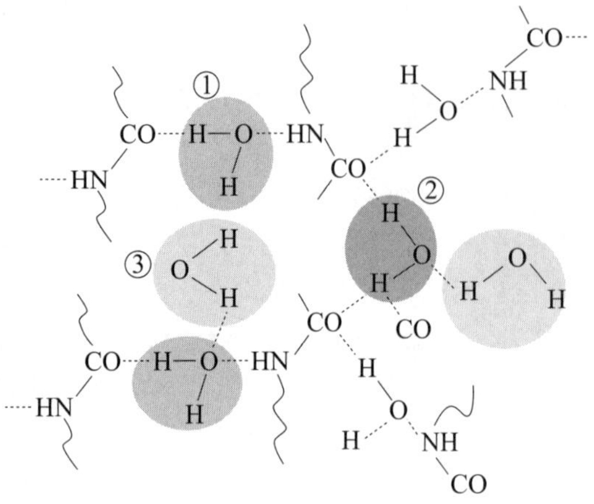

图 3-20　PA6 水分子的取代吸附模型

较强的吸水性，其水含量最高大约 8％。由于晶区中分子链排列规整，结构稳定，一般情况下水分子无法进入晶区。因此，聚酰胺所含水分子主要存在于非晶区中。

PuffrR 和 Šebenda 通过研究 PA6 对水的吸附过程，提出了两步水吸附模型，见图 3-20。具体的过程如下：第一阶段，随着 PA6 非晶区中水分子浓度的提高，每两个酰胺基团的羰基将同时与一个水分子形成氢键，此过程中将放出大量的热，所以这个水分子与酰胺基团之间的作用力很强，活性很低，一般情况下很难将其脱去；第二阶段，与两个酰胺基团形成氢键的水分子增加到三个。第二个和第三个水分子将打破 PA6 原来的链间氢键，插入氨基与羰基之间，形成新的氢键，这个过程的热效应很微弱，所以形成的氢键强度也比较弱。水分子削弱了 PA6 分子链间的氢键作用，对 PA6 起到了增塑作用。在 PA6 非晶区，水分子与酰胺基团形成氢键后，将影响高分子链的弛豫行为。γ 弛豫表征的是短的 CH_2 链（最少两个）和酰胺基团的共同运动，由于水分子与酰胺基团之间的氢键作用，γ 弛豫将受到水分子的阻碍。β 弛豫表征的是多个 CH_2 链的协同运动，水分子在其中起到增塑剂的作用，对其运动具有促进作用。α 弛豫表征的是高分子在玻璃化转变过程中，高分子链大范围的运动，水分子作为增塑剂，能够极大加速其运动。在 R. Puffr 和 J. Sebenda 的两步水吸附模型的基础上，B. Frank 等通过不同吸水量的 PA6 的低温介电弛豫行为，进一步研究了水分子在 PA6 中的存在方式。研究表明：当 PA6 的吸水率小于 1.5％时，水分子主要以强氢键作用水存在；当 PA6 的吸水率在 1.5％～6％之间时，增量水将与相邻酰胺基团的 C＝O 和 N—H 形成弱的氢键作用，或与已经吸附的水分子之间形成氢键作用；当 PA6 的吸水率大于 6％时，PA6 非晶区所有氢键的位置将被水分子和聚集态水占据。

3.3.3　耐磨性

聚酰胺具有摩擦系数小、磨损量少、摩擦噪声低等优点。PV 值即单位面积生热因素负载量 P 和表面线速度 V 的乘积，PV 值是衡量工程塑料散热性的一个重要参数，决定制品使用的极限。PV 值越高，材料的散热性越好。聚酰胺具有极限 PV 值大、自润滑性好的特点，即使没有加润滑剂也有良好的耐磨性，制品使用寿命长；添加润滑油、氟树脂、二硫化钼、石墨等润滑剂时，其具有更好的耐摩擦磨耗性。聚酰胺无油润滑的摩擦系数通常为 0.1～0.3，约为酚醛塑料的 1/4、巴氏合金的 1/3。各种聚酰胺的摩擦系数没有太大的差别，在聚酰胺的诸多品种当中 PA1010 的耐磨耗性最佳，它的密度约为铜的 1/7，但其耐磨耗性却是铜的 8 倍。另一方面，添加玻璃纤维会降低耐磨性。表 3-17 为部分聚酰胺对钢的摩擦系数和极限 PV 值。

表 3-17 部分聚酰胺对钢的摩擦系数和极限 *PV* 值

聚酰胺	摩擦系数		极限 *PV* 值(0.5m/s) /(MPa·m/s)
	静态	动态	
PA6	0.22	0.26	70
PA66	0.20	0.28	85
PA610	0.23	0.31	70
PA612	0.24	0.31	70
PA46	0.35	0.39	230
PA1010	0.25	0.30	88
PA11	0.27	0.29	90
PA12	0.28	0.30	92
PA6T	0.25	0.28	76
PA9T	0.26	0.29	78
PA10T	0.27	0.31	84
PA6＋30％玻璃纤维	0.26	0.32	300
PA66＋30％玻璃纤维	0.25	0.31	350
PA610＋30％玻璃纤维	0.26	0.34	300
PA612＋30％玻璃纤维	0.27	0.33	280

3.3.4 燃烧性

聚酰胺分子链上的酰氨基含有碳、氢、氧和氮，其燃烧速度比聚烯烃类塑料缓慢，一旦着火不会连续燃烧，具有较好的自熄性，因此，聚酰胺具有一定的阻燃性，如 PA66 的氧指数为 28％，而聚乙烯的氧指数仅为 17.4％。但多数未改性脂肪族聚酰胺阻燃等级为 UL94 V-2，随着聚酰胺亚甲基含量的增加，阻燃性能降低，而芳香族聚酰胺表现出更优异的阻燃性。表 3-18 为各种聚酰胺品种及其他工程塑料的阻燃性。

表 3-18 各种聚酰胺品种及其他工程塑料的阻燃性

产品	PA6	PA66	PA46	PA610	PA612	PA1010	PA11
氧指数/％	22	26	22	23	23	23	23
阻燃性(UL94)	V-2	V-2	V-2	V-2	V-2	V-2	HB
产品	PA6T	PA9T	PA10T	PPS	PBT	POM	PC
氧指数/％	25	24	24	44	20	15	25
阻燃性(UL94)	V-2	V-2	V-2	V-0	HB	HB	V-2

PA6 作为最常见、产量最大的聚酰胺材料，优异的综合性能是其能够作为工程塑料和合成纤维广泛应用的主要原因。但通常情况下，PA6 在高温环境下，存在易燃、易滴落、火焰扩散速度较快、热释放量大和燃烧过程伴随大量浓烟等一系列问题，从而，在很大程度上限制了它在电子电气、军用服装、消防服装、户外用品、公共场合织物装饰品等对阻燃要求较高领域的应用。PA6 的点燃温度为 420℃，燃烧时熔滴现象明显，因此，火灾发生时，

放出大量热量的同时还造成二次引燃。其燃烧过程可解释为：最初阶段，材料被火焰加热，220℃附近出现软化熔融现象；继续升温后，PA6 材料的表面发生热氧降解，PA6 大分子链的弱键处开始断裂，自由基优先进攻氮原子 α 位亚甲基上的氢原子，氧化形成氢过氧化物，最终导致主链断裂。与此同时，PA6 燃烧时，一部分热能被其本身所吸收，用于材料的热降解，而降解产生的可燃挥发性产物又进入气相，作为燃料以维持燃烧。PA6 的燃烧模型见图 3-21，其他聚酰胺树脂燃烧过程也很类似。

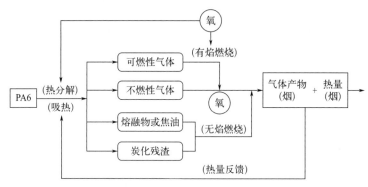

图 3-21　PA6 燃烧过程示意图

3.3.5　阻隔性

聚酰胺对气体的透过率最小，具有优异的阻隔性，可作为食品级保鲜包装的优质材料，如何提高聚酰胺阻隔性的研究也越来越被人们重视。

由于聚酰胺大分子主链上有强极性的酰胺键，使其具有较强的内聚力和较高的表面极性，因而，对氧气等非极性气体和烃类有良好的阻隔性，表 3-19 列举了各种薄膜的氧气渗透率。聚酰胺对气体的阻隔性会随着酰胺亚甲基的比例提高而提高，表 3-20 列举了几种脂肪族聚酰胺薄膜的透气率比较。无定形聚酰胺 Selar PA 和聚酰胺 MXD6 由于具有优异的阻氧性能而被称为高阻透性聚合物。

表 3-19　不同相对湿度（RH）下各种薄膜的氧气渗透率

薄膜	氧气渗透率(23℃)/[cm³/(m³·d·atm[①])]		
	60%RH	80%RH	90%RH
PAMXD6(定向,4×4)	2.8	3.5	5.5
PAMXD6(非定向)	4.3	7.5	20
EVOH(乙烯摩尔分数32%)	0.5	4.5	50
EVOH(乙烯摩尔分数44%)	2.0	8.5	43
丙烯腈共聚物	17	19	22
PA6(定向)	40	52	90
PA6(PVDC 涂层)	10	10	10
PET(定向)	80	80	80
PP(定向)	2500	2500	2500
PP(PVDC 涂层)	14	14	14

① 1atm＝101325Pa。

表 3-20　几种脂肪族聚酰胺薄膜的透气率比较

品种	透气率/[cm³/(m³·d·atm)]		
	氧气	氮气	二氧化碳
PA6	40	14	75
PA66	80	5	140
PA11	360～530	53	2400
PA12	750	200～280	2400～5200

从外在因素来说，温度和湿度是影响聚酰胺阻隔性的两大因素。对于一般的聚合物，随着温度的升高聚合物阻隔性下降。图 3-22 是几种阻隔性聚合物的透氧率随相对湿度变化的曲线。图 3-23 为高湿度条件下多种聚合物的透氧率。

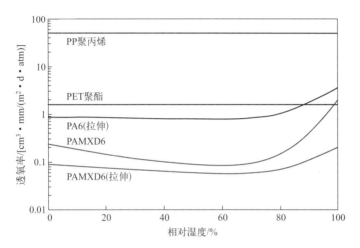

图 3-22　多种聚合物透氧率与相对湿度的关系（23℃）

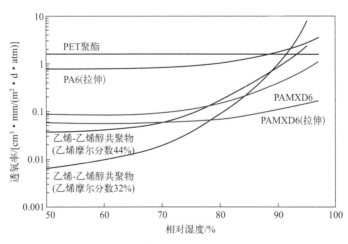

图 3-23　高湿度条件下多种聚合物的透氧率

3.3.6　耐热性

Jones 等人成功合成了 31 种偶偶脂肪族聚酰胺（均含有偶数碳原子的二羧酸与二胺为

单体），并且对它们的结构和热性能进行了研究：相同烷烃链长的偶偶聚酰胺［PA2x2(x+1)］中分子间氢键存在两种构型，其他类型的分子间氢键只有一种构型。氢键构型的差异，导致了分子链在空间构型上的不同折叠形式。此外，还发现偶偶聚酰胺的熔点随酰胺基团密度的升高而升高。大分子主链具有极高酰胺基团密度的样品如 PA24 和 PA44，在熔融之前就会出现分解。

实际应用中，人们总是希望脂肪族聚酰胺产品能承受更高温度、芳香族聚酰胺产品更容易加工。半芳香族聚酰胺又称为高温聚酰胺，其最大的特点是同时具备优异的耐高温性能和出色的加工性能。因此，热性能研究是半芳香族聚酰胺相关领域的重要课题。虽然半芳香族聚酰胺的开发起步稍晚，但国内外对其结构与性能的研究已逐步展开。

PA66 问世后，人们利用不同的缩聚单体开发了大量的脂肪族系列产品。相同的开发思路用于 PA6T 的研究，得到了众多半芳香族产品，其中，商业化较为成功的产品有 PA6T、PA9T、PA10T 和 PA12T 等。随着研究的深入，化学结构与热性能关系的研究取得很多成果。

Morgan 等人研究发现：直链二胺单体的碳数增加时，半芳香族聚酰胺的酰氨基团密度随之减小，对应的熔点以波浪式规律逐渐降低（图 3-24）。偶数碳原子二胺合成的聚酰胺的熔点相对较高。不过，玻璃化转变温度似乎不受碳原子数影响，没有呈现出明显的变化趋势。对该现象深入研究后，表明分子主链结构的奇偶碳原子数会影响分子间氢键的形成，具体表现为晶型的改变，这是影响热性能的主要原因之一。

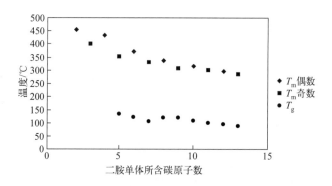

图 3-24　半芳香族聚酰胺熔点与玻璃化转变温度的比较

Wang 等人利用对苯二甲酸和长链脂肪族二胺成功合成了 PA10T、PA11T、PA12T 和 PA13T，并通过 FTIR、NMR 和 EDS 进行结构表征。研究发现随二胺链长的增加，产品耐热性逐渐下降，如 PA10T 的熔点为 313℃，而 PA13T 的熔点为 284℃。此外，奇偶效应对长链聚酰胺的影响较小。将这些新产品的热性能与 PA9T 数据进行综合比较后，发现长链半芳香族聚酰胺的耐热性有较高的应用价值，而且长链二胺原料可从植物中提取，是很有前景的高性能环保工程塑料。

此外，Gorton 等以间苯二甲酸和直链二胺为单体合成了 PA2I、PA3I、PA4I、PA6I 和PA10I，并比较了它们的熔融行为。结果显示 PA2I 熔点不是一个相对精确的温度，而是一个范围，且低于 PA2T 的熔融温度。他认为间位取代结构的聚合单体会破坏高分子链段的构型规整性，使聚合物的结晶度大幅降低，从而导致无精确的熔点。

与传统直链聚酰胺相比，侧链同样会影响聚酰胺性能。带侧链的聚酰胺往往分为两种：

一种是碳原子上的取代，另一种是酰氨基中氮原子上的取代。一般情况下，碳原子上的取代基是单体本身引入，而氮原子的取代基则是聚合之后通过反应得到。Okaetal 等人以对苯二甲酸、1,9-壬二胺和 2-甲基-1,8-辛二胺的混合物为原料，合成带侧链的半芳香族共聚聚酰胺。研究发现聚酰胺分子间的氢键为迁就甲基侧链的存在而使分子主链由直链转变为曲折链型，使得聚合物形成两种晶型，导致其热性能下降。当配方中直链单体占总二胺单体的80％以上时，产品仍可保持较好的热性能。

聚酰胺的分子量、主链中的芳环含量、端基结构以及序列结构对其热性能均有影响。

（1）分子量与热性能的关系

分子量作为聚合物的基本参数，与各项性能均有一定的联系。常静对 PA66 与 PA6T 的分子量与热性能关系进行了研究，分别考察了分子量对分解温度和熔点的影响。结果表明：PA66 与 PA6T 的分解温度在一定程度内随分子量增加而升高，且在低分子量时，该规律较为明显。对熔点的研究发现，分子量的提高，对 PA66 与 PA6T 的熔点产生影响，但提升幅度很有限。

韩冰等人合成了共聚聚酰胺 PA6T/6，同样对熔点与分子量的关系进行了探索。结果表明：随着分子量增加，PA6T/6 的熔点增长幅度极为有限（仅为 3℃），与常静所得结论类似。因此，不建议通过提高聚合度的方法提升熔点。

Kim 等人通过改变固相缩聚温度制备得到了不同分子量的 PA4T/46，并通过 DSC 对其热性能进行评价。结果显示：DSC 第一次升温时测定的各样品熔点随分子量增大而升高，而 DSC 第二次升温所测得的熔点与分子量无关，基本保持一致。研究发现：因固相缩聚温度不同造成样品的结晶度各不相同，晶体越完美则表现出更高的熔点。

（2）芳环含量与热性能的关系

共聚改性是半芳香族聚酰胺研究的重要领域，第三单体的加入将使材料的化学结构和性能发生显著变化。Novitsky 等以熔融缩聚法合成了共聚聚酰胺 PA6T/66，研究发现，调节共聚组成中 PA6T 的含量，能够控制 PA6T/66 的熔点和结晶度，PA66 组分含量越高，则PA6T/66 的芳香族占比越少，PA6T/66 的热性能越差。研究表明：脂肪族结构的耐热性较低，且 PA66 对 PA6T 结构的不相容是影响热性能的主要因素。

如图 3-25 所示，Wang 等先合成 PA66 低聚物，再以对氨基苯乙酸（p-APA）作为偶联剂制备 PA66 末端改性产品。将其与间苯二甲酰氯（IPC）通过低温溶液聚合，以化学扩链的方式合成高分子量半芳香族共聚聚酰胺。研究发现：因为苯环结构的刚性与耐热性，PA66 引入芳香族单体共聚改性后的热性能与力学性能均得到有效提升，性能提升程度与共聚单体的结构和含量紧密相关。

Gaymans 等人合成了 PA46/4T 比例为 100/0、90/10、80/20、70/30、50/50、0/100等共聚聚酰胺 PA4T/46，并对它们的熔融行为进行了研究。结果显示所有样品的 DSC 第一次升温所测定的熔点均要高于第二次升温的结果，且差值在 15℃ 左右。PA4T/46 第一次升温所表现的熔点和熔融焓随 PA4T 组分的增加而升高；而第二次升温的结果显示随 PA4T组分增加，PA4T/46 的熔点和熔融焓先下降再上升，其中 90/10 样品的熔点最低，80/20样品的熔融焓最低。因为消除了热历史干扰，所以第二次升温所得的结果即为真实规律。研究表明：产生"V"字形上升的原因是 PA4T 组分与 PA46 组分的结构不相容。当引入少量PA46 组分时，共聚物结晶性下降导致熔点下降。此外，他们的工作中并未涉及芳环含量与PA4T/46 热稳定性的研究。

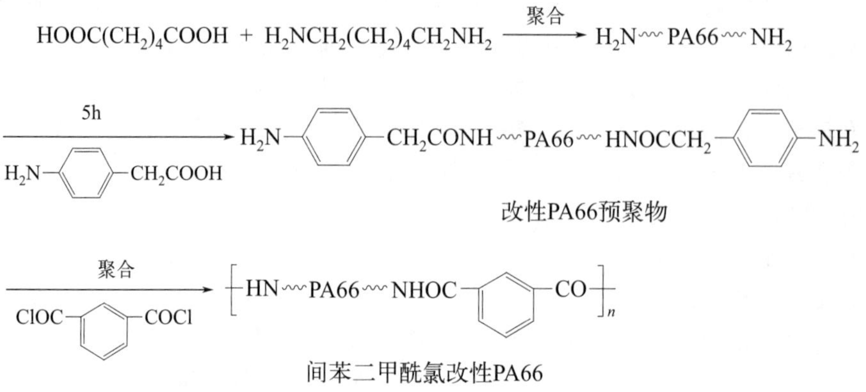

$$HOOC(CH_2)_4COOH + H_2NCH_2(CH_2)_4CH_2NH_2 \xrightarrow{\text{聚合}} H_2N \sim\!\!\sim PA66 \sim\!\!\sim NH_2$$

$$\xrightarrow{5h} H_2N\!\!-\!\!\bigcirc\!\!-\!\!CH_2CONH\sim\!\!\sim PA66\sim\!\!\sim HNOCCH_2\!\!-\!\!\bigcirc\!\!-\!\!NH_2$$

H_2N—⬡—CH_2COOH

改性PA66预聚物

$$\xrightarrow{\text{聚合}} \left[HN \sim\!\!\sim PA66 \sim\!\!\sim NHOC \!\!-\!\!\bigcirc\!\!-\!\! CO \right]_n$$

ClOC—⬡—COCl

间苯二甲酰氯改性PA66

图 3-25　间苯二甲酰氯改性 PA66 共聚反应过程

（3）端基结构与热性能的关系

聚合物分子链末端结构的比例很低，但对热性能的影响却不能忽视，尤其是某些从端基开始降解的线型高分子。Tachibana 等人通过阴离子聚合制备了脂肪族 PA4 产品，并对端基进行转化研究，得到以羧基、氨基和烷基等官能团为端基的 PA4。对末端改性样品进行热重分析，发现未改性 PA4 的内酰胺链末端基团受热发生氨解反应，为热稳定性最差的端基结构。端烷基样品的末端没有反应活性，故热分解温度最高。研究结果表明：PA4 末端的定量化学改性是有效的，不仅仅局限于低分子量产品，高分子量 PA4 通过末端改性提高热稳定性也是有必要的。

Wenyan Lyu 等人合成了 N-苯并胍胺-苯基磷酰胺（MCPO），并将它作为 PA66 的封端剂。对不同程度的封端样品进行热重分析（TG），发现用量为 8％（质量分数）MCPO 的 PA66 改性产品热稳定性最佳，其初始分解温度和最大分解温度分别提高了 47℃ 和 34℃。究其原因：一方面是 MCPO 结构在热分解过程中吸收了大量热量；另一方面，经过封端处理消除了部分稳定性较差的端氨基与端羧基。

赵楠等人分别以月桂酸、苯甲酸和环己烷甲酸为封端剂制备 PA12T，并研究了端基结构对热性能的影响。结果表明：苯甲酸和环己烷甲酸封端后显著改善了 PA12T 的热稳定性，两者改性效果相近，且优于月桂酸。当环己烷甲酸：对苯二甲酸：十二烷二胺＝0.03：1：1（摩尔比）时，PA12T 的热性能最佳。

目前，关于半芳香族聚酰胺端基结构的相关研究报道较少，人们关注更多的是超支化聚酰胺的端基研究。端基作为 PA4T/PA46 分子链结构的一部分，研究 PA4T/PA46 端基与热性能的关系非常有必要。

（4）序列结构与热性能的关系

共聚物分子链的序列结构也会影响其性能。Vannini 等人对 50/50 比例 PAMXD6 和 PA6T/PA6I 的无规共聚物、嵌段共聚物和共混物进行了研究，结果显示：其热行为有明显差异，共混物体系非常不均匀，随温度升高，有独立的两个玻璃化转变和熔融过程；无规共聚物为均相物质，有固定的玻璃化转变温度；而嵌段共聚物的热行为则取决于它的无规度。当嵌段共聚物无规度小于 0.104 时，两组分相容性较差，PAMXD6 和 PA6T/PA6I 分别保持结晶性与无定形特性。随无规度升高，嵌段共聚物逐渐失去结晶性。当无规度大于 0.212 时，嵌段共聚物表现为单一的玻璃化转变过程。

Novitsky 等人通过阴离子聚合制备 PA6/PA12T 的嵌段共聚物。研究发现：随 PA12T 组分减少，共聚物 PA6/PA12T 的熔点降低。当共聚组分相同时，PA12T 嵌段链节长度减小则共聚物耐热性能降低。

目前，PA4T/PA46 的相关报道主要是以无规 PA4T/PA46 为对象，鲜有序列结构与性能关系的研究报道。贾锦波等人的工作展示了不同序列结构 PA4T/PA46 的合成方法，但未开展性能研究工作。

3.3.7　电绝缘性

电工材料按照体积电阻率 R_v 可以分为绝缘材料（$R_v=10^9\sim10^{22}\,\Omega\cdot\mathrm{cm}$）、导电材料（$R_v=10^{-6}\sim10^{-2}\,\Omega\cdot\mathrm{cm}$）和半导体材料（$R_v=10^{-2}\sim10^9\,\Omega\cdot\mathrm{cm}$）。聚酰胺在低温和干燥

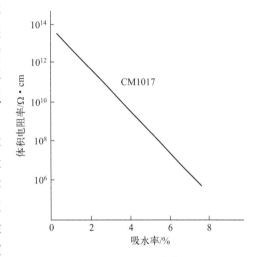

的环境条件下表现出优良的电绝缘性能，其 $R_v\geqslant10^{13}$；但由于聚酰胺吸水率较高，在高湿热环境条件下，绝缘性能将显著下降。日本东丽 PA6 典型产品 CM1017 的体积电阻率与吸水率依赖性如图 3-26 所示，吸水率每增加 1%，体积电阻率就减小约 1 个数量级。

图 3-26　CM1017 的吸水率引起的体积电阻率变化

高聚物的电性能主要指介电性能和导电性能。介电性能与高分子极性有密切关系，极性大的高聚物介电常数和介电损耗角正切也大，若作为绝缘材料则要求低的介电常数和介电损耗角正切，因此，含有极性酰胺基团的聚酰胺其绝缘性能一般。水对高聚物的介电强度影响很大，会使高聚物的电导率、介质损耗增大，介电强度降低，因酰胺基团的吸水性影响聚酰胺的电性能，所以，聚酰胺不适合作为高频和湿态环境下的绝缘材料。但聚酰胺在低温和低湿环境中有着相当好的绝缘性能，并且具有良好的热性能、电性能、力学性能、化学性能等，通过注塑可用作各种连接器、线圈管、端子、墙板、电气配线等，这些部件广泛地应用于低频率、中压电器上。

表 3-21　各类聚酰胺的电性能比较

品种	测试条件	体积电阻率[①] /$\Omega\cdot\mathrm{cm}$	介电常数[②]			介电损耗角正切值		
			50～100Hz	1kHz	1MHz	50～100Hz	1kHz	1MHz
PA46	干燥	10^{15}	3.9	3.8	3.6	0.01	0.01	0.03
	50%RH	10^9	22	11	4.5	0.87	0.35	0.12
PA66	干燥	10^{15}	3.9	3.8	3.5	0.02	0.02	0.03
	50%RH	10^{13}	7.0	6.5	4.1	0.11	0.10	0.08
	100%RH	10^9	31	29	18	0.50	0.23	0.28

品种	测试条件	体积电阻率[1] /$\Omega \cdot cm$	介电常数[2]			介电损耗角正切值		
			50～100Hz	1kHz	1MHz	50～100Hz	1kHz	1MHz
PA6	干燥	10^{15}	3.8	3.7	3.4	0.01	0.02	0.03
	50%RH	10^{12}	13	8.3	4.6	0.18	0.20	0.12
	100%RH	10^{9}	—	—	25	—	—	—
PA69	干燥	10^{15}	3.6	3.5	3.2	0.02	0.02	0.02
	50%RH	10^{13}	5.4	4.8	3.4	0.09	0.09	0.02
PA610	干燥	10^{15}	3.9	3.6	3.3	0.04	0.04	0.03
PA612	干燥	10^{15}	4.0	4.0	3.5	0.02	0.02	0.02
	50%RH	10^{13}	6.0	5.3	4.0	0.08	—	—
	100%RH	10^{11}	12	—	—	0.25	—	—
PA11	干燥	10^{14}	3.9	3.5	3.1	0.04	0.05	0.04
	50%RH	10^{14}	—	3.7	—	—	—	—
	100%RH	10^{12}	—	7.6	—	0.03	—	0.06
PA12	干燥	10^{15}	4.2	3.6	3.1	0.04	0.05	0.03
	50%RH	10^{14}	—	4.0	—	—	0.09	—
	100%RH	10^{13}	—	6.5	—	—	0.17	—
PA66+33% 玻璃纤维	干燥	10^{13}	4.2	4.0	3.7	0.01	0.02	0.02
	50%RH	10^{11}	—	—	5.0	—	—	—
	100%RH	10^{9}	—	25	11	—	—	—
PATMDT	干燥	10^{14}	—	3.5	3.1	—	0.03	0.02
	50%RH	10^{14}	—	3.9	3.4	—	0.03	0.03
	100%RH	—	—	4.8	3.6	—	0.03	0.04
PA6I	干燥	10^{15}	4.3	—	3.8	—	—	0.03
	50%RH	10^{16}	4.8	—	4.1	—	—	0.05
PA6I/PA6T/ CMI/CMT	干燥	10^{15}	—	4.1	3.7	—	0.02	0.02
	50%RH	10^{15}	—	4.3	3.8	—	0.02	0.02

①测试标准为 ASTMD257。

②测试标准为 ASTMD150。

不同聚酰胺由于酰氨基浓度变化其吸水量不同，含水量对聚酰胺电性能的影响如表 3-21 所列。芳香族聚酰胺由于吸水性小，湿度对其电性能影响也较小。

3.3.8 加工性

聚酰胺是热塑性塑料，加工成型方式多种多样，可以采用一般热塑性塑料的成型方法，如注射成型、挤出成型、模压成型、吹塑成型、浇铸成型（反应成型）等；还可以采用喷涂的方式，用作金属表面耐磨涂层及修复。其中，最常用的加工方法是注射成型。PA6 与 PA66 的成型加工工艺不尽相同，95％以上的 PA66 制品采用注塑加工，挤出成型仅占 5％

左右；PA6 的注塑制品占比接近 70%，挤出制品占 30% 左右。

聚酰胺成型加工具有下列特点：

① 原料吸水性强，高温时易氧化变色，因此粒料在加工前必须干燥，最好采用真空干燥以防止氧化。干燥温度为 80～90℃，时间为 10～12h，含水率<0.1%。

② 熔化物黏度低，流动性大，因此必须采用自锁式喷嘴，以免漏料，模具应精确加工以防止溢边。因为熔化温度范围狭窄，约在 10℃，所以喷嘴必须进行加热，以免堵塞。

③ 收缩率大，制造精密尺寸零件时，必须经过几次试加工，测量试制品尺寸，进行修模；另外，在冷却时间上也需给予保证。

④ 热稳定性较差，易热分解而降低制品性能，特别是明显的外观性能，因此应避免采用过高的熔体温度，且加热时间不宜过长。

⑤ 由于聚酰胺为一种结晶型聚合物，成型收缩率较大，且成型工艺条件对制品的结晶度、收缩率及性能的影响比较大。所以，合理控制成型条件可获得高质量的制品。

⑥ 从模具中取出的聚酰胺塑料零件，如果吸收少量水分，则其坚韧性、冲击强度和拉伸强度都会有所提高。如果制品需要提高这些性能，必须在使用之前进行调湿处理。调湿处理是将制件放于一定温度的水、熔化石蜡、聚乙二醇中进行处理，使其达到吸湿平衡。这样的制件不但性能较好，其尺寸稳定不变，而且调湿温度高于使用温度 10～20℃ 即可。

3.3.9　耐化学品性

塑料的耐化学品性与它的化学结构有关，表 3-22 列出了塑料耐化学品性受化学结构的影响情况，表 3-23 列出了部分工程塑料的耐化学品性能。

表 3-22　塑料耐化学品性受化学结构的影响情况

影响因素	耐酸性	耐碱性	耐氧化性	耐溶剂性(非极性)	耐溶剂性(极性)
脂肪族饱和烃	+	+	+	−	+
脂肪族不饱和烃	+	+	−	−	+
芳烃	+	+	−	−	+
醚键	+	+	+	+	−
酯键	−	−	+	+	+
酰胺键	+	−	+	+	−
酸性基	+	−	+	+	+
碱性基	−	+	+	+	+
卤素	+	+	+	+	+
聚合度	+	+	+	+	+
分支度	?	?	−	?	?
交联密度	+	+	+	+	+
结晶度	+	+	+	+	+

注："+" 或 "−" 表示性能的提高或降低；"?" 表示没有直接影响。

表 3-23　部分工程塑料的耐化学品性能

工程塑料种类		没有侵蚀性的化学品	溶解、受影响的化学品
PA6	未改性	耐弱酸、碱、烃类、油、汽油	强酸、甲酸、苯酚
	30%～35%GF	弱酸、弱碱、有机溶剂	强酸、弱 HF、高浓度碱、甲酸、苯酚
	浇铸尼龙	弱酸、碱、一般有机溶剂	强酸、苯酚、甲酸
PA66	未改性	耐弱酸、碱、烃类、汽油、油	强酸、甲酸、苯酚
	33%GF	弱酸、弱碱、一般有机溶剂	强酸、弱 HF、高浓度碱、甲酸、苯酚
	MoS_2 改性	弱酸、碱、一般有机溶剂	强酸、苯酚、甲酸
PA66/6	共聚物	耐弱酸比 PA6、PA66 差,耐碱、一般有机溶剂	强酸、苯酚、甲酸
PA612	非改性	比 PA6、PA66 更耐弱酸、碱	强酸、苯酚
	30%～35%GF	比 PA6、PA66 更耐弱酸、碱	强酸、苯酚
PA69	未改性	比 PA6、PA66 更耐弱酸、碱	强酸、苯酚、甲酸
PA610	未改性	比 PA6、PA66 更耐弱酸、碱	强酸、苯酚、甲酸
	30%～35%GF	比 PA6、PA66 更耐弱酸、碱	强酸、苯酚、甲酸
PA11	未改性	比 PA6、PA66 更耐弱酸、碱	强酸、苯酚
	30%GF	比 PA6、PA66 更耐弱酸、碱	强酸、苯酚
PA12	未改性	比 PA6、PA66 更耐弱酸、碱	强酸、苯酚
	30%GF	比 PA6、PA66 更耐弱酸、碱	强酸、苯酚
PA1010	未改性	不溶于大部分非极性溶剂	溶于强极性溶剂苯酚、甲酚和硫酸、三氯乙醛水合物、酰胺、醇的 $CaCl_2$、$MgCl_2$ 溶液,甲酸、甲醇和乙醇在高温度下可溶解 PA1010(120～170℃)
PAMXD6		碱、甲醛、甲醇	强酸(硫酸、三氟乙酸)、甲酸
透明聚酰胺(TMDT)		弱酸、碱	强酸、苯酚
PC		油、醇类	芳烃、酮类、酯类
PBT		油、汽油	含卤素的溶剂
PET		一般有机溶剂、醇类	苯酚、四氯乙烷
超高分子量 PE		酸、碱、醇类、酮类	甲苯、二甲苯
PAI(包括无机填充物改性)		几乎所有的溶剂、酸、微耐弱碱	氢氧化钠
PI		酸、有机溶剂	碱
PEI(Ultem)		几乎所有的脂肪烃、醇类	二氯甲烷、三氯甲烷

从表 3-23 中可以看出：大部分聚酰胺都耐碱、弱酸,不溶于非极性溶剂,特别能耐烃类溶剂、汽油、润滑油等;可溶于无机酸,不耐强酸;可溶于极性溶剂,如酰胺类溶剂、甲酸、酚类、氟乙醇、氟乙酸及特定金属盐溶液（$CaCl_2$ 的甲醇溶液）等。但是,全芳香族聚对二甲酰对苯二胺几乎不溶于所有的溶剂,仅溶于发烟硫酸,生产全芳香族聚酰胺纤维时,就是以硫酸作溶剂进行溶液纺丝的。聚酰胺在碱性条件下几乎不水解,在酸性条件下可水解,详见表 3-24。

表 3-24　聚酰胺在酸性条件下的水解结果[①]　　　　　　　　　　单位：%

PA 种类	未处理	盐酸	硫酸	硝酸	醋酸
PA6	70	30	30	32	68
PA66	71	31	41	30	62
PA610	70	60	67	43	70
PA11	56	56	56	47	56
PA12	50	50	50	39	50

① 将聚酰胺注射成圆盘测试样品，在一定浓度的酸性液体（盐酸、硝酸、乙酸均为 1mol/L，硫酸为 0.5mol/L）中，浸渍 12 个月后，测量其质量变化。

聚酰胺对溶剂的吸收性、耐化学品性、耐汽油性能分别列于表 3-25～表 3-30。

表 3-25　部分聚酰胺对溶剂的吸收性（饱和吸收量）　　　　　　　单位：%

PA 种类	PA6		PA8		PA66		PA610		PA9	PA11	PA12
结晶度	急冷	结晶化	急冷	结晶化	急冷	结晶化	急冷	结晶化	急冷	急冷	急冷
水	11	9	4.2	3.5	10	7.5	4	3	2.5	1.8	1.5
甲醇	19	3	17	8	14	9	16	9	12	10.5	8.5
乙醇	17	3	17	7	12	3	13	8	12	10.5	9
乙二醇	19	6	4	2	13	2	4	2	—	—	—
苯	1	0	4	1	1	0	4	1	7.5	7.5	8
甲苯	1	0	—	—	1	1	3	1	6	6	7
汽油	2	1	—	1	2	1	1	1	0.8	0.8	1
丙酮	4	3	6	—	2	1	5	1	4	4.2	4
苯甲醇	55	11	—	—	38	3	40	11	—	—	—
氯代甲烷	20	8	13	—	16	10	24	13	19	19	19
氯仿	34	19	14	—	27	5	40	21	34	33	32
全氯乙烯	19	—	12	—	21	2	16	12	2	4.4	10

表 3-26　部分聚酰胺的耐化学品性能

化学品名称	PA66		PA6		PA610		PA11
	低结晶度	高结晶度	低结晶度	高结晶度	低结晶度	高结晶度	低结晶度
5％NaOH 水溶液	+	+	+	+	+	+	+
10％氨水	+11/3	+8/2	+11/3	+	+5/2	+4	+
2％盐酸	—	—	—	—	—	—	（+）
2％硫酸	—	—	—	—	—	—	0
2％硝酸	—	—	—	—	—	—	—
10％铬酸水溶液	（—）9	（—）8	—	（—）	（—）4	（—）3	（—）
10％碳酸钠水溶液	（+）9	+7	+10	+8	+3	+3	+
10％氯化钠水溶液	+	+	+	+	+	+	+
10％氯化钙水溶液	+10	+9	+	+	+3	+	+

续表

化学品名称	PA66		PA6		PA610		PA11
	低结晶度	高结晶度	低结晶度	高结晶度	低结晶度	高结晶度	低结晶度
20%氯化钙乙醇溶液	0	0	0	0	—	—	—
臭氧	(−)	(+)~(−)	(−)	(+)~(−)	(−)	(+)~(−)	(−)
1%高锰酸钾水溶液	—	—	—	—	—	—	—
85%甲酸水溶液	0	0	0	0	—	—	—
10%乙酸水溶液	−14	−10	−17	−6	−8	−6	(+)
己烷	+	+	+	+	+	+	+
环己烷	+1	+1	+1	+1	+	+	+1
苯	+1	+	+1	+	+4	+1	+7.5
甲苯	+2	+1	+2	+0	+3	+1	+6
二甲苯	+1	+1	+2	+1	+2	+1	+5
萘	+	+	+	+	+	+	+
甲醇	+14/4	+9/2	+19/5	+3/1	+16/4	+9/2	+10.5
96%乙醇	+~(+)12/4	+3/1	+17/5	+3/2	+13/5	+8/2	+12.5
异丙醇	+5/1	+	+15/4	+2/1	+13/3	+3/1	(+)5
丁醇	+9/3	+2/0	+16/5	+4/1	+17/5	+4/1	+5
乙二醇	+10/3	+2	+13/4	+6/2	+4/1	+2	+
甘油	+2	+1	+3	+3	+2	+1	+
丙酮	+2	+1	+4/2	+	+5/1	+11/0	+4.5
30%甲醛水溶液	+16	+	(+)18	+	(+)8	+	(+)
甲乙酮	+2	+1	+2	+2	+6	+2	+
四氯化碳	+2	+1	+4	+2	+2	+1	(−)4.5
三氯乙烯	(+)4	(+)2	(+)5	(+)4	(−)2	(+)6	(+)
氟利昂12	+	+	+	+	+	+	+
硝基甲烷	(+)6	(+)2	(+)7	(+)4	(+)6	+3	+
二噁烷	+	+	+	+	+	+	+
四氢呋喃	+4/1	+2	+8/3	+3/1	+12/4	+2	+
二甲基甲酰胺	+4	+	+	+	+6	+	(+)
乙酸乙酯	+1	+1	+2	+	+2	+1	+
苯酚	—	—	—	—	—	—	—
间苯二酚	0	0	0	0	0	0	0
丙烯腈	+3	+	+	+	+5	+	+
苯乙烯	+	+	+	+	+	+	+
邻苯二甲酸二辛酯	+0	+0	+0	+0	+0	+0	+
奶油	+	+	+	+	+	+	+

续表

化学品名称	PA66		PA6		PA610		PA11
	低结晶度	高结晶度	低结晶度	高结晶度	低结晶度	高结晶度	低结晶度
亚麻仁油	＋	＋	＋	＋	＋	＋	＋
汽油	＋2	＋2	＋2	＋2	＋1	＋1	＋
润滑油	＋0	＋0	＋0	＋0	＋0	＋0	＋
柴油	＋	＋	＋	＋	＋	＋	＋
煤焦油	（＋）	（＋）	（＋）	（＋）	（＋）	（＋）	（＋）

注：1. "＋" 为不变；质量和尺寸不变或变化极小，没有损伤。

2. "（＋）" 为在所规定条件下不变，在短时间质量、尺寸有变化，根据不同的情况，有变色、强度下降和老化等。例如（＋）12/4 为在所规定的条件下，最高质量增加12％，长度增加4％。

3. "（－）" 为有变化，在一定的条件下可以使用。

4. "－" 为有变化，在短时间内强度受损伤。

5. "0" 为可溶。

表3-27 PA6 和 PA66 的耐汽油性能

材料名称	浸渍时间	质量增加率/％	拉伸屈服强度/MPa	断裂伸长率/％
PA6	0	—	64	195
	6个月	0.14	57.2	192
	12个月	0.16	62.7	200
	24个月	0.42	65.1	199
PA66	0	—	82.4	17
	6个月	0.26	91.8	12
	12个月	0.34	94.5	13
	24个月	0.65	84.4	17

注：试样 3mm 厚，测定标准为 ASTM D638；汽油为高辛烷值汽油。

表3-28 日本三菱工程塑料公司（MEP）PAMXD6 Reny-1002 的耐化学品性

化学品名称	质量增加率/％	拉伸强度下降率/％	化学品名称	质量增加率/％	拉伸强度下降率/％
水	0	5	正丁醇	0	2
10％氨水	0	5	乙酸乙酯	0	0
10％氢氧化钠水溶液	0	0	丙酮	0	0
10％盐酸	0	5	四氯化碳	0	0
10％硝酸	0	5	甲苯	0	0
30％硫酸	0	7	汽油	0	0
37％甲醛水溶液	0	0	发动机油	0	0
5％苯酚	9	29	高压绝缘油	0	0
乙酸	0	0	三氯乙烯	0	0
甲醇	1	6			

注：试样在 20℃浸渍 7 天的测定值。

表 3-29　日本三菱化成公司透明聚酰胺ノバミッドX21 的耐化学品性

化学品名称	耐化学品性	化学品名称	耐化学品性
丙酮	△	乙二醇	○
95％甲醇	△	乙酸乙酯	○
50％乙醇	×	乙酸	×
苯甲醇	○	10％盐酸	○
汽油	○	氯仿	△
苯	○	四氢呋喃	△
甲苯	○	真空泵油	○
正丁烷	○	硅油	○
正己烷	○	发动机油	○
环己烷	○	石蜡油	○
石油醚	○	10％氢氧化钠	△
肥皂水	○	20％氯化钙	△
50％氯化锌	△		

注：1. 样品厚 3mm，浸渍 7 天。

2.“○”为耐药品性；“△”为部分被侵蚀；“×”为被侵蚀。

表 3-30　诺贝尔炸药公司和 EMS 公司透明聚酰胺的耐化学品性

化学品名称	Trogamid T	Grilamid TR-55	化学品名称	Trogamid T	Grilamid TR-55
10％盐酸	○	△	石油醚	○	○
10％硫酸	○	△	甲醇	×	×
50％氢氧化钠	—	△	乙醇	×	×
25％氨水	△	—	丙三醇	○	○
25％氯化钠	○	○	丙酮	△	×
甲酸	×	×	甲乙酮	△	—
乙酸	×	×	乙酸丁酯	○	○
苯	○	○	三氯乙烯	○	○
甲苯	○	○	矿物油	○	○
二甲苯	○	○	发动机油	○	○

注：1.“○”为耐化学品；“△”为部分被侵蚀；“×”为被侵蚀。

2. Trogamid T 为诺贝尔炸药公司透明尼龙商品名；Grilamid TR-55 为 EMS 公司透明尼龙商品名。

聚酰胺 MCX-A 是 PA6T 和 PA6I（30∶30）共聚体，它是日本三井石油化学公司生产的含苯环的半芳香族聚酰胺的共聚物。它和共聚聚酰胺一样，具有优良的耐油和耐有机溶剂性能，特别是耐发动机油、齿轮油，耐长效冷却剂（long life coolant，LLC）性、耐氯化钙（防冻剂）性，这些性能都是汽车部件所要求具备的性能。同时，还耐电子工业领域的焊剂、洗涤剂。详见表 3-31。

表 3-31　PAMCX-A 的耐化学品性与其他 PA 的比较

化学品名称	项目[①]	PAMCX-A AA340	30％玻璃纤维增强 PA66	40％玻璃纤维增强 PAMXD6
空白	外观	0	0	0
	ΔW	—	—	—
	FS	300	270	310
	FM	12000	9000	13000
发动机油 （100℃，1000h）	外观	稍黑色化	黑色化	稍黑色化
	ΔW	2.6	4.4	3.9
	FS	258	172	175
	FM	12600	5300	7600
汽油 （60℃，1000h）	外观	0	0	0
	ΔW	0	0	0
	FS	300	279	310
	FM	12000	9300	13000
含10％乙醇汽油 （60℃，1000h）	外观	0	0	0
	ΔW	1.0	3.7	0.9
	FS	283	193	295
	FM	11600	5400	11500
50％LLC （110℃，1000h）	外观	0	0	0
	ΔW	4.7	7.8	6.9
	FS	201	128	75
	FM	10800	4600	6100
乙二醇 （10℃，1000h）	外观	0	稍变黄	—
	ΔW	1.8	8.9	—
	FS	282	152	—
	FM	11700	4300	—
硫酸（pH＝3） （60℃，1000h）	外观	0	0	0
	ΔW	2.8	5.1	4.3
	FS	256	146	171
	FM	12300	4900	7000
氯化钙[②]	外观	没有变化	龟裂、发白	发白

① ΔW 为质量变化率，％；FS 为弯曲强度，MPa；FM 为弯曲弹性模量，MPa。

② 对氯化钙试验方法：试样在沸水中浸渍 24h，于 5％CaCl$_2$ 水溶液浸渍 24h，取出后，用脱脂棉擦干净，100℃放置 24h。

　　PA46 的分子链中酰氨基密度高，并且化学结构有较高的结晶度，因而，它具有较高的耐热性、优良的耐化学品性，特别是对有机溶剂、汽油、润滑油等，还能耐氯化钙（防冻剂）性，详见表 3-32。

表 3-32　PA46 与 PA66 的耐化学品性

化学品分类	化学品名称	PA46	PA66
无机碱	10%的氨水	B	B
无机酸	10%的盐酸	C	C
	10%的硫酸	C	C
无机盐	36%氯化钠	A	A
烃类	甲苯	A	A
	二甲苯	A	A
	环己烷	A	A
醇类	甲醇	B	B
	丁醇	A	A
	二醇	A	A
卤化物	四氯化碳	A	A
酯类	乙酸乙酯	A	A
其他	汽油	A	A
	发动机油	A	A
	润滑油	A	A

注：试样于 23℃浸渍 3 个月。A 为尺寸和质量几乎没有变化；B 为尺寸和质量有变化；C 为稍被侵蚀；D 为被侵蚀。

3.3.10　耐候性

聚酰胺和大多数塑料一样可被紫外线降解，气候的变化会使聚酰胺材料发脆，降低强度，也会使表面发生粉化；随着温度的升高，聚酰胺会发生氧化降解，使力学性能大幅度下降；随着在大气中暴露时间的延长，会发生降解，其力学性能逐渐下降，因此，聚酰胺的耐候性一般。但加入一些稳定剂可有效地增强聚酰胺的耐候性能，如含有炭黑的聚酰胺树脂耐候性能较好（典型含量为 2%），且拉伸强度变化较小。另外添加玻璃纤维能显著改善聚酰胺的耐候性，如图 3-27 所示。

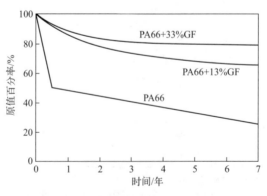

图 3-27　玻璃纤维增强聚酰胺的耐候性

聚酰胺耐辐射性能在塑料材料中属中等。当聚酰胺暴露在伽马射线辐射中时，根据气体逸出量可知，PA66 和 PA11 的耐辐射性能优于聚乙烯和聚偏氯乙烯，但是低于聚苯乙烯和某些聚酯。在其他相似的伽马射线辐射流实验中，PA66 和 PA610 的耐辐射性能在丙烯腈纤维和纤维素纤维之前，但在聚苯乙烯和填充矿物酚醛之后。半芳香族聚酰胺例如 PAMXD6 比脂肪族聚酰胺有更好的耐辐射性能。

脂肪族聚酰胺的主链是由 C—N 键和 C—C 键共同组成的，酰胺键—CONH—是整个链的薄弱环节，它的离解能较低（约为 276kJ/mol），分子链易于在此处断链；它是生色团，会吸收太阳光中的紫外线，从而引发聚合物的光降解；它具有极性，会吸水，在比较高的温度下易发生水解、氨解和酸解降解；与氮相邻的碳原子上的氢具有较高活性，易失去而形成自由基。另外，聚酰胺中还有一些不规则结构、杂质和各类添加剂，它们对各种降解都会有影响，如对光敏感的钛白粉能使 PA66 光降解加剧。

3.4　脂肪族聚酰胺的特性

3.4.1　PA6、PA66、PA56、PA46 的特性

脂肪族聚酰胺在聚酰胺树脂中占有非常重要的地位，其产量占 90% 以上，其中又以 PA6 和 PA66 最为重要，无论是产量、应用范围，还是综合性能和价格平衡比，都有绝对优势。另外，从原料来看，脂肪族聚酰胺的原料比较丰富，生产规模大，技术成熟。

3.4.1.1　PA6 的特性

PA6 的熔点为 215～225℃，比 PA66 的 T_m 低，强度和弹性模量也低一些。吸水性比 PA66 大，但是，PA6 的断裂伸长率和冲击强度（韧性）比 PA66 优良。PA6 的加工流动性好，加工温度范围较广，可以加工成制品、薄膜、单丝、服用纤维等，它也容易通过增强、填充、阻燃、与其他高聚物结合等进行改性，效果显著，比 PA66 的应用范围广。PA6 与其他工程塑料的性能比较如表 3-33 所示，表 3-34 是德国 BASF 公司生产的 PA6 的性能。

表 3-33　PA6 与其他工程塑料的性能比较

项目	PA6	PBT	POM	PC	mPPO
T_m/℃	220	224	180	—	—
T_g/℃	50	32	—	150	—
密度/(g/cm³)	1.14	1.31	1.42	1.2	1.09
吸水率(23℃,24h)/%	1.8	0.08	0.22	0.24	0.07
拉伸强度/MPa	64	56	61	63	65
断裂伸长率/%	50	300	60	100	60
弯曲强度/MPa	70	87	91	95	80
弯曲弹性模量/MPa	2200	2500	2640	2300	2500
缺口冲击强度/(J/m)	56	40	65	130	270
洛氏硬度	R114	R118	M80	M80	R118
塔伯磨耗(SC-17)/(mg/1000 次)	6	10	14	13	20
摩擦系数(对钢)	—	0.13	0.15	—	0.33
热变形温度(1.82MPa)/℃	63	58	123	135	130

续表

项目	PA6	PBT	POM	PC	mPPO
线膨胀系数/($\times 10^{-5}$℃$^{-1}$)	8.5	9.4	10.0	7.0	6.0
UL 长期耐热温度/℃	105	120	80	110	100
阻燃性(UL94)	V-2	HB	HB	V-2	V-0
体积电阻率/(Ω·cm)	10^{15}	10^{16}	10^{14}	10^{16}	10^{15}
介电强度/(kV/mm)	31	17	20	90	16
介电常数(60~10^6Hz)	4.0~3.7	3.3~3.1	3.7	3.04~2.98	2.65
耐电弧性/s	121	190	240	120	75

表 3-34　德国 BASF 公司未增强 PA6 的性能

项目	B3、B3K	R35、R35W	B5、B5W	B3S	B35SK	B3L	KR4409	KR4406
密度/(g/cm³)	1.13	1.13	1.13	1.13	1.13	1.10	1.08	1.16
吸水率(23℃,50%RH,饱和)/%	3.0±0.4	3.0±0.4	3.0±0.4	3.0±0.4	3.0±0.4	2.5±0.4	2.3±0.4	3.0±0.4
吸水率(水中,23℃,饱和)/%	9.5±0.5	9.5±0.5	9.5±0.5	9.5±0.5	9.5±0.5	9.5±0.5	8.5±0.5	—
拉伸屈服强度(干态)/MPa	80	80	80	90	90	65	55	80
拉伸屈服强度(湿态)/MPa	50	50	50	60	60	40	37	40
断裂伸长率(干态)/%	50~100	50~100	50~100	20~50	50	100	150	15
断裂伸长率(湿态)/%	200	200	200	150	150	250	170	150
拉伸弹性模量(干态)/MPa	3000	3000	3000	3200	3200	2650	2200	3600
拉伸弹性模量(湿态)/MPa	1500	1500	1500	1700	1700	1200	750	2000
简支梁缺口冲击强度(干态)/(J/m)	70	70	100	40	70	70	120	20
简支梁缺口冲击强度(湿态)/(J/m)	不断	不断	不断	不断	不断	不断	不断	40
悬臂梁缺口冲击强度(干态)/(J/m)	55	65	100	50	55	130	870	40
悬臂梁缺口冲击强度(湿态)/(J/m)	50	50	55	—	—	55	130	35
球压痕迹硬度(干态)/MPa	150	150	150	160	160	120	100	160
球压痕迹硬度(湿态)/MPa	70	70	70	70	70	63	50	—
熔点/℃	220	220	220	220	220	220	220	220
热变形温度(1.82MPa)/℃	55~75	55~75	55~75	55~90	55~90	62~65	65	75
热变形温度(0.45MPa)/℃	>160	>160	>160	>180	>180	>160	>160	>200
线膨胀系数(干态)/($\times 10^{-5}$℃$^{-1}$)	7~10	7~10	7~10	7~10	7~10	7~10	7~10	7~10
热导率(干态)/[W/(K·m)]	0.23	0.23	0.23	0.23	0.23	0.23	0.23	0.23
比热容(干态)/[J/(g·K)]	1.7	1.7	1.7	1.7	1.7	1.5	1.5	1.7
介电常数(干态)	3.5	3.5	3.5	3.5	3.5	3.5	3.1	3.6
介电常数(湿态)	7.0	7.0	7.0	7.0	7.0	6.4	3.6	—
介电损耗角正切(干态)	0.023	0.023	0.031	0.03	0.03	0.024	0.011	—
介电损耗角正切(湿态)	0.3	0.3	0.3	0.3	0.3	0.24	0.07	—
介电强度(干态)/(kV/mm)	100	100	100	100	100	100	100	55
介电强度(湿态)/(kV/mm)	60	60	60	60	60	60	60	45

项目	B3、B3K	R35、R35W	B5、B5W	B3S	B35SK	B3L	KR4409	KR4406
体积电阻率（干态）/(Ω·cm)	10^{15}	10^{15}	10^{15}	10^{15}	10^{15}	10^{15}	10^{15}	10^{15}
体积电阻率（湿态）/(Ω·cm)	10^{12}	10^{12}	10^{12}	10^{12}	10^{12}	10^{12}	10^{12}	10^{12}
表面电阻率（干态）/Ω	10^{13}	10^{13}	10^{13}	10^{13}	10^{13}	10^{12}	10^{13}	10^{13}
表面电阻率（湿态）/Ω	10^{10}	10^{10}	10^{10}	10^{10}	10^{10}	10^{10}	10^{10}	10^{10}
漏电痕迹性（干态）/V	600	600	600	600	600	600	600	600
漏电痕迹性（湿态）/V	—	500	500	—	—	—	—	—

3.4.1.2　PA66 的特性

PA66 的耐热性比 PA6 高，T_m 为 260～265℃，成型速度快（即成型周期短），热时刚性大，耐热性优良；PA66 的结晶度为 30%～40%，比 PA6 高约 10%，反映 PA66 材料的强度、耐化学品性能、吸水性（吸水率比 PA66 小）等性能比 PA6 优良，特别是耐热性和耐油性好，适合制造汽车发动机周边部件和容易受热的部件（如电子电器部件），改性效果也和 PA6 一样显著。但是，PA66 与其他 PA 相比（如 PA6），最易受热降解与交联。PA66 与其他工程塑料的性能比较如表 3-35 所示，表 3-36 是德国 BASF 公司生产的未增强 PA66 的性能。

表 3-35　PA66 与其他工程塑料的性能比较

项目	PA66	PBT	POM	PC	mPPO
$T_m/℃$	260	224	180	—	—
$T_g/℃$	50	32	—	150	—
密度/(g/cm³)	1.14	1.31	1.42	1.2	1.09
吸水率(23℃,24h)/%	1.3	0.08	0.22	0.24	0.07
拉伸强度/MPa	70	56	61	63	65
断裂伸长率/%	60	300	60	100	60
弯曲强度/MPa	90	87	91	95	80
弯曲弹性模量/MPa	2500	2500	2640	2300	2500
缺口冲击强度/(J/m)	40	40	65	130	270
洛氏硬度	R118	R118	M80	M80	R118
塔伯磨耗(SC-17)/(mg/1000 次)	8	10	14	13	20
摩擦系数(对钢)	—	0.13	0.15	—	0.33
热变形温度(1.82MPa)/℃	70	58	123	135	130
线膨胀系数/($\times 10^{-5}℃^{-1}$)	8.5	9.4	10.0	7.0	6.0
UL 长期耐热温度/℃	105	120	80	110	100
阻燃性(UL94)	V-2	HB	HB	V-2	V-0
体积电阻率/(Ω·cm)	10^{15}	10^{16}	10^{14}	10^{16}	10^{15}
介电强度/(kV/mm)	35	17	20	90	16
介电常数(60～10^6Hz)	4.1～3.4	3.3～3.1	3.7	3.04～2.98	2.65
耐电弧性/s	128	190	240	120	75

表 3-36　德国 BASF 公司未增强 PA66 的性能

项目	A3	A3K、A3W	A3SK	A3R	A4H	A4、A4k、A5
密度/(g/cm³)	1.13	1.13	1.14	1.10	1.13	1.13
吸水率(23℃,50%RH,饱和)/%	2.8±0.3	2.8±0.3	2.8±0.3	2.8±0.3	2.8±0.3	2.8±0.3
吸水率(水中,23℃,饱和)/%	8.5±0.5	8.5±1.0	8.5±0.5	8.5±1.0	8.5±0.5	8.5±0.5
拉伸屈服强度(干态)/MPa	80	85	90	70	80	80
拉伸屈服强度(湿态)/MPa	60	60	65	50	60	60
断裂伸长率(干态)/%	50	45	20	10	50	50
断裂伸长率(湿态)/%	200	200	80	40	150	200
拉伸弹性模量(干态)/MPa	3200	3200	3400	2700	3200	3200
拉伸弹性模量(湿态)/MPa	1600	1600	1700	1600	1600	1600
简支梁缺口冲击强度(干态)/(J/m)	60	50	40	10	60~80	80
简支梁缺口冲击强度(湿态)/(J/m)	不断	不断	不断	40	不断	不断
悬臂梁缺口冲击强度(干态)/(J/m)	55	55	40	40	55	60
悬臂梁缺口冲击强度(湿态)/(J/m)	50	50	30	30	50	55
球压痕迹硬度(干态)/MPa	160	160	170	140	160	160
球压痕迹硬度(湿态)/MPa	100	100	110	100	100	100
熔点/℃	255	255	255	255	255	255
热变形温度(1.82MPa)/℃	100	100	105	85	100	100
热变形温度(0.45MPa)/℃	>200	>200	>200	185	>200	>200
运转几小时最高使用温度/℃	约200	约200	约200	约200	约200	约200
5000h(拉伸强度保持在50%)/℃	85	105/130	105	—	125	85/105
20000h(拉伸强度保持在50%)/℃	70	90/120	90	—	110	70/90
线膨胀系数(干态)/(×10⁻⁵℃⁻¹)	7~10	7~10	7~10	7~10	7~10	7~10
热导率(干态)/[W/(K·m)]	0.23	0.23	0.23	0.23	0.23	0.23
比热容(干态)/[J/(g·K)]	1.7	1.7	1.7	1.7	1.7	1.7
介电常数(干态)/MHz	3.6	3.2	3.2	3.3	3.2	3.2
介电常数(湿态)/MHz	5.0	5.0	5.0	—	5.0	5.0
介电损耗角正切(干态)/MHz	0.026	0.025	0.025	0.015	0.025	0.026
介电损耗角正切(湿态)/MHz	0.2	0.2	0.2	—	0.2	0.2
介电强度(干态)/(kV/mm)	120	120	120	120	110	120
介电强度(湿态)/(kV/mm)	80	80/60	80	80	80	80
体积电阻率(干态)/(Ω·cm)	10^{15}	10^{15}	10^{15}	10^{15}	10^{15}	10^{15}
体积电阻率(湿态)/(Ω·cm)	10^{12}	$10^{12}/10^{11}$	10^{12}	—	10^{12}	10^{12}
表面电阻率(干态)/Ω	10^{13}	10^{13}	10^{12}	$10^{12}\sim10^{13}$	10^{13}	10^{13}
表面电阻率(湿态)/Ω	10^{10}	$10^{10}/10^{9}$	10^{10}	—	10^{10}	10^{10}
漏电痕迹性(干态/湿态)/V	600	600/500	600	600	600	600

　　PA6 和 PA66 的鉴别可以通过与酸的不同作用和红外线吸收光谱图来识别。例如，称取聚酰胺样品 0.4g，量取浓度为 6mol/L 的盐酸 4mL，加入单口烧瓶中，110℃加热 4h 后，如果无沉淀则判断该聚酰胺样品为 PA6；有少许结晶沉淀则判断该聚酰胺样品为 PA66；有大量沉淀则判断该聚酰胺样品为 PA610。PA6 和 PA66 的红外吸收光谱曲线分别如图 3-28 和图 3-29 所示。

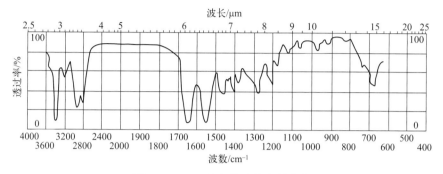

图 3-28　PA6 的红外吸收光谱曲线

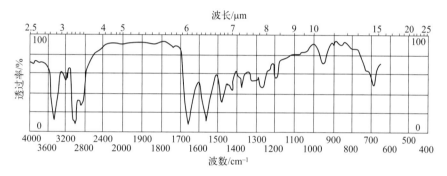

图 3-29　PA66 的红外吸收光谱曲线

3.4.1.3　PA56 的特性

　　PA56 与 PA66 物理性能相似，但在某些性能方面更优胜于 PA66。我国凯赛公司系统地研究了 PA56 的生产工艺技术及合成路线，建成万吨级产业化装置，并在纤维、工程塑料等领域开展了应用研究，取得一定成效。

　　新型生物基 PA56 无论是在物理性能还是化学性能方面都展现出一定的优势，如洗可穿、免烫、化学稳定、缩水率小、尺寸稳定性良好、耐气候性高。而且，用其制成的纺织面料强度高、弹性好、耐用、耐磨、密度小、不易虫蛀，有望成为聚酰胺纤维的一定品种。

　　PA56 的物理性能：①PA56 的密度为 1.14g/cm^3，涤纶的密度为 1.4g/cm^3，以 PA56 为材料制备军备物资及军需装备，能够使其减重 18%。②PA56 具有优异的吸湿排干性能，其饱和吸水率能够达到 14%，超过涤纶以及其他聚酰胺的饱和吸水率，使穿着的舒适度大大提升。③在 75℃时涤纶材料会从高弹态转变为玻璃态，65℃时 PA66 材料会从高弹态转变为玻璃态，而 PA56 的转变温度会更低于 PA66，故在一些低温极寒地区，如高原环境，穿着使用 PA56 材料制成的服装，衣物不会变脆变硬，不会影响行动，显著增加了衣物的耐低温性。④军人作战、训练时需要身穿专业服装，而这种衣物对服装材料的耐磨和牢固性要求很高，从材料强度方面，PA56 的性能与 PA66 十分接近，且远远大于涤纶，使用这种材料,能够有效延长专业服装的使用寿命。⑤衣物舒适度方面,使用 PA56 制作而成的衣物柔软度与羊毛制造的衣物接近,与羊毛混织的面料,既能够在保证舒适度同时,又能降低衣物含毛量,进而降低制作成本。⑥冬季衣物容易出现静电问题,由于 PA56 的吸湿性,使它具有极强的抗静电能力,大大提升了人们穿着的舒适感。⑦通过对 PA56 的应用开发,极大地改善了面料的弹性、抗寒性、柔韧性等,提升了产品附加值。PA56 与其他工程塑料的性能比较如表 3-37 所示。

表 3-37　PA56 与其他工程塑料的性能比较

项目	PA56	PBT	POM	PC	mPPO
T_m/℃	250	224	180	—	—
T_g/℃	47	32	—	150	—
密度/(g/cm³)	1.14	1.31	1.42	1.2	1.09
吸水率(23℃,24h)/%	14	0.08	0.22	0.24	0.07
拉伸强度/MPa	68	56	61	63	65
断裂伸长率/%	55	300	60	100	60
弯曲强度/MPa	80	87	91	95	80
弯曲弹性模量/MPa	2350	2500	2640	2300	2500
缺口冲击强度/(J/m)	36	40	65	130	270
洛氏硬度	R118	R118	M80	M80	R118
塔伯磨耗(SC-17)/(mg/1000 次)	8	10	14	13	20
摩擦系数(对钢)	—	0.13	0.15	—	0.33
热变形温度(1.82MPa)/℃	64	58	123	135	130
线膨胀系数/(×10⁻⁵℃⁻¹)	8.8	9.4	10.0	7.0	6.0
UL 长期耐热温度/℃	101	120	80	110	100
阻燃性(UL94)	V-2	HB	HB	V-2	V-0
体积电阻率/(Ω·cm)	10^{12}	10^{16}	10^{14}	10^{16}	10^{15}
介电强度/(kV/mm)	22	17	20	90	16
介电常数(60~10⁶Hz)	3.2	3.3~3.1	3.7	3.04~2.98	2.65
耐电弧性/s	78	190	240	120	75

3.4.1.4　PA46 的特性

如前所述,与 PA6 和 PA66 相比较,PA46 在分子链结构上,对称性高、酰氨基密度高,并且分子链有较好的规整性。因此,决定了 PA46 具有耐热性好、强度高、刚性好、结晶度高、结晶速度快、吸水率大等特点。且吸水后对物性影响比 PA6 和 PA66 小。PA46 的特性详见表 3-38～表 3-41。

表 3-38　PA46 树脂的特性

物理特性	实用特性
熔融温度(T_m)高 玻璃化转变温度(T_g)高	耐热性高,在高温下仍保持优良的力学性能

续表

物理特性	实用特性
结晶度高	耐化学品性能优良
结晶速度快	成型时,成型周期短,可制作薄壁制品
贮存模量高 耐磨性优良 优良的韧性和耐疲劳性	特别是在高温下、变形小

表 3-39　PA46 与 PA66、PPS 基本物性比较

基本物性	PA46	PA66	PPS
密度/(g/cm^3)	1.18	1.14	1.37
T_m/℃	290	262	280
T_g/℃	78	66	88
结晶度/%	65	33	—
热变形温度(1.82MPa,未增强)/℃	230	70	90
热变形温度(1.82MPa,30%玻纤增强)/℃	285	250	260

表 3-40　PA46 的极限 PV 值

材料名称	极限 PV 值/[kg/(cm·s)]	温度/℃
PA46	230	266
PA66	140	216
PA6	120	196
POM	100	110

注:1. 极限 PV 值是考察材料耐磨性的指标,PV 值愈大,材料愈耐磨。

2. 测定条件:负荷重 10kg,接触面积为 2cm^2,对耐磨材料为 S45C 锅,测定环境为 23℃、50%RH。

表 3-41　PA46 树脂的物性

项目	非增强级 TS300/TW300/ TE300	玻璃纤维增强级 TS200F6/TW200F6/ TQ200F6	阻燃非增强级 TS350/TE350	阻燃纤维增强级 TS250F4/TE250F4
密度/(g/cm^3)	1.18	1.41	1.37	1.63
T_m/℃	295	295	290	290
热导率/[W/(K·m)]	0.30	0.34	—	—
成型收缩率/%	1.2	0.3	1.7	0.5
饱和吸水率(23℃,5%RH)/%(质量)	4	3	2	1
饱和吸水率(23℃,100%RH)/%(质量)	12	8	9	5
悬臂梁冲击强度(23℃,干态/湿态)/(J/m)	90/400	110/170	40/100	70/110
悬臂梁冲击强度(V 形缺口, —40℃,干态/湿态)/(J/m)	40/50	80/90	30/30	40/50
拉伸屈服强度(干态)/MPa	102	200	103	138
拉伸屈服强度(23℃,湿态)/MPa	70	140	50	105

项目	非增强级 TS300/TW300/ TE300	玻璃纤维增强级 TS200F6/TW200F6/ TQ200F6	阻燃非增强级 TS350/TE350	阻燃纤维增强级 TS250F4/TE250F4
断裂伸长率(干态)/%	50	15	30	15
断裂伸长率(23℃,湿态)/%	200	20	200	10
弯曲强度(23℃,干态/湿态)/MPa	146/50	310/226	140/75	230/190
弯曲弹性模量(23℃,干态/湿态)/GPa	3.2/1.2	8.7/6.5	3.4/2.2	8.2/7.8
压缩屈服强度(23℃,干态/湿态)/MPa	94/40	200/8.5	96/60	170/120
剪切强度(3.0mm,23℃,干态/湿态)/MPa	75/70	95/79	73/69	86/80
洛氏硬度(R,23℃,干态/湿态)	121/102	123/115	122/108	123/117
塔伯磨耗量(1000g,CS-17,干态)/mg	4	24	9	36
摩擦系数(对钢,无润滑)/(70m/s)	0.43	0.50	—	—
热变形温度(1.82MPa)/℃	220	285	200	260
热变形温度(0.45MPa)/℃	285	285	280	285
线膨胀系数(干态)/($\times 10^{-5}$℃$^{-1}$)	8	3	7	3
维卡软化温度/℃	280	290	277	283
介电强度(1.7mm 厚)/(kV/mm)	24	24/25/27	24	25
体积电阻率/($\Omega \cdot cm$)	10^{15}	10^{15}	10^{15}	10^{15}
表面电阻率/Ω	10^{16}	10^{16}	10^{16}	10^{16}
介电常数(23℃,10^3 Hz)	4.0	4.4	3.8	4.0
介电损耗角正切	0.01	0.01	0.01	0.01
耐电弧性/s	121	100	85	85
IEC 漏电痕迹(UL746)/V	600	600	375	230
阻燃性 UL94	V-2	HB	V-0	V-0

注：1. TS 为标准级；TW 为高耐热级；TE 为电气用高耐热级。

2. 测试标准，除摩擦系数为铃木式外，其他均为 ASTM。

3. 阻燃性测试样条厚为 0.8mm。

3.4.2 PA610、PA612、PA1010 的特性

3.4.2.1 PA610 的特性

PA610 是由己二胺和癸二酸缩聚而得的脂肪族聚酰胺，其化学结构式为：H $\left[\text{HN}-\right.$ (CH$_2$)$_6$NHCO (CH$_2$)$_8$CO$\left.\right]_n$OH。由于 PA610 分子中有—CO—、—NH—基团，可以在分子间或分子内形成氢键结合，也可以与其他分子相结合，能够形成较好的结晶结构。PA610 分子中的亚甲基（—CH$_2$—）之间因只能产生较弱的范德华力，—CH$_2$—链段部分的分子链卷曲度较大；PA610 大分子主链都由碳原子和氮原子相连而成，在碳原子、氮原子上所附着的原子数量很少，且无侧基存在，故分子呈现伸展的平面锯齿状，相邻分子间可借主链上的—C ═O 和—NH 生成氢键而相互吸引。

在目前世界石油资源日益枯竭和低碳经济可持续发展的要求下，减少对石油及其衍生品的依赖，发展生物及可再生材料已成为各国关注的重点。PA610 属于半生物来源聚酰胺材料，因为癸二酸可以源自蓖麻油。近年来，各大聚酰胺生产企业如 DSM、杜邦、BASF、日本东丽等纷纷推出 PA610 新产品，如罗地亚 2010 年推出的采用蓖麻油的生物基 PA610 Technyle Xten，与传统聚酰胺产品相比，每吨新产品对不可再生资源的消耗量降低 20%，可减排温室气体 50%。

PA610 在高温（不低于 150℃）、卤水、油类和强的外力冲击下，结构件会产生形变甚至断裂，所以通过改性改善其性能。如采用玻璃纤维（GF）增强和辐照来改性 PA610，能提高 PA610 的力学性能、耐温等级、耐油和耐水性能。PA610 熔点低，为 220℃。PA610 很多性能类似 PA66，具有密度小、吸水率低、耐低温性能强、尺寸形变小、电气绝缘性能高等优秀特性，还具有高强度、耐磨、耐油、耐酸碱等优点。其呈半透明奶白色，强度介于 PA6 与 PA66 之间，尺寸稳定性好。其加工成型容易，可采用注射、挤出、压膜的加工方式，尤其适合于制造尺寸稳定性要求高的制品，主要应用于精密塑料配件、输油管、容器、绳索、传送带、轴承、衬垫、电气电子中的绝缘材料和仪表壳。随着汽车的小型化、电子电气设备的高性能化、机械设备轻量化的进程加快，对聚酰胺的需求越来越大，尤其聚酰胺作为结构性材料，对其强度、耐热性、耐寒性等方面提出了很高的要求。表 3-42 为 PA610 及其改性产品的性能参数。

表 3-42　PA610 及其改性产品的性能

项目	PA610	玻纤增强 PA610	碳纤增强 PA610
密度/(g/cm³)	1.07	1.39	1.26
熔点/℃	220	220	—
吸水率/%	1.5	0.22	0.18
洛氏硬度(R)	110	110	120
拉伸断裂强度/MPa	64.3	140	200
断裂伸长率/%	80	3.1	2.6
弹性模量/GPa	2	9.2	20.7
弯曲屈服强度/MPa	88	210	300
悬臂梁缺口冲击强度/(J/cm)	0.7	1.4	1.4
悬臂梁无缺口冲击强度/(J/cm)	6.4	9.7	9.6
热变形温度(0.46MPa)/℃	170	220	230
热变形温度(1.82MPa)/℃	72.2	210	220
体积电阻率/(Ω·cm)	$4.3×10^{14}$	$3.1×10^{14}$	310
介电强度/(kV/mm)	17.9	19.5	—
阻燃性(UL94)	V-2	V-0	HB

3.4.2.2　PA612 的特性

PA612 为半透明、乳白色结晶型热塑性聚合物，性能与 PA610 接近，相对密度较小，具有较好的机械强度和韧性。PA612 的一个显著特点是吸水性较弱，其湿态刚度为干态刚度的 75%，而 PA610 仅有 60%。这是由于水分与无定形部分的酰氨基结合形成氢键，从而取代了原聚酰胺链中酰胺-酰胺间的氢键,导致其某些性能的下降,酰氨基含量越高越明显。PA612 的分子链较长,相对来讲,酰氨基含量低,吸水性对其性能的影响略好于 PA610。PA612 能抗咬噬,昆虫、霉菌等的侵蚀,因此,可以长期存放而不致损坏;PA612 的熔点、热变形温度与 PA6 接近,但冲击强度比 PA6 高,比 PA6 和 PA66 吸水率低,熔点和热变形温度比 PA11、PA12 高,在低温性能、冲击强度等方面优于 PA1010,有较好的耐低温特性和尺寸稳定性,耐强碱,耐弱酸,耐有机溶剂。

PA612 可采用常规的注射、挤出成型加工,熔融温度为 246～271℃。可用于力学性能和尺寸稳定性要求高的制品中,如生产齿轮、滑轮等耐磨耗部件,精密件,电子电器中的电绝缘制品,贮油容器。PA612 有一定的刚性,因此,适用于制薄壁制品。其典型应用是线圈成型部件、循环连接管、工具架套、弹药箱、汽车部件、电线、电缆涂层、枪托等。表3-43 为 PA612 及其改性产品的性能参数。

表 3-43 PA612 及其改性产品的性能

项目	PA612	33％玻纤增强 PA612
密度/(g/cm³)	1.06	1.32
熔点/℃	212	212
吸水率/％	1.3	0.16
洛氏硬度(R)	114	118
拉伸断裂强度/MPa	61	165
断裂伸长率/％	150	3
弹性模量/GPa	2.3	8.2
弯曲屈服强度/MPa	—	—
悬臂梁缺口冲击强度/(J/cm)	—	—
悬臂梁无缺口冲击强度/(J/cm)	—	—
热变形温度(0.46MPa)/℃	180	215
热变形温度(1.82MPa)/℃	65	210
体积电阻率/(Ω·cm)	10^{15}	10^{15}
介电强度/(kV/mm)	30	20.5
阻燃性(UL94)	V-2	V-0

3.4.2.3 PA1010 的特性

PA1010 是我国利用蓖麻油作为原料,独创的聚酰胺树脂,是半透明、坚韧结晶型工程塑料。它的密度小,接近 PA11 和 PA12,表面硬度大,吸水率也小,耐热性优良。还具有耐磨性、自润滑性、消音性;耐化学药品性能良好。不溶于大多数非极性溶剂,如烃类、脂类、低级醇。但是它可以溶于强极性溶剂,如苯酚、苯甲酚、浓硫酸、甲酸、水合三氯乙醛和酰胺类溶剂等,对氯化钙、氯化镁等盐类的醇溶液有解离作用,易溶解,是 PA1010 的良好溶剂。甲醇和乙醇在常温下不能溶解 PA1010,但在 120～170℃的高温下能溶解 PA1010,冷却后为粉末 PA1010。PA1010 在强极性溶剂中,常温下缓慢溶解,加热搅拌溶解加快。浓硫酸在高温下可使 PA1010 氧化裂解。我国生产或开发的 PA1010 的具体性能,如表 3-44 所示。

表 3-44　我国生产的 PA6、PA66、PA1010 的性能

性能	PA6	PA66	PA1010	测定方法
密度/(g/cm³)	1.13	1.14	1.04	GB/T 1033.1—2008
饱和吸水率(23℃,50%RH)/%	3.0±0.4	2.8±0.2	1.1±0.2	
饱和吸水率(水中)/%	9.5±0.5	8.5±0.5	1.8±0.2	
结晶度/%	55.3	52.2	56.4	
分子量	21300	15400	13100	
相对黏度	1.915	1.684	1.320	黏度法
布氏硬度	11.0	13.3	10.7	DIN 53456
洛氏硬度	60	70.5	55.8	ASTM D78
球压痕迹硬度/MPa	8.5	9.1	8.3	GB/T 3398.1—2008
拉伸断裂强度/MPa	64	70	58	GB/T 1040.2—2022
断裂伸长率(23℃)/%	50	60	96	—
拉伸弹性模量/MPa	810	1200	700	—
弯曲强度/MPa	70	90	68	GB/T 9341—2008
弯曲弹性模量/GPa	2.2	2.5	2.1	
变形 5%压缩强度/MPa	38.5	45.7	53.1	GB/T 1041—2008
压缩弹性模量/MPa	850	992	1067	
23℃,缺口简支梁冲击强度/(kJ/m²)	35.2	23.6	9.10	
−40℃,缺口简支梁冲击强度/(kJ/m²)	5.10	3.07	5.67	GB/T 1043.2—2018
23℃,无缺口简支梁冲击强度/(kJ/m²)	541.1	178.1	458.5	
−40℃,无缺口简支梁冲击强度/(kJ/m²)	272.9	76.6	308.3	
23℃,缺口悬臂梁冲击强度/(kJ/m²)	14.8	9.1	5.2	GB/T 1843—2008
−40℃,缺口悬臂梁冲击强度/(kJ/m²)	4.7	2.7	4.5	
定负荷变形(50℃,146.6MPa,24h)/%	3.85	2.92	3.71	ASTM D621
熔点/℃	220	260	204	
结晶温度/℃	190	218	180	DSC 法
分解温度(T_d)/℃	368	350	328	
熔体流动速率/(g/10min)	1.14	—	5.89	ISO 1133—1:2022
热变形温度(1.82MPa)/℃	63	70	54.5	GB/T 1634.2—2019
线膨胀系数/(×10⁻⁵℃⁻¹)	8.73	9.81	12.8	GB/T 1036—2008
维卡软化点[5kg,(12±1)℃/6min]/℃	173	217	159	GB/T 1633—2000
水平燃烧性	Ⅰ级	Ⅰ级	Ⅱ级	GB/T 2408—2021
表面电阻率/Ω	2.9×10¹³	1.79×10¹³	4.73×10¹³	GB/T 31838.3—2019
体积电阻率/(Ω·cm)	1.86×10¹²	1.72×10¹³	5.9×10¹²	
介电损耗角正切	0.165	0.142	0.072	GB/T 1409—2006
介电常数(23℃)	4.96	4.71	3.66	
介电强度/(kV/mm)	19.6	20.6	21.6	
耐电弧性/s	123	119	70	GB/T 1411—2002
塔伯磨耗量/mg	5.5	4.1	2.92	ASTM D1044

注：PA6 和 PA66 为上海塑料十八厂产品；PA1010 为上海赛璐珞厂产品。

3.4.3 PA11、PA12、PA1212 的特性

长碳链聚酰胺如 PA11、PA12、PA1212 等，由于分子链中亚甲基链较长，酰氨基密度低，形成的氢键密度也较低，熔点较低，因此，具有柔软、耐低温性好、吸水率低等特点。与 PA6 和 PA66 相比，长碳链聚酰胺具有如下优点：

① 主链上具有长的亚甲基链段，使其吸水率低、尺寸稳定性好、制品精度优；

② 熔点较低，因而成型加工容易，玻璃化转变温度低、使用温度范围广，低温性能优良；

③ 耐油和化学品性好，能在 100℃ 油中长期使用，在惰性气体中长期使用的温度为 110℃；

④ 耐冲击、耐摩擦、自润滑性好，并有很好的抗冲击性；

⑤ 相对密度较低，产品质轻；

⑥ 柔软、化学稳定性好，适于制造柔软性制品；

⑦ 与金属粘接性强，具有能与金属相粘接的特殊用途，常用于涂料和热熔胶领域。

3.4.3.1 PA11 的特性

PA11 是一种性能优良的聚酰胺塑料，与其他的聚酰胺相比，它的奇数碳原子使酰胺基团位于同一侧面，因此 PA11 分子无论平行或反向排列，均可完全形成分子间氢键，具有与其他聚酰胺不同的晶体结构，如图 3-30 所示。

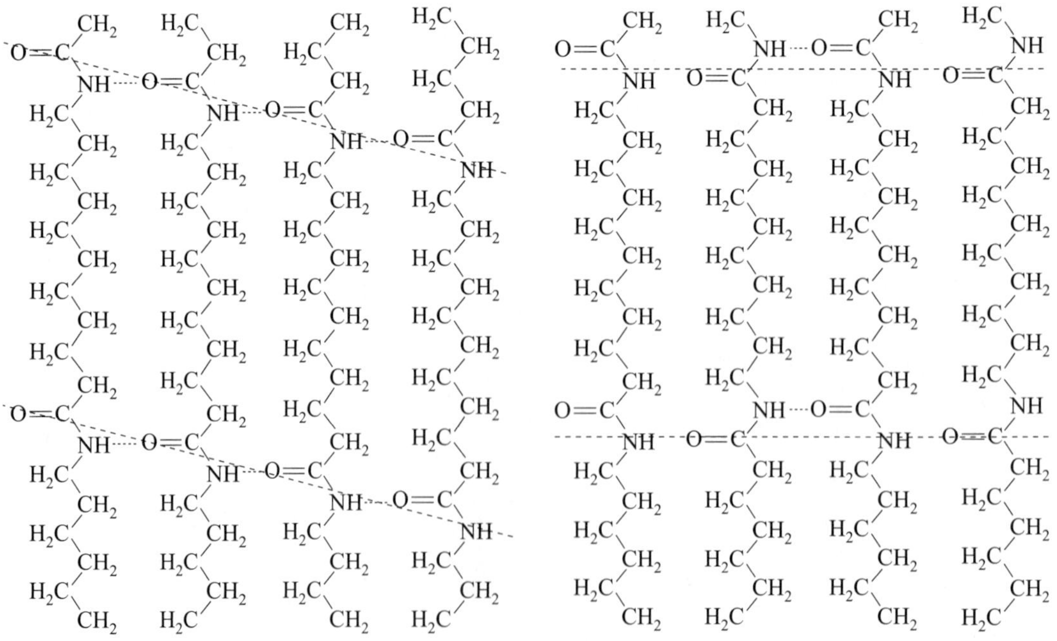

(a) 平行排列　　　　　　　　　　　　　　(b) 反平行排列

图 3-30　PA11 分子排列方式

由于结晶速率的变化而引起分子链构象和链堆砌方式的改变，PA11可以生成几种不同的晶型。由熔体拉伸或在苯酚、甲酸溶液中结晶都可得到α晶型的PA11。熔体等温结晶也可得到α晶型PA11的α晶型属三斜晶系，在晶胞的四条棱（c轴方向）上各排布一个共用分子链，即每个单胞中包含一个分子链，分子链呈平面锯齿形结构。PA11的β晶型（单斜晶系）可由含5%甲酸的PA11水溶液在160℃通过溶剂诱导结晶得到，其晶胞参数为：$a=0.975\text{nm}$，$b=1.50\text{nm}$（纤维轴），$c=0.802\text{nm}$，$\beta=65°$。由三乙二醇水溶液和三氟乙酸溶液得到PA11的γ晶型（准六方晶系），其晶胞参数为：$a=0.948\text{nm}$，$b=2.94\text{nm}$，$c=0.451\text{nm}$，$\beta=118°$。同样不同条件下PA11晶型可以相互转变，将α晶型加热到95℃以上得到的是准六方晶系的γ晶型；三斜晶系的α晶型随温度升高，到达95℃时转变为准六方晶系的δ晶型，这种晶型是不稳定的，随温度降低很快会转变为α晶型，因δ晶型的链间距大于α晶型，但层状的氢键结构保持了下来，所以当温度低于95℃时，可以很快恢复到α晶型。由熔体淬火得到的是δ′晶型，其晶体结构与δ晶型基本一致，所不同的是δ晶型在$d=0.416\text{nm}$处的衍射峰较宽，其氢键的方向不是横向指向，而是沿着链骨架和相邻链方向上随机指向。因此，δ′晶型是一种动力学上的产物，淬火使之没有足够的时间排列成热力学稳态。对于PA11，发现只有准六方晶系δ′晶型表现出压电性。通过拉伸诱导PA11的α晶型在95℃以下会部分地转变为准六方晶系δ′晶型，得到有压电性能的PA11。PA11具有优异的介电、热电、压电和铁电性能，是仅次于聚偏氟乙烯（PVDF）的压电高聚物。共混熔融纺丝制备的PA11/PVDF纤维是理想的压电材料。

PA11的酰胺基团可以完全形成分子间氢键，且相邻酰胺基团之间有较长的亚甲基柔性链，酰胺基团密度低，从而具有较低的吸水性、良好的尺寸稳定性。

PA11熔点为190℃，玻璃化转变温度为43℃，脆化温度是−70℃，在−40℃时仍能保持良好的性能，有着突出的耐低温性。另外PA11对碱、盐溶液、海水、油、石油产品有很好的抗腐蚀性，对酸的抗蚀性则根据酸的种类、浓度及温度而定；酚类及甲酸是PA11的强溶剂，使用时应注意；PA11耐应力开裂性好，可以嵌入金属部件而不易开裂；并具有弹性记忆效应，当除去外力时，PA11可恢复至原来的形状；此外，PA11对真菌有抵抗作用；粉末化的PA11可提高材料的熔融性、附着性和涂膜的均一性。PA11或其共聚物的粉末，在欧洲、美国、日本等国已广泛用于服装业，作衬料和衣领具有耐洗、不变形等优点。

不同材质PA11的性能如表3-45所列，PA11能满足多种熔融黏度范围的注射及挤出加工。

表3-45 不同品质PA11的性能参数

性能	测试条件	增塑 PA11（BMNO）	准软质 PA11（BMNOP20）	柔软 PA11（BMNOP40）
拉伸屈服强度/(kg/cm²)	−40℃（绝干）	600	611	636
	20℃,65%RH（水分1.1%）	340	270	186
	80℃（绝干）	136	110	96
拉伸断裂强度/(kg/cm²)	−40℃（绝干）	700	670	640
	20℃,65%RH（水分1.1%）	570	560	500
	80℃（绝干）	430	420	330

性能	测试条件	增塑 PA11（BMNO）	准软质 PA11（BMNOP20）	柔软 PA11（BMNOP40）
断裂伸长率/%	−40℃（绝干）	37	40	50
	20℃,65%RH（水分 1.1%）	329	330	330
	80℃（绝干）	405	386	340
弯曲模量/(kg/mm²)	−40℃（绝干）	135	150	190
	20℃,65%RH（水分 1.1%）	100	50	35
	80℃（绝干）	19	19	17
硬度（洛氏 R 标度）	20℃,65%RH（水分 1.1%）	108	85	75
密度/(g/cm³)	—	1.04	1.05	1.06
吸水率/%	20℃,65%RH（平衡）	1.1	1.0	1.0
	20℃水中	1.9	1.8	1.6
体积比电阻/(Ω·cm)	—	3×10^{14}	1.4×10^{11}	7×10^{14}
表面电阻系数/Ω	—	2.4×10^{14}	2.2×10^{12}	6.5×10^{14}
电介质损耗角正切（1kHz）	—	0.05	0.18	0.20
介电常数（1kHz）	—	3.70	5.90	9.70
绝缘击穿强度/(kV/mm)	1mm	32	27	27
	3mm	17	16	16

3.4.3.2　PA12 的特性

PA12 的密度为 $1.02g/cm^3$，因其酰胺基团含量低，吸水率仅为 0.25%；PA12 的热分解温度大于 350℃，长期使用温度为 80~90℃；PA12 薄膜的气密性好，水蒸气透过率为 $9g/(m^2·24h)$（20℃，85%RH），透气率小，其氮气透过率为 $0.7cm^3/(dm^3·24h·0.1MPa)$，氧气透过率为 $35cm^3/(dm^3·24h·0.1MPa)$，二氧化碳透过率为 $13cm^3/(cm^3·24h·0.1MPa)$；耐碱、油、醇类及无机稀释酸、芳烃等。因此，PA12 被广泛应用于汽车管路系统中，如多层燃油管路系统、真空制动助力器管、液压离合器管、中心润滑系统管路等。还可用于工业管路修复的内层管，以及接触腐蚀性化学品工业管路系统。PA12 防噪声效果好，是理想的光导纤维护套用料，并且防白蚁和老鼠，也是电缆护套的最佳用料。表3-46 是填充和增强 PA12 的产品性能。

表 3-46　填充和增强 PA12 的性能参数

性能	测试方法	PA12	纤维增强（含量）			30%玻纤微珠填充	填充炭黑
			15%玻纤	30%玻纤	30%碳纤		
密度/(g/cm³)	ISO 1183-1	1.02	1.12	1.24	1.15	1.25	1.08
热变形温度（1.80MPa）/℃	ISO 75-2	45	160	165	170	55	50
热变形温度（0.45MPa）/℃		90	175	175	175	150	130
吸水率（室温浸入）/%	DIN 53495	0.7	1.3	1.1	1.1	1.1	1.5

续表

性能	测试方法	PA12	纤维增强(含量)			30%玻纤微珠填充	填充炭黑
			15%玻纤	30%玻纤	30%碳纤		
拉伸屈服强度/MPa	ISO 527-2	38	95	120	—	47	36
拉伸屈服伸长率/%		20	5	3	—	10	8
断裂伸长率/%		>50	6	4	4	45	>50
断裂拉伸强度/MPa		45	—	110	145	—	—
弹性模量/MPa		1200	3900	5400	12000	1900	1400
冲击强度(−23℃)/(kJ/m²)	ISO 180	33	55	65	60	130	NB
冲击强度(−40℃)/(kJ/m²)		32	65	75	60	130	NB
缺口冲击强度(−23℃)/(kg/m²)	ISO 180	6	7	—	20~23	18	22
缺口冲击强度(−40℃)/(kg/m²)		6	5.5	16-19	13	6	10
对比电弧径迹指数方法 A	IEC 112	—	>600	>600	—	>600	175
体积电阻率/Ω·cm	IEC 62631-1	>10^{15}	>10^{15}	>10^{13}	100	>10^{15}	10^7
表面电阻率/Ω		>10^{13}	>10^{13}	>10^{13}	—	>10^{12}	10^7
介电强度/(kV/mm)	IEC 60243-1	—	44	45	—	40	—

　　PA12 的高韧性及高强度提供了更高的耐爆破压力，可用作中等压力天然气输送管，现已在美国、西欧等应用，从图 3-31 可以看出 PA12 天然气管比聚乙烯管能承受更高的工作压力和温度。PA12 天然气输送管路在 80℃ 以下可承受的压力为 0.875~1.7MPa，可替代此范围内的钢管，比聚烯烃材料更具竞争力。

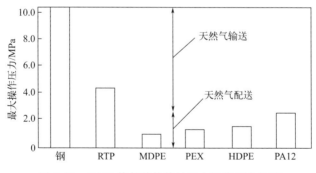

图 3-31　PA12 管与其他管材最大操作压力比较

　　PA12 和 PA11 最大的区别在于生产原料的不同，PA12 的原材料是石油化工产品，而 PA11 的原材料来源是生物发酵产品。PA12 和 PA11 都属于单一原料来源的聚酰胺，且所含亚甲基数量较多、含量接近，结构相近，因此，性能也较接近。但是 PA11 的低温性更好一些，并在很低的温度下可以保持韧性。这是由于 PA11 和 PA12 分子结构不同，PA12 没有对称中心，PA11 熔点要比 PA12 高 10℃。表 3-47 比较了 PA12、PA11 和 PA6 软管在不同温度下的耐冲击性能。

表 3-47　聚酰胺软管的耐冲击性能比较

试验温度/℃	20	10	0	−10
PA11	不破碎	不破碎	不破碎	不破碎
PA12	不破碎	不破碎	不破碎	不破碎
PA6	不破碎	破碎<30%	破碎超30%	完全破碎
试验温度/℃	−20	−30	−40	−50
PA11	不破碎	不破碎	破碎<30%	破碎超30%
PA12	不破碎	破碎<30%	破碎超30%	完全破碎
PA6	—	—	—	—

　　PA12 与 PA11 都具有较好的耐磨性，可用来涂覆金属，与金属粘接性好，是优良的涂料；与其他材料制成涂膜的磨耗量相比，PA12 和 PA11 的磨耗量是最低的，其他材料的磨耗量比它们高出许多倍，如表 3-48 所示。另外 PA12 和 PA11 耐洗涤，不伤纤维，也是服装行业的高级热熔胶，也可用于各种弹簧的涂层、车顶棚、车门的热熔黏结剂及密封材料等。

表 3-48　各种涂膜的磨耗量

名称	PA11	PA12	PA6	PA66	PA610	LDPE	PVC
磨耗量/mg	8.2	9.9	35.0	27.2	20.9	49.4	47.0

3.4.3.3　PA1212 的特性

　　随着生物发酵法生产长碳链二元酸工艺的研究开发，长碳链聚酰胺产品也不断面市，如东辰工程塑料有限公司用石蜡油的 C_{12} 和 C_{13} 正构烷烃为原料生产了 PA1212、PA1213 和 PA1313，性能如表 3-49 所示。

表 3-49　PA1212、PA1313 和 PA1213 树脂的性能参数

性能	PA1212	PA1213	PA1313
外观	透明粒状	透明粒状	透明粒状
密度/(g/cm³)	1.01~1.02	1.01~1.02	1.00~1.02
熔点/℃	180.3	170~175	165.7
吸水率/%	0.34	0.30~0.33	0.28
热变形温度(0.46MPa)/℃	139.1	130~136	128.1
拉伸屈服强度/MPa	38.6	36~38	35.3
拉伸断裂强度/MPa	45.8	—	44.1
断裂伸长率/%	352	421	463
20℃,非缺口简支梁冲击强度/(kJ/m²)	不断	不断	不断
20℃,缺口简支梁冲击强度/(kJ/m²)	16.0	17~19	19.9

128

性能	PA1212	PA1213	PA1313
-40℃,非缺口简支梁冲击强度/(kJ/m²)	56	—	不断
-40℃,缺口简支梁冲击强度/(kJ/m²)	16	—	12
体积电阻/(Ω·cm)	$2.8×10^{12}$	—	$1.9×10^{12}$
介电常数(10^6Hz)	4.5	—	5.5
电介质损耗角正切(10^6Hz)	0.017	—	0.017
介电强度/(kV/mm)	27.3	—	23.6

可以看出，PA1212、PA1213 和 PA1313 的密度在聚酰胺中是较小的；它们的熔点都低于 PA11，其中 PA1313 因亚甲基链最长，故熔点比 PA11 约低 20℃；此外，因都含有较长的疏水性亚甲基链，吸水率都很低。拉伸强度和热变形温度比短链聚酰胺也有明显下降，但断裂伸长率都很高，是 PA66 的数倍；同样因含有长亚甲基链，它们的冲击强度特别是低温冲击性能都很好，如 PA1313 树脂即使未加改性剂，在 -40℃ 的低温下也冲不断；在电性能方面，由于它们的吸水率非常低，较之碳链短的聚酰胺，各种电性能也较好。

目前国内 PA1212 已经工业生产，因其性能与 PA11 较为接近，以 PA1212 为基体树脂研制的汽车输油管已达到 PA11 管的技术指标，有望在不远的将来应用于汽车工业。此外，服用高档 PA 热熔胶也是 PA1212 的主要应用领域之一，采用无规共聚制备的无定形 PA1212 热熔胶熔点低、柔性大、性能优；加上 PA1212 具有吸水率低、尺寸稳定性好、耐酸碱和化学溶剂等特点，可广泛用于汽车、电子电气、机械、纺织、粉末涂料以及军工领域。

3.5　半芳香族聚酰胺的特性

3.5.1　PAMXD6 的特性

PAMXD6 树脂是一种结晶型半芳香族聚酰胺，其主要性能特点有：

① 在很宽的温度范围内，保持高强度、高刚性；

② 热变形温度高，热膨胀系数小；

③ 吸水率低，且吸水后尺寸变化小，机械强度降低少；

④ 成型收缩率很小，适宜精密成型加工；

⑤ 对氧、二氧化碳等气体具有优良的阻隔性。

表 3-50 列出了 PAMXD6 与 PA6、PA66、聚酯材料的基本性能对比，表 3-51 列出了 PAMXD6、PA6 和 PET 双向拉伸薄膜的物理特性。这些优良的性能使得 PAMXD6 特别适合于包装材料的应用，特别是其高阻隔、耐蒸煮的特性使其具有极大的应用优势。但 PAM-XD6 树脂长期被日本东洋纺织公司、三菱瓦斯化学等国外公司垄断，国内尚处于开发阶段，且现市售价格昂贵，韧性和成膜性能不佳，大大限制了在国内包装领域中的应用。因此，自主研发和生产高阻隔、高韧性、易成膜的 PAMXD6 树脂，对于推动我国食品包装产业的发展具有重要意义。

表 3-50　PAMXD6 与 PA6、PA66、聚酯材料的基本性能对比

项目	方法 ASTM	PAMXD6	PA66	PA6	PET
密度/(g/cm³)	D792	1.22	1.14	1.14	1.38
吸水率(水浸渍,20℃)/%	D570	5.8	9.9	11.5	0.1
吸水率(65%RH,20℃)/%	D570	3.1	5.7	6.5	—
热变形温度/℃	D648	96	75	65	85
玻璃化转变温度/℃	DSC	85	50	48	77
熔点/℃	DSC	237	260	220	255
热膨胀系数/℃⁻¹	D696	5×10^{-5}	10×10^{-5}	8×10^{-5}	7×10^{-5}
拉伸强度/MPa	D638	99	77	62	79
断裂伸长率/%	D638	2.3	60	200	5.8
弯曲强度/MPa	D790	160	130	120	120
悬臂冲击/(J/m)	D256	20	39	59	39
洛氏硬度(M 标度)	D785	108	89	85	106

表 3-51　PAMXD6、PA6 和 PET 双向拉伸薄膜的物理特性

性能		PAMXD6	PA6	PET
厚度/μm		15	15	12
密度/(g/cm³)		1.22	1.14	1.38
拉伸强度/MPa	纵向	220	200	200
	横向	220	220	210
拉伸模量/MPa	纵向	3850	1700	3800
	横向	3900	1500	3900
断裂伸长率/%	纵向	75	90	100
	横向	76	90	90
透水率(40℃,90%RH)/[g/(m²·d)]		40	260	40
透气性/[cm³·mm/ (m²·d·MPa)]	O_2(20℃,60%RH)	0.006	0.065	0.15
	CO_2(20℃,0%RH)	0.034	—	0.15
拉伸比	—	4×4	4×4	4×4

　　在常温和相对湿度为零时，PAMXD6 的阻隔性低于 PVDC 和 EVOH，但随温度、湿度的增加，PAMXD6 阻隔性的下降却不像 PVDC 和 EVOH 那么严重，尤其在高湿度下仍能保持其高阻隔性。由表 3-51 可见，PAMXD6 对氧的渗透率是 PA6 的 1/10~1/20，是 PET 的 1/20~1/25；对二氧化碳的渗透率是 PET 的 1/5，透水率与 PET 相近，约为 PA6 的 1/6。

　　PAMXD6 的结晶方式与 PET 相似。在挤压或注塑之后尽快冷却的情况下，能处于非晶体状态。PAMXD6 迅速结晶的温度范围为：150~170℃。由于其拥有适中的结晶速度，它比其他聚酰胺在热压成型及定型加工等方面有更广泛的用途，用于生产容器及薄膜。

　　聚酰胺较其他化学产品而言，稳定性非常好，除在高酸、苯酚等溶剂（如硫酸、甲酸及间甲苯酚）的情况下有所变化。PAMXD6 的耐化学品性如表 3-52 所示。

表 3-52　PAMXD6 的耐化学品性

化学品	水分变化/%	拉力强度保留/%	化学品	水分变化/%	拉力强度保留/%
水	0.7	87	正庚烷	0.1	98
甲醇	1.4	87	30%醋酸(aq.[①])	0.7	89
8%乙醇	0.6	93	30%硫酸(aq.)	0.9	92
50%乙醇	0.9	87	10%盐酸(aq.)	0.8	88
丁醇	0	99	10%硝酸(aq.)	0.8	85
37%甲醛	0.4	82	10%NH₄OH(aq.)	0.7	87

① aq. 表示水溶液。

注：试样吹塑成型，20℃浸泡 7 天。

3.5.2　PA4T、PA5T、PA6T、PA9T、PA10T、PA12T 的特性

3.5.2.1　PA4T 的特性

作为全球领先的 PA46 生产商，荷兰帝斯曼公司拥有全球唯一的丁二胺工业化方案，拥有原料丁二胺合成的关键技术，这样的技术优势使其率先研发出了以此作为原料的 PA4T 产品。

PA4T 的熔点高达 430℃，高于其分解温度，必须通过共聚改性将其熔点降低才能获得使用价值。共聚改性往往通过向其中加入一些降低熔点的单体，如己二胺、己二酸以及其他长链二胺、二酸等。2002 年，帝斯曼公司公开了 PA4T/6T 的专利，PA4T/6T 的熔点大大降低，低于 PA6T 的熔点，最低可达 330℃，但是由于所得 PA4T/6T 的相对黏度低于 2.0，难以进行工业应用。

帝斯曼公司通过进一步改进，将脂肪族二胺或二酸等单体加入 PA4T/6T 体系，解决了分子量低的问题，同时保持其高结晶性和低吸水率。

PA4T 的代表性牌号就是 ForTii，它是一款具有突破性创新的高温尼龙，可以达到 HB 及 V-0 无卤阻燃。可以在严苛的环境下广泛地应用于电子、照明、汽车、白色家电、工业工程以及航空航天领域，满足各种极端的应用要求。

为了开发和优化直接固态聚合（DSSP）工艺在微观尺度上的烷基二胺-对苯二甲酸盐（如 PA4T 盐），C. D. Papaspyrides 等在热重（TG）分析室中持续监测 PA4T 盐直接固态聚合过程，观察反应过程中水的释放所产生的失重现象，发现反应速率和产品质量会受到原料形貌和反应条件的影响。通过观察到的质量损失和核磁共振氢谱表征，发现除酰胺反应生成的水外，DSSP 反应还释放出了其他的挥发性产物，主要成分为四甲基乙二胺（TMD）。由于单官能团吡咯烷（PRD）的生成会导致羧基的大量剩余，实验最终产物取决于 TMD 的损失程度。但是 DSSP 过程中的温度确实有利于 TMD 的环化生成 PRD，抑制高分子量的积累，可以通过限制排气口的尺寸、降低反应温度等措施减少二胺的损失，得到更高质量的最终产物。证明了以直接 DSSP 工艺作为 PA4T 的绿色聚合工艺是可行的，可以尝试将其推广到其他半芳香族 PA 中。

A. D. Porfyris 等使用实验室高压反应釜研究了 PA4T 盐与 PA6T 盐的固相缩聚反应，探究放大实验对半芳香族 PA 产品质量的影响。研究发现，在保持反应温度、反应压力和反应时间等关键参数不变的情况下，微反应器和实验反应器获得的产物与原产物性能相近，且

产品质量直接取决于二胺的损失程度。探究发现可以通过限制氮的流动以及应用封闭体系减少二胺的蒸发。但是当实验扩展到高压反应釜中时，发现在只有 PA6T 盐的情况下才能获得高分子量；而在 PA4T 盐的缩聚反应中，由于二胺与端羧基发生酰胺化反应，形成了低分子量的 PRD，即在保持高压釜密封时，固相缩聚过程中 PA4T 与 PA6T 由于固态熔融转变而结块。这证明了封闭系统的密闭实验在其实验条件下不适合放大。

3.5.2.2　PA5T 的特性

与己二胺相比较，戊二胺少了一个碳原子，两者的性质相似，但是戊二胺的制备工艺非常困难。戊二胺是通过赖氨酸脱羧得到的，赖氨酸的脱羧反应是一个很复杂的生物化学反应，随着国内凯赛生物戊二胺的产业化突破，PA5T 逐步发展起来。PA5T 与 PA6T 相比，PA5T 具有较低的熔点，较高的玻璃化转变温度，较高的吸水率，耐酸性也较好。

3.5.2.3　PA6T 的特性

PA6T 系列树脂属于半芳香族聚酰胺，由于 PA6T 的熔点和分解温度接近，很难制得稳定性好的纯树脂产品。因此，就诞生了一系列改性 PA6T 树脂，主要品种有 PA6T、改性 PA6T、PA6T/6、PA6T/66、PA6T/66/M-5T、PA6T/6I（PAMCX-A）等，它们的化学结构都是在分子主链段含有芳环和酰胺基团。除具有一般尼龙的共性之外，与 PA6 和 PA66 比较，PA6T 系列还具有以下特征：

① 熔点（T_m）和玻璃化转变温度（T_g）及热变形温度（HDT）高，而且强度和刚性受温度变化影响小；

② 吸水率较低，而且由于吸水或吸湿引起的制品尺寸和物性变化小；

③ 耐高温油类、耐汽油性、耐汽车防冻剂、耐长效冷却剂（LLC）的性能优良，长期使用后，强度保持率高；

④ 从低温到高温在很宽的温度范围内，线膨胀系数小，尺寸稳定性好；

⑤ 耐摩擦磨耗特性、耐疲劳特性和耐蠕变性良好，可在苛刻的条件下使用；

⑥ 制品的形状保持率和低翘曲性均优良。

PA6T 系列聚合物的物性，详见表 3-53～表 3-57。

表 3-53　PA6T 系列聚合物的耐热性能

种类	T_g/℃	T_m/℃	热变形温度(1.82MPa)/℃	
			纯树脂	30%玻纤增强
PA6	50	220	63	190
PA66	50	260	70	240
PA46	78	290	220	285
PAMXD6	75	243	96	228
三井 PA6T/PA6I	125	320	130	295
BASF PA6T/PA6	—	298	—	—
Solvay PA6T/PA6I/PA66	135	312	—	285
东丽 PA6T/PA66	90	290	—	280
杜邦 Zytel HTN	—	305	—	260(35%GF)

表 3-54　改性聚酰胺 6T 的性能

物性项目	A 级系列(汽车用)		AE 系列(滑动用)	
	A335	A350	AE4200	AE2230
玻璃纤维含量/%	35	50	0	30
密度/(g/cm³)	1.48	1.63	1.10	1.37
拉伸断裂强度(干态/湿态)/MPa	240/220	250/230	77/73	160/140
断裂伸长率(干态/湿态)/%	3/3	2/2	40/40	3.5/5.5
弯曲强度(干态/湿态)/MPa	360/320	430/400	100/98	240/200
弯曲弹性模量(干态/湿态)/GPa	12.2/11.2	15.0/14.5	2.4/2.4	8.5/8.5
悬臂梁冲击强度(缺口)/(J/m)	120/130	140/140	150/180	100/100
悬臂梁冲击强度(干态或湿态,无缺口)/(J/m)	500/500	不断/不断	不断/不断	650/650
洛氏硬度(M 标度)	110	110	60(R112)	90
T_m/℃	320	320	320	320
T_g/℃	125	125	125	125
热变形温度(1.82MPa)/℃	310	310	130	290
线膨胀系数(流动方向/垂直方向)/(×10⁻⁵℃)	2.0/4.5	1.8/4.2	8.0/8.2	2.5/5.5
成型收缩率(流动方向/垂直方向)/%	0.3/0.6	0.2/0.6	0.9/0.8	0.4/0.7
吸水率(23℃,24h)/%	0.3	0.2	0.3	0.3
吸水率(100℃,24h)/%	1.8	1.2	2.6	1.8
阻燃性(UL94)	HB	HB	HB	HB

注:湿态为 23℃、65%RH 状态下饱和。

表 3-55　玻璃纤维增强聚酰胺 MCX-A 和其他聚酰胺性能比较

物性项目	PAMCX-A AA340	PAMXD6	PA66	PA46
玻璃纤维含量/%	40	40	30	30
T_m/℃	320	243	265	290
T_g/℃	125	102	50	78
密度/(g/cm³)	1.53	1.53	1.37	1.41
吸水率(23℃,24h)/%	0.2	0.2	0.8	1.1
吸水率(100℃,24h)/%	1.7	3.2	4.8	6.5
热变形温度(1.82MPa)/℃	295	230	255	285
拉伸强度/MPa	190	220	180	150
断裂伸长率/%	2	2	4	5
弯曲强度(23℃)/MPa	300	320	270	270
弯曲强度(100℃)/MPa	240	170	150	150
弯曲强度(150℃)/MPa	140	120	140	140
弯曲强度(250℃)/MPa	60	10	—	100

续表

物性项目	PAMCX-A AA340	PAMXD6	PA66	PA46
弯曲弹性模量/MPa	12000	13000	9000	9000
悬臂梁冲击强度(缺口)/(J/m)	110	80	130	110
简支梁冲击强度(无缺口)/(kJ/m²)	60	50	80	—
阻燃性(UL94)	HB	HB	HB	HB

注：测定方法 ASTM。

表 3-56 不同温度下部分聚酰胺的线膨胀系数

单位：×10⁻² mm/ (mm·℃)

PA 名称	MD			TD		
	45～55℃	105～115℃	156～165℃	45～55℃	105～115℃	156～165℃
PAMCX-A AA340	2.0	2.0	2.2	4.5	4.5	7.0
PAMCX-A AN340	2.0	2.0	2.2	4.5	4.5	7.0
30%玻纤 PA66	2.2	2.4	2.8	9.0	14.0	14.0
40%玻纤 PAMXD6	2.0	2.0	2.2	4.5	9.0	9.0
40%玻纤 PPS	2.0	2.0	2.2	4.0	7.5	8.0

注：式样 3.2mm×12.7mm×127mm；MD 为树脂流动方向，TD 为垂直方向；退火：150℃，1h；测定方法：TMA。

表 3-57 耐热性聚酰胺树脂的特性值

性能	改性 PA6T	PA6/6T	PA66/6T	PPA	PPS
玻璃纤维含量/%	30	35	30	33	40
拉伸强度(绝干)/MPa	156.8	219.9	176.4	223.4	171.5
拉伸强度(50%湿度)/MPa	137.2	199.9	—	177.4	171.5
断裂伸长率(绝干)/%	2	3	5	5	1.6
断裂伸长率(50%湿度)/%	2	3	—	4.2	1.6
弯曲强度/MPa	245	—	274.4	316.5	245
弯曲弹性模量(绝干)/MPa	9310	11995	8330	12054	12740
弯曲弹性模量(50%湿度)/MPa	8820	11995	—	12446	12740
简支梁缺口冲击强度/(kJ/m²)	7.84	13.0	9.8	10.0	8.8
热变形温度(1.82MPa)/℃	295	255	290	285	265
成型条件温度(树脂温度)/℃	20	30	—	30～35	55
最佳模具温度/℃	120	70～90	—	135	140
密度/(g/cm³)	1.42	1.44		1.43	1.66
吸水率(23℃,4h)/%	0.3	—	0.2	0.2	0.02
成型收缩率(流动方向/厚度方向)/%	0.4/0.6	0.3/0.4	—	0.2/0.4	0.2/0.4

3.5.2.4 PA9T 的特性

PA9T 是日本可乐丽公司利用 1,9-壬二胺与对苯二甲酸缩聚而制取的，它的分子链化学结构兼有 PA46 和 PA6T 的结构特征，在分子主链段中含有长链亚甲基二元胺结构，并是单

134

一的均聚物，因此，PA9T 具有下列特征。

① 吸水率低。PA9T 吸水率为 0.17％，是 PA46 的十分之一，PA6T 的三分之一。图 3-32 是聚酰胺的酰氨基密度与吸水率的关系。

② 高结晶性，可快速成型，受热时尺寸稳定性和高温刚性优良，结晶性详见图 3-33。

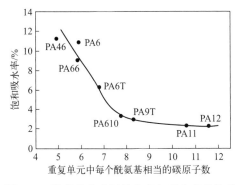

图 3-32　聚酰胺的酰氨基密度与吸水率的关系

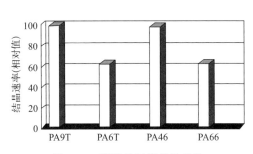

图 3-33　聚酰胺树脂的结晶性

③ PA9T 具有高耐热性（包括焊接耐热性）、强韧性、优良的滑动性、耐化学品性和尺寸稳定性。

PA9T 的具体物性详见表 3-58。

表 3-58　PA9T 的基本物性与其他工程塑料物性的比较

物性项目	PA9T 干态（湿态）	PA66 干态（湿态）	PBT 干态（湿态）	33％玻纤 PA9T 干态
密度/(g/cm³)	1.14	1.14	1.31	—
吸水率(23℃,水中浸渍 24h)/％	0.17	1.30	0.08	0.09
吸水率(23℃,水中饱和)/％	3.0	9.4	<0.8	—
拉伸强度/MPa	92(92)	83(58)	52(—)	—
断裂伸长率/％	20(25)	60(270)	>200(—)	—
弯曲强度/MPa	120(120)	120(55)	82(—)	216
弯曲弹性模量/GPa	2.61(2.60)	2.90(1.20)	2.4(—)	10
悬臂梁缺口冲击强度/(J/m)	79(78)	45(150)	90(—)	88
洛氏硬度(M 标度)	94(91)	80(55)	75(—)	—
洛氏硬度(R 标度)	118(119)	120(108)	119(—)	—
T_m/℃	308	365	224	308
T_g/℃	126	66	22	126
热变形温度(1.82MPa)/℃	143	80	61	—
热变形温度(0.45MPa)/℃	263	230	166	—
阻燃性(UL94)	HB	HB	HB	—
介电强度/(kV/mm)	32	23	19	—
体积电阻率/(Ω·cm)	$10^{16}(10^{16})$	$10^{15}(10^{12})$	$10^{15}(—)$	—
表面电阻率/Ω	$10^{16}(10^{16})$	—(—)	—(—)	—

物性项目	PA9T 干态(湿态)	PA66 干态(湿态)	PBT 干态(湿态)	33％玻纤 PA9T 干态
介电常数(10^3Hz)	—	—	—	3.7
介电损耗角正切(10Hz)	—	—	—	0.014
耐漏电痕迹性/V	—	—	—	550
耐电弧性/s	>180	119	160	—
成型收缩率(MD)/％	1.5	2.3	2.2	0.4
成型收缩率(TD)/％	1.4	3.0	2.4	0.9
线膨胀系数(50~70℃)/($\times 10^{-5}$℃$^{-1}$)	5	10	12	—
线膨胀系数(180~290℃)/($\times 10^{-5}$℃$^{-1}$)	16	21	21	—

3.5.2.5 PA10T 的特性

PA10T 是以对苯二甲酸和癸二胺为单体，经缩聚聚合而成，具有优异的耐热性能。其熔点在316℃，耐化学腐蚀性能优异，吸水率低，尺寸稳定性好，玻纤增强改性后耐无铅焊锡温度超过280℃，综合性能优异。并且，PA10T 的原料癸二胺全部来源于生物基的蓖麻油，在目前全球低碳环保理念已经成为共识的今天，其相对于其他高温 PA 独特的生物基性质，进一步提高了其市场竞争力。

与其他短链高温聚酰胺如 PA46、PA4T、PA6T、PA6I 等相比，PA10T 具有较长的二胺柔性长链，使得大分子具有一定的柔顺性，从而具有较高的结晶速率和结晶度，适用于快速成型；此外，其分子主链中的苯环结构使其具有一定的刚性和耐腐蚀性等优异性能。表3-59 列举了 PA10T 与其他耐高温聚酰胺的性能比较，图3-34 列举了 PA10T 与其他聚酰胺的吸水率比较。

表 3-59 PA10T 与其他耐高温聚酰胺的性能比较

名称	分子式	吸湿性	尺寸稳定性	韧性	刚性
PA10T	$\text{-[NH-(CH}_2\text{)}_{10}\text{-NH-CO-C}_6\text{H}_4\text{-CO]}_n\text{-}$	很小	非常稳定	很好	很好
PA9T	$\text{-[NH-(CH}_2\text{)}_9\text{-NH-CO-C}_6\text{H}_4\text{-CO]}_n\text{-}$	很小	非常稳定	较差	好
PA6T	$\text{-[NH-(CH}_2\text{)}_6\text{-NH-CO-C}_6\text{H}_4\text{-CO]}_n\text{-}$	大	不稳定	很好	很好
PA46	$\text{-[NH-(CH}_2\text{)}_4\text{-NH-CO-(CH}_2\text{)}_4\text{-CO]}_n\text{-}$	很大	非常不稳定	非常好	软

目前，PA10T 的生产商主要是中国金发科技股份有限公司、瑞士 EMS 公司和法国阿科玛公司三家。金发科技股份有限公司在全球率先实现了 PA10T 的商业化。金发科技股份有限公司从2006年开始投入人力、物力开发 PA10T，形成了从树脂合成到改性的较为完整的产业链，其生产的 PA10T 已经在电子电气、汽车、家电和工具等领域得到了广泛的应用。瑞士 EMS 公司主要生产不同 PA6T 含量的 PA10T/PA6T 产品，同时又公开了有关

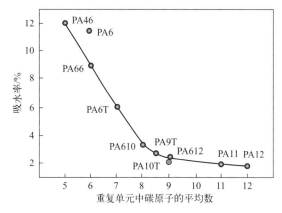

图 3-34 PA10T 与其他聚酰胺的吸水率比较

PA10T/PA6T 的合成和改性方面的专利。阿科玛公司目前主要生产基于 PA10T/PA11 的 PA 产品,并且试图开发相对高端应用的 PA10T,如用于骨缝合材料的 PA10T 等。表 3-60 列举了 30%GF 增强 PA10T 与 30%GF 增强 LCP 的性能对比。

表 3-60　30%GF 增强 PA10T 与 30%GF 增强 LCP 的性能对比

名称	典型数据比较		材料特点
30%GF 增强 PA10T	熔点/℃	300～316	刚性好
	HDT/℃	270～285	韧性适中
	密度/(g/cm³)	1.42	很低的吸水性,尺寸安定
	拉伸强度/MPa	130	不易出毛边
	断裂伸长率/%	2.7	熔合线强度高
30%GF 增强 LCP	熔点/℃	285～320	刚性好
	HDT/℃	270～285	高流动性
	密度/(g/cm³)	1.62	极低吸水性,尺寸非常稳定
	拉伸强度/MPa	215	不易出毛边
	断裂伸长率/%	2.2	低熔合线强度

Vicnyl 材料是金发科技开发的以聚对苯二甲酰癸二胺(PA10T)为基体树脂的高温尼龙,是一种半芳香族尼龙,具有高熔点和高玻璃化转变温度,广泛用于电子电气、汽车和金属取代领域。表 3-61 列举了 50%GF 增强的不同牌号 Vicnyl 与 50%GF 增强 PA66 的性能对比。

表 3-61　50%GF 增强的不同牌号 Vicnyl 与 50%GF 增强 PA66 的性能对比

性能	测试标准	Vicnyl 350	Vicnyl 650	Vicnyl 750	PA66+50%GF
拉伸强度/MPa	ISO 527	245	255	255	230～250
悬臂梁缺口冲击强度/(kJ/m²)	ISO 180	19	17	17	15～20
悬臂梁无缺口冲击强度/(kJ/m²)	ISO 180	90	80	75	60～80
弯曲强度/MPa	ISO 178	350	350	340	330～350
弯曲模量/MPa	ISO 178	14000	14500	14500	13000～15000
吸水率/%	ISO 62	1.0	0.6	0.5	1.5
密度/(g/cm³)	ISO 1183-1	1.58	1.58	1.58	1.56～1.62

Vicnyl PA10T 的吸水率比 PA66 和 PA6T 低很多，与长碳链 PA11 和 PA12 相当。图 3-35 列举了 Vicnyl PA10T 及 PA66＋50％GF 材料的力学性能参数。

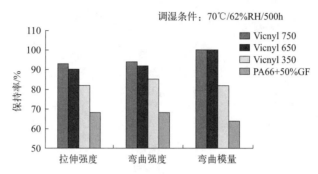

图 3-35　Vicnyl PA10T 及 PA66＋50％GF 材料的力学性能参数

湿态条件下，较 PA66＋50％GF 材料，Vicnyl PA10T 基材料具有高得多的强度和刚性保持率。表 3-62 列举了 Vicnyl PA10T 基材料具有优异的尺寸稳定性。

表 3-62　**Vicnyl PA10T 基材料具有优异的尺寸稳定性**

材料	线膨胀系数(23～55℃)/($\times 10^{-6}$℃$^{-1}$)		尺寸稳定性/%	
	平行流动方向	垂直流动方向	平行流动方向	垂直流动方向
Vicnyl 350	15	80	0.09	0.76
Vicnyl 650	15	70	0.03	0.26
Vicnyl 750	15	65	0.02	0.13
PA66＋50％GF	15	95	0.10	0.96

3.5.2.6　PA12T 的特性

PA12T 是由十二碳二胺与对苯二甲酸脱水缩聚得到的产物，是郑州大学自主研发的 PA 品种。由于 PA12T 分子链段上烷基增加而酰氨基较其他半芳香族 PA 含量更低，所以它的熔点更低，大约为 294℃。

曹民等采用预聚合加固相增黏两步法，以去离子水为溶剂，1,12-十二烷二胺和对苯二甲酸为原料合成了半芳香族 PA12T，并分析了影响聚合反应的主要因素，确定了其最佳工艺条件：预聚温度 245℃、排水比例 25％、封端剂苯甲酸与对苯二甲酸物质的量之比为 7∶100。合成的 PA12T 具有优异的力学性能和耐热性能，研究得到的工艺参数为 PA12T 的研究和工业合成提供了参考。

PA 材料对臭氧有敏感特性，即使是极为稀薄的臭氧依旧会让 PA 制品产生龟裂现象。Ren Hongqing 等为了解决这一问题，对臭氧老化的机理以及不同 PA 材料 [PA12T、PA66、聚间亚苯基间苯二甲酰胺（PMIA）、聚对苯二甲酰对苯二酰胺（PPTA）] 的抗臭氧老化能力进行了探索和研究。研究发现臭氧老化过程分为两个阶段：第一个阶段中，PA 发生了自由基氧化反应，导致分子链降解和样品颜色的变化；在第二个阶段中，分子降解起主导作用，导致了黏度、结晶度、强度和热稳定性的下降，并伴随有含氧基团产物的形成。抗臭氧老化能力的强弱为 PPTA＞PA12T＞PMIA＞PA66。这个研究为后续的抗臭氧研究提供了一个指导方向。

陈相见和付鹏等使用三种不同的增韧材料 MAH 接枝乙烯-辛烯共聚物（POE-*g*-MAH），MAH 接枝三元乙丙橡胶 EPDM-*g*-MAH 和 SEBS-*g*-MAH 分别增韧 PA12T，并对三种增韧材料的增韧效果进行了比较。研究发现，增韧材料 POE-*g*-MAH、EPDM-*g*-MAH、SEBS-*g*-MAH 的最佳质量分数分别为 15％、25％、15％，增韧效果 POE-*g*-MAH＞SEBS-*g*-MAH＞ EPDM-*g*MAH。

张娜娜和王棒棒等采用熔融挤出的方法，以自制的 PA12T 为基体，以市售的玻纤作为增强材料制备了玻纤增强 PA12T 复合材料，并对制得的样品进行了分析研究。研究发现随着玻纤加入量的提高，制得的复合材料的力学性能也在不断提高，明显提高了 PA12T 树脂基体的熔点和耐热氧老化性能，降低了复合材料的吸水性，并在吸水后，其强度保持率在85％以上。

3.5.3 共聚半芳香族聚酰胺 PA6T/PA6、PA6T/PA66、PA6T/PA6I 的特性

半芳香族聚酰胺与脂肪族聚酰胺相比，具有较高的耐热性；与全芳香族聚酰胺相比，半芳香族聚酰胺较易加工。但半芳香族聚酰胺的熔融温度仍接近其分解温度，通过引入一定的脂肪族单体与 PA6T 盐共聚制备低熔点半芳香族聚酰胺，使其具有良好的加工流动性。

3.5.3.1 共聚半芳香族聚酰胺 PA6T/PA6 的特性

张春祥等采用溶液共聚和固相缩聚的方法，以 PA6T 盐和己内酰胺为原料制备了系列PA6T/PA6 共聚物。研究发现随着 PA6T 盐用量的增大，共聚物的熔点呈先下降后上升态势，当 PA6T 盐含量为 25％时，共聚物熔点最低，透明性提高。

瞿兰等以固相缩聚的方法制备了系列 PA6T/PA6，然后对 PA6T/PA6 共聚物采用双螺杆挤出机进行加工。发现在高压釜中进行固相缩聚的 PA6T 用量占 50％条件下，PA6T/PA6 共聚物的力学和热学性能最佳，在真空的高压釜内继续反应 3～5h，能够提高分子量，经双螺杆挤出可以改善共聚物分子量分布不均匀的状态。

张其等以固相缩聚的方法制备了系列 PA6T/PA6；先用对苯二甲酸与己二胺合成了PA6T 盐，然后在高压釜中采用固相缩聚制备了 PA6T/PA6 共聚物，发现 PA6T 盐摩尔分数为 50％条件下制得的 PA6T/PA6 的熔点为 300℃左右，扩大了加工窗口，可注塑成型。

张声春等通过溶液共聚和固相聚合制备了 PA6T/PA6 共聚物，并对得到的共聚物进行了非等温结晶动力学研究。研究发现，随着降温速率的增大，终聚物的结晶速率逐渐升高，终聚物的非等温结晶过程包括初次结晶和 2 次结晶，两个结晶过程的生长方式和成核机理不同。

3.5.3.2 共聚半芳香族聚酰胺 PA6T/PA66 的特性

PA66 有着良好的力学性能、耐磨损性、耐热性、自润滑性、一定的阻燃性以及易于加工等优点。尤其是将 PA6T 与 PA66 共聚时，由于 PA6T 与 PA66 分子结构中，重复单元的长度相差不多，对苯二甲酸的单位长度为 0.59nm，己二酸的单位长度为 0.63nm，形状也相近，在聚合的过程中，己二酸与对苯二甲酸能彼此嵌入对方的晶格中，维持稳定的结晶区域，从而可以引起共晶效果，使共聚物的熔点降低。PA6T/PA66 耐高温，与 PA6T 相比容易成型加工，因而 PA6T/PA66 可直接在工业中应用。因此，PA6T/PA66 是近年来国内外

研究开发的热点材料之一。

浙江大学的常静等合成了 PA6T/PA66，研究了不同反应工艺对 PA6T/PA66 的影响。并且通过以离子液体为溶剂，以及以水为溶剂，合成了 PA6T。与以水为溶剂时的聚合工艺相比，以离子液体为溶剂时的反应时间明显缩短，反应温度也明显降低，聚合物的分子量有所提高；但是，这种合成工艺条件下的聚合物，熔点以及结晶度都有所降低，并且离子液体回收困难，有污染。浙江大学的王佩刚，制备了不同 PA6T 含量的 PA6T/PA66，采用的方法为两步法，先制备预聚物，再制备终聚物，对共聚物的结构进行了分析表征，证明了 PA6T/PA66 为无规共聚物。研究了反应工艺，确定了最佳反应条件：反应温度为 230～250℃，时间为 6～10h。热性能测试结果：随着芳环含量的增多，耐热性也随之提高。

王双等以己二酰己二胺（66）盐和合成的 6T 盐为原料，通过高温高压溶液聚合和固相缩合聚合的方法制备了 PA6T/PA66 共聚物，探究了 PA6T 盐的合成工艺、材料的配合比和最佳合成工艺，并对不同组分的 PA6T/PA66 共聚物的力学性能进行了测试。较好的成盐工艺条件为：反应温度为 50～55℃，每合成 1mol PA6T 盐用蒸馏水约 500mL，pH＝7.2 为反应终点。高温高压溶液预聚合反应最佳合成工艺条件为：反应温度为 220℃，放气时间为 1.5～2.0h，反应后期抽真空 1.0h，盐的摩尔比为 50∶50，其预聚物的相对黏度最大达到 1.42。固相缩合聚合制备终聚物的最佳合成工艺条件为：真空度为 10Pa，聚合温度为 270℃，反应时间为 8.0h。产物相对黏度高达 2.5，聚合物熔点为 300～320℃，结晶温度为 235～240℃，初始分解温度为 400℃，制得的 PA6T/PA66 共聚物的拉伸强度为 92.1MPa，弯曲强度为 116MPa，弯曲模量为 2.12GPa，缺口冲击强度为 3.1kJ/m²。

付鹏等以 PA66 盐和合成的 PA6T 盐为原料，通过预聚合和固相聚合合成了 PA6T/66 共聚物，研究结果表明：合成的 PA6T/66 共聚物随着降温速率的增大，结晶温度降低、结晶速率提高，非等温结晶活化能为 −61.51kJ/mol，熔点为 300℃。

杜邦公司的 Zytel HTN（Heat Temp Nylon），是一类玻纤增强的聚酰胺材料，有 51G、52G、53G 和 54G 系列。该系列是对 PA6T 改性过的高性能聚酰胺，是 PA6T/PA66 的共聚物，其中对苯二甲酸（TPA）含量要大于 55%。该系列的饱和吸水率与 PA9T 相当，并且，HTN 系列的制品，不会因为吸水而导致力学性能以及尺寸稳定性等性能的下降。该系列制品有着很高的结晶度及较高的循环利用性，易加工，高韧性，流动性好，耐高温优。其中 51G 系列的耐高温性和抗湿性突出，52G 系列阻燃性优，53G 和 54G 有着高强度、高硬度和高韧性。

3.5.3.3 共聚半芳香族聚酰胺 PA6T/PA6I 的特性

杜邦公司的 Selar PA3426，是由己二胺与间苯二甲酸和对苯二甲酸混合物共聚而成的非结晶型聚酰胺，其结构式如图 3-36，可以表示为 nylon6T/PA6I。它具有高度的透明性，对气体、水溶剂、油类产品都有良好的阻隔性能。其玻璃化转变温度为 125℃，易加工，可使用一般的挤出设备、注射设备或吹塑设备，多适用于包装应用领域。与 Selar PA3426 同结构的另一种透明聚酰胺是 EMS 的 Grivory G21，由于结构与 Selar 一样，玻璃化转变温度也为 125℃，熔体体积流动速率为 20cm³/10min（275℃/5kg）；力学性能方面，拉伸模量可高达 3000MPa，屈服强度和拉伸强度均为 85MPa，屈服应变和断裂伸长率分别为 5% 和 250%，冲击强度可达 8kJ/m²。由此可见，由于刚性且有共轭作用的芳香环官能团的加入，与脂肪族透明聚酰胺相比，其强度有了明显的提高。但由于这种产品的分子主链与芳香族中具有侧基或较短链段的产品相比柔性略强，也使其玻璃化转变温度略低。在光透过率方面，根据制件规格的不同会略有差异，但一般在 90% 左右。Grivory G21 是一类高黏度无定形共聚聚酰胺，适用注塑成型、吹塑成型和挤出成型等常用加工方式，也可以用来与其他聚酰胺如 PA6 共混以改善制品性能，多用于食品或者药品包装领域，可以有效阻隔气体、温度和水分。表 3-63 列举了 PA6T/PA6I 的生产厂商、商品名及其玻璃化转变温度等。

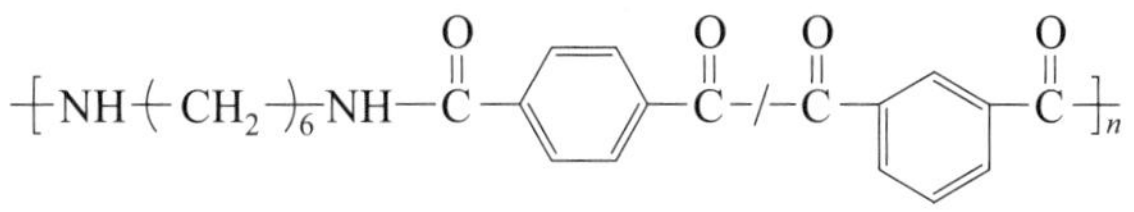

图 3-36　PA6T/PA6I 化学结构式

表 3-63　PA6T/PA6I 的相关产品信息

商品名	组成	玻璃化转变温度/℃	生产厂家
Selar PA3426	PA6T/PA6I	126	杜邦
Novamid X21	PA6T/PA6I	125	三菱化成
Grivory G21	PA6T/PA6I	125	埃姆斯

3.6　透明聚酰胺的特性

透明聚酰胺是一种无定形或微结晶的热塑性聚酰胺，其透光率达到了 90%，表 3-64 列举了各公司已商品化和正在开发的透明聚酰胺。在耐环境应力开裂方面，透明聚酰胺优于聚碳酸酯（PC）和聚甲基丙烯酸甲酯（PMMA），不仅可用于饮料和食品包装，还可用作精密仪器、仪表、医药化工的包装材料，生产防潮、消震的软垫及发泡板材等。透明聚酰胺的吸水率为 0.41%，比 PA6 和 PA66 低，而且这种吸水性几乎不影响它的力学性能和电性能。

表 3-64　各公司已商品化和正在开发的透明聚酰胺一览表

产品	商品名	组成	玻璃化转变温度/℃	生产厂家
已商品化的	Zytel 330	PA6I/PA6T/PACMI/PACMT	130	杜邦
	Selar PA3426	PA6I/PA6T	126	杜邦
	Durethan T40	PA6I/PA6	131	拜尔
	Novamid X21	PA6I/PA6T	125	三菱化成
	Grivory G21	PA6I/PA6T	125	埃姆斯
	Grivory XE 3038	PA6I/MACMI/MACMT	145	埃姆斯
	Grivory XE 3355	PA6I/PA6T/MACMI	158	埃姆斯
	Grilamid TR55	PA12/MACMI	155	埃姆斯
	Grilamid TR55 LX	PA12/MACMI	98	埃姆斯
	Capron C100	PA6 /PACMT	—	联合
	Trogamid T	TMDT	158	许尔斯
	Cristamid MS 1100	PA12/ MACMT	115	ELF Atochem
	Cristamid MS 1700	PA12/ MACMT	170	ELF Atochem

产品	商品名	组成	玻璃化转变温度/℃	生产厂家
即将上市的	Selar 3030E	PA6I	104	杜邦
	Selar PA V2031	PA6I	123	杜邦
	Grilon TR 27	PA6/PACMI	127	埃姆斯
	Grilamid TR 55	PA12/PACMI	150	埃姆斯
	Vestamid X 4308	PA12/IPDI/MACMI	148	许尔斯
	PACP9/6	PACP9/PACP6	130	飞利浦石油
	Hostamid LP 700	PA6/AMNBT	145	Hochst
	Ultramid KR 4601	PA66/MACMI	143	巴斯夫
	Isonamid PA 7030	MDI6/MDI9	125	道化学
	Isonamid PA 5050	MDI6/MDI9	180	道化学
	Unitika CY 1004	PA6/PACMI	55	Unilika
	Unitika CY 1005	PA6/IPDT	90	Unilika
	Gelon A 100	PA6I/PA6T	125	通用电气
正在开发的	Grivory XE 3238	PA6I/PA6T/IPD6	175	埃姆斯
	TR 2000	MACMI/MACMX	195	埃姆斯
	Polyamide P 417	XT/MACMT	170	汽巴-嘉基
	Trogamid VP 8540	PA66/PA-TMDT/TMDT	145	许尔斯
	Toyobo T 714	PA6/TMDT/PA6T	126	Toyobo Chem Co
	Grivory XE 3098	PA66/PA6I/MACMI/MAC	105	埃姆斯

① 耐磨性。透明聚酰胺具有较高的耐磨性、耐刮擦性，因此经常被用作物体的外壳。在 100r/min 的测试条件下，Trogamid CX 的摩擦系数为 18，聚碳酸酯（PC）的摩擦系数为 27，聚甲基丙烯酸甲酯（PMMA）的为 66。由数据可以看出，透明聚酰胺的摩擦系数比标准规格的 PC 和 PMMA 低，更加耐磨。

② 柔韧性。PC 和 PMMA 的弯曲模量分别为 2400MPa 和 3200MPa，PMMA 的弯曲模量较大，属于偏硬的材质；而透明聚酰胺的柔韧性好、形状记忆能力强，可生产更加易弯曲的产品，并且取向可显著增加透明度聚酰胺的压痕硬度和能量吸收率。

③ 低密度。由于透明聚酰胺是非结晶型的，故其相对密度不像结晶型聚酰胺那样受结晶度的影响，能正确地反应聚酰胺的一级结构，表 3-65 列出了几种具有代表性的透明聚酰胺的相对密度。根据聚酰胺种类的不同，透明聚酰胺的密度为 $0.99 \sim 1.10 \mathrm{g/cm^3}$，低于 PC 的 $1.20 \mathrm{g/cm^3}$ 和 PMMA 的 $1.19 \mathrm{g/cm^3}$，认为主要与其结构单元的结构因子有关。

表 3-65   不同牌号透明聚酰胺的相对密度

透明聚酰胺	Trogamid T	PACP9/6	Grilamid TR 55	Isonamid
相对密度	1.12	1.06	1.08	1.17

④ 分子量与黏度。与 PA6、PA66 一样，溶液黏度可用甲酸、硫酸、间甲酚等溶剂进行测定，用特性黏度、比黏度、相对黏度、K 值等表征。

⑤ 热性质与黏弹性。由于透明聚酰胺无结晶相，所以其耐热性等热性质大体上由玻璃

化转变温度决定。因此，为了满足工程塑料要求的耐热性，透明聚酰胺的玻璃化转变温度必须比通常高。几种透明聚酰胺的热性能参数如表 3-66 所示。在 T_g 以下的温度时，透明聚酰胺的动态黏弹模量变化不大，从 T_g 附近开始急剧下降，以至于可塑化和流动，与结晶型聚酰胺的黏弹性差异极大。另外，热变形温度（HDT）也与 T_g 相对应，高负荷和低负荷的热变形温度相近，这是透明聚酰胺的另一特点。值得关注的是，透明聚酰胺的实际使用温度一般在 T_g 以下，线膨胀系数比结晶型聚酰胺低，具有良好的尺寸稳定性。

表 3-66 不同牌号透明聚酰胺的热性能参数

透明聚酰胺	Trogamid T	PACP9/6	Grilamid TR 55	Isonamid
T_g/℃	148	185	160	125
线膨胀系数/℃$^{-1}$	6.0×10^{-5}	—	7.8×10^{-5}	7.0×10^{-5}
热变形温度/℃	124	160	124	120

⑥ 力学性能与电性能。几种透明聚酰胺产品与 PA66、PA612、PC 的力学性能和电性能的比较汇总于表 3-67 中。透明聚酰胺的机械强度和刚性与 PC 相差无几，同时，透明聚酰胺保持了聚酰胺原有的优良耐磨性，在耐磨性方面比其他的透明工程塑料好。另外，若把透明聚酰胺的力学性能和电性能与 PA66、PA612 进行比较，则初期绝干时的特性无太大差异，但在吸水时和高温环境下仍具有极优良的特性，这是源于其玻璃化转变温度高，在低于 T_g 的温度范围内，分子主链的运动被冻结。表 3-67 列举了不同牌号透明聚酰胺、其他聚酰胺树脂及 PC 的力学性能与电性能参数。

表 3-67 透明聚酰胺、其他聚酰胺树脂及 PC 的力学性能与电性能参数

特性	Trogamid T	PACP 9/6	Grilamid TR 55	Isonamid PA7030	PA66	PA612	PC
拉伸强度/MPa	69	84.5	75～80	73	75.5	53.9	60.8
断裂伸长率/%	130	50～100	50～150	80～120	68	232	112
弯曲强度/MPa	2700	220	1750	2110	2700	1800	2500
悬臂梁冲击强度（缺口）/(J/m)	100～150	54	60	54～130	49	33	87
体积电阻率/(Ω·cm)	$>10^{14}$	1.1×10^{11}	1.1×10^{11}	1.1×10^{11}	1.1×10^{11}	1.1×10^{11}	1.1×10^{11}
介电常数	3.5	3.9	3.0	4.29	8.1	3.4	3.0
介质损耗角正切	0.028	0.027	0.012	0.025	0.29	0.023	0.002

⑦ 耐化学品性。不同的透明聚酰胺产品，组成聚合物的结构单元的化学结构有差别，导致其耐化学品性略有不同，但总体来说，对烷烃类、油类等非极性溶剂具有优良的耐受性，对醇类、酮类等极性溶剂，与 PA6、PA66 等结晶型聚酰胺相比，其耐受性稍有下降。Trogamid T 和 Grilamid TR 55 是透明聚酰胺中耐化学品性优良的代表产品。

3.7 星形聚酰胺的特性

星形聚酰胺是一类含有不少于三条链（臂）且各条链无主支链区分，都以化学键连接于

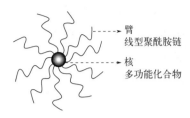

图 3-37 星形聚酰胺的分子模型

同一点（核）所形成的支化聚酰胺，具有三维雪花状结构，其核的尺寸远小于整个聚合物的尺寸。星形聚酰胺的结构如图 3-37 所示。

与分子量相同的线型聚酰胺相比，星形聚酰胺具有较低的结晶度、较小的熔融黏度、分子表面有较高的官能度、流体动力学体积小等独特的性质，最显著的特点是熔融黏度与总分子量无关，仅取决于每条臂的分子量。星形聚酰胺的性能不同于线型聚酰胺，是由于其具有较小的原子空间排列尺寸、球形的对称结构，以及分子内外不发生缠结、分子间较小的相互作用。星形聚酰胺最重要的特点是溶液黏度和熔体黏度比分子量相同的线型聚酰胺的低得多，其高流动性拓宽了聚酰胺材料的应用范围，缩短了加工周期，降低了成本，提高了生产力。

根据聚合机理不同，星形聚酰胺的制备方法可分为阳离子聚合法、阴离子聚合法和水解聚合法，其中水解聚合法应用最广。根据合成路线不同，可将星形聚酰胺的制备方法分成三类：第一类是添加多官能度的核分子，与聚酰胺单体一起发生共缩聚反应；第二类是利用多官能度的核分子来引发聚酰胺单体的聚合，其聚合方法可以是阳离子聚合法或阴离子聚合法；第三类是先合成单官能团线型聚酰胺，即先合成好星形聚酰胺的臂，然后与多官能度的核分子发生反应。在实际应用过程中，一般是采用水解聚合法来制备星形聚酰胺，其聚合工艺与一般的线型聚酰胺基本相同，只是多添加了一种多官能度的化合物作为核一同参与聚酰胺单体缩聚反应。通常，这种多官能度的核分子是含有三个或者三个以上的端羧基或端氨基的化合物，并且要求它具有一定的热稳定性，以满足聚酰胺高温熔融缩聚工艺的要求。

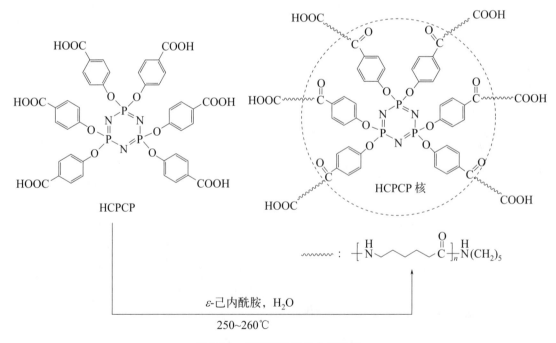

图 3-38 星形聚酰胺的合成路线

湘潭大学的王春花以六（4-羧基苯氧基）环三磷腈（HCPCP）为核，利用水解开环聚合方法首次设计合成了一系列不同分子量的以环三磷腈为内核的星形 PA6 树脂，其合成路线如图 3-38 所示。研究结果表明，星形 PA6 分子量的大小随着 HCPCP 的添加量的增加而降低；当分子量的大小适中时，星形 PA6 能够基本保持普通线型 PA6 的力学性能，然而其相对黏度明显降低，熔体流动速度大幅提高。对其熔融结晶行为研究发现，星形 PA6 的 X_c（结晶度）值略微降低，但是它的晶体结构仍属于 α 型；由于 HCPCP 核的异相成核作用，星形 PA6 的 T_c 和 $1/t_{1/2}$（$t_{1/2}$ 为半结晶时间）均明显高于普通线型 PA6，这将有利于快速模塑成型工艺的应用；当分子量逐渐增大时，星形 PA6 的 T_c 和 $1/t_{1/2}$ 先升高后降低。毛细管流变测试结果表明，星形聚酰胺 6 的剪切黏度随着分子量的降低而降低，当星形 PA6 的分子量相对较低时，其剪切黏度对温度和剪切速度几乎不敏感，这种流变行为使其能够在较低的温度和压力下加工成型，进而降低了系统成本。

3.8　聚酰胺弹性体的特性

聚酰胺热塑性弹性体（TPAE）是由线型刚性聚酰胺链段和柔性聚醚链段组成的多嵌段共聚物，其结构为：$HO{-}[CO{\sim}{\sim}PA{\sim}{\sim}CO{\sim}{\sim}PE{\sim}{\sim}O]_n H$，PA 为聚酰胺链段，PE 为聚醚链段。TPAE 作为一种新型的热塑性弹性体具有优异的柔韧性、耐候性、耐磨性及耐化学腐蚀性能，可广泛用于纤维、汽车运动器材及电子行业等领域，是当前研究的热点。

TPAE 可分为聚醚嵌段酰胺（PEBA）、聚醚酯酰胺（PEEA）、聚酯酰胺（PEA）和聚醚-b-酰胺嵌段共聚物等。PEEA 和 PEA 硬段为半芳香胺，软段为脂肪族聚酯、脂肪族聚醚或脂肪族聚碳酸酯；PEBA 硬段为脂肪族酰胺，软段为聚醚。TPAE 种类多，按聚酰胺硬段的类型，可分为 PA6 系、PA66 系、PA12 系等。

TPAE 的种类很多，同时具备了硫化橡胶和热塑性塑料的很多优点，TPAE 优异的综合性能主要体现在以下方面：TPAE 无增塑剂，柔韧性好，拉伸强度高，低温抗冲击强度大，弹性恢复率高；在 $-40\sim80℃$ 的低温条件下，仍然可以保持冲击强度和柔韧性，屈挠性变化轻微，因此其具有优异的低温性能；良好的耐磨性和高度的抗疲劳性能，摩擦系数小，吸声效果很好；热分解温度高，热稳定性好，最高使用温度可达 175℃，并可以在 150℃ 下长期使用；TPAE 的吸水性和共聚时采用的不同软链段类型有关，吸水率可从 1.2% 到 100%；它与多种工程塑料和热塑性弹性体共混时相容性好；与 PA6、PA66、PET、PBT、POM 等共混制成合金，构成多相系复合材料，其冲击强度可提高 3~20 倍，有望成为一种新型的工程塑料增韧材料；可纺丝用于弹性纤维的合成，可注射成型，替代橡胶制造各种密封件和弹性减震元件；可挤出成型制造各种密封条。TPAE 是一种综合性能优异，具有广阔应用前景的新型热塑性弹性体。国内旭阳科技等企业已开发出多种牌号的聚酰胺弹性体，并开展玻纤增强的应用研究；国外聚酰胺弹性体进入产业化，推出多种商品化产品。国外商品化 TPAE-6 的性能见表 3-68。

表 3-68　几款 TPAE-6 树脂的基本性能参数

产品牌号	Pebax-5533SN	Pebax-6312MN	Pebax-4011RN	Armitel-A
硬度（邵氏 D）	55	63	40	52
熔点/℃	168	195	190	210
吸水率/%	1.2	6.4	119	—
熔体流动速率(235℃，2.16kg)/(g/10min)	8	10	10	2.0

续表

产品牌号	Pebax-5533SN	Pebax-6312MN	Pebax-4011RN	Armitel-A
断裂伸长率/%	28	23	21	25
断裂拉伸强度/MPa	33	42	38	40
密度/(g/cm³)	1.01	1.11	1.14	1.07
最大弯曲/mm	244	25	27	—
弯曲弹性模量/MPa	10	19	6	180

参考文献

[1] 邓如生.聚酰胺树脂及其应用［M］.北京：化学工业出版社，2002.

[2] 朱建民.聚酰胺树脂及其应用［M］.北京：化学工业出版社，2011.

[3] Kugel A, He J, Samanta S, et al. Semicrystaliine polyamide engineering thermoplastics based on the renewable monomer, 1, 9-nonane diamine: thermal properties and water absorption ［J］. Polymer-Plastics Technology and Engineering, 2012, 51 (12): 1266-1274.

[4] 张英伟，葛冬冬，李声耀，等.低吸水共聚聚酰胺树脂的制备及性能表征［J］.塑料工业，2021，49 (8): 162-166.

[5] 刘冰肖，吴京，崔泽华，等.半芳香族耐热性共聚酰胺的合成及性能［J］.工程塑料应用，2021，49 (3): 27-31, 37.

[6] 朱存彬，张叶，王倩，等.芳香族聚酰胺合成及改性研究进展［J］.塑料科技，2022，50 (6): 124-128.

[7] 袁绍彦，刘奇祥，叶南飙，等.耐高温聚酰胺的性能及应用［J］.中国塑料，2009，23 (10): 6-9.

[8] 徐启杰.聚酰胺6基纳米复合材料的制备及性能研究［D］.开封：河南大学，2014.

[9] 梁文聪，王冲，刘文志，等.玻璃微珠增强改性聚酰胺66的力学性能研究［J］.合成材料老化与应用，2009，38 (1): 9-12.

[10] 高晓东，杨卫民，迟百宏，等.聚酰胺12制品3D打印成型力学性能研究［J］.中国塑料，2015，29 (12): 73-76.

[11] 龚舜，陈向阳，李素圆，等.长碳链聚酰胺弹性体的制备及其低温力学性能［J］.工程塑料应用，2022，50 (2): 27-32, 38.

[12] 李远远.半芳香族耐高温聚酰胺6T/66的制备与性能研究［D］.太原：中北大学.

[13] 胡立，姚军龙，江学良，等.高导热高介电BT/SiC/PA6复合材料的制备及性能研究［J］.化肥设计，2020，58 (1): 12-16.

[14] 李蕊.PA11/PVDF合金材料的制备和电性能的研究［D］.武汉：武汉理工大学，2007.

[15] 权红英，谢小林，董丽杰，等.共聚尼龙/PZT复合材料的压电和介电性能研究［J］.电子元件与材料，2011，30 (8): 9-11, 15.

[16] 李向阳，张鸿宇，王晨，等.成核剂对尼龙6结晶与性能的影响［J］.塑料，2020，49 (6): 13-15, 20.

[17] 韩冰，张声春，张春祥，等.半芳香共聚尼龙6T/6的合成与结晶性能研究［J］.塑料工业，2013，41 (9): 21-23, 59.

[18] 张雄，占珊，韩克清，等.超支化聚合物对尼龙6结晶及力学性能的影响［J］.东华大学学报（自然科学版），2008，(1): 15-19.

[19] 张玉庆，钟明强，蔡伟乐，等.纳米Al₂O₃对尼龙6结晶性能的影响［J］.高分子材料科学与工

程，2009，25（2）：89-92.

[20] 邱尚长，郑玉婴，曾安然，等. 碳纳米管对 MC 尼龙 6 结晶行为的影响 [J]. 光谱学与光谱分析，2011，31（9）：2491-2494.

[21] 王国明，颜德岳，卜海山. 不同分子量尼龙 1010 的恒温结晶动力学 [J]. 高分子材料科学与工程，2000，16（2）：121-124.

[22] 高建辉. 分子量对尼龙 12 性能的影响 [D]. 郑州：郑州大学，2017.

[23] 徐军，陈曦，钱震宇，等. 剪切历史对尼龙熔体结晶行为的影响 [J]. 高分子学报，2006（3）：484-488.

[24] 王海利，黄仁军，吴盾，等. 热氧老化对尼龙 6 结晶行为与性能的影响 [J]. 高分子材料科学与工程，2013，29（8）：88-92.

[25] Sun Z，Xiao W，Fei G，et al. Isothermal and nonisothermal crystallization kinetics of bio-sourced nylon 69 [J]. Chinese Journal of Chemical Engineering，2016，24（5）：638-645.

[26] Ren X Y，Wu G F，Zhang X Y. Effect of acrylate rubber on crystallization behavior of nylon 6 [C] // International Conference on Chemistry and Chemical Engineering，2011.

[27] Zhou W. Study on crystallization behavior of water-assisted injection moulded nylon 6 part [J]. Plastics Science & Technology，2010，7：733-736.

[28] 李国昌. 增韧耐磨尼龙弹带材料的研制 [J]. 工程塑料应用，2015，43（9）：40-43.

[29] 张训仁，袁庆勇，杨玉华. 新型功能高分子尼龙合金材料在蜗轮制造领域的应用研究 [J]. 机械传动，2005，29（3）：65-68.

[30] 张灵英，陈国华. 石墨烯微片对尼龙 6 的改性研究 [J]. 材料导报，2011，25（14）：85-88，92.

[31] 李国昌. 增韧耐磨尼龙弹带材料的研制 [J]. 工程塑料应用，2015，43（9）：40-43.

[32] 陈绮虹，林轩，周红军. 超韧耐磨 MC 尼龙的制备及性能研究 [J]. 工程塑料应用，2011，39（7）：15-17.

[33] 李碧霞，叶华，刘述梅，等. 聚氨丙基苯基倍半硅氧烷与氢氧化镁协同阻燃尼龙 6 [J]. 塑料工业，2007（1）：62-65.

[34] 金晓冬，孙军，谷晓昱，等. 碳纳米管表面改性在阻燃尼龙 6 中的应用 [J]. 塑料，2015，44（1）：16-18，106.

[35] 阳龚，刘渊，王琪. 无卤阻燃尼龙 66 的研究 [J]. 塑料，2011，40（6）：65-67.

[36] 张绪杰，崔益华，吕文晏，等. 新型含磷共聚本质阻燃尼龙 66 的制备及性能 [J]. 工程塑料应用，2015，43（11）：6-10.

[37] 康兴隆，鲁哲宏，柳妍，等. 改性纳米二氧化硅协效二乙基次磷酸铝阻燃尼龙 6 [J]. 材料导报，2021，35（18）：18047-18051.

[38] 许光晟，胡宏军. 阻燃尼龙的制备与性能分析研究进展 [J]. 工程塑料应用，2018，46（10）：147-150.

[39] 吴朝亮，刘海燕，戴文利，等. 阻燃尼龙的研究进展 [J]. 广东化工，2010，37（3）：24-25，35.

[40] Song P，Wang C，Chen L，et al. Thermally stable, conductive and flame-retardant nylon 612 composites created by adding two-dimensional alumina platelets [J]. Composites Part A：Applied Science and Manufacturing，2017，97：100-110.

[41] Cui M，Li J，Gao Q，et al. A novel strategy to fabricate nylon 6 based flame retardant microfiber nonwoven fabric with durability [J]. Colloids and Surfaces A：Physicochemical and Engineering Aspects，2022，641：e128482.

[42] 顾晓华，曾鹏，张希伟，等. 新型共聚改性尼龙 MXD6 的合成及性能研究 [J]. 材料导报：纳米与新材料专辑，2015，29（S1）：233-236，241.

[43] 顾晓华，宋雪，曾鹏，等. 共聚改性尼龙 MXD6 的热解动力学 [J]. 材料导报，2016，30（2）：

135-140.

[44] 伍威，曹凯凯，高敬民，等．共聚改性尼龙 MXD6 的制备与表征 [J]．塑料工业，2018，46（8）：51-54.

[45] 孙鹏，姜其斌，王文志，等．半芳香共聚尼龙 MXD6/6 的制备与性能研究 [J]．塑料工业，2019，47（6）：36-40.

[46] 沈雁，赵军，朱丽雯，等．PA66、PA6 改性 MXD6 共混物的定性定量分析 [J]．上海化工，2015，40（2）：11-14.

[47] 王启，林晓燕，张乐乐，等．尼龙 6/半芳香族尼龙阻隔薄膜的制备及特性 [J]．高分子材料科学与工程，2017，33（12）：136-141.

[48] 鲍祖本，汪瑾，潘健，等．MXD6/PA6 共混物的结晶与熔融行为 [J]．工程塑料应用，2013，41（4）：67-70.

[49] 孙晓光，张可勇，冯裕智，等．PB/MXD6 共混体系的阻隔性能研究 [J]．塑料工业，2014，42（12）：34-36，114.

[50] 彭怀炳，刘喜军，娄春华，等．MXD6/PA6/EPT 共混物的相容性研究 [J]．功能材料，2016，47（10）：10101-10106.

[51] 彭怀炳，刘喜军．MXD6/PA6/EPT 共混物力学性能与形态结构研究 [J]．塑料科技，2015，43（7）：30-35.

[52] 彭怀炳，刘喜军，顾晓华，等．EPDM 接枝共聚物对 MXD6/PA6/EPDM 共混物性能的影响 [J]．中国塑料，2015，29（1）：64-70.

[53] 汪瑾，谢芮宏，宁敏，等．MXD6 和黏土对 PA6 复合薄膜阻隔性能影响的研究 [J]．塑料工业，2015，43（11）：77-80.

[54] 葛秋石，郭朝霞，于建．黏土对聚己二酰间苯二甲胺/碳纳米管复合材料导电性能的影响 [J]．中国塑料，2012，26（12）：19-24.

[55] 陈相见．弹性体增韧半芳香尼龙 PA12T 复合材料的制备与性能研究 [D]．郑州：郑州大学，2018.

[56] 张娜娜．短切玻纤增强尼龙 12T 复合材料的制备及性能研究 [D]．郑州：郑州大学，2018.

[57] 曹民，肖中鹏，张传辉，等．透明尼龙的性能与应用 [J]．化工新型材料，2014，42（6）：213-215，225.

[58] 焦贵宁．透明共聚酰胺 DMDC10/11 的合成与表征 [D]．太原：中北大学，2015.

[59] 付鹏，井琼琼，刘民英，等．四臂星型尼龙 6 的合成与表征 [J]．高分子材料科学与工程，2011，27（9）：33-39.

[60] 付鹏，井琼琼，刘民英，等．高流动性星型尼龙 12 的合成与表征 [J]．高分子材料科学与工程，2011，27（8）：46-49.

[61] 李维忠，黄猛，彭军，等．尼龙 66 基聚醚酯酰胺弹性体合成与表征 [J]．工程塑料应用，2013，41（3）：26-29.

[62] 张黄平，黄安民，王文志，等．PA6/PA11-b-PPG 热塑性弹性体的合成及性能表征 [J]．湖南工业大学学报，2016，30（2）：72-76，89.

第4章
聚酰胺复合材料制备技术

4.1 概述

聚酰胺复合材料是以聚酰胺树脂为基材,添加一定的改性材料,通过双螺杆加热熔融共混挤出造粒或模压成型等改性技术制备的高性能聚酰胺材料。通过改性技术制备多品种、系列化聚酰胺复合材料,以满足汽车、工程机械、轨道交通机械轻量化,通信、电子电气、智能装备、航空航天、军工装备高性能化对基础材料的要求,进而扩展聚酰胺材料的应用领域,使之成为国民经济发展的支柱性产业。

4.1.1 聚酰胺改性的目的与意义

在聚酰胺系列品种中,PA6、PA66的产量与消耗量最大,约占聚酰胺总量的90%。近年来,PA11、PA12、PA46的应用在不断地增加,透明聚酰胺、高流动性聚酰胺、半芳香族聚酰胺、生物基聚酰胺等一些高性能新型聚酰胺陆续产业化,这使得聚酰胺作为优良的工程结构材料,始终保持其领先的地位。聚酰胺的应用之所以能居五大工程塑料之首,在汽车、轨道交通、通信、电子、电气设备、机械部件、交通器材、纺织、造纸机械等方面得到广泛应用,主要是由于其具有优异的综合性能,尤其是在力学性能、化学性能、热性能等方面有突出的特点。主要特点如下:

① 具有高强度。PA6、PA66、PA46、PA1010、PA610等品种均具有很高的拉伸强度和弯曲强度。

② 具有很高的冲击强度。特别是PA11、PA12、PA1212、PA1313等具有十分突出的耐低温性能。

③ 具有较高的耐热性。PA6、PA66的增强级品种的热变形温度分别达到210℃和250℃,特别是PA46可在130℃下长期使用。

④ 具有优良的耐磨、自润滑性能。所有的聚酰胺均具有自润滑性能,这是金属无法比

拟的特性。

⑤ 耐化学腐蚀性优良。所有聚酰胺对化学试剂、药品、强酸、强碱有较强的抗溶胀性和抗腐蚀性。

⑥ 优良的阻隔性能。如 PA6、PAMDX6 均有较好的阻气性，PAMDX6 的阻隔性及尺寸稳定性尤为突出。

⑦ 具有优良的流动加工性。聚酰胺可用注射成型、挤出、吹塑、反应注射成型等方法加工成各种制品。

⑧ 具有很高的化学活性。聚酰胺大分子链中的极性基团可与含有极性基团的单体、高聚物反应，形成新的高分子化合物，这是制备高性能聚酰胺合金及改性复合材料的重要条件。

但聚酰胺也有如下所述缺点：

① 吸水性较强。聚酰胺大分子链中氨基的存在，导致其吸水性较强。因此，使得制品的尺寸稳定性较差。

② 大部分聚酰胺的低温韧性较差。

③ 聚酰胺的阻燃性一般。

随着汽车的轻量化、电子电气设备的高性能化、机械设备的轻量化技术发展，对聚酰胺的需求将更加旺盛。聚酰胺作为结构性材料，对其强度、耐热性、耐寒性等方面提出了很高的要求。聚酰胺的固有缺点也是限制其应用的重要因素，尤其是对于 PA6、PA66 两大品种来说，相比 PA46、PA12、PA6T/PA66 等品种具有很强的价格优势，但其某些性能不能满足相关行业发展的要求。因此，必须通过改性，提高其某些性能，来扩大其应用领域。主要在以下几方面进行改性：

① 改善聚酰胺的吸水性，提高制品的尺寸稳定性。

② 提高聚酰胺的阻燃性，以适应电子、电气、通信等行业的要求。

③ 提高聚酰胺的机械强度，以达到金属材料的强度，取代金属作为受力结构材料。

④ 提高聚酰胺的抗低温性能，增强其对耐环境应变的能力。

⑤ 提高聚酰胺的耐磨性，以适应耐磨要求高的场合。

⑥ 提高聚酰胺的抗静电性，以适应矿山及其机械应用的要求。

⑦ 提高聚酰胺的耐热性，以适应如汽车发动机等耐高温条件的领域。

⑧ 降低聚酰胺的成本，提高产品竞争力。

总之，通过上述改进技术，制备高性能、功能化聚酰胺复合材料，进而扩大聚酰胺应用领域，促进相关行业产品向高性能、高质量方向发展。

4.1.2　聚酰胺的改性方法

聚酰胺树脂的改性按其是否发生化学反应大致分为化学改性和物理改性。

① 化学改性是指在某种程度上能实现分子设计，在改性过程中聚合物的分子链上发生化学反应的改性方法，这种化学反应有可能是发生在大分子链的主链上也有可能是侧链或者大分子链之间。包括聚合物大分子链的接枝反应、不同聚合物单体之间的共聚反应、聚合物活性分子链之间的交联反应以及聚合物大分子链上的官能团反应等。单体之间的共聚一般是通过引入另外的单体使得大分子主链的结构和性能有所改变；聚合物大分子链之间的反应一

般是加入带有能与聚酰胺分子链中的活性基团反应的极性基团的有机化合物，在一定的条件下与聚酰胺的大分子反应实现改变聚酰胺的大分子结构，或者大分子链之间的相互作用使得性能改变。化学改性能在微观层面上对聚酰胺进行改性，能较为主动地得到预期的产物，但投资较大，连续合成装置生产多品种时，产品切换难度大，过渡产品太多，生产成本高，间隙合成则难以保证产品质量的稳定性。

② 物理改性是指改性过程中不发生或在极小程度上发生化学反应，在聚酰胺树脂中按照性能需求加入相应的改性材料，通过双螺杆熔融共混挤出得到相应性能的材料。大致有小分子物质添加改性、不同聚合物之间的共混改性、聚合物形态控制以及表面改性等物理改性。物理改性具有工艺简单、操作便捷、原料广泛、针对性强、可控性强、组合方便的特点，便于批量化地制备高性能的目标产品，是一种经济易行的能快速实现聚酰胺产品专用化、高功能化的有效途径，是制备高性能聚酰胺复合材料的主要技术路线。

聚酰胺复合材料可分为增强聚酰胺、阻燃聚酰胺、增韧聚酰胺、填充聚酰胺、聚酰胺合金、抗静电与导电聚酰胺、导热聚酰胺、耐磨聚酰胺等八大系列品种。本章重点讨论聚酰胺复合材料的制造技术，有关聚酰胺化学改性的内容详见第 2 章。

4.1.3　聚酰胺复合材料制备技术的发展历程与趋势

4.1.3.1　聚酰胺复合材料制备技术的发展历程

聚酰胺复合材料研究始于 20 世纪 50 年代，20 世纪 70 年代实现产业化。自 1976 年美国杜邦公司开发出超韧 PA66 后，各国大公司纷纷开发新的聚酰胺复合材料，美国、日本及荷兰、意大利等西欧国家大力开发增强聚酰胺、阻燃聚酰胺、填充聚酰胺，并实现工程化应用。

20 世纪 80 年代，国内外开发多种相容剂以及相容剂合成技术，这些相容剂在结构上具有与 PA 大分子链中的酰胺基团反应的极性基团，因此，设计不同结构的相容剂，就可使聚酰胺与其他聚合物实现相容化，从而推动了聚酰胺合金的发展。世界各国相继开发出 PA/PE、PA/PP、PA/ABS、PA/PC、PA/PBT、PA/PET、PA/PPO、PA/TPS、PA/LCP（液晶高分子）等上千种合金，广泛用于汽车、机车、电子、电气机械、纺织、体育用品、办公用品、家电部件等领域。20 世纪 90 年代末，世界聚酰胺合金年产量达 110 万吨。

20 世纪 90 年代，纳米材料的开发与纳米技术的应用，对增强、增韧理论又有新的发现。聚酰胺复合材料新品种不断增加，形成了新的产业，并得到了迅速发展。

21 世纪初，国内开始对 PA6/PA66、PA6T/PA66、PA6T、PA10T、PA12T、高流动性聚酰胺、透明聚酰胺、生物基聚酰胺等树脂进行开发并陆续产业化，从而丰富了聚酰胺复合材料的品种，尤其是耐高温聚酰胺的产业化，拓宽了聚酰胺在电子电气、通信等领域的应用。

在产品开发方面，主要以高性能聚酰胺 PPO/PA6、PPS/PA66、超韧聚酰胺、纳米聚酰胺、无卤阻燃聚酰胺为主导方向；在应用方面，汽车配件、电器部件开发取得了重大进展，如汽车进气歧管用高流动、高强度改性聚酰胺已经国产化，这种结构复杂的部件的塑料化，除在节能方面具有重大意义外，更重要的是延长了部件的寿命，同时也促进了工程塑料加工技术的发展。

4.1.3.2　聚酰胺复合材料未来的发展趋势

聚酰胺作为工程塑料中最大、最重要的品种，具有很强的生命力，这主要在于其改性后能实现高性能化，其次就是汽车、电气、通信、电子、机械等产业自身对产品性能的要求越来越高，相关产业的飞速发展，促进了工程塑料高性能化的进程。聚酰胺复合材料产业发展趋势如下：

① 高强度、高刚性聚酰胺的市场需求量越来越大，新的增强材料如无机晶须增强、碳纤维增强聚酰胺将成为重要的品种，主要用于汽车发动机部件、机械部件以及航空设备部件，瓣型增强填料如无机晶须、碳纤维等将大量应用于聚酰胺增强体系。

② 聚酰胺合金化将成为改性工程塑料发展的主流。聚酰胺合金化是实现聚酰胺高性能的重要途径，也是制造聚酰胺专用料、提高聚酰胺性能的主要手段。通过掺混其他高聚物，来改善聚酰胺的吸水性，提高制品的尺寸稳定性，以及低温脆性、耐热性和耐磨性，从而满足不同的用途。

③ 纳米聚酰胺的制造技术与应用将得到迅速发展。纳米聚酰胺的优点在于其热性能、力学性能、阻燃性、阻隔性比纯聚酰胺好，而生产成本与普通聚酰胺相当。因而，具有很大的竞争力。

④ 用于电子、电气、电器的阻燃聚酰胺与日俱增，绿色化阻燃聚酰胺越来越受到市场的高度重视。

⑤ 耐高温、抗蠕变、高耐回流焊的高温聚酰胺复合材料，助力集成电路板的持续微型化，推动我国高端电子信息和新能源汽车产业的快速发展。

⑥ 抗静电、导电聚酰胺以及耐磨磁性聚酰胺将成为电子设备、矿山机械、纺织机械的首选材料。

⑦ 加工助剂的研究与应用，将推动改性聚酰胺的功能化、高性能化进程。

⑧ 综合技术的应用、产品的精细化是聚酰胺复合材料产业发展的重要方向。

⑨ 复合材料生产与加工实现完全自动化、智能化，提高生产效率与产品质量稳定性。

4.2　纤维增强聚酰胺

4.2.1　概述

纤维增强聚酰胺复合材料具有高强度、高模量特性，是以塑代钢的首选材料，广泛用于汽车、工程机械、轨道交通等结构材料。

增强聚酰胺的品种繁多，几乎所有聚酰胺都可以制造增强品级。商品化较多的品种有：增强 PA6，增强 PA66，增强 PA46，增强 PA1010，增强 PA610，增强 PAMXD6，增强 PA6T、9T、10T 耐高温系列复合材料及连续纤维增强 PA6、PA66、PA10T 等。其中，产量与用量最大的是增强 PA6、增强 PA66。从组成上划分还可以分为增强聚酰胺、增强填充聚酰胺、增强阻燃聚酰胺和增强增韧聚酰胺四大类。

4.2.1.1　纤维增强材料

纤维增强是改善塑料的力学性能和热性能极为有效的手段。纤维增强材料的种类很多，一般可以分为无机纤维和有机纤维两大类。无机纤维包括玻璃纤维、碳纤维、硼纤维、石棉、陶瓷纤维及金属纤维等。有机纤维包括芳纶、超高分子量聚乙烯纤维、聚酯纤维、聚苯硫醚纤维等。纤维增强材料最显著的特点是具有大的长径比和足够的强度和韧性。作为塑料改性用纤维增强剂必须具备以下特性：

① 高强度、高模量；

② 低的密度；

③ 与树脂基体有好的界面黏合性；

④ 耐热、耐腐蚀和耐磨耗；

⑤ 价格便宜等优点。

4.2.1.2 增强填充聚酰胺

增强填充改性通过玻纤与不同填料的有效组合，发挥各自优势，体现协同效果，是实现聚酰胺高强度、高模量的有效方法，同时是改善聚酰胺材料翘曲、收缩等问题的重要手段。用于增强聚酰胺的无机填充物有硅灰石、稀土、高岭土、蒙脱土、滑石粉、玻璃微珠、粉煤灰、云母等。

4.2.1.3 增强阻燃聚酰胺

随着国内电子、电气、通信、家电业的高速发展，对 PA 的需求越来越大。但聚酰胺属于易燃材料，常用的 PA6、PA66、PA1010 的氧指数分别为 26.4%、24.3% 和 25.5%。因此，工业应用时需对聚酰胺进行阻燃改性。阻燃剂的加入，能有效提升材料的氧指数，降低燃烧风险，但对材料的力学性能影响较大，需要同玻璃纤维进行复合，提升材料的力学强度，即合成增强阻燃聚酰胺。可用于聚酰胺的阻燃剂包括含溴化合物、无机物、红磷、含氮化合物、含磷化合物等。

4.2.1.4 增强增韧聚酰胺

玻璃纤维增强聚酰胺复合材料具有较高的力学性能、尺寸稳定性、耐热性、耐油性以及较好的电性能，广泛应用于电子电气、汽车、机械、航天等领域，然而该材料对缺口敏感，需结合增强增韧的改性技术，以改善聚酰胺材料的缺口冲击性能。目前，大多采用的方法是在聚酰胺基体中添加弹性体或韧性树脂，主要有马来酸酐接枝乙烯-辛烯共聚物（POE-g-MAH）、马来酸酐接枝三元乙丙橡胶（EPDM-g-MAH）、马来酸酐接枝氢化苯乙烯-丁二烯-苯乙烯共聚物（SEBS-g-MAH）等。

4.2.2 纤维增强作用机理

如前所述，玻璃纤维增强聚酰胺的强度是聚酰胺树脂的几倍，这归因于玻璃纤维抵抗外力作用的贡献。无论长玻璃纤维还是短玻璃纤维增强聚酰胺，在共混过程中，玻璃纤维在螺杆挤出机高剪切作用下，被切成一定长度的纤维，并均匀地分布在聚酰胺基体树脂中。混合挤出及注塑过程中，玻璃纤维会沿轴向方向产生一定程度的取向，当制品受到外力作用时，由于纤维/树脂界面上的连接必然使作用到模塑件上的力传导到纤维上，因此纤维的强度被充分利用，从而增强了材料承受外力作用的能力。在宏观上，显示出材料的弯曲强度、拉伸强度等力学性能的大幅度提高。但纤维在树脂基体中的长度必须满足一定的要求，这就是临界纤维长度。从拉伸力/剪切力平衡计算得到的临界纤维长度值（l_c）：

$$l_c = \sigma_Z / 2\tau_G$$

式中，σ_Z 为纤维拉伸应力，$\sigma_Z = 4F_Z/\pi d^2$，F_Z 为拉伸力，d 为纤维单丝的直径；τ_G 为界面剪切应力，$\tau_G = 2F_G/\pi D2l_c$，D 为纤维束直径，F_G 为剪切力。

因此，纤维增强聚酰胺的性能与纤维分布有密切的关系，对于特定纤维来说，临界纤维长度仅仅受到界面剪切强度或单丝直径的影响。

4.2.3　常用增强材料的特性

聚酰胺常用的增强材料包括无碱玻纤、碳纤维、玄武岩纤维以及芳纶纤维。玻纤、碳纤维、玄武岩纤维可作为主要的增强材料，芳纶纤维等特种纤维可作为提高聚酰胺某一特性的改性剂。

玻璃纤维的弹性模量高，价格便宜，是一种广泛应用的纤维增强材料。碳纤维弹性模量很高，密度小，耐磨性好，但其价格高，仅用于部分对复合材料强度及耐磨要求较高的场合；芳香族聚酰胺纤维的耐破损性好，比强度高，至分解温度仍不熔融，连续使用温度在196～204℃，缺点是压缩强度低；玄武岩纤维弹性模量仅次于玻纤；硼纤维的压缩强度、耐疲劳性能特别好；碳化硅纤维的高温稳定性好，与金属相容性好；陶瓷纤维耐非常高的温度，但脆性较大；特种纤维具有高强度、高模量的特性。

4.2.4　玻璃纤维增强聚酰胺的生产过程及控制因素

玻纤增强聚酰胺是以聚酰胺树脂为基料，加入玻璃纤维或碳纤维及相关助剂，经共混挤出造粒等工序制造的高强度聚酰胺复合材料。采用玻璃纤维或碳纤维增强聚酰胺可成倍提高聚酰胺的强度、热变形温度，是制造高强度耐热聚酰胺的有效途径。

纤维增强聚酰胺工艺路线有两种：一种是双螺杆共混挤出工艺，一种是长纤维浸渍复合工艺。其中，双螺杆共混挤出工艺是目前应用最广的工艺技术，其特点是生产过程控制简单，生产线适用性较强，产量大，生产线投资小。长纤维浸渍复合工艺是近十年开发的新工艺，其特征是所制备的聚酰胺复合材料强度高，适合用于机械受力结构部件，但生产线产量小，投资大。本节重点讨论双螺杆共混挤出过程与工艺。

双螺杆共混挤出工艺有短纤法和长纤法：所谓短纤法是将切断的纤维通过自动计量秤计量，以侧喂料的方式混入塑化好的聚酰胺树脂中，通过双螺杆挤出机进行共混、挤出、切粒；长纤法有两种工艺，一种是聚酰胺经计量输送至双螺杆挤出机入口处，进入双螺杆挤出机加热熔融，玻璃纤维纱连续进入双螺杆混炼区与熔融区之间的入口，通过双螺杆的转动带入双螺杆与熔融的基料汇合，并进入螺杆的捏合区，经捏合块剪切作用，将纤维剪成一定长度的短纤与基料混合均匀，通过挤出、切粒而得到最终产品，其工艺流程如图4-1所示。

图4-1所示工艺中，短纤增强共混工艺具有计量准确、产品纤维含量稳定、产品质量稳定等优点，将成为主导工艺。长纤维增强共混工艺是早期开发的工艺，纤维纱价格较短纤便宜，生产成本较低，但纤维须使用螺杆将其切断，因此，对螺杆的磨损较大；纤维于树脂中的宽度较短纤宽，在一定程度上影响复合材料的力学性能；同时，纤维纱的加入量波动较

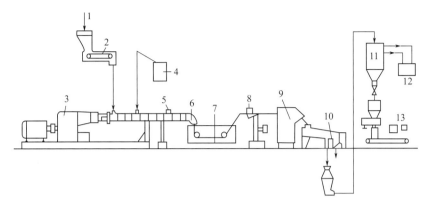

图 4-1　双螺杆挤出增强改性聚酰胺树脂示意图

1—聚合物＋添加剂；2—计量秤；3—ZSK 型双螺杆挤出机；4—玻璃纱；
5—排气口；6—造粒口模；7—水槽；8—牵引；9—切粒机；10—分选器；
11—干料定位器；12—干燥机；13—装袋工位

大，进而导致聚酰胺树脂中纤维含量的波动，最终影响所生产的聚酰胺复合材料的力学性能及成型收缩率的稳定性。

玻璃纤维增强聚酰胺的生产看似简单，但产品的性能与生产工艺及配方体系密切相关，微观上表现为玻纤与聚酰胺树脂间的黏结与纤维在树脂中的分散性；宏观上表现为材料的力学性能及产品外观质量。通常，随着玻璃纤维含量的增加，聚酰胺复合材料的力学性能提高，制品的表面变得越来越粗糙，或在制品表面产生明显的玻璃纤维流纹而失去原有的光泽。特别是黑色制品的表面会出现泛白现象，这种泛白现象称为玻纤外露。玻纤增强聚酰胺体系中导致玻纤外露的原因有很多，有配方的因素，也有工艺的因素。如玻璃纤维的尺寸及其分布、玻璃纤维的分散、玻璃纤维与聚酰胺基料的黏结、各种助剂的正确应用、工艺条件的调整、螺杆组合及转速的控制等因素均会影响产品性能及外观，各因素之间相互关联、相互影响，产品的性能及外观是上述因素综合作用的体现。其主要原因分析如下。

4.2.4.1　玻璃纤维的尺寸及其分布

玻璃纤维的尺寸主要从直径和长度考量。一般来说，玻璃纤维的直径控制在 $10\sim20\mu m$ 范围内，玻璃纤维直径太粗，与聚酰胺树脂的黏结性较差，易造成制品表面浮纤，同时引起产品力学性能下降。玻璃纤维太细，易被螺杆剪切成细微粉末，从而失去纤维的作用。表 4-1 列出了玻璃纤维直径对 GF-PA66 力学性能的影响。

表 4-1　纤维直径对增强聚酰胺力学性能的影响

聚酰胺 66	PPG3660 纤维直径/μm		
	10	13	15
拉伸强度/MPa	207	189	182
断裂伸长率/%	3.3	3.0	2.8
弯曲强度/MPa	291	271	262

聚酰胺 66	PPG3660 纤维直径/μm		
	10	13	15
弹性模量/GPa	9.0	8.7	8.6
悬臂梁缺口冲击强度/(kJ/m^2)	11.1	11.9	12.5
悬臂梁无缺口冲击强度/(kJ/m^2)	81	67	61
玻璃纤维含量/%	31.1	30.0	29.8

　　玻璃纤维长度同样对增强聚酰胺力学性能及外观产生较大的影响，玻璃纤维的长度一般控制在 2～3mm 为最好。从理论上讲，玻璃纤维长度愈长其增强效果愈好，但将带来制品表面粗糙以及挠曲等问题。玻璃纤维的长度与其原始长度无关，而与螺杆组合结构及转速相关。不同角度的剪切块、反螺旋与输送块合理搭配是控制玻纤长度的关键。相比长玻纤，短切纤维的长度均一性更好、浮纤程度更低。表 4-2 列出了玻璃纤维长径比（L/D）对 PA6 力学性能的影响。

表 4-2　玻璃纤维 L/D 对玻璃纤维增强 PA6 力学性能的影响

L/D	拉伸强度/MPa	冲击强度/(kJ/m^2)	断裂伸长率/%
100	132	14.2	3.3
300	162	18.1	3.1
400	188	19.5	2.8
500	183	19.2	2.6

　　注：试样含 30% 短玻璃纤维，干态测试。

4.2.4.2　玻璃纤维的分散

　　玻璃纤维在基体内的分散及其与基体的黏结性是解决浮纤的关键。玻璃纤维的团聚、与基材结合性差均易导致制件表面浮纤严重。改善玻璃纤维的分散情况可以通过选择较低黏度的基体树脂，结合一定的分散剂来实现。大量的研究表明，分散剂与润滑剂配合体系，能有效地改善玻璃纤维的分布状况，提高产品外观质量，同时，还可以降低螺杆扭矩与共混挤出温度。以典型的玻纤相容、分散剂 TAF 为例，它是以亚乙基双硬脂酸酰胺（EBS）为基料，在催化剂的作用下，含有极性基团的反应性单体与 EBS 反应形成 BAB 型共聚物。这种共聚物既保持了 EBS 的润滑特性，又具有能与玻纤、无机填料表面部分极性基团相结合的极性基团结构。在玻纤增强或无机填充 PA6、PA66 等复合体系中，TAF 在玻璃纤维、无机填料与基体树脂之间形成了类似锚固结点，改善了玻璃纤维、无机填料与基体树脂的黏结状态，进而改善了玻璃纤维、无机填料在基体树脂中的分散性。同时，玻纤相容分散剂 TAF 又具有润滑特性，改进复合材料的加工流动性，提高复合材料的表面光洁度。工艺上可以通过较强的螺杆组合促进玻璃纤维分散。

4.2.4.3　玻璃纤维与基材黏结

　　偶联剂是具有特定基团的有机化合物，这种化合物可通过化学或物理的作用，将无机材料与高分子材料有机地结合起来，改善复合材料的性能。

偶联剂的种类有有机硅烷类、钛酸酯类、有机酸络合物类、磺酰氮类和铝酸酯类，应用最多的是有机硅烷类和钛酸酯类。

适合聚酰胺用的硅烷偶联剂有 KH-550、KH-560、KH-570 等，这类偶联剂作为氧化硅无机填料的表面处理剂，因分子中含有氨基、巯基、乙烯基或环氧基团，与聚酰胺有较好的相容性。对于不同熔点的聚酰胺，应使用不同的偶联剂，PA6、PA1010、PA12、PA11、PA610 等可用 KH-550，而高熔点聚酰胺 PA66、PA46 等用 KH-560 或 KH-570 为好。

玻璃纤维生产过程中，一般需进行表面浸润处理，浸润处理既保护玻璃纤维不受磨损，同时为玻璃纤维与聚合物基体间的黏结提供良好界面。玻璃纤维浸润剂主要成分为偶联剂和成膜剂，所用偶联剂均为硅烷类有机化合物。成膜剂主要有丙烯酸、聚氨酯、环氧类缩水甘油醚、聚乙烯醇、聚醋酸乙烯酯等，此外还有润滑剂、抗氧剂、乳化剂、抗静电剂等助剂。因此，成膜剂成分以及其他助剂的种类对玻璃纤维性能影响很大，使用时必须根据基料性能及成品要求，选择合适的玻璃纤维种类。对于玻璃纤维增强 PA 用玻璃纤维的助剂，最好选用聚氨酯、环氧类缩水甘油醚、丙烯酸等成膜剂。外露改性剂及润滑剂对 GF-PA6 性能的影响列于表 4-3 和表 4-4。

表 4-3　玻璃纤维外露改性剂对玻纤增强 PA6 力学性能的影响

项目	测试标准	玻纤外露改性剂用量/%			
		0	0.5	1.0	1.5
拉伸强度/MPa	ASTM	193	190	185.5	128
弯曲强度/MPa	ASTM	313.5	300.5	293.3	278
悬臂梁冲击强度/(kJ/m^2)	ASTM	52	50.5	40.5	35.2
样条外观		表面粗糙	表面较好	表面光滑	表面光滑

表 4-4　润滑剂对玻纤增强 PA6 力学性能的影响

项目	测试标准	润滑剂用量/%	
		0	0.5
拉伸强度/MPa	ASTM D638	185.5	195.6
弯曲强度/MPa	ASTM D790	293.3	316.6
悬臂梁冲击强度/(kJ/m^2)	ASTM D256	40.5	44.9

4.2.4.4　共混挤出工艺对产品性能的影响

（1）共混挤出温度对增强聚酰胺性能的影响

温度的影响具体表现在对玻璃纤维的包覆程度、螺杆挤出摩擦热的产生与集中、挤出带条表面光洁度及拉带的正常与否，更重要的是对增强聚酰胺的力学性能的影响。挤出温度太低，玻璃纤维的包覆效果差，往往会出现玻璃纤维外露现象，带条外表粗糙，无光泽，颗粒疏松，脆性大，产品的冲击强度较低；挤出温度太高，则易造成聚酰胺的热氧化分解，产品力学性能下降，外观变黄，甚至变成灰色。因此，应根据基料的不同、玻璃纤维含量的不同来选择适当的挤出温度。共混挤出温度选择的原则是控制在略高于基料熔点的温度范围内。在实际操作中可根据玻璃纤维入口熔体流动状况来确定熔融区温度；根据挤出带条光泽程度来确定计量段、压缩段各区温度。同时，还应注意螺杆温度梯度与分布的控制，应防止某一区温度过于集中或超温现象。螺杆挤出温度的分布与螺杆结构有密切关系。

（2）螺杆转速对增强聚酰胺性能的影响

在增强聚酰胺制造过程中，螺杆转速的控制十分重要。螺杆转速的高低，间接反映熔体在螺杆中的停留时间，熔体停留时间的长短直接影响基料的熔融塑化效果及玻璃纤维分散程度，其次还影响产量。螺杆转速太低时，螺杆的剪切作用小，导致玻璃纤维分散不匀，物料不能得到充分的塑化与混合，使得增强聚酰胺性能不均；螺杆转速太高时，其剪切混合作用增强，但由于螺杆的高速转动会产生很大的摩擦热，导致螺杆温度过高而使基料及部分助剂产生热解，影响产品质量。因此，应根据不同产品及温度可控情况确定螺杆转速。螺杆转速设定的原则是：

① 低玻璃纤维含量时，可适度提高转速；

② 高玻璃纤维含量时，应采用中低转速；

③ 对于阻燃增强，由于阻燃剂易产生热分解，宜采用低转速。

4.2.4.5　玻纤含量对复合材料流动性的影响

高分子复合材料流动性的好坏可用熔体流动速率（MFR）来表征。一般来说，MFR越高，复合材料的流动性越好，力学性能越优异。但由于玻璃纤维为高模量、高刚性填料，它的加入使聚酰胺复合材料的熔体流动阻力增大、黏度增高、加工流动性变差，如图4-2所示。

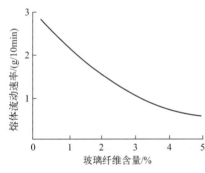

图4-2　玻璃纤维含量对玻璃纤维
增强 PA6 MFR 的影响

这一特性对于制品成型加工工艺的设计十分重要。采用一般聚酰胺基础树脂加工的工艺无法制造出合格的制品，表现为制品表面浮纤严重、光洁度差，甚至缺胶等，必须设法提高复合材料的流动性。采用高温、高速、高压的注塑工艺可在一定程度上弥补材料流动性的不足，但应根据制品大小、形状结构来调试，否则制品内应力增加，有翘曲、变形的风险，严重时导致制品开裂。目前，提高材料流动性主要有两种思路：一是降低树脂基体黏度，提高复合材料的流动性；二是通过引入流动改性剂来提高熔体的流动性。

（1）树脂基体黏度对复合材料性能的影响

树脂黏度对玻璃纤维增强聚酰胺复合材料的流动性具有重要的影响，进而影响材料的力学性能及外观。树脂黏度越高，复合材料的冲击强度越高，但流动性及充模性能越差；树脂黏度越低，复合材料的流动性越好，且低黏度树脂对玻璃纤维的浸渍性越好，制品表面光洁度越优异，但冲击强度会下降。常规的增强聚酰胺改性中，为了平衡材料的流动性（即加工性能）及力学性能，一般选择中等黏度的聚酰胺树脂，其相对黏度在2.4～2.8之间；对材料流动性要求较高时，或者在玻璃纤维含量较高的体系中，通常选择黏度偏低的基体树脂。近年来，超支化聚酰胺聚合技术越来越成熟，能大幅改善玻璃纤维增强聚酰胺6的流动性，提升玻纤含量的同时，赋予材料更优异的外观。如长沙五犇生产的玻纤增强PA6，其玻纤含量达60%，用于汽车天窗，其外观接近镜面效果。

（2）流动改性剂对复合材料流动性及外观的影响

润滑与流动改性剂是一种能改善塑料加工性能的添加剂，按其在塑料加工中的作用分为外润滑剂和内润滑剂两种。外润滑剂能降低塑料与金属表面的黏附力，从而减少其在运动中的摩擦力，起到润滑作用。内润滑剂则能降低聚合物分子的内摩擦力，增加塑料的熔融速率和熔体的变形性，降低熔体黏度并改善塑化效果。实际上所有润滑剂均兼有两种作用。

常用的流动改性剂有 TAF、端羧基超支化聚酯（如超支化 C181、816A）、高级脂肪酸盐等。以 30 份玻璃纤维增强 PA6 为例，添加 0.3% 的 816A，复合材料的熔体流动速率可以从 15g/10min 提升至 23g/10min。但常用的提升复合材料熔融指数的助剂都存在一些缺点，如损失材料的冲击强度，且低分子润滑剂容易迁移到聚合物表面或受热降解，在注塑复杂制件时，引起聚合物表面发生焦烧现象或产生气痕。因此，选择流动改性剂时，必须考察其分解温度是否适用聚酰胺复合材料的加工温度。

4.2.5　碳纤维增强聚酰胺的生产过程与工艺

碳纤维是以聚丙烯腈、沥青、人造丝及芳香族聚酰胺等为原料，在 300℃ 以下空气中预氧化，然后将其在隔绝空气和氮气气氛条件下高温分解碳化得到的一种纤维。相比玻璃纤维，碳纤维具有更高的强度和模量。

根据碳含量不同可分为碳纤维和石墨纤维，一般含碳量在 90%～99% 的称为碳纤维，含碳量高于 99% 的称为石墨纤维，其制造原理和结构都一样。碳纤维（CF）可以用聚丙烯腈（PAN）或沥青来制造，但高质量的碳纤维目前只能由 PAN 来制造。

按照力学性能碳纤维可分为：

① 高韧性（HT）纤维；

② 可伸长性（ST）纤维，和 HT 相比有较高的强度和断裂伸长率；

③ 中等模量（IM）纤维，和 HT 相比有较高的弹性模量以及较高的强度和断裂伸长率；

④ 高模量（HM）纤维，和 HT 相比在较低的强度下有很高的弹性模量和相当低的断裂伸长率；

⑤ 高模量和强度（HMS）纤维，和 HM 相比提高了强度和弹性模量，和 HT 相比在具有相同强度或稍低强度时具有相当高的弹性模量和较低的断裂伸长率。

碳纤维增强 PA 复合材料具有高强度、高模量、低密度、耐疲劳、抗蠕变、耐磨、耐化学腐蚀、热膨胀系数低等特点，主要用于航空航天、军事等领域。但碳纤维的增强效果与碳纤维的表面处理、基础树脂、增强纤维性质、纤维与树脂界面的结合程度、挤出成型工艺、增强纤维的长度及分布状态有关。

碳纤维表面主要是碳氢键，呈现化学惰性，表面光滑。为了促进碳纤维与树脂基体的相容，提高其界面结合强度，碳纤维需要经表面处理（氧化）以增加 CF 表面的活性基团（主要是羟基、羧基、环氧基团等含氧官能团），提高 CF 表面浸润性、表面自由能等，改善纤维被基体树脂的可润湿性以及纤维/基体的黏结性。

张艳霞等采用电化学氧化法对碳纤维进行表面处理，其中一部分再经氨气法进一步氧化处理，然后，两种碳纤维分别增强 PA66。研究发现二者均可提高复合材料的耐磨损性能，但含氮官能团和聚酰胺基体的界面结合力大于含氧官能团，制得的复合材料耐磨损性能更优，而弯曲强度则分别比未经表面处理的 CF/PA66 提高了 1.26 倍和 1.12 倍。

碳纤维不耐剪切，普通的螺杆组合往往将碳纤维剪切过细，致使 CF 的增强效果不理想。通过螺杆组合的调整，确保树脂基体在熔融区充分熔融，捏合区适当减少捏合返混元件，以保证碳纤维有一定的长度，才能产生较好的增强效果。碳纤维增强复合材料的力学性能与复合材料的强度，纤维、树脂的强度和体积分数的关系如下式所示：

$$S_c = KS_f V_f + S_m V_m$$

式中，S_c，S_f，S_m 分别为复合材料、纤维、树脂的强度；V_f、V_m 分别为纤维、树脂的体积分数；K 为增强系数。

由上式可知，在 S_f、V_f、S_m、V_m 确定的情况下，S_c 取决于 K 值的大小，K 值的大小与纤维长度成正比。因此，要得到高强度的碳纤维增强聚酰胺，应尽量使碳纤维保持较大的长径比。在螺杆组合得当的情况下，保证碳纤维一定长度是有可能的，一般长度分布在 0.2~0.3mm，最大长度在 0.5mm 以上。

彭树文在研究 CFPA66 时发现，CFPA66 与纯 PA66 剪切应力 lgτ-剪切速率 lgγ 曲线基本类似。而表观黏度 lgη-剪切速率 lgγ 曲线具有相反的变化规律，见图 4-3 和图 4-4。

如图 4-4 所示，PA66 的表观黏度随剪切速率增加而减少，表现为假塑性特征，而 CF-PA66 的表观黏度则随剪切速率的增加而增加。

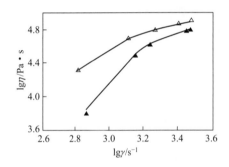

图 4-3　CFPA66 与纯 PA66 的 lgη-lgγ 曲线
△—CFPA66；▲—纯 PA66

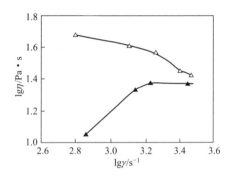

图 4-4　CFPA66 与纯 PA66 表观黏度与剪切速率的关系
△—纯 PA66；▲—CFPA66

这是由于碳纤维在 PA66 熔体中起到固体粒子的作用，与 PA66 分子间易产生界面滑移，因而，表现出熔体黏度比纯 PA66 低。随着剪切速率的增大，固体粒子流动滞后，同时，碳纤维的粒子尺寸受应力作用变小，粒子数增加，从而表现出表观黏度增加。

李丽等通过优化螺杆组合研究了 CFPA 复合材料中碳纤维的长度分布对其力学性能的影响。结果表明，合适的螺杆组合可使树脂塑化较好，纤维分布均匀且长纤维比例增大，增强作用可以更充分发挥，从而使复合材料的弯曲强度提高近 2 倍，拉伸强度提高 1.4 倍，耐磨性变好，摩擦因数下降。

4.2.6　纤维增强聚酰胺的主要品种与性能

纤维增强剂主要有玻璃纤维（GF）、碳纤维（CF）、高性能有机纤维（主要是芳酰胺纤维）、硼纤维、石墨纤维等，其中以玻璃纤维最重要，最适用，且价格最适宜。增强改性是提升聚酰胺复合材料综合性能的有效手段，主要表现为：

① 强度和比强度高。玻璃纤维作为聚酰胺的增强材料，具有很高的强度和模量，添加硅烷偶联剂等，将玻璃纤维与聚酰胺基体树脂结合成很好的黏合体系，因此，它是一类轻

质、高强度工程塑料，这对轻量化是极其重要的特性；聚酰胺是韧性材料，玻璃纤维增强后的冲击强度与纯聚酰胺树脂相比，比强度不变或稍有下降。表4-5列出了玻璃纤维增强聚酰胺的比强度与部分金属的比较。

表4-5　GFPA的比强度与部分金属的比较

材料	相对密度	拉伸强度/MPa	比强度
普通钢A3	7.85	400	51
不锈钢Cr18N9T1	8	550	68.8
硬质铝合金Ly12	2.8	470	167.9
普通黄铜H50	8.4	390	46.4
玻璃纤维增强PA610	1.45	256	176.6
玻璃纤维增强PA1010	1.23	180	146.3
30%玻璃纤维增强PA6	1.36	160	117.6
30%玻璃纤维增强PA66	1.37	170	124.1

② 玻璃纤维增强聚酰胺最显著的特征是耐热性大大提高，如30%玻璃纤维增强PA6的热变形温度（1.82MPa）为215℃，而纯聚酰胺树脂只有63℃，扩大了高温区域的使用范围。

③ 与纯聚酰胺相比，增强聚酰胺的线膨胀系数约降低1/4～1/5。

④ 玻璃纤维增强聚酰胺在高低温下保持相当强度，尤其是在低温下，远比纯聚酰胺优异，特别是低温冲击强度。

⑤ 与纯聚酰胺相比，玻璃纤维增强聚酰胺的吸水性降低，如GFPA6的吸湿率与纯PA6相比，约下降了一半。

⑥ 耐蠕变性能大大改善，耐疲劳强度大大提高，如45%玻璃纤维增强PA6，比纯PA6的耐疲劳强度约增加2.5倍，比疲劳强度接近金属值，详见表4-6。玻璃纤维增强PA6的蠕变情况与纯PA6的比较如图4-5所示。

表4-6　玻璃纤维增强聚酰胺比疲劳强度与金属比较

材料	相对密度	疲劳强度/MPa	比疲劳强度
45%GF增强PA6	1.5	70	47
铝合金	2.7	150	56
不锈钢	8	510	64

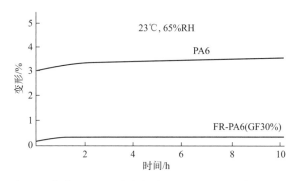

图4-5　负荷20MPa时玻璃纤维增强聚酰胺的蠕变情况

⑦ 耐摩擦、磨耗性比纯 PA 差，摩擦系数增加，磨耗量也增加，见表 4-7。

表 4-7　GFPA6 与纯 PA6 耐摩擦磨耗性比较

面压/MPa	GFPA6		PA6	
	摩擦系数	磨耗量/[mg/(cm² · h)]	摩擦系数	磨耗量/[mg/(cm² · h)]
2	0.35	3.5	0.13	0.7
3	0.38	4.0	0.15	0.4

注：测定条件为常温，干态；对磨材料为低碳钢；磨耗速度为 11.3m/min。

⑧ 电性能随吸水性下降有所改善。

⑨ 纤维增强聚酰胺的耐化学品性优良，特别是在高温下，仍有优良的耐化学品性。图 4-6 是玻璃纤维增强聚酰胺用汽车用油浸渍后的结果。

⑩ 纤维增强聚酰胺的耐热老化性能有所提高，在光和热的作用下，强度也下降，但是下降幅度小，详见图 4-7。

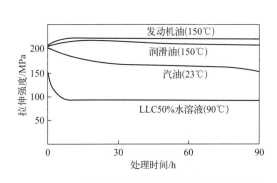

图 4-6　45％玻璃纤维增强聚酰胺的耐化学品性

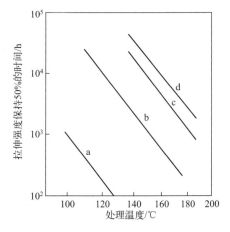

图 4-7　玻璃纤维增强聚酰胺耐热老化情况
a—纯聚酰胺；b—耐热聚酰胺；c—30％玻璃纤维增强聚酰胺 6；d—45％玻璃纤维增强聚酰胺 6

⑪ 玻璃纤维增强聚酰胺的成型加工性与纯聚酰胺差不多，但是，加入玻璃纤维后其流动性较差，随着玻璃纤维含量的增加，流动性逐渐变差，40％玻璃纤维增强聚酰胺的流动性是纯聚酰胺的 60％。而且，制品表面较粗糙，还具有各向异性，加工操作环境也较差；对设备磨损较大。

⑫ 既可以提高聚酰胺的性能，又可保持廉价，增加了聚酰胺材料的供应量。

⑬ 用玻璃纤维和无机物的混合物增强填充聚酰胺，上述缺点可以改善。

⑭ 碳纤维和高性能有机纤维增强聚酰胺，其模量高、强度高、耐热性高。但是，成本高，价格贵。

4.2.6.1　玻纤增强聚酰胺的性能

玻纤增强聚酰胺的性能如表 4-8～表 4-10 所示。

表 4-8　玻纤增强 PA6 的性能

性能	Rhodia TECHNYL® C 216 V45	金发科技 PA6-G50	杭州本松 A180G10W	长沙五犇 N1GF1201
灰分含量/%	45	50	50	60
密度/(g/cm³)	1.51	1.56	1.58	1.68
拉伸强度/MPa	190	195	240	250
拉伸模量/GPa	13	—	22	—
弯曲强度/MPa	—	295	330	330
弯曲模量/GPa	—	13	14	17.2
悬臂梁冲击强度/(kJ/m²)	—	19.5	15	—
简支梁缺口冲击强度/(kJ/m²)	13	—	14	17.7
简支梁无缺口冲击强度/(kJ/m²)	90	—	85	82
热变形温度(1.82MPa)/℃	210	214	212	210

表 4-9　玻纤增强 PA66 的性能

性能	Rhodia TECHNYL® A 218 V50	金发科技 PA66-G50	泰塑新材 T303N60 LH	杭州本松 A280G12 L
灰分含量/%	50	50	60	60
相对密度	1.57	1.56	1.72	1.72
拉伸强度/MPa	240	210	240	265
拉伸模量/GPa	16.2	—	—	—
弯曲强度/MPa	350	300	350	400
弯曲模量/MPa	13.5	13	17	19.5
悬臂梁冲击强度/(kJ/m²)	14.5	15.5	—	—
简支梁缺口冲击强度/(kJ/m²)	16	—	15	16
简支梁无缺口冲击强度/(kJ/m²)	95	—	80	90
热变形温度(1.82MPa)/℃	255	253	245	240

表 4-10　玻纤增强耐高温聚酰胺的性能

性能	杭州本松 A380G10 HW BK	金发科技 Vicnyl 550	时代工塑 H131G50	长沙五犇 A3GF1002
灰分含量/%	50	50	50	50
相对密度	1.65	1.64	1.62	1.65
拉伸强度/MPa	272	260	250	270
拉伸模量/GPa	18.5	18.5	20	—
弯曲强度/MPa	405	400	380	390

续表

性能	杭州本松 A380G10 HW BK	金发科技 Vicnyl 550	时代工塑 H131G50	长沙五犇 A3GF1002
弯曲模量/MPa	17.5	17.5	15	17.5
悬臂梁冲击强度/(kJ/m²)	—	—	18	—
简支梁缺口冲击强度/(kJ/m²)	15	12	19	17.3
简支梁无缺口冲击强度/(kJ/m²)	80	70	85	98
热变形温度(1.82MPa)/℃	283	295	285	280

4.2.6.2 碳纤维增强聚酰胺的性能

碳纤维增强聚酰胺的性能如表 4-11 所示。

表 4-11 碳纤增强聚酰胺的性能

项目	泰科玛 PA6CF40	Celanese PA66CF4001US	时代工塑 B139C40	长沙五犇 N2CF1001
材料类型	PA6	PA66	PA66	PA66
灰分含量/%	40	40	40	50
相对密度	1.32	1.34	1.34	1.52
拉伸强度/MPa	220	290	305	320
拉伸模量/GPa	—	31	25	—
弯曲强度/MPa	325	464	360	410
弯曲模量/GPa	20.5	26	20	25
悬臂梁冲击强度/(kJ/m²)	8.2	—	—	/
简支梁缺口冲击强度/(kJ/m²)	—	24	12.8	12
简支梁无缺口冲击强度/(kJ/m²)	—	—	58	75
热变形温度(1.82MPa)/℃	210	—	240	230

4.2.7 长纤维增强聚酰胺

长纤维增强聚酰胺复合材料主要包括 LGFPA6 和 LGFPA66、LCFPA6 和 LCFPA66 等两大类品种。长纤维增强聚酰胺复合材料与双螺杆共混短纤维增强聚酰胺相比,具有高强度、高模量等特点,广泛应用于汽车、机械结构部件。

4.2.7.1 长纤维增强聚酰胺的生产过程

长纤维增强聚酰胺复合材料生产过程(图 4-8)包括纤维纱梳理成丝束,丝束经导辊牵引进入熔融浸渍模具;聚酰胺树脂经双螺杆挤出机熔融挤出进入模具,浸入丝束;对纤维纱进行包覆,形成纤维/树脂复合体。浸渍包覆模具出口牵引辊连续地将复合带条导出,经冷却,切成 10~15mm 的长条形颗粒,即得到 LGFPA6 或 LGFPA66 复合材料。

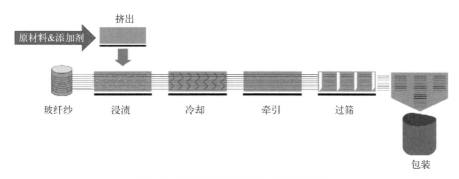

图 4-8　长纤维增强聚酰胺流程示意图

4.2.7.2　长纤维增强聚酰胺主要控制因素

（1）聚酰胺树脂黏度对复合材料的影响

在长纤维增强聚酰胺复合材料的制备过程中，聚酰胺树脂的熔融流动性是制备高性能复合材料的关键要素之一。树脂的熔体黏度或流动性是保证树脂熔体快速、充分浸渍包覆纤维纱的关键要素。树脂熔体黏度过大，很难快速浸渍包覆纤维纱，所制备的复合材料力学性能就低；树脂熔体黏度低，则较容易快速浸渍包覆纤维纱，得到的复合材料的力学性能就高；但是，树脂熔体黏度过低，意味着树脂的分子量太低，即使对纤维纱的包覆很好，但由于树脂分子量太小，得到的复合材料性能也较低。因此，选择适当分子量的树脂，对于制备高性能复合材料十分重要。

笔者认为选择特性黏度 1.8～2.4 的聚酰胺树脂较为适宜。为提高树脂熔融流动性，可以选择支化树脂及流动改性剂，树脂熔体流动速率与复合材料性能的关系如表 4-12 所示。

表 4-12　树脂熔体流动速率与复合材料性能的关系

树脂熔体流动速率/（g/10min）	20	30	40	60
拉伸强度/MPa	190	210	240	280
弯曲强度/MPa	220	240	260	310
缺口冲击强度/（kJ/m²）	20	23	26	31

（2）双螺杆熔融挤出温度对复合材料的影响

双螺杆挤出温度影响树脂熔体黏度，挤出温度高树脂的熔体黏度就小，但挤出温度太高时，可能导致树脂在高温下受热降解，导致复合材料性能降低。一般，树脂熔融挤出温度的设置，可高于树脂熔点 20～40℃。

（3）浸渍包覆温度对复合材料性能的影响

浸渍包覆温度对树脂熔体黏度有较大的影响。浸渍温度越高，树脂熔体黏度就越小，浸渍包覆纤维的效果就越好。但浸渍温度过高可能会引起树脂的热降解，导致复合材料的力学性能下降。一般来说，浸渍模具温度设置应高于螺杆挤出温度 20～30℃较为合适。

（4）物料在浸渍模具中停留时间的影响

物料在浸渍模具中的停留时间将影响树脂对纤维的浸渍包覆程度、复合材料的性能及产能。物料停留时间长，树脂浸渍纤维的程度就高，复合材料的性能就高，其产能就低；反之亦然。物料停留时间与复合材料拉伸强度及弯曲强度的关系如表 4-13 所示。

表 4-13 物料停留时间与复合材料性能的关系

物料停留时间/min	1.0	1.5	2.0	2.5
拉伸强度/MPa	140	190	180	150
弯曲强度/MPa	160	245	240	200

注：GFPA6，玻纤含量 40%。

（5）模具结构对浸渍包覆的影响

在长纤维增强聚酰胺复合材料制备过程中，浸渍模具结构是影响树脂浸渍效果、物料停留时间及产能大小的重要因素。浸渍模具结构设计须考虑如何保证纤维丝束分布均匀、树脂快速完全浸渍丝束、丝束牵引阻力较小，以保证丝束顺利通过模具以及保证纤维完全浸渍的时间即物料停留时间。

4.2.7.3 几种长纤维增强聚酰胺复合材料的力学性能

表 4-14 列出几种长纤维（GF、CF）增强 PA6、PA66 的力学性能，可以发现长纤维增强聚酰胺复合材料的力学性能明显高于普通双螺杆共混挤出纤维增强 PA6、PA66 的性能。

表 4-14 长纤维增强 PA6、PA66 的性能

性能	LGFPA6		LGFPA66		LCFPA6		LCFPA66	
	GF30	GF50	GF30	GF50	CF30	CF50	CF30	CF50
密度/(g/cm³)	1.36	1.56	1.38	1.58	1.29	1.41	1.30	1.43
拉伸强度/MPa	160	245	170	250	210	235	220	260
断裂伸长率/%	2.1	1.9	2.0	1.6	2.2	1.9	1.8	1.6
弯曲强度/MPa	250	365	260	390	285	395	320	420
弯曲模量/GPa	0.90	1.50	1.0	1.9	1.2	1.5	1.4	2.1
缺口冲击强度/(kJ/m²)	18.0	32.6	16.0	31.0	18.0	38	17.0	39.0
热变形温度(1.8MPa)/℃	206	210	240	255	200	215	242	260

4.2.8 连续纤维增强聚酰胺

连续纤维增强聚酰胺复合材料具有高强度、高模量、耐腐蚀、耐磨等优异性能，其力学性能接近铝板或普通钢板性能，是近年来问世的一种具有广阔应用前景的以塑代钢新型聚酰胺复合材料。广泛用于乘用车、商用车、工程机械、地铁、城轨、商用货运车辆箱体材料，以及替代热固性复合材料用于风电叶片部件材料。

4.2.8.1 连续纤维增强聚酰胺复合材料的制备过程

连续纤维增强聚酰胺复合材料制备包括连续纤维增强聚酰胺片材的制备和片材叠加制备连续纤维增强复合板材两大工序。可以采用连续制备工艺，也可以采用间隙模压工艺。连续制备工艺适用于大型复合板材的生产，间隙模压工艺适合零部件的生产。

4.2.8.2 连续纤维增强聚酰胺复合片材的制备工艺

连续纤维增强聚酰胺复合片材制备工艺可分为熔融浸渍法、聚酰胺纤维/玻纤纱（碳纤

维纱）混合编织法、粉末浸渍法和反应成型浸渍法。

（1）熔融浸渍法制备单向复合片材

① 熔融浸渍工艺过程

如图 4-9 所示，PA6 树脂经双螺杆熔融挤出至浸渍模具入口；纤维纱经牵引梳理进入浸渍模具，与树脂熔体相会，树脂熔体充满浸渍模具并快速浸渍包覆纤维纱。经冷却、牵引、收卷得到单向纤维增强 PA6 复合片材。

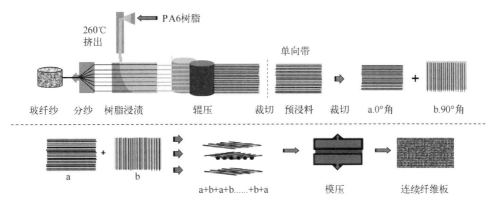

图 4-9　熔融挤出浸渍法工艺流程图

② 熔融浸渍工艺控制因素

熔融浸渍制备单向纤维增强 PA6 复合片材的主要控制因素包括纤维纱梳理与牵引、浸渍模具温度及停留时间。

纤维纱梳理越充分，树脂浸渍速度就越快，反之亦然。纤维纱梳理是通过牵引导辊的牵引实现的。业已表明导辊个数是梳理充分的关键，一般至少需要 3～6 个牵引辊。

浸渍模具的温度是熔融浸渍的重要因素。浸渍温度越高，树脂熔体黏度就越低，对纤维纱的浸渍包覆速度就越快，制备的复合片材中纤维纱分布越均匀，片材的透明度越高，其力学性能越高。但浸渍温度过高，导致 PA6 树脂受热降解，复合材料的性能随之下降，如表4-15 所示。

表 4-15　浸渍温度与 PA6 复合材料性能的关系（玻纤含量 60%）

浸渍温度/℃	250	260	270	280	290
拉伸强度/MPa	230	250	260	260	240
弯曲强度/MPa	340	390	420	400	350

牵引速度对复合片材性能的影响：一般来说，牵引速度越高，材料在模具中的停留时间就越短，产能就越高，浸渍效果就越差。检验浸渍效果的方法是观察复合片材的透明度及其均一性。其透明度与均一性越高，表面浸渍效果越好。研究表明：牵引速度为 2～4m/min较为合适。

（2）聚酰胺纤维/玻纤纱（碳纤维纱）混合编织法制备复合片材

① 混纤复合片材的制备过程

将 PA6 或 PA66 纤维与玻纤纱或碳纤维纱复合编织成复合纤维布，其工艺过程为混纤布放卷、牵引、加热、压辊、冷却、收卷得到复合片材，如图 4-10 所示。

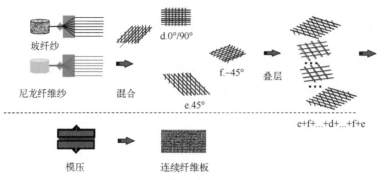

图 4-10　树脂纤维与玻璃（碳）纤维纺织复合纤维布

② 主要工艺控制因素

此法的主要工艺控制因素是加热温度和加热时间，合适的加热温度和加热时间是制备高强度复合材料的关键要素。表 4-16 为加热温度与时间对 PA66 纤维/玻纤混编片材性能的影响。从表 4-16 可以看出，加热温度高时，PA66 纤维熔融较快，对纤维的包覆效果较好，所制备的复合片材的力学性能较高；熔融加热时间延长，复合片材的性能随之提高。

表 4-16　加热温度与时间对 PA66 纤维/玻纤混编片材性能的影响

项目		不同加热时间时的数值			
		3min	5min	7min	9min
加热至 280℃	拉伸强度/MPa	180	230	260	250
	弯曲强度/MPa	280	340	380	370
加热至 290℃	拉伸强度/MPa	210	240	270	240
	弯曲强度/MPa	310	380	410	370

（3）粉末浸渍法制备复合片材

① 粉末浸渍制备复合片材的工艺过程

如图 4-11 所示：纤维布经牵引至 PA6 或 PA66 粉末加料器，树脂粉末计量连续撒在纤维布上面，一同送入加热器，在加热器内树脂受热熔融浸渍纤维布，经冷却、压辊、收卷得到复合片材。

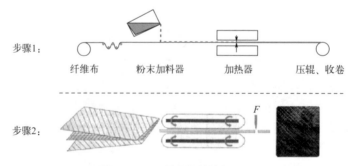

图 4-11　浸渍纤维布制备工艺

② 粉末浸渍工艺对复合材料性能的影响因素

粉末浸渍法制备复合片材的主要影响因素包括粉末颗粒大小及其在纤维布上的均匀分

布、加热温度与加热时间。

a. 粉末颗粒越大，其加热熔融的时间就越长，浸渍速度及效果就越差；反之亦然。研究表明：树脂粉末颗粒直径在 $100 \sim 150 \mu m$ 较适宜；粉末均匀分布在一定程度上影响复合材料性能的均一性。粉末分布主要取决于粉末计量下料器形状及其口径的设计。

b. 熔融加热温度影响树脂粉末对纤维布的浸渍包覆，树脂粉末对树脂布浸渍包覆的过程是树脂粉末在高温下逐步熔融至完全变为熔体，随加热过程树脂熔体流动浸入纤维布。熔融温度越高，树脂粉末熔融速度就越快，反之亦然。但加热温度过高，树脂在高温下易氧化降解，最终导致复合材料性能下降。研究表明：加热熔融温度比树脂熔点高 $20 \sim 40 ℃$ 为宜。

c. 加热时间影响树脂对纤维布的浸渍包覆效果，加热时间越长，树脂对纤维布的浸渍包覆就越好，但加热时间过长，树脂较长时间受热容易被氧化变色甚至降解。一般来讲，加热停留时间在 $3 \sim 8 min$ 较为适宜。

（4）反应成型浸渍法制备复合片材

① 反应成型浸渍制备复合片材的工艺过程

反应成型浸渍制备复合片材工艺是以己内酰胺单体和纤维布（玻纤布或碳纤布）为主要原料，生产过程分为两部分，如图 4-12 所示。其中，一部分为己内酰胺经脱水计量送入 A、B 反应釜，在 A、B 釜中分别加入主催化剂和助催化剂（也称活化剂），在真空加热下，进行活化反应形成活化己内酰胺；反应完毕后，A、B 釜中的两种己内酰胺活化物按一定比例计量经混合器泵入反应

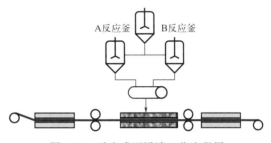

图 4-12　反应成型浸渍工艺流程图

浸渍模具。另一部分为纤维布经牵引、预热进入反应浸渍模具。在反应浸渍模具中，活化己内酰胺液体喷入纤维布表面，并迅速浸渍纤维布，在加热下快速反应固化，经压辊定型、冷却、收卷得到复合片材。

② 主要工艺控制因素

己内酰胺活化反应催化剂由主催化剂和助催化剂组成。主催化剂包括金属 K、Na、KOH、NaOH、Na_2CO_3 及己内酰胺钠盐等，助催化剂包括芳香族异氰酸酯（如甲苯二异氰酸酯 TDI、二苯基甲烷二异氰酸酯 MDI、萘-1,5-二异氰酸酯 NDI）与脂肪族异氰酸酯（如六亚甲基二异氰酸酯 HDI、异佛尔酮二异氰酸酯 IPDI、二环己基甲烷-4,4-二异氰酸酯 HMDI、四甲基间苯二亚甲基二异氰酸酯 TMXDI）。

主催化剂用量对反应速度及产品性能有较大的影响。催化剂加入量大，其反应速度快，产品性能较差，因此，催化剂用量是影响己内酰胺活化反应及树脂性能的重要因素。一般来讲，催化剂用量控制在 $0.1 \% \sim 2 \%$ 较为合适。

己内酰胺活化反应温度与反应时间的控制：己内酰胺活化反应温度太低，则反应速度慢；反应温度太高时，容易导致反应过激发生冲料现象；反应时间短时，己内酰胺活化不完全；反应时间过长则己内酰胺长时间受热氧化变黄。一般来讲，反应温度控制在 $120 \sim 150 ℃$ 为宜，反应时间可依据反应体系排水量而定，一般控制在 $30 \sim 50 min$。

a. 反应成型浸渍温度的控制

如前所述，活化己内酰胺在模具中快速浸渍纤维布并迅速反应成型，其反应成型速度与

模具加热温度有关。模具加热温度太低，己内酰胺反应成型速度就慢；模具加热温度过高，则反应成型速度过快，导致己内酰胺还未完全浸渍纤维布时就已固化，使制备的复合片材性能差。因此，反应成型温度控制在120～180℃较为适宜。

b. 反应成型时间的控制

反应成型时间或者说模具停留时间是制备高性能 PA6/纤维复合材料的重要因素。反应成型时间短，可能导致反应不完全；反应成型时间过长，由于长时间受热，树脂容易受热氧化，从而，降低复合材料的性能。研究表明，反应成型时间在10～30min较为适宜。

（5）几种复合片材制备工艺的比较

几种复合片材制备工艺各有优缺点：熔融浸渍工艺较为简单，适合间隙模压制备车辆部件；粉末浸渍工艺适合连续叠加模压制备大型 PA6、PA66 板材；混编工艺适合连续制造 PA6、PA66 复合板材；反应成型浸渍工艺生产过程简单，适合连续制造 PA6 复合板材。几种复合片材制备工艺的比较列于表 4-17。

表 4-17 几种复合片材制备工艺的比较

工艺路线	优点	缺点
熔融浸渍	浸渍效果好，工艺简单，适合部件的间隙模压	单向复合片材宽幅较小，需要不同角度叠加模压，路线模压过程较复杂
混合编织	聚酰胺纤维与玻纤或碳纤混编织布，工艺简单，适合宽幅片材及板材的生产	生产成本较高
粉末浸渍	适合宽幅片材及板材的生产	生产成本较高
反应成型浸渍	实现快速反应浸渍，生产过程简单，适合宽幅板材的生产	反应条件严格

4.2.8.3 连续纤维增强聚酰胺复合板材的制备

连续纤维增强聚酰胺复合板材的制备工艺分为连续模压和间隙模压。连续模压工序自动化，工艺简单，生产效率高，适合规模化生产大型板材；间隙模压基本上依靠人工作业，生产效率较低，适合不同结构性零部件生产。

（1）连续模压过程及工艺控制

连续模压的主要工艺是双钢带连续加热模压的温度与压力的控制，工艺过程示意图见图 4-13。模压温度过低时，树脂熔融速度慢，复合片材之间树脂难以完全熔融黏结成整体，复合板材的性能较差；模压温度过高时，复合片材之间的树脂熔融过快，甚至生产树脂熔融流动，飞边过多。研究表明：连续膜压温度为160～210℃较为适宜。

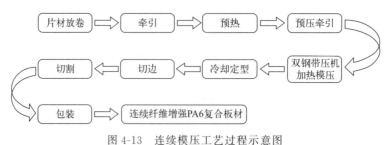

图 4-13 连续模压工艺过程示意图

模压压力在一定程度上影响复合板材的性能。压力过小，复合片材之间难以完全压实，导致复合板材性能较差；压力过大，则导致树脂熔体流动而生产飞边。适宜的压力为 2～4MPa。

（2）间隙模压工艺

间隙模压工艺过程包括复合片材的预热、叠加、预压、加热、模压、冷却、出模等工序。间隙模压工艺控制是模压温度及升温速度、保温预压压力、恒温压力及恒压降温速度的设计。模压温度设计为高于树脂熔点 20～30℃，模压压力为 1～3MPa。根据部件大小及厚度选择适当的模压温度和压力。

（3）连续纤维增强 PA6 复合板材的性能（表 4-18）

表 4-18　连续纤维增强 PA6 复合板材性能

性能	检测标准	时代新材	朗盛
厚度/mm	—	4.1	4.1
密度/(g/cm^3)	ISO1183-1	1.79	1.80
灰分/%	—	65.24	65.4
0°弯曲强度/MPa	ISO178	410	326
0°弯曲模量/GPa	ISO178	14.3	10.1
90°弯曲强度/MPa	ISO178	278	214
90°弯曲模量/GPa	ISO178	10.1	7.9
45°弯曲强度/MPa	ISO178	530	467
45°弯曲模量/GPa	ISO178	18.2	17.6
−45°弯曲强度/MPa	ISO178	486	443
−45°弯曲模量/GPa	ISO178	21.2	20.1

4.3　填充聚酰胺

4.3.1　概述

填充聚酰胺是在聚酰胺基础树脂中加入价格低廉的填料，经共混挤出制造的聚酰胺复合材料。填料有无机天然矿物、工业废渣、植物纤维等。用无机填料填充聚酰胺，可降低成本，扩大聚酰胺材料的应用范围，并提高其刚性、耐热性、尺寸稳定性、降低成型收缩率，改善制品表面光洁度。填充聚酰胺也存在一些缺点，如冲击强度、拉伸强度、表面光泽度及加工流动性均有所降低。但随着纳米技术的发展，纳米级无机填料的大量出现，无机填充技术的发展会使填充剂的功能发生质的变化，纳米级填料对聚酰胺产生增强增韧作用，同时用少量的填充剂可达到同样的效果。

4.3.2　填料的种类及特性

用于聚合物填充的填料种类很多，作为 PA 常用的填料有以下几种。

4.3.2.1 碳酸钙（CaCO₃）

CaCO₃ 是无臭、无味、无毒的白色粉末，可分为轻质 CaCO₃、重质 CaCO₃ 和胶质 CaCO₃ 三种。轻质 CaCO₃ 是用化学法合成的，又称沉淀 CaCO₃，根据晶体形态可分为纺锤形或针形等，密度为 $2.1 \sim 2.98 \mathrm{g/cm^3}$。重质 CaCO₃ 是天然石灰石矿粉碎而成。胶质 CaCO₃ 也是一种合成 CaCO₃，外观为白色，细腻，密度为 $1.99 \sim 2.01 \mathrm{g/cm^3}$，具有一定强度及光滑的表面，润滑性良好。

4.3.2.2 滑石粉

滑石粉为白色或淡黄色粉末，是典型的片状结构填料，化学组成为 $3\mathrm{MgO} \cdot 4\mathrm{SiO_2} \cdot \mathrm{H_2O}$，密度为 $2.7 \sim 2.8 \mathrm{g/cm^3}$，润滑性很好。

4.3.2.3 高岭土

高岭土又称瓷土、陶土或黏土，它是由硅氧四面体和铝氧八面体组成的层状硅酸盐，主要化学组成为 $\mathrm{Al_2O_3} \cdot 2\mathrm{SiO_2} \cdot 2\mathrm{H_2O}$。

4.3.2.4 云母

云母的主要化学组成为 $\mathrm{KAl_2}（\mathrm{AiSi_3O_{10}}）（\mathrm{OH}）_2$，是一种片状结构的增强填料，具有优良的电绝缘性和耐热性。云母填充聚酰胺的最大优点是云母用量大，可添加 50%，而且加工容易。此外，制品尺寸稳定性卓越，翘曲性低，蠕变低，电性能优良；对设备磨损小，热变形温度有所提高，阻燃性提高，耐候性较好，耐酸碱腐蚀。但是，强度和冲击性能较低。

4.3.2.5 玻璃微珠

玻璃微珠可从粉煤灰中提取，也可人工合成，具有球状结构，表面光滑，与 PA 共混具有较好的流动性。

4.3.3 填充聚酰胺的生产过程及控制因素

填充聚酰胺的生产过程十分简单，但配方设计与过程控制对材料性能有较大影响。

4.3.3.1 填料的性质

填料的结构、表面活性、粒径大小等对 PA 的性能有一定的影响。采用不同填料制造的聚酰胺复合材料性能差异较大，见表 4-19。

表 4-19 不同矿物质填充聚酰胺复合材料的物理及加工性能

项目	88-62	88-63	88-56	88-50
矿物质种类	滑石粉	含水高岭土	煅烧高岭土	硅灰石
矿物实测含量/%	38.5	33.9	39.1	39.7

续表

项目		88-62	88-63	88-56	88-50
拉伸强度/MPa	干	63.5	56	68.5	63
	湿	62	55	67.7	61
无缺口冲击强度/ (kJ/m²)	干	47.9	16.4	109	102.4
	湿	52	17	123	120
缺口冲击强度/ (kJ/m²)	干	7.7	3.5	10	12
	湿	8.6	3.5	10	14.5
混合工艺性		良好	差	差	良好

注：88-62、88-63、88-56、88-50 为试验批号。

4.3.3.2　填料用量对聚酰胺复合材料力学性能的影响

一般来讲，填料增加，复合材料的拉伸强度有所增加，缺口冲击强度随之减小，当填料含量达到 30% 时变化趋小。表 4-20 列出了填料用量与复合材料性能的关系。

表 4-20　不同填料用量复合材料性能

项目		87-7	87-9	87-10	PA1010
矿物理论含量/%		25	30	40	—
矿物实测含量/%		24.6	29.5	37.9	—
拉伸强度/MPa	干	62.1	62.5	67.5	48.5
	湿	59.3	60.3	65.8	46
断裂伸长率/%		—	30	—	275
无缺口冲击强度/ (kJ/m²)	干	69.3	57.3	63.9	不断
	湿	77.3	65.3	67.9	不断
缺口冲击强度/ (kJ/m²)	干	11.3	9.6	8.1	16.2
	湿	12.8	10.2	9.2	20.7

注：87-7、87-9、87-10 为试验批号。

4.3.3.3　填料用量对聚酰胺复合材料的热性能和成型收缩率的影响

随着填料用量增加，复合材料的热变形温度升高，成型收缩率减小。方海林等在研究稀土矿物改性聚酰胺时得到同样的结论，见图 4-14 和图 4-15。

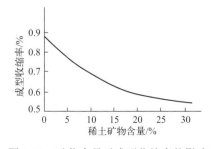
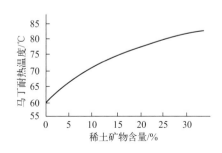

图 4-14　矿物含量对成型收缩率的影响　　　图 4-15　矿物含量对材料耐热性的影响

4.3.3.4 填料用量对聚酰胺复合材料流变性能的影响

填料用量增加，聚酰胺复合材料的流动性减小，不同填料对流变性能的影响不一样。石拓等在研究 PA1010/CaSiO₃（硅灰石）共混物熔体流变性能时发现，CaSiO₃用量在50%以内时，随其用量增加，熔体表观黏度逐渐增大，熔体有着良好的流变特性；而大于50%时，熔体表观黏度迅速增加，流动性急剧下降，见图4-16和图4-17。

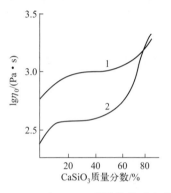

图4-16 PA1010/CaSiO₃ 不同温度时表观黏度与
组成变化曲线（$p=4.5\times10^3$ Pa）
1—225℃；2—240℃

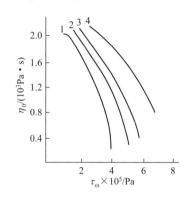

图4-17 PA1010/CaSiO₃ 共混流变曲线（225℃）
1—100/0；2—70/30；3—60/40；4—50/50

申屠宝卿研究偶联剂对 PA6/硅灰石填充体系性能的影响时，用400目的 CaSiO₃，通过计算偶联剂的理论量为1.13%，实验结果与理论值较为接近。不同表面处理聚酰胺复合材料的物性见表4-21。

表 4-21 不同表面处理聚酰胺复合材料的物性

项目		88-50	88-57	88-58
配方		PA1010+40%硅灰石		
表面处理剂种类		KH550	KH560	KH570
矿物实测含量/%		39.7	38.8	38.6
拉伸强度/MPa	干	63	62	61
	湿	61	60.5	60
无缺口冲击强度 /(kJ/m²)	干	102.4	76	67.6
	湿	110	88	69.6
缺口冲击强度 /(kJ/m²)	干	12	8.2	7.9
	湿	14.5	8.5	8.1

注：88-50、88-57、88-58 为试验批号。

4.3.3.5 偶联剂的影响

填料与聚酰胺是互不相容的体系，通过偶联剂对填料表面的处理改变了填料表面的化学、物理性能，改善了填料与聚酰胺的界面黏合力，起到提高复合材料性能的作用。

不同偶联剂对不同填料有不同的偶联效果，应根据填料组成及表面结构选择合适的偶联剂。一般含硅类无机填料最好选用硅烷类偶联剂，其他填料可选择钛酸酯和铝酸酯类。

偶联剂用量对填充聚酰胺复合材料性能有一定影响。理论上，偶联剂的用量为：

$$偶联剂用量(g) = \frac{填料用量(g) \times 填料表面积(m^2/g)}{偶联剂的最小包覆面积(m^2/g)}$$

4.3.3.6　其他助剂的应用

填料的加入降低了聚酰胺树脂的流动性，应适当增加润滑剂的用量。随着填料的增加，聚酰胺复合材料的表面光洁度随之降低，应添加一定的光亮剂以保证制品表面的光洁度。此外，某些填料会降低聚酰胺的热稳定性，因此，还应适当增加热稳定剂的添加量。

4.3.4　填充聚酰胺的主要品种与性能

填充聚酰胺可根据填料不同、填充量不同、混合填料、填料与玻璃纤维混用制造不同牌号的产品。表 4-22 列出了几种填充 PA 的性能。

表 4-22　填充聚酰胺性能

性能	金发科技 PA66-T15	浙江本松 A280R53 RW	时代工塑 A131GM30
材料类型	PA66	PA66	PA6
灰分含量/%	15	40	30
相对密度	1.24	1.47	1.33
拉伸强度/MPa	55	178	130
拉伸模量/MPa	—	—	7500
弯曲强度/MPa	78	233	200
弯曲模量/MPa	2500	9500	6700
悬臂梁冲击强度/(kJ/m²)	15.5	—	7
简支梁缺口冲击强度/(kJ/m²)	—	8	6.5
简支梁无缺口冲击强度/(kJ/m²)	—	65	45
热变形温度(1.82MPa)/℃	175	233	205

4.4　阻燃聚酰胺

4.4.1　概述

随着国内电子、电气、通信、家电业的高速发展，聚酰胺的需求量越来越大。这些行业的产品遍及家庭、工厂、学校等的每一个地方，给人们的生活与工作带来了便利与享受，但也带来一个十分重要的问题——火灾，火灾给人们带来巨大的经济损失乃至生命危险。为了减少火灾的发生，各国都制定了相关法规，对高分子材料的阻燃性提出了明确的要求。聚酰胺属于易燃材料，常用的聚酰胺如 PA6、PA66 和 PA1010 的氧指数分别为 26.4、24.3 和 25.5。因此，聚酰胺用于与电相关的产品时，必须进行阻燃改性。

阻燃的方式主要有物理方式阻燃和化学方式阻燃。

（1）物理方式阻燃

① 冷却。用添加剂产生的吸热过程使材料基质冷却到持续燃烧所需温度以下，例如氢氧化铝（三水合物）。

② 形成保护层（涂层）。用固相或气相保护层把浓缩可燃层与气相隔开，从而使可燃层冷却，只放出少量裂解气体，同时使燃烧所必需的氧气被隔绝且热传递受阻，例如磷化物。

③ 稀释。加入惰性物质（如填料）和分解时放出惰性气体的添加剂，以稀释固相或气相中的可燃物质，从而使温度达不到混合气体的燃点，实现阻燃，例如氢氧化铝。

（2）化学方式阻燃

能阻止燃烧过程的最重要的化学反应是在固相和气相中发生的。其中固相中发生的反应有阻燃剂能加速聚合物的裂解，同时使聚合物产生显著的流动特征，并且因此导致了熔体滴落。例如延展性聚苯乙烯中的过氧化物，阻燃剂能使聚合物表面生成炭层，如通过磷化物阻燃剂的脱水作用在聚合物中形成双键，从而形成炭黑，进而经环化反应和交换反应形成炭化层。

4.4.2　阻燃剂的种类与特性

4.4.2.1　阻燃剂类别

阻燃剂可按使用方式分成添加型和反应型两大类；按阻燃剂组成性质可分为无机和有机两大类；按阻燃剂分子中阻燃元素可分为溴系、氮系、磷系等类；按分子量大小可分为高分子和低分子阻燃剂。

① 添加型阻燃剂　添加型阻燃剂是指在聚合物中加入一类阻燃剂，这类阻燃剂与聚合物共混形成复合材料，但不与聚合物发生反应。添加型阻燃剂包括无机物、有机低分子（溴系、氯系、氮系）、有机高分子，其特点是使用方便，应用广泛。

② 反应型阻燃剂　反应型阻燃剂是分子中有反应官能团，能与聚合物反应，或与单体反应成为聚合物大分子链的一部分。反应型阻燃剂包括卤代酸酐、卤代酚、卤代醇、卤代环氧化物、卤代乙烯基单体、含磷多元醇等卤系及磷系有机小分子阻燃剂。反应型阻燃剂的优点是不影响基料的性能，阻燃作用持久；缺点是应用面窄。

4.4.2.2　聚酰胺用阻燃剂的品种与特点

阻燃剂品种很多，用于聚酰胺的品种也较多，较适合作为聚酰胺阻燃剂的有以下五大类。

① 有机溴类：五溴苄基溴、溴化聚苯乙烯（BPS）、聚丙烯酸五溴苄酯（PBBBA）、1,2-双（2,4,6-三溴苯氧基）乙烷（BTPE）、1,2-双（四溴邻苯甲酰亚胺）乙烷（BT-PAE）；

② 有机磷类：磷酸三苯酯（TPP）、磷酸三甲苯酯（TCP）、甲苯基二苯基磷酸酯等；

③ 有机氮系类：三聚氰胺、三聚氰酸盐（MCA）；

④ 无机类：红磷、Sb_2O_3、硼酸锌、$Mg(OH)_2$；

⑤ N-P 类：次磷酸铝与三聚氰胺聚磷酸盐。

有机溴系阻燃剂的阻燃效果最佳，但有一定的析出现象，燃烧时会放出有害气体。氮系阻燃剂阻燃效果一般，但燃烧时不会产生有害物质，是环保型阻燃剂，且有较好的润滑性。红磷是聚酰胺的有效阻燃剂，添加量最小，特别适合于 CTI（相对漏电痕化指数，comparative tracking index）值要求高的制品，缺点是只能制造深色制品。N-P 复合阻燃剂属于无卤环保型阻燃剂，其阻燃效果较好，适合增强阻燃聚酰胺体系。P-N 系阻燃剂因阻燃效率高、密度低、环保、无毒等特点，将取代溴系阻燃剂广泛用于阻燃增强聚酰胺复合材料，具有广阔的应用前景。

4.4.3　阻燃剂的阻燃机理

4.4.3.1　聚合物的燃烧机理

聚合物的燃烧在气相和凝聚相两个相区内进行，即分为气相阻燃机理、凝聚相阻燃机理以及中断热交换机理。气相阻燃机理是通过抑制在燃烧反应中起链增长作用的自由基而发挥阻燃作用；凝聚相阻燃机理是通过固相阻止聚合物的热分解和阻止聚合物释放出可燃气体来实现阻燃中断；中断热交换机理是将聚合物产生的热量带走，降低聚合物表面的温度，从而实现对聚合物的阻燃。

燃烧作为可燃物与氧化剂的一种快速氧化反应，通常伴随着放热、发光现象，生成气态与凝聚态产物。聚合物在燃烧过程中同时伴有聚合物在凝聚相的热氧降解、分解产物在固相及气相中的扩散、与空气混合形成氧化反应物及气相链式燃烧反应。

聚合物的性质如比热容、热导率、分解温度、分解热、燃点、闪点和燃烧焓等因素对燃烧有很大影响。

聚合物热裂解产物的燃烧反应是按自由基反应进行的。

（1）链引发反应

$$RH \longrightarrow R\cdot + H\cdot$$

（2）链增长反应

$$R\cdot + O_2 \longrightarrow ROO\cdot$$
$$RH + ROO\cdot \longrightarrow ROOH + R\cdot$$

（3）链支化反应

$$ROOH \longrightarrow RO\cdot + OH\cdot$$
$$2ROOH \longrightarrow ROO\cdot + RO\cdot + H_2O$$

（4）链终止反应

$$2R\cdot \longrightarrow R-R$$
$$R\cdot + OH\cdot \longrightarrow ROH$$
$$2RO\cdot \longrightarrow ROOR$$
$$2ROO\cdot \longrightarrow ROOR + O_2$$

从聚合物燃烧反应可看出，要抑制或减少其燃烧反应的发生，有效的办法是捕捉燃烧中产生的自由基 $H\cdot$ 和 $OH\cdot$。

阻燃剂之所以具有阻燃作用，是因其在聚合物的燃烧过程中，能够阻止或抑制聚合物物理的变化或氧化反应的速度。不同种类的阻燃剂的阻燃机理与作用是不一样的，下面介绍几类常用阻燃剂的阻燃机理。

4.4.3.2　溴系阻燃剂的作用机理

溴系阻燃剂是以含卤有机化合物为主要成分，Sb_2O_3 为协效型的复合阻燃体系。这类阻燃剂的阻燃作用主要是气相阻燃，也兼具一定的凝聚相阻燃作用。

含卤阻燃剂在燃烧过程中分解成 HX，而 HX 能与聚合物燃烧产生的 OH·、O·、H· 等高活性自由基反应，生成活性较低的卤素自由基，从而减缓或终止燃烧，其反应如下：

$$HX + H· \longrightarrow H_2 + X·$$

$$HX + OH· \longrightarrow H_2O + X·$$

因 HX 的密度较空气密度大，除发生上述反应外，还能稀释空气中的氧气和覆盖于材料表面，可降低燃烧速度。上述反应中产生的水，能吸收燃烧热而被蒸发，水蒸发能起到隔氧作用。

阻燃体系中的 Sb_2O_3 本身不具阻燃作用，但在燃烧过程中，能与 HX 反应生成三卤化锑或卤氧化锑。其反应过程如下：

$$Sb_2O_3(s) + 6HX(g) \xrightarrow{250℃} 2SbX_3(g) + 3H_2O$$

$$Sb_2O_3(g) + HX(g) \xrightarrow{250℃} SbOX(s) + H_2O$$

$$5Sb_2OX(s) \xrightarrow{250\sim280℃} Sb_4O_5X_2(s) + SbX_3(g)$$

$$4Sb_4O_5X_2(s) \xrightarrow{400\sim480℃} 5Sb_3O_4X(s) + SbX_3(g)$$

$$3Sb_3O_4X(s) \xrightarrow{470\sim560℃} 4Sb_2O_3(s) + SbX_3(g)$$

从上述反应可以看出，Sb_2O_3 的协同效应表现在以下方面：

① SbX_3 蒸气的密度大，能长时间停留在燃烧物表面附近，具有稀释空气和阻隔氧气的作用。

② 卤氧化锑的分解过程是一个吸热过程，能有效地降低聚合物表面温度。

③ SbX_3 能与气相中的自由基反应，从而减少反应放热而使火焰猝灭。

④ 锑可与气相中的 O· 或 H· 反应生成 SbO· 和水等产物，有助于终止燃烧。

卤素的密度较空气密度大，除发生上述反应外，还能稀释空气中的氧气和覆盖于材料表面，可降低燃烧速度。上述反应中产生的水，能吸收燃烧热而被蒸发，水蒸发能起到隔氧作用。

4.4.3.3 无机阻燃剂的作用机理

无机阻燃剂具有毒性低、发烟量小、热稳定性好、不产生腐蚀性气体、不析出以及有持久的阻燃效果等优点，越来越受到人们的青睐。目前无机阻燃剂占阻燃剂消费总量的 50% 左右。目前商业化的无机阻燃剂包括 $Mg(OH)_2$、$Al(OH)_3$、Sb_2O_3、硼酸锌等。硼酸锌和一般卤系阻燃剂配合使用，作为卤系阻燃剂的协效剂。$Al(OH)_3$ 在 $200\sim250℃$ 分解生成水，分解温度太低，不适合用于阻燃聚酰胺。$Mg(OH)_2$ 是一种重要的聚酰胺用无机阻燃剂，它在 340℃ 开始吸热分解，得到并释放出大量的水。这样分解时不但吸热，降低了聚合物的实际温度，同时释放出的水也起到了稀释和屏蔽空气的作用。但是 $Mg(OH)_2$ 与聚酰胺的相容性差，添加量大，容易引起材料力学性能下降。

目前，为了改善无机阻燃剂与树脂的相容性，提高制品的力学性能，对无机阻燃剂采用表面改性、超细化和进行微胶囊包覆等改性技术来实现对无机阻燃剂与树脂相容性的改善。但是由于无机阻燃剂的阻燃效率较低，在阻燃纯聚酰胺时添加量就已经很大，一般超过 50%（质量分数）。对于玻纤增强 PA6，由于存在烛芯效应，使其更容易燃烧，因而氢氧化镁对其阻燃更加困难，大量添加势必会造成制品力学性能大幅度下降，不利于制品的广泛应用。BASF 公司推出了氢氧化镁阻燃玻纤增强聚酰胺，与卤系阻燃剂所制备的阻燃玻纤增强聚酰胺相比，具有更好的抗蠕变性。

4.4.3.4　磷系阻燃剂的作用机理

由于含卤阻燃剂的发展受到限制，而含磷的膨胀型阻燃剂由于其低毒、低烟和较低的腐蚀性越来越受到人们的重视。目前磷系阻燃剂主要包括红磷、聚磷酸铵以及有机磷酸酯类（如磷酸三苯酯、磷酸三甲苯酯、甲苯基二苯基磷酸酯等）。磷系阻燃剂主要在凝聚相中作用，其阻燃机理为阻燃剂在燃烧过程中产生磷酸及聚磷酸等产物，促进聚合物脱水和炭化，并形成一层玻璃状的或液态的保护层来实现聚合物材料的阻燃。

红磷作为传统的磷系阻燃剂，具有含磷量高、添加量小、低毒、燃烧时发烟量小、阻燃效率高等优点。由于红磷的磷含量较其他磷系阻燃剂高，燃烧时可以产生更多磷酸，因此在达到相同的阻燃效果时，其添加量比其他磷系阻燃剂少。

红磷还可与其他无机阻燃剂复配使用，制成复合型无卤阻燃剂，使无机阻燃剂的添加量大幅度降低，从而改善制品的加工性能和力学性能。

但是，红磷也存在一些缺点：在加工过程中存在安全隐患，受热加工时产生有毒的气体，表面吸湿性强，与树脂相容性差，所得制品颜色较深，这些缺点极大限制了红磷阻燃剂的实际应用。目前，主要是通过微胶囊化来克服以上缺点。该方法是通过物理或化学的方法在红磷表面包覆一层有一定强度的保护膜使红磷与外界隔绝，使其安全性、相容性及颜色问题得到一定的改善。微胶囊化红磷应用于聚酰胺材料，具有用量少、阻燃效率高、耐漏电的优点。一般在 PA66 材料中微胶囊化红磷的添加量在 $5\%\sim7\%$ 为宜。对于厚度为 0.8mm 的含 35% 玻璃纤维的 PA66，只要加入 $6\%\sim8\%$ 的红磷，便可达到 UL94 V-0 级的阻燃效果。晨光化工研究院及泰塑新材开发了适用玻纤增强 PA6 的赤磷母料，它具有不迁移、不析出和不腐蚀设备等优点。BASF 公司开发了红磷阻燃的 25% 玻纤增强 PA6/6T-Ultramid 高韧材料。总的来看，微胶囊红磷由于受颜色和加工安全性等的限制，使其在实际应用中受到了很大限制。

聚磷酸铵（APP）能够催化聚合物材料成炭，生成膨胀型炭层，在阻燃涂料得到了广泛的应用。APP 通过气相和凝聚相来实现对聚酰胺的阻燃。与聚酰胺发生反应生成磷酸酯类物质，在聚合物基体上形成蜂窝状化覆盖层，隔断两相界面的热量和物质传递，起到了保护基体的作用；同时通过降低聚酰胺的降解温度，改变最终气相产物的组成，参与了聚酰胺的热降解过程。低添加量的 APP 对聚酰胺的阻燃效果不佳，在高添加量时有效（在聚酰胺 6 中添加量大于 30%）。由于 APP 成炭有流动趋势，这样会导致炭层下面的基材暴露，降低了阻燃效果。通过加入一些无机添加剂，如滑石、MnO_2、$ZnCo_3$、Fe_2O_3、FeO、$Al(OH)_3$ 等，可以使 APP 阻燃效果增加。10% 的 APP 和 5% 的膨胀石墨加入 PA6 中可以得到有较好阻燃性的材料。Levchik 等采用聚磷酸铵与 MnO_2 复配阻燃 PA6。研究表明：聚磷酸铵与 MnO_2 复配一方面促使更多的聚合物参与形成炭层，提高残炭量；另一方面，形成的二氧化锰/磷酸铵提高了膨胀炭层的热绝缘性能。但是 APP 作为阻燃聚酰胺的阻燃剂，主要缺点是吸湿性强，热稳定性不是很高。目前一般采用提高聚合度和微胶囊包覆技术对其进行包覆处理，提高其热稳定性和耐水性，改善其操作性。目前，由于氮磷含量高得到了迅速发展，美国的 Monsanto、Staluffer、Allright@Wilson，日本的住友，德国的 Hcechst 等公司，均相继开发和推出了许多新品种。

磷胺的分子式为 $(PN_2H)_x$，是难熔的类陶瓷物质。磷胺的热稳定性高，高于 $380\,^{\circ}\!\mathrm{C}$，且在 $500\,^{\circ}\!\mathrm{C}$ 以上不放出其他易挥发物质。因此，它在高温加工的高分子材料中得到了应用。$(PN_2H)_x$ 与促进成炭的物质（碳源）和抗滴落剂配合，可以获得良好的阻燃效果。

有机磷系阻燃剂在燃烧时，会分解生成磷酸的非燃性液态膜，当进一步燃烧时，磷酸可脱水生成偏磷酸，偏磷酸又进一步生成聚偏磷酸。由于聚偏磷酸是强脱水剂，使聚合物脱水而炭化，在聚合物表面形成的炭膜能隔绝空气和热，从而发挥阻燃作用。

$$R_1-O-\overset{\overset{O}{\|}}{\underset{\underset{R_3}{O}}{P}}-O-R_2 \xrightarrow{\triangle} 烷 + HO-\overset{\overset{O}{\|}}{\underset{\underset{OH}{}}{P}}-OH$$

磷酸受热聚合：

$$n\,HO-\overset{\overset{O}{\|}}{\underset{\underset{OH}{}}{P}}-OH \longrightarrow \left[\overset{\overset{O}{\|}}{\underset{\underset{OH}{}}{P}}-O\right]_n + n\,H_2O$$

生成的聚偏磷酸对聚合物（如纤维素）的脱水成炭具有很强的催化作用。

$$\left[C_6H_{10}O_5\right]_m \xrightarrow{\left[\overset{\overset{O}{\|}}{\underset{\underset{OH}{}}{P}}-O\right]_n} 6mC + 5mH_2O$$

研究表明，有机磷热分解形成的气态产物中含有 PO·，它可与 H·、OH· 反应从而抑制燃烧链式反应。

因此，有机磷系阻燃剂具有凝聚相和气相阻燃作用，但更多的是成炭作用。

4.4.3.5 氮系阻燃剂的作用机理

氮系阻燃剂主要是含氮化合物。近年来，国内外都在寻求无毒阻燃剂取代毒性大的卤系阻燃剂，已经商品化的有三聚氰胺及其盐类，如氰尿酸盐等。

氮系阻燃剂在阻燃受热时，会放出氮气、水蒸气、氨气等不燃气体，生成的不燃气体会依附在聚合物的表面，起到了隔绝氧气的作用，使聚合物因缺失燃烧的必备条件之一的氧气而不燃，以此达到阻燃效果；同时阻燃剂的受热分解带走了聚合物表面大量的热量，使聚合物的表面低于着火点，也使聚合物不能燃烧。如氰尿酸盐在燃烧时发生下列分解反应，生成 NH_3、H_2、NO_2、NO、CO_2 等无毒惰性气体。因此，这种阻燃剂属于气相阻燃机理范畴。

氮系阻燃剂与传统卤素阻燃剂相比，具有如下特点：

（1）烟密度低，烟的毒性低

它降低了不完全燃烧产生的烟密度，控制了烟的释放，将烟的密度控制在低水平，广泛用于各种热塑性和热固性塑料。

（2）毒性低

含氮的有机阻燃剂本身毒性低，经过它处理的材料燃烧中释放的气体毒性也较小。

（3）烟雾对设备的腐蚀性小

含氮有机化合物燃烧时，不释放腐蚀性气体，所以对设备及材料的腐蚀性也大大降低。

（4）可与其他阻燃剂或加工助剂结合使用

把氮系阻燃剂与其他阻燃剂共同加入塑料中，能提高塑料的综合性能。

（5）加工温度可以提高

含氮有机物的分解温度较高，加入材料后，可以提高材料的加工温度。

4.4.3.6 磷-氮系阻燃剂的作用机理

磷氮协效阻燃剂又被称为膨胀型阻燃剂。膨胀型阻燃剂一般由炭源、酸源、气源三部分组成。炭源是形成炭层的基础，可以由聚合物本身提供，也可以由阻燃剂提供。炭源的作用旨在燃烧初期在聚合物表面形成致密炭层，以阻止热量向聚合物内部传递，从而起到阻燃效果。酸源又可称为脱水剂。气源受热分解释放大量惰性气体，促成炭层膨胀，从而在聚合物表面形成厚厚的炭层，增加了聚合物与炭层表面的梯度温度，使聚合物表面的温度低于着火点。炭层同时也有阻隔聚合物与外界氧气接触的作用。

（1）凝聚相阻燃

凝聚相阻燃机理为：膨胀体系受热或燃烧时，首先在较低的温度下，酸源受热会释放出无机酸，无机酸使体系或材料脱水。随着温度升高，多元醇在体系中胺的催化作用下加快了与无机酸的酯化反应，体系在酯化过程中熔化，同时产生不燃性气体，促使熔融体系膨胀发泡。随着反应的进行，酯和多元醇在高温下脱水成炭，体系持续发泡直至反应接近完成。最终体系胶化和固化，形成多孔泡沫炭层。在体系膨胀发泡的过程中，各步反应几乎同时发生，但又是严格按顺序进行的。

（2）气相阻燃

体系在受热或燃烧过程中，体系中胺类化合物分解，产生水蒸气、氨气以及氮氧化合物，这些不燃性气体可以稀释火焰区的氧浓度，氮氧化合物更可以抽取燃烧赖以进行的自由基，从而使链反应终止；同时，自由基在与组成泡沫体的微粒碰撞中可能反应，生成稳定的分子，可以致使链反应中断。

4.4.4 阻燃剂的协同作用与助剂的应用

实际上聚合物的燃烧和阻燃都是非常复杂的过程，一种阻燃体系一般不会是单一的机理起作用，而是几种机理同时发挥作用。在一个配方中，有时需要使用几种阻燃剂，在选择阻燃剂搭配时，必须了解哪些阻燃剂组合时有相互补充的作用，哪些阻燃剂是相互抵消的。

下面介绍聚酰胺常用的几种组合。

① 卤系与锑系协同体系　Sb_2O_3 单独使用时并没有阻燃效果，但与卤系阻燃剂配合使用时有明显效果。这是因为在燃烧时分解的卤素与 Sb_2O_3 发生了反应，生成了 SbX_3、$SbOX$，而 $SbOX$ 密度大，具有明显的隔氧效果；SbX_3 具有捕捉自由基的作用，增加了卤系气相阻燃效果，卤系与锑系的配比一般为 3：1。

② 卤系和磷系协同体系　在卤磷复合体系中，卤系阻燃剂主要产生气相阻燃效果，磷系阻燃剂在燃烧时会形成偏磷酸盐，产生固相阻燃效果，两者形成完整的气-固相阻燃体系。同时，卤、磷之间反应还可生成 PX_3、PX_2、PX 气体，这类气体密度较 HX 大，不易扩散，包围在火焰表面，起到隔氧作用。卤素与磷系的配比一般为 3：2。

③ 磷系与氮系协同体系　氮系阻燃剂可促进磷系化合物的炭化（即成炭作用），炭层覆盖在被燃物表面，起到隔氧作用，从而提高了阻燃效果。

④ 磷系与锑系协同体系　其协同机理基本与卤/锑体系相似。

⑤ 红磷、金属氧化物、聚磷酸酰胺等之间也有协同效应。

⑥ Sb_2O_3/硼酸锌配合产生协同作用，硼酸锌起到防滴落作用，硼酸锌的加入，可减少

Sb_2O_3 的用量。

⑦ 红磷与炭黑有协同作用，加入炭黑时红磷的用量可减少。

4.4.5 阻燃聚酰胺配方设计原则

聚酰胺阻燃体系的组成与阻燃效果、力学性能有密切关系。聚酰胺阻燃体系应包括基料、主辅阻燃剂、助剂等组分，对于不同用途的聚酰胺，其组成是不一样的。因此，在设计配方时，应根据聚酰胺的性质，如熔点、结构、用途、性能等要求来调配，一般原则如下：

① 根据聚酰胺的熔点来选择阻燃剂品种。

② 根据阻燃聚酰胺的用途选择阻燃剂品种。

③ 根据阻燃聚酰胺性能要求选择相关助剂如增韧剂、润滑剂等。

④ 在制造玻璃纤维增强阻燃聚酰胺时，只能选择卤磷系阻燃剂，氮系阻燃剂不能单独用于玻璃纤维增强阻燃体系。同时，阻燃剂、分散剂显得十分重要。

⑤ 在制造白色或浅色阻燃聚酰胺时，对阻燃剂的白度、纯度有很高要求。阻燃剂的杂质，特别是具有氧化作用的金属杂质，在高温下发生氧化反应会加深阻燃体系的色度。

4.4.6 阻燃聚酰胺的生产过程及控制因素

在阻燃聚酰胺的制造过程中，主要影响其性能的因素有阻燃剂的用量、添加剂种类与用量、混合效果、挤出工艺等。

4.4.6.1 阻燃剂用量对产品性能的影响

由于阻燃剂大多数是低分子化合物，与聚酰胺的相容性较差。因此，阻燃剂的加入会降低聚酰胺的力学性能。

① 增加阻燃剂用量，阻燃 PA 的流动性较纯聚酰胺大，因阻燃剂小分子在聚酰胺大分子间起到增塑剂的作用。阻燃剂的存在，提高了聚酰胺的流动性，特别是 MCA，既是阻燃剂，又是理想的润滑剂，见图 4-18。随阻燃剂用量增加，体系的流动性提高。体系的冲击强度随阻燃剂用量的增加而下降。

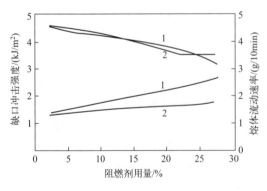

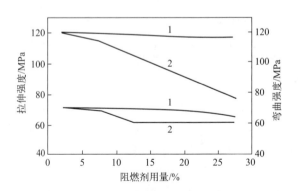

图 4-18　阻燃剂用量与阻燃 PA6 冲击强度、
熔体流动速率的关系

1—N 系阻燃剂；2—Br 系阻燃剂

图 4-19　阻燃剂用量与阻燃 PA6 力学性能的关系

1—N 系阻燃剂；2—Br 系阻燃剂

② 阻燃剂对聚酰胺弯曲强度、拉伸强度的影响关系：随着阻燃剂用量的增加，聚酰胺的弯曲强度、拉伸强度均有所下降，见图 4-19。

4.4.6.2　阻燃剂分散对产品性能的影响

① 阻燃剂的分散对产性能有两方面的影响：一方面是阻燃效果，阻燃剂分散不均，会造成阻燃性能的不均匀；另一方面，阻燃剂分散不均会引起阻燃聚酰胺复合材料冲击强度不均，特别是在阻燃剂集中处会引起最先断裂，还会引起制品表面分层脱落。

② 改善阻燃剂分散程度的措施：添加适量的分散剂结合合适的混合工艺，可以促进阻燃剂的分散及其与聚酰胺的均匀混合。通常，在不影响阻燃效率的前提下，可以考虑添加聚硅氧烷、E 蜡类分散剂，分子间的润滑作用可提升阻燃剂的分散效果。混合工艺上，较强的螺杆剪切有利于促进阻燃剂分散，但剪切太强，过高的剪切热容易导致阻燃剂的降解。

4.4.6.3　体系水分对产品性能的影响

由于聚酰胺吸湿性高且熔融状态下易水解而发生大分子的降解，引起强度的下降。因此，制造阻燃聚酰胺复合材料时，应对树脂进行烘干。图 4-20 表示 PA6、PA66 含水量与阻燃 PA6（RPA6）、PA66（RPA66）冲击性能的关系。

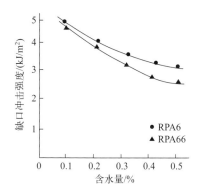

图 4-20　原料含水量与冲击强度的关系
加工温度：RPA6 230℃；RPA66 240℃

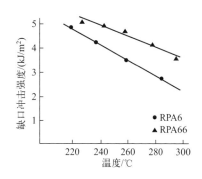

图 4-21　挤出温度与冲击强度的关系

4.4.6.4　挤出温度对复合材料冲击强度的影响

在阻燃聚酰胺制造过程中，挤出温度对产品性能有较大的影响：挤出温度太低，聚酰胺的熔融塑化不好，阻燃剂分散不均，造成产品性能不均；挤出温度太高时，阻燃剂分解，影响产品性能。因此，选择合适的挤出温度十分重要。选择挤出共混温度的原则是：

① 对于纯阻燃聚酰胺，挤出温度应在聚酰胺熔点附近进行调整；

② 对于增强阻燃聚酰胺，挤出温度应略高于熔点温度；

③ 对于填充阻燃聚酰胺，挤出温度应略高于阻燃聚酰胺。

温度对阻燃聚酰胺性能的影响，对不同的聚酰胺基础树脂是不一样的，它与聚酰胺树脂本身的加工性能有一定关系。如 PA66 的加工温度较窄，挤出温度的影响相对较大。因此，最好经试验比较后确定挤出温度。挤出温度与冲击强度的关系见图 4-21。

4.4.6.5 螺杆转速对产品性能的影响

螺杆转速的高低从两个方面产生作用：一方面高转速时，螺杆的剪切力大，对物料的熔融、混合产生积极影响，不利的因素是高剪切增加了螺杆与物料间的摩擦、螺杆与筒体间的摩擦，这两种摩擦产生大量的热量甚至出现局部过热现象，从而引起物料的热降解；另外，螺杆转速加快，物料的停留时间短，不利于阻燃剂与聚酰胺的混合，会使产品性能下降，当螺杆转速太低时，物料所受的剪切力不够，捏合与混合效果较差，产品性能下降。同时，物料停留时间太长也会引起物料的降解。因此，选择合适的螺杆转速是制造高性能阻燃 PA 的重要条件之一。

螺杆转速选择的原则：

① 对于阻燃增强产品，螺杆转速可适中，转速一般在 230～240r/min 之间；

② 对于纯阻燃 PA 应采用略高转速，如 240～250r/min 之间；

③ 对于白色或浅色产品，应采用低转速，如 225～235r/min 之间；

④ 对于不同聚酰胺，螺杆转速有一定的变化。一般来讲，高熔点易分解的品种应采用高温中转速，以防其降解反应的发生；熔点较低不易分解的品种可考虑低温高转速操作。

4.4.6.6 聚酰胺树脂分子量与性能的关系

阻燃聚酰胺的性能除受前面所述因素影响外，与聚酰胺树脂分子量的大小有很大关系。由于阻燃剂的添加量一般接近 20％甚至更多，小分子化合物的大量加入降低了聚酰胺的性能，因此，为保证阻燃聚酰胺的使用性缺口冲击强度，对聚酰胺树脂分子量有一定要求：分子量低，则阻燃聚酰胺的冲击强度太低；分子量太高时，流动性差，与阻燃剂的混合效果差，也会影响其性能。合适的分子量一般在 18000～22000 之间，工业上使用特性黏度的大小表征其分子量的大小。PA6 特性黏度与阻燃 PA6 性能关系见图 4-22。

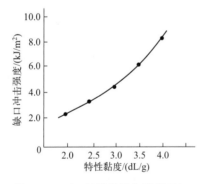
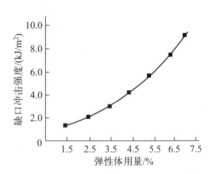

图 4-22　PA6 特性黏度与阻燃 PA6
冲击强度的关系

图 4-23　增韧剂用量对阻燃 PA6
冲击强度的影响

4.4.6.7 增韧剂对产品性能的影响

一般情况下，大量低分子阻燃剂的加入，聚酰胺的抗冲击性能大幅度下降，脆性较大。为弥补这一缺陷，往往加入一定量的弹性体，使阻燃聚酰胺的冲击性能保持在一定水平，以满足其应用要求。增韧剂可用 EPDM、PE、EVA 等，根据使用要求选择增韧剂及其用量。增韧剂用量对阻燃 PA6 的增韧效果如图 4-23 所示。

4.4.7　阻燃聚酰胺燃烧过程的表征方法

随着社会的发展，物质财富和人口密度的增加，火灾的频率和造成的危害也越来越大。为了最大限度地减少和抵御火灾造成的威胁，人们发展了阻燃科学。阻燃科学的重点在于研究阻燃剂的制备与性质、阻燃材料与阻燃处理技术、阻燃机理和阻燃效果的评价等。由于阻燃材料在火灾中的燃烧行为非常复杂，任何单一的燃烧测试方法都不能将一种阻燃材料的燃烧性质完全地描述，因此，人们试图通过对阻燃材料测试与表征方法的研究，从多方面更完备地评价一种阻燃材料的阻燃性。

传统的测试方法包括水平和垂直燃烧法、氧指数法、NBS 烟箱法等，随着社会需求的不断提高，新一代的测试仪器——锥形量热仪（CONE）发展起来，它能够很好地模拟材料的燃烧行为，对研究材料的阻燃机理有很大的帮助。

4.4.7.1　水平和垂直燃烧法

在众多阻燃性能测试方法中，本法最具代表性，应用也最为广泛。其原理系水平或垂直夹住试样一端，对试样自由端施加固定的燃烧源，测定线性燃烧速率（水平法）或有焰燃烧及无焰燃烧时间（垂直法）等来评价试样的阻燃性能。有关塑料水平、垂直燃烧试验的标准很多，按点燃源可分为炽热棒法和本生灯法，后者又有小能量法和中能量法两种。目前国际公认且广泛使用的标准为 ANSI/UL94-2016。

UL94 试验共有 5 种，这里主要介绍 3 种。

（1）UL94 HB 水平燃烧试验

此试验对应于 IEC 60695-11-20-2016 标准，试样系水平放置，所用装置如图 4-24 所示。

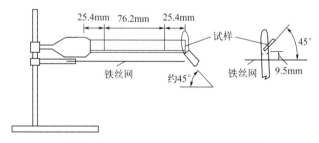

图 4-24　UL94 HB 水平燃烧试验装置

测试是在控制湿度和温度的室内进行。试样表面积为 130mm×13mm，并带有光滑的边缘。测试前从试样末端开始，沿其长度分别在 25mm 和 100mm 处标上刻度线，再把试样夹在环形夹上，点燃燃烧器，产生 25mm 高的蓝色火焰。从试样的边缘到 6.4mm 处受火焰燃烧 30s，燃烧时不改变燃烧器位置，然后把试样从燃烧器处移开。若不到 30s 试样就燃烧到 25mm 标记处，则撤去火焰。若撤走火焰后试样仍继续燃烧，则测定火焰前沿燃烧到 25mm 标记处（从试样自由端算起）所需时间，并计算燃烧速率。每种样品测定 5 个试样，并取最大的燃烧速率或燃烧长度作为材料评定标准。对厚度为 3～13mm 的试样，燃烧速率不大于 38mm/min；或对厚度小于 3mm 的试样，燃烧速率不大于 76mm/min；或试样燃烧至 100mm 前火即熄灭，则该材料划归 94HB 级。

（2）UL94 5V 垂直燃烧试验

此试验对应于 IEC 60695-11-20 标准，试样为 130mm×13mm 的长条或 150mm×150mm 的方片，所用装置如图 4-25 所示。

测试条形试样时，将试样垂直固定在环形夹上，同时将燃烧器固定在固定底座的倾斜面上，使燃烧器的管子与垂直方向成 20°角。点燃燃烧器，调节火焰高度，使总高度为 127mm，火焰内蓝色焰心高度为 38mm。将火焰置于试样下端边角上，令火焰与垂直方向成 20°角。试样在火焰下燃烧 5s，然后将火焰移走 5s。重复 4 次，观察并记录试样着火和发光时间、试样燃烧长度、试样的滴流现象和形变等。测定方形试样时与条形试样基本相同，只是试样放置位置不同。

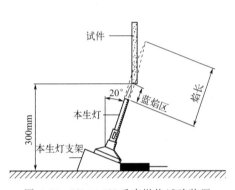

图 4-25 UL94 5V 垂直燃烧试验装置

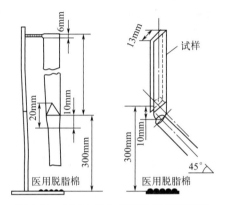

图 4-26 UL94 V-0 垂直燃烧试验装置

（3）UL94 V-0 垂直燃烧试验

此试验对应于 IEC 60695-11-20 标准。根据样品燃烧时间、熔滴是否引燃脱脂棉等试验结果，将材料分级。试验装置如图 4-26 所示。

测定试样时，将本生灯置于垂直放置的试样（130mm×13mm）下端，点火 10s，然后移走火源，记录试样有焰燃烧时间；如试样在移走火源后 30s 内自熄，则重新点燃试样 10s，记录火源移走后试样有焰燃烧和无焰燃烧的续燃时间，同时记录是否产生有焰熔滴和熔滴是否引燃脱脂棉，按表 4-23 所列条件评价材料的阻燃级别。

表 4-23 UL94 垂直燃烧测定判别标准

项目	阻燃级别		
	V-0	V-1	V-2
试样数	5	5	5
点燃次数	2	2	2
每次点燃后单个试模最长有焰燃烧时间/s	10	30	30
第二次点燃后单个试模最长无焰燃烧时间/s	30	60	60
5 个试样点燃后最长有焰燃烧总时间/s	50	250	250
有无熔滴和熔滴是否引燃棉花	否	否	是
是否燃烧到固定夹	否	否	否

4.4.7.2　氧指数法

氧指数定义为规定条件下试样在氮、氧混合气体中维持平衡燃烧所需的最低氧浓度。ISO4589-2017、ASTM D2863-08 及 GB/T 2406.2—2009 规定了测定氧指数的方法。测定设备是氧指数仪，如图 4-27 所示。

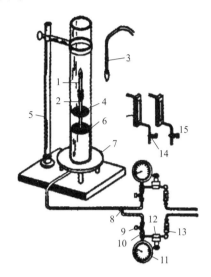

图 4-27　氧指数测定仪

1—试样；2—夹具；3—点火器；4—金属丝网；5—支架；6—柱内玻璃珠；7—钢底盘；8—三通管；
9—截止阀；10—支持器内小孔；11—压力表；12—精密压力调节器；13—过滤器；14—针形阀；
15—转子流量计

测定方法如下：将试样垂直装于试样夹上，从燃烧筒底部通入氧、氮混合气，以点火器从上端点燃试样，改变混合气中氧的浓度，直至火焰前沿恰好达到试样的标线为止。由此氧浓度计算材料氧指数，并以 3 次试验结果的算术平均值为测定值。

此外，Routley 在 20 世纪 70 年代中期提出了高温氧指数法，用于测定高于室温条件下同一种材料在不同温度下的氧指数。此法是在燃烧筒上增加了可控加温装置，以提高环境温度，可用来研究氧指数随温度变化的规律，进而寻找抑制材料在高温下氧指数下降趋势的有效途径。

4.4.7.3　NBS 烟箱法

该法由美国国家标准局研发成功，使用标准为 ASTM E662-18，所用设备为烟密度箱，结构如图 4-28 所示。

试样在箱内垂直固定，试验时令试样在箱内燃烧产生烟雾，并测定穿过烟雾的平行光束的透光率变化，再计算比光密度，即单位面积试样产生的烟扩散在单位容积烟箱单位光路长的烟密度，以 D_s 表示。

4.4.7.4　热分析法

热分析法是在材料热稳定性研究中应用较早且比较成熟的方法。由于热分解过程是材料产生可燃性挥发物的第一个基本过程，因此以热质量损失（TG）法和差示扫描量热（DSC）

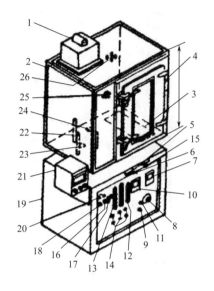

图 4-28 烟密度箱

1—光电倍增管罩；2—试验箱；3—送风板；4—带窗的活动门；5—排气口控制器；
6—辐射仪输出插孔；7—温度指示器；8—自耦变压器；9—炉子开关；10—电压表；
11—熔断器；12—辐射仪空气流量计；13—燃气和空气流量计；14—流量计节流阀；
15—样品移动调节器；16—光源开关；17—光源电压插孔；18—线路开关；19—箱基；
20—指示灯；21—微光度计；22—光学体系杆；23—光学体系下透光窗；24—排气口调节器；
25—进气口调节器；26—入口孔

法为主的热分析法在材料火灾燃烧研究中得到了广泛的应用。TG 法以等温或恒定升温速率加热样品，观察样品加热时的失重行为和规律，可以帮助分析和判断材料产生可燃性物质挥发的速率，加热速率、温度、环境条件对材料热解过程的影响，更重要的是可以帮助理解热解的微观过程和机理，既可研究材料燃烧过程中的热解动力学，也可通过裂解机理研究提高材料阻燃性能的途径和方法。DSC 法主要是研究在等温或一定加热速率下加热时，样品材料的热效应变化，帮助分析材料在受热过程中与热效应相关联的热解机理和对燃烧过程影响的研究。DSC 法也可用于研究热解动力学。

4.4.7.5 锥形量热仪法

锥形量热仪法是由美国国家标准与技术研究院提出的一种用来测定材料释热速度的方法。此法系将试样置于加热器下部点燃，通过测定材料燃烧时所消耗的氧量来计算试样在不同外来辐射热作用下燃烧时所放出的热量。

因为材料燃烧时，每消耗 1kg 氧气将放出 13.1MJ 热量。而且对大多数塑料、橡胶及天然材料来说，此值大致是相等的。因而可由此测得材料的释热速率。该法可用于测定材料的可燃性（引燃时间）、质量损失速率、有效燃烧热、烟密度等阻燃性参数。通过上述参数，可研究小型阻燃试验结果与大型阻燃试验结果的关系，并能分析阻燃剂的性能和估计阻燃材料在真实火灾中的危险程度。此外，还可用于测定阻燃聚合物的点燃性。目前国际上以锥形量热仪法为测定方法制定的标准主要有 ISO 5660-1-2015/Amd 1-2019 及 ASTM E1354-2016。图 4-29 是实验室用小型锥形量热仪的结构示意图。

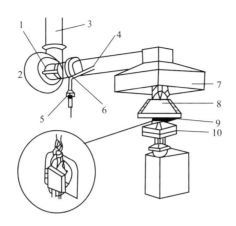

图 4-29　锥形量热仪基本结构示意图

1—激光烟雾仪，温度计；2—废气鼓风机；3—温度计，差示压力计；4—烟气采样管；5—集灰器；
6—废气采样管；7—排气罩；8—锥形加热器；9—电点火器；10—试样

锥形量热仪所用试样尺寸为 $100mm \times 100mm \times 50mm$。测定时试样与加热器的距离为 $25cm$，点火器置于试样上部 $13cm$ 处，废气鼓风机流量约为 $0.024m^3/s$。测试时通过排气罩排出全部燃烧气体。由废气采样管收集废气试样，在气体分析器中分析其中的 O_2、CO 和 CO_2。锥形量热仪在阻燃材料研究中得到了越来越广泛的应用，现列举如下：

① 研究阻燃机理　利用锥形量热仪测得的有效燃烧热（EHC），释热速率（HRR）和 CO、CO_2 含量等参数，将经阻燃与未经阻燃处理的聚合物进行对比，用以分析材料在裂解过程中的阻燃情况，得出的分析结果对研究阻燃机理有很大帮助。Zhang 等应用锥形量热仪研究了十溴二苯醚（DBD-PO）和聚磷酸铵（APP）阻燃聚丙烯腈及共聚物体系，根据平均 HRR、EHC 与比消光面积（SEA）等参数讨论了该体系的气相阻燃和凝聚相阻燃情况。与未经过阻燃处理的体系相比，DBD-PO 阻燃聚丙烯腈及共聚物体系的平均 HRR 和 EHC 明显下降，SEA 显著增加。这表明该阻燃体系在燃烧过程中气相燃烧不完全，阻燃剂在气相中起作用，属于气相阻燃机理；而 APP 阻燃聚丙烯腈及共聚物体系的平均 HRR 明显下降，EHC 和 SEA 无明显变化，表明 APP 主要在凝聚相中起作用，属于凝聚相阻燃。

② 评价阻燃材料的燃烧性和阻燃性　锥形量热仪获得的 HRR 及其峰值（pkHRR）、总释热量（THR）、点燃时间（TTI）等燃烧性能参数可以判断材料潜在的火灾危险性。Wichstron 和 Goransson 等应用 TH/pkHRR 比值评价了材料潜在的危险性。此后，R. V. Petrella 提出结合 TTI/pkHRR 比值与 THR 可以更加全面地评价材料的火灾危险性。因为 pkHRR 和 TTI 是由外部热辐射量、通风速度和破坏程度决定的，而 THR 是对材料内部能量的测量，独立于环境因素，将两者结合起来用以评价材料的火灾危险性与大型试验结果有很好的相关性。

③ 评价阻燃材料烟和毒气的释放　目前人们最常用的测烟方法是用 NBS 烟箱法测定材料燃烧时的烟密度。NBS 烟箱法应用光学原理进行测试，其辐射范围有限，无法测试样品的质量损失速率，用于燃烧的氧气少而有限，其结果与实际偏差较大。锥形量热仪法测得的主要参数 SEA 是表征燃烧过程中每时每刻发烟量的动态参数，能体现单位质量挥发物转换成烟的比率，其数据与大型试验的烟参数有较好的相关性。利用锥形量热仪还可以研究阻燃

材料中烟及毒气的产生，测定阻燃剂的加入对材料成烟的影响，从烟释放角度对材料的阻燃性能进行评估。

4.4.8 阻燃聚酰胺的主要品种与性能

由于不同阻燃剂的使用，阻燃 PA 的品种越来越多。20 世纪 90 年代，大部分阻燃 PA 为卤系阻燃 PA；近年来，非卤系如磷系、氮系阻燃 PA 的品种不断增加，环保型阻燃 PA 受到人们重视。下面介绍几种阻燃聚酰胺体系的特性。

4.4.8.1 溴系阻燃 PA6、PA66

在溴系阻燃剂中，国内大多数企业仍采用十溴二苯乙烷、Sb_2O_3 体系，或溴化聚苯乙烯、Sb_2O_3 体系。其特点是加入量小，阻燃效果好，但产品冲击强度不高，一般为 $5 \sim 6 kJ/m^2$，要求韧性高的时候，应适当添加弹性体。溴系阻燃聚酰胺的性能如表 4-24 所示。

表 4-24　溴系阻燃聚酰胺的性能

项目	DSMAkulon® Ultraflow K-FKGS6 /B	金发科技 PA6RG30	杭州本松 A230G6 SU	长沙五犇 N2GF807Q	时代工塑 B407G30Q
材料类型	PA6	PA6	PA66	PA66	PA66
灰分含量/%	30	30	30	40	30
相对密度	1.59	1.52	1.59	1.68	1.57
拉伸强度/MPa	150	160	160	210	150
拉伸模量/GPa	1.15	—	—	—	—
弯曲强度/MPa	—	210	250	280	200
弯曲模量/MPa	—	9100	9800	13200	7500
悬臂梁冲击强度/(kJ/m^2)		17.5	—	—	17
简支梁缺口冲击强度/(kJ/m^2)	13	—	9.5	12.5	18
简支梁无缺口冲击强度/(kJ/m^2)	60	—	75	68	—
相对漏电痕化指数(CTI)/V	325	—	250	—	225
灼热丝可燃性指数/℃	960/0.75mm	—	960/1.2mm	—	960/1.2mm
热变形温度(1.82MPa)/℃	205	215	235	226	210
阻燃等级(UL 94/1.6mm)	V-0	V-0	V-0	V-0	V-0

4.4.8.2 红磷阻燃聚酰胺性能

红磷的阻燃效果优于溴系，而且加入量少得多，一般纯阻燃 PA 只需添加 $5\% \sim 7\%$，对玻璃纤维增强阻燃 PA，红磷用量在 $7\% \sim 9\%$ 即可达到 UL94 V-0 级，特别适合制造高 CTI 值产品。但红磷阻燃聚酰胺的色泽单一，只能制造黑色制品；此外，红磷阻燃剂在使用过程中，应特别注意自燃的发生。防止阻燃剂自燃的方法是用粉体与阻燃剂预混，以减少物料间的互相摩擦着火。红磷阻燃聚酰胺的性能如表 4-25 所示。

表 4-25　红磷阻燃聚酰胺的性能

项目	DOMO A 21T3 V25 BK 15N	金发科技 PA66-RNG00	杭州本松 A290G5 EG	泰塑新材 T303 35GF V0 BK
材料类型	PA6	PA66	PA66	PA66
灰分含量/%	25	25	30	35
相对密度	1.31	1.31	1.39	1.45
拉伸强度/MPa	130	120	135	160
拉伸模量/GPa	8000	—	—	—
弯曲强度/MPa	200	160	220	220
弯曲模量/MPa	7900	5500	7000	9500
悬臂梁冲击强度/(kJ/m^2)	—	25	—	—
简支梁缺口冲击强度/(kJ/m^2)	7	29	10	14
简支梁无缺口冲击强度/(kJ/m^2)	57	90	70	70
相对漏电痕化指数(CTI)/V	500	500	550	600
灼热丝可燃性指数/℃	960/1.5mm	—	960/1.5mm	960/0.8mm
热变形温度(1.82MPa)/℃	230	—	242	250
阻燃等级(UL 94)	V-0/1.5mm	V-0/1.6mm	V-0/1.6mm	V-0/0.8mm

4.4.8.3　磷-氮系阻燃聚酰胺性能

氮-磷系阻燃剂（即膨胀型阻燃剂，intumescent flame retardant，IFR），是以氮、磷为阻燃元素的一大类阻燃剂，它不含有卤素，也不采用锑作为协效剂。高聚物经 IFR 处理之后，在燃烧时表面会形成均匀的多孔泡沫炭层，该泡沫炭层具有隔氧、抑烟、隔热的作用，也防止了熔滴的产生，其间也会释放不燃性气体，具有很好的阻燃和抑烟效果。典型的磷-氮系阻燃聚酰胺性能如表 4-26 所示。

表 4-26　P-N 系阻燃聚酰胺的性能

项目	杭州本松 A290G5 KL	长沙五犇 N2GF602U	泰塑新材 T303 F30	时代工塑 B149G30U
树脂类型	PA66	PA66	PA66	PA66
灰分含量/%	30	30	30	30
相对密度	1.39	1.36	1.45	1.42
拉伸强度/MPa	160	170	145	150
拉伸模量/GPa	—	—	—	11000
弯曲强度/MPa	230	235	230	220
弯曲模量/MPa	8000	9800	11000	8500
悬臂梁冲击强度/(kJ/m^2)				

项目	杭州本松 A290G5 KL	长沙五犇 N2GF602U	泰塑新材 T303 F30	时代工塑 B149G30U
简支梁缺口冲击强度/(kJ/m²)	9.5	12.6	10	9.5
简支梁无缺口冲击强度/(kJ/m²)	65	60	70	—
相对漏电痕化指数(CTI)/V	600	—	600	600
灼热丝可燃性指数/℃	960/1.0mm	—	960/0.8mm	960/1.0mm
热变形温度(1.82MPa)/℃	240	235	245	230
阻燃等级(UL 94)	V-0/0.8mm	V-0/1.6mm	V-0/0.8mm	V-0/1.6mm

4.5 增韧聚酰胺

4.5.1 概述

增韧聚酰胺是以聚酰胺树脂为主体，添加弹性体、热塑性弹性体及韧性树脂，经双螺杆共混挤出制得的高韧性聚酰胺。业已证明，在聚酰胺基体中加 5%～20% 的橡胶，能使聚酰胺的冲击强度成倍增加。聚酰胺在弯曲强度、耐磨、耐蠕变、电性能等方面的性能非常突出，但耐低温韧性不够理想，因此，影响了其在某些领域的应用，如铁路器材、汽车部件及体育器具等室外使用的场合。通过弹性体增韧有效地提高聚酰胺的抗冲击性能和低温性能，成为高分子材料改性的一大课题。

增韧聚酰胺制造的原理遵循高分子共混的理论。人们在研究橡胶增韧聚酰胺等高分子材料的过程中验证了橡胶增韧的机理，形成了一系列的理论，这些理论包括早期的微裂纹理论、多重银纹理论、银纹-剪切带理论、20 世纪 80 年代产生的空穴化理论、逾渗理论、刚性有机粒子增韧机理和无机刚性粒子增韧机理等。早期的增韧理论重点在增韧的定性分析，解析橡胶增韧效果的内在原因。20 世纪 80 年代美国杜邦公司的 Soblheng Wu 博士提出了一系列增韧聚酰胺的模型，标志着橡胶增韧机理研究由定性向定量化迈进。随着增韧高分子材料的深入研究、新的增韧材料和技术的发展，形成了新的理论，如 20 世纪 80 年代，业内发现非弹性体对塑料的增韧作用，提出了非弹性体增韧的"冷拉"机理，并建立了"芯-壳"模型，使塑料增韧技术由弹性体发展到热塑性弹性体、有机刚性高分子。同时，还发现纳米级无机材料对高分子材料有一定的增韧作用。在研究手段上也在不断改进，开始走向在分子水平上揭示材料结构与性能关系的时代。

在品种开发方面，自 1976 年，美国杜邦公司开发出三元乙丙胶增韧 PA66 以来，世界各大公司纷纷开发增韧、超韧 PA6、PA66 等产品。如 ICI 公司的 MaranylTA505 系列、BASF 公司的 Ultramid KR 系列、美国 Thermofil 公司的 N7-9900。杜邦公司在推出了 Zytel-ST801 之后，又推出了 ST901、ST800、405 等超韧 PA66，82933L 兼具刚性、韧性、耐热性增韧 PA66。国内北京化工研究院、黑龙江聚酰胺厂、巴陵石化研究院、辽阳化纤公司、晨光化工研究院等单位均开发出增韧 PA6、PA66 产品。

增韧聚酰胺从其组成上看，应属于高分子共混合金的范畴。因为，增韧改性高分子材料同样遵循共混的一般原理，在组成与结构上也是多相体系，但橡胶增韧的机理以及增韧聚酰胺的制造工艺与聚酰胺合金有一定的差异；同时，增韧聚酰胺是非常重要的新型高分子材料，因此，作者将增韧聚酰胺单列一节，重点介绍增韧聚酰胺性能、制造技术及其发展。

增韧聚酰胺品种分类有三种方式。按增韧剂种类分类，可分为弹性体增韧聚酰胺、热塑性弹性体增韧聚酰胺、刚性有机高分子增韧聚酰胺和无机刚性粒子增韧聚酰胺四大类，其中前两种应用最多；按体系组成分类，可分为增韧聚酰胺、阻燃增韧聚酰胺、增强增韧聚酰胺、填充增韧聚酰胺四大类；按增韧程度划分，可分为增韧聚酰胺和超韧聚酰胺，这两大类的划分并没有严格的界限，只是一般认为弹性体用量小于 20%，或增韧聚酰胺的缺口冲击强度小于 $50kJ/m^2$ 时为增韧聚酰胺，弹性体用量大于 20%，或增韧聚酰胺的冲击强度大于 $50kJ/m^2$ 时，可称为超韧聚酰胺。

4.5.2　增韧剂的种类与特性

用于聚酰胺增韧的增韧剂有五类。

$$
\text{聚酰胺用增韧剂}
\begin{cases}
\text{橡胶弹性体} \\
\text{热塑性弹性体}
\begin{cases}
\text{合成热塑性弹性体} \\
\text{共混接枝热塑性弹性体}
\end{cases} \\
\text{茂金属聚烯烃} \\
\text{核-壳共聚物} \\
\text{刚性粒子}
\begin{cases}
\text{刚性有机高分子} \\
\text{无机刚性材料}
\end{cases}
\end{cases}
$$

聚酰胺是一种具有极性的结晶型高分子，并不是所有弹性体都适合聚酰胺的增韧。一般来说，带有极性的弹性体较适合聚酰胺增韧。当然，通过接枝共聚，在非极性弹性体大分子链中引入极性基团是可行的途径。

① 橡胶弹性体　橡胶弹性体是聚合物理想的增韧剂，主要是因为橡胶具有很高的弹性模量和特别低的 T_g，能赋予塑料优良的抗低温脆性。

作为聚酰胺的增韧材料有三元乙丙橡胶、乙丙橡胶、丁腈橡胶、丁苯橡胶、顺丁橡胶等，最常用的是三元乙丙胶。

橡胶用作聚酰胺的增韧剂，在使用前最好先进行硫化，也就是使橡胶适度交联，使其由线型结构变成网状结构，才具有一定的强度与硬度。

② 热塑性弹性体　热塑性弹性体与橡胶不同之处就是不需硫化交联可直接使用。其弹性接近橡胶。热塑性弹性体为共聚高分子或接枝共聚物。如 SEBS-*g*-MAH/POE-*g*-MAH 等热塑性弹性体增韧聚酰胺与橡胶增韧聚酰胺在性能上有一定差别，前者的弯曲强度等刚性性能较后者高。

③ 刚性有机高分子　刚性有机粒子增韧的研究远不如弹性体的研究，对聚酰胺起增韧作用的有机刚性高分子的品种不是很多，如液晶高分子类。但从增韧原理上讲，刚性比聚酰胺低的聚合物对聚酰胺都有一定的增韧作用，如 PP、PE、ABS 等。此类聚合物的增韧效果不如弹性体。

④ 无机刚性材料　实际上是无机填充料。业已证明，无机填料颗粒大小达到纳米级尺寸时，具有一定的增韧作用，如 $CaCO_3$、滑石粉、蒙脱土、硅灰石等。

刚性粒子对聚酰胺有一定的增韧效果，能提高聚酰胺的刚性，但远不如弹性体的增韧作用。若要获得韧性好、刚性高的增韧聚酰胺，采用复合增韧剂或增韧增强复合化技术是十分必要的。

4.5.3 增韧剂的作用机理

4.5.3.1 早期的增韧理论

早期的增韧理论主要是从 20 世纪 50 年代至 70 年代的定性分析，这些理论从不同层面与深度去解释弹性体增韧的作用，对增韧改性起到积极的指导作用。

（1）能量的直接吸收理论

1956 年 Mery 提出能量直接吸收理论，认为当试样受到冲击时会产生裂纹。这时，橡胶颗粒跨越裂纹两岸，裂纹要发展就必须拉伸橡胶颗粒，这种拉伸作用，吸收大量能量，因而提高了材料的冲击强度。

（2）次级转变温度理论

这种理论是 Nielsem 提出来的，他指出聚合物韧性往往与次级转变温度有关，在橡胶增韧塑料中，橡胶的 T_g，相当于一个很强的次级转变峰，韧性的增加与这个次级转变有关。

（3）裂纹核心理论

1960 年，Schmitt 提出了裂纹核心理论。他认为橡胶颗粒充作应力集中点，产生了大量小裂纹而不是少量大裂纹，扩展众多的小裂纹比扩展少数大裂纹需要较多的能量。同时，大量小裂纹的应力场相互干扰，减弱了裂纹发展的前沿应力，从而减缓裂纹发展并导致裂纹的终止。

（4）剪切屈服理论

1956 年，Newman 和 Slgella 提出了剪切屈服理论。这一理论是在屈服膨胀理论基础上发展起来的，其主要思想是认为橡胶粒子在基体树脂相中产生了三维静张力，由此引起体积膨胀，使基体的自由体积增加，进而降低了基体的玻璃化转变温度，使基体产生塑性变形。他们还推测尽管空洞比橡胶粒子应力集中强，但橡胶粒子可以终止裂纹，因而，橡胶增韧比空洞增韧更有效。但该理论没有解释剪切屈服时常常伴随的应力发白现象。

（5）银纹-剪切带理论

1972 年，Bucknall、Donald 以材料受力状态下的形变理论为基础，通过大量实验提出了银纹-剪切带理论，它是 20 世纪 70 年代产生的比较完整，被业内普遍接受的一个重要理论。

① 剪切带与银纹化的概念

大量实验表明，聚合物形变机理包括两个过程：一是剪切形变过程，二是银纹化过程。剪切过程包括弥散型的剪切屈服形变和形成局部剪切带两种情况，剪切形变只是物体形状的改变，分子间的内聚能和物体的密度基本不变。银纹化过程则使物体的密度大大下降。

众所周知，聚合物受力时，会产生塑性变形，外力超过屈服应力时，产生屈服形变，这种形变需要很多链段的独立运动。在一定条件下，如聚合物产生应变软化，或是结构上有缺陷，可能造成局部应力集中，因而产生局部剪切形变，这种现象称为"剪切带"。

剪切带的产生和剪切带的尖锐程度与温度、形变速率以及样品的热历史有关。温度过低时，屈服应力过高，在产生屈服形变前样品已经破裂；温度过高，则样品发生均匀的塑性变形，只发生弥散的剪切形变。

聚合物另一种屈服形变的机理是银纹化机理。这一理论认为，聚合物在应力作用下产生发白现象，这种现象就是银纹现象。应力发白的原因就是银纹的产生，聚合物产生银纹的局部称为银纹体，简称银纹。产生银纹化的原因是结构的缺陷和结构的不均匀性造成的应力集中。

银纹可进一步发展成裂纹，所以，它往往是聚合物破裂的开端。形成银纹要消耗大量的能量。如果银纹能被适当地终止而不致发展成裂纹，那么，就可延迟聚合物的破裂，因而可以提高聚合物的韧性。

② 银纹与剪切带之间的相互作用

在很多情况下，聚合物在应力作用下会同时产生剪切带与银纹。二者相互作用，成为影响聚合物形变乃至破坏的重要因素。

聚合物形变过程中，剪切和银纹两种机理同时存在，相互作用时，使聚合物从脆性破坏转变为韧性破坏。

银纹与剪切带的相互作用可能存在三种方式：一是银纹遇上已存在的剪切带而得以愈合或终止，这是由于剪切带内大分子高度取向限制了银纹的发展；二是在应力高度集中的银纹尖端引发新的剪切带，新产生的剪切带反过来又终止银纹的发展；三是剪切带使银纹的引发与增长速率下降。

③ 银纹与剪切带理论

该理论认为橡胶增韧的主要原因是银纹和剪切带的大量产生以及银纹与剪切带相互作用的结果。橡胶颗粒的第一个重要作用就是充当应力集中中心，诱发大量银纹和剪切带，大量银纹或剪切带的产生和发展需要消耗大量能量。

银纹和剪切带所占比例与基体性质有关，基体的韧性越大，剪切带所占的比例越高；同时，也与形变速率有关，形变速率增加时，银纹化所占的比例就会增加。

橡胶颗粒第二个重要作用是控制银纹的发展，及时终止银纹。在外力作用过程中，橡胶颗粒产生形变，不仅产生大量的小银纹或剪切带，吸收大量的能量，而且，又能及时将其产生的银纹终止而不致发展成破坏性的裂纹。

银纹与剪切带理论的特点是既考虑了橡胶颗粒的作用，又肯定了树脂连续相性能的影响，同时明确了银纹的双重功能，即银纹的产生和发展消耗大量能量，可提高材料的破裂能；银纹又是产生裂纹并导致材料破坏的先导。但这一理论的缺陷是忽视了基体连续相与橡胶分散相之间的作用问题。应该说，聚合物多相体系的界面性质对材料性能有很大的影响。关于这一点，将在聚酰胺合金有关理论中详细介绍。

（6）空穴化理论

空穴化理论是指在低温或高速形变过程中，在三维应力作用下，发生在橡胶粒子内部或橡胶粒子与基体界面间的空穴化现象。该理论认为：橡胶改性的塑料在外力作用下，分散相（橡胶颗粒）由于应力集中，导致橡胶与基体的界面和自身产生空洞，橡胶颗粒一旦被空化，橡胶周围的静张应力被释放，空洞之间薄的基体韧带的应力状态从三维变为一维，并将平面应变转化为平面应力，而这种新的应力状态有利于剪切带的形成。因此，空穴化本身不能构成材料的脆韧转变，它只能导致材料应力状态的转变，从而引发剪切屈服，阻止裂纹进一步扩展，消耗大量能量，使材料的韧性得以提高。

以上理论大都是从定性上来解释橡胶增韧的作用机理。

4.5.3.2 近代增韧理论

如前所述，传统的橡胶增韧理论定性地研究增韧过程，20 世纪 80 年代以来，随着相关理论的深入研究以及研究手段的发展，理论的研究开始向定量化发展。从橡胶增韧到刚性有机粒子以及无机粒子增韧的发现，为材料性能的设计提供了新的理论依据。

（1）Wu 氏增韧理论

美国杜邦公司 Souheng Wu 博士在 20 世纪 80 年代对橡胶增韧 PA66 体系进行了深入的研究，提出了临界粒子间距判据的概念，对热塑性聚合物基体进行了科学分类并建立了塑料增韧的脆韧转变的逾渗模型，将增韧理论由定性分析推向定量的高度。

① 认为共混物韧性与基体的链结构间存在一定的联系，给出了基体链结构参数-链缠结密度 γ_e 和链的特征比 C_∞ 间的定量关系式：

$$\gamma_e = \frac{\rho_a}{3M_v C_\infty^2}$$

式中，M_v 为统计单元的平均摩尔质量；ρ_a 为非晶区的密度。

Flory 给出了 γ_e、C_∞ 两个参数的定义如下：

$$\gamma_e = \rho_a / M_e$$

式中，M_e 为缠结点间的分子量。

$$C_\infty = \lim_{n \to \infty} \frac{R_0^2}{nl^2}$$

式中，R_0^2 为无扰链均方末端距；n 为统计单元数；l 为统计单元均方长度。nl^2 为自由连接链的均方末端距，因此，C_∞ 可表征真正无扰链的柔顺性。

Kramer 给出了银纹应力 σ_y 与 γ_e 的关系：

$$\sigma_y \propto \gamma_e^{1/2}$$

Kambour 则给出了归一化屈服应力 $\langle \sigma_y \rangle$ 的表达式：

$$\langle \sigma_y \rangle = \frac{\sigma_y}{\sigma_z (T_g - T)}$$

式中，σ_y 为屈服应力；σ_z 为内聚能密度；T_g 为玻璃化转变温度；T 为测试温度。

Souheng Wu 进一步给出：

$$\frac{\sigma_z}{|\sigma_y|} \propto \frac{\gamma_e^{1/2}}{C_\infty}$$

并指出聚合物的基本断裂行为是银纹与屈服存在竞争，而 $\sigma_z / |\sigma_y|$ 的比值则定量地反映了这种竞争的程度。γ_e 较小及 C_∞ 较大时，基体易于以银纹方式断裂，韧性较低；γ_e 较大及 C_∞ 较小的基体以屈服方式断裂，韧性较高。

② 科学地将热塑性聚合物基体划分为两大类。S. Wu 根据上述研究结果将聚合物基体划分为脆性基体（银纹断裂为主）和准韧性基体（剪切屈服为主）两大类：

银纹为主：$\gamma_e < -0.15 \, \text{mmol/cm}^3$，$C_\infty > 7.5$；

剪切屈服为主：$\gamma_e > -0.15 \, \text{mmol/cm}^3$，$C_\infty < 7.5$。部分聚合物基体的链参数列于表 4-27 中。

表 4-27　一些聚合物基体的链参数

聚合物	C_∞	$\gamma_e/(\mathrm{mmol/cm^3})$	聚合物	C_∞	$\gamma_e/(\mathrm{mmol/cm^3})$
PS	23.8	0.0093	POM	7.5	0.490
SAN	10.6	0.00931	PA66	6.1	0.537
PMMA	8.2	0.127	PE	6.8	0.613
PVC	7.6	0.252	PC	2.4	0.672
odd	3.2	0.295	PET	4.2	0.815
PA6	6.2	0.435			

从表 4-27 可以看出，增韧 PA6、PA66 均属于以剪切屈服为主，表现出较好的韧性。

③ 临界粒子间距普适判据。S. Wu 在研究橡胶增韧 PA66 过程中发现，对于准韧性高聚物为基体的橡胶增韧体系，当橡胶的体积分数 Φ_r 不变，基体与橡胶的亲和力保持恒定时，其脆韧转变发生在一个临界粒度 d_c 值，且 d_c 随 Φ_r 的增大而增大，其定量关系为：

$$\tau_c = d_c\left[\left(\frac{\pi}{6\Phi_r}\right)^{1/3}-1\right]^{-1}$$

式中，τ_c 为临界基体层厚度（即临界粒子间距），是共混物发生脆性转变的单参数判据。S. Wu 认为只有当体系中橡胶粒子间距小于临界值时才有增韧作用。相反，如果橡胶颗粒间距远大于临界值，则材料表现为脆性。τ_c 是决定共混物能否出现脆韧转变的特征参数，它适用所有增韧共混体系。

其理由是：当橡胶粒子相距很远时，一个粒子周围的应力场对其他粒子影响很小，基体的应力场是这些孤立粒子应力场的简单加和。基体塑性变形的能力很小时，表现为脆性。当粒子间距很小时，基体总应力场是橡胶颗粒应力场相互作用的叠加，这样，使基体应力场的强度大为增强，产生塑性变形的幅度增加，表现为韧性。

（2）有机刚性粒子增韧理论

1984 年，K. Ohta 在研究 PC/ABS 和 PC/AS 共混物的力学性能时，首次提出了有机刚性粒子增韧塑料的新概念，并用“冷粒概念”解释了共混物韧性提高的原因。K. Ohta 认为对于刚性有机粒子增韧的聚合物，在拉伸过程中，由于分散粒子和基体的杨氏模量及泊松比之间的差别，在分散相的赤道面产生静压强，在这种静压强作用下，分散相粒子屈服而产生冷拉，发生了大的塑性形变，吸收冲击能，从而提高了材料的韧性。

刚性有机粒子对聚合物并不是都能产生增韧作用。只有当聚合物基体的模量、泊松比与粒子的模量、泊松比存在一定的差异时，才有增韧效果。

（3）无机刚性粒子增韧理论

无机刚性粒子增韧聚合物是 20 世纪 90 年代发展起来的。1991 年，李东明等在研究 PP/CaCO$_3$ 体系时指出，无机刚性粒子加入基体中，使基体的应力集中发生了变化。基体与粒子的作用力在两极为拉应力，在赤道位置为压应力。由于力的相互作用，粒子的赤道附近会受到拉应力作用。当界面黏性较弱时，会在两极首先发生脱节，使粒子周围相当于形成一个空穴，空穴赤道面上的应力为本体应力的 3 倍。因此，在本体应力尚未达到基体屈服应力时，局部点已开始产生屈服，进而促进基体屈服，综合的效应使聚合物的韧性提高。

另一种机理认为，无机刚性粒子均匀分散在基体中，产生了应力集中效应，当基体受到冲击时，易引发周围基体产生微裂。同时，粒子间的基体产生塑性形变，吸收冲击能。无机粒子的存在，使基体裂纹的扩展受到阻碍和钝化，最终阻止裂纹发展成破坏性开裂。随粒子的粒度细化，粒子的比表面积增大，粒子与基体的接触面积增大，基体在受到冲击时会产生更多的微裂纹和塑性形变，从而吸收更多的能量，增韧效果更好。

无机粒子在基体中的分散状态有三种情况：

① 无机粒子无规分散或聚集成团或单独分散；

② 无机粒子如同刚性链分散在基体中；

③ 无机粒子均匀、单独地分散在基体中。

为达到理想的增韧效果，要尽可能地使粒子均匀分散。

总之，无机粒子的粒径大小、分散程度是影响增韧效果的主要因素。由于无机粒子增韧聚合物研究起步较晚，其理论不十分完善，诸多问题尚需进一步研究。

4.5.4 增韧技术在阻燃聚酰胺中的应用

4.5.4.1 增韧技术

弹性体增韧聚酰胺与其他共混聚合物一样，属于多相体系。对于多相体系，体系中各组分间存在相容性问题，增加弹性体与聚酰胺的相容性，提高组分间的黏结力，改善相间界面层性质，以提高增韧效果，是增韧 PA 制造中的技术关键。

采用带有反应性基团的共聚热塑性弹性体或共混热塑弹性体，或使弹性体官能化是极为有效的途径，下面介绍几种技术。

（1）反应增容技术

所谓反应增容就是在弹性体大分子链上引入能与 PA 大分子链中的极性基团发生化学反应的极性化合物，使弹性体与 PA 间形成部分化学结合。弹性体大分子中存在很多碳碳双键，采用马来酸酐、丙烯酸、甲基丙烯酸缩水甘油酯等单体与弹性体进行接枝反应，如三元乙丙橡胶（EPDM）接枝酸酐（MAH）所制备的接枝共聚弹性体带有二酸酐官能团，与 PA6 熔融共混时，酸酐官能团很容易与 PA6 的末端氨基反应形成化学键，化学键的形成显著提高了弹性体与 PA6 之间的相容性，所制得的增韧 PA6 的缺口冲击强度达到 1000J/m。同样，SBS 与 MAH 接枝后与 PA6 共混，制备的 SBS 增韧 PA6 的缺口冲击强度达到 1000J/m。

弹性体接枝共聚的方法有混炼法、本体法和熔融挤出法，普遍使用的是熔融挤出法。

（2）"壳-核"型共聚物增韧法

"壳-核"共聚物是以交联的弹性体为核，由具有较高玻璃化转变温度的聚合物为壳的共聚物，这种共聚物的粒径在聚合过程中就可独立地控制，不受共混加工条件的影响。典型的"壳-核"共聚物是美国 Rohm of Haas 公司开发的 paraloidEXL 系列。该系列产品包括两种类型：一类为由 PM-MA 组成壳，聚丙烯酸丁酯组成核的丙烯酸酯类"壳-核"共聚物；另一类是以 PMMA 为壳，交联聚丁二烯为核的 MBS 类"壳-核"共聚物。它们的粒子直径在 $0.2 \sim 0.3 \mu m$。D. R. Paul 采用与 PM-MA 具有良好相容性的 SMAH（苯乙烯-马来酸酐无规共聚物）作反应型增容剂。在共混过程中，SMAH 的二酸酐与 PA6 的端氨基发生反应，同时与 PMMA 产生物理缠结，使"壳-核"共聚物以单个粒子的形式均匀分散在 PA6 基体中，共混物的缺口冲击强度达 1240J/m。

采用"壳-核"共聚物增韧 PA 的一个显著特点是：分散粒子直径本身已经确定在最佳范围内，受加工条件的影响较小。该方法增韧效果显著，是 PA 超韧化新的途径与发展方向。

（3）动态硫化技术与共混热塑弹性体

① 动态硫化技术　所谓动态硫化是指橡胶与热塑性树脂熔融共混时"就地被硫化"，实际上，硫化过程就是交联过程。

橡胶加工时必须硫化，使线型结构变成立体或网状结构才具有一定的强度与硬度。普通的硫化橡胶依靠其硫化时形成的交联网络而提供回弹性，它是热固性的。而动态硫化过程中，由于高速剪切应力作用，橡胶被硫化成交联的颗粒分散在载体树脂中，交联的橡胶微区主要提供共混体的弹性，树脂则提供熔融温度下的塑性流动性，即热塑成型性。实际上，动态硫化技术提供了一种新型的热塑型弹性体——共混型热塑弹性体。

② 共混热塑弹性体　共混热塑弹性体由橡胶和聚烯烃等热塑性树脂为主体，经共混接枝制备的新型弹性体材料。与聚合型热塑弹性体相比，其制备工艺简单。

根据不同要求，可以任意组合，即用不同的弹性体或树脂以及组分含量的调整可制备不同牌号的产品。生产成本比较低，产品性能可控，产品用途广泛，既可作为聚酰胺等塑料的增韧剂，又可直接注射、挤出成型各种制品。

4.5.4.2　增韧聚酰胺组成与性能的设计

关于增韧聚酰胺力学性能与增韧特性及组成有着密切的关系。其中，对聚酰胺冲击强度影响最大的是弹性体的种类及其用量。弹性体增韧聚酰胺的一个重要特点就是弹性体的加入，使聚酰胺的冲击强度大幅提高，而其他力学性能、热性能等都有不同程度的下降。因此，在设计配方时，根据用途不同、最终产品力学性能要求来选择增韧剂及用量。最重要的一点就是要平衡材料的冲击强度与其他力学性能的关系，找出一个适合使用要求的性能平衡点，通常的途径是添加第三组分。第三组分应是刚性组分，因此，具有能提高聚酰胺刚性的材料，如玻璃纤维、无机填料、刚性高分子均可作为第三组分，选择哪一种材料作第三组分，就要看产品性能要求来决定。

几种典型的增韧聚酰胺的设计如下：

（1）高强度增韧聚酰胺

这种增韧聚酰胺对产品性能的要求就是要解决产品冲击强度与拉伸、弯曲强度的矛盾。解决的办法是在增韧体系中，加入玻璃纤维等具有增强作用的材料。

（2）对拉伸强度、弯曲强度要求不很高

只是适当保持聚酰胺原有水平或略高于基体性能时，可考虑使用刚性比基体高的聚合物。

（3）耐热增韧聚酰胺的设计

耐热增韧聚酰胺的性能设计要求材料既有良好的耐低温性能，又具有较高的热变形温度。这种材料适用于室外使用，要求材料能适应环境温度的变化，保持良好的力学性能。因此，体系组成的设计可从以下几方面入手：

① 选择 POE 等热塑性弹性体，这类聚合物的热变形温度比橡胶类弹性体高。

② 选择耐热型聚酰胺作为耐热改性剂，在增韧 PA6 中添加 PA46、PA6T、PA9T 三类耐热聚酰胺能提高增韧 PA6 的热性能。

③ 适当添加玻璃纤维是提高热变形温度的有效途径。

④ 采用纳米聚酰胺作基体。纳米聚酰胺的热变形温度约为 150℃。同时，纳米材料对聚酰胺有一定的增韧作用，可适当减少弹性体的用量，使聚酰胺的热变形温度降低幅度小。

（4）高刚性增韧聚酰胺的设计

高刚性增韧聚酰胺要求材料具有很高的刚性，又有一定的韧性，往往对增韧的要求不很高，增韧的目的只是维持或适度提高聚酰胺的韧性。因此，其组成设计上应注意以下几点。

① 选择适当的填充料与用量，使材料具有足够的刚性与硬度。

② 选择合适的偶联剂，增强填充料与 PA、弹性体的黏结性。

③ 选择乙烯类共聚物及改性聚烯烃作增韧剂。这类增韧剂的玻璃化转变温度较高、刚性较好。

（5）阻燃增韧聚酰胺的设计

阻燃增韧聚酰胺一般是用于耐低温、难燃烧的场合。在聚酰胺中，加入低分子阻燃剂，降低了聚酰胺的冲击强度。同时，聚酰胺本身的耐低温脆性并不好，低分子的存在，在一定程度上降低了弹性体的增韧效果。在这类材料组成与性能设计上首先应明确阻燃的等级，因阻燃等级的高低表明阻燃剂的用量不一样，换句话说，就是对增韧效果影响程度不一样，即弹性体的用量就不一样。阻燃等级高，相对弹性体的用量就要大。

4.5.5 增韧共混过程及控制因素

增韧聚酰胺制造过程中，增韧剂种类、混合程度、弹性体在树脂中的分散与相容化程度以及共混工艺条件对增韧效果产生很大影响。

4.5.5.1 增韧剂种类对增韧效果的影响

增韧效果主要是由增韧剂本身的性能决定，增韧剂本身的结构与性能是增韧作用的关键因素。增韧剂的结构不同，其弹性特别是低温下的弹性差异很大。图 4-30、图 4-31 分别为几种增韧剂在常温和低温下对 PA66 的增韧效果。

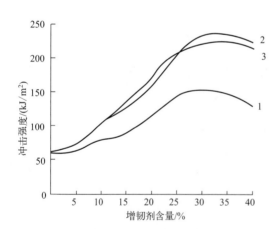

图 4-30 几种增韧剂对 PA66 干态冲击
性能的影响对比

1—接枝 PE；2—接枝 EPDM；3—接枝 POE

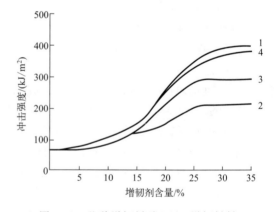

图 4-31 几种增韧剂对 PA66 增韧材料
低温冲击强度的影响

1—接枝 PP；2—接枝 PE；3—接枝 EPDM；4—接枝-POE

从图 4-30、图 4-31 可以看出，EPDM、POE 表现出很好的增韧作用。同时接枝 PE 增韧 PA66 的低温韧性较好。

毕书华等对高分子量柔性体——三元共聚橡胶、改性三元共聚弹性体等进行对比，研究其增韧效果。不同增韧剂的实验效果见表 4-28。

表4-28 不同增韧剂的实验效果

配方编号	增韧剂种类	拉伸强度/MPa	弯曲强度/MPa	悬臂梁冲击强度/(J/m)	HDT(0.45MPa)/℃
1	共聚PP	48	56	150	192
2	POE	44	50	724	196
3	HDPE	57	59.5	174	189
4	EPDM-g-MAH	54	61	351	190
5	POE-g-MAH	44	48	874	195
6	EVA	难以挤出			

弹性体选择的原则：与聚酰胺有较好的相容性；熔融流动速率与聚酰胺接近；在熔融共混温度下，不发生分解；根据用途要求，采用多组或单组分弹性体。

4.5.5.2 弹性体用量的影响

弹性体用量对聚酰胺力学性能影响很大，作者研究的结果表明，弹性体用量在10％以下时，其增韧效果不是十分明显。超过10％时，弹性体用量增加，增韧共混体冲击强度大幅上升，但其拉伸强度、弯曲强度下降明显。于运花等研究三元乙丙橡胶增韧PA66时发现：PA66/EPDM-g-MAH二元共混物的拉伸强度（σ_t）、弹性模量（E_t）随EPDM-g-MAH含量增加而明显下降，而在PA66/EPDM/EPDM-g-MAH体系中，拉伸强度和弹性模量随EPDM-g-MAH含量增加而下降的幅度较二元体系要小。共混物伸长率随弹性体增加而增加；冲击强度与弹性体含量关系图中，二元体系的冲击强度与弹性体含量成正比关系；在三元体系中，EPDM-g-MAH含量小于10％以下时，共混物冲击强度随EPDM-g-MAH的增加其增幅不大，当EPDM-g-MAH含量大于10％后，共混物的冲击强度增幅很大。具体例子详见图4-32～图4-35。

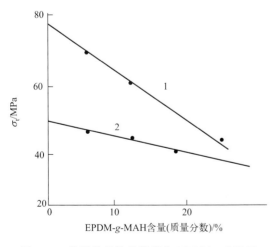

图4-32 共混物的拉伸强度与EPDM-g-MAH含量的关系
1—PA66/EPDM-g-MAH；2—PA66/EPDM/EPDM-g-MAH

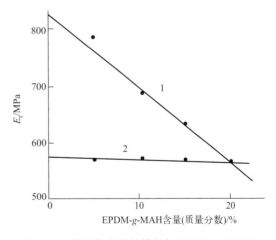

图4-33 共混物的弹性模量与EPDM-g-MAH含量的关系
1—PA66/EPDM-g-MAH；2—PA66/EPDM/EPDM-g-MAH

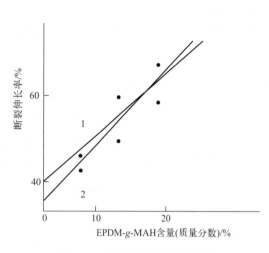

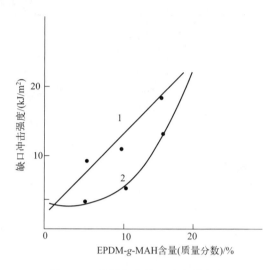

图 4-34　共混物的断裂伸长率与
EPDM-*g*-MAH 含量的关系
1—PA66/EPDM-*g*-MAH；
2—PA66/EPDM/EPDM-*g*-MAH

图 4-35　共混物的缺口冲击强度与
EPDM-*g*-MAH 含量的关系
1—PA66/EPDM-*g*-MAH；
2—PA66/EPDM/EPDM-*g*-MAH

　　对于不同体系，不同的弹性体，不同的聚酰胺基体，弹性体所产生的效果是不同的，所以，其使用量也不一样。因此，在确定弹性体用量时，应考虑用途的需要与要求。一般来讲，弹性体不宜过高，否则，解决了韧性又产生刚性的下降，以及表面性能、加工性能、成型收缩、变形等诸多问题。

4.5.5.3　弹性体接枝及接枝率对增韧的影响

　　弹性体或非弹性体接枝共聚物与聚酰胺共混时，能与聚酰胺发生化学反应，有效地提高共混体的冲击强度，说明增韧剂接枝后与聚酰胺的相容性得到改善。接枝共聚物的接枝率对增韧作用产生较大影响：接枝率太小，增韧效果差；接枝率太高，其增韧效果亦不理想。接枝率太小时，增韧剂分子中与聚酰胺反应的基团少，体系是完的相分离状态。接枝率太高时，导致大分子交联，特别是弹性体接枝反应过程，在一定条件下，交联反应速度大于接枝反应，交联反应的结果是体系黏度增大。当增韧剂黏度增大时，其熔融流动性变差，在聚酰胺基体中的分散性也就变差。

　　陈红兵对弹性体增韧 PA1010 体系研究的结果也证明了这一点。图 4-36 是弹性体接枝率与增韧 PA1010 冲击强度的关系，图 4-37 是弹性体接枝率与共混物流动性的关系。

　　张皓瑜等研究 PA6/SBS 共混体系时也发现：SBS 接枝 MAH（马来酸酐）后，增韧效果比 SBS 高得多，见图 4-37。需要指出的是不同体系的规律是不一样的。

　　从理论上讲，弹性体接枝率越高越有利于提高与聚酰胺反应的能力，有利于提高增韧效果。但由于接枝反应过程伴随着大分子的交联反应，这种交联在一定程度内，具有保持共混体刚性等作用，但若交联过大则失去增韧作用。因此，将弹性体分成两大类型：一类是易交联弹性体；另一类是难交联弹性体。使用前者的接枝率控制在 0.3%～0.6% 以内，后者的接枝率可控制在 0.5%～1.5% 以内。

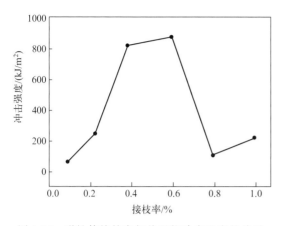

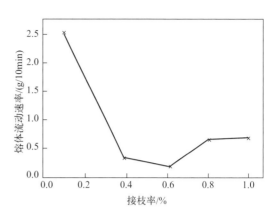

图 4-36　弹性体接枝率与共混物冲击强度的关系　　　　图 4-37　弹性体接枝率与共混物流动性的关系

4.5.5.4　弹性体粒径及分布的影响

不同的粒径与分布产生不同的增韧效果，不同基料对弹性体粒径及分布的要求亦不相同。对于聚酰胺，弹性体粒径控制在 0.2～0.5pm 范围内较为合适。

弹性体粒径的控制主要是由剪切强度与用量决定。一般来讲，剪切强度大，粒径就小，但无论多大的剪切强度也不会破碎到分子状态。弹性体的加入量超过某一体积分数后，粒径随用量增加而增加。对于多数共混体系，当两组分用量比达 50/50 时，共混物出现两相连续结构，分散相粒子随加入量的增加趋于不断破碎成较小粒子的同时，又发生颗粒间的聚结，当破碎与聚结速度达到平衡时，分散相的平衡粒径 R 为：

$$R = (12P\sigma\Phi_D/\pi\eta\gamma)(1+4P\Phi_D E_{DK}/\pi\eta\gamma)$$

式中　P——分散相碰撞时导致聚结的概率，介于 0～1 之间；

　　　σ——聚合物间的界面张力；

　　Φ_D——分散相的体积分数；

　　　η——共混物的表面黏度；

　　　γ——剪切速率；

E_{DK}——分散相的宏观破碎能。

上式表明：平衡粒径尺寸随连续相黏度增大、分散相宏观破碎能变小而减小，共混时的相容性变好，界面张力变小。分散的体积分数减小时，平衡粒径 K 随之变小。剪切速率增大时，K 变小。

张淑芳研究了超韧聚酰胺中弹性体颗粒大小及密度对增韧的影响。

采用 TEM 测定粒子所占的面积，计算出橡胶含量，得到橡胶粒径的分布：粒径为 0.2μm，约占橡胶含量的 33%；粒径为 1.0～1.5μm；约占橡胶含量的 6%；粒径为 2.0～2.5μm，约占橡胶含量的 3%。从图 4-38、图 4-39 可以看出，粒径在 0.5～1.5μm 之间的占橡胶含量的 42%，这部分粒径的橡胶颗粒对增韧起着主导作用。

4.5.5.5　共混方式的影响

共混方式主要影响弹性体的分散性，在弹性体接枝、交联体系中，共混方式对交联程度也产生影响。共混方式有三种。

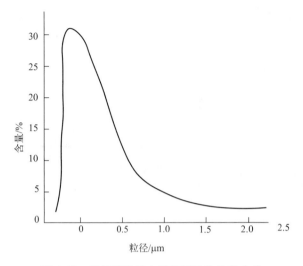

图 4-38　超韧聚酰胺中橡胶颗粒的分布曲线

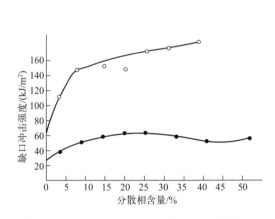

图 4-39　PA6/SBS-*g*-MAH 缺口冲击强度与分散相含量的关系

○—PA6/SBS-*g*-MAH 共混物；●—PA6/SBS 共混物

① 两步法：所谓两步法是先制备热塑性弹性体，即先完成弹性体交联与接枝，制成增韧母粒，然后将增韧母粒与 PA 共混挤出制得增韧 PA。在两步法中，弹性体经两次共混挤出，有利于弹性体的分散，同时，少部分未反应的接枝单体在共混过程中进一步反应，有利于提高弹性体与 PA 的相容性。

② 就地硫化增容法：所谓就地硫化、增容就是交联、接枝与 PA 共混过程在双螺杆挤出机中一次性完成，即弹性体、交联剂、引发剂、接枝单体和 PA 经混合后进入双螺杆挤出机共混挤出造粒。这种共混方式过程简单，但对螺杆结构有一定要求，即要求物料在双螺杆挤出机中充分地混合，否则，对弹性体的分散有一定的影响，很可能产生局部浓度不均现象。

③ 二阶共混法：二阶共混法是将共混物在双螺杆中进行二次共混挤出，此法中弹性体分散均匀，产品性能均一。但应注意的是对于易发生热降解的 PA 或易水解的 PA 来说，很可能影响其性能。

在选择共混方式时，应考虑四个方面的因素：一是聚酰胺基体的热稳定性和对水解的敏感程度；二是弹性体的热降解性能；三是接枝单体的反应活性；四是接枝、交联剂的反应活性。

4.5.5.6　共混设备结构特征的影响

共混设备有混炼机与双螺杆挤出机、单螺杆挤出机。在改性聚合物生产初期，大多数厂商是采用混炼——单螺杆挤出造粒。20 世纪 80 年代，双螺杆挤出机大量面世，进而取代了单螺杆挤出机。应该说两种设备均可制备增韧 PA。前者是将混炼与挤出造粒分为两个阶段：单螺杆主要是挤出功能，混合的功能较小。而双螺杆则具有混合挤出的功能，双螺杆混合的功能来自其捏合块及返螺纹的剪切返混作用，因此，共混效果与双螺杆挤出机中捏合块的数量、组合结构、捏合块厚度及返混元件数量与位置有密切关系。

对于增韧 PA 来说，由于橡胶流动性的影响，在螺杆中，组合适量的捏合块来增加橡胶相的熔融分散是十分必要的。

4.5.5.7　停留时间的影响

物料的停留时间对增韧的影响主要有以下几方面。

① 停留时间对接枝的影响。橡胶接枝反应过程中，停留时间对接枝率有较大的影响，停留时间长则接枝率高，接枝率高则可提高弹性体与 PA 化学结合的概率，从而增加相互间的相容性，有利于提高增韧效果，见图 4-40。研究人员发现，SBS 接枝顺丁烯二酸酐增韧 PA 时，在一定范围内，SBS 接枝率与物料停留时间成正比，超过一定时间，接枝率反而下降。

② 停留时间影响橡胶的交联程度。停留时间长，橡胶的交联度越大。研究人员发现，SBS 接枝交联反应中，停留时间过长，SBS 的交联度越过 60% 时，物料几乎没有流动性，表面十分粗糙，用这种交联 SBS 增韧 PA6 的冲击强度低于纯 PA6。因此，停留时间控制在一定范围内是十分必要的。在研究 EPDM 增韧 PA6 过程中发现，随停留时间的延长，产品力学性能下降。其原因除了上述因素外，停留时间越长，越易引起橡胶和 PA6 的热降解。因此，物料停留时间是制备增韧聚酰胺的重要工艺参数。

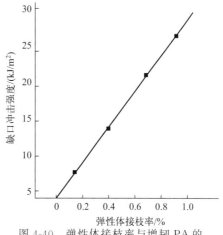

图 4-40　弹性体接枝率与增韧 PA 的
缺口冲击强度关系

4.5.5.8　挤出温度的影响

挤出温度是共混过程控制的一个重要参数。挤出温度对交联反应、接枝反应及共混分散程度均有不同程度的影响。温度升高，交联反应、接枝反应速率增加，有利于单体引发剂与大分子自由基在熔融共混过程中继续反应，与 PA 的末端氨基反应概率也随共混温度升高而增大。挤出共混温度对共混分散的影响有两个方面：一方面是提高挤出温度有利于弹性体完全塑化及弹性体的流动与分散。热塑性弹性体大分子链中的极性基与 PA 的末端氨基反应概率也随共混温度升高而增大；另一方面是有利于共混物的流动。但挤出温度过高则会引起共混物的降解。因此，共混挤出温度的确定原则是以共混物各组分的熔点为基准。

4.5.5.9　聚酰胺分子量的影响

聚酰胺基体的分子量大小对增韧 PA 的力学性能有很大关系。不同聚酰胺产生的影响有所不同，一般来说，分子量越大，力学性能越好。

对于橡胶弹性体与 PA66 共混体系，随 PA66 分子量的增加其冲击强度随之提高，但增长幅度不大。对于不同增韧体系，即不同的增韧剂，聚酰胺基体分子量对共混物性能的影响是不一样的，甚至出现相反的结果。郑宏圭的研究结果如图 4-41 所示。PA66 的相对黏度为 2.2 时，相对黏度为 2.7 的 PA66 在相同的增韧剂含量下，其干态冲击强度成倍增加。这种特例产生的原因主要是 PA66 与增韧剂间的共熔点是否相近，相互的反应即化学结合点是否多。两组分间共熔点接近，相互间的混合程度就高，反应的程度就高，反映在增韧体的冲击强度提高；若两组分的熔点或熔体流动性差别大时，共混体中将产生组分的不均一性，甚至出现某一组分局部浓度差很大，导致共混体分层而表现出局部脆性。因此，组分的分子量的搭配不容忽视。

增韧聚酰胺的微观结构分析被作为判断共混物组分间相容性的重要手段。微观结构分析

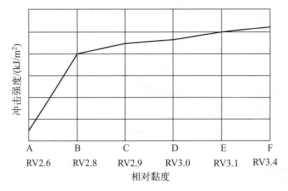

图 4-41　不同相对黏度 PA66 对增韧 PA66 冲击性能的影响

方法很多，但应用较多的是扫描电镜和透射电镜，从这两种电镜照片，可看出多相体系中组分间的相容程度，测定分散相的粒径大小与分布状态。从而定性分析共混物的结构与组成的关系，并通过对应的力学性能测试，来揭示结构与性能的关系。

前面已经讨论过如何提高弹性体与聚酰胺的相容性问题，从力学性能分析已经证明弹性体与聚酰胺的相容性对增韧效果有很大的影响。那么，什么样的微观结构是相容性好的体系呢？下面从几个实例说明增韧聚酰胺体系组成与微观结构性的关系。

（1）PA6/SBS/MAH 体系

在 PA6/SBS 体系中，SBS 在 PA6 基体中呈大颗粒分布，两相界面十分清晰，说明 SBS 与 PA6 的界面黏结力很弱，宏观表现在 PA6/SBS 的抗冲击性能差。由于其界面结合力小于 SBS 粒子的抗冲击或拉伸断裂力，因此，在冲击断面，或 SBS 粒子完整地留在断层表面，或 SBS 粒子离开断面进而留下光滑的空洞。

根据 PA6/SBS-g-MAH 共混物低温冲击断面的 SEM 照片可知，分散相呈絮状波纹状态，分散均匀，两相间的界面层也十分模糊，表明两相间的结合力较大。这种结构能有效地阻止或减缓裂纹的发展，当共混物受到冲击时，应力能被有效传递，使材料的冲击强度大幅提高，见图 4-42。图 4-42 曲线 1、2 的差别表明了 SBS 与马来酸酐接枝后，SBS 大分子链中的酸酐基团与 PA6 的末端氨基发生了化学反应。有效的化学结合改善了 SBS 与 PA6 的相容性，增加了互相之间的结合力。所以，宏观表现出冲击强度大幅提高。

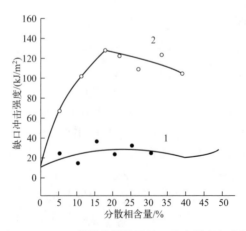

图 4-42　PA6/SBS-g-MAH 共混物低温下缺口冲击强度与共混配比的关系
1—PA6/SBS；2—PA6/SBS-g-MAH

（2） PA6／（EPDM-PE-g-MAH）体系

根据相关文献研究可测出，分散相颗粒的平均直径和长度分别为 0.14μm 和 0.5μm。在体系中加入少量的环氧类增容剂，体系中分散相的平均直径和长度明显减小，分为 0.07μm 和 0.3μm，颗粒数增多，从而颗粒间的距离变小。

按 Wu 提出的共混物冲击强度与分散相颗粒直径的定量关系，当分散相颗粒间距（L）小于临界值（L_r）时，共混物的断裂由脆性向韧性转变，有利于共混体冲击强度的提高。

从以上两个体系的微观结构与性能分析，不难看出，增容剂对体系相容性与力学性能的积极作用，同时，弹性体用量与组成对共混体微观结构与性能同样产生较大的作用，见图 4-43。

同一体系，弹性体用量增加时，分散相颗粒直径明显变小，分散性也有明显改善，相界面变得较模糊，在悬臂梁缺口冲击强度上也有一定差别。

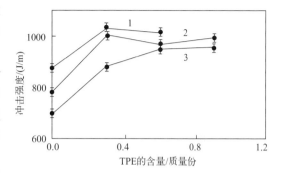

图 4-43　增容剂用量与冲击强度的关系
1—PA/接枝 TPE；2—PA/玻纤增强 TPE；3—PA/TPE

（3） POE 增韧 PA1010 体系

未接枝 POE 在 PA1010 基体中以较大球形粒子呈不均匀分散。这种结构的共混体的相界面黏结强度小，在外力作用下，弹性体粒子易发生脱黏现象，显示出较低的冲击强度与拉伸强度。增韧体系则不同，接枝 POE 与 PA1010 共混物的界面很模糊，共混体表现出优良的抗冲击性能。

4.5.6　增韧聚酰胺的主要品种与性能

在增韧聚酰胺中，增韧 PA6 和增韧 PA66 是最常用的品种，几种增韧聚酰胺的性能见表 4-29。在 PA6、PA66 中加入任何一种增韧剂都能产生较好的增韧效果。可以采用单一增韧剂，也可采用复合增韧剂。近年开发的"核-壳"增韧体系，可以预先设计增韧剂的颗粒尺寸，它不受螺杆剪切作用的影响，这种体系具有广阔的商业应用前景。

表 4-29　增韧聚酰胺的性能

项目	DSM Akulon® K223-KTP4	杭州本松 A280R00ST	DuPont Zytel® ST801 AHSBK010	金发科技 PA66-C111
材料类型	PA6	PA66	PA66	PA66
密度/(g/cm³)	—	1.08	—	1.08
拉伸强度/MPa	50	50	45	48
拉伸模量/MPa	2000	—	1800	—
断裂伸长率/%	4	100	74	50
弯曲强度/MPa	65	65	47	72
弯曲模量/MPa	1600	1600	1900	1750
悬臂梁缺口冲击强度/(kJ/m²)	—	—	—	88
简支梁缺口冲击强度/(kJ/m²)	65	90	76	—

项目	DSM Akulon® K223-KTP4	杭州本松 A280R00ST	DuPont Zytel® ST801 AHSBK010	金发科技 PA66-C111
简支梁缺口冲击强度(−30℃/4h)/(kJ/m²)	18	30	20	—
简支梁无缺口冲击强度/(kJ/m²)	NB	NB	NB	—
简支梁无缺口冲击强度(−30℃/4h)/(kJ/m²)	NB	NB	NB	—

对几种增韧剂增韧 PA6 进行研究，发现 EPDM、SBS、POE 的增韧效果十分明显，同时 SBS/PE 体系的综合力学性能较好，结果如表 4-30 所示。

表 4-30　不同增韧剂增韧 PA6 的性能

性能	EPDM	SBS	POE	EAA	EVA	SBS/PE	EPDM/GF
拉伸强度/MPa	44	57	50	56	52	60	180
断裂伸长率/%		220	230	180	175	200	2.2
弯曲强度/MPa	52	68	70	73	68	72	210
冲击强度/(kJ/m²)	25	21	18	16	15	21	57
添加量/%	20	20	20	20	20	20	20

郑宏奎等对增韧 PA66 体系做过系统研究。各种增韧剂增韧 PA66 的力学性能列于表 4-31 中。

表 4-31　各种增韧剂增韧 PA66 的力学性能

性能	PA66	A	B	C	D
拉伸强度/MPa	78	52	45	39	40
弯曲强度/MPa	104	87	73	69	70
弯曲模量/MPa	2700	2200	2150	1980	2100
冲击强度/(J/m)	51	298	390	68.7	652
热变形温度(1.82MPa)/℃	180	160	150	132	130

注：A—接枝 PP；B—接枝 PE；C—接枝 EPDM；D—接枝 POE。

4.6　聚酰胺合金

4.6.1　概述

聚酰胺树脂主要品种 PA6、PA66、PA56、PA11、PA12、PA610、PA612、PA1010、PA46 等均已实现规模化生产。这些品种具有共同的特点，即高强度、优异的耐磨性、良好的化学稳定性及自润滑性。缺点是吸湿性大、制品尺寸不稳定、成型收缩率高，这些缺点限制了聚酰胺在某些领域中的应用。同时，由于汽车、机械、电子电气、通信、建材等行业的迅速发展对聚酰胺树脂性能的要求越来越高，人们发现单靠传统的合成方法开发新品种，在生产装置的转换、原料来源上都有很大难度。因此，利用现有树脂进行改性是高分子材料工业特别是聚酰胺产业发展的重要方向。本节重点介绍共混聚酰胺合金的基本理论、制备技术、主要品种及特性。

4.6.1.1　高分子合金的基本概念

高分子合金是指由两种或两种以上的聚合物组成的多组分体系，又称为聚合物合金。高分子合金包括嵌段共聚物、接枝共聚物、互穿网络聚合物和共混聚合物体系。高分子合金的制备方法分为化学法和物理共混法。

嵌段和接枝共聚物、互穿网络聚合物是用化学法制备的。嵌段共聚物是两种或两种以上不同单体进行嵌段共聚制备的；接枝共聚物是聚合物与单体共聚而成的；互穿网络聚合物是两种或两种以上交联聚合物相互贯穿而形成的交织聚合物网络。从制备方法上，它类似于接枝共聚共混；从微观结构上看，有非化学结合微区，又类似于共混法。因此，互穿网络聚合物的制备方法介于化学法与共混法之间，可把互穿网络聚合物视为用化学法实现的机械共混物。

共混聚合物是多种聚合物经双螺杆熔融混合挤出得到的复合高分子合金。物理共混法制备高分子合金是利用已知聚合物共混制备高分子合金，在工艺上较为简单。由于高剪切、混合、排气脱挥发分多功能双螺杆挤出机的广泛应用，使得共混法制高分子合金工艺更为简单，成为高分子材料科学中十分引人注目的领域。

近年来，人们发现用双螺杆挤出熔融接枝共聚制备相容剂完全可满足合金性能要求，使化学接枝工艺变得十分简单。实际上，在共混法制备高分子合金中也伴随着化学反应。

高分子合金的研究包括：分子结构与多组分体系形态的关系；多组分体系中各组分间相容性与体系中界面性质的关系；分子结构与形态的设计；形态结构与性能的设计；相容剂合成及相容剂结构性能与增容效果的关系；体系组成与性能的控制。通过分子结构设计，用不同的组合，开发更多的高性能高分子合金材料，使基础树脂得到更广泛的应用。

在众多的高分子合金中，聚酰胺合金在应用领域、产量与性能等方面均具有十分重要的地位。聚酰胺合金是以聚酰胺为主体，掺混其他聚合物共混而成的高分子多组分体系。聚酰胺可与很多聚合物经相容化处理后制成合金。

4.6.1.2　聚酰胺合金化的意义与目的

在聚酰胺中掺混其他聚合物以改善聚酰胺的某些缺陷或提高某些性能，满足不同用途的需要，是制备高性能聚酰胺工程塑料的主要目的。

① 提高聚酰胺的耐热性。一个引人注目的实例是 PA66/PPO 系列合金，PPO 与 PA66 共混，大大提高了 PA66 的耐热性和尺寸稳定性。这种合金代替钛钢作汽车的外护板材料以及车轮盖板，可自动烧结涂装。PA66/6T 合金可在 200℃ 下长期工作。

② 改善聚酰胺的吸水性、尺寸稳定性。在聚酰胺中加入聚烯烃，有效地降低了 PA 的吸湿性，提高产品的尺寸稳定性。

③ 提高聚酰胺的耐化学品性和耐磨耗性。如 PA/PBT 和 PA/PTFE，赋予聚酰胺优良的耐磨性。

④ 提高聚酰胺的抗冲击性。聚酰胺低温韧性的改善，可通过加 PE、POE、EVA、EPDM、SBS 等多元复合来实现。

⑤ 提高聚酰胺的刚性。聚酰胺的弯曲强度及模量较高，但仍不能满足某些用途的要求。通过与 PPTA、半芳香族聚酰胺、热致性液晶高分子（TLCP）共混可制备高刚性高强度聚酰胺合金。

4.6.1.3　聚酰胺合金的发展

聚合物共混改性技术工业化生产始于 20 世纪 40 年代。1942 年，DOW 化学公司推出

styralloy-22，它是苯乙烯和丁二烯的互穿网络聚合物（IPN），首次提出聚合物合金概念。

20 世纪 70—80 年代是聚酰胺合金开发与应用的发展期。1974 年，Ide 和 Hasegwa 首次发表了 PP/PA 共混合金；1976 年杜邦公司推出 Zytel-ST 系列 PA66 合金，从而揭开了 PA 合金开发的序幕。先后有荷兰 DSM 公司，德国的 BASF，日本的宇部兴产，美国的孟山都，日本的三菱瓦斯、旭化成、东丽、三井化学，美国的 GE 等大公司相继开发出 ABS/PA6、PA/PP、PA6/PE、PA/PC、PA66/PA12、PA66/PP、PA66/PE、PA66/EPBM 等合金。

这期间，聚合物共混改性理论与技术得到迅速发展。在增韧机理方面，在传统的理论基础上，提出了银纹化-剪切带理论，20 世纪 80 年代产生了空穴化理论、逾渗理论、刚性有机粒子增韧机理。高分子合金微观结构、相容性评价特性分析、合金力学性能评价取得了很多重要成果，有力地促进了合金技术的发展。

在合金制备技术方面，开发了大量的非反应型增容剂与反应型相容剂，解决了聚酰胺合金制造的关键问题。同时，共混改性设备如双螺杆挤出机制造技术日趋成熟，为共混改性聚合物产业化提供了物质基础。

20 世纪 80 年代末至 90 年代，聚酰胺合金技术趋于成熟，聚合物共混改性产业化成为高分子材料工业的新产业。这期间，PA 的增韧理论由定性描述向定量分析迈进，纳米复合技术成功用于 PA 合金，IPN 技术、动态硫化技术、反应挤出共混技术的应用，高性能 PA 合金产品不断问世，如耐高温 PA 合金、PPO/PA66、PA66/PA6/PE 阻隔 PA 等。世界汽车的轻量化、小型化，为 PA 合金提供了广阔市场，以汽车进气歧管的塑料化为标志。熔芯法、旋转法注射成型技术的实用化，也推进了 PA 合金的应用。

4.6.2 聚合物合金的形态结构

聚合物共混合金的形态结构是决定其性能的最基本因素之一。由于聚合物共混合金的多相性，不同的组成有不同的形态结构，即使同一组成的共混体，也因加工条件不同而出现不同的形态结构，不同的形态结构使聚合物共混合金的性能发生很大的变化。研究聚合物合金过程中，通过对其形态结构分析，可以看出聚合物之间的相容程度，从而找出体系组成-相容性-微观结构-力学性能的关系。

4.6.2.1 非结晶型聚合物共混体系的形态特征

非结晶型聚合物共混体系的形态结构可分为三种基本类型：单相连续结构、两相互锁结构（又称交错结构）和相互贯穿的两相连续结构。

① 单相连续结构　单相连续结构是指组成共混物的两相中只有一相是连续的，而另一相是分散的，含量较大的组分构成连续相，较小的组分为分散相。

② 分散相形状不规则　一般机械共混制得的聚合物合金的形态结构是分散相的，颗粒大小不一，形状很不规则。颗粒大小通常为 $1\sim100\mu m$。分散相颗粒规则结构中，分散相颗粒一般呈球状，直径约 $1\mu m$，颗粒内部不包含或包含极少量的连续相成分。如苯乙烯-丁二烯-苯乙烯（SBS）三嵌段共聚物中，当丁二烯嵌段较短、含量较少（20%）时，丁二烯嵌段以均匀的球状颗粒分散于 PS 嵌段构成的连续相基体之中。丁二烯含量增加时，相应的形态结构也发生变化；当丁二烯含量为 40% 时，分散相变成圆柱状结构。随着丁二烯含量的增加，丁二烯最后变成连续相，苯乙烯嵌段变成分散相。

③ 分散相为胞状结构或香肠状结构　这种结构的特点是分散相颗粒内包含连续相成分所构成的更小颗粒。因此，在分散相内部又可把连续相成分所构成的更小的包容物当作分散相，而构成颗粒的分散相称为连续相。这种分散相颗粒的截面形状类似香肠，故称为香肠结构。也可把分散颗粒当作胞体，胞壁由连续相成分构成，胞体本身由分散相成分构成，而胞内又包含连续相成分构成的更小颗粒，所以，这种结构又称为胞状结构，乳液接枝共聚 ABS 的结构属于此类型。一般来说，接枝共聚-共混法制备的合金，其结构大部分属于这种类型。

④ 分散相为片层状结构　分散相呈微片状，分散在连续相基体中。当分散相浓度增大时，形成片层状结构。这种结构的共混合金具有极好的阻隔性和永久抗静电性能，如 PA6/HDPE 合金，PA6 在 15％～20％时，在一定的剪切共混条件下，PA6 能呈层状分布在 HDPE 中。亲水性聚合物与 PA6 共混时，亲水聚合物呈微片状分散并聚集于 PA6 表面，产生永久性抗静电作用。层状共混合金具有较好的气体阻隔性，可作为食品保鲜的包装材料。

⑤ 两相互锁或交错结构　此类结构又称为两相共存连续结构，包括层状结构和互锁结构。其特点是各组分都没有形成典型的连续相，只是以明显的交错排布结构存在，很难分清哪一个是分散相，哪一个是连续相。具有这种结构的共混合金是嵌段共混聚合物为主要成分的共混物。如 SBS 嵌段共聚物中，当丁二烯含量为 60％时，其形态结构呈两相交错结构。

4.6.2.2　结晶聚合物共混体系的形态特征

① 晶态形成较大的相畴，分布于球晶中；
② 球晶几乎充满整个共混体系，非晶聚合物分散于球晶与球晶之间；
③ 球晶被轻度破坏，成为树枝晶并分散于非晶聚合物之间；
④ 结晶聚合物未能结晶，形成非晶/非晶共混体系；
⑤ 非晶聚合物产生结晶，体系转化为结晶/结晶聚合物共混体系。

在这种共混体系中，两组分的相容性（对体系的形态结构）、组分含量、结晶物的结晶度、共混工艺对体系的形态结构有着重要的影响。

4.6.2.3　结晶/结晶聚合物共混体系

属于这类体系的合金种类很多，如 PA/PP、PA/PE、PA/PPS、PA/PBT 等。这类合金的形态结构至少有三种情形。

① 两种聚合物的结晶性受到破坏，共混体系中组分间发生了化学反应，使其形成了非晶态共混体系。

② 两结晶聚合物各自结晶的形态。如 PPS/PA 体系在一定工艺条件下能形成两相分离的结晶/结晶形态。

③ 两结晶聚合物能形成共晶。

以上叙述的仅指二元体系，多元体系的情况复杂得多，不同情况要具体分析。

4.6.2.4　聚合物共混合金的界面层

两种聚合物共混时，共混体系存在三个区域结构，即两聚合物各自独立的区域以及两聚合物之间形成的过渡区，这个过渡区称为界面层。界面层的结构与性质反映了共混聚合物之间的相容程度与相间的黏合强度，对共混物的性能起着很大的作用。

① 界面层的形成　聚合物在共混过程中，第一步是相互接触，第二步是两聚合物大分

子链相互扩散。两聚合物大分子链段相互扩散的结果是两相均会产生明显的浓度变化，如PA6 与 PP 共混时，由于大分子链的相互扩散，在 PA6 相区，PA6 的浓度逐渐变小。同样，在 PP 相区，PP 浓度逐渐变小，最终形成 PA6 和 PP 共存区域，这个两相共存区即为界面层。

② 界面层厚度　界面层厚度主要取决于两聚合物的相容性：相容性较差的两聚合物共混时，两相间有非常明显和确定的相界面；两种聚合物相容性好则共混体中两相大分子链段的相互扩散程度大，两相界面层厚度大，相界面较模糊；若两种聚合物完全互容，则共混体最终形成均相体系，相界面完全消失。

③ 界面的黏合　两聚合物界面黏合的好坏，一方面取决于两聚合物大分子间的化学结合，另一方面也取决于两相间的次价力。对于大多数聚合物共混来说，次价力的大小主要决定于界面张力，两相的界面张力越小，黏合强度越高。从聚合物链段相互扩散的程度来看，界面的黏合强度与聚合物之间的相容性有关，相容性越好，界面的黏合强度就高，共混物的力学性能就越优异。

4.6.3　聚合物合金相容性的判断

研究聚合物的相容性，应从热力学相容性和动力学相结合的原则出发，讨论影响聚合物相容性的诸因素，找出其规律性的东西，为指导人们开发高性能共混合金提供重要依据。

4.6.3.1　聚合物相容性的判据

聚合物相容性的判别基础是混合热力学原理，根据热力学第二定律，两种液体等温混合时，应遵循下列关系：

$$\Delta G_m = \Delta H_m - T \Delta S_m$$

式中，ΔH_m 为摩尔混合焓变；ΔG_m 为摩尔混合自由能变；ΔS_m 为摩尔混合熵变；T 为热力学温度。当 $\Delta G_m < 0$ 时，两种液体可自发混合，即两液体具有互溶性。

对于聚合体系，常常根据聚合物溶解度参数和 Huggins-Flory 相互作用参数来判断。

溶解度参数 ΔH_m 是同一聚合物结构单元间的作用能与该聚合物结构单元和另一聚合物结构单元之间作用能的不同而产生的，按 Hildebrand 的推导：

$$\Delta H = \frac{N_1 V_1 \times N_2 V_2}{N_1 V_1 + N_2 V_2} \left[\left(\frac{\Delta E_1}{V_1} \right)^{1/2} - \left(\frac{\Delta E_2}{V_2} \right)^{1/2} \right]^2$$

式中，N_1，N_2 为组分 1 与组分 2 的物质的量；V_1，V_2 为组分 1 与组分 2 的摩尔体积；ΔE_1，ΔE_2 为组分 1 与组分 2 的内聚能；$\dfrac{\Delta E_1}{V_1}$，$\dfrac{\Delta E_2}{V_2}$ 为组分 1 与组分 2 的内聚能密度。

$\left(\dfrac{\Delta E}{V} \right)^{1/2}$ 称为溶解度参数，用 δ 表示：

$$\delta_1 = \left(\frac{\Delta E_1}{V_1} \right)^{1/2}, \delta_2 = \left(\frac{\Delta E_2}{V_2} \right)^{1/2}$$

δ_1、δ_2 分别为组分 1、2 的溶解度参数。依据上式，当 $\delta_1 = \delta_2$ 时，ΔH 为 0；δ_1 与 δ_2 的差越小，溶解过程吸热越少，越有利于溶解。因此，可根据溶解度参数预测有机化合物之间的相容性。化学上相似的两种分子，在多数情况下，具有相近的溶解度参数，表现为相互混溶。

两种聚合物混合的情况，要比低分子混合复杂得多。一般而言，用 δ_1、δ_2 还不能完全判断两聚合物互溶。因此，采用三维溶解度参数判断。三维溶解度假定液体的蒸发能（E）为色散力、偶极力和氢键三种力（分别为 E_d、E_p、E_h）的贡献。

$$E = E_d + E_p + E_h$$

$$\frac{E}{V} = \frac{E_d}{V} + \frac{E_p}{V} + \frac{E_h}{V}$$

$$\delta_2 = \delta_{2d} + \delta_{2p} + \delta_{2h}$$

$$\delta_d = \left(\frac{\Delta E_d}{V}\right)^{1/2}, \delta_p = \left(\frac{\Delta E_p}{V}\right)^{1/2}, \delta_h = \left(\frac{\Delta E_h}{V}\right)^{1/2}$$

式中，δ_d、δ_p、δ_h 分别反映这三种力的大小。Shaw 认为对于大多数聚合物体系，δ_d、δ_p 能足够准确地表达其相容性。

4.6.3.2　Huggins-Flory 作用参数

Huggins-Flory 等从热力学概念出发研究聚合物之间混合的热力学问题，用量纲参数来表征溶剂与大分子链段相互作用对混合焓的贡献：

$$\Delta H_m = RT \chi_{12} n_1 V_2$$

式中，χ_{12} 为哈金斯作用参数。根据热力学第二定律：

$$\Delta G_m = RT(n_1 \ln V_1 + n_2 \ln V_2 + \chi_{12} n_1 V_2)$$

从上式可知，使聚合物能溶于溶剂则 χ_{12} 应很小，一般为负值。

Scott 等将 Huggins-Flory 理论用于两种聚合物的共混研究中。对于聚合物 1 和 2，其混合能 ΔG_m 如下式所示：

$$\Delta G_m = \frac{RTV}{V_r}\left(\frac{V_1}{X_1}\ln V_1 + \frac{V_2}{X_2}\ln V_2 + \chi_{12} V_1 V_2\right)$$

式中，V 为混合物的总体积；V_r 为参比体积，通常 V_r 取尽可能接近聚合物最小重复单元的分子体积；V_1、V_2 为混合物中两种聚合物的体积分数；X_1、X_2 为以参比体积 V_r 为基准的两种聚合物的聚合度；χ_{12} 为两种聚合物的作用参数，即 Huggins-Flory 作用参数。

从上式可知，只有当 χ_{12} 很小或为负值时，两聚合物才能实现完全相容。χ_{12} 与大分子链重复单元的作用焓及参比体积有关。

4.6.3.3　研究聚合物相容性的方法

研究聚合物之间相容性的方法很多。

① 以热力学为基础的溶解度参数 δ 及聚合物相互作用参数 χ_{12} 作为基本判据的方法；

② 以显微镜观察共混物形态结构来判断相容性的方法；

③ 玻璃化转变温度法，通过测定共混物的 T_g 判断聚合物之间的相容性。

当两聚合物完全相容时，所测得共混物的 T_g 只有一个；如两聚合物完全不相容时，测得共混物的 T_g 为两个，并且是分别为两聚合物的 T_g；若两种聚合物部分相容时，所测得的共混物虽有两个 T_g，但两个 T_g 会相互靠近，两个 T_g 距离越近，说明两聚合物的相容性就越好。因此，测定共混物 T_g 是研究共混体系各组分相容性的重要方法。测定聚合物 T_g 有很多方法，如体积膨胀法、动态力学法、热分析法、介电松弛法、热-光分析法、辐射发光光谱法等。其中，最常用的方法是 DSC 法。

4.6.3.4　聚酰胺合金相容性设计原则

前面已谈到聚合物相容性的判据原理与测定方法。对于聚合物合金的组成设计，即选择什么组分、分子量大小、组分比例等都对相容性有不同程度的影响。下面是聚合物相容性的几个基本原则。

① 溶解度参数相近原则。聚合物相容规律为 $|\delta_1 - \delta_2| < 0.5$，分子量越大其差值应越小。但溶解度参数相近原则仅适用于非极性组分体系。

② 极性相近原则。即体系中组分之间的极性越相近，其相容性越好。

③ 结构相近原则。体系中各组分的结构相似，则相容性就好。所谓结构相近，是指各组分的分子链中含有相同或相近的结构单元，如 PA6 与 PA66 分子链中都含有—CH_2—、—NH_2—、—CO—NH—基团，故有较好的相容性。

④ 结晶能力相近原则。当共混体系为结晶聚合物时，多组分的结晶能力即结晶难易程度与最大结晶相近时，其相容性就好。

而晶态/非晶态、晶态/晶态体系的相容性较差，只有在混晶时才会相容，如 PVC/PA、PE/PA 体系。

两种非晶态体系相容性较好，如 PP/PE、PS/PPO 等。

⑤ 表面张力 γ 相近原则。体系中各组分的表面张力越接近，其相容性越好，共混物在熔融时，与乳状液相似，其稳定性及分散度受两相表面张力的控制。γ 越相近，两相间的浸润、接触与扩散就越好，界面的结合也就越好。

⑥ 黏度相近原则。体系中各组分的黏度相近，有利于组分间的浸润与扩散，形成稳定的互溶区，所以，相容性就好。

4.6.4　聚酰胺共混增容技术

对于聚合物共混体系来说，大多数属于部分相容体系。如果共混组分之间缺乏足够的黏合强度，使应力和应变不能有效地在两相间传递和分散，则共混体系的性能很差。因此，解决聚合物的相容性问题，是共混改性中的重要课题。

聚酰胺与很多聚合物的相容性较差，但是聚酰胺大分子链端氨基和羧基具有很高的反应活性和形成氢键的能力。根据这一特点，可采用多种方法来提高聚酰胺和其他聚合物间的相容性。

4.6.4.1　利用相容剂增容

利用相容剂增加聚合物之间的相容性是当今聚合物共混研究中十分重要的发展方向，相容剂增容分为两大类别。

① 嵌段共聚物作相容剂　从理论上讲，嵌段共聚物可以任意组合成多种共聚物。用不同结构的单体共聚，其中一个单体能与 PA 反应，另一个单体与其他组分有很好的相容性或反应活性。如苯乙烯和甲基丙烯酸缩水甘油酯的共聚物就是 PPO/PA 共混体良好的相容剂。

② 接枝共聚物作相容剂　通常，这种接枝共聚物就是参与 PA 共混的聚合物或是 PA 与

能发生反应的单体共聚的产物。如 PP 与马来酸酐接枝得到的 PP-g-MAH 共聚物用作 PP/PA 合金的相容剂，能有效地改善 PP 和 PA 之间的相容性，提高了共混合金的抗冲击强度。

同样，EPR-g-MAH、SEBS-g-MAH 接枝共聚物也是 PP/PA 良好的相容剂与增韧剂。使用 EPR、SEBS 和使用 EPR-g-MAH、SEBS-g-MAH 增韧 PP/PA 时，两者的效果完全不一样，前者的增韧作用不明显，而后者则具有十分明显的增韧效果。

4.6.4.2　共混组分直接反应增容

所谓共混组分直接反应增容就是与聚酰胺共混组分的大分子链中具有与 PA 大分子链端氨基反应的基团，这种聚合物与聚酰胺大分子链能产生化学结合，增强了两聚合物之间的界面粘接力。主要有以下几种方法。

① 共聚改性增容　很多聚合物与 PA 共混可得到性能优异的共混物，但相容性较差，用该聚合物的单体与其他单体共聚后得到的共聚物与 PA 共混时能改善其相容性。如 PS 与 PA 共混时，由于两者的极性差别太大，无法得到理想的共混合金，将苯乙烯与马来酸酐（MAH）共聚形成的 SMA 共聚物与 PA 共混时，分散相尺寸变小。苯乙烯-丙酸共聚物与 PA 共混易发生反应，从而达到增容的目的。

② 辐射增容　共混组分或体系通过紫外线、γ 射线辐射或等离子体辐射后，达到增容的目的。徐僖等的研究表明，随着紫外线辐照时间的增加，高密度聚乙烯（HDPE）分子链上引入的极性基团明显增加。Gspadaro 等在研究 γ 射线辐射 HDPE/PA6 时，得到类似结果：HDPE 分子链上—CO—NH—等极性基团的引入使共混物中两组分间存在氢键与化学反应，因而大大改善了组分间的相容性。

③ 离子体系增容　在 PS 经磺化后与聚酰胺共混时，金属磺酸盐基团与酰氨基之间形成了特殊的复合物，构成了分子间的物理网络。

以上几种方法中，共聚改性增容技术是工业上普遍采用的技术。

4.6.4.3　相容剂及其增容机理

相容剂又称为增容剂，它是具有与共混体系中各组分形成化学结构或具有良好相容性即可产生物理缠结作用的化合物。

（1）接枝型聚合物相容剂

PP-g-MAH、EPR-g-MAH、EPDM-g-MAH、SEBS-g-MAH、SMA（苯乙烯-马来酸酐共聚物）、POE-g-MAH 等，这类共聚物可作 PP、PE、弹性体、PS 等聚合物与聚酰胺合金的相容剂。这类 MAH 接枝聚合物分子量中的双酐基团与聚酰胺大分子链的端氨基发生反酰亚胺化应，与聚酰胺分子链形成化学结合。

众所周知，PP 为非极性高分子，与聚酰胺不具有热力学相容性，两者简单共混时，易产生分层现象，共混合金的冲击强度很低。采用 PP-g-MAH 作相容剂，能有效地改善 PP 和聚酰胺的相容性。PP-g-MAH 用量为 5%～10% 时增容效果较好。三者的配比为 15：75：10 时，合金的弯曲强度达 79 MPa，拉伸强度达 57 MPa，缺口冲击强度达 13kJ/m²，表面光泽性好。而不加 PP-g-MAH 时，即 PP/PA6 为 25/75 时，带条表面不光滑，有时产生不稳定流动，共混物缺口冲击强度小于 5kJ/m²。

（2）羧酸型相容剂

含官能团的相容剂大多数是以丙烯酸（AA）或甲基丙烯酸（MAA）为共聚单体，与其他聚合物共聚形成的接枝共聚物。这类共聚物与 PA 共混时，官能团间发生酰胺化、酰亚胺化等反应，使共混合金的冲击强度、拉伸强度等显著提高，表现出明显的增容效果。

Srinivas 等采用 PS-g-AA 增容 PS/PA66 体系。用 SEM 观察表明，分散相粒子尺寸较 PS/PA66 体系明显变小，力学性能显著提高。

丙烯酸（AA）和甲基丙烯酸（MAA）与 PP、PE、EPDM 等均能进行共聚，如 Steven 等对 PP/PA66 体系分别使用 PP-g-MAH、PP-g-AA 增容，发现 PP-g-AA 的增容效果更为显著。

（3）甲基丙烯酸缩水甘油醚（GMA）型相容剂

GMA 接枝的各种聚合物作为一类新型的增容剂越来越多地被用于聚合物合金的反应性增容。这类环氧基接枝共聚物具有很高的反应活性。孙洪海在研究 PS-co-GMA 在 PA1010/ABS 合金中的增容作用时，发现加入 5％的 PS-co-GMA 时，共混物的拉伸强度、模量与断裂伸长率分别出现峰值，共混物具有很好的力学性能。PS-co-GMA 同时也可用于 PS/PA6、PA66 体系，如表 4-32～表 4-36。

表 4-32　马来酸酐官能化的可反应性聚合物及其应用

可反应性聚合物	共混体系	反应类型
PE-g-MAH	PA6/PE	酰亚胺化
PP-g-MAH	PA6/PP	酰亚胺化
	PA6/LCP	酰亚胺化
	PP/NBR	酰胺化
P(St-co-MAH)	PA6/PPO	酰亚胺化
ABS-g-MAH	PA6/ABS	酰亚胺化
SEBS-g-MAH	PET/SEBS	酯化
	PA6/PC	酰亚胺化
EPR-g-MAH	PA66/EPR	酰亚胺化
PPO-b-MAH	PA6/TPO	酰亚胺化
P(St-co-MAH)	PA/SMAH	酰亚胺化
AC-co-MAH	PA6/AC	酰亚胺化
	PBT/AC	酯化

注：-g-为接枝；-co-为共聚；NBR 为丙烯腈/丁二烯共聚物；SEBS 为氢化苯乙烯/丁二乙烯嵌段共聚物；EPR 为乙烯/丙烯共聚物；AC 为乙烯/丙烯酸酯共聚物。

表 4-33　含羧酸官能团的可反应性聚合物及其应用

可反应性聚合物	共混体系	反应类型
羧酸接枝 PE	PA6/PE	酰胺化
磺化 PS	PA1010/PS	酰亚胺化
磺化 BR	PA1010/PS	酰亚胺化
EAA	HDPE/PA6	酰亚胺化
	PET/PP	酯化
SAA	PA11/SAA	酰胺化
AC	PS/AC	离子键
CTBN	EPYCTBN	开环

注：EAA 为乙烯/丙烯酸共聚物；SAA 为苯乙烯/丙烯酸共聚物；CTBN 为羧基丁二乙烯/丙烯腈共聚物。

表 4-34　含羧酸衍生物基团的可反应性聚合物及其应用

可反应性聚合物	共混体系	反应类型
PA	PA/PC	酰胺-酯交换
PA	FET/PA	酰胺-酯交换
PAR	PAR/PC	酯交换
PAR	PET/PC	酯交换
PAR	PET+PC/苯氧基树脂	酯交换
PET	Vd/LHd	酰胺-酯交换
PBT	PC/PBT	酯交换
SEBS-g-MAH	PC/PA6	开环

表 4-35　含（亚）氨基官能团的可反应性聚合物及其应用

可反应性聚合物	共混体系	反应类型
ATBN	EP/ATBN	开环
PA66	PA66/EPR	酰亚胺化
PA66	PA66/PS	开环
PA6	PA6/EPDM	酰亚胺化
PA6	PA6/PE	酰胺化
PA6	PA6/AC	酰亚胺化

注：ATBN 为端氨基丁二烯/丙烯腈共聚物。

表 4-36　能形成离子键以及其他结构的可反应性聚合物及其应用

可反应性聚合物	共混体系	反应类型
磺酸化 PS	PS/PMMA	形成离子键
PS(含磺酸盐)	(PS+PPO)/EPDM	形成离子键
EPDM(含磺酸盐)	SVP/EPDM	形成离子键
	(PS+PPO)/EPDM	形成离子键
AC(含磺酸盐)	PA6/PE	形成离子键
EVA	PBT/PE	酯交换

注：SVP 为苯乙烯/乙烯吡啶共聚物。

4.6.5　聚酰胺合金化设计

4.6.5.1　PA6/PP 合金

聚丙烯作为一种综合性能优良的热塑性塑料，利用聚丙烯与聚酰胺共混所制备的 PP/PA6 合金材料具有较好的柔性、低吸水性和加工流动性。PP 与 PA6 共混，提高了 PA6 的流动性，降低了 PA6 的吸水性和制品的生产成本；由于 PP 的加入，在一定程度上破坏了 PA6 大分子链排列的规整性，从而使 PA6 的柔性有一定的提高。

（1）相容剂及其用量对合金的影响

PP 为非极性聚合物，与 PA6 的相容性差。因此在制备 PP/PA6 合金时，需要加入相容剂来提高两者之间的相容性。PP/PA6 合金使用较多的相容剂是马来酸酐或甲基丙烯酸缩水甘油酯接枝 PP，这类接枝共聚 PP 中的酸酐或环氧基团在加热熔融条件下，可与 PA6 大分子链的端氨基或端羧基反应，使接枝 PP 与 PA6 大分子链形成化学结合，而 PP 大分子链与 PP 相完全互溶。即接枝 PP 在 PP 和 PA6 两相之间起到桥梁作用，将 PP 和 PA6 两相连接起来，从而提高了 PP 与 PA6 的相容性。

几种接枝 PP 对 PP/PA6 合金性能的影响列于表 4-37 中。

表 4-37 几种接枝 PP 对 PP/PA6 合金性能的影响

接枝 PP	用量/%	拉伸强度/MPa	缺口冲击强度/(kJ/m²)
PP-*g*-MAH	5.0	30.66	2.98
PP-*g*-DBM	5.0	33.69	3.40
PP-*g*-MAC	10	58.0	60.0
PP-*g*-MAH	10	50.0	25.0

注：MAH 为马来酸酐；DBM 为马来酸二丁酯；MAC 为马来酸。

（2）不同熔体流动速率的 MPP 增容 PP/PA6 合金性能

接枝 PP 的熔体流动速率在一定程度上影响其余 PA6 大分子链之间的反应，其熔体流动速率较低时，由于其流动性较低，影响了与 PA6 分子链之间的互相渗透，相互的反应概率较小，其增容效果较小，反应在合金上为抗冲击性能低；其熔体流动速率较高时，与 PA6 熔体之间的相互渗透速度也高，因而提高了相互间的反应速度，其合金的抗冲击性能也就会提高。但其熔体流动速率过高时，由于 PP 分子量太低，导致自身的力学性能下降，也将导致合金的性能下降，如表 4-38 所示。

表 4-38 熔体流动速率不同的 MPP 增容 PA6 合金的性能

合金性能	PA6/PP/MPP		PA6/PP
	3.8g/10min	6.7g/10min	
拉伸强度/MPa	45.0	47.5	43.7
弯曲强度/MPa	62.9	66.6	58.9
无缺口冲击强度/(kJ/m²)	21.6	51.8	20.4

注：PA6∶PP∶MPP＝100∶40∶45，PA6∶PP＝100∶40。

（3）共混温度对 PP/PA6 合金性能的影响

PP 的熔点比 PA6 低约 40℃，熔融共混挤出的温度对合金性能的影响较大。共混温度较低，PA6 不能充分熔融；共混温度太高，则容易引起 PP 降解，导致合金力学性能的降低。因此，合理设计共混温度是制备高性能 PP、PA6 合金十分重要的条件。共混温度与合金性能的关系如表 4-39 所示。

表 4-39 共混温度与合金性能的关系

性能	共混温度℃			
	210	220	230	250
拉伸强度/MPa	46	49	52	44
缺口冲击强度/(kJ/m²)	5.0	7.0	9.0	4.0

注：PA6∶PP∶MPP＝100∶20∶20。

（4）PA6/PP 合金的吸水性

PP 与 PA6 共混可在一定程度上降低 PA6 的吸水性，提高了 PA6 部件的尺寸稳定性，如图 4-44 所示。

4.6.5.2　PA6/PE 合金

PA6/PE 合金是一种重要的聚酰胺合金材料。PE 具有无毒、价廉、密度小、吸水性小、加工性好等特点。LDPE 与 PA6 共混，可提高 PA6 的韧性；HDPE 与 PA6 共混，通过一定的共混工艺，可制备出具有一定层状结构的合金，提高 PA6 的阻隔性。PA6/PE 具有较为广泛的应用，可用于包装薄膜、汽车油箱、玻璃扣件、饮料包装等领域。

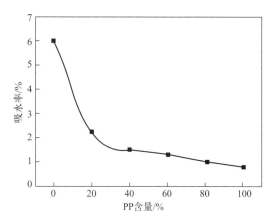

图 4-44　PA6/PP 合金的吸水性

PE 与 PA6 之间的相容性较差，两者直接共混时无法制备性能较高的合金材料，必须通过相容剂来增加两者之间的相容性，才能制备出具有使用价值的材料。最重要也是最有效的相容剂是马来酸酐接枝 PE。在制备 PA6/PE 合金时，最好选择与 PE 相应的接枝高聚物作为相容剂。

（1）相容剂对 PA6/PE 合金性能的影响

① HDPE、PA6 的基本物性

从表 4-40 看出，HDPE、PA6 的溶度参数相差较大，是完全不相容的两种材料。

表 4-40　HDPE 和 PA6 的基本物性

性能	熔点/℃	吸水率/%	内聚能密度/(kJ/m³)	结晶度/%	渗透系数		溶度参数
					H₂O	O₂,CO₂	
HDPE	138	<0.015	62	85	120～2100	11.43～59	7.9～8.1
PA6	228	2.0	185	60	700～1700	0.38,1.6	13.6

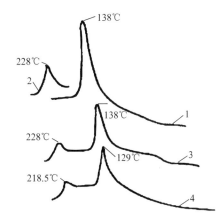

图 4-45　HDPE 与 PA6 共混体系的 DSC 曲线
1—HDPE；2—PA6；3—HDPE/PA6；
4—HDPE/HDPE-*g*-MAH/PA6

② 相容剂对 PE 与 PA6 的相容作用

PE 与 PA6 之间的相容性判断，可以通过测定共混物的 DSC 曲线及相关参数，DSC 曲线及参数是较为有效的判断依据。当两种聚合物不相容时，其 DSC 曲线中有两种聚合物各自的熔点；两种聚合物部分相容时，其 DSC 曲线中两种聚合物的熔点会相互靠近。

图 4-45 为 HDPE 与 PA6 共混体系的 DSC 曲线，从图中可以看到：PA6 的熔点为 228℃；HDPE 的熔点为 138℃；HDPE/PA6 共混物的 DSC 曲线有两个熔点，且是与两种聚合物熔点完全一致的独立的熔点；HDPE/HDPE-*g*-MAH/PA6 的 DSC 曲线出现两个熔点，218.5℃ 和

129℃，两个熔点均小于原聚合物的熔点，说明相容剂的加入，有效改善了 HDPE 与 PA6 浸渍的相容性。

从表 4-41 可以看出，在 HDPE 与 PA6 共混体系中，相容剂用量对两种共混组分熔点的影响。

表 4-41　HDPE/PA6 共混物的 DSC 参数

HDPE/HDPE-g-MAH/PA6	T_m		ΔT_m	ΔH_m/(J/g)	
	HDPE 相	PA6 相		HDPE 相	PA6 相
100/0/0	138.0	—	—	173.0	—
65/0/35	138.0	228.0	90	197.8	43.1
65/1.75/35	135.5	215.5	80	197.8	26.8
65/5.25/35	129.0	216.5	87.5	135.4	28.3
65/10.5/35	129.0	218.5	89.5	117.5	28.6
0/0/100	—	228	—	—	28.0

③ 相容剂及其用量对共混挤出的影响

作者在研究共混合金过程中发现在两种不相容的聚合物共混挤出过程会产生几种挤出现象：一是产生挤出膨胀；二是挤出带条表面粗糙；三是拉带不稳定，或出现带条粗细不均或断条。这些表观现象也可作为相容性的定性判据。表 4-42 为相容剂用量对共混挤出的影响结果。

表 4-42　相容剂用量对共混挤出的影响

PE-g-MAH 用量(质量份)	挤出状态	带条成型状况
0	不稳定	表面粗糙，断条
1.75	不稳定	断条，颗粒不规则
5.25	稳定	成条性好，断条均匀，但偶尔断条
10.5	稳定	带条均匀稳定、光滑
15.0	稳定	断条均匀、稳定、表面光洁

作者研究不同接枝 PE 相容剂对合金的影响时发现：接枝 HDPE 和接枝 LLDPE 的增容效果差别不大，但合金的抗冲击强度有较大的差异，如表 4-43 所示。

表 4-43　不同接枝 PE 对合金性能的影响

相容剂	弯曲强度/MPa	拉伸强度/MPa	缺口冲击强度/(kJ/m²)	断裂伸长率/%
3029	53	45	12	80
3149	48	40	16	120

注：PE/PE-g-MAH/PA6=20/15/65；3029 为 HDPE-g-MAH；3149 为 LLDPE-g-MAH。

(2) 共混体系组成对合金力学性能的影响

PE 的加入，在一定程度上可提高 PA6 或 PA66 的抗冲击强度，同时，也会使其弯曲强度及模量下降。如图 4-46 所示，共混体系中，随 PA6 含量的增加，共混合金的拉伸强度上升，缺口冲击强度下降；尤其是接枝 PE 作为相容剂，是制备具有使用价值的 PE/PA 合金材料的关键要素。如表 4-44 所示，随相容剂用量的增加，共混合金的拉伸强度增加，缺口冲击强度也随之增加，且增加幅度较大。这是由于 HDPE-*g*-MAH 与 PA6 端基反应，使接枝 HDPE 与 PA6 大分子链形成化学结合。

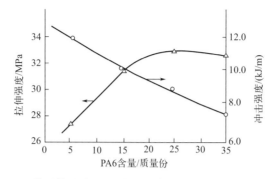

图 4-46　HDPE/PA6 共混体系中 PA6 含量对合金力学性能的影响（相容剂含量 5%）

表 4-44　相容剂含量对合金力学性能的影响

HDPE-*g*-MAH 含量/%	0	5	10	15
拉伸强度/MPa	30	48	52	53
缺口冲击强度/(kJ/m²)	3.5	6.5	8.5	10

注：HDPE/HDPE-*g*-MAH/PA6＝10/15/75。

（3）共混温度对合金力学性能的影响

HDPE 的熔点为 138℃，PA6 的熔点为 228℃，两者熔点相差 90℃。一般来说，HDPE 熔融挤出温度在 180～210℃较为适宜，PA6 的熔融挤出温度为 230～260℃，而两者共混挤出温度在 230～250℃接枝最为合理。共混温度低于 PA6 熔点时，PA6 未能充分熔融，PA6 分子链得不到充分的伸展，与 HDPE-*g*-MAH 之间的反应概率就小。温度太高时，HDPE 因高温氧化而降解。从表 4-45 可以看出：随共混挤出温度的升高，合金的拉伸强度和抗冲击强度随之提高，但共混挤出温度超过 260℃时其抗冲击强度下降幅度较大。

表 4-45　共混挤出温度对合金性能的影响

共混挤出温度/℃	230	240	250	260	270
拉伸强度/MPa	40	45	46	52	42
缺口冲击强度/(kJ/m²)	4.5	11.5	12.5	10.5	5.5

注：HDPE/HDPE-*g*-MAH/PA6＝20：15：65。

（4）熔融挤出温度对合金形态结构的影响

冯钠等的研究结果表明，共混挤出温度对 HDPE/PA6 合金形态结构有很大影响。挤出温度在 230℃时，PA6 分散相呈清晰层状，分散于 HDPE 连续相中，PA6 的相区尺寸大，层数也较多，层厚为 5～2μm。当温度为 240℃时，PA6 呈液滴状分布在 HDPE 基体中。根据 Madeaan 和 Everage 的聚合物分层流动最小能量耗散原理，由低黏度组分环绕高粗度组分的皮芯结构比平展界面需要的能量小。两相相对黏度差越大，两相界面形态变化越大，可见，不同加工温度所得到的合金形态存在较大差异。在确定共混挤出的温度时，应对各组分的流变特性进行分析，不同分子量的 HDPE 与 PA6 的流变特性均有一定的差异。

温度对熔体黏度的影响是不同的。PA6 的黏度随温度的升高而迅速下降，而 HDPE 的黏度下降速度十分缓慢，在 242℃ 时，两聚合物的黏度相同。在 230℃ 时，HDPE 的黏度小于 PA6 的黏度，两组分黏度比>1，HDPE 连续相将 PA6 分散包裹。剪切作用使 PA6 分散成液滴的可能性很小，而被拉伸成长条的趋势增加，因此，PA6 在 HDPE 基体中呈层状分布结构。有人认为两相黏度差越大，流动距离越长，界面形状变化越显著。

（5）螺杆转速对结构形态的影响

在共混体系两相熔融流动中，分散相球形颗粒需要受到适当的剪切，才能被拉伸变形。剪切力太小，不足以使 PA6 分散液滴取向、变形、拉伸、剪切；剪切力太大时，又会使分散相液滴破碎成细小均匀的液滴，使 PA6 呈粒状分布。同时，层状结构的形成对其层厚度有一定要求。Wigatky 认为层厚度与分散相尺寸和成型阶段的拉伸程度有关，分散相粒径在 0.5~5μm 为宜。分散相粒径大小完全由剪切力作用大小来决定，螺杆转速低时，剪切力小，反之亦然。很多学者的研究表明，螺杆转速在 500r/min 左右，能获得良好的层状结构。

共混时间与阻隔性的关系。共混体在螺杆中停留时间的长短会影响 HDPE/PA6 合金的形态结构。Taylor 等的研究表明，不相容共混体系的粒子、纤维、层状结构、连续相的形态结构之间存在固有联系，由黏度比、组成及混合时间的综合效应所决定。物料在不同的共混条件下的停留时间对合金形态结构产生的影响不一定相同，但在一定范围内，其变化不是很大。李钠等人的研究表明：在加工温度为 245℃，不同混合时间下制得 HDPE/PA6 合金的溶剂透过率见表 4-46。可见混合时间对共混合金的阻隔性影响很大。当混合时间为 3min 时，共混合金对几种非极性溶剂的透过率都很低，说明阻隔性好；而混合时间加长到 5min 时，溶剂透过率显著增大，共混物的阻隔性降低。

表 4-46　HDPE/PA6 合金对溶剂的透过率　　　　单位：$g \cdot mm/m^3$

混合时间/min	汽油	二甲苯	环己烷
3	2.92	0.95	1.31
5	4.11	4.67	3.46

4.6.5.3　PA6/ABS 合金

PA6/ABS 合金既综合了 PA6 的耐热、耐化学品性，又综合了 ABS 的韧性、刚性，具有较佳的冲击强度、耐热翘曲性，优良的流动性和外观，在电子电气、汽车、家具、体育用品等领域具有极为广阔的市场。

PA6/ABS 合金属于典型的结晶型聚合物与非结晶型聚合物共混合金，也是一种非相容的共混合金。

（1）共混组成对合金性能的影响

PA6/ABS 合金相容性提升的重要途径是加入接枝 ABS，包括 ABS-g-MAH、ABS-g-AGM、SEBS-g-MAH 等接枝共聚物。图 4-47、图 4-48 为 ABS 含量对 PA6/ABS 合金力学性能的影响曲线。可以看出：ABS-g-MAH 与 ABS 及 AGM 的共混组分比较，可更有效地提高合金的抗冲击性能，而拉伸强度较 ABS 及 AGM 的共混组分体系低；同时，发现随 ABS 含量的增加其合金的抗冲击强度随之增加，拉伸强度及模量随之降低。这是由于 ABS 本身的抗冲击性能较 PA6 高，而其拉伸强度低于 PA6。

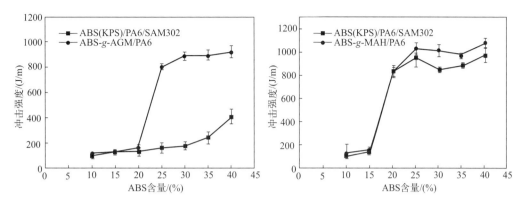

图 4-47 ABS 含量（质量分数）对 PA6/ABS 合金冲击性能的影响

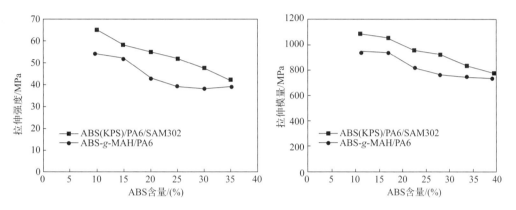

图 4-48 ABS 含量（质量分数）对 ABS/PA6 合金拉伸强度及模量的影响

（2）共混组成与合金微观结构的关系

如图 4-49 所示：图 4-49(a) 为 ABS/PA6 两种树脂组成的体系，可以看出，两组分之间的界面较为清晰，分散相颗粒较大；图 4-49(c) 为马来酸酐接枝 ABS 与 PA6 的共混合金体系，明显看到 ABS 在 PA6 树脂中分散均匀，颗粒细化。

(a) ABS/PA6　　　　　　(b) ABS(KPS)/PA6/SAM302　　　　　　(c) ABS-g-MAH/PA6

图 4-49 不同相容剂对 ABS/PA6 共混合金微观结构的影响

4.6.5.4 PPO/PA66 合金

聚苯醚（PPO）具有优异的综合性能，如极佳的耐热性（热变形温度 190℃）及耐低温性，突出的力学性能和电绝缘性，优良的尺寸稳定性，刚性高，蠕变小，良好的化学稳定性、自熄性。但 PPO 的熔融黏度高，加工流动性差。而 PA66 的熔融黏度低，流动性好，但耐油性、耐溶剂性差，热变形温度相对较低。PPO 与 PA66 共混改性，能大大提高 PA66 的热性能、力学性能和尺寸稳定性。PPO 还能与 PA6 等共混制得多种高性能合金，但主要品种是 PPO/PA66、PPO/PA6。PPO 与 PA66、PA6 是完全不互溶的聚合物，利用相容化和掺混技术，可将非结晶型的 PPO 和结晶型聚酰胺树脂合金化。由聚酰胺海相和 PPO 岛相形成海-岛微观相分离结构，使合金兼具 PA 和 PPO 的优点，形成高刚性、高强度、高耐热性等优异的综合性新型材料，可用于汽车的挡板散热器、车轮护盖等，还可以用于电子电气、办公用品、医疗器械等领域。

（1）相容化与 PPO/PA66 合金的微观结构

由于 PPO 与 PA66 相容性很差，两种聚合物简单共混时，共混物的力学性能差，几乎无实用价值。因此，提高 PPO、PA66 的相容性是制备有实用性合金的关键。

提高 PPO、PA66 相容性的有效途径是制备具有反应性的相容剂。这类相容剂有 PPO-g-MAH、SMAH（苯乙烯与马来酸酐共聚物）、SEBS-g-MAH 等共聚物，其中 SMAH 的增容效果较好。

SMAH 对 PPO/PA66 共混合金的增容作用是通过马来酸酐基团与 PA66 大分子链的端氨基（—NH$_2$）在熔融共混过程中发生原位化学反应，从而生成接枝共聚物 PA66-g-SMAH。而 SMAH 中 PS 段与 PPO 结构相似，有较好的相容性，在 PA66 和 PPO 两相间形成过渡层。从 PPO/PA66 的 DSC 谱图（图 4-50）可以看出：随着 SMAH 用量（质量分数）增加，PPO 的 T_g 逐渐向 PA66 的 T_g（47～50℃）方向移动。由此可知，SMAH 的加入，改善了 PPO、PA66 之间的相容性，使得二者 T_g 彼此靠拢。

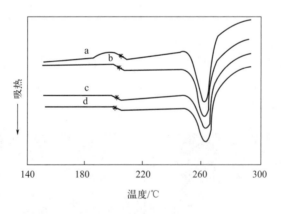

图 4-50　PPO/PA66 合金（PPO/PA66＝70∶30）的 DSC 谱图
a—SMAH＝0；b—SMAH＝2.5%；c—SMAH＝5%；d—SMAH＝10%

欧阳斌等研究 PA66/PPO 共混体形态结构时发现：不加相容剂（SMAH）的体系，分散相 PPO 粒径大小分布不均，大颗粒直径为 30μm，小颗粒为 1μm 左右，如图 4-51；加1% 的相容剂时，分散相 PPO 在连续相中分散均匀，而且颗粒变小。

当不加 SMAH 时，体系是共连续态，相畴十分混乱（无法准确分辨出两相的具体情况），产生这种情况的原因是：虽然 PPO 含量高，但由于 PA66 的熔体黏度比 PPO 低得多，同时，两相缺乏足够的连接。当加入 2.5% 的 SMAH 时，体系中相畴尺寸明显变小且均匀，

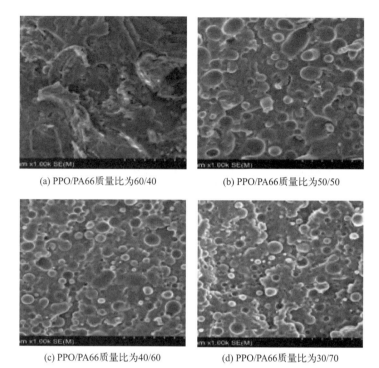

(a) PPO/PA66质量比为60/40　　　　(b) PPO/PA66质量比为50/50

(c) PPO/PA66质量比为40/60　　　　(d) PPO/PA66质量比为30/70

图 4-51　不同共混比例体系的微观结构

说明两相间表面张力减小；当 SMAH 用量为 5％时，体系呈明显的过渡状态，即由共连续态转变为连续/分散形态；当 SMAH 用量为 10％时，体系完全转化为典型的海-岛结构。与一般共混体系不同的是，PA66 是少数成分，它由于 SMAH 的增加从共连续态转变为体系的单一连续相，而多数成分的 PPO 却变成分散相，以小球状颗粒均匀地分散于 PA66 连续相中。

（2）相容剂及其用量与力学性能的关系

由于 PPO 与 PA66 相容性较差，必须通过相容剂来提高两者之间的相容性。业已证明，PPO-g-MAH、SEBS-g-MAH 以及 SMAH 对 PA66/PPO 共混体系具有较好的增容作用。加入 3％～10％的相容剂可制备性能较好的 PA66/PPO 合金，如表 4-47 所示。

表 4-47　不同相容剂对合金力学性能的影响

相容剂	PA66/PPO	拉伸强度/MPa	断裂伸长率/%	弯曲强度/MPa	缺口冲击强度/(kJ/m²)	挤出稳定性
无	70/30	48.6	6.2	50.1	0.3	出口膨胀
SMA-700	65/30	60.3	13.5	59.9	2.6	稳定
PPO-g-MAH	65/30	62.5	8.6	62.8	5.5	稳定
SEBS-g-MAH	65/30	61.8	12.9	58.8	6.7	稳定

注：相容剂的质量分数为 5％。

相容剂用量对 PA66/PPO 合金力学性能有较大的影响，如表 4-48 所示。随相容剂用量增加，合金的拉伸强度及缺口冲击强度随之提高。但相容剂增加到 10％以后，其性能开始有所下降。

225

表 4-48 相容剂用量对合金性能的影响

相容剂用量/%	2	4	6	8	10	15
拉伸强度/MPa	58	60	64	66	75	68
缺口冲击强度/(kJ/m²)	3.5	4.5	5.5	7.0	8.1	6.0

注：相容剂为 PPO-g-MAH，PA66/PPO=70:30。

（3）共混组成对合金力学性能的影响

PA66/PPO 合金组成对合金力学性能有较大的影响。如表 4-49 所示，共混合金中随 PA66 含量的增加，其拉伸强度、弯曲强度及弯曲模量也将提高，但其热变形温度（HDT）随之下降。因此，可以根据应用要求选择适当的组成。

表 4-49 共混组成对合金力学性能的影响

PPO/PPO-g-MAH/PA66 质量比	拉伸强度/MPa	弯曲强度/MPa	弯曲模量/MPa	缺口冲击强度/(kJ/m²)	HDT(1.82MPa)/℃
70/10/30	60.2	78.4	2462	4.75	170.5
60/10/40	73.6	81.7	2499	5.32	160.4
50/10/50	75.3	82.9	2601	6.41	145.6
40/10/60	77.5	86.3	2665	7.68	112.9
30/10/70	77.8	88.7	2689	8.07	101.1
20/10/80	78.4	89.5	2757	6.42	91.6

（4）共混温度对 PA66/PPO 合金性能的影响

共混挤出温度与合金性能的关系如表 4-50 所示。从中可以看出：共混挤出温度较低时，PPO 与 PA66 之间的相互渗透速度较慢，在一定的剪切力或者螺杆转速作用下，PPO 熔体不能充分低细化与分散，使合金性能偏低；但共混挤出温度过高时，由于高温氧化的作用，可能使 PPO 及 PA66 树脂受热降解。

表 4-50 共混挤出温度与合金性能的关系

共混挤出温度/℃	240	250	260	270
拉伸强度/MPa	55	65	75	60
弯曲强度/MPa	60	75	85	65
缺口冲击强度/(kJ/m²)	4.5	7.0	7.6	6.0

注：PPO/PPO-g-MAH/PA66 的比例为 40:10:60。

4.6.5.5 PA66/PPS 合金

PA66/PPS 是一种很重要的合金。PPS 具有高强度、高刚性、自熄性、耐腐蚀性、耐高温、低吸水性、尺寸稳定性以及优异的电绝缘性等特点，广泛用于电子电气、汽车部件、泵体、阀门等领域。但 PPS 属于非极性材料，在制备玻纤增强 PPS 复合材料时，PPS 与玻纤之间的黏结力较差，制品表面较为粗糙；PPS 的另一个缺陷是缺口冲击强度较低。业已证明，在 PPS 中加入 PA66 时，可有效改善 PPS 的加工性能，特别是玻纤增强 PPS 复合材料中加入 PA66，可提高其力学性能及表面特性。

同时，PA66 中加入 PPS 时，可提高 PA66 的弯曲强度、弯曲模量及耐热性。

（1）不同相容剂对 PA66/PPS 合金性能的影响

PPS 的溶度参数为 12.5，PA66 溶度参数为 13.6，两者的溶度参数相差较小。理论上讲，PPS 和 PA66 之间的相容性较好，但实际上，在其合金制备过程中，加入相容剂，可较大幅度地提高合金的力学性能。作者研究玻纤增强 PPS/PA66 时，发现 PPO-*g*-MAH、SEBS-*g*-MAH、POE-*g*-MAH 等具有较好的增容增韧作用。

表 4-51　几种增容增韧剂对增强 PPS 性能的影响

增容增韧剂	弯曲强度 /MPa	弯曲模量 /MPa	拉伸强度 /MPa	缺口冲击强度 /(kJ/m^2)	热变形温度 (1.8MPa)/℃
PPO-*g*-MAH	360	26000	270	9.5	260
SEBS-*g*-MAH	340	23500	280	8.5	250
POE-*g*-MAH	310	21000	260	7.2	240

注：增容增韧剂用量 5%；PPS/PA66＝85∶15；GF 用量 50%。

从表 4-51 看出，PPO-*g*-MAH 对增强合金的弯曲强度及热变形温度影响较小；POE-*g*-MAH 对增强合金的弯曲强度及热变形温度影响较大。PPO 的分子链结构与 PPS 相似，与 PPS 的相容性较好。PPO-*g*-MAH 的酸酐基团与 PA66 的末端反应形成化学结合，PPO 的刚性与 PPS 接近，因此，PPO-*g*-MAH 的加入有效提高了 PPS 与 PA66 之间的相容性。

（2）增容增韧剂用量对合金性能的影响

增容增韧剂的加入，可有效提高共混合金的力学性能。但加入量过多时，其弯曲强度及拉伸强度会有所下降。因此，增容增韧剂用量应控制在一定范围，一般来讲，增容增韧剂用量在 3%～10% 可得到综合性能较高的合金材料，如表 4-52 所示。

表 4-52　增容增韧剂用量与 PA66/PPS 合金力学性能的关系

增容增韧剂用量%	0	3	5	10	15
弯曲强度/MPa	50	65	75	85	60
缺口冲击强度/(kJ/m^2)	2.5	4.5	7.5	8.5	9.5

（3）共混组成与合金性能的关系

一般来讲，在 PPS 中加入少量的 PA66，可改善 PPS 的力学性能、加工性能及表面质量。在 PA66 中加入少量的 PPS 可提高其弯曲强度、弯曲模量及热变形温度，如表 4-53 所示。

表 4-53　PPS /PPO-*g*-MAH/PA66 共混材料的性能

PPS/PPO-*g*-MAH/PA66	拉伸强度 /MPa	弯曲强度 /MPa	弯曲模量 /GPa	缺口冲击强度 /(kJ/m^2)	热变形温度 (1.8MPa)/℃	阻燃性 (UL94)
10/5/85	240	270	1.8	11.5	250	HB
20/5/75	245	290	2.0	11.2	255	HB
30/5/65	250	300	2.2	10.8	260	HB
40/5/55	255	310	2.3	10.5	260	HB
50/5/45	260	320	2.4	10.2	260	V-2
60/5/35	270	330	2.5	9.8	260	V-2
70/5/25	280	340	2.6	9.5	260	V-1
80/5/15	280	350	2.7	9.2	265	V-0
90/5/5	290	360	2.7	8.5	265	V-0

注：GF 用量为 50%；增容增韧剂为 PPO-*g*-MAH。

4.6.5.6 PA/PA 合金

PA/PA 合金是以不同的聚酰胺树脂共混的合金材料。由于不同的聚酰胺大分子链均含有酰氨基、端氨基和端羧基，在熔融共混挤出过程中，其端基会发生交换反应，形成不同分子链之间的化学结合。因此，不同聚酰胺之间的相容性较好，不需要添加相容剂组分也能制备出性能优异的聚酰胺合金。

由于不同的聚酰胺树脂具有不同的优缺点，通过不同聚酰胺树脂的共混，可实现优势互补，得到综合性能更优异的合金材料。

（1）PA6 系合金

PA6 与 PA66 共混，可提高 PA6 的弯曲强度、弯曲模量以及热变形温度；与 PA1010、PA612、PA610、PA11、PA12 共混可提高 PA6 的耐低温性能；与 PA6T、PA9T、PA10T、PA6T/6I 共混，可提高其耐热性，降低其吸水性，提高其部件尺寸稳定性。

① PA6/PA66 合金设计与制备的控制因素

a. 组成设计 以 PA6 为主，其他聚酰胺树脂为辅，根据应用要求设计其他聚酰胺树脂的加入量。其他聚酰胺树脂加入量过低，发挥不了其优势，加入量过高，将改变合金生产工艺，其生产成本也大幅度增加。一般来讲，加入量控制在 5%～20% 较为适宜。

b. 共混挤出温度的设计原则 对于 PA6/PA 66 体系，其共混挤出温度应以 PA66 熔点为依据。对于 PA6 与长碳链聚酰胺共混体系，应以 PA6 熔点为依据。对于 PA6 与半芳香族聚酰胺共混的体系，如以半芳香族聚酰胺熔点为依据，由于其熔点较高，可能导致 PA6 的热降解，使合金力学性能下降。因此，可以采用先高后低的设计控制原则。即熔融段温度可以高于半芳香族聚酰胺熔点，使其充分熔融，同时，由于 PA6 熔点较低，在挤出熔融过程中，PA6 在高温下，快速熔融并具有很高的流动性，可将熔融的半芳香族聚酰胺包覆。混炼段温度可以低于半芳香族聚酰胺熔点，在混炼段，半芳香族聚酰胺树脂完全熔融并被 PA6 熔体包裹，通过捏合块的强剪切作用，将半芳香族聚酰胺树脂熔体进一步细化与均化，实现两者完全互溶。计量端温度略高于 PA6 熔点。这种控制方式，既保证了半芳香族聚酰胺充分熔融互溶，又能减少 PA6 高温受热时间，从而，制备出性能优异的合金材料。

② 几种 PA6 合金的性能

表 4-54 列出了玻纤增强 PA6 与 PA66、PA612 及 PA6I 合金的性能。从中看出加入少量的 PA66、PA612、PA6I，有效地改善了 PA6 的性能。

表 4-54 几种玻纤增强 PA6 合金的性能

合金组成	弯曲强度/MPa	拉伸强度/MPa	缺口冲击强度/(kJ/m²)	热变形温度(1.8MPa)/℃
GFPA6	185	58	13.1	195
GFPA6/PA66	205	183	12.5	215
GFPA6/PA612	192	167	19.3	190
GFPA6/PA6I	245	197	11.2	225

注：玻纤含量为 30%；PA66、PA612、PA6I 含量为 15%；常温调节 24h。

（2）PA66 系合金

PA66 系合金是以 PA66 为主要组分，PA6、PA1010、PA 612、PA610、PA11、PA12

及共聚聚酰胺（PA6/PA 66、PA6/PA56、PA6/PA66/PA1010）和半芳香族聚酰胺 PA6T、PA9T、PA10T 及 PA6T/6I 为改性组分的聚酰胺合金。

PA66 具有较大的弯曲强度及较高的耐热性，但其抗冲击强度与加工流动性较低，加工温度范围偏小。PA66 与 PA6 共混可提高其加工流动性；与脂肪族长碳链聚酰胺或共混聚酰胺树脂共混，可提高其加工流动性和抗冲击强度。特别是在既要保持 PA66 的特性又要提高其耐低温性能的场合，采用长碳链及共聚聚酰胺作为增韧剂是最为合理的选择。通常使用热塑性弹性体增韧 PA66 时，可能引起材料的弯曲强度及模量的下降，热塑性弹性体的低温性能比长碳链或共聚聚酰胺差。尤其是制备高含量玻纤增强复合材料的过程中，加热适量的长碳链或共聚聚酰胺还可大幅度改善其加工流动性和部件表面光洁度；与半芳香族聚酰胺共混，可提高其耐热性。PA66 共混体系组成与力学性能的关系见表 4-55。

理论上讲，PA66 与 PA6、PA1010、PA 612、PA 610、PA11、PA12 及共聚聚酰胺（PA6/PA 66、PA6/PA56、PA6/PA66/PA1010）可以任意比例共混，但实际应用须根据市场需求来设计其组成比。

表 4-55　PA66 共混体系组成与力学性能的关系

改性组分用量/%	共混体系	弯曲强度/MPa	缺口冲击强度/(kJ/m²)
5	①	280	9.5
	②	290	8.2
10	①	270	13
	②	285	10.0
15	①	265	15.4
	②	275	12.5
20	①	250	18.2
	②	275	14.5

注：①为 GFPA66/PA612 和②为 GFPA66/(PA 6/66)，GF 含量为 50%。

（3）几种三元聚酰胺合金

PA6 与 PA1010、PA612、PA12 及 PA6/66 共聚聚酰胺共混可以得到一种高韧性、耐高低温聚酰胺合金材料。此类合金与 PA11、PA12 比较，是具有较高的耐温性、耐低温韧性以及较高的拉伸强度、弯曲强度等综合性能优异的聚酰胺合金材料，可替代 PA11、PA12 用于工业气管、燃气管、输油管以及电缆包覆材料。几种典型的三元共混聚酰胺合金材料的力学性能列于表 4-56 中。

表 4-56　几种三元共混聚酰胺合金的性能

合金组分	组成比例	弯曲强度/MPa	拉伸强度/MPa	断裂伸长率/%	常温缺口冲击强度/(kJ/m²)	−30℃缺口冲击强度/(kJ/m²)	热变形温度(1.8MPa)/℃
PA6/PA1010/PA6/66	60/15/25	62	57	120	82	12	80
PA6/PA612/PA6/66	60/15/25	58	55	140	86	15	78
PA6/PA12/PA6/66	60/15/25	53	55	190	91	20	75

4.7 抗静电与导电聚酰胺

4.7.1 概述

聚酰胺是优良的电绝缘材料，其表面电阻率在 $10^{14} \sim 10^{16} \Omega$，体积电阻率在 $10^{13} \sim 10^{14} \Omega \cdot cm$，广泛用作矿山机械部件、电气、电子设备部件。聚酰胺绝缘的特性极易在使用过程中由于材料之间的相互摩擦或挤压而产生静电累积，引发事故。例如，易燃易爆气体及液体的运输、精密电子器件的铸造、医疗器械的使用，以及石油、矿产的开采过程中极易引发爆炸或者火灾，造成人员及财产安全隐患。这主要是由于聚酰胺材料在产生静电后没有及时将电荷释放或者转移消除，造成安全隐患。并且如果在制造精密电子元器件时，所穿戴的工作服不具备抗静电性能，一旦静电没有及时释放，将会导致生产失败甚至造成更大的危害。

根据应用领域不同，对聚酰胺的抗静电要求也不一样，通常以表面电阻率的高低来区分。当聚酰胺体积电阻率在 $10^5 \sim 10^9 \Omega \cdot cm$ 时，称之为抗静电聚酰胺，其重点应用于矿山机械、矿山电气设备、纺织机械部件等领域。当聚酰胺体积电阻率在 $10^3 \sim 10^5 \Omega \cdot cm$ 时，称之为半导体聚酰胺，主要应用于电极、电阻等零部件。当聚酰胺表面电阻率低于 $10^3 \Omega$ 时可定义为导电聚酰胺，主要应用于电气、电子设备等的电磁波屏蔽部件。

消除静电的途径是降低聚酰胺的表面电阻率，提高其抗静电性能。常用的方法是在聚酰胺中添加抗静电剂、导电填料和导电高分子材料。根据用途的不同，对抗静电聚酰胺的组成与性能的要求亦不相同，如矿山机械部件，要求高强度抗静电，而矿山电器部件则要求阻燃抗静电。其次是抗静电等级要求也随使用场合不同而变化。因此，在设计抗静电聚酰胺配方时，应根据使用要求来选择抗静电剂及其用量，选择合适的共混条件，同时，还要考虑各种助剂之间的相互作用以及材料的性能。

屏蔽材料有很多种，其中金属纤维填充合成树脂，如 PA、PC、MPPO、PP 等，金属纤维添加量约为 15%；还有碳纤维增强复合塑料、导电塑料合金等。用金属纤维填充改性的聚酰胺是其中的一种屏蔽材料，其性能如表 4-57 所示。

表 4-57 日本宇部兴产公司导电 UBE 聚酰胺 MTL101 的性能

项目	MTL101	1015GC6
填充材料	黄铜纤维	30%玻璃纤维
拉伸强度/MPa	67	170
断裂伸长率/%	3	4
弯曲弹性模量/MPa	5500	8000
弯曲强度/MPa	165	215
体积电阻率/($\Omega \cdot cm$)	2.3×10^{-1}	10^5
热导率/[W/(m·K)]	1.3	0.71

我国对抗静电剂品种的研究开发，近几年来呈快速发展的势头，主要聚焦在提高其耐热性和持久性，利用现有的抗静电剂，按照不同的塑料制品的不同要求进行复配研究，以期开发出专用性强、抗静电性高、与树脂相容性好、低挥发性和耐久性强的抗静电剂，尤其要加

强开发低毒或无毒的绿色环保抗静电剂产品，以及综合性能优良的复合多功能性抗静电剂；加强抗静电剂之间的复配协同研究，加快高分子永久性抗静电剂的研发。因此，对高分子型抗静电剂的研究开发无疑将是我国抗静电剂的发展趋势。

除此之外，采用纳米技术，用无机纳米导电粉末进行共混制备高分子塑料抗静电复合材料的研究取得较大的突破。今后研究的方向，集中于如何消除和减少高分子塑料及其制品中的静电危害。

4.7.2　抗静电剂的作用机理

抗静电剂实际上是一类表面活性剂或水溶性高分子。通常根据抗静电剂分子中亲水基能否电离，分为离子型和非离子型。离子型中又分为阳离子型和阴离子型。水溶性高分子抗静电剂具有持久的抗静电效果，称为永久性抗静电剂。

抗静电作用：静电荷的产生来源于塑料的电子结构，具有不同介电常数或不同电荷释放能量的两种材料接触时，会发生电荷的转移，对于绝缘体来说，将产生表面电荷或与金属作用产生接触电位现象。

在聚合物中添加具有极性的低分子或吸湿性高分子来改善聚合物表面的导电能力，从而使电荷通过表面释放出去，减少了电荷的积累。概括地说，抗静电剂作用在于两个方面：一是降低制品的电阻，增加导电性，加快电荷的泄漏；二是减少摩擦电荷的产生。

4.7.3　抗静电剂的种类与特性

目前，主要通过降低塑料表面电阻率、加速高电荷在其表面的耗散等手段来提高材料的抗静电性能，一般采用三种方法：填充抗静电剂、填充导电材料、填充聚电解质。采用导电材料对聚酰胺改性达到抗静电效果最为常见，因其抗静电效果持久、加工方式简便、适于大规模生产。

抗静电剂的品种主要有季铵化合物、羟乙基烷基胺、烷基醇胺硫酸盐、多元醇脂肪酸酯及其衍生物等聚酰胺用抗静电剂。抗静电剂品种很多，适合聚酰胺用的有聚醚类、季铵盐类、永久性抗静电剂、非离子型和高分子型抗静电剂，以及导电材料。表 4-58 列出了聚酰胺用永久性抗静电剂的品种。

表 4-58　聚酰胺用永久性抗静电剂的品种

种类通称		适用树脂
聚醚类	聚环氧乙烷	PS
	聚醚酯酰胺、聚氧化乙烯羧酸酯	ABS、PA
	聚醚酰胺酰亚胺（PEEA）	PS、HIPS、ABS、MBS、AS、PA
	氯丙醇（PEOECH）	PVC、ABS、AS
	甲基丙烯酸甲酯共聚物（PEO）	PMMA、PA
季铵盐类	含季铵盐丙烯酸酯共聚物	ABS、PVC、PA
	含季铵盐马来酰亚胺共聚物	ABS、PA
	含季铵盐甲基丙烯酰亚胺共聚物	PMMA、PA

种类通称		适用树脂
其他	聚苯乙烯磺酸钠	ABS
	季铵盐共聚物	PP、PE、PA
	电荷传递高分子偶合物	PFPE、PVC

何金铭通过预先制备 HDPE/CB 导电增韧母粒，将其作为功能改性剂填充至 PA6 中，在增韧 PA6 的同时，使复合材料具备抗静电效果。发现加入 5%（质量分数，下同）的增容剂和 1.75% 的 CB-3 且 HDPE/PA6 组成为 35/65 时，复合材料的体积电阻率约为 $1.25 \times 10^8 \Omega \cdot cm$，复合材料达到抗静电改性效果。Koysuren 等利用 APS 和甲酰胺两种不同表面改性剂对 CB 颗粒表面进行改性，采用 LDPE 和 PA6 与表面改性 CB 进行混合。发现加入 3%APS 改性的 CB 时，复合材料可达到抗静电改性效果。

4.7.4　导电剂的作用机理

聚酰胺用导电剂主要包括碳纳米管、石墨烯、炭黑、碳纤维、金属粉末、晶须几大类。这些导电材料与聚酰胺共混不仅能赋予材料优异的抗静电性能，而且具有增强、电磁屏蔽、抗紫外光老化等功能。导电材料可单独使用，也可与有机抗静电剂复合作用。制造的抗静电聚酰胺不仅用于矿山，还可用于电子、计算机、航空器材、办公设备、机房地板等对抗静电要求高的领域。

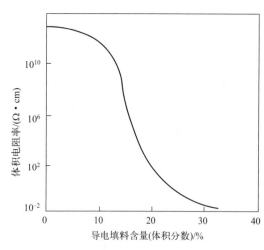

图 4-52　高分子导电复合材料的体积电阻率
与导电填料含量的关系

大量的研究结果表明，高分子导电复合材料的体积电阻率随导电填料的含量增加呈非线性的变化。

当复合体系中导电填料的含量增加到某一临界值时，体系的电阻率急剧下降，电阻率-导电填料含量曲线上出现一个狭窄的突变区域，在此区域内，导电填料的任何细微变化均会导致电阻率的显著改变，这种现象称为逾渗现象（percolation phenomenon），导电填料的临界含量称为逾渗阈值（percolation threshold），电阻率发生突变的区域称为逾渗区（percolation region），在逾渗区之后，体系电阻率随导电填料含量的变化又恢复平缓，见图 4-52。

为了解释高分子复合材料的导电逾渗现象，预测复合材料的导电性能，人们提出了各种模型和理论。对复合材料导电机理的研究，总的来说可分为导电通路如何形成以及通路形成后如何导电两方面。前者涉及导电填料在树脂基体中的分散形态及其内部微结构，依赖于填料和聚合物本身的性质、配方、加工方法和条件等几何拓扑学、热力学及动力学因素，归结为相形态和内部微结构不同的填料粒子可以不同方式在聚合物基体中形成导电通路网络；对于后者则有接触导电、隧道效应、介电击穿和场致发射等理论，一般认为是它们的一种综合作用，归结为载流子的微观迁移机制。

现有的关于复合材料的导电理论可分为以下几种：

（1）逾渗理论

逾渗理论建立在经典的统计逾渗模型基础上，其原理是：将体系视为二维或三维的点（point）或键（bond）的各种有规则的格子（lattice），而把导电填料视为点或键在格子上的随机分布。当点或键的占有概率 P 达到某一临界值 P_c 时，相邻点或键簇将扩散至整个格子，出现长程相关性。由此可通过计算机模拟计算出各种格子中的点和键在不同空间维数下的值，并得出在逾渗转变区附近复合材料的电导率与导电填料体积分数之间的关系。

逾渗理论能很好地解释复合体系电导率随导电填料含量的变化规律，其原理易于理解，各参数定义清楚、准确，适于计算机模拟，是到目前为止应用最为广泛的基础理论。但由于其仅从统计和填料的几何特征出发，忽略了基体和填料间的差异及彼此间界面效应的影响，因而其预测值常常与实验结果不符。

（2）热力学理论

热力学理论强调填料和基体间界面相互作用对导电通路形成的重要性，认为逾渗现象实际上是一种相转变过程，其结果是导电相和基体相达到共连续的状态。Myasaak 等人的模型是基于平衡热力学原理，考虑整个复合体系的总界面自由能，认为导电逾渗阈值 K 与体系的总界面自由能过剩有关，当总界面自由能过剩超过一个与分子种类无关的普适参数 Δg 时，则形成导电通路。Wessling 等人的模型，也称为"动态界面模型"（the dynamic boundary model），是基于非平衡热力学原理，说明了"逾渗"的发生过程，即导电通路形成的微观机制。Wessling 假定每个填料粒子都吸附有一高分子薄层，其厚度（15～20mn）由高分子种类决定，不受填料表面结构和能量效能影响，且加工过程不会破坏它。在填料含量较低时，填料粒子在基体中分布并不均匀，有聚集块存在，而单独的粒子完全被高分子基体包裹；随着填料含量增大至一定值，填入聚集块中的粒子间的压缩力能够部分破坏粒子吸附层，粒子可相互移动至电接触，成絮凝态（flocculation），表现为"seam"层，并逐渐发展成三维导电网络，粒子移动的驱动力仍来源于体系的界面自由能。热力学模型能很好地解释为什么复合材料的导电逾渗阈值与所用的聚合物基体和填料的种类有关。但 Miyasaka 模型是基于平衡热力学理论，且计算的界面自由能过剩值只适于非极性高分子，如 PE 等。Wessling 模型是基于非平衡热力学，但模型中的有些参数却无法解析。

（3）有效介质理论

有效介质理论（effective medium theory，EMT）是一种应用自洽条件来处理由球形颗粒组成的多相复合体系各组元的平均场理论。有效介质模型对复合材料整体作了平均化处理，给出的电阻率-填料含量关系可适用于所有含量区域，但由于它是一种平均场理论，其预期的逾渗阈值比实验值偏高。

（4）微结构理论

微结构理论主要以复合材料最终的微观结构参数 t 来模拟和计算复合材料的电导率。最早有简单几何模型，主要参量为成型后绝缘基元边长和导电粒子直径 d，其中典型的有 Ra-Jagopal & Saytam 模型。Weber & Kamal 的模型模拟了纤维状导电填料在复合材料基体中的几何形态，引入了纤维的直径 d，长度 l 等微结构参数，并考虑到纤维的取向和复合材料的各向异性，得出了复合材料沿纤维取向的纵向和横向电阻率与纤维含量和纤维取向角之间的关系。樊中云则从复合物微观结构与性能相互关系的研究出发，提出微观结构参数应分为两类：几何参数（包括粒子的尺寸大小、相体积分数及平均粒子间距等）和拓扑参数（同相粒子及异相粒子之间的毗邻状况）。并根据拓扑参数将实际两相结构拓扑变形为在平行排列方向上等价的一个平行排列三维微元体结构。

以上微结构模型都是从欧氏几何特性出发，对体系的微观结构进行分析，研究了体系的微结构对复合材料电性能的影响。但这类模型忽视了实际结构中的非欧氏几何特性，回避了加工过程中各种因素对导电性能的直接影响，简化了问题。

4.7.5　导电剂的种类与特性

导电材料指采用多种导电材料进行复合来提高材料的导电性能，主要可分为复合粉末和复合纤维两大类。国内外目前的主要研究均以银-铜、铜-铝、铝-玻璃、银-玻璃等体系为主。因复合导电材料的成本低于单独的导电材料，且电阻率和电导率也均比较适中，又弥补了单一导电材料的不足之处，成为除了碳系导电材料之外的首选材料。

复合纤维是指在合成纤维或天然纤维（多以合成纤维为主）表面或内部包覆金属颗粒或金属氧化物颗粒，以此来提升导电性能的纤维。例如 PA、PP、PE、碳纤维包覆金属或金属氧化物等。复合纤维在此时既有良好的导电性，又能起到保护金属或金属氧化物颗粒，防止氧化或腐蚀的作用，具有稳定的导电性。同时，还能采用化学镀层的方法，在纤维表面沉积金属镀层，可应用于纺织服装、医疗器械、汽车装饰、建筑膜材等有抗静电需求的领域。

金属材料主要有金、银、铜等，由于金属的电子倾向于脱离，因而具有高的导电性能，在化合物中通常带正电，适用于导电性或者抗静电性能要求较高的场所。但金属在温度升高时，原子核热振荡受到阻碍，电阻会提高。虽然金属材料的导电性能高，但部分价格较高（金、银）或易氧化（铜），使用前需对金属进行表面处理，以获得稳定的导电性、耐老化、耐湿等高性能导电材料。金属氧化系材料主要有氧化锡、氧化锌、氧化钛等，但是只有当它们的组成偏离化学比，产生晶格缺陷和进行了掺杂时才能成为半导体。因金属氧化物导电材料具有密度小、在空气中能稳定存在不易氧化、可以制备透明涂层等优点，被视为可替代金属导电材料的首选材料。

碳系导电材料主要有碳纳米管、炭黑、石墨、碳纤维四种，其中，炭黑较为常用，碳纳米管的导电效果最好，其用量最小。常见碳系导电材料的种类与性能如表 4-59 所示。

表 4-59　常见碳系导电材料的种类与性能

导电材料	复合物电阻率/($\Omega \cdot cm$)	特点
炭黑	$0.1 \sim 10$	廉价易得,性能稳定;粒度越小,电阻率越大
石墨	$10^2 \sim 10^4$	良好的化学稳定性,耐高温
碳纤维	大于或等于 10^{-2}	高强度,高模量,耐腐蚀
碳纳米管	约为 10^{-4}	低电阻率,高强度,高模量,传热性能好

石墨具有的层状结构，赋予了其优异的导电性能。因未参与杂化，p 电子在晶体中比较自由，和金属晶体中的自由电子类似。目前生产中常将石墨和炭黑进行混合使用，或用不同电导率炭黑进行填充，使聚合物达到抗静电改性效果。

碳纤维是一种纤维状碳材料，得益于纤维状结构，可使相互接触概率增加。添加少量的碳纤维便可使电导率降低到使用需求，使得碳纤维成了一种性能优良的导电材料。但碳纤维导电存在方向性，因此碳纤维在复合材料中的形态结构以及分布情况决定了材料最终的导电性能，同时也使得碳纤维复合材料的电阻率可在较大范围内进行调节。

碳纳米管作为一种管状永久性纳米级导电材料，具有离域大 π 键和极大的比表面积，产生的静电荷易于在其表面聚集和发生定向移动。因碳纳米管的直径较小（纳米级），隧道效应显著，有利于释放、转移自身产生的静电荷。因此，常被用于聚合物的导电改性，聚合物复合材料的导电性可得到大幅度提高。目前，碳纳米管作为抗静电纳米改性材料已实现工程化应用，但碳纳米管的成本价格较高，多应用于高科技抗静电领域。

炭黑 M 是一种无定形碳，是轻、松且尺寸较小的黑色粉末，由含碳物质（石油、天然气等）在空气不足的情况下经过不完全燃烧或受热分解而得到的产物，拥有极大的表面积（$10 \sim 3000 m^2/g$）。按其性能可分为 3 大类：补强炭黑、导电炭黑和耐磨炭黑。炭黑的结构性由粒子间聚成链状或葡萄状的程度来表示。凝聚体尺寸、形态以及每一凝聚体中的粒子数量一定所构成的凝聚体称之为高结构炭黑。通常用吸油值来表示炭黑的结构性，吸油值越大，结构性越高。炭黑的结构性越高，粒度越小，网状链堆积越紧密，比表面积越大，单位质量的颗粒越多，越容易形成空间网络结构，且不易被破坏。同时，炭黑的粒子粒径分布越宽，改善聚合物导电效果越好。

4.7.6　抗静电、导电聚酰胺的生产过程及控制因素

抗静电聚酰胺制造过程中，影响产品质量的主要因素包括抗静电剂的选择、用量、分散等。抗静电剂的选择原则是：

① 抗静电效果持久，能经受水洗；

② 与 PA 的相容性较好，不发生喷霜，不发黏；

③ 在共混、加工过程中不发生分解，不影响制品的性能；

④ 用量小，无毒，在加工使用过程中不造成环境污染；

⑤ 不与其他添加剂发生化学反应或产生对抗作用，成本较低；

⑥ PA6 中加入不同抗静电剂，发现各种抗静电剂的抗静电效果差异很大。

有机类抗静电剂的添加量较小，但效果不十分理想；无机导电材料抗静电效果好，但加入量较大；最好是采用复合型抗静电体系。几种抗静电剂对 PA6 表面电阻的影响，如图 4-53 所示。

从图 4-53 中可以看出，有机抗静电剂在低用量时抗电效果较好，超出 4% 时增加用量对抗静电作用不明显；而无机导电材料在低用量时，其作用不大，用量超过 5% 以后才有明显效果，见表 4-60。不同的抗静电

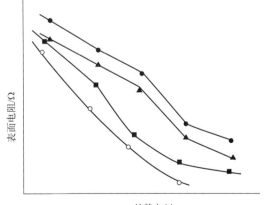

图 4-53　抗静电剂种类对 PA6 表面电阻的影响

●—磷酸酯胺盐；　▲—羟乙烷基胺；
■—聚二环氧甘油醚乙二醇酯；○—炭黑+有机化合物

剂的抗静电作用是不一样的，使用时最好采用多种复合体系。

表 4-60　导电炭黑对 PA6 表面电阻的影响

导电炭黑含量/%	0	3	5	7
第一次测试值/Ω	4×10^{14}	4.2×10^{11}	6.1×10^{10}	4.1×10^{9}
第二次测试值/Ω	4×10^{14}	3.7×10^{11}	2×10^{10}	2.8×10^{9}
第三次测试值/Ω	4×10^{14}	3.5×10^{11}	7×10^{9}	1.2×10^{8}

抗静电剂的加入，在一定程度上会降低 PA 的力学性能，因此，要根据使用要求来确定是否添加其他组分来提高其性能，如添加玻璃纤维增强、添加阻燃剂提高其阻燃性能、添加弹性体增韧等。

抗静电剂的分散程度影响其抗静电效果，因此，在使用过程中，应对所用的抗静电剂性能与结构有所了解。

有机抗静电剂与聚酰胺有一定的相容性，较易分散在聚酰胺基体中，一般可不加分散剂。但用量少时，最好添加一些分散剂，使之均匀分散。分散性好，抗静电剂的用量也可适当减少，有利于降低产品成本。

对于无机类抗静电剂，必须添加分散剂，并对其表面进行活化处理。如导电炭黑若不用分散剂预先处理，在熔融挤出过程，炭黑微粒会重新凝聚变成尺寸较大的颗粒，从而降低其抗静电效果。提高抗静电剂的分散性，一方面，保证其抗静电效果，同时，还可减少材料强度的下降幅度。无机抗静电剂的粒径大小也会影响分散效果。

陈国华采用插层剥离方法使石墨以超薄片形式分散于聚合物中，形成复合导电材料，用 1.5%~5% 的石墨，材料的体积电阻率在 0.5~100Ω·cm。因此，通过纳米复合技术可以提高抗静电效果。

在抗静电聚酰胺中，添加玻璃纤维等增强材料，制造高强度抗静电聚酰胺，是抗静电聚酰胺中重要的品种之一，已广泛用于矿山机械。

但抗静电增强聚酰胺的制造有一定的技术难度。由于玻璃纤维的加入，对抗静电剂向制品表面迁移形成导电膜有一定的阻碍作用。同时，玻璃纤维在体系中的分散好坏也影响抗静电剂的分散。近年来，国外已开发出抗静电增强聚酰胺用偶联剂。这种偶联剂既对玻璃纤维有表面活化作用，增强与聚酰胺基体的黏结性，又具有一定的抗静电效能。这种偶联剂能较好地解决玻璃纤维对抗静电剂作用的问题。表 4-61 列出了美国道康宁公司的新型偶联剂。

表 4-61　具有抗静电功能的偶联剂

商品名	化学名称
Z4301	含甲基丙烯酰氧基的阳离子硅烷 含甲基丙烯酰氧基的阳离子硅烷
Z6302	N-乙烯苄基氨乙基、N-氨丙基甲氧基硅烷盐酸盐
Y-5816	N-二甲基氨丙基二甲氧基硅烷醋酸盐
Y-5817	N-甲基氨丙基三甲氧基硅烷盐酸盐

4.7.7　抗静电、导电聚酰胺的主要品种与性能

（1）抗静电增强 PA6

抗静电聚酰胺的性能主要考察两个方面：一方面是材料的抗静电效果，一般采用测定材

料的表面电阻率来表征抗静电效果；另一方面是考察材料的力学性能，作为结构材料，对其力学性能要求较高。从应用角度，抗静电 PA6、PA66 能满足一般工业用途。表 4-62 列出了抗静电 PA6 的性能。

表 4-62　国内外抗静电增强 PA6 的性能

项目	日本东洋纺织 T450	荷壮 AKZO K224G5	德国 Bayer BKV-140
密度/(g/cm³)	1.46	1.36	1.46
成型收缩率/%	0.4～0.8	—	0.3～0.8
拉伸强度/MPa	75	100	120
弯曲强度/MPa	116	140	190
缺口冲击强度/(kJ/m²)	—	15	—
热变形温度/℃	170	—	200
体积电阻率/(Ω·cm)	6×10^8	5×10^9	—
表面电阻率/Ω	—	—	10^{10}

（2）导电 PA66、PA6

作者对导电增强 PA66、PA6 进行了较为系统的研究，采用碳纤维、石墨及碳纳米管作导电改性材料。发现碳纤维长度对聚酰胺复合材料的导电性影响很大，聚酰胺导电复合材料制造过程及导电剂分析程度是制造导电复合材料的关键。聚酰胺导电复合材料的制造影响因素如下：

① 不同导电剂对聚酰胺导电性的影响　采用碳纳米管、碳纤维及石墨与 PA6、PA66 共混挤出制备导电聚酰胺复合材料，研究发现碳纳米管用量小，导电效果最好，但碳纳米管由于其颗粒直径很小，比表面积大，很难与聚酰胺树脂混合均匀，也就很难较好地分散在聚酰胺树脂基料中；碳纤维及石墨的用量较大，其导电效果也较好。碳纤维既具有较好的导电性，又具有很好的增强作用。但作为导电材料使用时，其长度对导电性有较大的影响，同时，在一定程度上产生各向异性，即径向的导电性小于轴向的导电性。石墨的分散性较碳纳米管好，但加入量较碳纳米管大，在一定程度上影响聚酰胺导电复合材料的力学性能。几种导电剂及其组合对聚酰胺导电性的影响列于表 4-63 中。

表 4-63　不同导电剂对聚酰胺导电性的影响

导电剂	用量/%	PA6 的表面电阻率/Ω	PA66 的表面电阻率/Ω
碳纳米管	3	10^4	10^4
碳纤维	15	10^5	10^5
石墨	16	10^4	10^4
碳纤维/碳纳米管	10+2	10^3	10^3

② 碳纤维长度对导电 PA6 性能的影响　在碳纤维与 PA6 共混挤出过程中，碳纤维在 PA6 中的长度对其复合材料的性能有较大的影响（表 4-64）。碳纤维长度越长，其复合材料的表面电阻率就越大，其力学性能也越高，反之亦然。

表 4-64　碳纤维长度对导电 PA6 性能的影响

碳纤维长度/mm	表面电阻率/Ω	拉伸强度/MPa	缺口冲击强度/(kJ/m²)
2	10^6	168	14
1	10^4	160	12
0.5	10^3	150	9.5

注：碳纤维加入量 17％。

③ 共混挤出温度对导电性的影响　在制备导电 PA6 复合材料过程中，作者发现碳纤维作导电剂时，所制备的导电 PA6 的表面电阻率随共混挤出温度的升高而增大（表 4-65）。这是由于共混挤出温度较低时，螺杆对碳纤维的剪切作用较强，分散在 PA6 树脂中碳纤维长度变小，因此，共混挤出温度低时，其表面电阻率就小。以碳纳米管作导电剂时，随共混挤出温度升高，所制备的导电 PA6 的表面电阻率也增大。这是由于共混挤出温度升高，PA6 熔体黏度变小，熔体流动性提高，碳纳米管在 PA6 熔体中的分散较好，表现出导电性好。

表 4-65　共混挤出温度对导电性（表面电阻率）的影响　　　　单位：Ω

导电剂	挤出温度/℃			
	240	250	260	270
碳纤维	10^3	10^3	10^4	10^5
碳纳米管	10^4	10^3	10^2	10^1

注：碳纤维用量为 16％；碳纳米管用量为 4％。

④ 导电剂用量对复合材料导电性及力学性能的影响　对于碳纤维导电剂，随其加入量的增加，所制备的复合材料导电性随之提高。当用量增加至 20％时，其导电性变化较小，力学性能也随碳纤维的增加而提高。这是由于碳纤维的增加，在聚酰胺树脂中所形成的导电通路网络越完善，其导电性也就随之提高，当导电网络形成后，碳纤维的增加，对导电网络的形成不再起作用，反映其导电性不再提高。但是，碳纤维的增加对材料力学性能的提高是有作用的。对于碳纳米管，其用量增加，其导电性也随之增加，当添加至 6％时，其导电性变化不大，但复合材料的力学性能随其用量的增加而下降。这是由于碳纳米管的增加，有利于碳纳米管在树脂熔体中形成较为完善的分布，或有利于导电网络的完善，当碳纳米管使用量达到某一定量时，对导电网络的形成作用不大，此时的材料导电性也就变化不大。由于碳纳米管带有无机填料性质，加入量越大，材料的力学性能下降就越大。导电剂用量对 PA6、PA66 表面电阻率的影响如表 4-66 所示。

表 4-66　导电剂用量对 PA6 及 PA66 表面电阻率的影响

导电剂	用量/％	导电 PA6			导电 PA66		
		表面电阻率/Ω	拉伸强度/MPa	缺口冲击强度/(kJ/m²)	表面电阻率/Ω	拉伸强度/MPa	缺口冲击强度/(kJ/m²)
碳纤维	14	10^5	155	10.5	10^6	165	9.5
	16	10^3	175	12.4	10^5	189	10.5
	18	10^2	205	14.5	10^3	210	12.6
	20	10^2	220	15.8	10^2	234	14.8

导电剂	用量/%	导电 PA6			导电 PA66		
		表面电阻率/Ω	拉伸强度/MPa	缺口冲击强度/(kJ/m²)	表面电阻率/Ω	拉伸强度/MPa	缺口冲击强度/(kJ/m²)
碳纳米管	3	10^4	68	7.1	10^4	75	6.9
	4	10^3	60	6.5	10^3	70	6.5
	5	10^2	55	6.0	10^2	67	6.1
	6	10	50	5.8	10^2	64	5.8

⑤ 制备工艺过程对导电性的影响　一般聚酰胺复合材料制备采用连续计量共混挤出工艺。而在导电聚酰胺复合材料制备过程中，要求导电剂在聚酰胺树脂中有高度分散性，因此，如何实现导电剂的高度分散，是制备高性能导电聚酰胺的关键。由于导电剂特别是碳纳米管及石墨、导电炭黑等为超细粉末材料，一方面计量下料较为困难，另一方面，也是通常的计量共混挤出难以解决的问题——导电剂超细粉末很难与聚酰胺树脂熔体混合分散均匀。所制备的导电聚酰胺复合材料的导电性、均一性很差，或者通过提高导电剂加入量来达到其导电性，但有可能牺牲材料的力学性能。因此，较为有效的措施是采用二次挤出工艺，即先将导电剂与部分聚酰胺树脂共混挤出，制备导电母粒，其导电母粒再与聚酰胺树脂共混挤出，得到导电性均匀的导电聚酰胺复合材料。表 4-67 列出了两种共混挤出工艺的结果。

表 4-67　两种不同共混挤出工艺对导电 PA6 复合材料性能的影响

共混挤出工艺	表面电阻率/Ω	拉伸强度/MPa	缺口冲击强度/(kJ/m²)
一次共混挤出	10^3	60	6.5
二次共混挤出	10^2	64	6.9

注：碳纳米管用量为 4%；共混段温度为 260～265℃。

（3）玻纤增强导电 PA6 复合材料的制备

玻纤增强导电聚酰胺具有优异的导电性和力学性能，广泛用于矿山机械、纺织机械及电子装备部件。玻纤的加入：一方面，在一定程度上阻碍导电网络的形成；另一方面，在双螺杆熔融共混挤出过程中，由于玻纤与导电剂相互摩擦与混合，减少了导电剂颗粒在聚酰胺熔体中的凝聚，促进导电剂粉末在树脂熔体中的分散。因此，玻纤增强导电聚酰胺复合材料制备的关键因素是玻纤及导电剂的选择及其分散方法。用于玻纤增强导电聚酰胺复合材料的导电剂较为理想的是碳纳米管、导电炭黑及石墨。

① 玻纤单丝直径及长度对增强导电 PA6 复合材料性能的影响　业已证明：玻纤单丝的直径越大，其聚酰胺复合材料的导电性及力学性能就越低，反之亦然。玻纤在树脂中的长度越长，其复合材料的导电性就越低，其力学性能就越高，反之亦然。不同直径及长度的玻纤对增强导电 PA6 复合材料性能的影响列于表 4-68 中。从表 4-68 看出，单丝直径为 $7\mu m$ 的玻纤最为理想，玻纤长度控制在 1mm 左右较为合适。

表 4-68　玻纤直径及长度对增强导电 PA6 复合材料性能的影响

玻纤单丝直径/μm	纤维长度/mm	表面电阻率/Ω	拉伸强度/MPa	缺口冲击强度/(kJ/m²)
7.0	2	10^3	175	15
	1	10^1	160	12

玻纤单丝直径 /μm	纤维长度 /mm	表面电阻率 /Ω	拉伸强度 /MPa	缺口冲击强度 /(kJ/m²)
10	2	10^4	165	13
	1	10^2	153	11
13	2	10^6	145	10
	1	10^4	136	8.5

注：碳纳米管用量为4.5%；玻纤含量为30%。

② 玻纤含量对增强导电 PA6、PA66 性能的影响　玻纤增强导电聚酰胺复合材料中玻纤含量增加，其导电性随之下降，其力学性能随之上升。这是由于玻纤的加入，在一定程度上将阻碍导电通道的形成，在导电剂一定的情况下，所制备的增强导电 PA6 复合材料的表面电阻率将随玻纤含量的增加而增加，其结果列于表 4-69 中。

表 4-69　玻纤含量对增强导电 PA6 及 PA66 复合材料性能的影响

玻纤含量 /%	增强导电 PA6			增强导电 PA66		
	表面电阻 /Ω	拉伸强度 /MPa	缺口冲击强度 /(kJ/m²)	表面电阻 /Ω	拉伸强度 /MPa	缺口冲击强度 /(kJ/m²)
30	10^1	175	14	10^1	190	13
40	10^2	186	15	10^2	210	14
50	10^4	225	16	10^4	245	15

4.8　耐磨聚酰胺

4.8.1　概述

聚酰胺具有优异的耐磨性及自润滑性。我国广泛采用 MC 聚酰胺（浇铸聚酰胺）代替金属制造各种机械齿轮、轴封轴套、滑板等部件。但 MC 聚酰胺的力学性能有限，且因黏度大，无法进行增强改性。对于一些力学性能及耐磨性能要求更高的场合，应通过改性来提高聚酰胺的耐磨性。

4.8.2　聚合物摩擦磨损机理

4.8.2.1　摩擦分类

摩擦的方式有两种：一种是磨蚀，用砂粒或磨料进行磨削，亦称磨面磨耗；另一种为磨损，由滑动接触引起的磨耗称为滑动磨耗。

松原的研究认为摩擦热引起聚酰胺滑动面熔融，这种现象是微观的熔融。清华大学于建教授对聚酰胺做过深入的研究，认为结晶型高分子材料的磨损破坏是一个复杂的过程，在同等外部条件下，摩擦过程中基体材料、添加配合材料及摩擦副材料之间的物理化学作用方式的不同，会导致其表面发生多种形式的磨损破坏，并对材料摩擦磨损性能产生极大的影响。对 POM、PBT 等结晶型高分子材料的磨损破坏机理进行考察的结果表明，这些材料表面的磨损破坏过程总体上是经磨粒磨损、疲劳磨损及黏着磨损等各种磨损方式综合作用的结果。

聚酰胺在摩擦过程中，摩擦面上较尖锐的凸起或磨粒部分对其表面的嵌入或划伤作用，首先使表面产生相互平等的犁切裂纹，随着犁切裂纹的产生，同时出现疲劳断裂和黏着断裂。其中，疲劳作用使微凸起两端的裂纹扩大，黏着作用使凸起从表面撕落，结果在 PA 表面上的犁切裂纹在初期将发生不规则的扩展和融合，进而发生大面积的黏着磨损，见图 4-54。

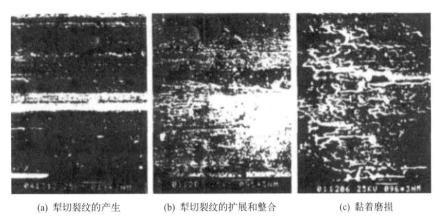

(a) 犁切裂纹的产生　　　(b) 犁切裂纹的扩展和整合　　　(c) 黏着磨损

图 4-54　PA 试样表面的磨损破坏过程

4.8.2.2　磨损机理

由于聚合物的机械性质变化范围很宽，并且对温度、变形速率有强烈的依赖性以及失效过程对环境条件的敏感性，所以以与金属相比，聚合物磨损过程要复杂得多。现在大多数学者为了更清楚地认识聚合物磨损的本质，将这个复杂的相互作用过程分为四种类型：黏着磨损、化学磨损、磨粒磨损和疲劳磨损。Briscoe 认为前两种磨损过程中，摩擦功耗散在邻近表面非常薄的薄层内，在该薄层内能量密度和变形速率都很大，温升迅速，以致可以近似认为是一个绝热过程。他将这两类磨损定义为界面磨损。研究这类磨损时，主要应考虑其表面化学、表面结构和界面之间的相互作用。后两类磨损过程中，摩擦功耗散在邻近表面较厚的表面区内，表面变形的大小是对偶面微凸体穿入深度和表面摩擦力的函数，该表面区的厚度与接触长度是同一个数量级。磨损失效一般发生在聚合物体内而不在界面上，因此将其定义为内聚磨损。这类磨损在很大程度上受聚合物的内聚强度及韧性控制，其磨损率与聚合物的力学性能有一定的比例关系。

（1）黏着磨损

在摩擦面相对运动时，由于接触点之间的范德华力及库仑静电引力，有时还有氢键力的相互作用，使聚合物材料转移到对偶面上而引起的磨损叫黏着磨损。黏着磨损除受聚合物自身的内聚能影响之外，对偶面的表面粗糙度、洁净度、界面温度及负荷也有一定的影响。填料在降低聚合物黏着磨损方面也起着重要的作用。

弹性聚合物在其软化点以下的温度范围内和脆性聚合物在其玻璃态时，一般不发生转移磨损。在低速、中等负荷和较光滑对偶面的条件下，塑性聚合物与钢等金属对摩时，常常在金属表面上形成转移膜。LDPE、PP、聚酰胺 66 一般形成取向性很高的整块厚转移膜。而 HDPE、PTFE、POM（聚甲醛）则发生分子链主轴高度取向且对准滑动方向的 $10\sim50\mathrm{nm}$

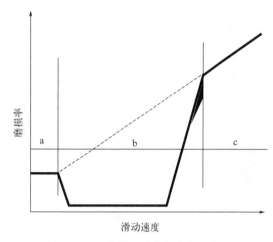

图 4-55　聚合物滑动磨损变化示意图

薄层转移。若这层转移膜与对偶面附着性不好，则在第二次滑动时，这层转移膜就有可能被聚合物滑块前缘刮掉，然后再转移、再刮掉……形成较大的磨损率。相反，若转移膜能牢固地附着在对偶面上，则摩擦剪切发生在聚合物与转移膜之间，此时磨损率很小。Ludema 和 Rhee 从实验中得出的图 4-55 曲线可很好地说明这一点。

图 4-55 中 a 区为初始摩擦阶段。由于表面的污染膜具有一定的润滑性，此时摩擦力较小，局部地在对偶面上形成转移膜引起较低的磨损。b 区实线为在对偶面上形成了均匀且完整的转移膜后聚合物的磨损。在此区虽然摩擦力很大，但磨损率几乎可以忽略不计。b 区终了段是由于界面温升而使转移膜破坏，磨损由低到高的转变过程。c 区没有稳定的转移膜，熔化的聚合物被挤出接触区形成严重磨损（比 b 区高 2000 倍左右）。b 区的虚线表示一次滑行产生的磨损率，它超过重复滑动磨损的 $10^4 \sim 10^8$ 倍。

（2）化学磨损

聚合物的化学磨损主要是以化学降解和氧化的形式进行。在较苛刻的条件下，滑动界面产生的高温使某些聚合物发生严重降解，这类现象在日常生活中也常常可以看到，如汽车紧急刹车时汽车轮胎尾部产生蓝烟。当然也有一类聚合物在高温下软化而不降解（如 HDPE 等）。除温度外，影响聚合物化学降解的因素很多，如一些氧化物的催化作用、聚合物降解的活化能及界面接触应力等。

Buckley 等人用俄歇和质谱研究了真空系统中填充和没填充的 PTFE 滑动摩擦中的化学降解时发现：纯 PTFE 的分解产物是 CF^+ 和 $CF_2{}^+$。用玻璃纤维填充的 PTFE 主要产物是 F^+，这说明在接触界面上存在高温和高应力。用铜填料填充的 PTFE 则产生很低浓度的 CF^+ 和 $CF_2{}^+$，这说明用这种填料有较低的应力集中。同时，在相同填充浓度下，铜填充的 PTFE 比用玻璃纤维填充的 PTFE 磨损大得多。Wcilins 等人观察到 PTFE 在真空中由于化学分解造成的磨损与常压下黏着磨损量差不多。清洁金属对偶面的催化活性可明显地增加化学分解，这种催化分解可能对应于大的磨损率。

差热分析和热重分析来检查聚合物的热分解是研究化学磨损的另一途径。Hauser 指出特殊比例的 CuO、PbO 填料填充的 HDPE 具有最低的磨损率，同时这两种氧化物也促进了 HDPE 低温的分解。

（3）磨粒磨损

粗糙的硬表面或接触界面内外界硬颗粒切削聚合物引起材料脱落的现象称为聚合物的磨粒磨损。它主要受硬质材料的表面性质（微凸体的曲率半径、斜率、高度分布等）和聚合物自身的力学性能断裂功和韧性及环境因素（环境因素可改变聚合物的力学性能）的影响。对偶面越粗糙，聚合物的断裂功越小，则聚合物的磨损率越大。

对偶面的表面性质在聚合物磨粒磨损中占有非常重要的作用。对于弹性橡胶，Schallamach 用很尖的划针和较钝的压头在橡胶上滑动时看到的是两种完全不同的失效过程。划针可深深扎入橡胶中，滑动时将橡胶撕裂。钝压头不能扎入橡胶中，但由于摩擦力，在压头尾部出现了与滑动方向垂直的裂纹。对于塑性聚合物（如 PA66、PE、PP），Hollanden 从单程滑行实验中得到了图 4-56 所示的结果。

这表明硬质对偶面微凸体的平均曲率半径（R_{av}）愈小，高度分布的标准偏差（σ）愈大，磨损率愈高。这与克拉盖尔斯基的模型是一致的。但按照该模型，似乎所有的微凸体斜率下都应有磨损，其实不然，Warren 等人在高负荷单程滑动实验中对临界切削角进行了详细的研究。结果表明，对于给定的聚合物都存在一个不产生磨粒磨损的特征最小切削角。这可能是低于该角度时，由于聚合物的变形，微凸体的切削作用转为弹塑性挤压作用的结果。值得注意的是，脆性聚合物（如 PS、PMMA）的磨损率对粗糙度变化比塑性聚合物要敏感得多，一般约差 10 倍。

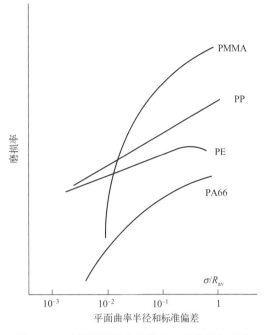

图 4-56　对偶面微凸体的平面曲率半径和标准偏差与聚合物磨损率之间的关系

界面温度对聚合物的磨损类型有很大影响。在中等速度以下，界面上因摩擦热而产生的温升超过聚合物的软化温度时，一般仍是磨粒磨损（或疲劳磨损）占主导地位。但在高速滑动时，摩擦热使聚合物邻近界面产生熔化层，则磨损就转为另一种机理。如田中久一郎在实验中看到 HDPE 在负荷 $1m/s$ 滑动速度下对钢滑动时，熔化层厚度约 $15\mu m$。还有人对 POM 也发现了这种现象。但 PTFE 却没有这种现象。在熔化层出现后，田中久一郎表明摩擦力可用熔化层中聚合物的黏性流动来定量地说明。这种熔化层一般被挤出以层状形式积累在滑块的尾部形成大块磨屑。

（4）疲劳磨损

由于表面粗糙，在界面接触点的局部变形和应力集中的交变作用下使聚合物材料损失的现象称为疲劳磨损，它主要受对偶面的表面粗糙度、负荷、作用频率及聚合物抗疲劳强度的影响。有时界面存在各种溶剂也会影响疲劳裂级的生成与扩展。脆性聚合物当温度低于其玻璃化转变温度时是相当脆的，高度交联的高分子树脂在远低于其软化温度时也是如此。当这些聚合物作为摩擦面时，在高应力状态下产生脆性破坏的磨粒磨损。在较缓和的摩擦条件下，除因摩擦热而发生软化外，疲劳磨损是其主要的磨损形式。其失效的机理与描述的剥层理论相同，磨屑呈片状，在摩擦轨迹上看不到横向裂纹。若界面上存在溶剂则会大大改变这种磨损。Lancaster 在研究中发现：某些液体由于增强了 PMMA 和 PPO 表面裂纹开裂而增大了它们的磨损率，而有些溶剂则由于使聚合物表面层塑性化而降低了它们的磨损率。

弹性聚合物在界面上摩擦力不足以使其撕裂的条件下（或在滚动条件下），疲劳磨损为其主要磨损机理。人们常常可以在汽车和拖拉机旧轮胎的摩擦表面发现细小的麻坑，这主要是片状疲劳磨屑脱落造成的。长期遭受高速液滴冲击而引起聚合物材料损失实质上也是一种疲劳磨损。相似的情况在金属磨损机理中有人将其归入腐蚀磨损机理是不合适的。

综上所述，降低疲劳磨损的主要途径应该从提高聚合物材料的韧性和内聚力、减小对偶面表面粗糙度以降低接触应力等几个方面考虑。

当然，在实际过程中，聚合物的磨损并不是单一地按照上述某一机理进行的，即使在最简单的摩擦中，也可能同时有两种或两种以上的磨损机理同时进行着。另一方面，还有一些磨损过程人们才刚刚认识到它的表面现象而没有真正把握其本质规律，如聚合物的微动磨损过程和摩擦过程中的化学降解及聚合等，还有待于进行更深一步的研究。

4.8.3　耐磨材料的种类与特性

填充材料的性能对聚合物磨损性能的影响很大，同时影响材料的力学综合性能，影响程度因耐磨填料的种类而异。用于改善聚合物摩擦磨损性能的填料主要有以下四种类型：

（1）金属粉末填充材料

不同种类的金属粉末对某一种聚合物抗磨能力的改善是不同的，同样某一种金属粉末对不同类型聚合物的摩擦性能改善也是不同的。He Junqing 等研究了微米级 Cu 粉末（粒径小于 $1\mu m$）对 POM 的填充改性效果：该复合材料的摩擦系数较纯 POM 低，当体系中 Cu 粉末含量为 3%（质量分数）时，材料的磨损率最低，POM/Cu 复合材料的磨损机理以黏着磨损和磨粒磨损为主。

（2）无机非金属粉粒状填充材料

无机非金属粉粒状填充材料的品种繁多，如金属氧化物、硫化物、氢氧化物及各种盐类，不同的填料对聚合物的摩擦磨损性能的影响也会有很大的区别。Bahadur 等研究了纳米 TiO_2、纳米 ZnO、纳米 CuO 及纳米 SiC 填充改性聚苯硫醚（PPS）的摩擦性能，发现在这四种复合材料中，摩擦系数均比纯 PPS 低。但这四种填料对复合材料的磨损率的影响明显不同：与相应的纯 PPS 相比，PPS/纳米 TiO_2、PPS/纳米 CuO 的磨损率下降，而 PPS/纳米 ZnO、PPS/纳米 SiC 的磨损率增大了。同时也发现，磨损率与转移膜在对偶表面的黏合强度存在较好的相关性，即黏合强度高的聚合物磨损率低，反之亦然。李国禄等研究了纳米 Si_3N_4 及 SiC 对 MC 聚酰胺摩擦磨损性能的影响，发现在干摩擦实验条件下，随着载荷的增加，MC 聚酰胺/纳米 Si_3N_4 及 MC 聚酰胺/SiC 的摩擦系数降低，但均高于纯 MC 聚酰胺的摩擦系数；在载荷较低时，两种复合材料的耐磨性均高于纯 MC 聚酰胺试样；在载荷较高时，两种复合材料的耐磨性均低于纯 MC 聚酰胺试样。这是因为在低载荷时，试样磨损表面的温度较低，无机颗粒在试样表面保留在原来的位置，承担了大部分的摩擦载荷，而且能够有效地限制对偶表面微凸体的犁削作用，降低了对偶面对复合材料磨损表面的破坏作用，故可以降低材料的磨损率；当载荷较高时，产生了大量的摩擦热，导致磨损表面的温度较高，使复合材料的性能下降，无机颗粒不能保持在原来的位置起承担载荷的作用，加之高的应力使摩擦试样的亚表层出现裂纹并扩展，最后出现剥落，所以加剧了磨损过程，致使磨损率升高。

（3）固体润滑剂

采用固体润滑剂填充改性聚合物的摩擦磨损性能是因为在摩擦过程中固体润滑剂逐渐转移进入摩擦界面起润滑作用，降低摩擦系数，提高耐磨性。常用的固体润滑剂有 PTFE、MoS_2、石墨及聚烯烃类润滑剂。Li Xiubing 等在研究 MoS_2 及石墨对环氧树脂摩擦磨损性能影响的实验中发现，相较于纯环氧树脂，添加了石墨的复合材料的摩擦系数及磨损率显著降低，而在添加了 MoS_2 的复合体系中，在摩擦的过程中生成了 MoO_3。由于 MoO_3 不存在类似于 MoS_2 的层状结构，所以复合材料的摩擦系数较纯环氧树脂升高，但是可以阻止材料表面向对偶面转移，故可以有效地改善复合材料的耐磨性能。

（4）纤维状填充材料

纤维具有很高的强度、刚度以及良好的导热性，用于聚合物的填充改性，不仅可以改善聚合物整体的力学性能，还能有效地提高其摩擦磨损特性。叶素娟等比较了 PTFE/CF、PTFE/GF 及 PTEF/CF/GF 三种复合材料的摩擦磨损性能，结果发现：较纯的 PTFE 材料，三种复合体系的摩擦系数均有一定程度的提高，但是随着体系中的 CF 或 GF 含量的增加，磨痕宽度均减小，CF 较 GF 的改性效果更显著，而且 CF 和 GF 混杂填充复合材料，表现出一定的协同性，在 m（PTFE）$/m$（CF）$/m$（GF）$=75/15/10$ 时表现出最好的协同性，在提高了其硬度及摩擦磨损性能的同时，又使其力学性能降低较少。Srinath 等比较了纯 PA66、PA66/CF、PA66/GF 三种复合材料的摩擦学性能，发现 CF、GF 的加入均降低了复合材料的摩擦系数，而且相比于纯 PA66，PA66/CF 及 PA66/GF 的磨损率分别降低了 45% 及 74%。在不同的实验条件下，PA66/GF 均有最低的磨损率，这一实验结果与 Unal H 等的研究结果一致，作者对磨损表面进行 SEM 分析，认为这是由于 GF 与基体的黏结强度更高。

4.8.4 耐磨材料的作用机理

人们认为聚酰胺的表面磨损是磨粒磨损、疲劳磨损及黏着磨损所引起的综合性破坏，但疲劳磨损和黏着磨损是经磨粒磨损诱发而发生的。聚酰胺对钢的摩擦系数和极限 PV 值如表 4-70 所示。

因此，如何抑制材料表面的疲劳磨损是改善聚酰胺摩擦磨损性能的关键。一般来说，采用抗磨添加剂是一个有效的办法。

表 4-70 聚酰胺对钢的摩擦系数和极限 PV 值

聚酰胺	摩擦系数		极限 PV 值
	静态	动态	(0.5m/s)/(MPa·m/s)
PA6	0.22	0.26	70
PA66	0.20	0.28	85
PA610	0~23	0.31	70
PA612	0.24	0.31	70
PA6+30%玻璃纤维	0.26	0.32	300
PA66+30%玻璃纤维	0.25	0.31	350
PA610+30%玻璃纤维	0.26	0.34	300
PA612+30%玻璃纤维	0.27	0.33	280

抗磨添加剂主要是具有润滑作用的有机高分子化合物。从其作用效果来划分，大致可分为三大类。

（1）对基体树脂起到良好的减磨效果的物质

这类物质有时不仅不能降低材料的摩擦系数反而会使其增大，但具有限制磨粒嵌入深度的作用，具有抑制结晶型工程塑料表面结晶取向深层生成作用或具有自愈合的作用等，可以较好地抑制犁切裂纹的产生，而抑制犁切裂纹的发生也意味着在很大程度上避免了疲劳破坏和黏着破坏。

（2）能有效地降低材料摩擦系数的物质

这类物质的润滑作用可以使材料表面的摩擦阻力变小，相当于降低了材料表面所受到的压应力和拉应力，因此对抑制疲劳裂纹或黏着破坏的发生有较大的贡献。

（3）本身对基体树脂并无明显的减磨效果或自润滑效果的物质

(a) 抑制结晶高分子材料结晶定向层的生成，降低表面残留应力

(b)抑制型切磨粒的嵌入深度（减磨，弹性形变）

(c) 自愈合作用或裂纹尖端钝化作用

图 4-57　抗磨添加剂的作用机理

它们可以和前两类物质产生协同作用，有助于提高和改善材料的耐磨损性和自润滑性，图 4-57 显示了抗磨添加剂的作用机理。

就某种润滑剂而言，它们的作用机制既不是单一的也不是一成不变的，因基体树脂种类的不同有时可以有较好的减磨效果或润滑效果，有时则会完全丧失作为润滑剂的作用。这主要取决于和基体树脂及摩擦副之间的相互作用。研究中发现在减少基体树脂和润滑剂分子间的相互作用的前提下，基体高分子结晶过程中对异分子的排斥作用有助于提高材料的摩擦磨损性能。

4.8.5　耐磨聚酰胺的组成与性能

根据摩擦磨损原理，磨损与基材特性，如分子量大小、结晶度及结晶形态有关，与材料的硬度、滑动速度、压力有关。那么，制备耐磨材料的基本思想是设法提高材料的硬度、改善基体的结晶结构、增加基材的润滑性等三方面下功夫。

（1）抗磨添加剂的选择

抗磨添加剂的选择主要考虑摩擦系数最小、与聚酰胺有一定的相容性、表面硬度高或润滑性高的物质。同时，不以牺牲基材力学性能为前提。

（2）助剂的配置

单一的抗磨添加剂还不能完全有效地提高聚酰胺的耐磨性，如前所述，聚酰胺的摩擦磨损过程是个复杂的综合作用过程。采用复合润滑抗磨体系是有效的。以主抗磨添加剂为主，添加一些润滑剂、结晶成核剂是十分必要的。成核剂对提高聚酰胺的抗磨性的贡献在于成核剂的加入，促进了树脂晶格的生成与成长速度、晶格的细化。从而，在一定程度上提高了聚酰胺树脂的表面硬度。

表 4-71 列出 MoS_2 改性 PA66 的性能，不难发现 MoS_2 不仅有很好的抗磨作用，还有一定的增强作用。有人认为在 PA66 中加入 $1.5\%\sim2.5\%$ 的 MoS_2 可有效地改善 PA66 摩擦磨耗特性。MoS_2 对 PA66 有成核作用，能促进 PA66 结晶的细微化，提高 PA66 的刚性与硬度，在滑动过程中起到固体润滑剂的作用。

表 4-71　MoS₂ 改性 PA66 的性能

性能	ASTM	加 MoS₂ 的 PA66	PA66
拉伸强度/MPa	D638	85.3	81.7
弹性模量/GPa	D638	1.0	2.8
弯曲强度/MPa	D790	124.8	95.7
悬臂梁冲击强度/(kJ/m²)	D256	323	500
热变形温度(1.82MPa)/℃	0648	163	93
线膨胀系数/($\times 10^{-5}$℃$^{-1}$)	0696	6.3	9.9
脆化温度/℃	D746	-15	-30
荷重变形/%	D621	0.8	1.0
相对密度	D797	1.16	1.14
动摩擦系数(对钢)	—	0.16~0.2	0.2~0.3

4.8.6　碳纤维增强聚酰胺耐磨材料的生产过程及控制因素

将碳纤维（CF）增强聚酰胺，可显著提高聚酰胺的强度、刚性、抗蠕变性、尺寸稳定性、热稳定性以及摩擦磨损性能等。碳纤维增强聚酰胺复合材料有望在更广泛的领域加快替代传统金属零部件材料。针对碳纤维改性聚酰胺复合材料的力学性能和摩擦磨损性能，国内外研究人员从碳纤维含量、表面处理、纤维形态尺寸、多元复合等方面进行了广泛研究。

碳纤维增强聚酰胺复合材料的性能取决于材料的组成、碳纤维与聚酰胺树脂之间的界面黏结状态及界面应力的传递方式，界面结合的强度直接影响复合材料的力学性能。由于碳纤维表面碳碳之间通过非极性共价键相连，碳纤维界面呈平行的石墨微晶的乱层结构、表面化学惰性和憎液性，比表面积很小，结果使碳纤维与树脂基体的结合力不够，限制了碳纤维在聚合物复合材料方面的应用。因而，碳纤维一般要经过诸如表面氧化（包括气相氧化、液相氧化、催化氧化等）、表面涂层、表面沉积、聚合物接枝、中子辐照以及低温等离子处理等表面处理后才能达到较好的效果。通过表面处理增加表面积和表面活性基团都可以改善碳纤维与基体的黏结，从而增加碳纤维的浸润性和层间剪切强度。

上浆处理是在碳纤维表面附着一层薄的聚合物，以提高碳纤维与树脂的相互作用，是目前工业上应用比较多的方法。其包覆层既保护了碳纤维表面，避免运输和加工过程的损伤，又提高了基体树脂对纤维的浸润性。聚氨酯（PU）、聚缩水甘油醚、聚醋酸乙烯酯、酯环族环氧化合物、聚乙烯醇等常用于上浆处理，这些聚合物都含有两种基团，能同时与 CF 表面及树脂结合。Zhang 等通过 PU 上浆处理提高了碳纤维表面极性官能团的数量和浸润性，发现当使用上浆剂浓度为 1.2%（质量分数）时，相比未包覆碳纤维，纤维束横向拉伸强度从 12.57MPa 提高到 24.35 MPa，增加超过 90%。Kim 等对比研究了等离子处理、液氮低温处理和硝酸氧化处理的 CF 增强 PA6 复合材料的性能。发现等离子处理虽然使得表面羟基和醚键分别转化为羰基和羧基，但表面粗糙度变化较小；液氮处理使表面粗糙度增加进而改善了 CF 表面机械联锁效应；硝酸化学氧化法因为同时增加了表面粗糙度和活性官能团，提高基体与 CF 界面结合效果最好。Wang 等将 CF 在硝酸中氧化 2h 后经过水洗干燥，再与

PA1010 复合制备了 CF 增强 PA1010 复合材料，研究其在干态和湿态下的摩擦磨损性能表明，CF 显著提高了 PA1010 的耐磨性。通过 FTIR 分析磨损表面官能团的变化表明，在水的作用下，酰胺键的水解和氢键强度下降使得 PA1010 在水中具有更大的磨损速率，而 CF 增强 PA1010 在水中具有比干态更低的磨损速率。因为在摩擦过程中凸出磨损表面的 CF 承担了主要的载荷，抑制了水对基体的溶胀，提高了复合材料的力学性能以及导热性能。

此外，文献报道了马来酸酐（MAH）和甲基丙烯酸缩水甘油酯（GMA）接枝聚乙烯共聚物被用作偶联剂应用于提高纤维的分散和纤维与不同材料的黏附。

4.8.7 玻璃纤维增强聚酰胺耐磨材料的生产过程及控制因素

复合摩擦材料的强度及其耐磨性与增强纤维/黏结剂界面结合的状况有很大的关系。研究认为，聚合物相与纤维相之间的亲合力来源于纤维表面的孔隙浸入树脂而形成的机械作用力、物理吸附力及纤维表面的化学基团与树脂相中的活性基团反应形成的化学键。因纤维与聚合物的结构和性质均有较大差别，为了改善纤维与聚合物的界面结构，提高纤维增强聚合物的力学性能，对纤维表面进行处理是必然的选择。研究表明，玻璃纤维经 0.2% 阳离子活性剂水溶液处理后，耐磨性提高了 200 多倍，经偶联剂处理，耐扭断性也可大幅度提高。陈金周等研究了未处理和用硅烷偶联剂处理 GF 增强 PF 聚酰胺的性能，发现 GF 未用偶联剂处理时，PF 聚酰胺磨损表面可见拔脱的 GF，拔出的 GF 黏附 PF 聚酰胺极少，呈光滑状态。这表明未经偶联剂处理的 GF 和聚酰胺界面黏合强度较弱，对聚酰胺宏观机械强度和耐磨性的增强作用亦较弱。经 KH-550 偶联剂处理的 GF 增强效果优于 KH-570，相应地从其中拔出的玻纤表面带有较多而厚的 PF 聚酰胺基体。胡廷永则对偶联剂的界面反应机理进行了分析，认为含氨基的偶联剂优于不含氨基的。KH-550 中含有氨基，它的烷氧基水解后产生的羟基与 GF 表面的吸附水反应形成氢键而覆盖在 GF 表面，而活性氨部分可以与树脂反应生成共价键，最终形成 GF 与树脂界面的良好结合。

4.8.8 玻璃纤维/芳纶增强聚酰胺耐磨材料的生产过程及控制因素

芳纶纤维具有强度高、模量高、耐高温和酸碱、重量轻等优良特性，玻璃纤维具有较高的比强度和比模量、强透波性、稳定的化学性质、绝缘耐热等优异特性，作为复合材料的增强材料，可以使复合材料具有较好的物理、化学性能，已广泛应用于航天航空、化工、交通等领域。翟文等针对摩擦提升及新型摩阻材料进行应用研究，表明通过添加不同成分的材料可以有效提高摩擦衬垫的摩擦学性能。杨晓燕探讨了芳纶纤维不同含量和开松度对材料摩擦学性能的影响并对磨损机理进行研究。马保吉等研究了芳纶纤维增强酚醛树脂复合材料在模拟制动工况下的磨损机理，表明芳纶纤维可以很好地提高材料的摩擦稳定性，磨损机理主要为擦伤、黏着和塑性变形。赵盖等制备玻璃纤维增强聚氨酯复合材料，表明玻璃纤维对聚氨酯复合材料的摩擦学性能具有显著的增强作用。

4.8.9 耐磨聚酰胺的主要品种与性能

几种典型耐磨聚酰胺复合材料的性能见表 4-72。

表 4-72　几种典型的增强耐磨聚酰胺复合材料的性能

项目	DuPont E51HSB NC010	Sabic RFL36	DSM TW241F6	杭州本松 A280G6A
材料类型	PA66	PA66	PA46	PA66
灰分含量/%	0	30	30	30
相对密度	1.14	1.51	1.41	1.49
拉伸强度/MPa	84	166	210	170
拉伸模量/GPa	3100	—	10000	—
弯曲强度/MPa	—	277	300	250
弯曲模量/MPa	2800	9100	9500	8700
悬臂梁冲击强度/(kJ/m²)	6	16	12	—
简支梁缺口冲击强度/(kJ/m²)	7	—	12	13
简支梁无缺口冲击强度/(kJ/m²)	—	—	80	80
热变形温度(1.82MPa)/℃	—	220	290	245

4.9　导热聚酰胺

4.9.1　概述

导热塑料具备传统导热材料如陶瓷和金属的热传递性能，同时还具有它们所不具有的优越性，如设计自由度高、防腐性好、低成本等诸多优势，所以，导热塑料在航空航天、军事、电子、机动车以及 LED 等领域中有广泛的应用前景。

聚酰胺具有良好的力学性能及加工流动性，耐热性、绝缘性、韧性和耐磨性都比较优异，使其成为导热基体的优选材料，广泛应用于电子电气、LED 等散热器零部件领域。相比传统的铝型材散热器，导热聚酰胺具有绝缘性好、生产成本低、加工成型以及运输方便、效率高、设计自由度高等优势，推进了 LED 快速取代普通白炽灯的进程。

近年来，关于导热聚酰胺的研究逐渐深入。程亚非等使用鳞片石墨、SiC 和 Al_2O_3 的三复配导热填料填充 PA6，通过双螺杆挤出后再模压成型的方法制得复合材料。SEM 结果表明：三元复配导热填料粒子比较均匀地分散在 PA6 基体中，形成了有效的导热网络结构；导热绝缘复合材料的热导率随着三元复配导热填料添加量的增加而不断增大，而表面电阻率和体积电阻率却呈现下降趋势，起始分解温度也随着复配填料用量的增加而升高。当三元复配导热填料用量为 50%（质量分数）时，导热绝缘复合材料的热导率为 1.407W/(m·K)，体积电阻率仍能达到 $1.03\times10^{11}\Omega\cdot cm$，起始分解温度为 344℃。

Seunggun Yu 等分别以六方氮化硼（h-BN）和 SiC 作为导热填料填充 PA66，研究了填料的添加量和取向对导热复合材料导热行为的影响。SiC/PA66 和 h-BN/PA66 导热复合材料的热导率较填料自身的热导率更依赖于填料的方向和形状。刘涛等以 BN 为导热填料，PA66 为基体，采用熔融挤出法制备并研究了导热复合材料的热导率、热稳定性以及力学性能等。研究发现：当 BN 添加量为 24.8%（体积分数）时，BN/PA66 复合材料的热导率为 0.751W/(m·K)，是纯 PA66 的 2.2 倍。麦伟宗等将 BN、Al_2O_3 和其他助剂混合后填充

PA6，通过熔融挤出制备并研究了不同粒径的复配 BN/Al$_2$O$_3$ 添加量对复合材料热导率产生的影响。结果表明：不同粒径复配 BN/Al$_2$O$_3$ 的添加量为 60%（质量分数）时，PA6 导热复合材料的热导率达到了 1.869W/(m·K)。

李明辉等以 PA6 为基体，分别采用 Al$_2$O$_3$、AlN、BN 和 SiC 作为导热填料，通过熔融挤出制备并研究了导热填料种类及添加量等对 PA6 导热绝缘复合材料性能的影响。结果表明：当 Al$_2$O$_3$、AlN、BN 和 SiC 四种填料填充量相同时，填充 PA6 复合材料的导热性能无显著差异；导热填料添加量较高时，AlN 填料可以显著地提高 PA6 导热复合材料的拉伸性能；BN 粒子的添加可以明显使复合材料的耐热性能得到提升。

林俊辉等采用硅烷偶联剂对亚微米级 ZnO 粉体进行表面处理，将改性后的 ZnO 与 PA6 混合制备 PA6/ZnO 复合材料。结果表明：ZnO 粉体经过硅烷偶联剂改性后，可以在 PA6 基体中均匀地分散；当改性 ZnO 的填充量为 25%（体积分数）时，复合材料的热导率和体积电阻率分别达到 1.05W/(m·K) 和 7.29×10^{10} Ω·cm。

导热聚酰胺工业化应用同样取得了快速的发展。芬兰的 LED 照明公司 Kruunutekniikka Oy 应用了普立万推出的导热塑料成功在导热部件中替换了传统的铝合金，并且申请了专利保护。荷兰 DSM（帝斯曼）公司最新研发出来的导热型聚酰胺 46（PA46）Stanyl TC 系列产品凭借优异的导热能力、抗化学腐蚀性以及良好的力学性能成功应用于飞利浦照明公司的 LED 灯具上。Cool polymer 公司同样生产了导热塑料 LED 外壳，包括绝缘导热塑料（牌号 D5108），其热导率达 10W/(m·K)。

导热塑料还广泛应用于换热器件领域。在传统的换热器中，金属因其优越的导热性能而广泛使用。但随着社会的发展，要求在环境苛刻的热流中使用的金属换热器受到极大的考验。如在海水高盐分的环境中、污水处理器酸碱环境系统中，里面的金属换热器的寿命将会大大缩短甚至失效。导热氟塑料由于具备了超强的耐酸碱溶剂的能力，自润滑性好且基本不结垢，所以在复杂的化学环境中使用导热氟塑料换热器受到工业界的青睐。杜邦公司最早研制成功该材料的换热器。国内也有同样的研究成果——陈林等采用导热 PP 用于换热器中起到良好的效果。相比金属材料来讲，导热塑料具备其独特的综合性能，加工成型方便，能够满足更高要求的换热器。

4.9.2 导热材料的作用原理

对于填充型导热改性聚酰胺而言，材料的导热性能主要由填料的热导率、填料形态、填料在基体中的分散情况以及填充粒子与基体间的界面状态等因素决定，关于填充型高分子材料的导热原理目前有三种常见的解释，分别是通路理论、导热逾渗理论及热弹性系数理论。

其中，导热通路理论为较多学者接受，即材料整体的导热性能取决于导热填料在基体中的分散分布状态，当填料含量的进一步增多，或复合填充粒子之间形成了物理连接，复合材料的导热性能将显著提高，如图 4-58 所示。

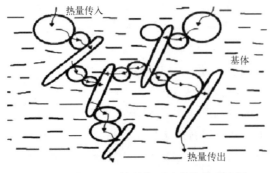

图 4-58　热量通过填料物理连接传导示意图

导热逾渗理论由于与实验数据存在较大差异，存在争议。"逾渗（percolation）"最早由英国工程师 Broadband 在解决气体面罩中气流通过碳粒的临界微孔尺寸时提出。之后逾渗概念被各个行业应用，在材料领域，逾渗理论被应用于处理非线性问题，是处理强无序和具有随机几何结构系统的方法。逾渗阈值指的是体系中的无序系统由于相互之间的联结程度发生随机性的变化，当联结程度增加到某一特定值时，体系的微观相态或宏观性能突然出现或消失，该值即为本体系的逾渗阈值。例如对于具有极高热导率的填料如 CNTs、石墨烯等，有报道指出存在类似于导电行为的导热逾渗现象。

热弹性系数理论提出较晚。李宾等在进行大量的实验研究和综合了诸多学者的观点后，提出填充复合导热材料热导率的变化规律符合热弹性复合增强机制。该理论认为材料整体的热导率随填料的增加逐步提高，将材料的热导率近似于材料经典振动和弹性力学中的弹性系数和模量，是材料整体特性的宏观性质。

4.9.3　导热材料的种类与特性

导热聚酰胺所用的导热填料可以分为两大类：金属填料和无机非金属填料。

（1）金属填料体系

在金属填充聚合物的研究方面，导电与导热性能一直是相互关联的，按照填料类型，可以分为金属粉末、金属纤维、合金、低熔点金属及其他新型复合金属填料等。童铭康等采用粒径为 $5\mu m$ 的铜粉对超高分子量聚乙烯（UHMWPE）进行填充改性，熔融共混制备高导热材料。测试表明，复合材料的热变形温度、热导率均随铜粉用量增加而增加，体系结晶度先升高后降低。金属纤维填充聚合物在工业产品开发上发展迅速。报道指出，日本宇部兴产公司已开发出在 PA6、丙烯腈-丁二烯-苯乙烯（ABS）或者聚苯醚等聚合物中填充黄铜纤维产品；日本仓敷纺织公司开发出铝合金纤维在 ABS 树脂中进行填充；美国 Wilson 微纤国际公司开发在聚碳酸酯（PC）基体中填充不锈钢纤维；DSM 公司开发出 PP/PC/PA46 等基体的不锈钢纤维填充电磁屏蔽材料。国内范五一等在高密度聚乙烯（HDPE）和 ABS 基体中填充铜纤维，研究了不同用量和长径比对复合材料的影响。低熔点金属（low-melting-point-metal，LMPM），一般指熔点低于 232℃ 的金属或合金（LMPA），由于其在复合材料加工过程中，可实现由固态向液态转变，在熔体中以熔滴分散的特点，受到越来越多学者的关注。研究方向主要在复合材料的加工方法、流变行为、材料微观结构变化以及改性后赋予的特殊力学、电和热性能的变化。国外，1983 年第一个日本专利发表，1992 年以后越来越多的研究成果相继发表。以色列 Bormashenko 等，将 Sn-Zn-Cd 金属微粉在不同黏度的低密度聚乙烯（LDPE）中熔融混合，可由初始的 $1\sim3mm$ 的微粒，细化为平均直径为 $3.8\mu m$ 的细丝。

韩国 J. Park 等在聚苯乙烯-丙烯腈树脂中，填充 $44\sim100\mu m$ 的 Al 粒子和 Sn-Zn 合金，采用不同的工艺条件，制得力学性能仍有较高保持的复合材料。熊传溪等采用密炼法将金属锡与聚丙烯（PP）树脂进行共混，利用射线衍射研究了复合材料的结晶行为。孙义明等在转矩流变仪中对低熔点的 Sn-Pb 合金、Bi-Pb 合金及第三组分复合 HDPE 的断面形貌进行研究，表明 Sn-Pb 合金在体系中的颗粒粒径＞Bi-Pb 合金，低分子量和低结晶性有利于提高体系的相容性。张向武通过 Sn-Pb 合金分别与 PS/HDPE 等进行混合，考察了不同的加工方法，发现制得的复合材料的导电性能为：球磨法＞溶液法＞混炼法。并且在 Sn-Pb/PS 体系中接近合金熔点，存在正温度系数（positive temperature coefficient，PTC）转变；而在 Sn-Pb/HDPE 体系中，具有双 PTC（double PTC，d-PTC）转变。同时提出了压力-时间-电阻模型，并对体系的静/动态流变行为进行研究。贺江平等以 HDPE 为聚合物基体，采用低熔点的 Sn-Cu 合金，分别在密炼机、双螺杆挤出机进行熔融混合，观察不同条件下共混物金属相的形态和尺寸，总结了不同加工方法时合金相形态的特点。

LMPM/LMPA 与聚合物进行复合改性，可以大大降低复合材料在加工过程中的黏度，提升可制造性；而且，熔滴状的金属分散相在一定的条件下在体系中原位成纤，与基体树脂更易形成双连续互穿网络结构，体系的导电逾渗阈值更低，纳米尺寸的分散相为体系带来优异的力学性能等。常用的低熔点金属有 Bi、Sn、Pb、Sn-Pb 合金、Sn-Zn 合金、Sn-Al 合金和 Bi-Pb 合金等。但是，由于金属熔体与高分子熔体巨大的黏度和表面张力差异，在含量和混合分散方面仍有诸多问题。另外，铅元素的污染性，限制了多数铅合金在塑料中的使用。如何环保、高效和绿色地使低熔点金属在高分子复合材料中应用，仍然有待今后的进一步研究。

（2）无机非金属填料体系

如表 4-73 所示，金属氮化物在无机非金属陶瓷粒子中拥有较高的热导率，同时，耐高温及电绝缘性好的优点，使得金属氮化物在绝缘导热高分子材料中应用广泛，其中 AlN 及氮化硼最为常见。

表 4-73　20℃时部分常见材料的热导率

材料	热导率/[W/(m·K)]	材料	热导率/[W/(m·K)]	材料	热导率/[W/(m·K)]
AlN	305	BN	285	SiC	80～120
Si_3N_4	180	硅	150	ZnO	30
MgO	36	Al_2O_3	33		

王晓群等通过使用 AlN 填充 PA6，在双螺杆挤出机中实现熔融共混，得到复合材料的热导率随 AlN 用量增加而升高，当用量在 60%（质量分数，下同）时最高，为 0.814W/(m·K)，是纯 PA6 树脂的 3.4 倍。同时，将不同粒径的 Al_2O_3 和 AlN 进行复配添加，使用量为 60%，其中 Al_2O_3 和 AlN 的质量比为 3:1 时，材料的热导率达到 1.625W/(m·K)。吴明春等在 PA6/AlN 体系的研究中，采用不同粒径的填料进行填充，单一粒径时，大粒径的 AlN 比小粒径 AlN 导热效果更好。运用逾渗概念，其中 10μm AlN 填充时，逾渗阈值为 50%，热导率为 1.498W/(m·K)，为纯 PA6 的 6.51 倍。不同粒径的 AlN 进行复配，使粒子间接触面更广，更有利于形成导热网络。

氮化硼，其中六方氮化硼（h-BN）素有"白色石墨"之称，是常用的制备低介电常数、低介电损耗和高导热聚合物的材料。周文英、任文娥在 UHMWPE/LLDPE/BN 体系中，分别对比粉末混合法和熔融混炼法，粉末法导热性优于熔融法，当 BN 用量为 45% 时，粉末法热导率为 1.72W/(m·K)，是熔融法的近 2 倍。Sato 采用亚微米级 BN，对聚酰亚胺进行改性，制得 BN/PI 复合膜，当 BN 用量为 60%（体积分数）时，体系热导率达 7W/(m·K)，且复合材料仍保持较好的柔韧性。Ishida 等在 BN 与聚丁二烯复合体系的研究中，发现 BN 在聚丁二烯中浸润性良好，填充量大，当填充量达到 88%（质量分数）时，复合材料的热导率达到 32.5W/(m·K)，BN 在聚丁二烯中分散均匀，界面热阻小，可以形成畅通度高的导热网络。另外，随着制造工艺的不断发展，近年来出现了氮化硼纳米管（BNNTS）和氮化硼纳米片（BNNSS），特殊的材料结构，使其具有优异的热性能的同时，综合性能同样突出。Terao 等将制备出的 BNNTS 加入聚乙烯醇缩甲醛（PVF）复合膜中，仅 3%（质量分数）用量，材料热导率提升了 2.7 倍。同样用量的 BNNSS，添加在 PVF 中，复合材料的热导率提升了 3.44 倍，这是由于其具有更高的比表面积、吸附能力和热导率。

通过结构上的优势，将 BNNTS 及 BNNSS 复配使用在复合材料中，协同效应可使复合材料的导热性能和介电性能得到大幅提高。吴显利用液相法剥离 BNNSS，在 BNNSS 上包覆聚罗丹宁并接枝橡胶链，通过真空抽滤制备了柔性绝缘高导热薄膜，面内热导率高达 45.7W/(m·K)。

4.9.4　导热聚酰胺生产过程及控制因素

填充型导热材料的主要特点是填料比例高，生产过程中首要解决的问题是填料的分散问题。对加工制备过程要求较高，如果缺乏合理的螺杆组合设计和相应的加工工艺条件，直接影响材料的热稳定性、导热性能及力学综合性能。

对于纯填充型复合材料体系，固定螺杆其他分区不变的条件下，熔融塑化段的剪切块的数量对复合材料熔体的剪切热产生的影响最大，混合段剪切块的数量影响次之。应避免连续强剪切块在熔融段的使用。在保证配方中各组分材料充分塑化熔融的前提下，增加混合段的薄剪切块数量，有利于填充型体系填料的分散，从而提高复合材料的力学性能。

对于增强型复合材料体系，将同等螺纹元件数量进行对比，混合段使用斜盘齿形块相比于剪切块，有利于复合材料的高强度玻璃纤维（SGF）保留长度更长，进而提高复合材料的力学性能。

在导热填料的选型上，可采用大小粒径进行复配，小粒径的粉体可以填补大粒径粉体之间的缝隙，从而有利于导热通路的形成，使复合材料的导热性能得到提升。

4.9.5　导热聚酰胺的主要品种与性能

国内外主要的导热聚酰胺品种及性能见表 4-74。

表 4-74　国内外主要导热聚酰胺的品种及性能

项目	帝斯曼	杭州本松	沙伯基础
材料名称	导热 PA46	导热 PA66	导热聚酰胺 6
材料牌号	Stanyl TC551	A190G6TD	PX10323
密度/(g/cm³)	1.47	1.82	1.61
拉伸强度/MPa	50	54	75
弯曲强度/MPa	—	74	90
悬臂梁缺口冲击/(kJ/m²)	—	—	3.0
简支梁缺口冲击/(kJ/m²)	2.0	—	—
垂直热导率/[W/(m·K)]	2.1	8	3.5

项目	帝斯曼	杭州本松	沙伯基础
水平热导率/[W/(m·K)]	14	39	15
表面电阻率/Ω	—	—	3×10^5
体积电阻率/(Ω·cm)	10^6	—	—
阻燃等级	V0	HB	HB
热变形温度(1.8MPa)/℃	—	—	200

国内外典型导热塑料产品的性能参数见表 4-75。

表 4-75　国内外典型导热塑料产品的性能参数

厂商	代表产品	基材	热导率/[W/(m·K)]	密度/(g/cm³)
DSM	Staynl TC551	PA46	14	1.47
Cool Polymers	D5101	PPS	10	1.82
Laticonter	80GR/50	PPS	10	1.71
Kancka	HCP 007W	PET	4.8	1.9
Sabic	PX10323	PA6	3~15	1.5~1.9
上海合复	Therpoxy	EP	3.6	1.5~1.9
深圳卓尤	Tpp-8130	PA66	15	1.98~2.08
东莞兆科	TCP100	PA6	5	1.8~2.0

4.10　聚酰胺复合材料专用助剂

4.10.1　概述

助剂是聚酰胺加工过程中必备的组分，可以改善材料的加工性能、力学性能、表面性能、光学性能。聚酰胺加工助剂包括热稳定剂、润滑分散剂、增塑剂、成核剂、着色剂等。助剂选择应遵循以下原则：

① 聚酰胺材料加工过程中，助剂不能分解。如助剂分解，生产低分子物可能引起聚酰胺降解，将严重影响材料的力学性能或其表面质量。通常，助剂在使用之前，应做其热失重分析。其热失重温度应高于树脂加工温度 30~50℃。

② 助剂应无毒、无味、无污染。

③ 助剂与聚酰胺具有较好的相容性及分散性。

④ 助剂不迁移、不析出。

⑤ 助剂之间的协同作用且互不影响。

4.10.2　热稳定剂

热稳定剂是一种防止聚酰胺树脂受热氧化或光氧化而降解的重要加工助剂，俗称为抗氧剂。

4.10.2.1 聚酰胺老化降解的机理

聚酰胺大分子链中含有酰胺键（—NHCO—），由于 C—N 键键能较低（275.88kJ/mol），在加工和使用过程中，由于加热、氧气、紫外光及空气中的湿气等因素引起老化降解。特别是聚酰胺树脂在加工过程中，C—N 键因断裂而会发生热降解反应，产生水、CO_2、CO、烃化合物及环戊酮等低分子物质。其主要降解反应为：

（1）交联反应

$$
\begin{array}{c}
\text{—NH—C(=O)—} \\
\text{—NH—C(=O)—}
\end{array}
\xrightarrow{\triangle}
\begin{array}{c}
\text{—NH—C(=O)—} \\
\text{—C(OH)=N—}
\end{array}
\xrightarrow{-H_2O}
\begin{array}{c}
\text{—N=C—} \\
| \\
\text{O} \\
| \\
\text{—C=N—}
\end{array}
$$

（2）降解反应

$$
\sim\sim NH(CH_2)_6NH\text{—}CO(CH_2)_4CO\text{—}NH(CH_2)_6NH\sim\sim
$$
或
$$
\sim\sim NH(CH_2)_6NH\text{—}CO(CH_2)_4COOH
$$

$$
\xrightarrow{\triangle} \cdot C(=O)(CH_2)_4C(=O)\cdot \longrightarrow \text{（环戊酮）} + CO
$$

$$
\xrightarrow{\triangle} \text{（环戊酮）} + CO_2
$$

在聚酰胺熔融加工过程中，聚酰胺树脂中含水时，聚酰胺大分子链中的酰胺键极易发生水解反应，PA66 尤为明显：

$$
R\text{—}C(=O)\text{—}N(H)\text{—}R' + H_2O \longrightarrow RCOOH + R'NH_2
$$
$$
RCOOH \longrightarrow RH + CO_2
$$

聚酰胺在空气中加热时，易发生氧化反应，其颜色变黄，其反应如下：

$$
2\sim\sim(CH_2)_6NHCO(CH_2)_4\sim\sim + \frac{1}{2}O_2 \xrightarrow{-H_2O}
\begin{array}{c}
\sim\sim(CH_2)_6NCO(CH_2)_4\sim\sim \\
| \\
\sim\sim(CH_2)_6NCO(CH_2)_4\sim\sim
\end{array}
$$

聚酰胺对小于 350nm 的短波紫外线较为敏感，这是由于 350nm 紫外线的能量比聚酰胺大分子链中的 C—N、C—C 键能大，因此，聚酰胺抗紫外线辐射的能力较差；同时有氧存在下，聚酰胺特别是 PA66 较易发生光老化。

4.10.2.2 热稳定剂的种类与特性

从作用机理看，稳定剂可以分为三类：一是自由基捕捉剂，也称为链终止剂；二是过氧化物分解剂；三是金属钝化剂。

从应用角度看，可分为以下几种：

① 受阻酚类抗氧剂，又称之为主抗氧剂（表 4-76）。此类抗氧剂具有较好的颜色稳定性，也是工业上常用的抗氧剂。

表 4-76　常用受阻酚抗氧剂牌号及其特点

抗氧剂牌号	CAS 号	主要生产厂家	产品特点
1098	23128-74-7	汽巴/巴斯夫、利安隆、松原化工、新特路科技等	热稳定性优异,酰胺结构与聚酰胺相容性优异
1010	6683-19-8	汽巴/巴斯夫、科聚亚、三丰化工、营口风光、北京极易等	常规受阻酚抗氧剂,产销量最大
1330	1709-70-2	汽巴/巴斯夫、利安隆、惠泽化工	热稳定性较好

② 芳香胺类抗氧剂（表 4-77）。此类抗氧剂由于氨基较多，受热时容易使材料变色，仅适用于深色材料。

表 4-77　胺类抗氧剂牌号及特点

抗氧剂牌号	CAS 号	主要生产厂家	产品特点
Nylostab seed	42774-15-2	科莱恩化工、新特路科技、金康泰化工等	优异的耐温性,自身为酰胺结构,与聚酰胺相容性优异;可在聚酰胺聚合中添加,可提高锦纶纤维的可染性,并降低断丝率;有效提高锦纶纤维的耐老化性能;改善聚酰胺熔体的稳定性,提高注塑制品的表面光泽度及染色鲜艳程度
Addworks TFB117	—	科莱恩化工	缩短聚酰胺聚合时间,提高生产效率;加工温度较低时也可提高加工稳定性;降低高速纺丝时的断丝率;提高制品耐老化性能及耐变色性;提高锦纶丝的力学性能、着色性及染色深度
TAD	36768-62-4	汽巴/巴斯夫、衡水凯亚、新特路科技等	易于在聚合中添加;可有效提高切片的端氨基含量,提高锦纶纤维的染色性;可有效提高锦纶纤维的耐老化性能;自身接触空气易色变,应注意储存及使用方式
944	71878-19-8	汽巴/巴斯夫、永光化工、科聚亚、联盛科技、盛世化工等	自身结构为低聚物,分子量较高,耐析出;热稳定性优异,主要用于注塑改性制品中,可有效提高制品的耐光老化性能

③ 亚磷酸酯类抗氧剂（表 4-78）。此类抗氧剂对聚酰胺加工过程的抗热降解有很好的作用，但不能单独使用，往往与酚类、胺类抗氧剂配套使用。

表 4-78　亚磷酸酯类抗氧剂主要牌号及特点

抗氧剂牌号	CAS 号	主要生产厂家	产品特点
168	31570-04-4	汽巴/巴斯夫、科聚亚、三丰化工、营口风光、北京极易等	常规亚磷酸酯类抗氧剂
626/627	26741-53-7	汽巴/巴斯夫、松原、三丰化工、营口风光、北京极易等	抗氧化性能优异;耐水解性能较差
9228	154862-43-8	Dover 化工、齐太化工、上海西尼尔	抗氧化性能优异;耐水解性优异;耐温性能优异

④ 耐高温及长效抗氧剂（表 4-79）。此类抗氧剂具有较高的分解温度，其抗老化效果好，适用于耐高温聚酰胺。

表4-79　耐高温及长效抗氧剂品种及特点

类型	牌号	主要生产厂家	产品特点
铜盐系列	无机体系为H320/321/325/326等	布吕格曼	典型的铜/卤稳定体系,可在较低添加量条件下,为聚酰胺在苛刻条件下(高温、化学品、户外)提供长期保护,可有效预防在上述环境下的力学性能衰减,保持制品的长期表面光泽度不发生变化
	有机体系为H3336/H3337等	布吕格曼、新特路科技	有机体系如H3336/3337等可提供180℃甚至220℃条件下的长期力学性能的稳定; 有机体系的耐萃取性能优异,不喷霜,耐水/醇/油脂等萃取; 有机体系对制品电性能无影响
含磷盐类	H10、H3311等	布吕格曼、新特路科技	保护材料在加工过程中不发生降解和变色,可有效延长聚酰胺在高温环境下的使用寿命、低挥发性,在纤维废料回收中可有效降低材料色变
苯胺类	FLEXAME、OKAFLEX EM	圣莱科特、OKA-Tec	可为接触金属部件的聚酰胺制品提供长期热氧保护,如卡车轴承套等制品;易变色,只适用于黑色或深色制品;耐汽油及油脂萃取

4.10.2.3　热稳定剂的作用机理

（1）受阻酚类抗氧剂作用机理

受阻酚类抗氧剂主要是作为氢供体,猝灭过氧化自由基,并将其转化为氢过氧化物,具体作用机理如下:

$$X \overset{R'}{\underset{R''}{\bigcirc}} OH \ + \ \dot{O}OR \longrightarrow X \overset{R'}{\underset{R''}{\bigcirc}} O^{\cdot} \ + \ HOOR$$

（2）受阻胺类光稳定剂作用机理

受阻胺类光稳定剂主要作用是猝灭制品在使用过程中受光照等因素影响产生的自由基,可有效防止制品在使用过程中产生老化,具体作用机理如下:

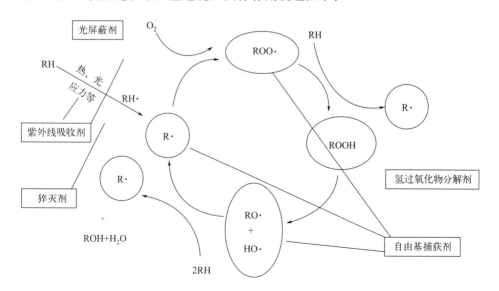

（3）亚磷酸酯类抗氧剂作用机理

亚磷酸酯类抗氧剂主要是作为氢过氧化物分解剂，分解老化及受阻酚类抗氧剂作用过程中产生的氢过氧化物，具体作用机理如下：

$$ROOH + P(OR')_3 \longrightarrow ROH + O \Longrightarrow P(OR')_3$$

4.10.2.4 不同稳定剂的协同作用

如前所述，聚酰胺材料在加工及使用过程中，受热老化、氧化老化、紫外线辐射老化、水解老化等，往往使用单一的抗氧剂很难阻止材料的老化。因此，应根据材料应用的要求，采用多种抗氧剂复合使用，最基本的是酚类或胺类抗氧剂与亚磷酸酯类的复合使用，也可与不同的酚类、胺类及亚磷酸酯类复合使用。

4.10.2.5 抗氧剂对聚酰胺热老化性能的影响

图 4-59、图 4-60 显示了 PA66 在热老化过程中抗氧剂对其性能的影响。可以看出，抗氧剂的加入，PA66 的长期热老化性能大幅提高。

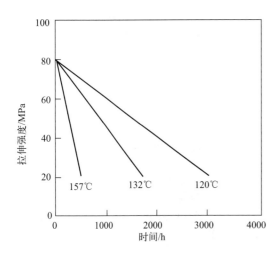

图 4-59 空气中热老化对不含热稳定剂的
PA66 拉伸强度的影响

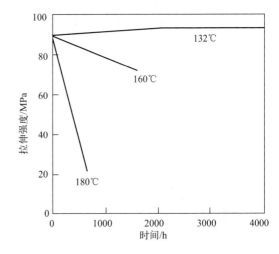

图 4-60 空气中热老化对含热稳定剂的
PA66 拉伸强度的影响

表 4-80 列出了玻纤增强 PA66 复合材料在湿热状态下的力学性能变化。

表 4-80 玻纤增强 PA66 复合材料的湿热老化性能

性能	不同老化时间下的性能数值			
	500h	1000h	1500h	2000h
弯曲强度/MPa	350	330	310	290
拉伸强度/MPa	260	245	234	225
缺口冲击强度/(kJ/m^2)	13.5	13.0	12.1	10.2
表面变化	无	无	微黄,无粉化	黄色,无粉化

注：玻纤含量 50%；抗氧剂为 H10/S9228，比例为 2:1；测试条件为湿度 80%，温度 120℃。

4.10.3　抗紫外光吸收剂

抗紫外光吸收剂是苯并三唑类、苯并三嗪类、草酰胺类化合物，其主要作用是通过吸收紫外光来减少对聚酰胺材料的辐射，从而，延长材料的使用寿命。其作用机理如下：

抗紫外光吸收剂品种很多，在实际使用时，应根据材料加工特性及应用场合来选择（表4-81）。

表 4-81　聚酰胺常用的紫外光吸收剂主要牌号及特点

吸收剂牌号	CAS 号	主要生产厂家	产品特点
326	3896-11-5	汽巴/巴斯夫、科莱恩化工、永光化工、科聚亚、利安隆等	耐温性较好，可吸收部分长波紫外线
234	70321-86-7	汽巴/巴斯夫、永光化工、利安隆等	耐温性优异，可以适应大部分聚酰胺的加工温度
1164	71878-19-8	索尔维、江苏丹霞等	耐温性优异；紫外线吸收效率较高，尤其是对短波紫外线
VSU	23949-66-8	科莱恩化工	产品无色透明，不影响制品初始颜色，与热稳定剂 seed 搭配使用可有效提高制品的耐老化性能

4.10.4　润滑剂及分散剂

4.10.4.1　概述

润滑剂及分散剂是一类可以改善聚酰胺树脂加工过程中的流动性、分散性和脱模性的化合物。其具体作用是：

① 减少聚酰胺大分子链之间的内聚力与摩擦力，增加树脂的熔融流动性；

② 降低树脂熔体与加工设备金属表面之间的摩擦系数，避免因局部过热而引起树脂的降解；

③ 提高改性组分的分散性；

④ 提高制品表面光洁度。

润滑剂可分为内润滑剂和外润滑剂。其中，有部分内润滑剂兼具润滑和分散作用，一般来讲，内润滑剂主要作用是提高材料的熔融流动性；外润滑剂主要作用是提高材料的脱模性及制品表面光洁度。

润滑剂选择原则是：

① 与聚酰胺有较好的相容性；

② 具有较高的热稳定性；

③ 具有较好的分散性；

④ 具有较好的耐迁移性。

4.10.4.2 聚酰胺专用润滑剂分散剂

由于聚酰胺的加工温度较高，选择润滑剂时，必须进行热失重分析。要求其具有较高的热失重温度，热失重温度较低的润滑剂在熔融加工过程中会发生分解，从而引起聚酰胺及共混组分的分解，降低共混材料的力学性能和表面质量。因此，必须根据聚酰胺熔点来选择不同的润滑剂。

聚酰胺专用润滑剂中，有几个重要的品种：

① 亚乙基双硬脂酰胺接枝共聚物，如苏州国光的 TAF 和 TAF-A。该共聚物具有羧基、羟基及酰氨基结构，与聚酰胺之间有很好的相容性，特别是在玻纤增强、阻燃聚酰胺复合材料制备过程中，与玻纤表面极性基团有较好的结合力，对玻纤具有很好的黏结与分散作用，同时，也具有较好的润滑作用。

② 硬脂酸季戊四醇酯是典型的羧酸酯类润滑剂，与聚酰胺相容性较好，特别是能够明显提高聚酰胺材料的熔融流动性。

③ 聚硅氧烷树脂是一种高分子有机硅树脂，具有很高的热失重温度和较好的脱模性，聚硅氧烷适用于多种聚酰胺材料，是一种用途广泛的外润滑剂。一般采用聚硅氧烷母粒，按不同聚酰胺树脂，采用不同载体，有利于改善其分散性及相容性。

④ 硬脂酸盐是聚酰胺常用的润滑剂，对于脂肪族聚酰胺材料具有较好的润滑作用。

表 4-82 列出了聚酰胺常用润滑剂。

表 4-82　聚酰胺常用润滑剂

润滑剂种类	典型品种	润滑剂种类	典型品种
长碳链羧酸	硬脂酸,棕榈酸,褐煤酸	羧酸盐	硬脂酸锌,硬脂酸钙
酰胺蜡	亚乙基双硬脂酰胺(EBS),芥酸酰胺	接枝 EBS	TAF,TAF-A
羧酸酯	硬脂酸季戊四醇酯,褐煤酸酯	有机硅树脂	聚硅氧烷粉,聚硅氧烷母粒

聚硅氧烷母粒按载体的不同，可分为通用母粒和专用母粒。以 PE 为载体的母粒，可以用于多种树脂及 PA6、PA610、PA612、PA11、PA12。由于 PE 在高温下发生降解，因此，不适用于 PA66 及耐高温聚酰胺树脂。表 4-83 列举了聚酰胺体系常用的聚硅氧烷母粒。

表 4-83　几种常用的聚硅氧烷母粒

牌号	载体	特点	应用领域	制造厂商
LYS101	PE	脱模性与光泽性好	PA6、ABS、PP、PE、PBT	思立可
MB50-811	PA6	改善流动性、分散性及表面光泽度	PA6、PA66、PET、PA6T、PA9T、PA10T	道康宁
MB50-002	PE	改善流动性及分散性	PA6、ABS、PP、PE、PBT	杜邦

4.10.4.3 润滑剂应用及其对产品性能的影响

润滑剂对聚酰胺复合材料的性能包括力学性能、阻燃性及表面光洁度具有较大的影响。对于增强聚酰胺复合材料，润滑剂的应用，可提高其加工流动性，改善其表面光洁度；对于阻燃聚酰胺复合材料，润滑剂可改善阻燃材料在聚酰胺中的分散性，但也将影响其阻燃性。

一般来说，低分子润滑剂的加入，可能提高材料的燃烧速度而降低共混体系的阻燃性甚至助燃。如在使用 N 系阻燃剂时，润滑剂的加入，使得材料不具有阻燃性，因此，针对不同阻燃体系，须谨慎选择润滑剂及其用量。

润滑剂的应用对于提高聚酰胺复合材料性能十分重要，但往往很多人不注重润滑剂应用的研究。作者的研究表明，不同润滑剂的润滑作用及效果是不一样的。特别是在制备聚酰胺复合材料过程中，既要考虑如何增加其加工流动性又要考虑如何提高复合材料表面质量及成型脱模性。表 4-84 列出了不同润滑剂复合对聚酰胺流动性的影响。

表 4-84　润滑剂对 PA6 熔体流动速率及表面光洁度的影响

润滑剂	无	硬脂酸锌	EBS	硬脂酸季戊四醇酯	TAF	聚硅氧烷	EBS/硬脂酸季戊四醇酯	TAF/硬脂酸季戊四醇酯
熔体流动速率/(g/10min)	15	20	25	36	28	29	45	46
表面光洁度	好	好	好	光亮	好	光亮	光亮	光亮

注：熔体流动速率测定条件为 250℃，2.16kg；润滑剂用量为 0.6%。

4.10.5　成核剂

4.10.5.1　概述

成核剂是一类促进聚酰胺树脂结晶并使晶粒细化的助剂。其作用是：
① 加快结晶速度，减少制品后收缩，缩短成型周期；
② 提高聚酰胺材料拉伸强度与弯曲强度；
③ 提高聚酰胺材料的耐热性；
④ 减少制品的翘曲变形。

对于一般制品，成核剂的加入，可缩短其成型周期，提高生产效率；对于结构复杂的部件，成核剂的加入，可提高部件的尺寸稳定性；对于薄型部件，可减少部件的翘曲。

4.10.5.2　聚酰胺专用成核剂品种

用于聚酰胺的成核剂分为无机物、有机物和高熔点聚合物三大类。聚酰胺常用成核剂列于表 4-85 中。

表 4-85　聚酰胺常用成核剂

种类	典型品种
无机化合物	滑石粉,二氧化硅,钛酸酯晶须,氧化镁,氧化铝,氧化锌
有机化合物	己二酰胺二聚体,有机次磷酸铝,有机次磷酸钠,乙酸盐
高熔点聚合物	PA6T,PA 9T,PA10T,PA 46,PCT,LCP

4.10.5.3　成核剂应用评价

成核剂应用评价方法包括 DSC 曲线测定法、X 射线衍射法等方法，其中，最为简单直观有效的评价方法是 DSC 测定其结晶温度、结晶峰值及其面积。

4.10.6 增塑剂

4.10.6.1 概述

增塑剂是一种可降低聚酰胺树脂软化、熔融温度，降低其熔体黏度，增加熔融流动性的一类化合物。增塑剂的加入使聚酰胺树脂的弯曲强度、拉伸强度、硬度等性能下降，冲击强度即柔韧性增加，主要用于聚酰胺软管的生产。

聚酰胺最常用的增塑剂包括 N-丁基邻甲苯磺酰胺和对甲苯磺酰胺。

4.10.6.2 增塑剂对聚酰胺性能的影响

如前所述，增塑剂可有效降低聚酰胺树脂的弯曲强度、弯曲模量、硬度与拉伸强度，可提高其抗冲击强度和柔韧性。在制备聚酰胺软管的过程中，应根据管材的柔性及耐低温性要求，选择增塑剂的用量。表 4-86 列出了增塑剂用量与 PA11 性能的关系。

表 4-86 增塑剂用量与 PA11 性能的关系

性能	增塑剂用量/%				
	0	5	10	15	20
弯曲强度/MPa	104	98	81	65	45
弯曲模量/MPa	490	470	410	310	240
拉伸强度/MPa	55	52	50	46	42
缺口冲击强度/(kJ/m^2)	39	42	48	62	76
洛氏硬度	108	105	89	80	74

4.10.7 着色剂

4.10.7.1 概述

着色剂是一种可改变塑料固有颜色的化合物。着色剂可以增加制品花色品种，美化产品外观；可以改善和提高制品性能，如炭黑具有抗紫外线辐射、耐光老化等功能；着色具有隐蔽及保护材料的作用。

4.10.7.2 着色剂对聚酰胺材料性能的影响及其选择原则

① 着色剂须具有较高的耐热性。聚酰胺的加工温度较高，选择着色剂时，必须考虑着色剂在聚酰胺熔融加工过程中是否会受热分解。着色剂受热分解可能引起聚酰胺树脂的降解，从而，降低材料制品的力学性能。

② 着色剂须具有较好的耐候性。着色剂耐候性差，将导致制品外观颜色的退化变色，也将加速材料的老化，缩短制品的使用寿命。

③ 着色剂须具有化学稳定性。要求着色剂在与聚酰胺熔融共混加工过程中，不与聚酰胺树脂发生化学反应，否则，将引起树脂的分解，从而降低材料的力学性能。

④ 着色剂须具有很好的耐迁移性或耐析出性。否则，严重影响制品外观质量或影响制品的电绝缘性及阻燃性。

⑤ 着色剂须具有较好的分散性。以保证制品色泽的均匀性。

⑥ 着色剂须具有较强的着色力。着色剂的着色力与其粒径大小有关，粒径越小其着色力就越高，其使用量也就越小，反之亦然。着色剂用量大，材料的抗冲击强度就低。

4.10.7.3　聚酰胺专用着色剂品种与应用

（1）无机颜料

无机颜料包括炭黑、铬盐、硫化锌、钛白粉等，由于铬盐含有重金属等有毒有害物质，属于禁用材料。硫化锌及钛白粉属于白色颜料，其用途较广。但值得注意的是，在制造玻纤增强聚酰胺时，由于钛白粉质地坚硬，与玻纤共混挤出过程中，较易将玻纤磨碎，导致复合材料的抗冲击强度下降。硫化锌质地柔软，对玻纤的磨损较小。因此，应尽可能选择粒径小的钛白粉或选择钛白粉与硫化锌复合使用。

炭黑是无机颜料中应用最广泛的增塑剂，特别是在工业结构材料中，其黑色颜料占重要地位。一般地，常用的炭黑颜料以母粒形式使用。

黑母粒主要由炭黑、载体和分散剂组成。从着色力角度考虑，所用的炭黑粒径应小于 $20\mu m$，其分散剂包括 PE 蜡、EBS 或 TAF 类具有润滑分散作用的化合物，作为聚酰胺专用色母必须考虑分散剂的耐温性及迁移性。因此，色母粒所用的分散剂最好是 TAF 及 EBS，或高分子量 PE 蜡；低分子蜡不仅影响材料性能还容易析出。载体包括 PA6、PA66 及 PE，最好是 PA6、PA66 载体。近年来，国内开发出无载体色母，其炭黑含量达50%以上，对于表面要求不很高的产品，无载体色母是一种很好的选择。但对于制品表面要求很高的场合，采用有载体色母较为适宜。几种重要的色母粒列于表 4-87 中，这些色母粒很适用于聚酰胺材料。

表 4-87　聚酰胺专用色母粒组成及特点

牌号	载体	分散剂	特点与应用	生产商
TA-5003	PA6	TAF	耐温,加入量少,用于 PA6、PA66	国光
TA-5101	PA66	TAF	耐高温,用于 PA66、PA6T	国光
ETP	PE/PA6	EBS	抗紫外,低吸湿,适用于 PA6、PA66	卡博特
BP1300	PE	EBS	高纯度,高分散性,适用于 PA6、PA66	卡博特
M800	PE	EBS	分散性好,成本低,适用于 PA6	卡博特

（2）有机颜料

一般来说，有机颜料与无机颜料相比，具有着色力强、鲜艳度高和相容性好等特点，但大多数有机颜料耐高温性较差，不适用于聚酰胺的着色。因此，应根据聚酰胺品种的熔融加工温度要求选择合适的颜料。适合聚酰胺着色的有机颜料有以下几种：

① 稠环酮类颜料：此类颜料具有优良的耐光色牢度，良好的耐溶剂性、耐迁移性和热稳定性。

② 酞菁类颜料：此类颜料具有优异的耐热、耐光、耐迁移和耐酸碱等优点。

③ 金属络合颜料：如含苯并咪唑基或异吲哚啉基的镍络合颜料，具有耐高温、耐候性、耐迁移等性能。

④ 有机黑（苯胺黑）：具有着色力强、使用量少的优点，可以与炭黑色母复合使用，增加着色力。

⑤ 几种浅色颜料：颜料黄 150、192 和颜料橙 68 具有热稳定性、耐晒牢度、化学稳定性好等特点，完全满足聚酰胺加工要求。

参考文献

[1] 王兴为，王玮，刘琴，等．塑料助剂与配方设计技术［M］．4 版．北京：化学工业出版社，2017．

[2] 丁浩，龚浏澄．塑料应用技术［M］．2 版．北京：化学工业出版社，2006．

[3] 邓如生．共混改性工程塑料［M］．北京：化学工业出版社，2003．

[4] 王经武．塑料改性技术［M］．北京：化学工业出版社，2004．

[5] Qian X，Zhi J H，Chen L Q，et al. Effect of low current density electrochemical oxidation on the properties of carbon fiber reinforced epoxy resin composites［J］. Surface and Interface Analysis，2013，45（5）：937-942.

[6] Dai Z S，Shi F H，Zhang B Y，et al. Effect of sizing on carbon fiber surface properties and fibers/epoxy interfacial adhesion［J］. Applied Surface Science，2011，257（15）：6980-6985.

[7] 张艳霞，吕永根，袁象恺，等．表面处理对 CF/PA66 复合材料磨损性能的影响［J］．合成纤维工业，2010，33（5）：24-27．

[8] 李丽，王海庆，庄光山，等．优化螺杆组合提高 CFRPA 性能的研究［J］．工程塑料应用，2000，28（5）：12-15．

[9] 何玮顿．基于长玻璃纤维增强尼龙 6 复合材料的结构与服役行为研究［D］．成都：西南交通大学，2016．

[10] 段召华，周乐，陈弦，等．长玻璃纤维增强尼龙 66 力学性能的研究［J］．塑料工业，2009，37（4）：32-34．

[11] 崔峰波．长玻璃纤维增强尼龙复合材料的制备及性能研究［D］．杭州：浙江大学，2011．

[12] 刘曙阳，李兰军，杜宁宁．长玻纤增强尼龙复合材料的研究［J］．江苏科技信息，2017，30（11）：37-40．

[13] Qi F，Tang M Q，Chen X L，et al. Morphological structure，thermal and mechanical properties of tough poly（1-lactide）upon stereocomplexes［J］. European Polymer Journal，2015，71：314-324.

[14] Chen M，Tang M Q，Qi F，et al. Influence of polyamide 6 as a charring agent on the flame retardancy，thermal，and mechanical properties of polypropylene composites［J］. Polymer Engineering and Science，2015，55（6）：1355-1360.

[15] Chen M，Xu Y，Chen X L，et al. Thermal stability and combustion behaviors of flame retardant polypropylene with thermoplastic polyurethane encapsulated ammonium polyphosphate［J］. High Performance Polymers，2014，26（4）：445-454.

[16] 江迟驰．长聚酰亚胺纤维增强尼龙 6 复合材料的制备与研究［D］．北京：北京化工大学，2016．

[17] 张爽爽．长纤维增强聚酰胺 6 复合材料技术的研究与开发［D］．北京：北京化工大学，2015．

[18] Arsli K G，Aytac A. Tensile and thermomechanical properties of short carbon fiber reinforced polyamide 6 composites［J］. Composites：Part B，2013，51：270-275.

[19] Luo H，Xiong G，Ma C，et al. Preparation and performance of long carbon fiber reinforced polyamide6 composites injection-molded from core/shell structured pellets［J］. MaterDes，2014，64：294-300.

[20] 王克俭，王小黎．长纤维增强尼龙的力学性能及应用进展［J］．塑料，2010，39（3）：20-23．

[21] 江水青，李海玲，袁芳．聚烯烃/尼龙合金材料性能．塑料，2011，40（1）：32-35．

[22] 李敏，刘长维，李小宁，等．低温增韧尼龙 6 的制备与研究［J］．塑料，2009，38（2）：59-

61，111.

[23] 伍玉娇，王钰，杨红军，等．马来酸酐接枝物对 PP/PA6 共混物相容性的影响 [J]．工程塑料应用，2007，35（11）：8-11.

[24] 钱伯章．塑料合金的研发进展 [J]．国外塑料，2007，25（9）：53-61.

[25] 徐兴亮，成新云，孙雪楠，等．PA6/PPO 尼龙合金的研制 [J]．盐业与化工，2016，45（5）：17-20.

[26] 徐国平．聚苯醚/尼龙 6 合金的制备及应用 [J]．工程塑料应用，2011，39（2）：59-61.

[27] 付雁．高性能聚酰胺合金断裂行为的研究 [D]．长春：长春工业大学，2012.

[28] 付杰辉，陈晓东，徐群杰，等．聚苯醚/聚酰胺合金的增容及增韧改性研究 [J]．塑料工业，2014，42（10）：36-39.

[29] 沈玉梅．聚苯醚/尼龙合金性能影响因素概述 [J]．化工新型材料，2021，49（4）：247-250，256.

[30] 郭正虹，申瑜，吴煜，等．PPO/PA6/PPO-g-GMA 反应共混体系的形态及性能 [J]．高分子材料科学与工程，2012，28（11）：84-88.

[31] 王文强，肖永聪，张爱民．SEPS/PA6/PPO 三元合金的制备及性能研究 [J]．塑料工业，2018，46（5）：54-57.

[32] 陈国华，翁文桂．高分子材料抗静电技术 [J]．塑料，2000（4）：31-34，52.

[33] 刘罡．抗静电 PA6 复合材料的性能研究 [J]．塑料工业，2011，39（9）：52-56.PHam

[34] 毛媛欣，范宏钥，刘燕．高分子材料抗静电技术与应用 [J]．化工管理，2016（17）：179.

[35] Kim H A，Kim S J. Flame-retardant and wear comfort properties of modacrylic/FR-rayon/anti-static PET blend yarns and their woven fabrics for clothing [J]．Fibers and Polymers，2018，19（9）：1869-1879.

[36] Xiang M，Xu S，Lin C，et al. Monomer casting nylon-6-b-polyether amine copolymers：Synthesis and antistatic property [J]．Polymer Engineering and Science，2016，56（7）：817-828.

[37] 李文春，沈烈，孙晋，等．多壁碳纳米管/聚乙烯复合材料的制备及其导电行为 [J]．应用化学，2006，23（1）：64-68.

[38] 何金名．基于母粒法制备抗静电聚乙烯/炭黑/尼龙 6 复合材料的研究 [D]．湘潭：湘潭大学，2017.

[39] Koysuren O，Yesil S，Bayram G. Effect of surface treatment on electrical conductivity of carbon black filled conductive polymer composites [J]．Journal of Applied Polymer Science，2007，104（5）：3427-3433.

[40] Kikukawa T，Kuraoka K，Kawabe K，et al. Preparation of an organic-inorganic hybrid ionic conductive material with thermal and chemical stability [J]．Journal of the American Cersimic Society，2004，87（3）：504-506.

[41] Tsirimpis A，Kartsonakis I，Danilidis I，et，al. Synthesis of conductive polymeric composite coatings for corrosion protection applications [J]．Progress in Organic Coatings，2010，67（4）：389-397.

[42] 张宇强．炭黑填充聚酰胺 6 制备导电复合材料及其结构和性能研究 [D]．杭州：浙江大学，2008.

[43] 李国禄，王昆林，崔周平，等．SiC 颗粒填充单体浇铸尼龙的摩擦学性能 [J]．清华大学学报（自然科学版），2000，40（4）：111-114.

[44] 李国禄，刘金海，李玉平，等．纳米 Si₃N₄ 颗粒填充铸型尼龙的摩擦学性能研究 [J]．河北工业大学学报，2002，31（1）：92-94.

[45] Srinath G，Gnanamoorthy R. Effect of short fiber reinforcement on the friction and wear behaviour of nylon 66 [J]．Applied Composite Materials，2005，12（6）：369-383.

[46] Unal H，Mimaroglu A，Kadioglu U，et al. Sliding friction and wear behavior of Polytetra-fluroethylene and its composites under dry conditions [J]．Materials & Design，2004，25（3）：239-245.

[47] 张其，王孝军，张刚，等．碳纤维增强尼龙 PA6T/66 共聚物复合材料的制备及性能研究 [J]．塑料工业，2015，43（4）：124-126，134.

[48] 葛世荣，张德坤，朱华，等．碳纤维增强尼龙 1010 的力学性能及其对摩擦磨损的影响 [J]．复合材料学报，2004，21（2）：99-104.

[49] 李福海，何其超，王建．嵌件注射成型连续碳纤维增强聚酰胺 6 复合材料力学性能 [J]．塑料工业，2023，51（1）：97-102.

[50] 孙瑞瑞，纪高宁，朱世鹏，等．连续碳纤维增强阴离子聚酰胺 6 热塑性复合材料的制备与性能 [J]．高分子材料科学与工程，2022，38（9）：45-50.

[51] Zhao Y Z，Liu F Y，Lu J，et al. Si-Al hybrid effect of waterborne polyurethane hybrid sizing agent for carbon fiber/PA6 composites [J]．Fibers and Polymers，2017，18（8）：1586-1593.

[52] Sang L，Wang Y K，Chen G Y，et al. A comparative study of the crystalline structure and mechanical properties of carbon fiber/polyamide 6 composites enhanced with/without silane treatment [J]．RSCAdvances，2016，6（109）：107739-107747.

[53] Chen JC，Xu HJ，Liu CT，et al. The effect of doublegrafted interface layer on the properties of carbon fiber reinforced polyamide 66 composites [J]．Composites Science and Technology，2018，168：20-27.

[54] Yang M，Li Y，Liao Q J，et al. The interlaminar shear strength and tribological properties of PA 6 composites filled with graphene oxide-treated carbon fiber [J]．Surface and Interface Analysis，2017，49（8）：755-758

[55] Kuciel S，Kuźnia P，Jakubowska P. Properties of composites based on polyamide10. 10 reinforced with carbonfibers [J]．Polimery，2016，61（2）：106-112.

[56] 王少飞．碳纤维增强聚酰胺 6 复合材料的制备及其界面改性研究 [D]．上海：东华大学，2022.

[57] Kim S Y，Baek S J，Youn J R. New hybrid method for simultaneous improvement of tensile and impact properties of carbon fiber reinforced composites [J]．Carbon，2011，49（15）：5329-5338.

[58] Savas L A，Tayfun U，Dogan M. The use of polyethylene copolymers as compatibilizers in carbon fiber reinforced high density polyethylene composites [J]．Composites Part B：Engineering，2016，99：188-195.

[59] 袁玥，李鹏飞，凌新龙．芳纶纤维的研究现状与进展 [J]．纺织科学与工程学报，2019，36（1）：146-152.

[60] 李明专，王君，鲁圣军，等．芳纶纤维的研究现状及功能化应用进展 [J]．高分子通报，2018（1）：58-69.

[61] 翟文，陈强，孙利，等．摩擦提升机用新型摩阻材料的应用研究 [J]．弹性体，2004，14（6）：50-53.

[62] 杨晓燕．新型高性能摩擦材料的研究 [D]．武汉：武汉理工大学，2005.

[63] 马保吉，朱均．芳纶纤维增强酚醛树脂摩擦材料的磨损机理研究 [J]．摩擦学学报，2001，21（3）：205-209.

[64] 杨菊香，杨莹，贾园，等．导热高分子材料的制备及其应用研究进展 [J]．高分子通报，2021（8）：1-8.

[65] 于利媛，杨丹，韦群桂，等．填充型高分子导热复合材料的研究进展 [J]．橡胶工业，2020，67（11）：873-879.

[66] 赵维维，傅仁利，顾席光，等．聚合物基复合材料的界面结构与导热性能 [J]．材料导报，2013，27（5）：76-79，86.

[67] 佟辉，臧丽坤，徐菊，等．导热绝缘材料在电力电子器件封装中的应用 [J]．绝缘材料，2021，54（12）：1-9.

［68］ 陈荣 . 聚合物基复合材料导热机理的研究及其导热行为的影响因素 ［D］. 泉州：华侨大学，2016.

［69］ 李占超，王克俭 . 高导热塑料的研究与应用进展 ［J］. 塑料包装，2021，31 (2)：37-40.

［70］ 陈兵 . 导热塑料在 LED 灯具上的应用 ［J］. 通信电源技术，2015，32 (4)：101-105.

［71］ 金钫，金荣福，蔡琼英，等 . LED 与导热高分子复合材料 ［J］. 广东化工，2011，38 (233)：55-57.

［72］ 陈林，杜小泽，林俊，等 . 导热塑料在换热器中的应用 ［J］. 塑料，2013，42 (6)：28-30.

［73］ 程亚非，杨文彬，魏霞，等 . PA 基导热绝缘复合材料的制备及性能研究 ［J］. 机功能材料，2013，44 (5)：748-751.

［74］ 刘涛，余雪江，芦艾，等 . BN/PA66 导热复合材料制备与研究 ［J］. 化工新型材料，2012，40 (6)：145-147.

［75］ Raimo M，Cascone E，Martuscelli E. Review Melt crystallization of polymer materials：The role of the thermal conductivity and its influence on the microstructure ［J］. Journal of Materials Science，2001，36 (15)：3591-3598.

［76］ Lee G W，Park M，Kim J，et al. Enhanced thermal conductivity of polymer composites filled with hybrid filler ［J］. Composites Part A：Applied Science and Manufacturing，2006，37 (5)：727-734.

［77］ Sanada K，Tada Y，Shindo Y. Thermal conductivity of polymer composites with close-packedstructure of nano and micro fillers ［J］. Composites Part A：Applied Science and Manufacturing，2009，40 (6-7)：724-730.

［78］ Kwon S Y，Kwon I M，Kim Y G，et al. A large increase in the thermal conductivity of carbon nanotube/polymer composites produced by percolation phenomena ［J］. Carbon，2013，55 (2)：285-290.

［79］ Bormashenko E，Sutovski S，Pogreb R，et al. Novel method of low-melting metal micropowders fabrication ［J］. Journal of Materials Processing Technology，2005，168 (2)：367-371.

［80］ Balandin A A，Ghosh S，Bao W，et al. Superior thermal conductivity of single-layer graphene ［J］. Nano Letters，2008，8 (3)：902-907.

［81］ Seunggun Y，Do-Kyun K，Cheolmin P，et al. Thermal conductivity behavior of SiC-nylon 6，6 and HBN-nylon 6，6 composites ［J］. Researchon Chemical Termediates，2014，40：33-40.

［82］ 李登辉 . PA66 抗氧体系的筛选和验证分析 ［J］. 工程塑料应用，2021，49 (9)：92-108，119.

［83］ 田赪，蔡智奇，李迎春，等 . 不同类型抗氧剂对尼龙 6 长效耐热性能的影响 ［J］. 工程塑料应用，2008，46 (11)：129-133.

［84］ 肖利群，周雷，李福顺，等 . 抗氧剂对 PA6/GF 热老化性能的影响 ［J］. 工程塑料应用，2016，44 (10)：106-111.

［85］ 郑立，赵艳 . 抗氧剂对选择性激光烧结尼龙 12 热稳定性研究 ［J］. 合成材料老化与应用，2015，40 (3)：20-22.

［86］ 赵万全，蒋汉雄，陶静，等 . 受阻胺抗氧剂对 PA6 工业丝热氧老化性能的影响 ［J］. 合成纤维工业，2011，34 (1)：1-4.

［87］ 叶少青，杨硕，高栋辉，等 . 铜盐抗氧剂对玻纤增强高温尼龙复合材料性能的影响 ［J］. 塑料工业，2020，48 (7)：121-126.

［88］ 张琼，文军，李毅，等 . 不同种类润滑剂改性 MC 聚酰胺复合材料性能 ［J］. 润滑与密封，2018，43 (5)：126-129.

［89］ 岳群峰，任俊芳，王宏刚，等 . 固体润滑剂对芳纶增强聚酰胺 66 材料摩擦学性能的影响 ［J］. 材料科学与工程学报，2005，23 (6)：895-897.

［90］ 郭恒杰，孙寅 . 润滑剂 TAF 在聚酰胺增强改性加工中的应用 ［J］. 工程塑料应用，2011，39 (2)：28-30.

［91］ 刘诗，朱永军，郑雄峰，等 . 不同成核剂对扩链增韧 PA6 结晶行为和力学性能影响 ［J］. 工程塑料

应用，2021，49（9）：103-108.

［92］ 马锦．成核剂对 MC 尼龙结晶性能的影响［D］．湘潭：湘潭大学，2014.

［93］ 李向阳，张鸿宇，王晨，等．成核剂对 PA6 结晶与性能的影响［J］．塑料，2020，49（6）：13-15，20.

［94］ 肖国文．成核剂对聚酰胺 6 注塑成型及性能的影响［J］．合成纤维工业，2020，43（6）：44-47.

［95］ 赵文林，何洁冰，莫志华，等．成核剂在尼龙 6 中的结晶效率和应用性能研究［J］．广东化工，2019，46（4）：36-37.

［96］ 闰燕，黄海．尼龙用着色剂［J］．染料与染色，2009，46（5）：32-36.

第5章
聚酰胺加工成型技术

5.1 概述

聚酰胺具有良好的力学性能、耐候、耐磨、耐腐蚀及易加工等特性，可成型加工成管材、棒材、板材、容器、薄膜、纤维、单丝等，广泛应用于汽车、工程机械、轨道交通装备、矿山、轻工、军工等装备部件，电子电气部件，工业与服饰等纤维，工业、食品包装及日常用品。

聚酰胺的加工方式多样，本章主要介绍聚酰胺注射成型、挤出成型、滚塑成型、吹塑成型及其产品，重点讨论工艺设计原则、控制因素与产品性能的关系。浇铸成型、反应注射成型以及纺丝技术，请参考有关专著。

5.1.1 聚酰胺加工方法

聚酰胺的加工方法主要包括注射成型、挤出成型、滚塑成型、吹塑成型等。

（1）注射成型

注射成型是利用注塑机将热塑性塑料熔体在一定的压力和速度下注入模具内部冷却、固化获取制品的成型方法。其特点是自动化生产，速度快、效率高，适合结构形状复杂制品的大批量生产，缺点是设备和模具的投入成本较大。

注射成型是聚酰胺工程塑料的主要成型方法。近十年来，由于计算机的应用，使注射成型过程的控制更为精密；模具技术的发展，促进了聚酰胺制品的结构由简单向复杂化、精密化、大型化发展；注射成型工艺的改进，使传统的注射法无法生产的部件的制造变得简单。

注射成型法主要生产机械设备零部件（如汽车齿轮、进气歧管、散热风扇、点火器、空气滤清器）及电子电气装备部件（如低压电气开关外壳、接插件）等。

（2）挤出成型

塑料挤出成型简称挤塑，对物料进行加热让其成为一种黏流状，通过螺杆挤出，将黏流态的物料挤入机头，利用口模截面形状制成具有一定截面形状和尺寸的连续制品的成型方法。挤塑成型的优点是能够形成各种各样的、具有一定截面形状和尺寸的连续制品，具有较高的生产效率，易自动化、连续化生产。

挤出成型主要采用单螺杆挤出成型，近年来，业内已开始采用双螺杆挤出成型。其主要产品包括管材［如 PA11、PA12 软管（用作汽车油管）］、单丝（用作渔网、绳索等）、薄膜（包括双向拉伸聚酰胺膜及多层共挤热收缩膜）、纤维（有工业用纤维，如造纸毛毯、服用纤维等）。

（3）滚塑成型

滚塑是利用高温、薄壁金属或复合模具，在两个垂直轴上的双轴旋转精细分散的粉末或液体聚合物，采用空气或水进行冷却来生产中空、无缝、低应力的容器。

（4）真空吹塑成型

中空吹塑成型简称吹塑，主要是利用压缩空气使模具中加热塑化的塑料坯料膨胀之后形成一种空心制品，这种方法可以制造各种结构复杂的中空容器和各类包装塑料制品。其优势在于便于生产各种"口小腹大"的中空塑料制品。

5.1.2 聚酰胺加工技术的最新进展

近年来，主要工业国家，特别是日本、美国、德国、荷兰等发达国家的成型技术发展很快。新技术的开发，提高了聚酰胺制品的性能，扩展了聚酰胺的用途，同时，也促进了相关行业的技术进步与发展。如汽车的进气歧管、水箱、油箱等采用聚酰胺制造，在汽车轻量化与节能、减少大气污染等方面具有重大意义。由于新技术的采用，这些结构复杂的部件塑料化得以推广与应用。下面介绍几种成型新技术。

5.1.2.1 微孔发泡注射成型

微孔发泡注射成型的原理是利用快速改变温度、压力等工艺参数，使聚合物熔体气体均相体系生产微孔发泡而成型制品。微孔发泡注塑成型设备和工艺关键技术大多为国外大型公司如 Trexel、Arburg、Engel 等所垄断，国内属于起步阶段。其概念最早由 MIT 的 Martini-vvedensky 等提出并申请了专利。Trexel 公司于 20 世纪 90 年代中期成立并获得 MIT 的所有专利授权并大力推广获得实际应用。

以 Trexel 公司的 MuCell 技术为典例，在螺杆回缩时，通过喷射器以精确的流率将超临界流体（通常为氮气或二氧化碳，典型剂量为 1.0% 以下）注入混合段机筒内已经熔化的聚合物中；在螺杆向前输送物料的同时，特殊设计的螺杆混合段元件把气体切碎、搅混，使其均匀溶解在聚合物熔体中，形成聚合物熔体-气体均相体系。有些设备还会专门设置扩散室进一步均化。由于止回阀和封闭式射嘴的存在，均相体系能在高压下保持不发生离析。随后，该体系将通过封闭式射嘴高速注入已充压缩气体的模腔。模腔内足够高的压力防止气泡在充模阶段生长。充模完成后，型腔内压力骤降，气体在聚合物中形成非常高的过饱和度，极不稳定，高能态分子聚合诱发形成泡核。随着外部压力继续减小，气泡迅速膨胀，直至模腔被充满、物料凝固。

其最大的优势在于制品轻量化，同时，该技术还可减少缩痕、翘曲变形和内应力区域，还可赋予制品特殊性能如隔热、隔声、较低的介电常数等。微孔发泡注塑工艺在商用设备、汽车零部件、电子元器件等产品中应用广泛，具有广阔的应用前景。

5.1.2.2 夹芯注射成型

夹芯注射成型又称为三明治注塑、共注射成型，最早是由英国 ICI 公司的 Oxley 和 Garner 在 20 世纪 60 年代末 70 年代初提出并获得专利。其采用两个注射单元，由一个注射单元先向型腔注入一种熔体，而后再由另一个注射单元向型腔注入另一种熔体。根据模具结构以及采用材料的不同，可以是第一种熔体包裹第二种熔体，也可以是第一种熔体为芯，第二种熔体为壳。

夹芯注射成型有单料道、双料道、三料道工艺。

单料道工艺是通过换向阀由一个位置改变到另一个位置，使两种树脂先后注入型腔。由于熔体的流动特性和皮层树脂倾向黏附于温度较低的模具表面，因而形成致密的皮层，皮层的厚度受注射速率、料温、模温及两种树脂的相容性等因素影响。单料道工艺特别适用于要求薄而致密皮层的制品。

双料道及三料道工艺是皮层与芯层同时注射，这两种工艺可使密实的表层厚度得到准确控制。

夹芯注射成型技术有以下特点：

① 可充分利用每种材料的优点；

② 有较大的抗翘曲变形刚性；

③ 可软、硬配料结合，制造多种纹理的制件；

④ 生产成本低，同一个制品可用两种不同材料，如芯层采用回收材料等。

夹芯注射成型在应用中应注意的问题：

① 两种材料必须能够互相黏结；

② 两种材料的线膨胀系数与收缩率应相近，否则会产生分层现象；

③ 表层和芯层材料的热稳定性及流动性应相近。

作为一种特殊的注塑成型工艺，夹芯注射成型可被应用于多种制品成型，如 TPE 包覆塑料制品、可减轻质量的单独内层发泡制品、对外层手感有一定要求的单独外层发泡制品等。

5.1.2.3 高光无痕注射成型技术

高光无痕注射成型技术也称快速热循环注塑技术。Bolstad 和 Lemelson 在 20 世纪 60 年代初，发明了一种模具快速加热和冷却的装置。通用电气、富士精工、三菱和韩国的三星公司不断研发，利用该技术成功生产了电子、家用电器和电视机外壳等产品。国内 2007 年 TCL 引进三星技术，实现了高光电视机产品的产业化生产。

高光无痕注射成型技术是通过蒸汽炉产生蒸汽、高温水或是冷却水，利用快速交换来进行塑料件成型周期之内模具温度控制，以此来消除塑料件表面出现的波纹、熔接线或银丝纹等，能够消除塑料件表面收缩问题，保证塑料件表面光洁度能够达到镜面水平，实现塑料件免喷漆化目标。高光无痕注射成型加工技术包含高光塑料材料、高光注塑模具、模具温控设备以及注塑机和注塑工艺，主要用于汽车液晶显示器以及汽车内饰件、车灯等产品的生产。

5.1.2.4 气体辅助注射成型

气体辅助注射成型（简称气辅成型）技术起源于 20 世纪 70 年代中期，80 年代中期开发成功，90 年代初实现工程化应用。此工艺能极大程度地减少传统注射成型和结构发泡成型所出现的产品缩痕、内应力和翘曲等问题，是往复式螺杆发明之后，注塑领域第二次创新型的发明。该工艺还适合于表面光洁度高、结构复杂（厚薄不均）的大型制件的生产，如汽车保险杠、仪表板、离合器踏板等。

气体辅助注射成型是一种生产具有中空部位的注塑件的方法，其原理是：将一定量的熔体注入型腔后，将压缩空气注入熔体中心，使熔体在压缩空气的作用下充满型腔。气体辅助注射成型突破了传统注射成型的局限性，可以一次成型厚壁、薄壁结构于一体的制件，这种技术充分利用气体能均匀、有效地传递压力的特点，使得充模压力低、制品内应力小、表面光洁度高、翘曲变形性小，并能缩短成型周期，是提高产品质量、降低生产成本的有效方法。

气体辅助注射成型工艺的局限性主要有排气孔问题、表面褪色和局部隆起问题。同时，熔体最佳注塑量、模具和熔体温度、气体压力和延迟时间等成型工艺参数对产品质量有较大的影响。

气体辅助注射成型技术在近年来发展迅速，除了上面介绍的内部气体辅助注射成型技术外，还拓展到汽车仪表板、汽车内饰件上的外部气体辅助注射成型技术、振动气体辅助注射技术、冷却气体辅助注射技术、多腔控制气辅助注射技术以及气体辅助共注成型技术等技术。

5.1.2.5 水辅助注射成型

与气辅成型相比，水辅助注射成型具有不少优势，如：水的热导率和比热容比 N_2 大得多，故制品冷却时间短，可缩短成型周期；水比 N_2 更便宜，且可循环使用；水具有不可压缩性，不容易出现手指效应，制品壁厚也较均匀；气体易渗入或溶入熔体而使制品内壁变粗糙，在内壁产生气泡，而水不易渗入或溶入熔体，故可制得内壁光滑的制品。但水辅成型也有一些弱点，如：注射水道比气辅成型的气道要大，易在制品上留下缺陷；不适用于高温注塑；不适用于薄壁产品；只能用于部分塑料。

水辅助注射成型应用于厚壁中空制品的生产。应用范围涉及汽车工业、生活用品、办公用品、运动休闲以及玩具用品等，如：汽车工业产品，如把手、门柱、扶手、驾驶杆支持架、介质导管等；运动休闲行业产品，如室内曲棍球棒、高尔夫球棒等；办公用品，如办公椅的把手和靠手、复印机和打印机的输纸辊等；生活用品，如洗衣机和洗碗机部件；医用扩张器以及童车的某些零件。

5.1.2.6 增材制造 3D 打印成型

近年来，3D 打印成型、微纳制造、激光成型等加工技术，对扩展聚酰胺材料的应用范围具有非常大的推动作用。

3D 打印与传统成型方法不同，主要采用层层堆积形式成型各种制品。3D 打印不需要模具，可大大缩减模具设计时间成本，既节省材料又可实现个性化设计，特别适合小批量、多结构设计生产。目前，对于塑料加工成型的 3D 打印方法主要有熔融沉积法（FDM）、光固化成型法（SLA）、选择性激光烧结（SLS）等。

熔融沉积法（FDM）3D 打印是 3D 打印机采用最多的方式，其主要原理为：将聚合物丝材加热到熔融状态后在喷嘴后挤出，在 3D 打印基板上一层一层堆积成型。目前，以

FDM 技术的弹性体 3D 打印及力学增强为研究重点。FDM 打印机结构简单、操作方便、成本较低，但打印精度不高，产品的力学强度也不高。

　　光固化成型法（SLA）是采用光固化树脂材料，用紫外激光照射层层固化打印成型的方式，见图 5-1。光固化成型打印制品成型精度较高，表面质量较好。但产品的强度不高，受光固化光敏树脂材料的影响较大，材料具有一定的毒性，成本相比 FDM 也较高。

　　选择性激光烧结（SLS）可对高分子材料成型，也可对金属 3D 打印成型，其主要原理为：将塑料粉末用激光加热到熔融状态后层层堆积直接成型，可成型任何复杂结构产品。SLS 成型打印制品的强度较好、打印精度较高，但其设备成本以及打印成本也较高。

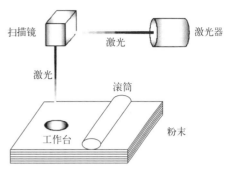

图 5-1　光固化成型示意图

　　以 3D 打印为代表的快速成型技术正好契合了军工制造行业缩短研制周期的发展需求：3D 打印能够实现小批量制造，且成本低、速度快，可大幅降低武器装备研制风险和缩短研制时间；可提高武器装备性能和维修保障的实时性及精确性；且材料利用率高，可明显降低生产成本。表 5-1 列出了 3D 打印材料分类及相关应用。

表 5-1　3D 打印材料分类及应用

分类	具体材料	对应 3D 打印技术	应用领域
通用塑料	聚烯烃类塑料（PE、PP、PB、PMP）	FDM、SLS、SLA	电缆、管材、医疗、汽车、家电
工程塑料	ABS、PC、PA、PEEK	FDM、SLS、SLA、LOM、3DP	汽车、家电、医疗器械、航空航天
生物塑料	PLA、PCL、PETG 光敏树脂	FDM、SLS、SLA、LOM、3DP	医疗生物、机械模具、艺术品装饰
无机类材料	金属、陶瓷、石膏	3DP、SLA、SLS、LOM	军工、汽车、航空航天、生物

5.1.2.7　微纳制造

　　微纳制造是指微米、纳米级材料制品的设计、成型与制造，主要包括纳米纤维、微纳层叠挤出以及聚合物微纳结构制备。以聚合物为主的微纳制造也越来越受到业界重视，应用范围也不断扩大，包括医疗卫生、防疫防霾、生物医药、光学应用等领域。

　　聚合物纳米纤维主要采用静电纺丝的方法，基本原理是聚合物溶液或熔体挤出后受几千或几万伏高压静电克服表面张力，喷射后固化形成微米及纳米级的纤维。静电纺丝主要分为溶液静电纺丝和熔体静电纺丝：溶液静电纺丝制备方法简单，导电性较好，可实现纤维的高效连续化制备，但该方法制备过程存在有机溶剂，对环境存在一定的危害；熔体静电纺丝是以聚合物熔体形式制备纤维，如图 5-2 所

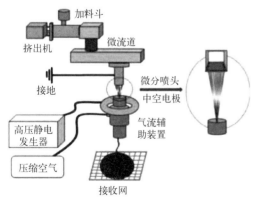

图 5-2　熔体微分静电纺丝装置

示，设备及工艺相对复杂，但该方法无环境危害，可实现聚合物纳米纤维绿色制备。

聚合物微纳结构的成型可采用微注塑成型、微挤出成型、微热压成型等技术。其基本成型方法与传统成型方法类似，不同的是需要研究聚合物微米尺度的流变特性以及填充机理等。聚合物微结构也可采用等离子体刻蚀、光学光刻法以及电场诱导聚合物微结构成型等。

5.1.2.8 激光加工技术

激光具有能量密度大、速度快、无噪声、定位准确等优势，将激光技术应用到塑料加工成型中，可对产品进行成型微加工及表面改性处理等。激光技术在塑料成型中的应用主要包括：聚合物切割、激光打孔、激光焊接、微流控芯片制造、3D打印成型等。激光切割主要是利用激光的瞬时高温将材料熔化、汽化或者分解，对于塑料产品同样适用，但由于高分子材料的特殊性，产品切割后的表面质量以及精度控制仍是需要研究的问题。激光打孔与激光切割原理一样，主要是利用激光的超高温实现。激光打孔定位准确、效率高，但设备的成本较高。目前对于聚合物的激光打孔主要应用领域是PCB印刷线路板行业。激光焊接是利用高能量激光束将焊接部分的聚合物熔融，在熔体状态下冷却黏结成型。激光焊接具有速度快、定点焊接、无污染等优势，但焊接精度、强度以及复杂结构焊接仍面临一定的挑战。

5.1.3 聚酰胺加工技术的发展展望

经过多年的发展，我国塑料成型加工技术已经形成了门类比较齐全、体系比较完整、低端转向中高端的塑料成型加工技术，基本能满足国内经济发展的需要。但与发达国家相比较，仍然存在较大的差距。特别是随着我国经济产业结构的调整和升级的推进，在生态化、功能化、数字化、智能化、低能耗的塑料成型加工技术方面的瓶颈亟待突破，尤其是生物降解技术和循环再生利用技术的开发利用。

（1）生态化、低能耗

随着塑料制品在电商、外卖、快递等新业态的飞速发展，在方便人们生活、促进经济发展的同时，后回收处理问题凸显。"禁塑令"的不断逼近，将给一次性不可降解塑料制品市场带来制约性的影响，倒逼废弃塑料的回收再利用技术和产业的发展，也将促进生物可降解塑料成型技术的发展，促进塑料产业生态化进程。

（2）高速度、高产能

高速度、高产能将成为塑料成型加工设备性能的重要判别标准，成型设备高效率的主要表现形式为：具备较高的产出，能量消耗低，花费的制造成本也比较低，高速度、高产能成就高效益。

（3）高端化、多功能

随着国家调结构、转方式战略的实施，企业要适应不同客户的需求，必将不断开发功能多、效用高的新产品，逐渐由单一品种、单一功能、低端化，转向多品种、多工艺、多功能、多用途、高端化方向发展，不断拓展新的市场。

（4）大型化、精密化

我国进口的一些设备大多是大型的，而且在构造上比较紧密。大型设备可以让生产成本不断降低，这就会让各种机组的优势展现出来。设备的精密化较高也可以让产品质量不断提高。

（5）数字化、智能化

信息技术、人工智能在塑料工业领域广泛渗透必将引发成型加工技术体系重大变革，协同、智能逐渐成为塑料加工业的核心价值体现，产品个性化、高端化、小批量、定制生产将是未来塑料加工业的新趋势。塑料加工过程将继续推进数字化、智能化技术，实现塑料加工智能化转型。

5.2　聚酰胺的加工特性

由于聚酰胺大分子链中存在酰胺基团，使得聚合物具有一些突出的特性。这些特性对加工成型有积极的一面，也有不利的一面。充分了解聚酰胺的加工特性，对于制造高品质的制品是非常重要的。

5.2.1　聚酰胺的吸水性对成型制品质量的影响

聚酰胺是一类吸水性较强的高聚物。如图 5-3 所示，PA6、PA66 在大气中的吸水性随空气中湿度增加及放置时间的延长而增加。在 PA 系列产品中，大分子链结构的不同，其吸水性也不同。吸水性随着酰胺基团含量增加而增加，其中较大的是 PA6、PA66。PA6 的饱和吸水率为 3.5%，PA66 的饱和吸水率为 2.5%，PA610 为 1.5%，PA1010 为 0.8%。表 5-2 列出了部分聚酰胺的吸水率。

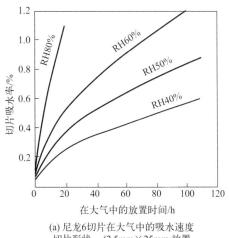

(a) 尼龙6切片在大气中的吸水速度
切片形状：ϕ2.5mm×25mm；放置
条件：23℃；切片堆放：20mm厚

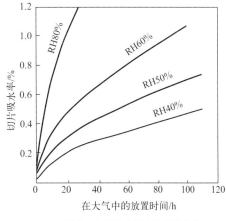

(b) 尼龙66切片在大气中的吸水速度
切片形状：ϕ3mm×30mm；放置
条件：23℃；切片堆放：20mm厚

图 5-3　聚酰胺在空气中的放置时间与吸水率的关系

表 5-2　聚酰胺的吸水率

PA	推荐熔炼加工的最大允许含水量/%	在 23℃平衡时的含水量/%	
		50%RH	100%RH
PA46		3.8	13
PA66(18000)	0.2	2.5	8.5
PA66(34000)	0.02	2.5	8.5

PA	推荐熔炼加工的最大允许含水量/%	在23℃平衡时的含水量/%	
		50%RH	100%RH
PA610	0.2	1.4	3.3
PA612	0.1	1.3	3
PA1212	0.2		
PA6	0.2	2.8	9.5
PA11	0.1	1	1.9
PA12	0.1	0.8	1.6
PAMXD6	0.2	1.9	5.8
TMIYT	0.1	3	5.5
PA6/PA6T		2.5	5.9
PA6/PA6I/PA66	0.15		6
PA6/PA66	0.2		9.4
PA6I/PA6T/PACMI/PACMT	0.1		
PA6I/PA6T	0.1	1.5	5
PA12/MACMI	0.1		3.3

聚酰胺的高吸水性对加工带来四个方面的问题：

① 聚酰胺在熔融状态下，容易水解，特别是PA66极易水解，水解反应使聚合物降解，导致制品强度下降。

② 由于熔融过程中存在水解反应，因裂解所产生的低分子物质在高温下形成气体，在没有排气装置的情况下，这种气体及物料中的水分存于制件中，在其表面形成银丝、斑纹、微孔、气泡，影响制件的表面性能。

③ 聚酰胺的高吸水性影响制件的尺寸稳定性。从图5-4看到，聚酰胺制品因吸水，尺寸变化较大。对于一些薄壁制品，因吸水而引起翘曲变形。因此，对于此类产品，一方面可

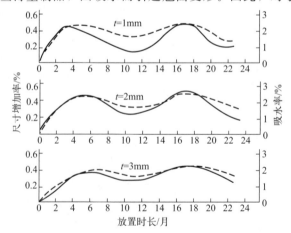

图5-4 由吸水引起的尼龙66的尺寸变化（t为厚度）

—— 吸水率；

---- 尺寸增加率

制品：80mm×80mm×t；

放置条件：室内（温度17～33℃，湿度RH 27%～70%）

采用改性聚酰胺，如玻璃纤维增强改性使 PA6 尺寸变化变小，另一方面还应对制件进行定型处理。

④ 聚酰胺的吸水性能在一定程度上提高制品的韧性。因此在产品制造过程中，对制件的后处理有一定的积极作用。对韧性要求不高的制品，不需进行特殊处理，通过自身吸水可使制品韧性得到改善。

5.2.2 聚酰胺的熔体流动性对加工成型的影响

聚酰胺具有明显的熔点，熔点较高但其熔体流动性很好，很容易充模成型。聚酰胺的流变特性是剪切速率增加时，其表观黏度下降幅度不大，见图 5-5。但熔体表观黏度随温度的变化较为明显，见图 5-6，特别是 PA66 比 PA6 更为突出。因此，聚酰胺加工成型主要通过温度来调节流动性。

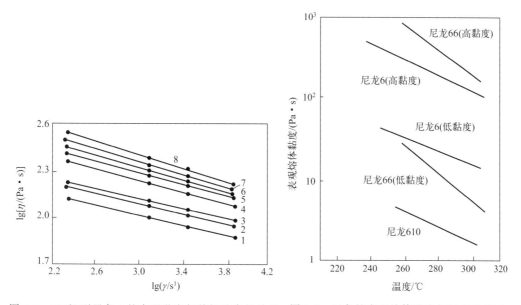

图 5-5　260℃下尼龙 6 的表观黏度与剪切速率的关系　图 5-6　尼龙的表观熔体黏度与温度的关系
　　　　　由 1～8，重均分子量不断增加

聚酰胺的这种流变特性，对于复杂薄壁制品的成型是非常有利的，但也带来操作上的麻烦。由于熔融流动大，在注射或挤出时，都有可能出现螺杆螺槽内熔料的逆流，端面与料筒内壁间的漏流增大，从而降低有效注射压力和供料量，甚至导致螺杆打滑，进料不畅。因此，一般在料筒前端加装止回圈，以防止倒流。

表 5-3 列出了几种聚酰胺的熔点。聚酰胺的加工温度，一般在其熔点至分解温度之间选择即可；一般来讲，聚酰胺的分解温度在 300℃ 以上。PA6 的加工温度范围较宽，PA610、PA1010、PA11、PA12 等品种熔点较低，加工也较易把握。小部分聚酰胺的熔点与分解温度很接近，如 PA66 的熔点为 255℃，PA46 的熔点为 290℃，在 300℃ 时开始分解，约330℃时，会产生严重的裂解。因而 PA66、PA46 的加工温度范围很窄，大约在 3～10℃ 之间调节，靠近熔点时物料塑化不好，偏离熔点太多时则引起降解。PA46 虽不像 PA66 那么难以控制，但由于其熔点很接近分解温度，所以，其加工温度只能在一个很小的范围内调节。

表 5-3　几种聚酰胺的熔点

表 5-3　几种聚酰胺的熔点

聚酰胺的种类	熔点 T_m/℃	聚酰胺的种类	熔点 T_m/℃
PA6	215	PA66	255
PA11	185	PA610	215
PA12	175	PA612	210
PA46	290		

5.2.3　聚酰胺的结晶性对加工成型的影响

聚酰胺分子链上有规律地交替排列着较强的极性酰氨基，并很规整，有较强的结晶能力。极性的酰氨基可使分子链间形成氢键，从而增大了分子键间的作用力。因此聚酰胺结晶速度快，加工时冷却速度快，成型周期短。

聚酰胺微晶的完善程度和晶体大小决定了聚酰胺均聚物的熔点（T_m）。T_m 随酰氨基浓度的上升而上升，随着酰氨基出现频率的增加，其微晶更完善，晶体也更大，聚酰胺的熔融温度也相应地提高，如下所示：

PA612（210℃）→PA610（215℃）→PA66（255℃）→PA46（290℃）

PA12（175℃）→PA11（185℃）→PA6（215℃）→PA66（255℃）

酰胺键间的亚甲基数为奇数的聚酰胺比碳原子数为偶数的聚酰胺熔化温度高，单体不规则（共聚物）会降低熔化温度，甚至出现结晶向非晶的转变。透明聚酰胺就是非结晶型的无定形聚酰胺，其他聚酰胺类树脂大都为结晶型高聚物。

聚酰胺结晶度一般在 20%～30% 之间，结晶度大小取决于聚酰胺品种、熔融料的冷却速率和树脂的分子量，酰氨基浓度越高、冷却速度越慢、分子量越小，聚酰胺结晶度越大，其收缩率也越大。

结晶速度与温度有关，通常在高分子化合物的熔点以下、玻璃化转变温度以上结晶速度出现极大值。而且，最大的结晶速度都在靠近熔点以下的高温一侧。PA6 的熔点约为 215℃，T_g 约为 50℃，其最大的结晶速度的温度约在 135℃。成型条件对结晶影响极大：

① 熔融温度和熔融时间　熔体中残存的晶核数量和大小与成型温度有关，也影响结晶速度。成型温度越高，即熔融温度高，如熔融时间长，则残存的晶核少，熔体冷却时主要以均相成核形成晶核，故结晶速度慢，结晶尺寸较大；反之，如熔融温度低，熔融时间短，则残存晶核，熔体冷却时会引起异相成核作用，结晶速度快，结晶尺寸小而均匀，有利于提高结晶的力学性能和热变形温度。

② 成型压力　成型压力增加，应力和应变增加，结晶度随之增加，晶体结构、形态、结晶大小等也发生变化。

③ 冷却速度　成型时的冷却速度（从 T_m 降低到 T_g 以下温度的速度）影响制品能否结晶、结晶速度、结晶度、结晶形态和大小等。冷却速度越快，结晶度越小。通常，采用中等的冷却速度，冷却温度选择在 T_g 到最大结晶速度的温度之间。

5.2.4　聚酰胺的成型收缩性对成型制品质量的影响

聚酰胺是结晶型聚合物，而且大部分聚酰胺的结晶度较高，PA46 属于高结晶型聚合物。由于结晶的存在，聚合物从熔融状态冷却时，因温度变化引起体积收缩，熔融与固化及结晶化之间存在较大的比容积变化。熔融状态的比容积与常温下的比容积之差就是体积收缩，这种体积收缩由两部分组成：一部分是由温度变化引起的体积变化，即熔体固化产生的体积收缩；另一部分是结晶化过程产生的体积收缩，聚合物处于熔融状态时，大分子链排列是无序的，在结晶过程中，大分子链部分形成有序排列，链间的空隙减少，结晶化程度越高，这种空隙的减少就越大，即成型收缩率增大。

　　成型收缩率与制品厚度、流动方向、模具温度等加工条件有关，也与结晶度有关。如图5-7、图 5-8 和表 5-4、表 5-5 所示。

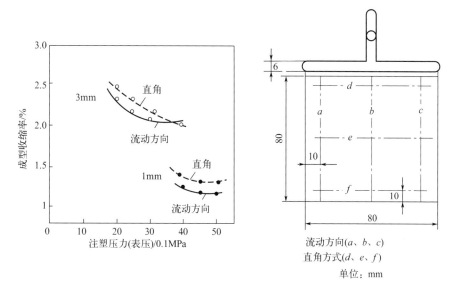

图 5-7　PA66 的成型收缩率

筒体温度 270℃；模具温度 80℃

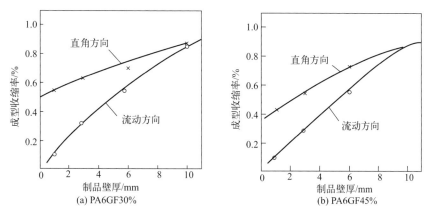

图 5-8　玻璃纤维增强尼龙 6 的成型收缩率

○—流动方向；×—直角方向

　　成型收缩率对制品性能有一定影响，主要影响制件的尺寸与精度，特别是一些薄壁制品，因收缩而产生变形现象。通过对聚酰胺的改性与成型工艺的控制可以适当调节成型收缩率。因此，对不同要求的制品，应采用不同的控制方法，以达到提高制品尺寸稳定性的目的。

表 5-4　聚酰胺加工条件及制品的收缩率

PA	密度/(g/cm³)	熔点/℃	加工温度/℃	模具温度/℃	模塑收缩率/%	备注
PA46	1.18	290	280~310	80~120	0.7~2.0	
PA6	1.14	255~257	280~305	40~90	1.5	
PA69	1.08	210	255~270	21~93	1.1~1.3	
PA610	1.08	215~227	255~280	20~90	1.2	
PA612	1.07	219	232~288	38~71	1.1	
PA1212	1.02	184	250~260	38~49	1.2	
PA6	1.13	220	238~270	20~90	1.3	
PA11	1.04	186	210~280	40~60	1.9	
PA12	1.01	178	240~285	40~80	1.1~1.4	
PAMXD6	1.21	243	250~290	120~150	1.4	缓慢结晶
TMDT	1.12		250~320	60~120	0.5	无定形
PA6/PA6T	1.18	298				
PA6T/PA6I/PA66	1.17	310	321~349	150~350	1.6~2.0	模具温度>250℃时，结晶度最大
PA6/PA66	1.14	250	270~300	40~90	0.7	
PA6I/PA6T/PACMI/PACMT	1.18		300~320	70~93	0.5	无定形
PA6I/PA6T	1.18		280~290	80		无定形
PA12/MACM1	1.06		270~300	>80	0.4~0.7	无定形

表 5-5　影响制品收缩的因素

因素	对收缩的影响	因素	对收缩的影响
注塑保压(增加)		结晶的变化(增加)	
注塑保压的压力	降低	模具温度	增加
螺杆前进时间	降低	总循环时间	降低
熔体温度	降低	制件厚度	增加

5.2.5 聚酰胺的热稳定性对加工成型的影响

与聚苯乙烯、聚丙烯等塑料相比，聚酰胺在熔融状态时的热稳定性较差。加工温度过高，或受热时间太长，将导致聚合物的热降解，使制件出现气泡，强度下降。特别是 PA66 很易受热裂解，产品发脆。另外，热降解还会释放出一些挥发性气体，这些气体对人体、模具和注塑机都有刺激腐蚀作用或毒性。因此，加工时应尽可能避免热降解，使用适当的抗氧剂、稳定剂等添加剂，选择合适的加工温度对于保证产品质量是十分重要的。特别是加工范围窄的聚酰胺品种，如 PA46，以及阻燃改性聚酰胺，其热稳定性明显下降，更加注意其加工温度不能超过阻燃剂的分解温度，并严格控制受热停留时间。

5.3　聚酰胺注射成型

注射成型用于生产各种设备零部件，是一种适用性很广的成型方法。聚酰胺作为工程塑料，用量最大的是注射成型制品。业内对聚酰胺的注射成型工艺、产品性能、模具设计等方面已进行了大量的研究，不断开发出新的成型方法与工艺，以完善和发展注射成型技术。

5.3.1　注射成型过程与工艺设计

塑料注射成型包括熔料经喷嘴射出进入模腔，再经过充模、保压，直至最终冷却成型等过程。在注塑过程中，树脂的熔化和流动的控制是在设备的热部位中进行的，而树脂的成型和冷却是在设备的冷部位中进行的。在一个螺杆往复运动的注塑机（图 5-9）中，靠重力的作用使树脂从料斗进入机筒内，螺杆转动的机械能连同外界提供的热能使树脂熔融。当足量的树脂熔融后，螺杆向前运动，像柱塞一样使聚合物熔体通过浇口进入模腔。一旦树脂在模具中固化，模具打开，制件由顶杆自动从模具中顶出，模具再重新闭合，螺杆转动、缩回，重复熔化新的一部分树脂。注塑工艺适宜生产批量大、形状较复杂、表面光滑的制品。

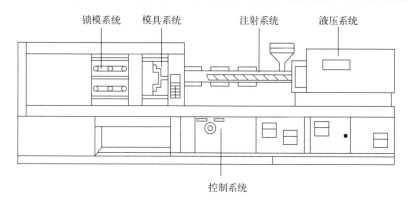

图 5-9　注塑机的基本组成部分

聚酰胺制品的注射生产过程包括原料烘干、注射成型和后处理。

5.3.1.1　聚酰胺的干燥

如前所述，聚酰胺是吸湿性强的聚合物，其吸湿性给聚酰胺的加工及产品性能带来不良影响，因此，在成型前，必须进行干燥，以保证其含水量在 0.1% 以下。

干燥方法有常压鼓风加热干燥和真空加热干燥。

常压鼓风干燥适用于物料含水很少，要求不高的情况。鼓风干燥温度一般为（100±5）℃，干燥时间约为 6～8h。干燥温度太高，会引起聚酰胺的氧化裂解；干燥时间太长，会使聚酰胺氧化变黄；干燥时间太短，达不到干燥除水的目的。用一般烘箱干燥时，干燥物料的厚度不宜太厚，并需要每隔一段时间翻动物料。为了避免局部过热现象，最好采用斗式干燥机。

对于要求含水量很低，以避免物料氧化变色者，最好采用真空干燥。聚酰胺树脂中的水分包括表面水和结晶水，表面水较易除去，而结晶水脱除的速度很慢，用常压干燥很难除去这一部分水分。采用真空干燥，树脂中的结晶水在真空条件下较易向表面扩散，加快脱水的速度。真空干燥可采用低温干燥除水，干燥温度一般在 80~90℃，并无热空气进入料仓，因而可避免树脂热氧化变色问题；干燥时间在 3~5h 即可。

干燥好的原料如果随便在空气中露置，会迅速吸收空气中的水分，使干燥效果消失殆尽。即使在加盖的机台料斗内，存放的时间也不宜太长，一般雨天不超过 1h，晴天限制在 3h 以内。

5.3.1.2 成型工艺及设计原则

所谓成型工艺通常包括注射温度、注射压力和注射时间三大要素。

（1）注射温度

注射温度包括料筒温度、喷嘴温度与模具温度。

① 料筒温度　料筒温度设定的基本原则是分段加热，即从料斗处向喷嘴方向逐步升高，一般分为前、中、后三段控制。

对于不同的原料，料筒温度应有所不同，如增强聚酰胺的加工温度应比纯聚酰胺树脂高，以增加物料的流动性，保证制品表面光洁度；加工阻燃类聚酰胺时，则应比纯树脂稍低些，以免阻燃剂等低分子物质分解而降低阻燃效果与制品性能。

对于不同制品结构，应选择不同的料筒温度。如薄壁制品的模腔是狭窄的孔穴，流动充模阻力较大，并易冷却凝固，应适当提高料筒温度，以保证物料的流动性。相反，对于厚壁制品，因模腔孔穴大，物料容易流动充模，同时，物料在模具中不易冷却，物料受热时间较长，为减少热氧化降解，料筒温度宜偏低些。

对结构复杂或带有金属嵌件的制品，物料充模较困难，应适当提高料筒温度。

对于不同的注塑机，料筒温度的设定也不相同。柱塞式注塑机的料筒温度应比螺杆式注塑机高。

总之，料筒温度对制品性能有很大影响，在确定各区段温度前，应经多次摸索比较，才能最终设定其工作温度。

② 喷嘴温度　喷嘴温度单独控制，喷嘴装设加热器。这是聚酰胺加工中必须具备的条件之一，喷嘴如无加热器，物料很容易冷却而堵塞喷嘴。一般喷嘴温度略低于料筒后段温度，当然也不能太低，否则将导致物料在喷嘴中冷凝而堵塞喷孔，或虽能进入模腔，但会造成冷料痕。

判断料温是否得当的方法是：在低压低速下对空注射观察，适宜的料温使喷出的料刚劲有力、不带泡、不卷曲、光亮、连续。

③ 模具温度　模具温度是一个重要的工艺参数，对制品质量影响很大。聚酰胺是结晶型高聚物，熔体在模腔中冷却时伴随着结晶，并产生较大的收缩。模温低时，结晶度低，伸长率大，韧性好；模温高则结晶度高，制品的表面光洁度高，耐磨性好，弹性模量大，吸水率低，但收缩率略有增大。模温的确定，应根据制品形状、厚度来决定。对于厚壁或形状复杂的制品，应选择较高的模温，以防止厚壁制品产生凹陷、气泡等缺陷；对于薄壁制品，提高模温有利于熔体充满模腔，防止熔体过早凝固。

（2）注射压力

在注射过程中，压力急剧上升，最终达到一个峰值，这个峰值通常称为注射压力。

注射压力的大小，在一定程度上决定制品的质量。注射压力过低时，物料进入模腔缓慢，紧贴金属面的一层物料，由于温度急剧下降而使黏度大增，并很快波及流动轴心，使物料流动通道在很短的时间内变得十分狭窄，大大削弱了物料进入模腔的压力，结果使制件表面产生波纹、缺料、气泡；注射压力过高时，熔料充模过快，在浇口处以湍流形式进入模腔，可能夹带空气进入制件，使制件表面呈云雾斑。同时，高压造成残余压力大，脱模困难，易发生翘曲变形，制品强度低。

通常在设定注射压力时，应以不出现粘模及飞边为限度。确定注射压力，对于不同制品、不同原料的注射压力是不同的。其基本原则是：

① 对于薄壁、大面积、长流程、形状复杂的制品，宜选择较高的注射压力。

② 对于厚壁制品，以低压为宜。

③ 对于玻璃纤维增强聚酰胺等带有填充材料的改性聚酰胺，应选择高速高压注射，以确保制品表面光滑，玻璃纤维分散均匀。

（3）注射时间

亦称保压时间。所谓保压时间是指熔体充满模腔后，对模腔施压的时间，保压时间一般按 6mm 厚保压 1min 来估算。对于聚酰胺制品，由于熔体温度较高，保压时间太长可能引起脱模困难，相反，保压时间太短，则出现熔体退流或膨胀而导致收缩大。因此，应在试验基础上确定保压时间。

5.3.1.3 制品后处理

制品的后处理是对制品进行热处理和调湿处理。其目的是保证制品的尺寸稳定性，消除制品的内应力。

冷却过快或熔体的不良流动均使聚酰胺制品脱模后产生内应力。制品中内应力的存在是制品受力破坏的根源。消除内应力较简便的办法是对制品进行热处理。热处理有油浴和水浴两种方法。一般热处理温度应高于制品使用温度 10～20℃。热处理时间随制品厚度而定：厚度小于 3mm，处理时间为 10～15 min；厚度为 3～6mm，处理时间为 15～30min；对极厚的制品，处理时间约为 6～24h。处理好的制品让其自然冷却。

对于在湿度大或水中使用的聚酰胺制品应进行调湿处理。所谓调湿处理就是将制品在相对湿度为 65% 的条件下，放置一段时间，使之达到所要求的平衡吸湿的过程。常用的加热介质为热水或乙酸钾水溶液，温度为 80～100℃，处理时间约为 8～16h。

5.3.2 聚酰胺主要品种的注射成型工艺

聚酰胺系列品种中，用于注射成型制品的主要品种有 PA6、PA66、PA1010、PA46，其他品种相对使用较少。

5.3.2.1 PA6 树脂及其复合材料的注射成型工艺

（1）干燥工艺

鼓风干燥温度为 100～110℃，时间为 6～8h；

真空干燥温度为（85±5）℃，时间为 4～6h。

干燥时间的长短应视树脂含水量大小而定。

（2）纯 PA6 注射成型工艺

在设定 PA6 注射成型工艺时，应注意制品厚度，结构不同，成型设备不同，其工艺参数均应作适当调整。PA6 的注射成型工艺列于表 5-6 中。

表 5-6　PA6 注塑工艺

项目		参数				
制品厚度/mm		<3		3～6		>6
浇口直径/mm		1.0		1.0～3.0		3.0～4.5
浇口长度/mm		最大为 1		最大为 1.5		浇口的 1/2
注塑机类型		柱塞式	螺杆式	柱塞式	螺杆式	
料筒温度/℃	后部	240～260	210～220	240～260	210～220	230～260
	中部	230～250	210～240	220～250	210～230	240～260
	前部	230～250	210～240	220～250	210～230	240～260
	喷嘴	230～250	210～230	210～230	210～225	210～230
模具温度/℃		20～80	20～80	20～80	20～80	25～85
注射压力/MPa		90～200	60～120	80～200	60～120	85～160
成型周期/s		5～20	5～20	10～40	10～40	20～160
注射总周期/s		20～50	20～50	25～70	25～70	40～120
螺杆转速/(r/min)		—	50～120	—	50～120	

（3）改性 PA6 注射成型工艺

改性 PA6 包括玻璃纤维增强 PA6、阻燃 PA6、阻燃增强 PA6、PA6 合金等，这些改性 PA6 的注射成型工艺应根据组分结构及试验基础来决定。如玻璃纤维增强 PA6 的成型温度应比纯 PA6 高 5～10℃，以提高其流动性，模具温度应适当提高，以保证制品的光洁度。阻燃 PA6 中由于低分子阻燃剂的加入，其加工温度应尽可能低，保证阻燃剂在加工过程中不产生分解而降低阻燃效力。聚烯烃、ABS 与 PA6 的共混合金的加工温度低于 PA6，随共混物中掺混组分含量增加，其加工温度相应降低，否则，由于加工温度太高，引起改性组分的热降解。但加工度不能太低，应以保证基料塑化完全为准则。改性 PA6 的成型工艺列于表 5-7 中。

表 5-7　改性聚酰胺的注塑工艺

成型条件		玻璃纤维增强 PA6	阻燃 PA6	填充增强 PA6	增韧 PA6	PP、PE、ARS 类 PA6 合金
料筒温度/℃	后部	210～220	210～220	210～220	210～220	210～220
	中部	230～240	220～230	230～240	220～230	220～230
	前部	235～245	220～230	230～240	220～230	220～250
	喷嘴	235～240	225～230	230～235	230～235	230～235
模温/℃		60～80	40～60	60～80	40～60	40～60
注射压力/MPa		60～90	20～60	60～80	40～60	40～60
成型周期/s		7～12	5～10	7～12	5～10	5～10

5.3.2.2　PA66 树脂及其复合材料的注射成型工艺

PA66 熔融温度较高，但耐温性能较差，在正常温度下，受热时间超过 15min，料筒内的材料就会过热老化，变脆变色。PA66 有明显的熔点，熔点以上流动性能很好，熔体流动速率达 15g/10min 以上。PA66 冷凝温度高，冷凝速度快。

PA66 除有一般聚酰胺的特性外，其突出的特点是熔点高，加上温度控制范围窄，大约 10℃，一般操作者很难把握其加工条件，需要长时间的经验积累。另一缺点是 PA66 熔体对水的敏感性，微量的水分便可使其水解，使其分子量下降，降低制品的力学性能，因此，必须严格控制其含水量。

（1）干燥

PA66 较易受热氧化而变黄，宜采用真空加热干燥，以避免高温氧化分解，也有利于除去微量水分。其干燥温度为（85±5）℃，干燥时间控制在 5～8h，要根据其含水量多少确定干燥时间。

（2）成型工艺

注塑过程中，注塑机的温度控制、模具温度的设定对产品性能影响很大。由于 PA66 的加工温度控制范围较窄，料筒温度稍低，就会堵塞喷嘴；料筒温度偏高，PA66 熔体黏度急剧下降。因此，选择合适的料筒温度是保证产品良好品质的重要条件。

模温也是非常重要的工艺参数。由于 PA66 熔点较高，模温也应适当提高。模温太低，熔体冷却速度太快，制品会产生内应力。

① 纯 PA66 的注射成型工艺　将纯 PA66 的注射成型工艺参数列于表 5-8 中。

表 5-8　PA66 的注射成型工艺条件

项目		参数				
制品厚度/mm		＜3		3～6		＞6
注塑机型		柱塞式	螺杆式	柱塞式	螺杆式	
圆形浇口直径/mm		0.75 制品厚度/2		0.75～3.0		3.0～4.5
长度/mm		0.75		0.75～3.0		3.0～4.5
料筒温度/℃	后部	270～280	240～280	270～280	240～280	270～290
	中部	260～270	240～270	260～280	240～280	270～280
	前部	255～270	240～270	260～280	240～280	260～280
	喷嘴	250～260	230～260	260～260	230～160	—
模具温度/℃		20～90	20～90	20～90	20～90	82～94
注射压力/MPa		80～220	60～150	60～150	60～150	105～210
成型周期/s		10～20	10～20	14～40	14～40	46
成型总周期/s		25～50	25～50	30～70	30～70	60
螺杆转速/(r/min)		—	50～120	50～120	50～120	—

② 改性 PA66 的注射成型工艺　改性 PA66 包括玻璃纤维增强 PA66、阻燃 PA66、阻燃增强 PA66、无机填充 PA66 等系列品种。

对于玻璃纤维增强 PA66，由于玻璃纤维的加入，其加工流动性下降，应根据玻璃纤维含量的高低，适当提高其加工温度，一般应比纯 PA66 高 10℃左右。但加工温度最好不超过 280℃，否则，容易引起 PA66 的热降解。

对于阻燃增强 PA66，应在 PA66 熔点附近寻找一个适宜的加工温度。加工温度高时，会引起阻燃剂的分解而影响阻燃效果，低分子物质存在于制品中严重影响其力学性能，造成制品表面起霜，产生花纹等缺陷。

对于无机填充 PA66，由于填料的流动性差，应适当提高加工温度。同时，为降低加工温度也可考虑增加改进 PA66 流动性之类的润滑剂等办法，改善其加工流动性。

改性 PA66 的加工工艺条件列于表 5-9 中。

表 5-9　改性 PA66 的加工工艺条件

工艺条件		增强 PA66	阻燃 PA66	增韧 PA66
料筒温度/℃	后部	288～299	220～230	245～255
	中部	277～282	240～250	255～265
	前部	271～277	240～250	260～265
	喷嘴	260～277	230～240	270～275
模温/℃		99～121	50～80	80～100
注射压力/MPa		80～120	40～60	40～80
注射总周期/s		约50	30～60	50～60

5.3.2.3　PA46 树脂及其复合材料的注射成型工艺

PA46 的突出特点是结晶度很高，熔点高，结晶速度快，其成型周期较其他聚酰胺短，加工温度较高，特别是 PA46 的熔点与分解温度相对较近，加工温度高往往会引起热氧化分解，从而降低制品的力学性能。因此，PA46 的成型温度应严格控制在其熔点附近，这是制造高品质制品的关键所在。

PA46 属于耐高温工程塑料，在汽车发动机、发电机组等耐热性要求较高的地方将得到越来越多的应用。PA46 的改性品种主要有玻璃纤维增强 PA46、阻燃 PA46 等品种。由于 PA46 价格较高，对于一般用途，可以通过与其他聚酰胺如 PA66、PA6、PA610 等共混得到价格适中、性能优异的 PA46 系列产品，用于不同要求的结构部件。

对于改性 PA46 的加工，主要是根据改性 PA46 的组成及制件结构来确定其加工条件。同样，PA46 在加工之前也应进行干燥，除去其中的水分，其干燥工艺与其他聚酰胺相近。

PA46 系列产品的注射成型工艺条件列于表 5-10 中。

表 5-10　PA46 系列产品的注射成型工艺条件

工艺条件		PA46	阻燃 PA46	玻璃纤维增强 PA46	PA46/PA66
料筒温度/℃	后部	270～280	270～275	270～280	约270
	中部	290～295	280～290	290～295	280～290
	前部	295～300	295～300	300～305	290～295
	喷嘴	300	295～300	约300	290～295
模具温度/℃		80～120	80～120	80～120	60～100
注射压力/MPa		50～100	50～100	50～120	50～120
注射总周期/s		30～40	30～40	30～60	30～50

5.3.2.4　其他脂肪族聚酰胺树脂及其复合材料的注射成型工艺

PA1010 是我国特有的聚酰胺品种，该品种具有非常独特的性能，如良好的常温、低温韧性，润滑性，广泛用于机械零部件，是国内应用较多的品种之一。PA1010 的加工性能与 PA66 类似，但耐水解、抗热氧化性能优于 PA66。PA1010 的熔程很窄，约 3～4℃，熔体流动性较好，适合注射成型。

　　PA1010 也可进行改性，如玻璃纤维增强、与其他聚合物共混合金等。一方面提高其性能，另一方面可降低成本。因原料价格太高，使得 PA1010 售价远高于 PA6、PA66。改性PA1010 的成本降低，可促进其应用市场的扩展。

　　PA1010 的注射成型工艺列于表 5-11 中，其干燥工艺可参照 PA66 的工艺操作。

表 5-11　PA1010 系列产品的注射成型工艺

工艺条件		PA1010	玻璃纤维增强 PA1010	PE/PA1010 合金
料筒温度/℃	后部	190～210	200～210	200～210
	中部	200～220	220～230	210～220
	前部	220～230	230～235	220～230
	喷嘴	200～210	210～220	200～210
模具温度/℃		40～60	40～80	40～60
注射压力/MPa		60～80	60～120	60～80
注射总周期/s		30～50	约 50	30～50

　　除 PA6、PA66、PA1010、PA46 主要用于注射成型制品外，PA610、PA11、PA12、PAMXD6、PA612 也可用于注射成型制品，生产一些仪表壳体、外盖、密封圈、密封垫之类的部件。

　　这类聚酰胺的熔点相对较低，收缩率相对较高，如 PA11 的收缩率高达 1.9%，因此，在设定加工条件时，应注意加工温度对收缩率的影响。其次是这类聚酰胺的韧性较高，制品的刚性相对较低，所以，模具温度、保压时间对制品尺寸稳定性有直接影响，加工时应注意制品的定型。主要工艺条件列于表 5-12 中。

表 5-12　其他聚酰胺的加工工艺条件

工艺条件		PA11	PA12	PA610	PA612	PAMXD6
料筒温度/℃	后部	170～175	170～180	190～200	200～210	230～265
	中部	185～190	180～190	210～220	220～225	240～250
	前部	190～220	200～230	220～225	230～240	250～255
	喷嘴	200～210	200～210	210～215	225～230	约 250
模具温度/℃		40～60	40～80	40～80	40～70	120～150
注射压力/MPa		40～50	40～60	60～80	60～100	30～50
注射总周期/s		30～50	30～50	30～70	30～70	20～30

5.3.2.5　半芳香族聚酰胺树脂及其复合材料的注射成型工艺

　　半芳香族聚酰胺树脂在注塑成型之前需要对塑料进行干燥，因为含过量水分会导致注塑嘴滴淌、力学性能下降、外观变差及流道粘模。非常潮湿的原料会导致泡沫状的挤出料。含水量指标为 0.03%～0.06%，建议的最高干燥温度为 135℃。

　　尽管半芳香族聚酰胺树脂通常装在防潮的衬箔袋或衬箔箱中，含水量少于 0.15%，但仍必须对树脂进行干燥处理，以达到最佳的注射成型效果。首选的干燥条件是在 120℃温度下干燥 4h。也可以将树脂置于 90℃的温度下干燥 8h。无论采取何种干燥方式，必须使用露点在 −30℃以下的除湿卧式干燥器。

干燥要点：

① 在注塑准备工作完成之前，不要打开干燥容器；

② 在 125 ℃以上的温度进行干燥时，可能会使自然色树脂的颜色变暗；

③ 若使用热重水分分析仪，其温度应设定在 170 ℃；

④ 包装容器已经开封的树脂，需要按表 5-13 的要求进行干燥，所建议的干燥时间取决于包装容器已经开封的时间和估计的相对湿度。

表 5-13　在 120℃时半芳香族聚酰胺的干燥时间　　　　单位：h

相对湿度/%	包装容器开封时间/h				
	0.25	0.5	1	2	3
30	4.5	5.0	5.5	6.0	6.5
50	5.0	5.5	5.0	7.0	7.5
75	5.0	5.5	6.5	7.5	8.0
100	5.5	6.0	7.5	8.5	9.0

半芳香族聚酰胺可以在常规的注射成型设备中进行加工。

① 估计需要 5.5 kN/cm^2 的锁模压力。

② 建议使用压缩比在 2.5∶1 和 3.5∶1 之间以及 L/D（长度/直径）比在 18∶1 和 25∶1 之间的通用型螺杆。

③ 使用环形逆止阀，不要使用球形逆止阀。

④ 使用逆锥度注射嘴以减少发生滴淌或凝结。

⑤ 在模具和压机的压板之间使用绝缘板。

⑥ 根据加工过程的温度要求，使用水温或油温的模具温度控制装置。

⑦ 使用油温加热器时，要确保管线、密封件以及导热流体都适合该加工温度。

⑧ 使用除湿料斗干燥器以确保原料在整个加工过程中都保持干燥。

⑨ 选择适当容量的料管，使滞留时间不长于 6min。在一般情况下，注塑量控制为料筒容量的 30%～70%，否则其滞留时间则会过长。

聚邻苯二酰胺（PPA）系列产品的注射成型工艺条件列于表 5-14 中。

表 5-14　PPA 注射成型工艺条件

工艺条件		PPA 树脂	阻燃 PPA	增韧 PPA
干燥温度/℃		120	120	120
干燥时间/h		4	4	4
料管温度/℃	后段	310	300	310
	中段	315	310	315
	前段	320	315	320
喷嘴温度/℃		320	315	320
模具温度/℃		＞135	＞80	＞135
注射速度		高	高	中等
充填时间/s		12	0.5 2	13
注射压力/bar[①]		700 1500	600 1500	600 1500

工艺条件	PPA 树脂	阻燃 PPA	增韧 PPA
保压压力/bar	350 800	350 800	350 800
保压时间/(s/mm)	3	1.5	3
背压/bar	<5	<5	<5
螺杆速度/(m/s)(r/min)	<0.3(150)	<0.3(150)	<0.3(150)

① $1bar = 10^5 Pa$。

5.3.3　注射成型的异常现象与对策

在注射成型过程中，由于各方面的原因，可能造成制品的某些缺陷，或导致生产不正常，废品率很高，这是聚酰胺制品生产中常常遇到的问题。应针对某一问题进行分析，找出原因，提出解决问题的办法。我们试图从注射成型工艺、设备模具结构及原料等方面来分析各种可能存在的问题。同时，还针对聚酰胺加工特性来分析成型过程的现象，有针对性地修正有关工艺参数，以实现正常生产，保证制品质量。

还应指出的是，不同的聚酰胺品种，由于结构与组成上的差异，其加工特性是不同的。因此，对某一品种甚至同一品种，其组成不同也应适当调整其工艺。即使是同一品种，对于不同设备，其工艺也应作适当调整，才能保证产品质量的均一性。

聚酰胺制品成型缺陷分析与措施列于表 5-15 中。

表 5-15　聚酰胺注射成型的异常现象及解决方法

异常产生原因	解决措施
一、制品未打满 ① 注塑料筒温度过低 ② 模具太冷,模温过低 ③ 加料量不够 ④ 制品质量超过注塑机的最大注射量 ⑤ 加料量过多(压力损耗在压实冷料上) ⑥ 注射压力太小,注射速度太慢 ⑦ 喷嘴温度低,物料在机头处冷凝(于尖) ⑧ 柱塞或螺杆退回太早,注射时间不够 ⑨ 浇口太小、太薄或太长 ⑩ 模具没有排气孔或位置不当	① 提高料筒温度 ② 减少模具冷却水,提高模温 ③ 增加加料量 ④ 选择适合制品成型注射量的设备 ⑤ 适当减少加料量 ⑥ 适当提高注射压力 ⑦ 提高喷嘴温度 ⑧ 保证合适的注射时间和保压时间 ⑨ 加大模具浇口 ⑩ 模具需合理设计排气装置
二、制品溢流 ① 注射压力太大 ② 锁模机构磨损,锁模力太小 ③ 料温太高 ④ 模具的接触面不平,模具磨损变形 ⑤ 模具接触平面落入异物	① 降低注射压力 ② 修理设备,提高锁模力 ③ 降低料筒温度 ④ 修理模具 ⑤ 及时清理模具中的异物
三、有凹痕(由于收缩率大造成凹坑) ① 浇口及流道太小 ② 料温太高 ③ 模具温度太高 ④ 加料量不足 ⑤ 注射及保压时间不够 ⑥ 制品太厚或薄厚悬殊	① 扩大浇口 ② 降低料筒温度 ③ 有效冷却模具 ④ 调整加料量 ⑤ 加长保压时间 ⑥ 合理设计模具,壁厚应尽量均匀一致

异常产生原因	解决措施
四、有熔接痕（合料线） ① 料温太低 ② 注射压力太低,注射速度太慢 ③ 模具温度太低 ④ 浇口太多 ⑤ 制品壁厚不均 ⑥ 脱模剂用量太多 ⑦ 模腔排气不佳	① 提高料筒温度 ② 提高注射压力及速度 ③ 提高模具温度 ④ 适当减少浇口数量 ⑤ 提高模具制作精度 ⑥ 减少脱模剂用量 ⑦ 增加排气
五、制品表面有波纹 ① 料温太低,树脂黏度大,流动性差 ② 注射压力小,速度太慢 ③ 模具温度低 ④ 模具浇口太小	① 提高料筒温度 ② 提高注射压力 ③ 提高模具温度 ④ 加大浇口
六、有气泡和真空泡 ① 原料中含有水分、溶剂或其他低挥发物 ② 料温太高,受热时间长 ③ 注射压力太小 ④ 制品太厚,表里冷却速度不同,内部产生真空泡 ⑤ 模具温度太低 ⑥ 注射时间太短	① 成型前先将原料进行干燥 ② 降低料筒温度 ③ 提高注射压力 ④ 加大流道及浇口尺寸 ⑤ 适当提高模具温度 ⑥ 延长注射时间
七、有黑点及条纹 ① 塑料分解出现黑色斑点 ② 模具无排气孔或排气孔位置不当 ③ 柱塞与料筒间隙太大,粒料在间隙中受热时间过长分解而变黑,或是由于坚硬颗粒使螺杆磨损而出现黑云	① 合理控制工艺温度,避免塑料过热分解 ② 合理开设排气孔 ③ 及时维修机器,增加料缸冷却
八、有银丝和斑纹 ① 物料分解后的产物进入模腔,以致出现斑纹 ② 原料中含水量过高,水汽混在料中产生银丝 ③ 原料中含有易挥发物	① 降低料筒温度 ② 原料使用前进行化验,控制含水量或进行预热干燥 ③ 成型前对原料进行干燥、预热
九、制品变色 ① 料温过高,颜色分解而致变色 ② 塑料在料筒中停留时间过长,受热分解 ③ 润滑剂涂得过多	① 选择耐高温的染料 ② 减少物料在料筒中的停留时间 ③ 减少润滑剂用量
十、制品变形、翘曲 ① 冷却时间短,制品未完全定型 ② 制品厚薄不均,冷却时收缩不均 ③ 注射两次,注射压力太大,保压时间过长 ④ 制品顶杆位置不当,顶出时受力不均 ⑤ 物料温度低或塑化不均匀	① 延长冷却时间或降低模型温度 ② 制品设计力求合理 ③ 降低第二次注射压力,缩短保压时间 ④ 合理布置顶杆 ⑤ 提高料筒温度
十一、制品出现裂纹 ① 模具太冷 ② 制品在模具内冷却时间过长,塑料和金属嵌件收缩不同 ③ 制品顶出装置倾斜或不平衡 ④ 顶出杆截面积太小或数量太少,分布不当 ⑤ 制品斜度不够,脱模困难	① 提高模具温度 ② 适当减少冷却时间,或对金属嵌件进行预热 ③ 调整顶出装置 ④ 正确设计顶出装置 ⑤ 制品设计合理,要有一定斜度

异常产生原因	解决措施
十二、制品粘模（脱模困难）	
① 模腔表面光洁度不够	① 提高模具光洁度，最好表面镀铬
② 模具斜度不够（特别是形状较深的制品）	② 增大模具倾斜度
③ 注射压力较大，物料进入模具镶块处的缝隙	③ 修理模具
④ 模具温度高低和冷却时间长短不适当	④ 型芯面难脱模时可提高模具温度、缩短冷却时间，型腔中央难脱模时可降低模具温度、增加冷却时间
⑤ 模具磨损划伤造成制品飞边，脱模困难	⑤ 修理模具
⑥ 模具排气不当	⑥ 增加模具排气结构
十三、主流道粘模	
① 主流道斜度不够，光洁度差	① 增加斜度，保证光洁度
② 机器喷嘴孔径与模具主流道配合不当	② 按符合设备要求尺寸设计主流道尺寸
③ 主流道无冷料穴	③ 增加冷料穴
十四、制品脱皮分层	
① 原料中含有相容性差的不同塑料的混杂物	① 按不同种类和型号分别存放
② 同种树脂不同牌号相混，流动性不同	② 按熔融指数不同分别使用
③ 料中混入杂物	③ 随时保持原料清洁
十五、制品脆性强度下降	
① 料温太高，物料受热时间过长，塑料分解	① 降低料筒温度或减少受热时间
② 金属嵌件和塑料收缩不一致，造成内应力	② 对嵌件预热，保证嵌件周围有足够的塑料
③ 原料回用次数太多	③ 减少回用次数
④ 原料中含水量过大	④ 加强原料干燥

　　改性聚酰胺与纯聚酰胺树脂比较，由于加入改性剂，聚合物树脂组成发生了变化，因而，其加工性能也随之改变。改性对注射成型的影响归纳于表 5-16 中。

表 5-16　聚酰胺改性对注射成型的影响

改性	影响	结果
共聚	熔点和结晶速率降低	周期加长
增强	黏度升高，趋于翘曲，设备磨损	压力加大，设备磨耗，影响制件和模具的设计
填充	黏度升高，设备磨损	压力加大，设备磨耗
增韧	黏度升高，结晶可能加快	压力加大，周期缩短
阻燃	对温度敏感	熔体温度下降，料筒尺寸和停留时间为最小
增塑	刚性减弱，熔点和结晶度降低	周期加长
成核剂	结晶加快，收缩减弱	周期缩短，制件尺寸增加，韧性减弱
着色剂	收缩可能加强也可能减弱	制件尺寸改变
透明化	非晶型，没有凝固点，黏度升高	熔体温度升高，周期加长

　　从表 5-16 中看到，增强、填充改性使共混聚酰胺的流动性下降。各种添加剂对产品性能有很大影响，在设计改性聚酰胺成型工艺时，必须考虑各种因素的影响，有时，也可由供应商提供参考工艺，或共同试验找到合理的工艺条件，以获得满意的产品。

5.4 聚酰胺挤出成型

5.4.1 概述

聚酰胺的挤出成型应用很广，主要产品有板材、棒材、管材（包括软管与硬管）、单丝、薄膜、纤维等，其中产量最大的是纤维，纤维的成型除挤出拉丝外还涉及牵伸、加捻、络筒等多个工序。关于 PA 纤维的生产请参阅有关专著。本节主要介绍 PA1010、PA6 棒材，PA11、PA12 软管，PA6、PA66、PA610 单丝，PA6 薄膜的成型方法。

挤出成型与注射成型相比，具有以下特点：

① 连续化生产，生产效率高，产量大，产品质量均一；

② 生产操作简单，自动化程度高，工艺控制可实现计算机控制；

③ 劳动强度小；

④ 生产成本低；

⑤ 一机多用，同一挤出机上更换模头便可生产不同的产品。

塑料挤出成型亦俗称挤塑，是使高聚物的熔体在挤出机的螺杆或柱塞的挤压作用下通过一定形状的口模而连续成型，所得的制品为具有恒定断面形状的连续型材。

挤出成型工艺适合于所有的高分子材料，几乎能成型所有的热塑性塑料，也可用于热固性塑料。根据口模的不同，塑料挤出的制品有管材、板材、棒材、薄膜、单丝、各种异型材等。目前约 50% 的热塑性塑料制品是挤出成型的。此外挤出工艺也常用于塑料的着色及塑料的共混改性等。以挤出为基础，配合吹胀、拉伸等技术则发展为挤出-吹塑成型和挤出-拉幅成型，制造中空吹塑和双轴拉伸薄膜等制品。

根据挤出物料塑化方式不同，挤出成型可分为干法挤出和湿法挤出。干法挤出是靠外加热将物料变成熔体，塑化与挤出成型在挤出机内完成，制品的定型处理为简单的冷却固化；湿法挤出是通过有机溶剂对物料的作用，使其成为黏流状态，塑化是在挤出机之外预先完成的，制品的定型处理是依靠溶剂的挥发而固化，但考虑到溶剂的污染等问题，实际生产中应用并不多。

挤出设备有螺杆挤出机和柱塞式挤出机两大类，前者为连续式挤出，后者为间歇式挤出。螺杆挤出机又可分为单螺杆挤出机和多螺杆挤出机，目前单螺杆挤出机是生产上用得最多的挤出设备，也是最基本的挤出机。多螺杆挤出机中双螺杆挤出机发展最快，其应用也逐渐广泛。柱塞式挤出机是借助柱塞的推挤压力，将事先塑化好的或由挤出机料筒加热塑化的物料从机头口模挤出而成型的。其生产是不连续的，而且对物料没有搅拌混合作用，故生产上较少采用。但由于柱塞能对物料施加很高的推挤压力，只应用于熔融黏度很大及流动性极差的塑料，如聚四氟乙烯和硬聚氯乙烯管材的挤出成型。

5.4.2 板材挤出成型过程与工艺

塑料板、片与薄膜之间是没有严格的界限的，通常把厚度在 0.25mm 以下的称为平膜，在 0.25~1mm 的称为片材，1mm 以上的则称为板材。

塑料板材的生产常采用挤出成型工艺，用该工艺生产板材有两种方法。较老的方法是利用挤管法先挤出管子，随即将管子剖开，展平而牵引出板材，此法可用于软板生产。这种方法，不仅在加大管径时有困难，限制板材的宽度，而且由于板材有内应力，在较高温度下趋向于恢复原来的圆筒形，导致板材容易翘曲，故很少被应用。目前，常用狭缝机头直接挤出板材（硬板或软板）。挤板工艺还适用于片材和平膜的挤出。图 5-10 为狭缝机头挤板工艺流程图。

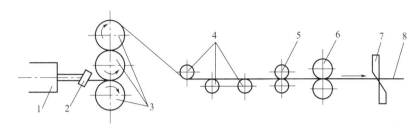

图 5-10　挤出工艺示意图

1—挤出机；2—狭缝机头；3—压光机；4—冷却导辊；5—切边装置；

6—牵引装置；7—切割刀；8—塑料板材

如图 5-10，塑料经挤出机从狭缝机头挤出成板坯后，经过三辊压光机、切边装置、牵引转置、切割装置等，最后得到塑料板材。

挤出板材的狭缝机头的出料口既宽又薄，塑料熔体由料筒挤入机头，由于流道由圆形变成狭缝形，必须采取措施使熔体沿口模宽度方向有均匀的速度分布，即要使熔体在口模宽度方向下以相同的流速挤出，以保证挤出的板材厚度均匀和表面平整。

压光机的作用是将挤出的板材压光和降温，并准确地调整板材的厚度，故它与压延机的构造原理有些类似，对辊筒的尺寸精度和光洁度要求较高，并能在一定范围内可调速，能与板材挤出相适应。辊筒间距可以调整，以适应挤出板材厚度的控制；压光机与机头的距离应尽量靠近，否则板坯易下垂发皱，光洁度不好，同时在进入压光机前易散热降温而对压光不利。

从机头出来的板坯温度较高，为防止板材产生内应力而翘曲，应将板材缓慢冷却，要求压光机的辊筒有一定的温度。经压光机定型为一定厚度的板材温度仍较高，故用冷却导辊输送板材，让其进一步冷却，最后成为接近室温的板材。

在三辊压光机中，上辊和中间辊之间始终保持有少量的树脂料垄（即压辊间隙中存留少量的物料）存在。该料垄像树脂储槽一样，能补偿挤塑机在挤出过程中少量的供料波动以及上光辊的少量偏心。料垄的大小一定要合适：如果料垄太大，则料垄树脂因在辊隙间辊动而被氧化，使片料的表面形成人字形的图案；如果料垄太小，则片料的表面会出现不均匀的小坑，通常称为"熔潭"或"熔湖"。

定型辊的温度应尽可能高些，一般比在该辊的熔体温度低 5～10℃。PA66 的定型辊温度为 95～135℃，其他树脂的定型辊温度稍低一些。当定型温度过低时，因低聚物凝聚，在片料表面会形成油状物质或白色粉末，损坏片料的表面。当片料的厚度为 0.75mm 时，料垄的大小就特别难控制。

在牵引装置的前面，有切边装置可切去不规则的板边，并将板材切成规定的宽度。牵引装置通常是由一对或两对牵引辊组成，每对牵引辊通常又是由一个表面光滑的钢辊和一个具有橡胶表面的钢辊组成。牵引装置一般与压光机同速，能微调，以控制张力。

切割装置用以将板材裁切成规定的长度。

5.4.3 棒材挤出成型过程与工艺

5.4.3.1 PA1010 棒材挤出成型

PA1010 是我国特有的聚酰胺品种，其最大的特点是具有很高的延展性，在拉力作用下，可牵伸至原长的 3～4 倍。同时还具有优良的抗冲击性能和耐低温冲击性能，广泛用作机械部件，如齿轮、密封件、轴套、轴瓦等结构件。

PA1010 的另一个特点就是固态下十分坚硬，在其熔点以上，即熔融状态下的流动性很好，熔体黏度很低，很适合挤出成型。

（1）PA1010 棒材成型过程与设备

如图 5-11 所示，PA1010 棒材的连续挤出生产工艺流程，看似简单，实际上要得到优良品质的棒材也不容易，过程的控制与设备的结构要求较高。

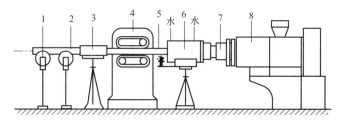

图 5-11　PA1010 棒材连续挤出过程示意图

1—导轮；2—PA1010 棒；3—托架；4—牵引机；5—电珠；6—水冷却定型模；7—机头；8—挤压机

PA1010 挤出设备中关键是螺杆与定型装置。由于 PA1010 熔体黏度小，挤出速度快，因而，要求螺杆结构与其他聚酰胺用螺杆有所不同，如图 5-12 所示。这种螺杆为单头全螺纹等距、突变压缩型，长径比为 18∶1，压缩比为 3∶1。

图 5-12　PA1010 连续挤压螺杆

机头与定型模是 PA1010 成型的关键部件。图 5-13 为机头定型模的内部结构与接连方式。在机头与螺杆连接处装有一块过滤板，其作用是过滤杂质及微量未塑化的颗粒，另一个作用是起到熔体分配使物料进一步均化及增压的作用。

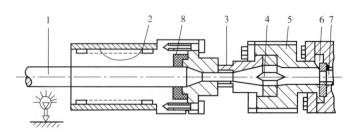

图 5-13　挤压机机头和水冷却定型模

1—PA1010 棒；2—水冷却定型模；3—机头与水冷却定型模连接部分；4—分流梳；5—机头；

6—粗滤板；7—螺杆；8—聚四氟乙烯绝热隔板

定型模分为三个部分：热体、绝热隔板与冷体部分。绝热隔板是关键部件，它能保证冷却模内形成明显的冷热界面，保证出料均匀及形成表面光滑、内部无气孔的连续棒材。定型模的内径应略大于棒材的直径，以补偿棒材冷却收缩。PA1010 棒材的收缩率约 2%～5%。定型模的长度与棒材直径有关，棒材直径愈大，定型模长度则愈短。

（2）PA1010 棒材成型工艺

根据 PA1010 加工特性，PA1010 棒材挤出工艺的设定原则是采取高温快速挤出，其工艺列于表 5-17 中。

表 5-17　PA1010 棒材挤出成型工艺

工艺项目	工艺条件	工艺项目	工艺条件
螺杆转速/(r/min)	10～11	机头与定型模处温度/℃	210～220（后）
进料段温度/℃	265～275		200～210（前）
熔融段温度/℃	275～280	水冷却定型模冷体温度/℃	70～80
均化段温度/℃	280～285	牵伸速度/(mm/min)	45～50
机颈温度/℃	270～280		
机头温度/℃	250～255（后）		
	200～220（前）		

（3）PA1010 挤出过程的注意事项

① 原料的含水量　必须控制在 0.1% 以下，含水量过高，会因熔体发生水解而导致熔体流动性能变化，造成挤出压力不稳。同时，由于水分子的存在，在熔融高温下产生气体，存在于熔体中，可能形成气泡、表面不光滑、银纹等，严重影响产品质量。因此，在使用之前，原料必须进行干燥。

② 冷却　冷却的目的是促进熔体固化，保证棒材尺寸均匀。冷却的方式有水冷、油浴和空气自然冷却。由于棒材的固化是由表至内的，当棒材内部固化时，其表面会产生收缩。因此，工业上采用短距离冷却、空气自然冷却或恒温油浴等办法消除棒材固化造成的收缩空洞。

③ 关于添加加工流动改性剂的问题　在棒材挤出中，模具的温度比较低，熔体经过模具时流动性下降。添加流动改性剂，能使熔体流动性增加，提高棒材的表面光洁度。这种助剂的主要成分是低分子量聚酰胺，其用量在 1% 左右。添加流动改性剂，还能提高挤出量，降低设备磨损，提高生产效率。

5.4.3.2　PA6 棒材挤出成型

（1）PA6 棒材的成型过程与设备

PA6 棒材的生产成型过程与 PA1010 类似，如图 5-11 所示。机头与定型模也是 PA6 成型的关键部件，机头与定型模之间也需绝热隔板，如耐高温 PTFE 隔板。

图 5-14 为 PA6 棒材成型用的一种无分流锥的机头成型模结构。其结构特点是加热区流道中心无鱼雷状分流锥，且加热部分结构与定型冷却部分结构分开加工，

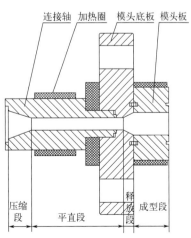

图 5-14　挤出模具成型模结构

通过螺栓连接在一起，中间夹持耐高温的隔热材料，例如聚四氟乙烯材料，以防止热量流散。此种结构适合大尺寸的棒材挤出，可以保证熔体充分流动，且无分流锥结构减少了熔体熔接痕的产生。

从左至右依次为熔体压缩段、平直段、释放段、成型段。

压缩段的功能主要是排除熔体挤出过程中的气泡、空穴等，增大熔体密度。压缩段的长度要适中，过长容易增加熔体流动的阻力，不利于挤出成型；过短则会使熔体内部的剪切应力和拉应力增大，加剧聚合物熔体分子内部的摩擦和剪切生热，使熔体实际挤出温度升高。压缩段的压缩角 α 一般取 $20°\sim40°$，视棒材粗细和材料黏度特性而定。

平直段的主要作用是均压、理顺聚合物的分子链。

释放段与成型段相连接，使聚合物熔体平缓地过渡到冷却定型段，且可以减少熔体内部的剪切应力。释放段的释放角 β 通常取 $110°$ 以内，选取的时候还要考虑到易于补料。典型的释放角为 $45°$，以便于塑料棒中心区快速补料。扩张角不能过大，否则会产生死角。出口处的直径约等于定型模的内径，尺寸公差为 $\pm0.1mm$。

为了排除熔体挤出过程中形成的气泡和空穴，提高成型质量，成型模流道截面呈不同直径的圆形。根据成型聚合物材料的不同，一般应具有一定的压缩比，即压缩段入口截面面积与平直段流道截面面积的比值。对于 PA6，挤出成型压缩比一般取 $2\sim4$。

棒材挤出模具定型模结构的正确设计对保证棒材制品的质量至关重要。挤出成型棒材制品的表面质量主要取决于定型模，尤其是定型模的冷却方式和冷却结构对于挤出棒材制品表面的光洁度和银纹的消除具有决定性的作用。此外，定型模结构也影响着棒材内部的致密度。

图 5-15 给出了一种 PA6 棒材挤出模具定型模结构，为马鞍形三段式定型模结构，分为压缩段、定径段和释放段。压缩段，采用 $150:1$ 的较小锥度，可以补偿棒材冷却定型过程中因收缩造成直径减小而形成的空隙，对成型棒材进行压缩提高内部致密度和表面的光洁度，又不会对挤出过程的阻力提升太多，造成流道堵塞。释放段，采用 $70:1$ 的锥度，在保证棒材冷却效果的同时还可以有效减少挤出过程中的阻力。对冷却结构进行了改进，采用了螺旋形随型冷却水道，保证冷却水沿着螺旋形随型冷却水道均匀可控地进行冷却，而且通过控制冷却水的流动速率来控制棒材冷却速率。挤出模具定型模的长度与内径之比通常为 $5\sim10$，小直径取大值，大直径取小值。冷却定型模内径尺寸主要根据不同塑料收缩率大小而定，如直径为 $40\sim120mm$ 的 PA6 棒材，其收缩率为 $2.5\%\sim5\%$。

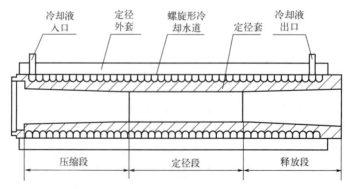

图 5-15　PA6 棒材挤出模具冷却定型段结构

（2）PA6 棒材成型工艺

在挤出前，将所用的 PA6 材料在 80℃ 干燥箱中恒温干燥 16h。

由于聚酰胺黏度低、流动性好，挤出棒材的线速度较快，中心熔料流动层长于冷却定型模。聚酰胺熔料在定型内表面凝固层薄，故常发生棒材不圆或棒表面穿孔、溢料、胀死等疵病。为此，冷却定型模的温度应该低些，取 40～60℃ 为宜。为解决棒的中心孔问题，需快速补料，要降低料筒均化段温度，减慢棒材线速度，提高机头温度以快速补料。PA6 棒材挤出成型工艺列于表 5-18 中。

表 5-18　PA6 棒材挤出成型工艺

工艺项目	工艺条件	工艺项目	工艺条件
螺杆转速/(r/min)	5～15	机头与定型模处温度/℃	210～220（后）
进料段温度/℃	220		200～210（前）
熔融段温度/℃	225	水冷却定型模冷体温度/℃	40～60
均化段温度/℃	230	牵伸速度/(mm/min)	120～360
机颈温度/℃	270～280		
机头温度/℃	230～240		

用定型模生产的棒材必须进行退火处理，以除去挤出时料坯成型所产生的内应力。利用棒材的热量，进行在线退火处理是最有效的退火方法，可以缩短退火处理时间，而料坯成型则应离线退火处理。表 5-19 为 PA6 棒材热处理工艺条件。

表 5-19　PA6 棒材热处理工艺条件

PA6 棒材直径/mm	热处理方法	热处理温度/℃	恒温时间/h
70～140	沸水煮法	100	2.5～4

5.4.4　管材挤出成型过程与工艺

聚酰胺管材分为硬管和软管。硬管主要用于工业原料的输送、供水、下水等用途。软管主要用于汽车燃油输送、制冷管、空调系统、刹车液输送和液压系统以及农用水管等。

汽车管材用聚酰胺有 PA6、PA66、PA610、PA11 以及 PA12，其中 PA11 和 PA12 是优异的软管材料。一是 PA11 和 PA12 的吸水性比 PA6 和 PA66 弱，在潮湿时能保持良好的力学性能和尺寸稳定性；二是具有优异的低温韧性；三是具有良好的耐应力开裂和动态疲劳性。

5.4.4.1　聚酰胺硬管挤出成型

在成型管材之前，应先对聚酰胺树脂进行干燥处理。为了提高干燥效率，防止干燥过程中聚酰胺树脂氧化变色，最好采用真空干燥方式。干燥条件：压力≤1333Pa，温度为 80～120℃，料层厚度＜25mm，时间为 10～16h。为了有效地防止干燥后的聚酰胺树脂再次吸水，挤出机应安装干燥式料斗。

由于聚酰胺熔体黏度低，考虑成型的需要，在机头口模的设计中，要采用较大的拉伸比，一般聚酰胺管材的拉伸比为 1.4～3.0。

若聚酰胺管材直径较小，物料从机头挤出后可垂直或水平直接进入冷却水槽；若为大直径管材，应采用真空定径法定径，经水冷却后牵出。聚酰胺管材的牵引装置应选用与管材接触面积较大的履带式牵引机。

成型聚酰胺管材的过程中，挤出机机头温度的设定应考虑：①为了提高固体输送效率及提高排气性，加料段温度应接近聚酰胺树脂的熔点；②压缩段要保证聚酰胺树脂熔融，设定温度应高于聚酰胺树脂熔点10～30 ℃；③机头口模温度应低于计量段，以保证定型的稳定性。聚酰胺管常用的挤出成型温度见表5-20。

表 5-20　几种聚酰胺管的挤出成型温度　　　　　　　　单位：℃

区域	PA6		PA66	PA1010
	中黏度	低黏度		
加料段	200～230	200～230	230～260	250～260
压缩段	240～260	250～270	270～290	260～270
计量段	240～260	250～270	270～290	260～280
机头	230～250	240～260	270～290	220～240

注：若以 Φ45mm 挤出机生产公称外径为 32mm 的 PA 管，螺杆转速为 15r/min，口模与定径套间的距离为 20mm。

5.4.4.2　PA11、PA12 软管的挤出成型

（1）PA11、PA12 软管的生产过程

PA11、PA12 软管的生产过程包括干燥、挤出成型、冷却、牵引、卷绕等工序，如图 5-16、图 5-17 所示。

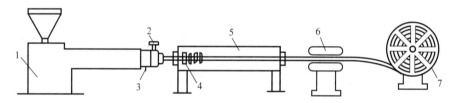

图 5-16　尼龙软管自由挤出生产工艺流程图

1—挤塑机；2—口模调节螺钉；3—压缩空气入口；4—定型环；5—冷却槽；6—索引单元；7—软管卷绕

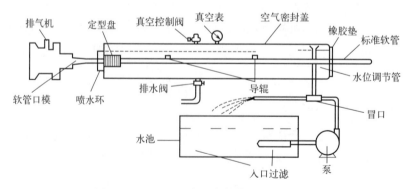

图 5-17　压差法生产尼龙软管的定型装置图

图 5-16 和图 5-17 是两种不同的生产工艺流程，其主要的差别在于定径方法的不同。图 5-16 为自由挤出法，图 5-17 为压差法。如图 5-16 所示，自由挤出法是在冷却槽上装一组简单的定型盘。一般用 20℃左右的冷水作冷却介质，通过调节螺杆转速、牵引速度、软管内

空气压力，并进行简单的口模与芯模配合，可生产多种规格的软管。这种常用的方法，主要适合于对软管圆度要求不是很高或小管径品种的生产。

对于大管径、对圆度要求较高的管材，则应采用压差法。压差法与自由挤出法的不同之处在于冷却槽是封闭式抽真空操作，模芯内有空气导入，软管内带有一定的压力。用压差法生产软管时，口模的内径应为定型盘，以利在定型盘处形成气封，而定型盘的内径则为管外径的 1.1 倍，树脂冷却收缩正好得到所需尺寸。

（2）PA11 软管生产工艺

① PA11 颗粒形状　树脂颗粒粗细对熔体压力、熔融塑化有一定影响。对于生产直径小、薄壁软管，要求树脂颗粒小而均匀，一般控制在 2mm×3mm 左右。对于大直径、厚壁管材，树脂颗粒的大小影响不大，但不能有连刀料，否则引起架桥，造成进料不均。

② 原料的干燥　虽然 PA11 的吸水性小，但也需进行干燥，保证其含水量在 0.2% 以下。原料含水量偏高会造成管材表面出现银纹或气泡。一般用真空干燥箱，干燥温度为 80～110℃，干燥时间为 5～8h。

③ 挤出温度　螺杆挤出机各区加热温度的设定，根据螺杆结构不同有一定的差异，需要在生产中去摸索最佳的设置。一般，按从料斗至机头的温度设置原则是两头低、中间高，依次为 225℃、230℃、230℃、230℃、225℃。根据管材壁厚、管径的不同，挤出温度应适当调整。

④ 挤出速度　挤出速度对产量、质量均产生较大的影响。挤出速度太慢，物料在螺杆中停留时间太长，会引起 PA11 的降解；挤出速度太快，给冷却定型带来困难。一般挤出速度在 1mm/min 左右，基本上能产生外观较好的管材。生产过程中，应以管材成型、外观是否光滑、壁厚是否均匀为挤出速度设定的依据。

⑤ 定径　定径对保证产品质量至关重要。通过定径来保证产品外观、尺寸的均一性。PA11 软管最好采用真空定径法，利用抽真空使 PA11 管外壁与定径套的内壁相贴，能得到非常光滑的外观。定径套的结构对定径效果起着关键的作用，如图 5-18 所示的定径套是由两个冷却区和一个真空区组成。在抽空处开很多小圆孔，并均匀分布在定径套真空区周围。根据不同规格的管材，选择真空区圆孔分布密度与孔径大小（一般为 1～2mm）。真空区长度约为定径套总长的 1/2，真空压力控制在 0.08～0.09MPa。

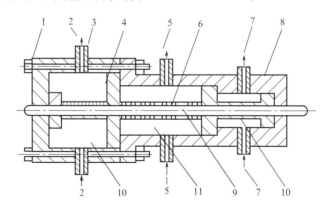

图 5-18　真空定径套结构示意图

1—定径芯模帽；2，7—定径套进、出水口；3—连接螺丝；4—定径芯模；5—定径真空管；6—抽真空圆孔；
8—定径芯模套；9—尼龙 11 管；10—冷却区；11—真空区

⑥ PA11 软管质量　PA11 软管的质量应包括两个方面：一方面，材料性能，如管材的耐压性能、低温韧性等指标，与基料质量有关；另一方面，管材的外观、尺寸的稳定性与均匀性，这与加工条件、生产过程控制有关。因此，严格的生产过程控制是保证产品质量的关键。表 5-21 列出了几种 PA11 管材的性能。

⑦ 挤出过程异常现象的处理　PA11 挤出过程中可能出现的异常现象及处理办法，归纳于表 5-22 中。实际工作中，对于出现的现象应先作分析，然后再进行调整。

表 5-21　PA11 挤出管材的性能

项目		额定值	实测值	
			国产料	BESNO
外观		表面光滑,无缺陷	表面光滑,无缺陷	表面光滑,无缺陷
外径[2]/mm		8±0.1	8.04 8.02 8.04	8.03 8.04 8.03
壁厚[2]/mm		1±0.1	1.02 1.03 1.02	1.03 1.03 1.02
密度/(g/cm³)		1.02～1.06	1.028	1.028
熔点/℃		186±5	182～185	183～187
可萃取成分/%		2.0	0.72	0.64
爆破压力[2]/MPa		9.70	10.8 11.0 11.0	10.9 11.0 11.0
相对强度[1][2]/(N/mm²)		34	37.8 38.5 38.5	38.2 38.2 37.8
冲击强度/(J/m)	(23±2)℃	6.0 或不断不裂	均未断裂	均未断裂
	(−40±3)℃	4.0 或不断不裂	均未断裂	均未断裂
热稳定性（在 150℃保持 72h,放置至室温后进行冲击测试）		应符合耐冲击性要求	均未断裂	均未断裂

① 依据 DIN 73378 标准。

② 实测三次的数据。

表 5-22　PA11 挤塑中易出现的制品缺陷及解决办法

制品缺陷	解决办法
圆正度差	疏通真空眼,检查真空段是否漏水;调整口模与定型盘中心在同一轴线,调整牵引速度和螺杆转速相匹配
表面呈竹节状	适当降低口模温度,机头温度,减小其一定径口温室差;疏通真空眼
内壁呈竹节状	牵伸比太小,适当放大;挤出速度太快,适当增减螺杆转速和牵引速度
熔体破裂	提高机头口模温度,改进机头压缩比,清洗料筒
管外径尺寸不合规定标准	真空定径挤出时,对于低黏度或增塑级 PA11,模口直径应比定径口直径大 10%～20%,对于高黏度 PA11 或在高速挤管时,二者应大致接近

5.4.5　单丝挤出成型过程与工艺

聚酰胺单丝主要用于渔线、渔网、绳索、牙刷、毛刷、蚊帐丝、拉链、医用滤网、工业滤网等，单丝是聚酰胺较大的应用市场。

适合单丝成型的聚酰胺主要有 PA6、PA66、PA610、PA612 等。PA6 和 PA66 可生产高强绳索、渔网、渔线。PA610 和 PA612 具有一定的刚性和柔性，适宜制作牙刷。图 5-19 为聚酰胺渔网丝和拉链丝。

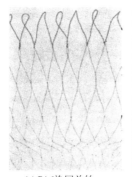

(a) PA6渔网单丝，
直径0.4mm

(b) PA66拉链单丝，
直径0.2~1.2mm

图 5-19　PA 渔网丝与拉链丝

5.4.5.1　聚酰胺普通单丝挤出工艺

（1）聚酰胺单丝成型过程

如图 5-20 所示，聚酰胺单丝成型过程包括熔融挤出、冷却、牵伸、热处理与卷绕等工序。单丝经两步拉伸，在冷却水箱中第一次预拉伸，再在热处理烘箱中二次拉伸。

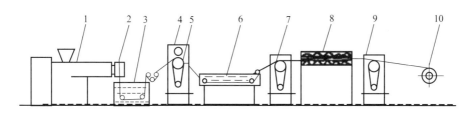

图 5-20　尼龙单丝生产工艺流程图

1—挤出机；2—机头；3—冷却水箱；4—橡胶压辊；5—第一拉伸辊；6—热拉伸水箱；7—第二拉伸辊；
8—热处理烘箱；9—热处理导丝辊；10—卷取筒

单丝的成型类似纺丝，其差别主要是单丝的直径在 0.09～2.5mm 之间，比一般纺丝单纤的直径大；其次在于单丝采用水冷却，纺丝成纤采用空气冷却。

聚酰胺单丝的挤出设备一般选用 ϕ45mm、ϕ65mm 挤出机，长径比为 25～28，螺杆的几何压缩比为 4.0～4.5，过滤网更细些，一般为 40～120 目。

单丝挤塑的机头为直角式，其结构如图 5-21。聚酰胺熔体从螺杆挤出经过多孔板进入机头内，机头内流道呈圆锥形，其收缩角 β 通常为 30°，扩

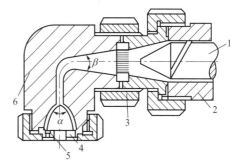

图 5-21　单丝挤塑的机头

1—螺杆；2—料筒；3—多孔板；4—出丝孔板；
5—流器；6—机头体

张角 α 一般为 30°～80°。聚酰胺熔体经分流器均匀地输送到喷丝板，通过喷丝板挤出成多股单丝。喷丝板的孔深和孔径之比有一定要求，一般为（4～10）：1。

301

（2）聚酰胺单丝成型工艺

聚酰胺单丝的挤出工艺类似纺丝工艺，但螺杆温度略低于纺丝温度，喷丝板到冷却水面的距离应为 15～40mm。表 5-23 列出了 PA6、PA66、PA610 的单丝成型工艺。

值得指出的是，不同品种、不同用途对单丝的强度、直径大小要求不同，成型的工艺是不同的。如确定牵伸倍数时，应根据单丝强度要求来定，冷却温度对 PA 结晶取向速度与结晶度有很大影响，结晶度大小将影响单丝的强度。

聚酰胺单丝总的拉伸倍数一般为 3.0～5.5 倍。生产牙刷丝时总的拉伸倍数为 4.5 倍。一般来说，普通钓鱼丝的牵伸总倍数应控制在 4.2 左右，而对高强低伸的钓鱼丝，需把倍数提高到 4.6～5.2。牵伸倍数更高时，单丝强度也会更大，伸长率下降；但过高的倍数，会因为牵伸困难导致断头。

表 5-23　部分聚酰胺单丝成型工艺

工艺条件		PA6	PA66	PA610
螺杆温度/℃	后部	180～210	210～230	180～200
	中部	210～230	240～260	210～230
	前部	230～240	260～270	230～240
机头温度/℃		240～250	270～280	230～240
喷丝板温度/℃		250～260	270～280	240～245
冷却水温/℃		30～40	40～60	30～40
一次牵伸倍数		2.5～3.5	2.5～3.5	2.0～3.0
二次牵伸倍数		1.2～1.5	1.0～1.6	1.0～2.0
总牵伸倍数		4.5～5.5	3.5～5.5	3.0～5.0

较高的抗张强度是通过拉伸时线状分子链的定向来达到的。图 5-22 给出了 PA6 的抗张强度、断裂伸长率和拉伸比之间的关系。图中所标的实际比数是拉伸辊的圆周速度，如果拉伸力传递时没有发生打滑现象，则这种速度与拉伸比相同（拉伸比的倒数指的是拉伸系数）。结果表明直径为 0.2mm 的 PA6 单丝的抗张强度随拉伸比的增加而升高，当拉伸比为 1:5～1:6 时，抗张强度达到最大值，但是断裂伸长率会下降。

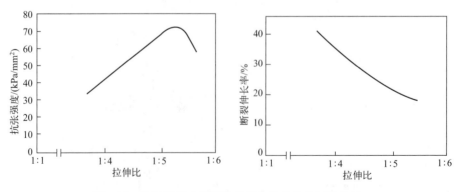

图 5-22　抗张强度和断裂伸长率与拉伸比的函数关系

尼龙 6 单丝直径 0.2mm，二级拉伸制得

细的单丝比粗的单丝容易达到均匀的定向效果。图 5-23 是最大的抗张强度与单丝直径之间的关系曲线图。

经过强力拉伸的单丝收缩率较大，单丝的内应力也较大，用热处理的方法可以减少单丝的收缩率和内应力。

单丝未经热处理就收卷，卷取筒中的单丝会因收缩而相互嵌入，无法倒丝，甚至会使卷取筒变形或产生裂缝。即使单丝立即织成网、布等制品，在存放和使用过程中，单丝受热仍会发生回缩，制品尺寸不稳定。因此，单丝经

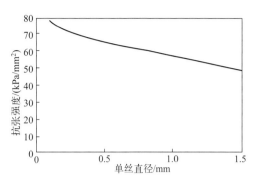

图 5-23　尼龙 6 二级拉伸的单丝
直径与抗张强度的函数关系

拉伸后必须重新加热，让单丝有一定的收缩，使单丝尺寸稳定。

对于结晶型的聚合物，热处理温度最好保持在 T_m 附近，使单丝中的结晶度尽可能地提高，使单丝的强度能大幅度地提高。当然，对于要求不高的单丝也可以不要热处理这道工序。

（3）PA 单丝成型中应注意的问题

① 原料分子量　以 PA6 为例，应选择流动性好、分子量在 1.4 万～1.6 万的树脂。应注意，树脂分子量小于 1.4 万时，无法生产；大于 1.6 万时，则断头多。

② 原料含水量的控制　一般要求原料含水量小于 0.1%。含水量偏高，会出现断头、气泡，给牵伸带来困难。

③ 喷丝板孔径与单丝直径的调节　如图 5-21 所示，喷丝板的喷丝孔一般呈圆周均匀分布，孔数与挤出机螺杆直径有关，孔径大小主要由单丝直径和牵伸比决定。喷丝板孔径通常有 0.8mm、0.9mm、1.0mm 三种。若孔径偏大时，可通过提高牵伸速度来调节，但由于牵伸速度太大会使卷绕困难，另一方面单丝强度要求确定后，其牵伸倍数是一定的，只能在小范围内调节。因此，选择喷丝板孔径时，应由单丝直径决定，即单丝直径增大，孔径也须增大。

④ 关于稳定挤出的问题　如同纺丝一样，单丝的成型要求熔体稳定挤出，挤出不稳定，势必造成单丝粗细不匀，甚至断头。实现稳定挤出的条件是螺杆内机头熔体压力保持稳定，供料量恒定。因此，要求原料质量稳定，即树脂分子量波动很小。在操作上，通常在挤出机机头与模具间安装计量泵，可以保证熔体挤出的均匀性。每种物料的计量泵应是特定的，如用于 PP 的计量泵输送聚酰胺，聚酰胺会产生泄漏。

（4）异常现象产生的原因及解决办法

在单丝生产中，常会出现一些不正常的现象，现将异常现象和产生原因及解决方法归纳于表 5-24 中。

表 5-24　单丝生产中的异常现象、产生原因及解决方法

异常现象	产生原因	解决办法
喷丝板处断头多	机头温度过低 料筒后部温度过高 原料有杂质或有分解的黑点 第一拉伸辊速度太快 喷丝孔不符合要求	升高机头温度 开大加料口处冷却水流速 换原料或加过滤网 降低第一拉伸辊速度 调换喷丝板

异常现象	产生原因	解决办法
热拉伸水箱中断头多	拉伸温度过低 拉伸倍数过高 橡胶压辊损坏 热水箱中压轮损坏 原料有杂质或分解现象	升高拉伸温度 降低拉伸辊速度 调换橡胶压辊 调换压轮 调换原料或拆洗机头
单丝细度公差太大	喷丝孔加工不合理 拉伸辊筒打滑或传动皮带打滑 卷取张力太小	调换喷丝板 检修拉伸轴承、传动皮带 调换皮带轮
单丝表面呈竹节状	喷丝孔表面太粗糙 挤出机转速太快 过滤网层数太多 机头温度偏低 喷丝板漏料	磨光喷丝板 降低挤出机转速 减少过滤网层数 升高机头温度 清理喷丝板
单丝表面有气泡	原料含水量过高 挤出温度过高,料分解	原料干燥 降低挤出温度
单丝太粗	拉伸倍数不足 拉伸速度太慢 喷丝孔孔径磨损	提高牵引倍数 增加拉伸速度 调换喷丝板
单丝太细	拉伸速度太快 挤出温度偏低 过滤网被杂质堵塞	降低拉伸速度 提高挤出温度 清理过滤网
单丝强度偏低	原料树脂分子量太小 拉伸倍数偏低或过高 冷却水温度高 拉伸温度太低 拉伸时间不够	调换原料 调整拉伸温度 降低冷却水温度 提高拉伸温度 加长拉伸水槽长度

5.4.5.2　抛光轮专用耐磨抛光丝生产过程与工艺

抛光丝，也叫磨料丝，是一种混有磨料颗粒的聚酰胺单丝，用于制造磨料丝刷，磨料丝刷已广泛用于纺织机械、金属表面刨光、非金属磨毛等行业。作为一种新兴的工业毛刷，聚酰胺磨料丝刷发挥着越来越广泛的作用。一是磨料丝刷能有效去除零件表面加工后的毛刺、飞边，进行棱边倒圆、除锈、去氧化皮等；二是聚酰胺磨料丝刷能在原有基础上提高零件表面粗糙度等级 1～2 级；三是聚酰胺磨料丝刷可以使零件表面的力学性能得到明显改善和提高，如消除表面应力集中及微观裂纹、提高表面硬度、增加耐磨层厚度、改善零件使用性能、延长疲劳寿命。

耐磨抛光聚酰胺材料制备通常与单丝挤出为同一过程，即在挤出单丝过程中同时完成耐磨抛光聚酰胺材料的共混制备，下面连同材料制备介绍耐磨抛光丝生产过程与工艺。

（1）材料制备

耐磨抛光丝聚酰胺材料是用聚酰胺共混磨料颗粒，并添加少量的助剂制得，所用的聚酰胺包括 PA6、PA66、PA610、PA612、PA1010 等，其中磨料粒子选自二氧化硅、氧化铝、碳化硅和人造金刚石中的一种或多种。相对 PA6、PA66，PA612 与 PA610 由于更低的吸水性而对湿度变化不太敏感，从而这两种聚酰胺制成的含磨料丝的硬度和刚性均表现更加优良；相对 PA1010，PA612 与 PA610 丝的回弹性也更好。聚酰胺树脂需经过干燥处理。为提高磨料丝的耐磨性，磨料砂需经过硅烷偶联剂浸润表面处理。一般常用磨料为碳化硅（SiC）和氧化铝（Al_2O_3），磨料颗粒粒度由 40～800 目，磨料添加量一般从 10%～40% 不等，常见添加量为 20%～30%。氧化铝与碳化硅相比不易断裂，常用于修整较软的金属。碳化硅磨料中，铝化铁含量少于 0.1%，且不含铁，所以用碳化硅做成的刷子，可安全地用于铝制品，而不会有因铁污染所引起的腐蚀。一般而言，碳化硅丝较氧化铝丝硬，且较耐用。

耐磨抛光丝聚酰胺材料的制备，较老采用的方法是将磨料粉与尼龙共混后，一同注入挤出机的进料口进行送料，但这样对挤出机进料口处的螺杆料筒损伤极大。聚酰胺的密度为 1.05～1.14g/cm³，而磨料粉的密度为 3.95g/cm³，一般情况下虽然经过共混，但由于磨料粉体积小密度大，磨料成分易沉积于料斗底部，致使磨料粉与螺杆料筒进行经常性干摩擦，这是螺杆料筒极易损伤的重要原因。事实证明，生产时每次拆换螺杆料筒的原因均是进料口处的螺杆料筒受损，其余则完好无损。一般情况下生产 1t 磨料尼龙刷丝产品必须更换挤出机螺杆料筒一套。另外，因下料不均还会带来生产效率低、时间长及产量低的问题，大大增加了生产成本，此种方法已在淘汰。

现常用的制造方法是使用双螺杆挤出机，设置两个喂料口，以聚酰胺切片为主体材料，聚酰胺切片和磨料分别通过螺杆挤出机的两个喂料口，或者更多个侧喂料口喂送磨料颗粒，进入螺杆挤出机中进行物料混合。由于磨料被尼龙熔融体包围，所以能减小对螺杆和螺套的冲击，从而减小了对设备的磨损，降低了企业生产的成本。产量得到大幅提升，从原来每小时几十公斤的产量提升至每小时几百公斤。

（2）抛光丝挤出工艺

抛光丝的成型工艺与前面所述的单丝成型工艺相类似。如图 5-24 所示，喷出的单丝进入水箱冷却定型，然后分丝除水后进入第一牵伸机，再经第一热风箱烘烤后进入第二牵伸机进行第一次拉伸，拉伸倍率为 2.5～3.3 倍，热风箱的温度为 130～180℃；接下来进入第二热风箱加温烘烤，温度为 150～200℃；然后进入第三牵伸机中拉伸，倍率为 1.1 倍；接着进入第三热风箱及第四热风箱进行热风定型，第三热风箱的温度为 130～160℃，第四热风箱的温度为 100～120℃；最后进行卷取和裁剪后整理包装，得到成品。

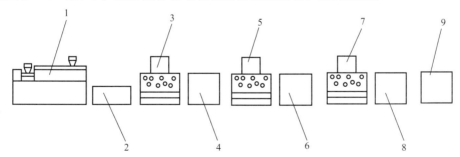

图 5-24　聚酰胺磨料丝挤出工艺图

1—双螺杆挤出机；2—水箱；3—第一牵伸机；4—第一热风箱；5—第二牵伸机；6—第二热风箱；
7—第三牵伸机；8—第三热风箱；9—第四热风箱

5.4.6 薄膜挤出成型过程与工艺

5.4.6.1 概述

薄膜的生产方法可划分为挤出流延法（也称 T 形模法或平膜法）、挤出拉伸法（平膜拉伸法）和挤出吹塑法（充气膨胀法或吹膜法或管膜法）。

流延法的原意是用溶剂将聚合物溶解后的一种成型方法，包括聚酰胺在内，大多数聚合物不适用于此种流延法。现在，大多数人都将挤出平膜法生产的薄膜称为"流延薄膜"。

拉伸薄膜按照拉伸方式分为单向拉伸与双向拉伸。当拉伸作用仅在薄膜的一个方向上进行时，称为单轴拉伸，此时材料的大分子沿单轴取向；如拉伸在薄膜平面的两个方向（通常相互垂直）进行时，称为双轴拉伸，此时材料的大分子沿双轴取向。单轴取向的薄膜，沿拉伸方向的拉伸强度高，但容易按平行于拉伸方向撕裂，因此单轴取向更多地在挤出单丝和生产打包带、编织条及捆扎绳时得到应用，而聚酰胺拉伸薄膜一般指双向拉伸。进一步地，双向拉伸还可分为同时双向拉伸和逐次双向拉伸两种方式。

挤出吹塑法是料从环形模头挤出成管状，向该管内吹入空气使其膨胀，再经冷却形成薄膜。挤出吹塑法有两种冷却方式：一种是空气冷却，称为上吹法；另一种是水冷却，称为下吹法。

挤出吹塑法要求吹塑成型材料有高的熔融黏度，以及熔融后的固化速度要慢。但聚酰胺的特性与此相反，其熔体黏度低、对温度敏感、热稳定性差及结晶速度快，这些特性使其加工性差，易出现皱纹、厚度均匀性差和造成制品性能较差。在实际应用中，聚酰胺很少用于单层挤出吹塑，通常将聚酰胺与其他材料复合挤出吹塑。

目前，聚酰胺薄膜工业化生产以流延膜、双向拉伸膜、多层复合膜为主。聚酰胺可以采用标准的挤出设备加工，水热处理或退火处理可以促进聚酰胺的重结晶以实现高的尺寸稳定性，制成高质量的薄膜。如生产热收缩膜，则不需要热处理或退火处理。表 5-25 为各种工艺所制的 PA6 薄膜基本性能对比。

表 5-25 尼龙 6 薄膜基本性能比较

薄膜种类	拉伸强度 (MD/TD)[①]/(N/mm²)	弹性模量 (MD/TD)/(N/mm²)	收缩率 (MD/TD)/%	拉伸比 (MD/TD)
流延膜	70/110	600/850	<3	—
吹膜（未拉伸）	95/90	1600/1600	1.5/1.0	—
双泡	220/190	2500/2300	1.5/1.0	2.7/2.5
两步	250/260	3500/3000	1.4/0.8	3.0/3.3
同步（机械）	250/270	3600/3500	1.0/0.8	3.3/3.3
同步（线性电机）	350/350	3700/3700	1.0/0.0	3～3.5/3～3.5

① MD—纵向；TD—横向。

值得指出的是，一般较少使用单一的聚酰胺薄膜作为包装材料，常与 PE、PP、EVOH 制备成复合膜，例如 PA/EVOH/PP、PA/PVDC/PP、PAMXD6/PP、PAMXD6/PA、PET/PA/PET 等形式。因 PA6 的性价比高于 PA66，所以复合薄膜大多用 PA6 而很少用 PA66，有时也用 PA610、PA612。

聚酰胺薄膜具有很好的气体阻隔性、耐穿刺性、耐蒸煮性、耐热性、耐油脂性、韧性、透明性，是食品保鲜膜的首选材料，主要用作氧敏性食物的包装，包括鲜肉类、香肠、熏肉、熏鱼等肉制品，以及谷物类食品、奶酪或奶制品、其他零食等。

下面重点介绍聚酰胺流延膜、双向拉伸膜和多层复合膜的生产。

5.4.6.2　聚酰胺流延膜的生产装置与工艺

挤出流延成型时，薄膜成平片状。在包装领域中，将这种平片状的薄膜称为"流延薄膜"。流延薄膜的生产工艺流程是树脂经挤出机熔融塑化，从 T 形机头通过狭缝式模口挤出，流延到冷却辊筒上，使塑料急剧冷却固化成一定厚度的薄膜，然后再经退火冷却定型后收卷。平膜成型装置工艺流程见图 5-25。

挤出流延薄膜的特点是易于大型化、高速化和自动化。所生产的塑料薄膜的透明性好于吹塑薄膜，强度可提高 20%～30%，厚度均匀，可应用于自动化包装；其缺点是设备投资大。目前，我国塑料薄膜的生产还是以吹塑法为主，流延法也有一定的发展。该法生产线速度比吹塑法更高，可达 60～100m/min 以上，为吹塑薄膜生产线速度的 3～4 倍以上。

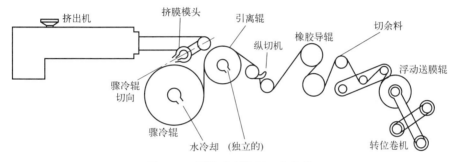

图 5-25　平膜成型装置工艺流程

（1）成型温度

流延薄膜的挤出成型温度选择取决于所用的聚酰胺品种，其挤出温度比吹膜工艺高 10～50℃。适当地提高挤出温度，可提高透明度与强度。流延 PA6 薄膜的挤出温度见表 5-26。

表 5-26　流延 PA6 薄膜的挤出温度

单位：℃

料筒部位	第一节	第二节	第三节	第四节	第五节	
温度	240～250	250～260	260～270	270～280	280～285	
机头部位	左	左	中	右	右	连接器
温度	270～275	265～270	260～265	265～270	270～275	260～270

（2）冷却辊、气刀与冷却

因挤出膜的方向是向下的，所以，膜是以切线方向到达冷却辊的，该辊称为骤冷辊，需用油冷辊（内冷却式），辊内通热油，辊表面温度控制在 90～135℃，然后用水冷却，辊表面温度在 20～40℃，将薄膜冷至室温。如果采用 CPP 迅速冷却法，PA 薄膜褶皱严重，得不到平整度好的产品。因膜的冷却速度快，抑制了结晶和球晶的长大，加上气刀协同冷却，所以产品透明，且拉伸强度高。气刀是吹压缩空气的窄缝喷嘴，是配合冷却辊对薄膜进行冷却定型的装置，其宽度与冷却辊的长度相同。它的作用与吹塑薄膜的风环不同，通过气刀的气流是为了使薄膜紧贴冷却辊表面，从而提高冷却效果，生产出较透明的薄膜。

（3）树脂黏度与模头设计

用于平膜的聚酰胺树脂，原则上要求树脂的流动性要好，其熔体黏度一般为1～2kPa·s，不需要更高。平膜的质量好坏取决于模头设计是否合理、模头加热控制是否稳定以及平膜卷绕前退火处理是否适当。生产流延薄膜机头的设计与片料模头一样，为扁平T形机头，口模形状为狭缝式，模口和挤出机构成"T形"。这种机头设计的关键是要使物料在整个机头宽度上的流速相等，这样才能获得厚度均匀、表面平整的薄膜。常用于流延薄膜生产的机头大致有支管式和衣架式，分配螺杆机头很少用，见图5-26。

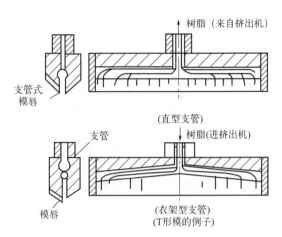

图5-26 流延薄膜用的支管式与衣架式机头

（4）退火定型

希望通过控制初始结晶度提高平膜的透明度，但聚酰胺膜到达卷绕辊之前，就应该有很好的结晶，否则可能会在卷绕辊上产生收缩和起皱。这些收缩和起皱的平膜虽然能用作某些包装材料，如热收缩膜，但对很多应用，起皱对成型性和外观不利。因此，平膜有时要进行退火处理。加热辊（如图5-25中的引离辊）可用作平膜退火处理工具。

5.4.6.3 聚酰胺双向拉伸膜的生产过程与工艺

由于双向拉伸聚酰胺薄膜在包装薄膜中具有极好的耐破裂、耐冲击性、拉伸强度及抗穿刺性，而且柔软性优良、耐温范围广（−60～150℃）、耐蒸煮性以及阻隔性好等多种优越性能，广泛用于如表5-27所示领域的包装。

表5-27 双向拉伸聚酰胺薄膜包装的应用

应用范围	实例	复合结构举例
蒸煮食品包装	汉堡、米饭、液体汤料、豆浆、烧鸡等	BOPA/EVA、BOPA/CPP
冷冻食品包装	海鲜、火腿、香肠、肉丸、蔬菜等	BOPA/PE
普通食品包装	精米、鱼干、牛肉干、辣椒油、榨菜等	BOPA/PE
化工产品、医药用品包装	化妆品、洗涤剂、香波、吸气剂、注射管、尿袋等	PET/AL/BOPA/PEBOPA/AL/PE
机械、电子产品等包装	电器元件、集成电路板等	金属化膜、涂布K-BOPA、金银线、耐热分离膜等

注：PE指聚乙烯膜，AL指铝箔，K指涂覆，CPP指聚丙烯流延膜，PET指聚酯膜，EVA指醋酸乙烯酯膜，BOPA指双向拉伸尼龙薄膜。

目前，用于生产双向拉伸聚酰胺薄膜的材料并不多，虽然PA6、PA6/66、PA 610、PA66等都可以制作薄膜，但是一般包装材料中大多数还是以PA6为主。聚酰胺双向拉伸有平膜拉伸法与管膜双泡法。管膜双泡法在纵横两个方向上的性能比较均一，但此法得到的薄膜的厚度均一性很差，而且产量不高，因此这种工艺只有日本兴人株式会社还在使用。而用平膜法制得的薄膜的厚度偏差小、质量好，所以双向聚酰胺薄膜生产以平膜法为主。下面仅对平膜法生产的双向拉伸薄膜（BOPA）的工艺进行介绍。

（1）原料技术要求

BOPA 对原料要求较高，主要包括：

① 树脂基料的相对黏度为 3.3～3.7，黏度过高带来加工难度，过低将导致拉伸破裂；

② 聚酰胺切片的分子量分布均匀，切片相对偏差尽可能小，确保分子作用力均匀；

③ 环状低聚物、凝胶粒子含量尽可能少，以消除下游加工中的分散相，防止双向拉伸破膜及拉伸后的色眼和斑点；

④ 聚酰胺冷却固化的过程中极易生成球晶，如晶粒偏大，拉膜时易撕裂。

以 PA6 为例，体现在三个方面：即要求分子量较高，相对黏度约 3.4±0.1，分子量分布应小于 2；含水量小于 0.05%，否则易出现气泡、雾化现象，也会降低熔体黏度，不利于稳定拉膜，还有水含量高容易水解导致薄膜的物理性能下降；要求添加的加工助剂如抗粘连剂、爽滑剂等颗粒大小约 3～5μm，否则过滤网使用周期短；此外，特别要求 PA6 的分子量稳定。

另外，逐次双向拉伸法对聚酰胺原料有特殊的要求，这往往是各原料厂家的专利技术。目前能够生产 BOPA 原料的厂家仍不多。由于聚酰胺材料的上述特点，在生产 BOPA 时，在铸片阶段可否最大限度地减少结晶的生成，避免较大尺寸的晶核产生，就成为整个生产过程的关键问题。

（2）生产过程

BOPA6 的生产工艺过程如图 5-27 所示。聚酰胺粒料经螺杆熔融挤出，熔体经 T 形模挤出成厚度为 1～3mm 的膜片，进行大幅双向拉伸而形成薄膜，之后冷却、拉伸，最后卷绕。

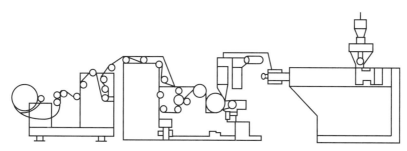

图 5-27　BOPA6 生产流程示意图

① 同时双向拉伸法（同步法）　如图 5-28 所示，平板双向拉伸法是在打开导辊在横向进行拉伸的同时，还在夹板的间隙沿纵向进行拉伸。PA6 属于结晶型高聚物，其晶体难以发生塑性形变，采用同时拉伸较为适宜。

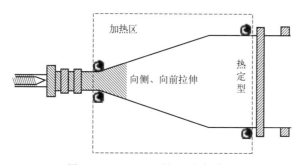

图 5-28　BOPA6 平板双向拉伸法

② 逐次双向拉伸法（两步法） 工艺流程如图 5-29 所示。与 BOPP、BOPET 薄膜相比，BOPA 薄膜的技术开发成功较晚。这是由 PA6 树脂本身的特性决定的，PA6 树脂结晶化速度快，难以进行双向拉伸。特别是在第一次拉伸后，厚片很快结晶，给第二次拉伸造成困难，所以最初的生产都是采用同步双向拉伸技术。后来通过改变 PA6 树脂成分，控制其结晶速度，才开始采用逐次双向拉伸工艺。1976 年日本东洋纺公司在 PA6 原料中加入若干其他成分，减缓了 PA6 的结晶速度，开发出混合 PA6 逐次双向拉伸技术，并实现了工业化。有资料显示，到 2005 年逐次双向拉伸生产技术已有接近 1/3 的占比。

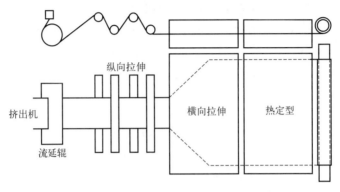

图 5-29　双向拉伸分步拉伸平膜法工艺示意图

两步法的缺点是弓形效应大，会导致 BOPA 薄膜的表面均衡性能较差；而同步法可以有效地改善这一问题，但又存在 BOPA 薄膜强度较差，成膜率和生产效率偏低的缺点。总而言之，这两种生产工艺各有优缺点，在生产过程中应根据 BOPA 薄膜的用途加以选择。

BOPA 薄膜加工代表制造商及加工方法对比见表 5-28 和表 5-29。

表 5-28　BOPA 薄膜加工代表制造商

加工方法		代表制造商
管膜拉伸法	同步	兴人（1970 年） 出光
平面双向拉伸法	同步	尤尼蒂卡（1968 年）
	逐次	东洋纺（1976 年） 三菱化学

表 5-29　BOPA 薄膜加工方法对比

项目	逐次	同步	管膜
生产能力	高	中	低
生产速度/(m/min)	130～180	100～150	100～110
薄膜厚度偏差	良	中	差
薄膜弓形现象	中	良	良
设备维护保养	良	差	良

（3）工艺控制与产品性能

BOPA 生产过程要求严格，车间环境必须是无尘操作，对各工序的工艺要求高，下面分别讨论主要工序的工艺。

① 工艺控制

a. 挤出温度　螺杆挤出温度比一般挤出温度略高，螺杆挤出机各区温度的设定原则是前低后高，即进料段低，熔融、均化区高，保证聚酰胺充分熔融，提高其流动性。挤出机温度的调节应依据成膜状况进行局部、小范围的调整。PA6 的温度设置如下：进料段 210～230℃；熔融段 230～250℃；均化段 250～270℃；连接处 250～270℃；模头 250～260℃；冷辊温度 50～60℃。

在实际生产过程中，由于非晶态高聚物与结晶高聚物在性能上各有差异，所以拉伸方法与步骤也有所不同。对于非结晶型高聚物，将其加热到软化点以上呈黏流态，然后均匀地冷却到适于拉伸的玻璃化转变温度附近，在恒定的或降低的温度梯度下进行双向拉伸，再骤冷至玻璃化转化温度以下即可。对于聚酰胺结晶型高聚物，将其加热至结晶温度的熔点以上，并维持到结晶消失，再骤冷至低于最大结晶速度的温度（最好冷却至稍高于玻璃化转变温度的最低温度）呈无定形或接近无定形时，再加热到玻璃化转变温度以上进行快速双向拉伸即可。例如 PA6，经 T 形模头挤出后，必须立即从 230～260℃骤冷到 40～60℃，其冷却方式采用单激冷辊式。为使膜片更好、更均匀地冷却，在模头出口处必须设置一套静电固定装置，使流延出的树脂迅速贴覆在激冷辊表面上。PA6 拉伸预热温度较低，约 45～85℃，然后在此温度下双向拉伸。

b. 熔体压力　熔体压力在线检测与控制是保证成型稳定的重要条件。在连接处装有压力传感器，传感器将熔体压力传至控制系统，一般为计算机控制系统，根据熔体压力的变化来改变螺杆转速，调整进料量。当然，这是基于原料质量不变的条件下才有可能实现熔体压力的控制。影响熔体压力的因素有聚酰胺分子量的波动、螺杆转速以及原料中的灰分含量。

c. 拉伸取向与性能　拉伸取向的作用是提高薄膜的拉伸强度与表面光泽度。双向拉伸可以生产超薄型薄膜（如 0.5～1.5μm 厚度的薄膜），拉伸取向度即拉伸比影响薄膜的力学性能与厚度。在薄膜厚度、拉伸强度确定后，其拉伸比只能在一个很小的范围内调节。

BOPA 的纵横向拉伸比相差不大，都为 2.8～3.5，并且其纵向拉伸温度较低，一般为45～65℃，横向预热温度也不高，一般在 85℃左右。

拉伸有助于拉伸强度的提高。一方面，从结晶性能分析可以得出，拉伸能够提高薄膜的结晶度，结晶度的提高能显著增加材料的拉伸强度；另一方面，拉伸后聚酰胺的晶片和无定形区分子链沿外力方向取向，取向的分子链能够承受更高的应力，提高了拉伸强度。随着拉伸强度的增加，分子链的柔性降低，因此断裂伸长率有所降低。此外，随着拉伸比的增大，双向拉伸聚酰胺薄膜中不稳定的 β 晶型向 α 晶型的转变程度增大，未发生明显的晶体取向，薄膜均衡性较好，其氧气阻隔性能与拉伸强度提高，断裂伸长率降低。拉伸比对 PA6 的拉伸强度、断裂伸长率以及氧气透过系数的影响见图 5-30～图 5-32。拉伸比对 PA6/66 性能的影响见图 5-33 和图 5-34。

随着拉伸温度的提高，双向拉伸 PA6 与 PA6/66 薄膜中 α 晶型（002）晶面的含量增加，拉伸诱导形成的 α 晶体越完整，薄膜均衡性与氧气阻隔性能提高，其拉伸强度先升高后降低，断裂伸长率降低。随着拉伸速率的增大，双向拉伸 PA6 薄膜中 α 晶体完整性降低，薄膜的均衡性与氧气阻隔性能降低，其拉伸强度增大，断裂伸长率降低。如图 5-35 与图5-36 所示。

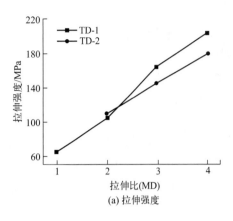

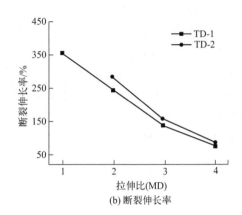

图 5-30　不同拉伸比下双向拉伸 PA6 薄膜沿 MD 的力学性能

TD-1 为横向拉伸比为 1；TD-2 为横向拉伸比为 2；MD 为纵向拉伸。下同

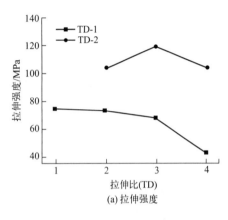

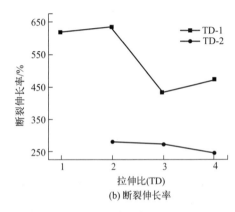

图 5-31　不同拉伸比下双向拉伸 PA6 薄膜沿 TD 的力学性能

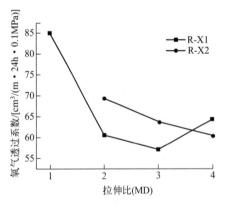

图 5-32　不同拉伸比下双向拉伸 PA6 薄膜的
氧气透过系数

R-X1：X 代表纵向拉伸比，即横坐标，
横向拉伸比为 1，实为单向拉伸；

R-X2：X 代表纵向拉伸比，即横坐标，
横向拉伸比为 2，实为双向拉伸

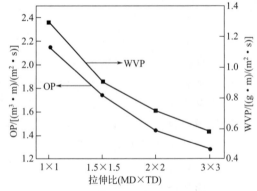

图 5-33　不同拉伸比下 PA6/66 薄膜的氧气透过
系数（OP）和水蒸气透过系数（WVP）

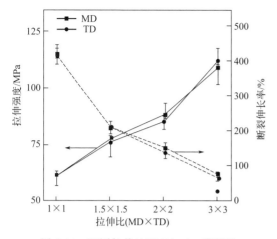

图 5-34　不同拉伸比下 PA6/66 薄膜的
拉伸强度和断裂伸长率

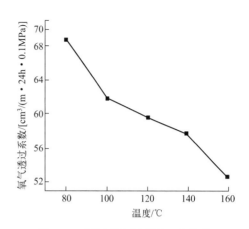

图 5-35　不同拉伸温度下双向拉伸
PA6 薄膜的氧气透过系数

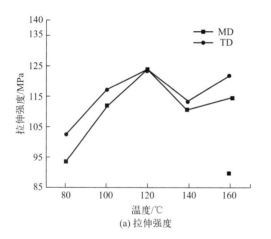

(a) 拉伸强度

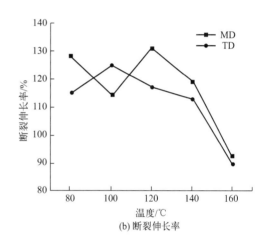

(b) 断裂伸长率

图 5-36　不同拉伸温度下双向拉伸 PA6 薄膜的力学性能

　　随着拉伸速率的增大，双向拉伸 PA6 薄膜中 α 晶型的 （002） 晶面间距逐渐增大，拉伸诱导形成的 α 晶体完整性越差，且薄膜的均衡性降低；双向拉伸 PA6 薄膜的氧气阻隔性能降低，其拉伸强度呈现出升高的趋势，断裂伸长率呈现降低的趋势。拉伸速率的改变对 PA6 薄膜的晶体结构及阻隔性能、力学性能的影响相对较小，如图 5-37、图 5-38 所示。

　　d. 微机控制系统　如图 5-39 所示，BOPA6 生产过程采用微机控制，用红外线测定膜厚度。微机将所测的厚度与设定值进行比较演算，其结果作为控制信号输入驱动薄膜夹辊的电机，调整其转速使膜厚符合设定值，用光学法测定薄膜宽度。微机将测定值与设定值比较，其偏差信号用来控制压缩空气阀，熔体压力、螺杆转速、加热温度等均实现计算机控制，保证了工艺的稳定性，从而提高了产品质量与生产效率。

　　e. 热处理　在 BOPA 薄膜加工过程中，热处理的时间和温度是非常关键的工艺参数。因为热处理可以消除拉伸形变时产生的内应力，并使取向的 PA 分子链进一步结晶，结晶不完善之处也进一步完善，这就促使 BOPA 薄膜在高于玻璃化转变温度下使用时不至于发生明显的收缩，薄膜的尺寸稳定性得到改善，使用温度范围也相应扩大。BOPA 薄膜热处理

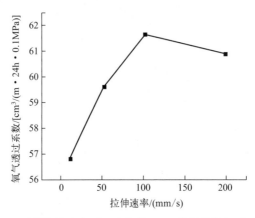

图 5-37　不同拉伸速率下双向拉伸 PA6 薄膜的氧气透过系数

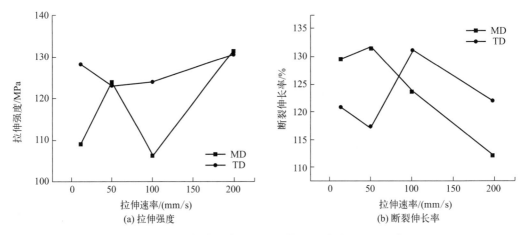

(a) 拉伸强度

(b) 断裂伸长率

图 5-38　不同拉伸速率下双向拉伸 PA6 薄膜的力学性能

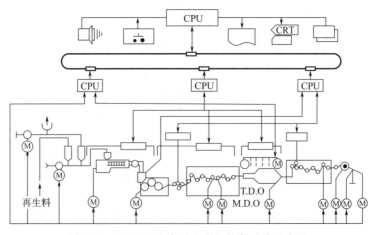

图 5-39　BOPA6 生产过程微机控制系统示意图

温度通常高于拉伸温度而低于 PA 的熔点。此外，热处理温度的选择还与薄膜厚度和拉伸设备等因素有关，但通常选择在 PA 最大结晶速率温度或稍高为宜。

为了在拉伸后获得理想的热稳定性，BOPA 需要在 200～220℃ 的温度下进行较长时间的热定型。由于 BOPA 薄膜的挠曲性，即纵横向收缩的不均匀性，一般设备供应商均会在横拉的定型段有特别的设计，以消除此种特性导致的产品不合格。

② BOPA6 产品性能

BOPA6 的性能列于表 5-30 中。应该指出的是用不同分子量的 PA6 成型的膜，其力学性能是不一样的，不同规格的膜的质量也不相同。表 5-30 中未拉伸薄膜指的是 PA6 流延膜（CPA）。

表 5-30　未拉伸及双向拉伸 PA6 薄膜的物理性能比较

项目	测试方法	单位		结果	
				未拉伸	双向拉伸
密度	密度梯度法	g/cm³		1.13	1.14
断裂强度	ASTM D-882	N/mm	MD	60～90	220～250
			TD	60～90	220～250
断裂伸长率	ASTM D-882	%	MD	300～400	90～120
			TD	300～400	90～120
冲击强度	落锤冲击试验法	N·m/mm		160	100
透氧系数	ASTM D-1434	cm³/(m²·24h·0.1MPa)		15	5
透湿度	JISZ-0208	g/(m²·24h)		80～100	20～30
雾度	ASTM D-1003	%		18	4
实际使用温度		℃		−10～130	−30～130

5.4.6.4　聚酰胺多层共挤复合膜的生产过程与工艺

聚酰胺有优良的氧气阻隔性，但由于聚酰胺有很强的吸湿性和水蒸气透过性，聚酰胺在吸湿后，其阻隔性将下降，同时，由于吸湿性会使包装物的水分减少，表现在外表面起褶皱。在实际应用中，很少单独使用聚酰胺膜包装物品，通常是将聚酰胺和其他材料复合，以获得热封性（PE、CPP、EVA）、阻湿性（涂覆 PVDC、铝箔）、避光性（纸、铝箔）等。聚酰胺复合膜的生产方式分多层共挤出和干式复合两种。多层共挤出是将聚酰胺和其他高聚物以及黏合剂通过多台挤出机分别挤出后，料流在一个复合机头内汇合而得到多层复合制品的加工过程。传统的干式复合是先将聚酰胺单独成膜，通常是制成双向拉伸聚酰胺膜（BOPA），然后和其他膜在加黏合剂情况下挤压复合而成。图 5-40 为干式复合的工艺流程。

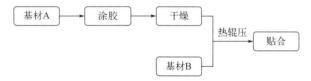

图 5-40　干式复合的工艺流程

本节主要介绍多层共挤出生产方式。多层共挤出技术的生产成本相对较低，薄膜层间结合力强且不存在溶剂污染问题。经过多年的发展，现已成为多层复合薄膜的主要生产方法之一。

聚酰胺复合膜主要用于食品包装，肠衣膜是典型的品种。

（1）聚酰胺复合膜的结构与组成

如前所述，聚酰胺复合膜有三层、五层、七层、九层甚至十二层等多层结构，较多的是聚酰胺层位于中间，两边为聚烯烃。由于聚烯烃与 PA 的粘接性较差，为提高层间的粘接，往往在 PA 和 PE、PP 间夹有胶黏剂，如图 5-41 所示。PA 与 EVOH（乙烯-乙烯醇共聚物）粘接性较好，通常不需要粘接层。另外，有部分复合膜为非对称结构，如图 5-42。

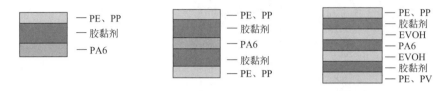

图 5-41　多层尼龙复合膜的三层、五层和七层结构示意图

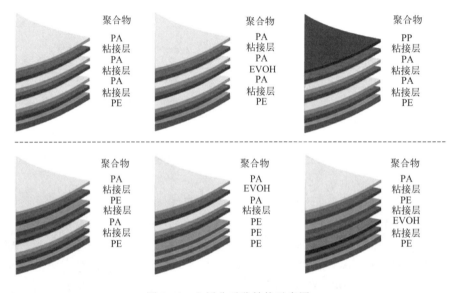

图 5-42　七层非对称结构示意图

（2）成型方法

按挤出工艺和机头口模形状，可将共挤出复合分为平膜法和管膜法。平膜法用于共挤出流延薄膜，管膜法用于共挤出吹塑薄膜。前者由多层共挤出流延薄膜机头流延到冷却辊骤冷牵引所得，后者由多层共挤出吹塑薄膜机头吹胀成型冷却牵引所得。其中管膜法为主要成型方式。

流延法复合膜制备流程见图 5-43。由该法生产的薄膜厚度控制精度较高，厚度误差较小。此外，还易通过辊筒对薄膜进行骤冷，所制得的薄膜透明性好。平膜法的生产效率高，经济性好，有利于大批量生产。

管膜法有上吹法和下吹法两种，如图 5-44、图 5-45 所示。上吹法，操作工艺较易掌握，采用空气冷却，因而，冷却速度较慢，结晶度较高，对原料选择范围较大，膜制品强度较高但透明度较低；下吹法，采用水冷却，冷却速度较快，结晶速度较慢，膜制品强度较低，卷曲时薄膜容易褶皱，且无法像空冷式旋转机头一样消除由于厚薄公差引起的暴肋，但透明度较高。

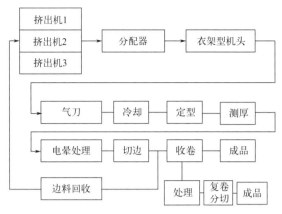

图 5-43 流延法复合膜制备流程

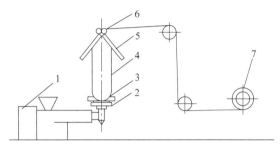

图 5-44 平挤上吹法工艺流程图

1—挤塑机；2—机头；3—冷却风环；4—膜泡；5—人字板；6—索引辊；7—卷取装置

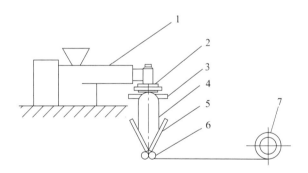

图 5-45 平挤下吹法工艺流程图

1—挤塑机；2—机头；3—冷却风环；4—膜泡；5—人字板；6—索引辊；7—卷取装置

（3）聚酰胺复合膜的模头结构

① 管膜法 工业应用的模头有两种，一种是传统的带有螺旋流道的套筒式复合模头，见图 5-46；另一种是塔式复合模头，见图 5-47。塔式模头可按不同物料设定不同的挤出温度，保证熔体的流速一致，有利于控制层间厚度与均匀性。多层共挤出吹塑薄膜机头在我国有广泛的应用。

② 平膜法 最早使用的是多流道模头（MM 模头）。图 5-48 是 MM 模头的剖面图。MM 模具有和层数相对应的、与薄膜的宽度等长的槽，通过各自的槽，树脂流扩宽后通过

节流器控制各层的流量并合流，然后从模唇挤出。MM 模头较喂料块式模头（FB）具有更高的精度，然而，层数增加时，多流道模头的结构复杂且模头变大。喂料块式模头（FB 模头）中，从多台挤出机供给的熔融树脂，在喂料块处汇合形成多层层流，然后再从 T 模的模唇挤出，如图 5-49 所示。FB 模头的优点是体积较小、易变换层数；但和 MM 模头相比，采用 FB 模头制造的产品，各层膜厚的均匀性较差。由于通过调节棒调节各层厚度的高精度 FB 模头得到了实际应用，FB 模头的应用增多。国内精诚时代集团研制的多流道式共挤出机头就在 PA 多层共挤出中获得实际应用。

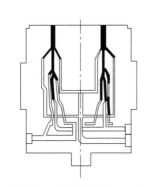

图 5-46　带螺旋流道的套筒式五层复合膜机头

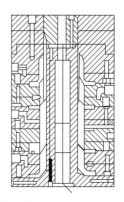

图 5-47　带螺旋流道的塔式五层复合膜机头

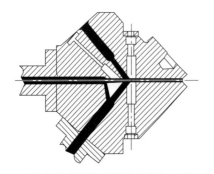

图 5-48　具有代表性的多流道式机头（MM 机头）

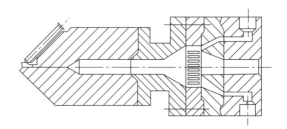

图 5-49　典型的喂料块式机头结构图

（4）复合膜用聚酰胺的性能要求

用于复合膜的聚酰胺有 PA6、PA6/66 等品种，这些品种中均添加有改性剂。表 5-31、表 5-32 列出了日本宇部兴产的有关产品的性能指标。国内很多吹膜厂均采用进口聚酰胺与国产 PA6 共混生产复合膜。PA6 的成膜性很好，但 PA6 用作热收缩膜有一定的缺点，如透明性、柔软性和热收缩性较差。采用共聚聚酰胺作原料，可使上述性能得到较大的改善。同时，还可添加适量的助剂如透明剂、润滑剂、成核剂等。

吹塑法和流延法在原料的选择上也有较大差异。多层共挤时，吹塑法要求尽量选用流动性接近的材料来相互搭配。当材料流动性相差较大时，缺乏相应措施进行调整，因而，当选定了其中一种材料时，与其共挤的其他材料选择余地则很少，这在很大程度上制约了多层共挤加工工艺的优势。而流延法的加工设备通过对分流道的调节可以很轻松地解决吹塑法无法解决的问题。

表 5-31　上吹（空气冷却）法用聚酰胺原料（宇部）及性能

树脂牌号		熔点/℃	阻隔性	雾度	滑爽性	深度拉伸性能	热稳定性
PA6	1024B	215	2	1	3	1	3
	102682	215					
	1030B	215					
	1024FD-1	215	2	3	4	1	3
	1026B1	215					
	1022C2	215	3	1	2	1	3
	1022CM1	215	3	2	2	2	4
PA6/66	5033B	190	2	2	2	2	2
	5033FDX27	190	2	2	3	2	2
	5034FDX17	190	2.5	3	2.5	3	2
	5034C2	190	3	4	2	2	3
	5034CM4	190	4	2	2	3.5	4
PA6/12	7024B		1	3	2	4	1
	7034B						

注：1、2、3、4 是分级评价，由差到好，1 是最差，4 是最好。

表 5-32　下吹（水冷）法用聚酰胺原料（宇部）及性能

树脂牌号		熔点/℃	相对黏度	阻隔性	雾度	滑爽性
PA6	1022FDX23	215	3.56	3	1	3
	1022C2	215	3.8			
	1024FDX8	215	3.7	2	1	3
	1022CM1	215	3.7	3	1	
PA6/66	5034CM4		4.40	3	1	3
PA6/12	7024B		2.8	3	1	3
	7024B		4.1	3	1	3

（5）生产工艺

在 PA 多层挤出吹膜过程中，各层物料挤出的加热温度可根据各自熔点来决定。如前所述，采用套筒式模头时，模头内只有一个温度，即各种物料的温度一致；而采用塔式模头，则可单独设定。因此采用套筒式模头时，模头的温度设定要结合聚酰胺原料的熔点来平衡考虑。表 5-33 和表 5-34 列出了采用套筒式模头生产三层、五层复合膜的工艺参数。

表 5-33　采用传统带有螺旋流道的套筒式复合机头生产三层聚酰胺复合膜的工艺参数（水冷却）

项目	数据		
挤出机	三层共挤出设备，三台 φ40mm 挤出机，水冷		
口模直径	φ100mm		
模口缝隙	1.5mm		
膜结构	聚酰胺/30μm	胶黏剂/30μm	LDPE/40μm
原料	外层/5034C2	拜牢 3095	LDPE F022

项目		数据		
挤出机温度/℃	一区	210	170	180
	二区	230	190	200
	三区	260	200	200
	连接	260	200	200
	模头	260	260	260
折径/mm		220		
收卷速度/(m/min)		7		

表 5-34 采用传统带有螺旋流道的套筒式复合机头生产五层聚酰胺复合膜的工艺参数（水冷却）

项目		数据				
挤出机		五层共挤出设备,两台 ϕ40mm 挤出机,水冷				
口模直径		ϕ400mm				
模口缝隙		1.2mm				
挤出机直径/mm		ϕ60	ϕ45	ϕ60	ϕ45	ϕ60
膜结构		聚酰胺 /25μm	胶黏剂 /5.5μm	EVOH /10μm	胶黏剂 /5.5m	LDPE /35μm
原料		外层/5034C2	拜牢 3095		拜牢 3095	LDPE F022
挤出机温度/℃	一区	220	170	205	170	180
	二区	230	190	205	190	200
	三区	230	200	205	200	200
	连接	240	200	210	200	200
	模头	240	240	240	240	240
折径/mm		220				
收卷速度/(m/min)		7				

　　需要指出的是，聚酰胺黏度与剪切速率、温度的关系曲线是挤出机设计和共挤牌号选择的重要依据，各树脂熔体黏度在机头应具有尽量相一致的黏度和尽可能接近下游内汇合以后的物料黏度。在共挤出加工成型过程中，要严格控制成型温度、剪切速率，既要使 PA、PE、EVOH 等各种聚合物在流动过程中黏度尽可能接近，又要防止在加工过程中 PA、PE、EVOH 等由于过热而导致降解。

　　（6）聚酰胺复合膜的性能

　　表 5-35 列出了五层共挤 PA 吹塑复合膜的物理性能。表 5-36 列出了五层共挤 PA 流延复合膜的物理性能。五层复合膜的阻隔性与 BOPA6 相近。从原料成本看，复合膜应低于BOPA6。

表 5-35 五层共挤吹塑复合膜的物理性能

项目	测试方法	结果	
断裂强度/MPa	ASTM D-882	MD	590
		TD	570
断裂伸长率/%	ASTM D-882	MD	440
		TD	490
透氧系数(24h,0.1MPa)/(cm³/m²)	ASTM D1434	3	
透湿度(24h)/(g/m²)	JISZ-0208	5	
雾度/%	ASTM D-523	14	

表 5-36　五层共挤流延复合膜的物理性能

项目	测试方法	五层对称膜 EVOH/PA		五层对称膜 PA/PP	五层非对称膜 PA/EVOH/PE
断裂强度/MPa	ASTM D-882	MD	36.9	40.6	31.8
		TD	34.5	38.2	33.0
断裂伸长率/%	ASTM D-882	MD	209	250	188
		TD	225	260	180
透氧系数(24h,0.1MPa)/(cm³/m²)	ASTM D1434	550		336	1209

5.4.7　挤出成型的异常现象与对策

聚酰胺的挤出成型过程包括熔融挤出、定型冷却、牵引、切割、卷绕等工序。其中最关键的工序是熔融挤出，这是挤出成型的核心部分。聚酰胺的挤出成型过程中，最重要的是如何实现稳定的挤出。在工艺参数上，反映的是挤出温度、挤出压力（即模头压力）；在制品质量上，反映的则是其尺寸的稳定性。这两者之间存在着十分密切的联系。

5.4.7.1　聚酰胺挤出成型的过程控制

挤出过程控制包括螺杆温度的设置与调节，挤出机运行的控制。

（1）螺杆挤出机各工作区的温度设置原则

进料段的温度比树脂熔点低 10～15℃，熔融段的温度比树脂熔点高 10～15℃，而均化段的温度与熔融段相近或高 5～10℃，模头温度应比树脂熔点高 15～30℃。在开车前，螺杆温度适当设高，特别是模头适当高一些，以避免机头压力过高，造成物料在螺杆挤出中凝结，待开车正常后再做适当的调整。

这里特别指出的是螺杆进料段的温度不宜太高，否则会造成物料过早熔化而粘接在螺杆进料口或料斗壁上使进料困难。遇到这种情况时，最好的办法是停机清理螺杆后重新开机。

（2）关于螺杆转速的调节

开车时，螺杆转速宜低速试运转。试运转过程中，注意观察熔体压力的变化、物料的熔融塑化情况，在确认没有环结或凝结现象时可将螺杆转速升至正常状态，同时进行成型、冷却定型等后续操作。

（3）关于停机操作

挤出机停机之前应将螺杆内的物料排净，用聚乙烯清洗螺杆。同时，将模具卸下清理干净，模头的清理可采用煅烧法将残存在模腔中的物料烧掉。

5.4.7.2　聚酰胺挤出成型过程的主要影响因素

聚酰胺挤出成型的主要影响因素有原料质量、螺杆转速、熔体温度、熔体压力四大因素。

（1）原料质量的影响

与注射成型制品不同的是挤出成型对原料质量的要求较高，主要表现在以下四个方面。

① 对分子量的要求　不同的产品对 PA 的分子量要求是不相同的。一般来说，高分子量的树脂可用作吹膜、挤出棒材、高强绳索、管材及型材；中分子量的树脂用作管材、棒

材、渔网丝；低分子量的树脂则用作民用纺丝、电线包覆、单丝（渔网丝、牙刷丝）。

② 树脂分子量分布的影响　不同的产品对树脂分子量分布的要求是不同的。注射制品、棒材、管材对分子量分布的要求并不高；高强丝、薄膜、薄壁管材则要求树脂分子量分布尽可能窄，一般应小于2。

③ 树脂分子量稳定性的影响　挤出成型最大的特征就是要求树脂分子量稳定，批次间波动很小。因为树脂分子量偏差大，所以熔体黏度偏差大，在挤出过程中就会出现熔体压力不稳，从而导致不稳定挤出，影响产品尺寸的稳定性。这一点对于薄膜的成型尤为重要。熔体黏度偏差大，不仅影响挤出的稳定性，还影响薄膜的拉伸性能，降低成品率。

④ 原料含水量的影响　原料的含水量是挤出成型中对原料质量控制的一项非常重要的指标。对含水量的要求比注射成型严格得多，原料含水偏高，不仅会促进树脂的降解，降低分子量，还会产生气泡，形成不合格产品。特别是薄膜的挤出对水分的要求十分严格，水分的存在也是不稳定挤出的重要因素。一般的挤出成型要求树脂的含水量控制在0.15%以下，薄膜挤出则应低于0.1%。因此，树脂切片在出厂前，应当真空干燥后采用真空包装，而且，存放时间不得超过一个月。否则，使用前必须重新干燥。

（2）螺杆转速的影响

螺杆转速的大小决定挤出量的多少，螺杆转速决定挤出速度，螺杆转速高，其挤出速度大，反之亦然。一般来讲，螺杆转速受工序制约，即由整个生产线的生产能力而定。同时，螺杆转速对物料停留时间有较大影响，螺杆转速太快，物料塑化不完全，可能出现"硬头"而影响产品质量。

对于螺杆转速的控制，其重要的意义在于螺杆转速的控制精度，确保转速的波动在很小的范围内，应该说螺杆转速不存在波动。一般挤出机均装有转速测量仪，转速可用人工调节也可自动调节。

（3）熔体温度的影响

挤出成型过程中最重要的工艺参数就是熔体的温度。熔体温度的高低影响稳定挤出及制品尺寸稳定性。熔体温度过高，往往引起出口膨胀，导致制品尺寸变化、边料过多以及冷却困难。熔体温度过低时，树脂塑化不完全，可能出现"硬块"或"僵丝"现象。熔体温度控制主要通过控制螺杆加热温度，采用计算机控制，保证熔体温度波动范围控制在±1℃，才能保证稳定地挤出。

（4）熔体压力的影响

熔体压力通常是指机头的压力，这个压力直接反映了挤出的稳定程度。熔体压力最好为常数或在很小的范围内波动，才能保证制品尺寸的稳定。熔体压力受熔体温度、螺杆转速、树脂分子量的影响，在确保原料质量稳定、加热系统控制的条件下，熔体的压力可通过螺杆转速来调节。

在生产过程中，用网叠控制熔体压力是一个通用的方法，即在模头与螺杆连接处安装过滤网，过滤网滤除熔体中的不熔物、机械杂质，还可起到控制压力的作用。过滤网孔径与网叠层数依不同的挤出要求而定，为保证压力的稳定，应定期更换过滤网。

5.4.7.3　铝塑复合膜（动力电池包装膜）的生产过程与工艺

铝塑复合膜具有高强度、高阻隔、低吸水、耐穿刺、耐刮擦、绝缘性、冷冲成型性好等特点，主要用于新能源锂电池（电动汽车、电动摩托专用电池）、手机、电脑电池，5G基站等不间断电源封装；也用于精密机械部件、精密医疗器械、精密电子元件、生物制药的包装。

（1）国内外技术现状

铝塑膜源于日本，第一代铝塑膜产品由日本昭和电工与索尼公司在 1999 年合作研发生产，后续大日本印刷株式会社（DNP）也开始自主研发。目前日本 DNP 市场占有率 50％，全球排名第一；其次是日本昭和电工和韩国栗村化学，市场占有率分别为 12％和 11％；日韩企业全球供应占比 73％。国内企业主要包括新纶新材、紫江企业、璞泰来、明冠新材、华正新材、道明光学等，合计市场占有率 23％。

国内外铝塑膜代表性企业及其产能情况见表 5-37。"十四五"期间，随着新能源汽车的快速发展，铝塑膜产业迎来高速发展机遇。铝塑膜是锂电池关键包装材料，而锂电池是新能源汽车的关键部件。加快铝塑膜国产化，打破日本市场垄断局面，是解决新能源汽车产业发展的卡脖子工程。

表 5-37　国内外铝塑膜代表性企业及其产能情况

企业	铝塑膜产能
昭和电工	月产能约 5000 万平方米，2021 年一季度新增动力铝塑膜产能
大日本印刷	月产能约 1000 万～1500 万平方米
新纶科技	常州一期二期月产能分别为 300 万平方米；日本三重工厂产能转移至我国将增加月产能 300 万平方米；非公募资项目将在 2023 年前增加月产能 600 万平方米
紫江企业	紫江新材料：马鞍山月产能 180 万平方米；上海月产能 600 万平方米
恩捷股份	投资 16 亿元建设年产 2.7 亿平方米铝塑膜项目，包括 8 条铝塑膜产线
华正新材	公司扩产年产 3600 万平方米铝塑膜生产线
明冠新材	目前年产能约 300 万平方米，另 1000 万平方米在建设中
道明光学	2020 年产能 1500 万平方米，2021 年新增年产能 3500 万平方米

我国铝塑膜产业处于发展初期阶段，工艺技术研究不够系统，原材料供应链不够完整，产品质量与昭和电工差距甚远，还需要从原材料质量、装备技术、复合工艺技术进一步创新发展。国内外铝塑膜技术状况见表 5-38。

表 5-38　国内外铝塑膜技术状况

项目	昭和电工	国内厂商
原材料	日本原材料	基本进口，部分国产 BOPA 膜
工艺路线	干法复合	干法复合
设备	日本	国产
成本	高	中等
产品性能	高	低
售后服务	反应慢	一般
技术研发	好	有基础

（2）铝塑膜结构与原料要求

铝塑膜的结构见表 5-39，最外层为聚酰胺层，采用 BOPA 薄膜。

BOPA 薄膜厚度优选 15～25μm，保护中间层铝箔层不受划伤，并且在加工过程中能够连续操作，同时保证产品的成品率，以及由于跌落等对电池造成的冲击震荡等在电池的使用过程中进行内部保护，因此对外层材料最主要的要求是抗冲击、耐穿刺、耐热、耐摩擦及绝缘性能好。表 5-39 也列出了其余原材料的要求。

表 5-39　铝塑膜的结构特征与原料要求

组成	作用	原材料要求	厚度
外阻层（聚酰胺）	保护中间层铝箔层不受划伤；保证包装铝箔具备良好的形变能力；阻止空气尤其是氧气的渗透	抗冲击性能、耐穿刺性能、耐热、绝缘性能、耐摩擦性能良好	15～25μm
黏结层（黏结剂）	黏结外阻层和阻透层	耐电解液、耐热、耐老化和黏结性能良好	2～3μm
阻透层（铝箔）	金属 Al 在室温下与空气中的氧气反应生成氧化膜，从而阻止水汽渗入	良好的抗针孔性，稳定的可加工成型性，优良的双面复合性	35～40μm
黏结层（黏结剂）	黏结热封层和阻透层	耐电解液、耐热、耐老化和黏结性能良好	2～3μm
热封层（CPP）	电池热封装时，PP 层加热熔化黏合；阻止泄漏的电解液腐蚀 Al 层	与金属 Ni、Al 及极耳胶块有良好的热封粘贴性、耐电解液性、绝缘性良好	40～80μm
特性	高阻隔、高冷冲压成型、耐穿刺、耐电解液、耐高温绝缘、设计自由度大、轻量化		

（3）铝塑膜工艺技术路线比较

铝塑膜生产工艺路线分为干式复合法和热式复合法。所谓干式复合法就是铝箔和 PP 膜用黏合剂粘接后直接辊压成型；热式复合法则是铝箔和 PP 膜之间用改性 PP（MPP）黏结，将其逐步升温升压即热压成型。两种工艺各有特点，但干法优势相对较强。图 5-50 为两种工艺技术的流程，ON 层即为聚酰胺层。两种工艺技术路线比较列于表 5-40 中。

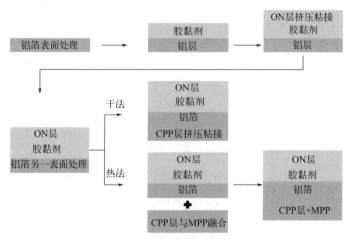

图 5-50　两种工艺技术的流程

表 5-40　铝塑膜生产工艺技术路线比较

比较内容	干式复合法	热式复合法
工艺	PP 和铝箔之间用胶黏剂粘接复合成型	PP 与铝箔之间用改性 PP 粘接,并加热辊压热合成型
设备	设备要求不高,但工艺流程较复杂,操作难度大	设备要求高,但工艺简单,生产效率高
产品应用	消费电子、新能源要求高能量密度的电池	容量不高的电池
优点	冲深成型性、防短路性、延展性、裁切性好	耐电解液、抗水性好
缺点	耐电解液、抗水性不如热法	冲深成型性、防短路性、外观、裁切性较差

（4）铝塑膜检验标准

铝塑膜的检验标准详见表 5-41。

表 5-41　铝塑膜检验标准

序号	检验项目	检验标准	检验方法
1	外观	无划痕损伤、无蚀斑、无污渍、无褶皱、无粘连、无针孔、无气泡、无杂物和凹凸点	目视检验
2	尺寸	①厚度公差±0.1mm;②宽度公差±1mm	①千分尺测量;②直尺测量
3	成型深度	5～10mm 深度成型无裂痕、破损	卡尺测深度
4	熔胶测试	熔胶面均匀,无气泡、杂物、凸凹点	按正常封焊冷却后拉开封焊面目测
5	拉力	封焊边拉力≥8N/5mm	成型后的铝塑膜封两边,剪 5mm,拉伸试验机测试
6	成品性能	①电池样品 60℃烘干 24h 不漏液、气胀;②制成的电池进行高温高湿、水浴试验后无鼓胀、漏液	①60℃烘烤 24h;②检测条件:60℃相对湿度 90%,环境中,保持 96h 后测试

5.5　聚酰胺滚塑成型

5.5.1　概述

5.5.1.1　滚塑成型的概念

滚塑成型是生产中空塑料制品的工艺方法之一，也称旋转成型或滚塑。它的成型原理非常简单。首先把一定量的塑料粉末加入模具型腔中，然后闭合模具，对模具进行加热，同时使模具绕两个相互垂直的轴线连续旋转。当模具被加热到一定温度时，模腔内的塑料粉末熔融并在重力和热量的作用下逐渐均匀地涂布并黏附于模具的内表面上，形成所需要的形状。待所有塑料粉末熔融后，模具开始被冷却并继续旋转，直到塑料完全硬化。打开模具，脱模得到制品，然后装料，进入下一个循环。

滚塑是一个相对年轻的行业，其起源于 20 世纪 50 年代后期的聚氯乙烯（PVC）塑料溶胶成型。即使在今天，全球只有不到 2000 家公司，但几乎覆盖了所有可以想象的市场。它在设计灵活性和产品规模方面提供了很大的优势，产品范围从简单的散装存储容器到复杂的汽车、医疗和航空航天应用，适合于空心复杂的产品加工。

5.5.1.2　滚塑成型特点

滚塑成型的主要优点可归纳如下。

（1）滚塑制品及其质量

① 中空制品复杂化和多样化。滚塑非常适合制造中空、复杂的形状，小到乒乓球，大到 75700L 的工业罐。

② 制品无内应力。滚塑成型为低压工艺，无剪切作用，其制品内应力非常小。

③ 壁厚均一。与吹塑和热成型等工艺相比，具有良好的壁厚分布，且外角比较厚，从而增加制品的强度。对于大尺寸的零件，可实现较薄的壁厚。

④ 表面装饰广泛。大型金属嵌件和图形可以轻松嵌进零件中，也可以实现范围广泛的表面纹理和细节。

（2）设备优势

① 成型设备简单、成本低。滚塑承受压力低，可使用低强度薄壁模具，模具和设备简单且成本较低。

② 设备适用性强。同一台机器上可同时生产不同尺寸或不同材料的零件，甚至可在同一机械臂上同时成型。另外，也可以生产多层零件、多色零件和带有泡沫层的零件。

（3）工艺特点

① 切换材料、颜色快速简单。无需注塑或挤出那样麻烦的清洗工艺，简单地清理就可以模制新的材料或颜色，而不会损失材料。

② 原料利用率高。放置在模具中的所有材料都用于成型零件，废料仅存在于精加工过程中去除的部分。

滚塑成型主要缺陷如下：

① 不适合小零件的大批量生产，吹塑或注塑更适合较小的零件。

② 材料成本较高，因为要将原料颗粒研磨成细粉才能成型。

③ 成型周期长。因为必须通过模具加热和冷却材料，因此周期长、能耗更高，所用材料需要更好的热稳定性。

④ 劳动密集型。模具装载和零件卸载是劳动密集型的，特别是复杂零件。

⑤ 尺寸精度差。零件的内表面在成型中是自由成型，这意味着达不到注塑一样的尺寸精度。

表 5-42 列出了滚塑制品和其他加工方式的特点对比。

表 5-42　滚塑和其他加工方式的特点对比

对比项目	滚塑	吹塑	注塑	挤塑	压塑
成型过程	成型和热熔融同时发生	先热熔融再成型			
压力因素	无压成型	有压成型			
流速因素	静态成型	流动成型		静态成型	
制品形态	中空制品		实心制品		
制品体积	最大可生产 50m³ 的塑料容器，单次加工量 1900kg	最大可生产 5m³ 的塑料容器，单次加工量 200kg	单次可生产 300kg 以内的注塑件	最大口径 1.8m 的管材	中小型制品
壁厚均匀度	工艺决定，调整范围宽	模具决定，调整范围窄	模具决定，无法调整	模具决定，调整范围窄	模具决定，无法调整

5.5.1.3　滚塑成型应用

滚塑成型具备生产大型空心零件的能力，最常见的模制产品是水箱，占全球滚塑制品的 70%，产品应用大部分集中在发展中地区或水资源短缺的地区，最大市场在北美和欧洲。

国外，滚塑成型主要应用于以下领域：

农业：储罐、喷洒设备罐。

汽车：内饰板、油箱、管道系统、进气系统。

建筑：水箱、化粪池、公路护栏。

电气-电子：地上基座、地下室。

地板保养：吸尘器零件、地板清洁剂罐。

工业：化学品罐、箱子、护罩和外壳、腐蚀和污染控制设备零件。

园艺：割草机护罩、油箱、管道系统。

海洋产业：船坞浮标、船体、油箱、座椅、挡泥板、活井。

运输：罐、桶、料斗、托盘。

医疗：脊椎板、充气面罩、植入物。

游乐场设备：滑梯、攀爬架。

标志和展示：商品展示。

运动和娱乐：玩具、游戏球、皮划艇、独木舟、头盔衬里、宠物用品。

交通：道路交通障碍、锥体、标牌、飞机管道系统。

我国滚塑行业的主要产品集中在游乐设施、防腐管道、防腐设备、储罐等方面，这与国外有较大区别。在美国，游乐设施和储罐占滚塑产品应用的 60% 左右，我国仅有 28%，而在国外很少有防腐方面的应用，在我国却占到 40%。按照国家统计局的标准分类方法，我国的滚塑制品已经在至少 46 个行业中得到应用。表 5-43 列出了我国滚塑行业主要应用领域。

表 5-43　我国滚塑行业主要应用领域

应用领域	制造商数量/家	年产值/亿元
游乐设施	150	20
防腐管道	100	20
防腐设备	130	15
储罐	70	5
包装箱	20	5
皮划艇	20	2
交通设施	20	1.5
灯饰	30	1
车辆配件	15	1

5.5.2　聚酰胺粉末滚塑成型

5.5.2.1　聚酰胺粉末及技术要求

（1）聚酰胺滚塑粉末特性要求

旋转过程对用于旋转成型的材料施加的剪切力可以忽略不计。因此，成型材料必须足够自由流动以到达每个表面细节，并具有足够低的熔体黏度特性以形成光滑的饰面。为了实现这一点，除了少部分使用液体材料外，固体材料需研磨成细碎的粉末或颗粒才能得到适合滚塑的干流动性。热量通过与其他颗粒和模具的传导以及与周围空气的对流传递给粉末，使粉末熔融黏附模具内壁成型。

粉末质量决定材料成型性。粉末质量包括粉末流动性、堆积密度、粉末颗粒尺寸、形状和尺寸分布，以下分别介绍具体技术要求与检验方法。

图 5-51　粉末流动性和堆积密度测试

① 粉末流动性　粉末颗粒的形状会影响固体材料在成型过程中的流动方式，这种性质称为粉末流动性。如图 5-51 所示，标准 ASTM D1895 是使用特定形状和尺寸的漏斗测量的，经过适当研磨的粉末将平稳地流过漏斗。如果粉末没有被适当地研磨并且颗粒是毛茸茸的或有"尾巴"，在某些情况下不能很好地流动甚至根本不会流动。流速很重要，因为与黏性的、未干透的或易于桥接的粉末相比，易流动粉末会产生壁厚更均匀的零件。

由于粉末在运输过程中容易沉淀，为减少测试误差，测试前应先混合，并多点取样。推荐的粉末流速应介于 25～32s/100g。对于没有很多精细表面细节的大型简单形状零件，可以允许更高的流速。

② 原材料含水量的影响　PA6 的含水量会对粉末流动性产生影响。如图 5-52 所示，对于吸水性 PA6，随着含水量的升高，粉末流动性数值呈现先降低后升高的关系，在某一含水量下，流动性数值存在最小值。从理论上看，聚酰胺材料存在分子间氢键，当少量水和聚酰胺接触后，首先进入聚酰胺分子间和聚酰胺分子形成氢键，取代了聚酰胺分子间氢键，降低了聚酰胺的内聚力，引起聚酰胺的表面能下降，粉末之间的凝聚性减弱，导致粉体流动性数值的下降。随着水分的增加，水在粉末间

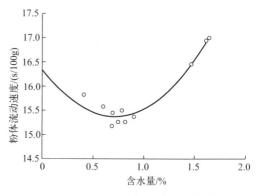

图 5-52　含水量对 PA6 粉末流动性的影响

形成液桥，增加了流动阻力，导致流动性数值的上升。由于 PA6 在滚塑加工时应为干燥状态，因此将干燥状态时的流动性定义为吸湿性材料测试的标准状态。

③ 堆积密度的影响　ASTM D1895 标准要求粉末的堆积密度是使用放置在干流测试漏斗下方的已知体积的圆筒测量的，如图 5-51 所示。在填充圆筒后将粉末弄平（注意不要将其夯实并导致沉降）并称重。然后将粉末的质量除以圆柱体的体积来计算堆积密度。典型粉末的堆积密度在 0.320～0.400g/cm³ 范围内。具有许多"尾部"的研磨不良的材料将具有较低的堆积密度，因为其更蓬松。

④ 颗粒尺寸的影响　材料最常被研磨成 500μm（35 目）的粉末颗粒，即 95% 颗粒尺寸要小于 500μm；平均尺寸通常约为 297μm（50 目），全颗粒尺寸约从极细粉尘到 600μm。

如果用于特殊应用，粉末则可研磨成更细和更粗的粒度。

未研磨的 $500 \sim 1500\mu m$ 微丸因具有良好的成型性，业已证明可直接使用。如果粉末不够填充模具时，可使用微丸填充，因为微丸具有较高的堆积密度，在模具中可填充更多材料。为获得光滑的表面，可将 $10\% \sim 20\%$ 的研磨粉末与微丸混合成型。微丸还容易造成壁厚不均匀现象，因为其更容易流动，在大平面或内角上的停留时间更短，来不及熔融均匀黏附。

⑤ 颗粒形状的影响 粒子形状应尽可能为圆形，这对于在成型过程中促进均匀流动和良好的表面至关重要。不能带有"尾巴"和"毛发"，否则会产生体积密度降低、流动特性差和成型过程中的不均匀性等许多问题。图 5-53（a）为未研磨好的带有"尾巴"和"毛发"的粉末放大图，图 5-53（b）显示了未带"尾巴"和"毛发"的近圆形颗粒。

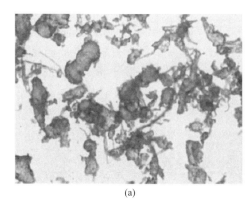 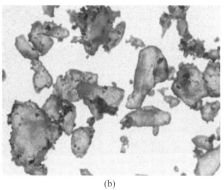

(a)   (b)

图 5-53 粉末粒子形状

⑥ 粒径分布的影响 宽广的粒径分布可获得高质量的模制品。如图 5-54 所示，理想的粒径分布是 $<500\mu m$（35 目）的颗粒占 95%，$<150\mu m$（100 目）的颗粒含量不能超过 15%。依据 ASTM D1921 标准可测量粒径分布，其使用一组垂直堆叠的筛子测量，筛孔尺寸通常在 $150\mu m$（100 目）到 $600\mu m$（30 目）之间。将材料样品（通常为 100g）通过筛子摇晃、振动或敲击一段时间，然后测量每个筛子上保留的数量，计算得到粒径分布。

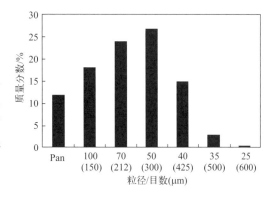

图 5-54 典型粉末的粒径分布

Pan 为一种抗静电剂，研磨时防止粉末团聚

除了以上特性要求外，滚塑成型材料应具有许多其他理想特性：

① 热稳定性好 以便有较宽的加工窗口，并防止在研磨成粉末过程中失去性能。需要添加抗氧化剂，以减少滚塑长加热周期的影响和提供良好的使用寿命，特别是户外产品。

② 低剪切熔体黏度需足够低 这样材料既能润湿模具表面，又能使材料能均匀地分布以得到均匀的质量。高熔体流动速率的材料适合于滚塑成型，而流动性差会显著影响零件外观。聚酰胺熔体黏度通常很低，因而适合滚塑。

③ 良好的冲击强度 对于大多数应用来说，一般要求材料具有良好的低温抗冲击性能。

④ 弯曲强度和拉伸强度须满足材料的最终用途 聚酰胺的弯曲强度和拉伸强度比常用

的聚乙烯粉末高。

（2）几种典型的聚酰胺粉末

最常见的聚酰胺滚塑粉末是 PA6、PA11 和 PA12，其典型熔点分别为 215℃、186℃和 178℃。PA66 可以成型，但需长时间更高温度加工，会造成冲击强度较低。与 PA6 相比，PA11 和 PA12 具有更好的抗氧化性，从而在高温下保持更长时间的性能。

① PA11 粉料　阿科玛的 Rilsan® Roto 11 是一款专用于滚塑的 PA11 粉末，具有出色的高温稳定性、吸水率低（0.9%），尤其适用于对耐化学品性（耐燃料、液压油、腐蚀性液体、冷却液混合物等）和阻隔性有较高要求的储罐容器。Rilsan® Roto 11 聚酰胺粉末同时还带来优异的耐低温冲击性和高温尺寸稳定性。

Rilsan® Roto 11 聚酰胺粉末还可作为双层结构的内层，该结构尤其适用于超低渗透率的乙醇燃料储罐，并获得加利福尼亚资源局的 EPA 和 CARB 认证。Rilsan® Roto 11 聚酰胺粉末赋予了 PETROSEAL 双层结构出色的内层附着力和机械韧性，确保燃料箱或储罐通过严格的标准检测，如 SAE J1241 和 SAE J288 关于摩托车油箱、非公路休闲车燃料箱及船舶燃料储罐等。

② PA6 粉料　Nylene 公司在 1970 年把滚塑级专用 PA6 投入市场。Nylene 494 是一款滚塑级聚酰胺料，可提供粒料和 20 目的粉料，且均有本色、黑色及定制颜色供应。使用固体滚塑料时，如原料呈颗粒状，需放入磨粉机中研磨至微粒，PA 滚塑专用料由于流动性较好，研磨成 20 目即可。Nylene 滚塑级聚酰胺粉料和粒料都经过预干燥并且包装均为防水包装，含水量低于 0.15%，新料加工前无须再干燥。

在滚塑制品中，聚酰胺粉料与 PE 材质相比（表 5-44），具有更好的阻透性、更高的耐温性、更好的特定化学品抗性、更好的强度和耐磨性，同时在耐腐蚀性、热稳定性及光泽度方面优势明显。

目前，国内滚塑行业以 PE 粉料为主，聚酰胺粉料占比很少。而在北美市场，滚塑聚酰胺粉末材料已非常成熟，其制品成熟应用于汽/柴油油箱，卡车、大巴和工业设备的大型空调风管，高负荷、高温下高模量抗蠕变的部件和箱体，化学品储罐，高温液体容器，风机外罩等方面。

表 5-44　几种滚塑原料的性能参数比较

性能	HDPE	LLDPE	PA6(494)
相对密度	0.9395	0.936	1.12
张力屈服值	19	—	70
拉伸强度/MPa	—	—	79
热变形温度			
0.45MPa/℃	—	39	160
1.82MPa/℃	—	21	60
缺口冲击强度/(J/m)			48
冲击强度/(J/m)	—		162
熔点/℃	110	111	220

5.5.2.2　聚酰胺粉末滚塑成型过程与工艺

（1）滚塑成型过程

滚塑是一个简单的过程。它利用高温、薄壁金属或复合模具、在两个垂直轴上的双轴旋转、精细分散的粉末或液体聚合物，以及使用空气和/或水进行冷却来生产中空、无缝、低应力的零件。滚塑成型有四个基本步骤，见图 5-55。

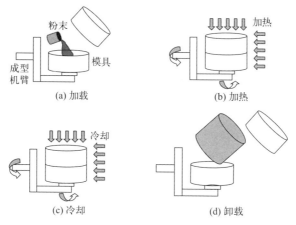

图 5-55　滚塑成型的四个基本步骤

① 加载　将预先称重的粉末或液体塑料放入安装在成型机臂上的薄壁空心金属模具的一半中，然后使用夹具或螺栓闭合模具。

② 加热　然后模具开始围绕两个垂直轴双轴旋转，同时被移入加热的烘箱中。金属或复合模具变热，内部翻滚的粉末-液体温度升高。热粉末材料以连续层的形式黏附在模具上以形成零件，而液体材料通常会在形成零件形状时发生反应。

③ 冷却　当材料熔化并固结后，模具被移动到冷却站，在那里使用强制空气或水雾将零件温度降低到低于材料结晶或凝固点的温度。单轴或双轴继续旋转防止熔融材料下垂。

④ 卸载　零件冷却后，将模具移至卸载站，将零件移出。然后模具准备好再次开始该过程。

第 1 阶段和第 4 阶段通常在机器设计中组合成一个工作站（包括模具维修），因此最基本的机器配置通常包括三个工作站：加热、冷却和维修。这种简单性掩盖了过程中模具内发生的传热和材料分布的复杂相互作用。滚塑成型在塑料工艺中是独一无二的，因为材料的加热、成型和冷却都发生在模具中，无需使用压力；一旦投料，模具进入烤箱，模具内部成型情况则一无所知。可以在成型过程中测量模具内部的温度，连续扫描模具表面以获取温度读数，甚至可以在内部放置摄像机以查看零件的形成情况。

为确保该过程经济有效，必须考虑许多关键因素：配置排气孔，确保模具内部的压力与外部环境保持平衡；使用脱模剂，确保材料不粘在模具和表面上；选择合适的旋转装置，因为主轴和次轴之间的关系会影响材料在最终零件中的分布方式；控制冷却速度，尽量减少变形。

（2）滚塑成型工艺及控制因素

滚塑工艺是种独特的加工过程，物料投入模具后，旋转模具同时加热物料和模具，使其达到物料的熔融温度，最后同时又将物料和模具冷却至室温。显然，工艺的控制条件为加热温度、加热时间、冷却速率以及旋转速度和速比。每个变量对最终制品性能有着很大的影响。

① 加热温度与时间对成型的影响　如果加热时间太短或者加热温度过低，则物料的熔融和制品的熔凝将会不完全。这会降低最终制品的强度、硬度以及韧性。相反，如果加热时

间过长物料将会产生裂解，此时又增加了制品的脆性。在实际中最好的加热时间是用不断的试验来确定的。如果探知成型周期中模具里气体的温度，那么就可以对整个工艺许多关键阶段的时间进行观测。

② 旋转速度比对成型的影响　滚塑工艺中粉料并不是通过离心力使其黏附在模壁上的。由于旋转的速度比较小，粉料运动为有规则的翻滚和混合。粉料主要是在模具的底部，且随着模具的旋转，粉料从模具的不同点掉到模具的底部。此规律性主要取决于主轴和辅轴的速比，通常其速比为 4 : 1，因为此时模具的内表面将被均匀的涂层覆盖。

③ 加热时间对成型的影响　模具旋转加热时，其金属壁首先开始变热，靠壁的粉料开始变黏。粉粒和模壁以及粉粒之间开始黏附，而形成了一个与模壁相连的宽松的粉状块。成型周期的很长一段时间就是烧结此粉状块，直到其成为一个均匀的熔化带。随着粉粒在旋转过程中不断地移动，粉粒之间不规则的空隙将逐渐被粉粒自己占据，经过一段时间的加热，间隙中的空气将完全消失。制品有时产生的气泡或者针孔，就是由于间隙中空气在熔融中没有完全消失。

制模工有时利用成型制品某一厚度上的一薄片上的气泡密度来确定制品的质量。如果制品沿整个厚度的气泡过多，说明加热时间不够；如果在薄片上没有气泡，说明其加热时间过长。只有靠近模具内壁部分的薄片上的气泡不多，才是实际中所期望的情形。

滚塑工艺成型制品的质量还与模具的内壁形状有关，也可通过气味判断。工艺完成后，模具的内壁应该光滑，且仅有塑料本身的气味。如果内壁为粉状或者比较粗糙，说明加热时间过短，导致粉粒没有完全相互熔合。如果模具内壁高度光滑而且伴有一股刺鼻的气味，那就是加热时间长。由于高温以及空气（氧气）的作用塑料在模具内壁发生了裂解。

④ 冷却速度对成型的影响　除了加热时间外，冷却方法对最终制品质量也有着明显的影响。在滚塑成型中，最重要的问题就是仅从模具外面进行冷却。这将降低冷却速率，导致制品冷却不均匀，产生翘曲和变形。冷却阶段将形成制品的最终结构，且对不同种类材料采用快速冷却（水冷）和慢冷（空气），所得制品的力学性能显然不同。慢冷可以提高制品的强度和硬度，但使其韧性减小。快冷虽可以获得韧性好的制品，但是其刚性变差。同时冷却速率还会影响制品的形状和尺寸。

尽管滚塑工艺简单，但是还存在很多复杂的问题等待解决。制模工必须知道在工艺过程中每个阶段的变化，以及必须实现对制品质量整个工艺过程中的控制，而不是仅仅对制造加工时间的控制。目前，滚塑工艺技术已经处于飞速发展时期，且已经达到对工艺过程的每个阶段进行量化。

5.5.3　己内酰胺阴离子反应滚塑成型

制约滚塑发展的一个关键因素是成型所要求的粉状原料。聚乙烯材料的耐磨损性、拉伸强度、弯曲强度以及热变形温度都不能满足更多最终用户的要求。而其他的塑料，例如聚碳酸酯和聚酰胺，它们能满足用户更高的要求，但是成本也更高。这里不仅仅是树脂本身的成本，还包括将这些高性能树脂加工成粉料，在加工过程中加入助剂和保护性气氛来保护这些在滚塑成型的高温下易降解的热敏性树脂。

使用液体滚塑体系能够有效地解决高性能粉料树脂滚塑造成的问题。使用液体滚塑体系可以缩减滚塑周期（缩短加热周期，减少甚至取消冷却周期）。由于液体体系的低黏度，液体滚塑体系可以得到光洁表面的制品。

铸型聚酰胺通常用于静态浇铸的场合，将它引入滚塑成型的领域，具有从单体原料到制件一次成型的优点，且其成型温度低于聚酰胺的熔点，滚塑能耗较小，具有较大的经济性。反应性己内酰胺的熔体滚塑时，其滚塑成型温度在 170℃左右，低于最终制品 PA6 的熔点（210℃），这是与利用聚酰胺聚合物粉料滚塑的一个重大区别。在己内酰胺滚塑时，伴有熔体聚合反应，需要从外面补充的热量少；滚塑成型好制品以后，模具可以不经或略经冷却就从模具中取出。成型过程中，滚塑模具仅在一个温差不甚悬殊的范围内变动，而不需像粉状物料滚塑那样，反复经受高温加热和低温冷却过程。这是相对于聚酰胺粉料滚塑的优越之处。

5.5.3.1　反应滚塑成型过程

反应滚塑成型过程与粉末滚塑过程类似，分为预热、加载反应物料、反应固化、冷却脱模。总的成型过程，如图 5-56 所示。称取一定量的己内酰胺倒入玻璃反应器中，打开搅拌器的加热系统，使己内酰胺树脂加热熔化。当材料完全熔融时，将异氰酸酯与乙基溴化镁按一定比例加入反应器中均匀混合。在模具表面涂覆脱模蜡，闭合模具并打开加热器，当模具达到所需温度时，开启蠕动泵，将混合物输送进模具内部。当温度达到最高峰之后关闭加热器，模具继续旋转 15～20 min 冷却，之后停机，打开模具，取出制品。尽管液态原料的反应固化不需要很高的初始温度，但是对其进行一定的加热能够使其缩短反应周期且能够提高催化剂的活化程度。

图 5-56　反应滚塑成型过程图

浇铸聚酰胺滚塑成型过程的突出特点是：它的成型过程是一个化学过程和物理过程的混合过程，聚酰胺单体发生阴离子聚合反应，由单体一步反应生成聚酰胺聚合物制品。

5.5.3.2　反应滚塑成型工艺及控制因素

（1）反应滚塑成型过程

要深刻理解与掌握反应滚塑成型工艺，则需要弄清楚反应性聚合物在旋转成型过程中模具内聚合物的流动情况。液体反应性聚合物的流动存在四个阶段：物料池、级联流动（瀑布般落下）、壁面黏附流动、随壁凝胶旋转（SBR），见图 5-57。最初液体还未开始反应而呈现水般的低黏度，模具内壁仅有很薄的一层，所有物料基本在物料池内；随着反应进行，部分聚合物随着旋转方向离开物料池并黏附到模具内壁上，在重力的作用下部分液体以一定的旋转角度像瀑布般向下落回底部，并产生大量气泡，随着黏度不断升高，越来越多的物料黏

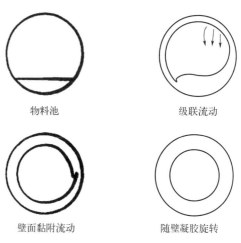

图 5-57　反应性旋转成型物料流动阶段

附在内壁上，内壁部分气泡迁移消失，此阶段为级联流动；当黏度增加到某一点时，物料池消失，物料刚好全部黏附到壁面，进入壁面黏附阶段，但此阶段薄壁物料是不均匀、不稳定的，并存在层流且伴随着气泡逐渐消失；随着时间延长直到形成均匀的壁厚，则标志着进入随壁凝胶旋转阶段，壁面上的物料随着反应的进行逐渐固化，最终形成与模具内壁形状相同的薄壁制品。

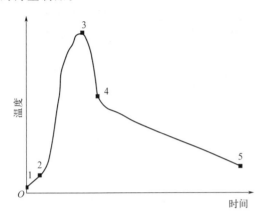

图 5-58　半结晶聚合物的滚塑成型周期

聚合物的反应固化经历放热、吸热的过程，因此可从模具内的温度变化角度来进一步理解上述过程。如图 5-58 所示，点 1 对应于物料刚进入模具；从这点开始温度曲线出现半稳定状态，慢慢上升至点 2，此时物料反应刚开始黏度低，流动以级联流动为主；之后加速上升，产生壁面黏附，在这一阶段聚合物迅速凝胶固化，同时熔体中产生无数气泡而变得不均匀；当内部空气温度到达峰值点 3 时，标志着固化阶段结束；从这里开始曲线呈下降趋势，刚开始内外温差大，温度下降快，降至点 4 时开始缓慢降温；继续冷却至点 5 直到完成脱模。对于反应性液体聚酰胺，真正反应成型仅仅短到 2min 时间就可完成，而且成型时间通常与制品大小和壁厚无关。

使用液态原料体系生产的模制品的内表面质量主要取决于这些材料的黏度曲线。所有液态原料体系通常遵循图 5-59 所示的曲线变化规律，同时涉及在自由基引发剂的影响下单体的共聚，并伴随着放热。在初始阶段，黏度缓慢增加，随着固化进行，聚合物黏度在一段时间后迅速接近大的值。黏度迅速增加的点表示凝胶化的开始。为了确保无缺陷的模制品，SBR（随壁凝胶旋转）发生的时间应该在黏度曲线的迅速上升点之前。否则，形成的泡孔和其他不规则物将冻结到制品上。

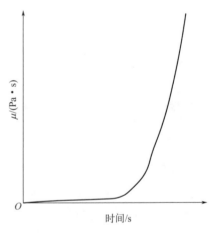

图 5-59　液态原料固化过程中黏度变化曲线

尽管液体聚合物用于旋转模塑工业有许多优点，但是目前使用液体聚合物的厂商还是很少。主要的原因是液体聚合物作为旋转模塑的原料在具体的操作过程中还存在着诸多的困难。主要问题是原料在模具壁面上分布不均匀和制品表面产生气泡。再加上一直以来人们对该领域缺乏足够的重视和研究，使得液体聚合物一直未能大量地应用于旋转模塑工业。

（2）反应成型滚塑的主要影响因素

影响制品表面质量与厚度均匀性的主要因素是聚合物的初始黏度和反应过程中的黏度变化对聚合物中的气泡产生与消失的影响。聚合物黏度低，则气泡的溶解与迁移的动力增加。聚合物的黏度受到温度、剪切力因素的影响，因此，温度、转速及进料量是主要的工艺控制参数。

以一种反应滚塑圆柱形产品为实例，将己内酰胺与异氰酸酯、乙基溴化镁按 100∶1.5∶1.5 均匀混合作为反应液体原料进行反应滚塑，下面详细阐述反应滚塑的温度、转速及反应液体原料进料量对制品表面质量与厚度均匀性的影响，将其工艺参数调整范围列于表 5-45 中。

表 5-45　2mm 圆柱形产品反应滚塑工艺参数

工艺参数	进料量	温度	转速	制品壁厚
数值范围	150～300g	150～180℃	5～20r/min	约 2mm

① 己内酰胺进料量的影响　己内酰胺进料量对制品表面质量与厚度均匀性呈现负面影响。当进料量从 150g 增加 200g 时，模具表面质量的差异与厚度均匀分布并不是很明显。然而，进料量进一步增加至 250g 时，在模制品的表面上可以看到小的气泡，厚度均匀性明显降低。将进料量进一步增加至 300g 时，将会导致表面质量更加恶化，厚度均匀性继续降低。分析其原因在于：如果投料量过大，当液体黏度开始增加时，剩余在液池中还没有附着于模具壁上的液料将没有足够的时间在固化前均匀地涂布在模具壁上，这必然导致壁厚的不均匀；同时旋转的模具壁面提升着厚厚的高黏度的液体，一部分液体会从最高处脱离模具壁掉落入液池中，产生大量气泡。值得一提的是，由于己内酰胺初始黏度很低（4.9mPa·s），但整体相对于不饱和聚酯树脂模制品来说（初始黏度 200mPa·s），表面质量要好得多。

② 成型温度的影响　同样的，对于己内酰胺树脂固化反应，温度也是影响其固化过程的重要因素。增加模具温度对聚酰胺制品表面质量和壁厚的均匀分布的影响是负面的。

当模具温度从 150℃ 增加到 160℃ 时，制品表面质量没有明显变化，但针孔密度有所上升。当温度进一步增加时，会明显看到制品表面质量降低。在 170℃ 下，在模制品的表面上出现许多黏稠的水合物。当温度达到 180℃ 时，制品的表面质量进一步恶化，除了泡囊外，制品上还出现了许多壁层非常薄甚至破裂的区域。这些结果可以归因于：随着模具温度的增加，己内酰胺的反应速率增加，使得很多气泡在物料固化之前未来得及消除。正是由于在 170℃ 和 180℃ 下得到的模制品表面质量过低，因此样品的厚度分布也变得不均匀。

③ 转速的影响　转速对表面质量与壁厚均匀性呈现正面影响，但没有进料量与温度影响明显。在转速为 5r/min 的情况下，模制品的表面质量较差，并且具有显著的厚的泡囊和粗糙的表面，不能用于厚度测量。随着旋转速度的增加，表面质量提高，低转速下观察到的缺陷变得不明显，厚度均匀性得到很大改善。在低旋转速度下，发生 SBR（随壁凝胶旋转）的时间点增加，而反应时间是固定的，随壁旋转发生时黏度就已急剧上升发生了固化，内部缺陷没有时间消失，因此导致表面针孔数量的变化。在理想状态下，转速影响聚合物层与层之间的剪切力而影响聚合物的黏度，因此转速对己内酰胺聚合物制品也会有一定的影响。当旋转速度达到 10r/min 时，转速再增加对外表面质量并没有显著影响，这是由于足够的转速使 SBR 发生在黏度增加之前，且己内酰胺的黏度较低，气泡等缺陷有足够消失的动力和时间。

5.6　聚酰胺吹塑成型

5.6.1　概述

（1）吹塑的基本原理

吹塑是中空制品成型的一种方法。吹塑的基本原理是将热塑性塑料在挤出机或注塑机中加热至熔点或黏流温度以上，使热塑性塑料流动，经挤出机头挤出型坯或经注塑机喷嘴射入模具制成型坯，然后把型坯夹持在瓶（容器）模具内，在温度为玻璃化转变温度至熔点或黏流温度范围内，通入压缩空气或抽真空，使型坯吹胀至与模具型腔形状相同，并在模具内冷却至玻璃化转变温度或热变形温度以下，开启模具即得中空制品。

（2）成型工艺

新发展的吹塑工艺有双轴定向拉伸吹塑和多层吹塑。前者可以使制品的透明性、强度、硬度等性能有很大的提高，后者可以制得多层复合的制品，以提高制品的使用性能。吹塑广泛用于制造桶、瓶、罐等中空塑料容器。

按型坯成型的方式，可把吹塑分为挤出吹塑与注射吹塑两大类。挤出吹塑中，型坯的吹胀是在聚合物的黏流态下进行的，故可取得较大的吹胀比，吹塑制品与吹塑模具的设计灵活性较大。挤出吹塑较为常用，种类较多，而且发展很快。然而注射吹塑法因另具特点，最近也很盛行，并有各种专用设备。两种成型方法的比较见表 5-46。

表 5-46　挤出吹塑法与注射吹塑法的比较

项目	挤出吹塑法	注射吹塑法	项目	挤出吹塑法	注射吹塑法
全部设备费用	较低	较高	边角料	少许	极少
型坯机头费用	较低	较高	质量	较好	优良
模具费用	大致相同	大致相同	可得产品尺寸	小、中、大	小、中
生产效率	较高	较低	壁厚控制	困难	容易
装饰要求	较多	较低	瓶颈装饰公差	不好	优良

尽管聚酰胺实验室规模的吹塑早于 20 世纪 40 年代就开始了，很可能领先于任何其他塑料吹塑，但聚酰胺工业吹塑技术是最近才发展起来的。人们可能会认为，这是由于聚酰胺商业化开发不够，使其价格比聚烯烃高。但这种看法并不完全准确，其重要原因是聚酰胺的工艺精度要求较高，这种工艺精度受两个条件的影响：一是材料的加工性能和形变性；二是聚酰胺吹塑的工程应用和设备要求。目前约有 30% 的聚乙烯用于吹塑，而聚酰胺用于吹塑的不到 1%。

主要讨论间歇挤出（储料缸式机头）吹塑，聚酰胺的连续挤出吹塑、拉伸吹塑和注射吹塑将不具体介绍，因为其工业应用很少。挤出机及其控制和操作在之前已讨论过，这里主要介绍从挤出机以后的吹塑工艺。

间歇挤出可间断地挤出大直径厚壁型坯，用来吹塑大型容器和包装桶。此法是用一台或两台挤出机连续地向储料缸加料，使储料缸贮存较大容量的熔融物料，再由注射柱塞将贮存的熔融料通过机头压出形成型坯，见图 5-60。图 5-61 是典型的储料缸式机头设计，这套加工装置是一台普通型的装置，但能满足聚酰胺及其加工的特殊要求。

间歇挤出吹塑成型主要适用于下述情况：①大型吹塑容器，可以一次挤出较大容量的熔体；②型坯熔体强度较低，连续挤出生产时会发生型坯下垂过量而使容器壁厚不均的现象；③连续挤出时会出现型坯冷却过量而无法吹塑成型。

（3）应用

聚酰胺吹塑的制品以各种瓶子和容器为主，体积有小型的，也有大型的。

纯 PA6、PA66 一般用在有高温性能要求的应用领域，典型的应用是汽车发动机的外罩。某些液压转向装置的液体储槽和散热器溢流槽是用纯 PA6 吹塑的，一些重型拖拉机的

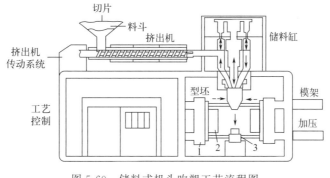

图 5-60　储料式机头吹塑工艺流程图
1—压板；2—模具；3—吹气杆

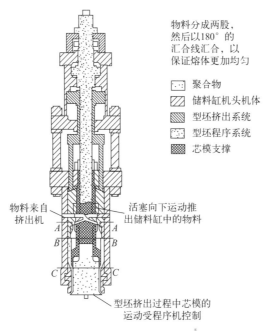

物料分成两股，
然后以 180° 的
汇合线汇合，以
保证熔体更加匀

▱ 聚合物
▨ 储料缸机头机体
▨ 型坯挤出系统
▱ 型坯程序系统
▨ 芯模支撑

物料来自
挤出机

活塞向下运动推
出储料缸中的物料

型坯挤出过程中芯模的
运动受程序机控制

图 5-61　储料缸式机头

空气导管也是用三维加工吹塑的。少量的包装材料使用纯 PA6 或 PA66。PA6 或 PA66 包装材料比高密度聚乙烯（HDPE）或聚氯乙烯具有更优良的耐热性、耐溶剂性、耐渗透性。

聚酰胺的其他许多用途是与别的聚合物混合形成共混物或合金。如汽车气阻流板是用非晶形/增韧 PA 三元共聚物吹塑的，汽车油箱是用 HDPE 与 PA66 共混吹塑的。

5.6.2　吹塑成型用聚酰胺树脂技术要求

吹塑的成功主要取决于树脂从型坯挤出经吹胀到顶出过程中的性能。适合吹塑的聚酰胺应具有 3 种特性：①在宽剪切应力范围内具有较高的熔体黏度；②高熔体弹性；③结晶速率慢。

未改性的 PA6 的性能勉强能满足这些要求，而纯的 PA66 就不太合适。吹塑用聚酰胺大多数是经过改性的，通过接枝、添加玻璃纤维等手段使黏度上升到适合于吹塑成型的要求。另外还可通过添加某些添加剂使其具有某些特性。

适合吹塑的高分子聚合物，其黏度应在 1.7kPa·s 左右。支化形成的高黏度聚酰胺也可以吹塑，但会造成凝胶的形成。由于聚酰胺树脂与其相容性好的弹性体聚合物共混，可以改善 PA66 的熔体弹性，用功能化的烯烃类共聚物与聚酰胺共混是一种熟知的聚酰胺增韧方法。

熔体的结晶速率快限制了型坯可吹胀的时间。适合吹塑的树脂其结晶速率应低于纯 PA66 的结晶速率，未改性 PA6 的结晶速率勉强合乎要求。因为 PA6 凝结速率较慢，且其加工温度与开始凝结的温差大，所以其结晶速率慢。共聚改性是降低结晶速率普遍采用的一个方法。

以非结晶型聚酰胺为例，其适合作为吹塑成型材料是由于它具有吹塑特点：树脂的流动性好，成型的温度范围广；熔体的黏度变化对温度依赖性低；固有黏度较大，这样，剪切速度对其影响不大。这些也是吹塑成型对加工树脂的性能要求。当维持熔体流动的温度范围广时，可减少快速硬化的现象，以避免因型坯的固化而影响成型。熔体黏度和温度的关系也相当重要，当两者的依赖性较大时，会在型坯温度下降和开始吹塑的这段时间内，因型坯在轴向和径向的冷却不均而造成黏度不均，从而吹塑时出现厚薄不均，影响制品的质量。黏度与剪切速度的关系主要与熔体的弹性恢复有关，型坯从机头挤出，受到强烈的剪切作用，由于聚合物的弹性作用，使其恢复到原来的形状，这对型坯的形成和稳定影响颇大，实际上，弹性恢复过程越快越好。

图 5-62 是利用热分析法比较结晶型聚酰胺和非结晶型聚酰胺的热性能。结晶型聚酰胺有一突变的熔点，而非结晶型聚酰胺则没有，所以非结晶型聚酰胺的加工条件范围广。图 5-63 列出了非结晶型聚酰胺的熔融黏度与剪切速度、温度的关系。

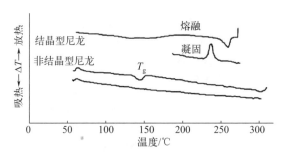

图 5-62　结晶型尼龙和非结晶型尼龙的比较

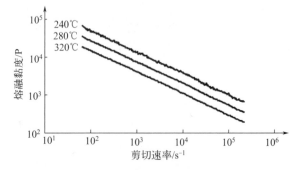

图 5-63　非结晶型尼龙的熔融黏度与温度、剪切速度的关系

（1P＝10^{-1}Pa·s）

吹塑成型用的聚酰胺品种见表 5-47。

表 5-47　吹塑用聚酰胺种类牌号与性能

生产厂家	牌号	特点与用途
Texapol	960AHV	高黏度,适合吹塑和挤出
	1120HS	流动性较好,适合吹塑和挤出
瑞士 EMS	Grivory G355NZ	改性的非晶态聚酰胺共聚物,具有较高的刚性和冲击强度,不受空气中水分含量的影响。材料适用于注塑、挤压和挤出吹塑
荷兰 DSM	Stanyl Diablo OCD2305 BM	挤出吹塑成型排气管用的耐高温聚酰胺
	PA6 Akulon Fuel Lock FL40-HP	高阻隔性能,吹塑小型发动机油箱
德国朗盛	Tepex 复合材料	可吹塑成型的连续纤维增强热塑性复合材料
	BC700HTS DUSXBL	未增强的 PA 6 高黏度配混料
	BC550Z DUSXBL	未增强的 PA 6 高黏度配混料
	DP BC 600 HTS	连续挤出吹塑成型或吸塑成型生产线,用于发动机空气管理系统比如送风管线、空气增压管和进风管线
美国杜邦	Selar PA	非晶聚酰胺的加工方法非常广泛,已经制造了挤出吹塑单层膜、挤出流延膜和片材,以及中空成型容器,注射成型和注吹成型单层容器,并在 1987 年开发共注-拉-吹成型容器的加工方法
意大利 Radici	聚酰胺 Radilon 系列 BMX 和 BMW	吹塑级配混料产品:BMX 是无增强材料的 PA6 配混料,而 BMW 是含玻纤 15%～20% 的玻纤增强聚酰胺材料
东莞意普万	吹塑 PA 改性材料	熔体黏度高,具有优异的吹塑加工性能,用于摩托车/汽车汽油油箱
天津海晶集团	增强改性 PA 复合材料	耐热级吹塑成型
上海杰事杰	吹塑级玻璃纤维增强 PA	易于吹塑成型,不会发生熔体破裂、下垂、表面粗糙等缺陷。应用于汽车、电子、仪器仪表等领域的中空吹塑件
上海交通大学	高韧性 PA 复合材料	可挤出或吹塑

5.6.3　吹塑工艺及控制因素

将熔融物料送至储料缸式模头后，在型坯还未挤出前，应很快关闭进料阀。从型坯挤出到吹胀所需时间，小注射量不到 1s，而大的、长的型坯则要 15s 左右。从型坯挤出到吹胀的时间间隔是一个关键的参数。在吹塑过程中，垂伸必须控制到最小化。垂伸是指型坯横向瘪陷、沿轴向伸长的现象，会引起制品纵向壁厚不均一。型坯冷却的速率是一个很重要的因素，它取决于挤出-吹胀的时间间隔、型坯厚度以及型坯周围的空气温度。

为了达到型坯厚度均匀，在挤出-吹胀的时间间隔内必须使型坯的温度尽可能均匀地保持在熔点或玻璃化转变温度以上。如果型坯的任何部位的温度低于熔点或玻璃化转变温度，型坯在这个部位就不可能均匀吹胀。典型的（吹胀用）中空压力为 0.3～0.6MPa。尽管吹塑时间设定得比实际吹胀时间长 3～4 倍，但实际吹胀时间却很短（1～2s）。过量的水分和挥发分在料筒内的高压下溶解在聚酰胺熔体中，但在型坯的形成及吹胀期间，压力降低，它们又会释放出来，使零件产生膜泡和条纹等缺陷。

聚合物挤出存在模头膨胀现象，出口膨胀的大小以出口膨胀比来表示，即型坯直径/模头直径。这一比值随聚合物本身的黏弹特性及各种成型条件而变化，特别要受型坯挤出压力和模头与心轴相对位置的影响。挤出压力越大这个比值就会越大，这是因为模头内的压降越大，聚合物所受的弹性应变就越大，从而由于弹性恢复所引起的这种膨胀也就越大。PA6的挤出压力与膨胀比，如图 5-64 所示。

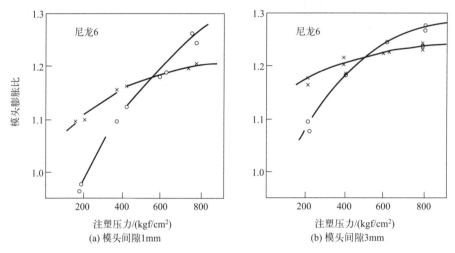

图 5-64　挤出压力与膨胀比的关系

$(1kgf/cm^2 = 98.0665kPa)$

×—从模头向下 15mm；○—从模头向下 50mm

聚酰胺的膨胀比随型坯的挤出压力、模头间隙等条件的不同而不同，可以利用这一点来通过调整型坯直径、吹塑比进而达到调节产品壁厚的目的。

大多数的聚酰胺树脂在挤出口模处迅速加压时不能有效地胀大，而且在大多数情况下型坯的直径只能先吹胀至比口模大 5%～10%。虽然在尽可能接近熔点温度下挤出型坯只略微增加离模膨胀，但减少型坯的吹胀时间，使型坯胀大的方法是绝对不能采用的。从机械角度考虑，使用聚流式模头设计可使离模膨胀最大化，而散流式则相反。因此，一般选择聚流式模头，见图 5-65。然而，即使采用聚流式模头，离模膨胀在标准条件下很少超过 10%。

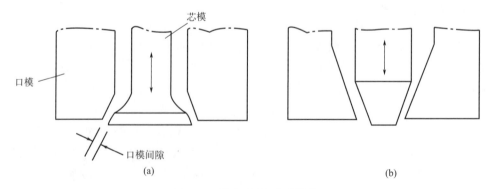

图 5-65　散流式/聚流式模具

（a）散流式：芯模向上移动时，型坯壁薄，芯模向下移时，型坯壁厚，常用于制作大型型坯；

（b）聚流式：芯模向下移动时，型坯壁薄，芯模向上移时，型坯壁厚，常用于制作小型型坯

吹塑级 PA6 和 PA66 的性能列于表 5-48 与表 5-49。

表 5-48　典型的吹塑级 PA6 的性能

性能	ASTM 方法	未改性 PA6	增韧 PA6	PPE[①]/PA6 合金
拉伸强度/MPa	D638	84	59	70
断裂伸长率/%	D638	180	150	75
弯曲模量/MPa	D790	2896	1972	2337
Izod 缺口冲击强度/(J/m)	D256	53	310	187
热变形温度/℃				
1.82 MPa		66	58	112
0.46 MPa		175	144	180
熔融温度/℃	D3418	216	216	216
密度/(g/cm³)	D792	1.13	1.09	1.09

① 聚苯醚。

表 5-49　典型的吹塑级 PA66 的性能

性能	ASTM 方法	未改性 PA66	增韧 PA66	增韧无定形 PA
拉伸强度/MPa	D638	94.8	53.1	73.8
断裂伸长率/%	D638	60	94	120
弯曲模量/MPa	D790	3100	2070	2000
Izod 缺口冲击强度/(J/m)	D256	53	不断	1010
热变形温度/℃				
1.82 MPa		81	57	115
0.46 MPa		238	220	115
熔融温度/℃	D3418	262	262	
密度/(g/cm³)	D792	1.14	1.11	1.09

　　从经济上考虑，冷却条件的控制必须以能尽快顶出零件为标准，但也不能太快，以免引起零件的形变。聚酰胺零件通常用于工程应用，因此要求其尺寸接近公差。常用的 PA6 和 PA66 树脂，其吹制件的脱模温度一般＜75℃，这样有利于脱模，而且形变最小。

　　此外还要注意的是树脂切片的吸水问题。聚酰胺易吸水，如果用已吸水的聚酰胺去成型，熔融聚合物的表观熔融黏度就会降低。这种由吸湿所引起的黏度降低现象对于用于注射成型的低分子量树脂并不太明显，但对于用于吹塑成型的高黏度树脂就很明显，应加注意。这样的问题在边角料再使用时同样要注意。成型后出来的边角料立即粉碎装入料斗再使用，或者使用在注射成型一章里曾讲过的除湿干燥机进行干燥。

　　以 PA6 的吹塑成型为例，吸塑成型中的不良现象及其对策见表 5-50。

表 5-50　吹塑成型中的不良现象及其对策

不良现象	对策
熔接线	检查干字头结构： ① 插入适当形状的导流片,使十字头部分的流道呈流线形; ② 聚合物被熔融进入圆筒状流道后的节流孔要大一些,凸缘部要长一些
模线	① 提高模头内表面的光洁度(模头心轴镀铬); ② 提高金属模温度

不良现象	对策
成型不良	① 降低聚合物熔融黏度(提高聚合物温度); ② 提高吹入空气的压力; ③ 降低吹塑比(扩大型坯直径); ④ 改变金属模形状(拐角部 R 要在 10mmR 以上,最好在 15mmR 以上)
厚度不均	① 提高聚合物的熔融黏度; ② 调整模头间隙(保证厚度均匀)
发泡	切片干燥(保证 PA6 含水量在 0.15% 以下)

参考文献

[1] 郭宝华,张增民,徐军.聚酰胺合金技术与应用 [M].北京:机械工业出版社,2010.

[2] 周达飞.高分子材料成型加工 [M].北京:机械工业出版社,2010.

[3] 王加龙.塑料挤出制品生产工艺手册 [M].北京:中国轻工业出版社,2002.

[4] 彭治汉.塑料工业手册聚酰胺 [M].北京:化学工业出版社,2001.

[5] 李东立.塑料软包装材料结构与性能 [M].北京:中国轻工业出版社,2015.

[6] 张振英.塑料挤出成型入门 [M].杭州:浙江科学技术出版社,2000.

[7] 福本.聚酰胺树脂手册 [M].北京:中国石化出版社,1994.

[8] 任亦心,刘君峰,许忠斌,等.微孔发泡注塑成型工艺及其设备的技术进展 [J].塑料工业,2021,49 (2):12-15, 67.

[9] 谢晖.塑料成型加工技术发展现状及研究进展 [J].云南化工,2019,46 (4):152-153.

[10] 刘成娟,刘成刚,李延平.高分子材料注塑成型技术应用及发展趋势 [J].塑料工业,2019,47 (10):7-10, 45.

[11] 张响,董斌斌,王利霞,等.基于数值模拟的气体辅助注射成型工艺控制研究 [J].工程塑料应用,2004,32 (6):30-33.

[12] 王利霞,申长雨,李倩,等.气体辅助注射成型工艺及充模过程 CAE 分析 [J].高分子材料科学与工程,2003,19 (3):160-163, 167.

[13] 马玉录,茅晓东,何曼君.气辅注射模塑——一种新型塑料成型工艺 [J].高分子材料科学与工程,1994 (6):120-125.

[14] 王帅,刘莉.塑料加工成型技术的现状及进展 [J].橡塑技术与装备,2022,48 (5):14-19.

[15] 黄南薰,林健,唐志廉.双向拉伸聚酰胺 6 薄膜概述 [J].合成纤维,1994 (6):29-32, 36.

[16] 温原,黄明,史春才,等.滚塑成型材料粉末流动性的影响因素 [J].中国塑料,2022,36 (8):92-97.

[17] 周先进,赵燕.BOPA 薄膜的性能及其生产工艺 [J].中国塑料,2005,19 (9):82-84.

[18] 孙大文.工程塑料吹塑成型的开发情况 [J].塑料科技,1987 (1):44-51.

[19] 郑子军.气体辅助注塑成型工艺参数优化设定方法研究 [D].杭州:浙江工业大学,2005.

[20] 申振楠.尼龙 PA6 棒材挤出模具设计与成型工艺研究 [D].大连:大连理工大学,2019.

[21] 董煜.直线易撕裂双向拉伸尼龙 6 薄膜的制备与性能研究 [D].株洲:湖南工业大学,2022.

[22] 邹盛欧.吹塑用工程塑料的开发与实用动向 [J].化工新型材料,1996 (10):24-27.

[23] 青源.双向拉伸尼龙 6 结构与性能的研究 [D].成都:四川大学,2006.

［24］　陈孟杰. 两步法 BOPA 薄膜的质量控制和性能检测要点［J］. 印刷技术，2011（4）：52-54.

［25］　张丽. 双向拉伸尼龙薄膜在包装领域应用分析［J］. 化工技术经济，2006，24（1）：25-26.

［26］　刘轶，刘跃军，崔玲娜，等. 双向拉伸工艺对尼龙 6 薄膜的微观结构与宏观性能的影响［J］. 塑料工业，2020，48（6）：35-42.

［27］　梁政. 塑料薄膜的多层复合技术［J］. 塑料包装，2021，31（2）：41-46.

［28］　陈培忠，王克俭. 塑料包装材料共挤复合技术发展［J］. 塑料包装，2021，31（1）：29-33.

［29］　苗立荣，张玉霞，薛平. 多层共挤出塑料薄膜机头的结构改进与发展［J］. 中国塑料，2010，24（2）：11-20.

［30］　蔡红. 液态反应性聚合物的旋转模塑成型工艺研究［D］. 郑州：郑州大学，2006.

［31］　粟志彪. 可视化滚塑设备的研究以及滚塑工艺的开发［D］. 北京：北京化工大学，2007.

［32］　刘梦梦，朱晓冬. 3D 打印成型工艺及材料应用研究进展［J］. 机械研究与应用，2021，34（4）：197-202.

第6章
聚酰胺及其复合材料的应用

6.1 概述

6.1.1 聚酰胺及其复合材料应用概况

聚酰胺是一类品种最多、用途最广的合成树脂。由于聚酰胺树脂具有良好的综合性能，特别是改性聚酰胺复合材料具有十分优异的力学性能、耐热性、耐候性、耐腐蚀性、耐磨性、耐低温性等独特的性能。因此，聚酰胺及其复合材料已成为汽车、轨道交通装备以及工程、矿山、轻工、农业等机械装备产业的重要结构材料；成为电子电气、家电、建筑电气部件的重要基础材料；成为航空航天、军工装备的重要结构材料；成为工业和民用纤维、单丝及绳索、包装薄膜、管材、棒材、板材等型材产业的主要基础材料。可以说，聚酰胺树脂是工业、农业、国防、日用品等产业中不可缺少的重要基础材料。

6.1.2 我国聚酰胺及其复合材料的应用分类及消费结构

近十年来，我国聚酰胺产业蓬勃发展。2021年，PA6产销量约350万吨，PA66产销量约59.6万吨，半芳香族及全芳香族等特种聚酰胺产销量约15万吨。PA11、PA12、共聚聚酰胺及半芳香族聚酰胺等特种聚酰胺树脂及其复合材料进口超过200万吨。我国成为全球聚酰胺生产与消费大国。表6-1和表6-2列出了各类聚酰胺的应用及其消费结构。

表6-1　聚酰胺应用分类

类别	主要特性	应用领域
通用脂肪族聚酰胺	综合性能好，适用多种加工方式	工业及民用纤维、单丝；汽车、轨道交通装备部件；电子电气、通信装备部件；工程、矿山、纺织、轻工机械部件；薄膜（BOPA6膜、复合包装膜、电池包装膜）、运动器材

续表

类别	主要特性	应用领域
长碳链脂肪族聚酰胺	高冲击柔韧性，耐低温性优异	汽车、轨道交通及工程机械用油管；汽车及工业用气管；输油管；电缆包覆
半芳香族聚酰胺	耐高温，高强度	电子电气、通信、汽车、轨道交通、机械
全芳香族聚酰胺	耐高温、高强度、高模量	航空航天装备部件、防弹材料、绳索
共聚聚酰胺	韧性、加工流动性、阻隔性及透明性好	仪器仪表、汽车、包装膜、纤维

表 6-2　我国聚酰胺消费结构变化　　　　　单位：%

行业	2015 年	2016 年	2017 年	2018 年	2019 年	2020 年	2021 年	2022 年
纤维	63.19	63.10	62.76	63.17	62.36	61.76	61.51	61.23
薄膜	4.84	4.88	4.29	3.63	4.11	3.87	4.19	4.19
管材	1.49	1.52	1.49	1.46	1.50	1.51	1.50	1.50
通信	2.85	2.88	2.95	2.93	2.92	2.93	3.03	2.99
汽车	9.05	9.25	9.44	9.67	9.73	10.02	10.02	9.96
轨道交通	1.76	1.73	1.77	1.74	1.79	1.78	1.77	1.79
机械	3.26	3.31	3.38	3.37	3.35	3.43	3.45	3.50
电子电气	10.92	10.73	11.33	11.51	11.71	12.15	12.06	12.34
其他	2.65	2.59	2.59	2.50	2.53	2.54	2.46	2.50

6.1.3　聚酰胺及其复合材料市场需求的变化趋势

随着我国汽车、轨道交通、机械装备制造业转型升级，特别是汽车产业的快速发展，轻量化及高性能化的发展，以塑代钢将成为机械装备产业重要的发展方向。聚酰胺复合材料的广泛应用成为装备制造业的一大发展趋势；与之相应的电子电气产业将向信息化、小型化、高性能化方向转变，高性能聚酰胺复合材料是电子电气产业高性能化的重要结构材料；聚酰胺薄膜因具有较好的阻隔性、耐穿刺性、耐蒸煮等优异性能，越来越受包装产业的青睐。因此，预计未来十年，我国聚酰胺市场需求将持续增长，其增长率预计在 6%～8%；其消费结构也将发生较大的变化，用于纤维的比例将下降，汽车、机械装备、电子电气和薄膜等产业对聚酰胺的需求将有较大的增长。我国聚酰胺纤维产业十分成熟，是全球最大的生产消费国，本章仅讨论聚酰胺非纤维产业的应用。

6.2　聚酰胺在单丝产业中的应用

6.2.1　概述

聚酰胺单丝是聚酰胺树脂经熔融纺丝而形成的合成纤维长丝，具有较好的强度和耐磨性能，其用途很广。在日常用品中，它主要用作绳索、牙刷、毛刷等；在渔具方面，主要用作钓鱼线和渔网；在工业方面，主要用于抛光轮、电梯防护刷、割草绳、汽车及船舶用缆绳等。

6.2.2 日常用品

常用的绳索材料有麻、棉以及尼龙、丙纶、维纶、涤纶等合成纤维。聚酰胺绳索除了具有一般合成纤维绳索的质轻、柔软等优点外，还具有强度和耐磨度高，超过麻、棉绳索数倍；有较大的弹性，长期使用不容易疲劳；有较强的耐化学品、耐霉烂、耐虫蛀等优点。其缺点是聚酰胺绳索的吸湿性大，入水后重量会增加；摩擦后会产生静电，易吸附尘埃。几种用于绳索的纤维性能见表 6-3。

表 6-3 几种绳索用纤维的性能

纤维	线密度/dtex	断裂伸长率/%	强度/(cN/dtex)
聚丙烯	>5	20	3
聚酯	>6	15	8
聚酰胺	>6	20	8.5
聚对苯二甲酰对苯二胺(Kevlar)	<2	<5	20
超高分子量聚乙烯(UHMWPE)	>6	<5	26

长碳链聚酰胺，如 PA612、PA610，具有良好的柔韧性和透明度、低的密度及吸水率、不易被细菌破坏、易清洁，是高级牙刷和生活毛刷的首选材料。聚酰胺毛刷，还可用于各类瓶子、餐具的清洗，可以彻底洗去难以去除的顽固污垢，如奶瓶刷等；另外，由于聚酰胺毛刷柔软细腻，也可用作化妆毛刷，如图 6-1 所示。

(a) (b) (c)

图 6-1 聚酰胺牙刷（a）、奶瓶刷（b）以及化妆毛刷（c）

清洗汽车的毛刷刷丝，要求柔软，端部易剥离，以免划损汽车表面。同时，刷丝与汽车的接触面积要大，以利清洗，触摸时有蜡样感觉。利用两种熔点相差较大的高聚物，形成以低熔点高聚物组分为海、以高熔点高聚物为岛的海岛形共混纤维，高熔点组分呈微纤状控制收缩，保持纤维状态，低熔点组分起熔融粘接作用，由于内外层材料力学性能不同，受力时产生剥离。当 PA/PE（70/30）时，添加白蜡等为助剂的共混纤维综合性能好，能够满足汽车清洗用的刷丝的要求。

6.2.3　渔具

聚酰胺单丝由于耐磨、柔软、质轻，在渔具中主要用来制作钓鱼线和渔网，如图 6-2 (a) 所示。聚酰胺钓鱼线具有延展性好、切水性强等特点，是最常用的一种鱼线，也是用途最广泛的一种鱼线，不管是传统钓、台钓、路亚钓、矶钓、海钓都能看到它的身影。

(a)　　　　　　　　　　　　　　　　(b)

图 6-2　聚酰胺钓鱼线 (a) 和渔网 (b)

渔网一般由聚酰胺或改性聚酰胺、聚乙烯、聚酯、聚偏氯乙烯等合成纤维单丝、复丝捻线或单丝经编织、一次热处理、染色和二次热处理加工而成，见图 6-2 (b)。目前，国内市场上，聚酰胺渔网占 35% 左右，主要用于对强度要求较高的远洋捕捞和围网，其他的主要用于淡水养殖。而国际上，聚酰胺渔网占 70% 左右。预计今后，随着我国海洋捕鱼业的发展，我国聚酰胺渔网所占比例会越来越高。

聚乙烯渔网使用寿命约 3~5 年，具有不吸水、不发霉、耐腐蚀、强度高等优点，但其透明性较低。与普通聚乙烯渔网相比，聚酰胺渔网具有使用年限长（其使用寿命可以达到 5~8 年），柔韧性和透明性优异等优点，特别是共聚聚酰胺如 PA6/66 单丝，是高性能钓鱼线和深海渔网的理想材料。

6.2.4　工业

在工业上，聚酰胺单丝主要用作抛光轮、电梯防护刷、割草绳、汽车及船舶用缆绳等。

所谓聚酰胺抛光轮是指以 PA6 或 PA66 单丝制作的无纺布为骨架材料，金刚砂为磨料，环氧树脂为黏结剂，再添加适当的功能助剂，通过上胶、喷砂、预成型、冲压和后固化等工艺而制成的抛光材料，如图 6-3 所示。聚酰胺抛光轮，因具有耐磨力强、耐用性好、无噪声、散热效果好、不易烧伤工件等优点，在金属、陶瓷、建筑、手机玻璃屏幕等的精抛工序中得到了广泛的应用。环氧树脂/纤维抛光轮，因不耐磨且易损耗，在市面上应用得越来越少。

电梯防护刷，又叫"围裙板防夹装置"，主要是用于防止夹伤，如图 6-4 所示。电梯，尤其是自动扶梯，其围裙板和梯级之间是有一定的间隙的，虽然间隙一般不大于 4mm。这一排防护刷实质上就是一个防夹装置，它是在提醒乘客，如果碰到了防护刷，就需要离远一点。PA6 单丝以及 PA6/66 单丝，因具有使用寿命长、耐磨、不掉毛、不变形、阻燃等特性，被广泛用作电梯防护刷。

图 6-3　聚酰胺抛光轮

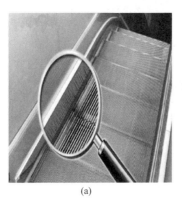

(a)　　　　　　　　　　　　(b)　　　　　　　　　　　　(c)

图 6-4　聚酰胺电梯防护刷（a）、割草绳（b）和缆绳（c）

　　割草绳是割草机作业时必不可少的消耗性配件。割草绳主要由高分子量的 PA6/66 单丝制成，具有切断力强、高度韧性、耐磨耐用、噪声更小等优点。当割草机启动后，聚酰胺割草绳受驱动而高度旋转，在接触杂草的瞬间犹如刀片一样将草切断。割草机之所以使用聚酰胺割草绳而不是刀片，是因为聚酰胺割草绳不仅拥有更好的耐磨性，而且可以适当调节长度，使得割草机割草范围扩大数倍，还能处理一些较深的凹槽，在园林割草机中广泛应用。

　　此外，聚酰胺单丝，因具有高的强度、良好的柔韧性和抗冲击能力、优异的耐磨耐腐蚀以及抗紫外线等特性，是一种重要的缆绳材料，已被广泛用作汽车及船舶用缆绳。

6.3　聚酰胺在薄膜产业中的应用

6.3.1　概述

　　与其他通用塑料薄膜（如 PE 和 PP）相比，聚酰胺薄膜具有很好的氧气阻隔性、穿刺强度、撕裂强度、耐高温性能和印刷性能等诸多优势。同时，与 EVOH、PVDC 等阻隔性材料相比，聚酰胺薄膜又具有成本低和环保的优势。此外，聚酰胺薄膜还具有较高的透明度和安全性。基于这些优点，聚酰胺薄膜得到了广泛的应用。民用上，聚酰胺薄膜主要用作食品包装膜。2017 年，国内 BOPA 薄膜产销量为 11.6 万吨，其中，BOPA6 薄膜占 89.3%，BOPA66 薄膜占 10.7%。2021 年，国内 BOPA6 薄膜产销量为 29.6 万吨，预计 2025 年国内 BOPA6 薄膜产销量将达到 60 万。工业上，聚酰胺薄膜主要是作为风电叶片成型用真空灌注膜、动力电池封装用铝塑复合膜等。

2021 年，国内风电叶片真空灌注膜的产销量为 4.5 万吨；预计 2025 年，其产销量将达到 6.0 万吨。2021 年，国内铝塑复合膜的产销量为 1 亿平方米，占市场需求的 20%；预计 2025 年，其产销量将达到 28 亿平方米，市场规模大于 89 亿元，是未来需求增长最快的聚酰胺应用市场。

6.3.2　BOPA6 薄膜

以 PA6 为原料的 BOPA6 薄膜，在成膜加工过程中经双向拉伸处理，加强了分子链的定向排列，使结晶度增大，提高了力学性能，且光泽度和透明度以及对气体阻隔性也得到相应提高。BOPA6 薄膜聚合物分子处于平面定向状态，因此，与其他包装薄膜相比，BOPA6 薄膜具有以下优点。

① 相对于 PE 和 PP 具有很高的穿刺强度，其耐破裂、耐冲击性以及拉伸强度等都是包装薄膜中最好的，见表 6-4。

表 6-4　BOPA6 与其他常用塑料薄膜的性能比较

性能	PA6	BOPA6	LDPE	CPP	OPP	BOPET
厚度/μm	50	15	50	50	10	12
密度/(g/cm^3)	1.10~1.20	1.14~1.16	0.91~0.93	0.39~0.90	0.89~0.90	1.34~1.40
熔点/℃	215~225	215~225	100~110	160~170	160~170	225~265
拉伸强度/(kg/cm^2)	6~10	20~25	1~2	3~5	18~23	16~20
断裂伸长率/%	350~600	90~120	150~600	500~700	80~120	100~120
冲击强度/(kg·cm^2/mm)	400~600	600~1000	100~200	50~180	450~700	700~1000
透水系数 (0.1MPa,24h)/(g/m^2)	89~100	20~30	6~10	5~8	1~2	5~6
透氧系数 (0.1MPa,24h)/(mL/m^2)	15	3	1000~1600	500~800	350~400	19~20

② 相对于 EVOH、PVDC 等阻隔性材料，BOPA6 薄膜具有节省成本和符合环保要求的优势，并且其耐油性和对气体的阻隔能力很强，对 O_2 和 CO_2 的阻隔性比 LDPE 高 100 倍左右，所以它是食品保鲜、保香的理想材料。

③ 柔软、耐寒且耐热，可在较宽的温度范围（-60~150℃）内长期使用，不会过早脆裂或变硬。在拉伸方向的膨胀系数小，未经特殊处理的薄膜拉伸后热收缩率有所增加，特别适合于冷冻包装、抽真空包装和蒸煮包装。

④ 对油脂和气体的阻隔性强，适于包装肉类、鱼类、油脂食品、海产品、易氧化变质食品、保香要求食品、蔬菜制品等，其保存期较通用的包装材料长一倍以上。

⑤ 表面光泽度高，折射率增加，改善了薄膜的透明度。

⑥ 提高了薄膜的电绝缘性。

表 6-5 为 2021 年国内 BOPA6 薄膜产能统计数据。厦门长塑是我国最大的 BOPA6 薄膜生产商，产能为 7.9 万吨/年，占我国总产能的 26.7%；其次是天津运城、沧州明珠、晓星化纤，其占比均在 10% 以上。

表 6-5　2021 年国内 BOPA6 薄膜产能统计

序号	单位名称	产能/(万吨/年)	占比/%
1	厦门长塑	7.9	26.7
2	天津运城	4.3	14.5
3	沧州明珠	3.5	11.8
4	晓星化纤	3.0	10.1
5	广东佛塑	1.5	5.1
6	平煤神马	1.0	3.4
7	上海紫东	0.5	1.7

6.3.3　PAMXD6 薄膜

PAMXD6 是一种性能优良的阻隔性树脂，具有优良的阻隔性和食品保鲜性，其阻隔性几乎与湿度无关，具有对 O_2、CO_2、烃类气体的永久阻隔性，而且在高湿度下阻隔性下降很小，明显优于 EVOH。另外 PAMXD6 是耐热、耐高湿、耐候及耐弯曲性佳的功能材料，其气密性比 PA6 高 10 多倍，同时还具有良好的透明性和耐穿刺性，主要用于高阻隔性包装薄膜。PAMXD6、PA6 和 PET 三种树脂制得的双向拉伸薄膜的物理性质见表 6-6。

表 6-6　PAMXD6、PA6 和 PET 双向拉伸薄膜的物理性能

性能	PAMXD6	PA6	PET
厚度/μm	15	15	12
密度/(g/cm^3)	1.22	1.14	1.38
拉伸强度(纵向/横向)/MPa	220/220	200/220	200/210
拉伸模量(纵向/横向)/MPa	3850/3900	1700/1500	3800/3900
断裂伸长率(纵向/横向)/%	75/76	90/90	100/90
透水系数(40℃,90%RH)/[g/(m^2/d)]	40	260	40
透气系数/[cm^3·mm/(m^2·d·MPa)] O_2(20℃,60%RH) CO_2(20℃,60%RH)	0.006 0.034	0.065	0.15 0.15
拉伸比	4×4	4×4	4×4

PAMXD6 食品卫生性也得到 FDA 的许可。在欧洲，由于对环境问题的关注，作为 PVDC 类薄膜的替代产品，PAMXD6 的应用前景较好。PAMXD6 与高阻隔性树脂 EVOH 具有相近的阻隔性，并且 PAMXD6 可以采取多种方法复合成新型功能薄膜，如采用 PAMXD6 和 EVOH 共混拉伸复合而成双向延伸性的新型薄膜。随着我国对食品保鲜要求越来越高，包装的升级换代，对高阻隔性包装膜的需求越来越大，必将促进 PAMXD6 树脂的快速发展。

6.3.4　PA6 复合膜

单一聚酰胺薄膜的应用很少，主要为食品包装中作为肠衣类用途，这是因为它的热封性

能差、成本相对较高。实际应用中，一般是将 PA6 与其他塑料或铝箔制成复合薄膜后使用，以便得到合理的性价比。例如，BOPA6 复合膜为克服聚己内酰胺材料易吸水、热封性较差的缺点，通常与热封性良好的基材膜（如 PE、EVA、PET、CPP、铝箔等）复合使用，以提高性价比，改善吸水性能。目前，PA6 复合膜主要用在食品包装、动力电池、风电叶片等领域。

6.3.4.1　食品包装复合膜

在食品包装领域，PA6 复合膜已广泛应用于普通食品、冷冻食品以及蒸煮食品的包装，如表 6-7 所示。最具代表性的产品是 BOPA6/LDPE 复合膜，可用于普通食品和冷冻食品的包装。LDPE 在复合膜中可以提高 BOPA6 薄膜的热封合性，避免直接与含水较多的内装物品接触，保持 BOPA6 的阻隔性能，同时也可以降低成本。BOPA6/CPP、BOPA6/EVA 复合膜可作为高温蒸煮食品包装，在 121~135℃煮 15~30min，用于包装汉堡、米饭、液体汤料、豆浆、烧鸡等食品。另外，PET/铝箔/BOPA6/CPP 复合膜可在 120~135℃煮 15~30min，并且具有很高的阻隔性和遮光性，可用于咖啡、榨菜、烤鸡、酱肉、排骨等食品的包装。此外，BOPA6/CPP 或者 BOPA6/LDPE 复合膜真空包装豆腐干，可以耐 100℃、30min 的蒸煮杀菌，可有 6 个月以上的常温保存期。BOPA6/锡箔/CPP 复合膜是高温蒸煮袋的主要结构型式，用这种袋包装各类食品，135℃蒸煮杀菌 30min，可保存食品 2 年以上。

表 6-7　食品包装复合膜的主要应用

应用范围	复合结构举例	包装实例
蒸煮食品包装	BOPA6/EVA、BOPA6/CPP	汉堡、米饭、液体汤料、豆浆、烧鸡等
冷冻食品包装	BOPA6/LDPE	海鲜、火腿、香肠、肉丸、蔬菜等
普通食品包装	BOPA6/LDPE	精米、鱼干、牛肉干、辣椒油、榨菜等

6.3.4.2　动力电池包装膜

铝塑复合膜是动力电池封装的关键材料，其主要结构有四层、五层及六层结构。其中，使用较多的是五层结构，如聚酰胺膜（表层）/黏合层/铝箔/黏合层/聚丙烯膜（内层），见图 6-5。表层的聚酰胺膜主要起防水、防划等保护作用，厚度一般为 15~25μm。铝箔主要起防水和阻隔的作用，厚度一般为 35~40μm。内层一般为改性聚丙烯膜，将铝箔与电芯隔开，起绝缘、耐电解液腐蚀和封装的作用，厚度一般为 40~80μm。胶黏剂用于黏结聚酰胺膜与铝箔及铝箔与聚丙烯膜。

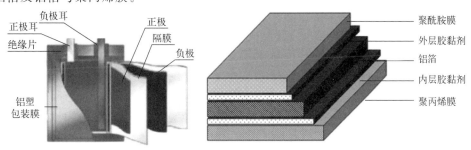

图 6-5　铝塑复合膜在锂电池中的应用及其基本构成图

2021 年，我国电动汽车的产销量为 350 万辆，电动摩托车的产销量为 60 万辆。同时，我国已成为全球手机、手提电脑及 5G 通信网络装备的产销大国。动力电池封装用铝塑复合膜行业正值黄金上升期。据相关统计，2020 年全球铝塑复合膜市场需求预计超过 5.1 亿平方米，其中动力电池用铝塑复合膜需求量超过 1.07 亿平方米，占比上升至 20.8%。2021年，我国动力电池封装复合膜消费量为 3.5 亿平方米，预计 2025 年将达到 15 亿平方米，高韧性耐冲击 BOPA 膜需求量将达到 5 万～8 万吨。

6.3.4.3　风电叶片真空灌注膜

风能作为一种绿色环保型能源，是可再生能源中最具开发潜力的一种。随着风电技术的发展与日趋成熟，机型已达到 5MW 以上，叶片长度超过 90 米。风电叶片是风力发电机组关键部件之一，主要采用真空灌注成型工艺来制作，如图 6-6 所示。这种成型工艺的运用，可以使纤维含量达到 70% 以上，力学性能明显提高，气泡含量和缺陷明显减少，产品质量稳定性大幅提高。

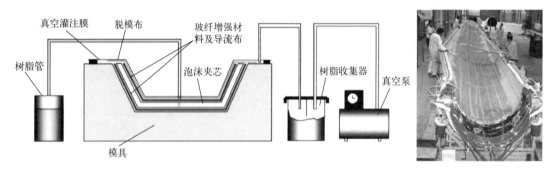

图 6-6　风电叶片真空灌注成型工艺

真空灌注膜在风电叶片成型过程中至关重要，一般要求具有良好的拉伸性能、气密性、耐热性，以及耐撕裂、耐针刺强度，将模具和产品隔离起来，使整个系统处于密闭负压状态，以便树脂快速灌注系统中，达到真空灌注成型工艺的要求。风电叶片真空灌注膜主要采用五层共挤成型的 PE/接枝 PE/PA6/接枝 PE/PE 复合膜，具有柔韧性好、耐穿刺、高强度等优点。随着风电行业的快速发展，风电叶片真空灌注膜的产销量也将越来越大。2021 年，国内风电叶片真空灌注膜的产销量为 4.5 万吨；预计 2025 年，其产销量将达到 6.0 万吨。

6.4　聚酰胺及其复合材料在通信产业中的应用

6.4.1　概述

随着通信产业的发展，尤其是 5G 网络技术的发展及其搭建进程的推进，聚酰胺及其复合材料在通信电缆和光缆包覆及接头材料，以及通信装备部件中的应用迅速增长。2021 年，我国通信产业用聚酰胺及复合材料的产销量为 14.8 万吨，预计 2025 年将达到 20 万吨。

6.4.2　电缆、光缆包覆及接头材料

由于聚酰胺具有良好的机械强度和韧性，其制品具有较高的硬度和光滑性等特点，可以

抵御鼠、蚁等的蛀蚀，而且，具有耐一般酸碱溶剂腐蚀、无毒、无臭、耐候性好等优点，因此，聚酰胺护套被誉为"软铠装"。随着通信产业的快速发展，聚酰胺材料在电缆、光缆包覆及接头材料领域的需求量不断提升，应用较多的聚酰胺材料主要有 PA11、PA12、PA1010 和 PA6。其中，PA11 和 PA12 主要用于防白蚁和鼠咬；PA1010 和 PA6 可用于防鼠蚁，也可用于保护线缆免受机械损伤。通信光缆及其结构组成如图 6-7 所示。

图 6-7　通信光缆及其结构组成

6.4.3　通信装备部件

手机轻薄化为聚酰胺材料提供了潜在市场，抗冲击、手感丰满是手机外壳用材的重要标准，最受青睐的莫过于 PPO/PA6、ABS/PA6 合金。

巴斯夫向韩国天线制造商 EMW 天线公司提供的新型可激光雕刻聚酰胺（Ultramid），已用于开发全球首批 GPS 与蓝牙手机的塑料微型天线。这种新型产品 Ultramid T4381LDS 是部分为半结晶型、部分为芳香族的耐高温 PA6/6T，通过 10% 玻璃纤维与 25% 矿物填料进行强化，在提供更宽的加工范围的同时又不损害其力学性能。与常规陶瓷材料相比，这种聚酰胺材料的频率范围更宽，电压驻波比陶瓷微型天线更低，从而提高了天线的性能。

帝斯曼 Stanyl PA46 和 StanylForTii PA4T 具有卓越的绝缘性和阻燃性，可用于制造 USB Type-C 连接器。此外，小米 Mi4 智能手机已采用帝斯曼 StanylForTii PA4T 材料作为天线隔断条，凭借其优异的力学性能、高流动性、出众的色彩稳定性和卓越的化学耐受性，该材料最终成为小米手机的首选材料。

6.4.4　5G 通信材料

在通信领域，随着无线网络从 4G 频率走向 5G 频率，对各种电子零部件的性能以及稳定性提出了更高的要求，具体体现在 5G 材料需要具有更优的介电性能，特别是具有低介电、低损耗聚酰胺复合材料。采用高岭土、云母、滑石粉和二氧化硅等具有较低介电常数的填料，既可以提高聚酰胺的力学性能，也可以改善聚酰胺的介电性能。其中，高岭土的结构致密且无缝隙，晶格排列整齐，本身具有较低的介电常数（D_k，为 2.6），经过高温煅烧脱去结晶水后，其介电常数可进一步降低为 1.3，具有较佳的应用前景。聚酰胺介电材料可应用于：①5G 断路器，满足低压电器外壳的要求，适应极端天气以及恶劣环境，保证 5G 通信柜的安全稳定运行；②USB 连接器，满足制件的耐高温和不变形的要求，以及生产安装工艺的需要；③手机天线，聚酰胺介电材料具有优异的力学性能和尺寸稳定性，以及耐高温性，在无铅焊接后不起泡和低翘曲，其无线信号损耗低。

　　碳材料填充聚酰胺纳米复合材料是目前最有发展前景的电磁屏蔽和吸波材料之一。碳材料包括炭黑、碳纳米管、石墨烯、碳纤维等具有低密度、高柔性、高电导率、易加工成型等优点，弥补了金属材料密度高、易腐蚀和填充量大等缺陷，可以应用于电磁屏蔽领域与吸波领域。聚酰胺纳米复合材料有望应用于 5G 通信需要电磁屏蔽或者吸波的部件，具体应用有：①通信基站的悬挂结构件，由于密度小，作为通信基站发射塔的悬挂结构具有一定的应用优势；②电源盖板，目前通信设备上电源系统的电源盖板以铝压铸件为主，存在质量重、成本高、加工性差、屏蔽效能不可调等缺陷，采用聚酰胺纳米复合材料进行替代，有望解决上述问题，满足市场更高的需求；③屏蔽腔，目前通信设备上的屏蔽腔大多采用铝合金压铸件，存在质量重、加工性差、易腐蚀等缺陷，采用聚酰胺纳米复合材料，其屏蔽效能可以满足要求，成本也会降低。

6.5　聚酰胺及其复合材料在汽车产业中的应用

6.5.1　汽车部件以塑代钢的意义

　　汽车部件以塑代钢是汽车轻量化的重要途径。由于塑料密度小、耐腐蚀、易加工，在汽车领域的应用持续增长。国外，20 世纪 80 年代汽车塑料用量为 70kg/辆，90 年代为 130kg/辆，2010 年达到 300kg/辆，2021 年达 400kg/辆。从 20 世纪的内外饰件，到 21 世纪发展到结构部件。我国汽车用塑料不到 200kg/辆，说明国产汽车产业塑料的应用还有很大的发展空间。

　　聚酰胺复合材料具有优异的力学性能、耐高低温性、耐疲劳性、耐候性及阻燃性等特性。聚酰胺及其复合材料在汽车产业中的应用，具有以下意义：

　　① 实现汽车轻量化。聚酰胺复合材料密度约为金属的 1/5，可大幅度减轻汽车的质量。对于燃油车，轻量化有利于节省油耗、减少尾气排放。在全球石油资源紧张的情况下，节能成为汽车产业发展的极为重要的追求目标。对于电动车，轻量化可以增加续航里程。有关研究表明，汽车减重 10%，燃油车节油 6%～8%，尾气排放减少 5%；电动车减轻 10%，其续航里程增加 20%。

　　② 有利于绿色环保。如前所述，汽车轻量化，一方面可减少尾气的排放带来的空气污染；另一方面，聚酰胺复合材料可以回收循环使用，其废旧零部件可以回收再利用，减少环境污染。

　　③ 有利于提高零部件生产效率，降低汽车制造成本。聚酰胺复合材料可以实现多部件一体化设计与制造，大幅度提高生产效率。

　　④ 有利于提高汽车舒适性。聚酰胺复合材料具有抗冲击、耐磨、吸音降噪等功能，可以提高汽车隔音降噪、保温隔热等性能。

6.5.2　发动机周边部件

　　汽车发动机周边部件以塑代钢是汽车轻量化难度较大也是最为关键的领域。发动机周边部件须承受 −40～140℃的环境温度、砂石冲击、盐雾腐蚀及油类侵蚀。要求所用聚酰胺复合材料须具有高强度、耐冲击、耐高温等特性。表 6-8 列出了发动机周边部件所用的聚酰胺复合材料。

表 6-8 汽车发动机周边部件应用案例

系统	部件	材料
发动机系统	气缸盖,气阀盖,发动机座	GFPA66
	发动机盖板,发动机底护板	GFMPA6
	发动机气管水夹套、摇杆盖、气动转换器壳体	GFPA66
	轴承	PA46
进气系统	涡轮增压进气管	GFPA66
	空气进气管,除尘器外壳	GFPA66
	进气歧管,调压阀	GFPA6,GFPA66
	节流阀	GFPA66,GFPA66/PA6T
冷却系统	冷却液管路	PA6
	散热器端盖	GFPA66,GFPA66/612
	散热器支架及管件	GFPA66
	冷却风扇	GFPA66,GFPA6
	水泵涡轮及皮带轮	GFPA6T
润滑系统	油盘	GFMPA66
	充油罐,油水准仪	GFPA66
	油过滤器	GFPA66,GFPA46
传动系统	牙轮皮带罩	GFPA66,GFPA6
	链导轨,凸链轮	PA66,PA46

6.5.2.1 发动机盖板及气缸盖

发动机盖板及气缸盖要求所用材料在 $-40\sim$ 150℃内具有较好的刚性、强度,尤其是具有很好的尺寸稳定性,部件不翘曲,表面光滑平整。日系与德系车的发动机盖板及气缸盖均采用玻纤增强及无机矿物填料改性 PA66,国产品牌如长安、长城采用 GFPA6,如图 6-8。

图 6-8 发动机盖

6.5.2.2 冷却风扇及罩盖

冷却风扇是安全行驶的关键部件,如图 6-9 所示。冷却风扇发生故障时,发动机油温及水温升高,导致发动机故障。因此,要求所用材料具有很好的耐高低温冲击性和耐老化性,以保证冷却风扇的使用寿命。同时,要求玻纤分散均匀,如玻纤分散不均,就会导致风扇叶片的质量不均,其运行过程的噪声大。一般风扇出厂必须做噪声测试。

6.5.2.3 油过滤器

油过滤器是通过油管上安装的过滤网将油盘内吸出的油分配到发动机各部件,此过程中过滤网可将油渣及异物分离出来。过去是在法兰与钢管之间安装过滤网来实现过滤的。现有过滤器的钢管改用 GFPA66 注射成型，金属过滤网与输油管熔接在一起，如图 6-10 所示。其效果是使空气混入率降低 10%～30%，质量降低 70%，部件成本降低 50%。

图 6-9　冷却风扇

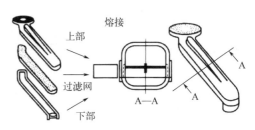

图 6-10　GFPA66 油过滤器

6.5.2.4　进气歧管

　　发动机内燃室进气歧管是汽车动力系统的主要部件之一，如图 6-11 所示，其作用是将汽油混合气体引入发动机气缸。进气歧管性能决定着发动机的进气效率和各气缸充气的均一性，是影响发动机动力好坏及油耗的关键部件。因此，要求所用材料耐高温、耐一定的压力，即具有较高的弯曲强度、拉伸强度、热变形温度以及表面光滑性。

图 6-11　进气歧管

　　聚酰胺进气歧管有下列优点：

　　① 轻量化。与铝制歧管相比较，聚酰胺进气歧管质量减轻 40%～60%，可以节省能量。

　　② 进气歧管的成本降低 40%～50%。聚酰胺进气歧管具有成型工序少（几个部件一次成型）、加工部件少、节省加工工时、提高生产率、降低安装成本等优点。

　　③ 聚酰胺进气歧管内表面光滑，对气流阻力小，可提高燃油效率。由于聚酰胺的导热性低于铝，燃油喷嘴和进入空气的温度较低，这不仅可以改善热启动性，还可提高发动机的效率和扭矩，改善发动机性能，减少废气排放。

　　④ 降低噪声。这是因为聚酰胺本身具有减震消声和耐磨耗的性能。

　　⑤ 设计自由度较大，特别是熔芯法制造进气歧管时，设计自由度大。

　　用作进气歧管的材料可以是 GFPA6、GFPA66 或 GFPA6T 等复合材料。其玻纤含量为 30%～35%。进气歧管加工方法有熔芯注塑法和注塑及振动焊接法。所谓熔芯注塑法就是先采用低熔点物制备进气歧管的芯子，将芯子放入模具中进行 GFPA6 注塑成型，然后，加热进气歧管，使芯子熔化流出进气歧管。此法是 20 世纪 80 年代的生产工艺。21 世纪开发的新型生产工艺是注塑焊接工艺。其工艺过程是将进气歧管对半分割成两个注塑件，将 GFPA6 或 GFPA66 注射成型，再将两个注塑件振动焊接，得到进气歧管。此法工艺过程简单，进气歧管内侧光滑，生产效率高，成本较低。

6.5.3　车身结构部件

车身部件包括座椅、门窗、空调、刮雨器、转向器、刹车及油门等系统，车身系统部件既适用燃油车也适用电动车。相关部件应用改性 PA 材料列于表 6-9 中。

表 6-9　车身部件应用案例

部件系统	部件	材料
座椅系统	枕头骨架	PA66/PE/PA6I 合金
	座椅骨架	GFPA6、GFPA66
	座椅调节部件	GFPA6
	座椅滑轨	GFPA6、GFPA66
	按摩元件	增韧 PA6
门窗系统	遮阳板	阻燃增强 PA6
	后视镜托架	GFPA 66、GFPA6
	门把手	GFPA6
	玻璃升级轨道及夹头	GFPA66、PA66/PA610 合金
	天窗	GFPA6、CFPA6、GFPP
空调系统	风道及风门	增韧 PA6、GFPA6
刮雨器系统	刮雨器及齿轮	GFPA6、GFPBT、GFPA46
转向器	涡轮	MCPA6、GFPA66、GFPA46
刹车及油门系统	刹车踏板及油门踏板	GFPA6、GFPA66
其他	油管、气管、线路固定卡套	增韧 PA6

6.5.3.1　天窗部件

汽车天窗由天窗骨架、玻璃、内衬、导流管组成。其中，天窗骨架是天窗系统的核心部件，如图 6-12 所示。一般，要求天窗骨架刚性高、尺寸稳定性好、滑动轨道平整光滑以及有较好的耐候性。天窗骨架材料可采用 GFPP、GF-PA6 或 CFPA6。对于所用聚酰胺复合材料，应具有较高的加工流动性。天窗骨架尺寸大、厚度小，注射成型时，如果材料的流动性差，将导致不能完全充满。为保证其部件的高刚性，纤维的含量一般在 45% 以上。对于高含量纤维增强 PA6 复合材料的制备，要保证材料表面较高的光洁度、平整度及较高的力学性能，必须注意材料组成及共混工艺的设计与控制。

图 6-12　天窗骨架

6.5.3.2　涡轮

汽车转向器涡轮虽小，但为汽车安全部件。金属涡轮易生锈腐蚀，与蜗杆之间摩擦磨损导致其运行噪声大，采用聚酰胺作为涡轮材料，具有耐磨、耐腐蚀、噪声低、使用寿命长等特点。聚酰胺涡轮可分为两种，一种是采用己内酰胺阳离子反应成型制造的涡轮，具有优异的耐磨性和降噪作用，其缺点是强度偏低，尺寸稳定性因环境湿度的变化而变化，适用于一般轿车；另一种是采用纤维增强增韧 PA66 注射成型，这种涡轮具有高强度、高耐磨性，尺寸稳定性较好，适用于制作较大尺寸的涡轮，应用于高级轿车中。

6.5.3.3 刹车及油门踏板

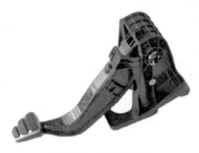

图 6-13　刹车踏板

刹车及油门踏板是汽车安全关键部件。刹车踏板由刹车系统模块、连杆和踏板组成，如图 6-13 所示。油门踏板是由油路模块、连杆和踏板组成。两者的受力部分是连杆及踏板，俗称脚踏板。传统的脚踏板一般采用金属材料，可承受各种较大的弯曲和冲击力。近年来，中车株洲时代新材旗下的博戈公司开发出纤维增强 PA66 脚踏板，已在奔驰、宝马、大众等车型中大批量地应用。与金属脚踏板比较，这种 GFPA66 脚踏板的重量减轻了 2/3。

6.5.4　燃油系统

聚酰胺耐腐蚀、易成型、阻隔性好、安装简便，是汽车燃油系统部件的理想材料。汽车燃油系统构成如图 6-14 所示。

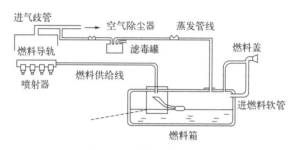

图 6-14　燃油系统构成

聚酰胺主要用于输油管、油箱燃油盖及过滤器等部件，如表 6-10 所示。

表 6-10　聚酰胺在汽车燃油系统中的应用

系统	部件	材料
燃油注入部件	燃油盖：上部 中部	GFPA66 POM
燃油储存系统	燃油箱	单层：HDPE 多层：HDPE/PA6/HDPE
	副油箱 燃油出口阀	PA6 GFPA6T、POM
燃油供给系统	油管	单层：PA11，PA12；多层：PA12/ETFE
	燃油过滤器壳体	GFPA66
	燃油输送管	GFPA66
	燃油喷嘴	GFPA66、GFPA6T
蒸发管路系统	滤毒罐	增韧 PA6、PA66

注：ETFE 为乙烯/四氟乙烯共聚物。

6.5.4.1　汽车管路

　　汽车用油管要求耐燃油渗透性、耐高低温、抗振动、柔韧性及耐候性好；气动管要求耐高低温、柔韧性及耐候性好。PA11、PA12 等长碳链聚酰胺具有耐高低温、耐油、耐腐蚀、耐老化等优异性能，成为汽车输油管、气动管的优选材料。汽车用线路套管材料要求具有较高的阻燃性、耐低温性及耐候性。采用阻燃 PA6 及阻燃 PA6/66 作为线路包覆套管，能起到保护汽车线路免擦伤，从而保证电路绝缘及线路信息畅通。表 6-11 列出了汽车软管用 PA11 的技术要求。

表 6-11　汽车软管用 PA11 的技术要求

性能项目	技术指标	试验方法
爆破压力	>7MPa	加水打压，测定爆破压力
拉伸力	>6MPa，没有局部膨胀	夹头间距 100mm，拉伸速度 300mm/min
气密性		加 N_2 气，内压 1.4MPa，保持 10min
吸湿性	<2％	(11±13)℃下经 24h 后测重，再于常温下在水中浸 100h 后测重
耐燃性	<6cm·min	在标准线 75mm 间的燃烧时间
温度变化引起的长度变化	<1％	在 -40～90℃内，测定温差 60℃时的长度
柔软性	没有裂纹	在(110±3)℃加热 24h，然后在 30 min 内降到(40±3)℃，冷冻 4h，在 4～8s 内(-40±3)℃在 100mm 芯轴上弯曲 180°
低温冲击性	两组均无裂纹，爆破压力≥5.6 MPa	一组试样于(110±3)℃下加热 24h，另一组于沸水中浸 2h，然后将试样于(40±3)℃低温槽内放置 4h 后，取出立即做冲击试验，再将其在常温下做破坏性试验
热老化性	无裂纹无折断	把试样绕在 600mm 轴上，于(110±3)℃烘箱内，加热 24h，取出于室温下 30 min 后反方向在 5～8s 内卷取 180°
热老化性	无裂纹，爆破压力≥5.6MPa	将试样于(110±3)℃烘箱内加热 72h 取出，在室温放 0.5h 后进行冲击和爆破压力试验
热老化性	无裂纹，爆破压力≥5.6MPa	将试样于沸水中煮 24h，取出于室温 30min 后做冲击试验后再做爆破压力试验
耐氯化锌腐蚀	无裂纹	在 5％ $ZnCl_2$ 溶液内浸 200h
耐甲醇腐蚀	无裂纹	在 90％甲醇溶液内浸 200h

6.5.4.2　汽车油箱

　　聚酰胺油箱具有以下特点：
　　① 密度小，与金属油箱比较，可减量 50％以上；
　　② 阻隔性好，汽油渗透率小于 $0.2g/(m^2 \cdot 24h)$；
　　③ 耐腐蚀性好；
　　④ 耐高、低温性好；
　　⑤ 设计自由度大，成型加工过程简单。
　　聚酰胺油箱成型方法主要有以下三种。
　　① 吹塑法。我国广州意普万公司开发出 PA6/PA6/PA66 三元共混聚酰胺合金用于油箱材料，其在 -40℃下的缺口冲击强度为 65～100kJ/m²，采用吹塑成型制备各种油箱。

359

② 滚塑成型法。DSM 公司成功开发油箱专用 PA6 树脂，并采用 PA6 粉末经滚塑工艺制备油箱。这一成果使得大型 PA6 油箱制造成为可行的途径。此法唯一的缺点是滚塑温度及模具旋转速度较难控制。

③ 己内酰胺阳离子反应滚塑成型法。四川大学成功开发出己内酰胺阳离子反应滚塑成型技术。其过程为己内酰胺经脱水，加入碱催化剂及活化剂进行活化反应后输入滚塑模具中，在模具旋转下加热反应成型得到 PA6 油箱。

己内酰胺反应滚塑成型法可制造任意形状的大小油箱，是未来大型油箱制造的重要方向。

6.5.5　汽车安全气囊及轮胎帘子线

6.5.5.1　安全气囊

安全气囊是汽车至关重要的安全部件。安全气囊安装在汽车室内前后围、侧围，以保护司乘人员的头、胸、颈、腿等部位免受伤害。当汽车受到撞击超过一定冲击力时，安全气囊就会自动弹开，保护司乘人员在遭受冲击力时不发生人体与汽车之间的碰撞。安全气囊要求不管是在夏季的高温或是严冬的低温状态下都能正常触发释放，在任何撞击状态下都能发挥正常的功能。PA66 纤维具有弹性好、断裂伸长率高的优点，是汽车安全气囊的首选材料。一般，一个安全气囊消耗 0.5kg PA66 纤维，一辆汽车配备 6～8 个安全气囊。2021 年，我国乘用车产销量为 2500 万辆，PA66 气囊布消耗 7.5 万～10 万吨。

6.5.5.2　轮胎帘子线

轮胎是由帘子线和橡胶组成的。帘子线与橡胶粘接，起到增强作用，是轮胎可承受载重的关键材料。要求帘子线与橡胶的粘接性强、断裂强度及断裂伸长率高、耐热性好。轮胎帘子线包括 PET 纤维，PA66、PA6 纤维，黏胶纤维，芳纶，金属纤维。纤维强度、耐热性及耐老化性决定轮胎的使用寿命和汽车的载重及速度。聚酰胺纤维具有优异的耐疲劳性、与橡胶的粘接性、强度及模量、断裂伸长率等性能，已成为轮胎普遍应用的纤维，特别是芳纶具有极高的强度、模量及耐高温性，适用于高级轿车、大型载重汽车轮胎帘子线。

6.5.6　汽车电子电气系统

汽车电子电气部件包括电路系统、传感器、开关、启动器及发动机等部件，是汽车正常运行的保障系统，要求所用材料具有较好的力学性能、耐热性、电绝缘性、耐燃性及尺寸稳定性。表 6-12 列出了汽车电子电气部件所用材料。

表 6-12　汽车电子电气系统部件用聚酰胺复合材料

系统	部件	材料
电路系统	连接器	阻燃增强 PBT、PA66、PA6T、PA46
	断路器	阻燃增强 PBT、PA66、PA6
	电线固定器	阻燃增强 PA6、PA66
传感器	传感器外壳	阻燃增强 PBT、PA66、PAMXD6、PA46
	传感器转子	阻燃增强 PA66
	传感器开关、线圈骨架	阻燃增强 PBT、PA66、PA6

系统	部件	材料
开关	开关	阻燃增强 PBT、PA66
启动器	电磁铁开关线筒	GFPA66
	转换开关	阻燃增强 PA66
发动机	发动机外壳	GFPA6T、PA46
	发动机传动齿轮	GFPA46、POM

6.5.7　新能源汽车部件

所谓新能源汽车主要是电动汽车或以氢气为燃料的汽车。全球因石油资源危机和减少碳排放，实施绿色环保发展计划。各国均制定了新能源汽车发展规划，并出台禁售燃油车时间表。印度提出 2025 年禁售燃油车，欧洲、日本 2030 年，英国、加拿大和中国 2035 年。预计最晚在 2040 年全球禁售燃油车。2023 年，我国新能源汽车产销分别完成了 958.7 万辆和 949.5 万辆，预计 2024 年可达到 1150 万辆的规模。

电动车与燃油车比较，没有发动机及其周边部件、燃油系统，设有电动电池及电机驱动系统，其电子电气、车身系统与燃油车基本接近。电动汽车更注重轻量化技术的发展，电动车续航里程是汽车质量的关键指标，其续航里程取决于动力电池性能和车身轻量化技术。因此，电动车轻量化是不可忽视的一大课题，给聚酰胺及其复合材料的应用提供了广阔的前景。

聚酰胺在电动汽车部件的应用，除燃油车车身及电子电气系统外，其应用发展方向如下：

① 天窗：将现有天窗玻璃改用透明聚酰胺或有机玻璃。

② 牵引盖及顶棚：可采用碳纤或玻纤增强 PA6 复合板材替代金属板材。

③ 动力电池包装：可采用铝塑膜，与现有 GFPPS 包装比较，可减重 30%。电池托架采用连续纤维增强 PA6 复合板材，与现有铝板比较，可减重 40%。

④ 车底护板：采用连续纤维增强 PA6 复合板材，其厚度为 1.5mm。

⑤ 车内地板：可采用连续纤维增强 PA6 复合板材，或芳纶蜂窝板与纤维增强 PA6 板材复合使用。芳纶蜂窝板具有高强度吸音隔音功能，有效提高汽车隔音降噪作用，提升汽车的舒适性。

⑥ 充电系统部件：采用阻燃增强 PA6、PA66、PA6T、PA10T、PA46 系列材料。此类聚酰胺复合材料具有高强度、高阻燃、耐高低温特性，特别是阻燃增强 PA6T、PA10T 不仅耐高温，其吸水性较低，尺寸稳定性好，特别适合用于制作充电接头。

6.6　聚酰胺及其复合材料在轨道交通装备产业中的应用

6.6.1　概述

截至 2020 年底，我国高速铁路运营里程达到 3.79 万公里，城市轨道交通运营里程达到 7545.5 公里，越来越多的高分子材料应用到轨道交通设施制备领域。聚酰胺具有良好的力学性能、电性能、耐热性和韧性，优良的耐油性、耐磨性、自润滑性、耐化学品性和成型加工性等。聚酰胺复合材料应用于轨道交通系统可以有效解决机车抖动、噪声大等问题，确保轨距稳定，减少维修次数，并具有优良的减振性，对保障高速铁路机车的平稳运行至关重要。聚酰胺复合材料已经在轨道交通中得到了广泛的应用。

6.6.2 轨道交通线路系统

高速铁路要求其轨道结构具有较高的刚性、稳定性和适宜的弹性，实现高质量、少维修。因而对轨道结构中的高分子材料部件提出了更高的要求。塑料工业的发展及改性技术的进步使工程塑料的品种、数量及改性材料的性能得到进一步提高，特别是增强增韧改性聚酰胺复合材料在轨道交通线路中的应用也越来越广泛。

6.6.2.1 轨道扣件

扣件是连接钢轨和轨枕的中间连接零件，其作用是将钢轨固定在轨枕上，保持轨距和阻止钢轨相对于轨枕的纵横向移动。在混凝土轨枕的轨道上，由于混凝土轨枕的弹性较差，扣件还需提供足够的弹性。因此，扣件必须具有足够的强度、耐久性和一定的弹性，并有效地保持钢轨与轨枕之间的可靠连接。此外，还要求扣件系统零件少、安装简单、便于拆卸。聚酰胺复合材料耐磨、耐老化、弹性好、强度高、柔韧性好，可以满足上述要求。如增强 PA66 复合材料制作的高铁轨道扣件，由预埋套管、轨距块和轨枕垫组成，如图 6-15 所示。目前，高性能聚酰胺复合材料扣件已成功应用于沪昆、成渝、汉孝、渝万等高速铁路线路和中南铁路大通道、张唐线等重载线路以及长沙地铁上。

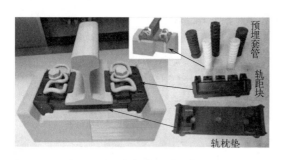

图 6-15　增强 PA66 在高铁轨道扣件系统中的应用

6.6.2.2 道岔滑床板

道岔是一种使机车车辆从一股道转入另一股道的线路连接设备，是轨道交通线路上的重要部件。它的正常运转是行车安全的基本保证。以前世界各国铁路道岔，在尖轨和滑床板之间主要是采用涂油润滑的方法来减小摩擦阻力，以达到减小转换力的目的。但此法的缺点是易使滑床板面黏附粉尘等污物而使摩擦阻力增大，而一旦缺油又可能造成道岔转换不良，使其运转可靠性降低。为了改变这种现状，国内外都在致力研制减磨效果良好、摩擦系数稳定、维护少的减磨道岔滑床板。因此，选择具有自润滑性能的材料制成滑床台，再以不同的方式固定在滑床板上，做成不用涂油的自润滑道岔滑床板，成为一个发展方向。

我国采用铸型含油聚酰胺研制出自润滑道岔滑床板，基本上解决了普通道岔滑床板因涂油导致道岔转换不良和道床污染的状况。因为铸型含油聚酰胺同时综合了铸型聚酰胺的高强度、高耐磨和矿物油良好的润滑性能，是一种可以在比较苛刻的条件下使用的具有自润滑功能、可减少维护的耐磨材料。铸型含油聚酰胺作为磨损部件或结构部件使用时，内部所含的矿物油助剂就可以在外界应力作用下缓慢地由基体内部释放到材料表面，从而起到良好的自润滑和润滑接触界面的作用。表 6-13 是铸型含油 PA6 在实验室的条件下与钢材耐磨性的比较，可以看出，铸型含油 PA6 的耐磨损性比机油润滑的 Q235 钢要好很多。采用铸型含油

PA6 作为自润滑材料的滑床板从使用寿命上讲是优于采用钢制滑床板涂油状态的使用寿命。采用铸型含油 PA6 制成的 GPA-C 型道岔自润滑滑床板已投入使用。

表 6-13　铸型含油 PA6 和 Q235 钢材料在各种工况条件下磨损性能的对比

试样及测试工况	磨损前质量/g	磨损后质量/g	磨损量	
			质量/mg	按试样换算成高度/μm
Q235 钢＋无润滑	6.3799	6.2650	114.9	0.75
Q235 钢＋无润滑	6.8305	6.6905	140.0	0.91
Q235 钢＋机油润滑	6.6737	6.7095	54.2	0.35
铸型含油 PA6＋无润滑	1.2505	1.2477	2.8	0.124
铸型含油 PA6＋无润滑	1.2352	1.2326	2.6	0.115

6.6.3　轨道交通装备部件

随着我国高铁列车向着高速化、安全化、轻量化的方向发展，为了满足高速列车运行的要求，列车必须自重小、性能好、结构简单、耐腐蚀性能好等。高分子复合材料被大量应用于铁路车辆中，列车用材料和制造工艺有很大改进。

6.6.3.1　滚动轴承保持架

客车车辆的车轮对轴承要求很高，需确保列车在高速运行时的可靠性和安全性的同时，还要维修方便，因此，滚动轴承保持架起着十分关键的作用。聚酰胺复合材料具有高弹性、自润滑性、耐磨性、耐冲击性、耐腐蚀性、易加工、质轻等特点，能达到轴承所要求的性能，对铁路运输安全、高速、重载起到了关键作用。这种聚酰胺轴承保持架采用玻纤增强和石墨或二硫化钼作润滑剂，密度小，质量轻，在国外已广泛应用。如瑞典 SKF 公司在客车车辆轴承和机车牵引电机轴承上均采用 25％的玻纤增强 PA66 复合材料制作轴承保持架。德国市郊运输车辆和干线车辆的圆柱轴承保持架已通过数百万次运用考核。俄罗斯自 1986年在货车轴承上开始装用聚酰胺保持架。这种聚酰胺保持架在温升、磨损和油脂亲和等方面具有优良特性，可提高轴承负荷能力和寿命，特别是润滑作用对延缓轴承事故、保证行车安全有显著优点。我国的大连内燃机车研究所和大连塑料研究所进行了玻纤增强聚酰胺塑料保持架的研究，并在轴承试验台上顺利通过了 20 余万千米的模拟高速试验。图 6-16 为圆柱形和圆锥形聚酰胺轴承保持架。

图 6-16　圆柱形和圆锥形聚酰胺轴承保持架

6.6.3.2 转向架心盘磨耗盘

转向架是列车结构中最为重要的部件之一，起着支撑车体、保证车辆安全运行的重要作用。心盘磨耗盘是转向架的关键配件之一，安装在货车转向架摇枕的中间，和旁承一起支撑整个车体，如图 6-17（a）所示。美国铁路早在 20 世纪 60 年代就在转向架上使用聚酰胺导框衬，并扩大应用到摇枕磨耗板。转向架旁承承受超载负荷，要求所用材料具有较高强度、柔性和耐久性。美国 MBT 公司采用 UHMWPE 材料制作转向架旁承，满足了这些要求，并在轻轨铁路上采用聚酰胺作旁承磨耗板，如图 6-17（b）所示。在重轨铁路 GSI 型转向架上使用聚酰胺旁承和导框衬。芝加哥和西北铁路公司用聚酰胺制作导框模板和拉杆装置上的磨耗垫，GPSO 机车转向架也使用聚酰胺磨耗板。

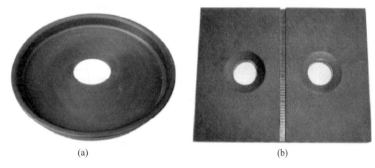

(a)   (b)

图 6-17　转向架心盘磨耗盘（a）和旁承磨耗板（b）

为了解决上下心盘间的磨耗、缓冲车辆行走动能、延长相关部件使用寿命，通常采用自润滑材料作为减磨的磨损件，应用在机车车辆上。机车车辆上采用玻璃纤维增强增韧聚酰胺、含油铸型聚酰胺和超高分子量的聚乙烯等高分子材料，取代金属磨耗件制作车辆心盘衬垫。聚酰胺及其复合材料具有良好的耐磨性和自润滑性，能够在少油或无油的条件下安全运行。如德国货车一般采用 PA6 制作心盘衬垫，美国多用超高分子量聚乙烯，我国则选用增韧 PA66 作心盘衬垫。表 6-14 列出了几种用于心盘衬垫材料的性能。

表 6-14　几种用于心盘衬垫材料的性能

性能	超韧 PA66-1	超韧 PA66-2	玻纤增强 PA66	UHMWPE
拉伸强度/MPa	71.4	75	135.7	20.3
断裂伸长率/%	34	8	2	
压缩强度/MPa	76.8	96	124.1	33.3
弯曲强度/MPa	97.1		200.3	30.4
缺口冲击强度(20℃)/(kJ/m^2)	30.3	15.3	20.9	135
缺口冲击强度(−40℃)/(kJ/m^2)	22.2		20.1	
无缺口冲击强度/(kJ/m^2)				135
吸水率/%	0.86	1	0.93	0.01
热变形温度/℃	56.2	57	198.6	81
体积电阻系数/(Ω·cm)	$1×10^{15}$	$8×10^{15}$	$1.6×10^{16}$	

6.6.4　轨道电路与车辆信息控制系统

　　轨道电路与车辆信息控制系统是整个铁路运输系统的神经中枢。轨道电路是铁路信号设备自动控制的远程操作的重要组成部分。聚酰胺复合材料可适用于传输较高频率信息的轨道电路，保障通信信号的畅通，减少行车故障和提高行车安全。

6.6.4.1　轨道绝缘器材

　　钢轨绝缘是轨道电路的基本组成部分之一。轨道绝缘除应保证轨道电路正常工作外，还应不降低钢轨接头处的机械强度。这就要求轨道绝缘材料具有良好的绝缘性能和高的压缩强度。由于受气候、环境的不良影响及列车运行交变载荷的连续作用，钢轨绝缘较易损坏，它是钢轨最薄弱的环节。轨道绝缘的材料采用 PA6、PA66、PA1010、MCPA6 等，主要产品为槽形绝缘、绝缘管垫、绝缘垫圈、轨端绝缘等，如图 6-18 所示。轨道绝缘技术与绝缘材料成为轨道电路设备技术发展的关键。

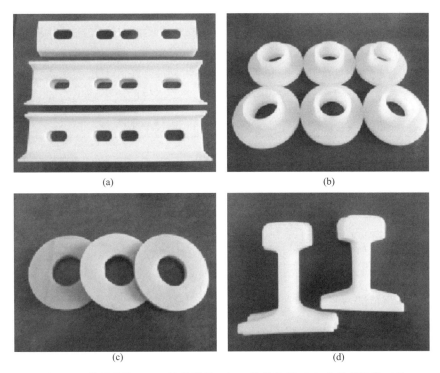

(a)

(b)

(c)

(d)

图 6-18　槽形绝缘（a）、绝缘管垫（b）、绝缘垫圈（c）和轨端绝缘（d）

6.6.4.2　绝缘轨距杆

　　铁路钢轨绝缘轨距杆是用于铁路轨道电路区段保持钢轨距离和加固线路的设备，如图 6-19 所示。采用玻纤增强 PA66 作绝缘体，与金属拉杆及其他部件组成绝缘轨距杆，既能满足拉杆机械强度的要求，又具良好的绝缘性，保证了轨道电路的正常工作。

图 6-19　绝缘轨距杆

6.7 聚酰胺及其复合材料在机械装备产业中的应用

6.7.1 概述

机械装备产业包括工程机械、农用机械、矿山机械、轻工机械及智能装备等众多产业。聚酰胺及其复合材料具有轻质、强韧、耐磨、耐腐蚀、自润滑、高刚性、耐热等一系列优良性能，在提高机械装备的生产效率、降低噪声、抗腐蚀、延长使用寿命和减轻体力劳动等方面发挥了重大作用，已广泛用于制造各种机械装备的零部件，如齿轮零件、耐磨零件、传动结构件等。常用的品种有 PA6、PA66、PA46、PA11、PA12、PA1010、MCPA6 等。

6.7.2 工程机械

工程机械包括建筑机械、港口运输机械和道路桥梁工程机械，主要装备包括塔吊机械、装载机械、挖掘机械、高空输送机械、盾构机械和运输机械。我国已成为全球工程机械产销大国，行业产值超 4000 亿元，主要企业包括湖南三一重工、中联重科、山河智能、柳州工程机械和徐州工程机械等大型企业。

聚酰胺在工程机械中的应用主要包括输送装备的燃油系统、液压气动系统、电子电气系统、驾驶室系统、高空升降系统、皮带输送系统。相关部件的应用列于表 6-15 中。

表 6-15 聚酰胺在工程机械中的典型应用

系统	典型部件	主要材料
燃油系统	油箱	PA6
	输油管	PA12
	油箱盖	GFPA66
	喷嘴	GFPA46
液压气动系统	气动管	PA11、PA6/PA612/12
电子电气系统	连接器	阻燃增强 PBT、PA66、PA6T、PA46
	断路器	阻燃增强 PBT、PA66
	传感器外壳	阻燃增强 PBT、PA 66、PAMXD6、PA46
驾驶室	座椅	GFPA66
	顶棚	连续纤维增强 PA6 及 PP 复合板材
高空升降系统	伸缩臂滑块	MCPA6
	滑轮	MCPA6
盾构机钻头	滑块	MCPA6
皮带输送机	托辊	MCPA6、TPU
泵机输送系统	罐体内衬	耐磨 PA66、PA46
	泵体或内衬	CFPA46
装载机箱体	箱体内衬	耐磨共聚聚酰胺
吊车往返电机	梅花连接器	聚酰胺弹性体

6.7.2.1　工程机械耐磨部件

工程机械所用耐磨部件是工程机械的关键部件，包括吊车升缩臂的滑块、滑轮，盾构机钻头大型滑块，见图 6-20。吊车升缩臂在升降过程中会相互摩擦引起上下段之间的磨损，导致升缩臂在升降过程中产生抖动及噪声。在臂间安装聚酰胺滑块，一方面可以防止金属臂间的磨损，延长升缩臂的使用寿命；同时，有效减少升降过程中产生的抖动与噪声。滑轮也是吊车的关键耐磨部件，采用聚酰胺滑轮与配合钢丝绳，可以减少滑轮对钢丝绳的磨损。盾构机钻头与主机旋转盘之间采用耐磨聚酰胺块连接，一台盾构机安装耐磨块为 30～40 块，一是起到钻头与主机连接作用，相当于机械传动轴连接器的作用，二是起缓冲保护旋转轴的作用，三是防止盾构机运行过程中钻头与旋转轴主机的磨损。以上耐磨部件均采用 MC-PA6，它是由己内酰胺阴离子聚合制备的高分子量 PA6，具有优异的耐磨性和自润滑性，是工程机械中广泛使用的耐磨材料。

(a)　　　　　　　　　　　　　　　　　(b)

图 6-20　聚酰胺滑块（a）和滑轮（b）

6.7.2.2　泥浆泵体

水泥泵车的泥浆泵是其核心部件，也是易损件。金属泵体使用寿命短，采用碳纤维增强耐磨 PA46 或碳纤维增强耐磨 PEEK 作泵体材料，其使用寿命可延长 1 倍。碳纤维增强耐磨 PA46 和碳纤维增强耐磨 PEEK 复合材料具有高结晶、高刚性、耐高温、耐磨等特性。大连理工大学蹇锡高院士开发的碳纤维增强 PEEK 复合材料用于泥浆泵体，使用寿命可达一年以上。

6.7.2.3　装载机厢体内衬

装载机俗称翻斗车，其车厢易腐蚀、生锈、变形。采用耐磨聚酰胺片材作其内衬，较好地解决了车厢（车斗）易腐蚀、生锈以及磨损等问题，提高了装载机的使用寿命。

6.7.2.4　吊车往返电机连接器

塔吊机的吊钩需要根据所吊物体距离远近，其电机不断改变转动方向。该电机俗称往复电机，电机与主轴之间的连接器（俗称梅花垫）长期做往返运动。要求连接器具有一定的弹性、较高的耐疲劳性，传统的连接器材料多为橡胶或聚氨酯弹性体。此类材料特别是聚氨酯易产生内聚热，长期往返运动聚氨酯易老化变硬，一般 2～3 个月须更换一次。采用聚酰胺弹性体替代聚氨酯制造的连接器，其使用寿命可延长 3～4 倍，大幅减少装备更换次数和装备运行成本。

6.7.3 农用机械

随着我国农业的现代化，农用机械装备发展迅速。聚酰胺具有密度小、比强度高、良好的耐蚀性、耐磨和自润滑性等一系列优良特性，在农业机械中的应用越来越广泛，并将逐步取代金属材料成为重要的农业机械结构材料。

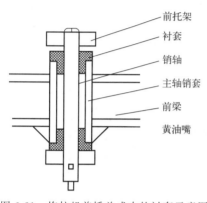

前托架
衬套
销轴
主轴销套
前梁
黄油嘴

图 6-21　拖拉机前桥总成中的衬套示意图

6.7.3.1 衬套

淮阴拖拉机厂生产的拖拉机前桥总成中的衬套，如图 6-21 所示，原来采用的是铁基粉末冶金材料，其强度及塑性较差，装配时易损坏，且成本高。采用 PA66 注射成型的衬套后，效果良好，达到了使用要求。PA66 衬套工艺简单，且成本较低，在材料中加入一定的 MoS_2，可提高衬套的自润滑性。从经济成本分析看，每 10 万台拖拉机可节约 6 万元。此外，用 PA66 制作的载重农用车万向节衬套在行驶 5 万公里后，表面仍很光洁并且可以继续使用，而铜衬套在运行同样里程后即需更换。

6.7.3.2 轴承、轴套、轴瓦

用 PA6、PA1010 制造滚动轴承保持架，以替代布质酚醛层压板切削加工框架保持器，可大大提高劳动生产率、降低成本。用 PA1010 代替夹布胶木制造的单列向心推力球轴承，在 5000r/min 转速下运转 1 年情况良好。采用喷涂 PA1010（填充 5％MoS_2）代替巴氏合金制造的大马力柴油机主轴推力轴承，在滑动线速度 7m/s、负载 1.5MPa 下，经 6000h 运转，磨损量仅为 0.02～0.03mm。铸型聚酰胺轴套、轴瓦，具有自润滑性，耐磨性能优良，在固体粒子侵入摩擦面的情况下，仍然保持良好的耐磨性，不易抱轴，不伤轴颈，有优良的耐化学品性能。目前，用铸型聚酰胺生产出来的轴套、轴瓦等，在农业机械上已成功得到了使用。

6.7.3.3 支重轮

用铸型聚酰胺制成的支重轮，可代替原联合收割机上的金属支重轮，具有质量小、耐磨损、机械强度大、噪声小、使用寿命长等优点，避免了金属轮锈蚀、损伤对磨材料及橡胶轮的承载小和污染地面的缺点。

6.7.4 矿山机械

6.7.4.1 皮带输送机托辊

皮带输送机是广泛用于矿石、煤炭、水泥、港口物料装卸的重要装备，它主要由皮带、

托辊和清洗器组成。传统的皮带输送机采用金属托辊,近几年业内开发出 MCPA6 和增强增韧 PA6 托辊。与金属托辊相比,聚酰胺托辊具有耐腐蚀、润滑性好、重量轻、噪声低、对皮带的磨损小、使用寿命长等优点。据有关调查,我国皮带输送机市场需求约 500 亿元/年,给聚酰胺托辊带来广阔的发展空间。

6.7.4.2 矿山提升机滚轮及地滚

MCPA6 在矿山提升机滚轮及地滚中也有着广泛的应用,如图 6-22 所示。与铸铁和铸钢滚轮及地滚相比,聚酰胺滚轮及地滚具有价格略低、重量轻、转动灵活、安装和维护方便、噪声低、使用时间长(是金属滚轮及地滚寿数的 3~5 倍)等优点。聚酰胺滚轮及地滚还具有很高的耐磨性能,不易磨损钢索;机械强度高,韧性好,有较高的抗拉、抗压强度;具有优良的自润滑性,不必注油,在恶劣条件下运用不易卡死;抗静电、抗阻燃,耐老化,耐化学品(酸、碱和有机溶剂)的腐蚀;有自熄性、无毒、无臭、耐候性好,对生物侵蚀呈惰性,有良好的抗菌、抗霉能力;能接受反复冲击、震动;使用环境温度范围在 -40~$126\ ℃$。

图 6-22 聚酰胺地滚轮

6.7.5 轻工机械及智能装备

聚酰胺材料可代替金属材料制造各种类型的机械零件,其优点在于可提高耐磨性而增加寿命、降低设备噪声、降低成本、减轻重量。在轻工机械中,聚酰胺材料被广泛用于纺织机械、造纸机械、医药包装机械、压榨机械、饮料啤酒以及纯净水灌装机械等领域。例如,在纺织机械中,MCPA6 可用作纺织机传动齿轮、纺丝牵伸机齿轮,具有使用寿命长、噪声低等优点,这对于纺织行业降低噪声、改善工厂劳动环境十分重要。在造纸机械中,MCPA6 可用作造纸打浆机轴套,不仅减轻了制品重量,而且耐磨性和可靠性好,其使用寿命比铜轴套长 5~6 倍。MCPA6 还可用作大型压榨机如甘蔗压榨机的轴瓦,可替代原有的铜轴瓦。在智能装备中,聚酰胺材料被广泛用作机械手、往复移动带、电控系统、传感器等部件。

6.8 聚酰胺及其复合材料在电子电气产业中的应用

6.8.1 概述

随着电子电气产品小型化、高性能化发展,聚酰胺复合材料成为不可或缺的关键材料。电子电气产品十分广阔,涉及电子元件、电子产品部件、中低压电气部件、工业装备电控系统部件、家电部件、办公用品部件、灯具部件、电动工具部件等产业,是聚酰胺应用最大最广的领域。电子电气产品对相关部件材料的要求如下:

① 优异的电绝缘性;

② 较高的耐燃性;

③ 优良的尺寸稳定性;

④ 较高的耐温性；

⑤ 优良的耐燃烧性。

纤维增强阻燃改性聚酰胺可满足上述要求。

6.8.2　电气控制系统部件

电气控制系统是工业装备、机械、建筑等电力输送的核心装备。它既是电力输送系统，也是装备安全运行的保障系统。电控系统部件包括低压电器、建筑电气和工业装备控制系统，如表 6-16 所示。

表 6-16　电控系统的应用

应用领域	部件	应用产品	特性与作用
低压电器	开关,断路器,交流接触器,接线盒,电缆接头,公用照明灯具外壳	阻燃增强 PA6、PA66、PA46、PA6T、PA9T、PA10T	耐燃性、电绝缘性及耐热性
建筑电气	墙壁开关,插头插座及变电站电控柜断路器	阻燃增强 PA6、PA66、PA46	阻燃、绝缘、耐高温
工业装备	电控柜断路器及接插件,变压器分接开关	阻燃增强 PA6、PA66;阻燃增强 PA46、PA6T	阻燃、绝缘、耐高温

6.8.3　电子元件

电子元件是电子产品中应用最大的关键元器件。随着我国通信、手机、平板电脑、手提电脑、程控交换机、计算机及大数据平台、新能源汽车、工业装备智能化等产业的蓬勃发展，电子元件成为不可或缺的部件。

6.8.3.1　接插件

接插件是电子产品中必不可少的元件。接插件均要求具有很好的尺寸稳定性、阻燃性、绝缘性和耐温性。早期的汽车电气接插件大部分为阻燃或阻燃增强 PA6、PA66。近年来，B 级以上的汽车电气接插件大面积使用阻燃增强 PA46、PA6T、PA9T、PA10T 等耐高温材料，PA46、PA6T、PA9T、PA10T 复合材料具有优异的耐高温性、低吸水性、尺寸稳定性，可以大幅度减少车辆行驶过程中因振动导致元件接触不良，影响信号的正常传输故障。同样，电子设备对接插件尺寸稳定性要求很高，以保证信号传输的稳定性。

6.8.3.2　连接器

连接器是电子产品极为重要的部件，主要用于平板电视、液晶显示器、笔记本电脑、移动电话等。随着电子产品日益小型化，连接器趋向微型化、薄型化发展。要求所用材料具有更好的加工流动性，更高的耐温性。二十世纪主要使用 PBT，部分使用 PPS 及 LCP。由于连接器微型化，PBT 耐热性达不到使用要求，PPS 及 LCP 的加工流动性较差，DMS 公司开发的 Stanyl 46SF 5030 具有很高的加工流动性及耐温性，可以成型壁厚为 0.1mm 的连接器，如图 6-23 所示。除 PA46 外，PA10T 也是连接器重要的材料。PA10T 具有很高的热变形温度，阻燃增强 PA10T 的热变形温度高于 280℃；其吸水性低于 PA46，连接器的尺寸稳定性更优；其加工流动性优于 PPS 及 LCP。

图 6-23　PA46 制造的耐高温连接器

6.8.3.3　耐高温电子器件

随着电子产品的高性能化、集成高密度化、微型化的发展，更多地采用表面贴装技术（SMT），要求所用材料必须耐锡焊，即要求材料的热变形温度大于 270℃。传统的 PPS 及 LCP 的热变形温度可以满足其要求，但加工流动性较低。半芳香族聚酰胺及 PA46 阻燃增强复合材料是较理想的材料。杜邦及阿莫科的 PPA 已用于各种连接器、印刷电路基板、线圈骨架及传感器元件。可以预见未来电子器件对耐高温聚酰胺的需求将越来越大，特别是 PA46、PA10T 以及半芳香族共聚聚酰胺复合材料，由于其优异的耐温性、加工流动性及韧性，将有较大的市场发展空间。

6.8.4　LED 灯具

LED 灯是 21 世纪初开发推广的新型节能灯，包括工业装备、船舶、建筑、城市亮化工程、汽车、轨道交通装备、工程机械、移动电话、笔记本电脑、平板电脑等亮化灯具。与传统白炽灯相比，LED 灯具有体积小、耗电少、寿命长的优点。

LED 灯对所用材料的要求包括以下几个方面：一是要求材料耐高温，能经受 260℃，三个循环回流焊接；二是要求加工流动性好，可快速充满 30 个以上的超薄 LED 模腔；三是要求较好的耐热氧老化性能，长期经受发光体的热辐射，保证 LED 灯的使用寿命。

半芳香族聚酰胺及 PA46 复合材料完全满足 LED 灯的使用要求。DSM 公司的阻燃增强 PA46，已大面积替代金属铝，用于飞利浦等 LED 灯头外壳。我国金发科技的阻燃增强 PA10T 及高填充 PA10T 在 LED 灯盖、灯座及 LED 支架中得到广泛的应用。图 6-24 为半芳香族聚酰胺制造的 LED 支架。

图 6-24　半芳香族聚酰胺制造的 LED 支架

6.8.5 家电及办公用品

聚酰胺及其复合材料良好的韧性、耐热性、耐磨性及耐老化性，使其在家用电器中得到广泛的应用。家用电器中空调、冰箱、电视、电饭煲、微波炉、干燥机、洗衣机、电磁炉、电熨斗、电吹风、烫发器、摄像机、空气净化器、自动扫地机、吸尘器等均使用聚酰胺树脂及其复合材料。具体应用列于表 6-17 中。

表 6-17　聚酰胺及其复合材料在家电中的应用案例

电器名称	部件名称	应用材料
空调、冰箱	压缩机接线盒及风扇	阻燃增强 PA66、PA6，增强 PA6
电视机	线圈骨架、接线盒、散热风扇	阻燃增强 PA66、PA46，增强增韧 PA6
电饭煲、电磁炉及微波炉	加热支座、加强圈、接线盒	阻燃增强 PA66、增强 PA6
干燥机、洗衣机	加热线圈、接线盒	阻燃增强 PA6
电熨斗、电吹风、烫发器	接线盒、壳体	阻燃增强 PA66、PA46、PA6T
摄像机	外壳	PPO/PA6、PPO/PA66 合金
空气净化器	净化器底座、风扇	阻燃增强 PA66，增韧增强 PA6
自动扫地机、吸尘器	毛刷、齿轮、叶片接线盒	PA6，阻燃增强 PA6

办公用品包括复印件、打印机、传真机、银行支付系统设备。办公设备部件中传动齿轮要求尺寸稳定性好、噪声低、抗静电、耐磨性好。PA1010、PA11、PA12 及其复合材料满足其使用要求。银行自动操作系统设备打印传输部件采用 PA1010 或 PA46；微型电机线圈骨架、电路保护器及接线盒采用阻燃增强 PA6 复合材料。

6.8.6 电动工具

电动工具主要包括电钻、电锯及割草机。电动工具在建筑、家具、装修行业应用十分广泛；割草机普遍作为园林修剪工具。我国电动工具产业起于 20 世纪 80 年代，经 40 年的发展成为全球规模最大的产业，其产销量占全球的 90%，年产销量超 200 万台，聚酰胺复合材料应用超 20 万吨。随国内动力电池的发展，携带式电动工具发展很快，其产销量占比约 80%。具体部件应用如表 6-18 所示。

表 6-18　聚酰胺在电动工具中的应用

电动工具名称	部件名称	应用材料
电钻	电源壳体，电钻外壳	阻燃增强 PA6、玻纤增强 PA6
电锯	电源壳体，手柄	阻燃增强 PA6，增强增韧 PA6
割草机	割草绳，电源外壳	共聚 PA6/PA 66、阻燃增强 PA 6

6.9　聚酰胺及其复合材料在航空航天及军工装备产业中的应用

6.9.1 概述

工程塑料及其复合材料以其优越的耐化学性、耐腐蚀性及热力学性能等在航空航天领域中获得广泛的应用。军用材料也从钢铁和轻质铝合金时代进入高分子及其复合材料时代。高分子复合材料成为实现兵器轻量化、快速反应、高威力、大射程精确打击、高生存力的关键材料。军用塑料件的成型工艺简单、生产效率高，减轻了武器系统的重量，降低了成本。耐高温聚酰胺复合材料用在航天工业中，在飞行器的节能轻量化、增加有效载荷方面有着极大的优势。

聚酰胺树脂及其复合材料在航空航天及军工装备产业中的作用表现在以下几个方面：

① 低密度，有利于实现轻量化　聚酰胺的密度仅为钢的 $1/7\sim1/6$，是铝合金的 $1/4\sim1/3$，却具有高韧性、优良的比强度和比刚度，可实现武器轻量化。重量是制约武器战技性能发挥的关键因素，坦克装甲车每减轻 1kg 重量可增速 $5\sim10km/h$；导弹火箭每减轻 1kg 重量可增速 30%，对捕捉战机将起到关键作用，因此轻量化是世界各国军事工业努力的目标。

② 降低成本　聚酰胺工程塑料品种多、特性突出、综合性价比高、易改性，能与不同材料如玻璃纤维、陶瓷、金属制成复合材料满足军事及航空领域的性能要求，实现低成本化。

③ 可加工成型特殊结构　军事及航空航天工业对部件制造灵活性和材料性能要求都要高于普通制品。经过多种改性方法得到的高性能聚酰胺材料，能满足军事及航空航天工业部件特殊结构的要求。

6.9.2　航空航天装备

航空航天设备呈现大型化、高速化趋势，为了降低航空航天设备的重量，提高其飞行速度并减少燃油消耗，对质量轻且强度高的新型材料需求旺盛。因此，密度很小的芳纶增强复合材料被用作航天器、火箭和飞机的结构材料，用来减轻自重，增加有效负荷，节省了大量动力燃料。

6.9.2.1　芳纶 1414 复合材料航空航天部件

芳纶 1414 是分子链排列呈直线状的对位芳纶纤维。它具有高拉伸强度、高拉伸模量、低密度、优良的吸能性和减震、耐磨、耐冲击、抗疲劳、尺寸稳定等优异的力学和动态性能；良好的耐化学品性；高耐热、低膨胀、低导热、不燃、不熔等突出的热性能以及优良的介电性能。单丝强度可达 3850MPa，有较高的断后伸长率。芳纶 1414 的生产商主要是美国杜邦公司，可生产多种 Kevlar 纤维产品，在航空结构部件上使用的主要为高弹性模量型 Kevlar49 纤维。

近年来芳纶 1414 纤维增强环氧树脂复合材料在航空工业中的应用越来越广泛，这种材料重量很轻，强度很高，主要用于代替铝合金。美国的航天飞机中的 17 个高压容器和 MX 陆基洲际导弹的一、二、三级发动机都使用了 Kevlar 纤维增强环氧树脂复合材料，太空安全装置、防弹设备以及降落伞等都可使用 Kevlar 纤维。另外，芳纶 1414 还可用于制作大型飞机和航天器的二次结构材料，如机舱门、窗、机翼、整流罩体等，也可制作机内天花板、舱壁等。在民用航空工业中，芳纶 1414 复合材料用量已占比 1/3，而且随着芳纶 1414 复合材料不断开发和应用，其用量将进一步增加。如波音 757 和波音 767 飞机、航天飞机、火箭引擎外壳或壳体材料、内部装饰材料、行李架、座椅等都使用芳纶 1414 复合材料，可减轻自重的 30%。如用 Kevlar 49 作为增强材料，可使每架波音 757 飞机减重 454kg 左右。新的波音 787 聚酰胺复合材料用量占到总重量的近 50%，而在 20 世纪 90 年代上市的波音 777，聚酰胺复合材料用量才不到 10%。图 6-25 为芳纶 1414 复合材料制作的舱门和行李架。

图 6-25　芳纶 1414 复合材料制作的舱门和行李架

6.9.2.2　芳纶 1313 蜂窝地板

芳纶 1313 是分子链呈锯齿状的间位芳纶，最早由美国杜邦公司研制成功，并于 1967 年实现了工业化生产，产品注册为 Nomex® （诺美克斯）。用芳纶 1313 纤维纸蜂窝可制作仿生型蜂窝夹层结构板材，具有重量轻，比强度、比刚度高，突出的耐腐蚀性和阻燃性，优异的耐环境性、绝缘性、回弹性和吸震性，良好的透电磁波性和高温稳定性等众多特性，在航空航天领域中得到了大量的应用。芳纶蜂窝夹层结构是将芳纶纸蜂窝芯材用上下两个蒙皮黏合后形成的，蒙皮材料通常选择密度较高的材料，如碳纤维面板、玻璃纤维面板及铝板等，如图 6-26 所示。此结构实现了板材刚度与强度的完美结合，显著提高了弯曲刚度与强度。

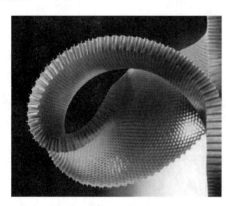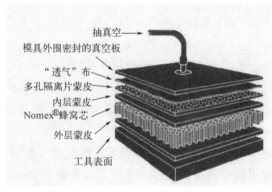

图 6-26　芳纶纸蜂窝芯材及夹层结构

航空航天领域常用的夹层结构芯材主要有蜂窝芯材和泡沫芯材两种。与相同密度的泡沫芯材相比，芳纶纸蜂窝芯材具有更高的强度、模量及耐温性。目前，芳纶蜂窝材料在大型客机及运输机客舱和货舱地板上应用广泛。我国 C919 大型客机舱门和客货舱地板使用了芳纶蜂窝材料。欧洲的巨型客机"空客 A380"和美国的"波音 787 梦想飞机"大量采用了芳纶蜂窝地板。

6.9.2.3　MCPA6 燃油箱

直升机用燃油箱要求能承受起飞和迫降时的过载冲击，具有可靠的阻燃、抗静电、耐油渗、耐腐蚀等特性。MCPA6 燃油箱比橡胶燃油箱阻燃、抗静电和抗坠性能好，并减少燃油失火危险性，提高直升机乘员生存率，且使用寿命长；同时，它也比金属燃油箱重量轻、抗坠性能好，并且抗冲击、耐腐蚀，是直升机燃油箱的首选材料，在国内外得到了广泛应用。例如，我国直 11 型机属轻型多用途直升机，使用了 MCPA6 滚塑成型油箱。

6.9.3　军工装备

聚酰胺及其复合材料具有密度小、耐化学品腐蚀、耐疲劳、比强度高和比刚性高（如复合材料）、综合性能好、成本低等特点，符合军工装备对材料的轻量、隐身、抗弹、耐热的要求，因而在军工装备领域中得到了广泛的应用。

6.9.3.1　坦克装甲车

聚酰胺及其复合材料是坦克装甲车发动机的首选材料。坦克装甲车发动机的部件需要长期在高温下工作，在战场和训练时要经受各种恶劣的地形和环境的考验，如严寒、酷暑、沙漠、沼泽地、山地等。坦克装甲车正朝着轻量化、多功能化、高技术化、高抗弹性和隐身性的方向发展。因此，在保证其功率和耐久性的前提下，坦克装甲的制造尽量选择轻质材料，其中聚酰胺及其复合材料是大量采用的塑料之一。国外正在研究结构紧凑的动力传动机组，可使坦克体积缩小，质量减轻，省去了冷却风扇，依靠废气射流抽气冷却系统维持正常工作。为了满足坦克具有快速部署能力、杀伤能力、战场生存能力和持续作战能力的需要，必须大量采用非金属材料。目前，塑料的应用正在从非结构部件转向结构部件。表 6-19 是聚酰胺及其复合材料在坦克发动机上的应用情况。

表 6-19　聚酰胺及其复合材料在坦克发动机上的应用

国家	部件	所用材料	效果
美国	弯管接头	PA66	可在 -40~120℃下长期使用
	高压拉杆轴套	PA66	耐磨，耐 100℃高温，可接触柴油
	连接杆,进、排气管密封件	PA66	可耐 -40~120℃,可在 120℃机油中长期工作
	活塞、活塞速杆、调速齿轮、阀、弹簧座、推进体	石墨增强聚酰胺(Torlon7130)	韧性好,能在 260℃下连续工作,重量仅为金属的 1/3,减重 18kg
英国	摇箱、风扇、汽缸盖	Fiberlight 耐热聚酰胺	强度高、耐腐蚀,可在 150℃下长期使用
	齿轮	石棉增强 Fiberlight 耐热聚酰胺	代替钢,寿命长,无噪声
	排气管包覆层	Fiberlight 耐热聚酰胺	尺寸稳定,温度变化性好
	汽缸盖、进气歧管、定时齿轮箱、输油泵体	Fiberlight 耐热聚酰胺	表面光洁度好

随着现代科学技术的飞速发展，各种高新反坦克武器及特种武器的出现对坦克装甲车高防弹、防辐射、防生物性及移动灵活性方面提出了更高的要求。而灵活移动则要求轻量化，因此，很多新型复合材料被广泛应用。对于主战坦克的设计来说，越来越多地用到复合装甲，它由高强度装甲钢、钢板铝合金、聚酰胺网状纤维和陶瓷材料等组成。如美 M-1 主战坦克采用"钢-Kevlar-钢"型的复合装甲。它能防中子弹、防破甲厚度约 700mm 的反坦克导弹，还能减少因被破甲弹击中而在驾驶舱内形成的瞬时压力效应。在 M1A1 坦克上的主装甲也采用 Kevlar 纤维复合材料制造，可防穿甲弹和破甲弹。在美 M113 装甲人员输送车内部结构的关键部位装 Kevlar 装甲衬层，可对破甲弹、穿甲弹和杀伤弹的冲击提供后效装甲防护。各国在坦克易中弹的炮塔和车体各部位，普遍安装附加装甲和侧裙板。现也可采用 Kevlar 纤维复合材料制成"拼-挂"式附加装甲的背板，以提高铝装甲或钢装甲防弹及防破片的能力。制造附加装甲的 Kevlar 纤维层压薄板通常含有 9％～20％的树脂，在重量相同的情况下，Kevlar 纤维与铝甲板的复合装甲的防护力比铝装甲板大一倍，Kevlar 纤维的密度比玻璃纤维约小一半，在防护能力相同的情况下，其重量可减少近一半。在给定重量下的 Kevlar 纤维层压板防弹能力是钢的 5 倍左右，并且 Kevlar 纤维层压薄板的韧性是玻璃钢的 3 倍，故在受到弹丸攻击时，可吸收大量的冲击动能，是钢、铝、玻璃钢装甲的理想代用品，多用于复合装甲材料。聚酰胺及其复合材料在坦克装甲方面的应用见表 6-20。

表 6-20　聚酰胺及其复合材料在坦克装甲方面的应用

部件	材料	应用及效果
战车履带部件	Kevlar 纤维增强环氧树脂	抗地雷爆炸，吸能性好，无振动、无噪声
通风装置	聚酰胺，玻纤增强聚酯	减重 70.76kg，净化空气
风扇外罩	聚酰胺	替代铝，减重 0.91kg，降低 60％成本
炮塔平台	交联聚乙烯，聚酰胺	替代铝，减重 4.1kg，降低 50％成本
防中子板	日本用 Kevlar 纤维织物与增韧钛合金复合 76 层	装备 88 式主战坦克
	美、英、德三国以钢板或铝板与陶瓷和 Kevlar 纤维板复合制成	
复合装甲板	MIAI 坦克用贫铀单晶晶须增强芳纶纤维网状复合材料，厚 6～15mm	伊 T-55 坦克炮弹一滑而过，T-72 坦克炮弹只打一个坑
	美国以铝合金为面板，碳化硼板和玻璃纤维/聚酯为背板，在主装甲间铺设 38mm 厚的 10 层聚酰胺带制成间隙复合装甲	可防 23mm 杀伤燃烧弹、大口径弹，具有自熄性并可防二次中弹效应
	美国用 Kevlar 纤维织物层压板与无规陶瓷耐磨粒子用胶黏剂制成 40 层厚板装甲	可防大口径枪弹、小口径炮弹，使弹丸变形、吸收能量、阻止侵彻
拼挂板	英国用 Kevlar 纤维增强不饱和聚酯热压成装甲拼挂板	可防轻武器弹丸和弹丸碎片

6.9.3.2　轻武器装备

新一代轻武器的结构设计，也是以塑料为主要材质，聚酰胺复合材料代替金属用于枪托、枪架、护木和携行具等，促进现代化武器装备的轻量化和功能化。

聚酰胺及其复合材料产品于 20 世纪 60 年代就已经用于轻武器部件，如枪托、护木、握把、弹匣、发射机座等。美国亚利桑那州的 VLTOR 武器系统公司生产的"Modstock"枪托采用玻璃纤维增强的特种聚酰胺制成，对冲击、温度、化学品的耐久性较好，可用于 M16 突击步枪和 M4 卡宾枪、AK 突击步枪和霰弹枪；美国 M9 式刺刀的刀鞘、刀柄采用杜邦的聚酰胺产品。法国 FA-MAS 枪中 33 个部件都是用 30% 和 60% 玻璃纤维增强聚酰胺制造。巴西恩纳姆 12 号霰弹枪外观时尚，除枪管和枪机外，其他零件全部采用聚酰胺材料制造，而且不需任何工具即可更换转轮和枪管，以发射不同口径的霰弹。英国 L85A1 突击步枪的护木、贴腮板和托底板采用高冲击韧性聚酰胺。我国 05 式 5.8mm 微声冲锋枪的枪托、握把等和 88 式狙击步枪的枪托、上护盖、下护托也都是采用聚酰胺材料。国产 QNL 95 式多用途刺刀是专门为 95 式 5.8mm 自动步枪研制的，刀外观呈银灰色，刀柄握持稳固舒适，重量仅为 600g，能适应各种握持姿势，该刺刀刀柄、刀鞘采用超韧增强 PA6 注塑件，带扣用超韧 PA66 注塑，解决内带扣卡从根部断裂的问题，如图 6-27 所示。

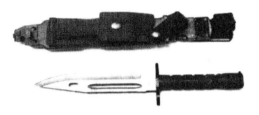

图 6-27　国产 QNL 95 式多用途刺刀

长碳链聚酰胺 11、12、1010、1212 等品种的开发应用，使轻武器装备、高性能战斗机零部件等塑料化进程加快。PA11 是军事装备的理想新材料，用它制作的军事器材耐潮湿、干旱、严寒（−40℃ 以下）、酷暑（气温达 70℃）、尘土、海水或含盐分的空气及各种碰撞考验，可用作枪托、握把、扳机护圈、降落伞盖等，还可用 PA11 制造子弹夹、通信设施、钢盔衬套等。如法国 Famas5.56 口径步枪、Benelli M1 和 M3 高级枪托、握把、枪护木等都用 PA11 制作。目前，国外在军械上使用长碳链聚酰胺已相当普遍。我国在新装备的轻武器中，也全面采用增强改性工程塑料，其中，以聚酰胺树脂基复合材料为主要研究对象，制造了枪械护木、枪托、握把、弹匣等部件，部分枪械还采用了塑料击锤，明显降低了枪械自重。如以 PA1010 为基体，加入一定的增韧剂、玻璃纤维等材料制成的一种高强度、高刚性、高尺寸稳定性的工程塑料，具有较高的弯曲强度和冲击强度，其耐热性、耐候性好，使用寿命长，用于制造枪械尺寸精密度要求高的结构件，主要应用于 5.8mm 自动步枪、7.62mm 冲锋枪用塑料件；用于 WMQ302 霰弹猎枪护木，具有手感好、质量轻、美观、耐用等特点。

聚酰胺在单兵装具及携行具上也有广泛应用，如作战训练使用的弹夹饰袋、腰带、背带和行军背囊、水壶、油壶等。美军制式单兵携行具是腰带-肩吊带式携行具，采用聚酰胺材料，不吸水，不会因下雨或浸水而增重。美军使用的丛林靴于 1990 年成为制式热带作战靴，采用黑色聚酰胺加皮革制成，靴底沿用了越战时使用的巴拿马式花纹，不易积存泥浆；现在美军丛林靴改用芳纶复合材料制成网状结构的靴垫取代了靴底内的金属板，改进后的丛林作战靴不但减轻了重量，而且加强了防雷能力。美军现在装备的数码迷彩服有林地数码迷彩和沙漠数码迷彩两种，均由 50% 棉布＋50% 聚酰胺混纺料制成，其特点是不用熨烫。另外他们也用 PA11 制造军用水壶、油壶等。

6.9.3.3　弹箭弹药

塑料在弹箭弹药上的应用非常广泛，主要应用部件有导弹点火器触头、穿甲弹弹托、榴弹塑料药筒、弹体、闭气环、弹带、托弹板等部件。采用塑料可有效减少弹箭的自重，提高弹出口速度和精度，减少炮筒烧蚀，同时，提高了武器装备的机动性。一般弹带、闭气环采用的聚酰胺品种主要是 PA66、PA12、PA11、PA612 及其增强复合材料,可有效改进炮弹闭气效果和内弹道性能,提高射程和射速。小口径弹还可采用 PC、PE、PPS 等,而大口径弹多数采用金属弹带,其弹带所装的闭气环则多采用自润滑性聚酰胺材料。

通常,塑料弹药筒采用改性聚酰胺、聚乙烯、聚丙烯材料,利用吹塑和注射成型工艺制造出大口径炮弹塑料弹药筒、枪弹药筒,显著降低了弹药筒自重,提高了退壳率,简化了生产工艺,提高了携弹量。利用改性工程塑料成型出各种照明弹、宣传弹、燃烧弹、催泪弹等弹药壳体和尾翼,使用改性聚酯、聚苯醚、改性聚酰胺等制造引信的零部件。导弹点火器触头塑料在战术导弹上也有广泛的应用,采用注射工艺成型出各种复杂构件,主要材料品种有聚甲醛、聚酰胺、聚碳酸酯和聚苯硫醚等。美国采用 PA11 或 PA12 和铜粉制造一种易碎训练弹,这种射击训练器械弹惯性小、不跳弹,不易产生碎片而伤射者;用 PA11 制造的手榴弹外壳、尾翼,质量大为减轻,即使发生意外事故也不会损坏尾翼。此外,PA11 还用于制作导弹、炮弹部件和发射装置以及子弹夹、通信设施、钢盔衬套等,如"幻影Ⅰ亚"战斗机的减速降落伞盖和弹射器的弹射装置用 PA11 制造。PA1212 用于制作扳机护圈、飞机尾翼、部分导弹和炮弹部件、枪支的子弹夹等。法国的 Apilas 单兵火箭发射筒由 Kevlar 纤维增强环氧层压复合材料缠绕成型。聚酰胺在弹箭弹药弹托上的应用见表 6-21。

表 6-21 聚酰胺及其复合材料在弹箭弹药弹托上的应用

国家	型号	材料与结构	部件
美国	机关炮弹	PA66,PA12	弹带
	GAU8/A 易碎炮	玻璃纤维增强 PA12	弹带
	榴弹	PA12,PA612	弹带、闭气环
	破甲弹、加农炮弹	PA66	闭气环
	脱壳穿甲弹	30%玻璃纤维增强 PA66	弹带
	次口径穿甲弹	PA66	弹托
英国	改进榴弹	聚酰胺	弹带槽
日本	高炮	PA66	弹带
俄罗斯	环形弹托	含玻璃纤维、碳纤维、芳纶	
德国	箭形弹托	PA、PC、PUS、PPO、PEEK	

6.9.3.4 空投箱

装备物资的运输保障是执行作战、训练的基础。近年来,空投运输方式因其方便快捷的特点得到了快速发展和广泛应用。随着陆航力量的不断建设完善,陆军装备物资投送越来越多地通过直升机空中投送来完成,空投箱也越来越多地被加以采用,如图 6-28 所示。空投箱的箱体材料常采用超韧 PA6 材料,绳索采用芳纶材料,降落伞采用 PA6 或 PA66 纤维布。聚酰胺空投箱具有以下优点:重量轻,比

图 6-28 军用空投箱

铝减重 60%；耐磨耐摔，能承受大的冲击力，保障空投后的物资完好可用；密封防水，采用一体成型工艺，可做到无拼合缝隙，使其密不透水；耐高低温，适应于各种恶劣环境；使用寿命长，抗紫外线，耐腐蚀，可长期户外使用。

6.10　聚酰胺及其复合材料在其他产业中的应用

6.10.1　运动器械

运动器械的优劣直接影响到运动项目的水平与普及，然而，材料是影响运动器械的最重要的因素。目前，运动器械所用材料通常由多种材料混杂使用，其中，聚酰胺及其复合材料的应用正在扩大。聚酰胺及其复合材料具有优异的抗冲击性能、耐低温性能、耐磨性及尺寸稳定性等，在运动器械领域的应用也逐渐增多，如雪橇、滑冰鞋、网球及羽毛球拍、高尔夫球杆、运动鞋均使用增韧聚酰胺复合材料。

6.10.1.1　水上运动器材

赛艇、皮划艇等水上运动器材是大型运动器材的典范。对于赛艇而言，芳纶纤维可作为艇身帆布材料，芳纶增强复合材料可作为艇身骨架材料，芳纶纸蜂窝芯材可作为夹层结构材料。国外的赛艇、皮划艇生产商包括葡萄牙的 Nelo、波兰的 Plastex 均采用芳纶和环氧树脂真空固化成型制作艇身。国内的赛艇、皮划艇生产发展也相当成熟，其中浙江富阳被国家体育总局命名为中国赛艇之乡，该地区的赛艇、皮划艇制造商亦多采用碳纤维、玻璃纤维、芳纶、Nomex 蜂窝夹芯、环氧树脂等原材料，主要以真空袋压成型工艺制备而成。

帆板运动是介于帆船和冲浪之间的新兴水上运动帆板项目。该项运动的条件较为复杂，在中国展开得较少，但是在欧洲等国家较多。帆板由带有稳向板的板体、有万向节的桅杆、帆和帆杆组成，芳纶主要应用于板体和帆。派利奥风帆以及澳大利亚的 KA Sail Windsurf 在多个部位都采用复合材料，其中多数采用的是碳纤维复合材料，只有局部采用芳纶增强材料。Cabrinha 风筝帆板中采用军用级芳纶进行铺层，以提高其抗冲击性及均衡脚下的载荷分布，其铺层如图 6-29（a）所示；帝人公司还将芳纶与碳纤用于帆的增强，如图 6-29（b）所示。

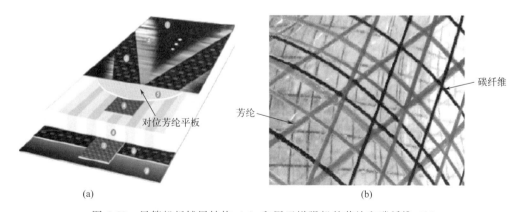

(a)　　　　　　　　　　　　　(b)

图 6-29　风筝帆板铺层结构（a）和用于增强帆的芳纶和碳纤维（b）

6.10.1.2　体育器材

聚酰胺及其复合材料在体育器材上的应用比较普遍。例如，PA11用于高尔夫球捡球机手臂、滑雪板等材料。ABS/PA6合金因耐低温冲击性好，被用作制造滑雪车、滑雪靴类制品。聚酰胺热塑性弹性体具有密度小，易加工成型，耐磨、耐油和耐化学品性，低温特性、弯曲疲劳性和耐水解性良好等优点，用于制作登山用靴、足球鞋、橄榄球鞋、篮球鞋等。对体操运动中的单杠而言，使用改性聚酰胺复合材料来制备，既保证了单杠在高强度运动中不发生破坏，同时又有一定的力学缓冲，有利于保护运动员骨骼及肌肉免受损伤。

市面上的中高档羽毛球拍、网球拍大多用碳纤维复合材料制成，只有少部分引入芳纶，主要是利用芳纶加固三通接头的强度，如 babolat、kennex 等。后期也有一些品牌如 Alpha、Winex、Forza 等推出了全拍添加芳纶的球拍。羽毛球拍中 Alpha 就推出芳纶系列，其拍框及中管均采用芳纶编织物、碳纤维及环氧树脂固化成型，利用碳纤维/芳纶的刚性高和韧性强特性组合，提升球拍适应爆发力，弹性好，杀球威力大，适用于进攻型选手。网球拍 Pro Staff 专业系列是最早使用碳纤维和芳纶来制作的，芳纶纤维在网球拍中能够进一步发挥其减震功效。因芳纶比碳纤维的延展性更低、减震吸能性能更强，在使用过程中展现出超强的拉伸强度和抗冲击性能。自从第一支芳纶网球拍 Pro Staff 问世，便深受广大运动者喜爱。

国内外各大知名乒乓球拍品牌均有采用芳纶的系列产品。例如，瑞典的 STIGA、德国挺拔的弗雷塔斯，其中弗雷塔斯采用不同属性的天然木材复合芳纶/碳纤混编织物，成功创新出底板强度与稳定性的理想比例，让选手更从容自若地击球。国内上海红双喜、河北银河及世奥得等著名乒乓球厂商也出品芳纶增强底板，既能减轻质量又能够减震，尤其适用于攻击性的快拍选手。图 6-30 为世奥得 RG70 系列产品，采用 6 层木＋2 层芳纶＋1 层碳纤维的复合结构，将高稳定性和高弹性的芳纶和碳纤维完美结合制成 3 层纤维结构增强底板，其拉球旋转强，弧线好，击打速度快。

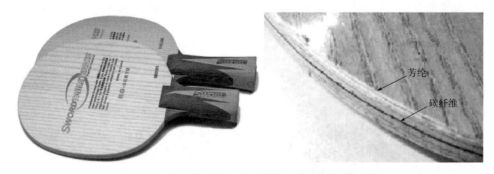

图 6-30　世奥得 RG70 乒乓球拍及其底板结构细节

6.10.1.3　健身器材

近年来，社会整体生活水平逐渐提高，健康问题在个人生活中越来越受重视。将闲暇时间用于锻炼和健身，是现代城市人群绿色生活中不可缺少的一部分。巨大的市场需求，促使了健身器材在设计、建造和材料方面的迅速发展。尤其是在材料应用上，体育器材完成了从传统以钢材为代表的金属材料到以碳纤维、玻璃纤维等复合材料的跃迁，与体育器材相关的塑料及其复合材料在我国发展迅猛。聚酰胺及其复合材料，因密度低且具有良好的耐磨、耐热、耐汗液腐蚀、抗老化等优点，常应用于健身器材零部件中，例如聚酰胺球、变径套、滑轮、把手、卡头、卡扣、卡簧等，如图 6-31。

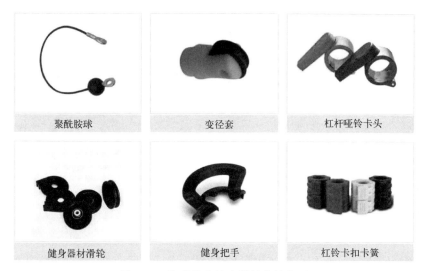

图 6-31　聚酰胺在健身器材中的应用

6.10.2　石油化工

聚酰胺材料具有良好的耐腐蚀性、耐油性和耐老化性，已被大量应用于石油化工行业，如原油管道、化工污水管道以及气体管道等。

6.10.2.1　原油管道

以前海底原油管道采用的材料多为聚乙烯、聚偏氟乙烯。德固赛公司开发的 Vestamid LX9020 产品最近成为获劳氏质量公司品质认证的首个 PA12 材料。这种材料适用于制造输送海底油气的管材和无粘接挠性管，可单根管线铺设连接深海钻井平台与海底井口（最深可达 2km）。无粘接挠性管采用多层结构，分别由螺旋缠绕金属线、金属带及挤出成型热塑性塑料层组成。塑料保护层对外可以防止管壁内的钢结构层受到海水的侵蚀，对内可以有效阻隔管内输送的高腐蚀液体对管壁的损害。此类挠性管道的设计使用寿命在 20 年以上。相对而言，无论在高温还是低温环境下，LX9020 都能耐受海底管线必须抵御的化学品侵袭。

此外，增强 MC 聚酰胺管及钢衬聚酰胺管，因防腐、耐磨能力明显优于金属管及其他非金属管，也被应用于原油管道，尤其是在大口径管线方面，其安全使用年限明显高于后者，非常适用于含砂量高、砂磨腐蚀严重的管段。同时，现场安装采用法兰连接方式，安装简单，维修方便。图 6-32 为钢衬聚酰胺管及其接头样件。自 1997 年以来，胜利油田先后在集油管线、油气水或油水混输管线、污水管线应用了增强 MC 聚酰胺管及聚酰胺钢衬管，取得了显著效果。

6.10.2.2　化工污水管道

增强 MC 聚酰胺管或钢衬聚酰胺管，因具有优良的耐腐蚀性、耐磨性、防结疤性，在化工管道、污水管道中也有着广泛的应用。如青岛碱业股份有限公司从 1993 年开始使用增

图 6-32   钢衬聚酰胺管及其接头样件

强 MC 聚酰胺管，在氨盐水系统中逐渐全部替代铸铁管道，已经历了二三十年的考验，到目前第一批管道仍然还在使用，足见管道的耐腐蚀性极强。从 20 世纪 90 年代初期至今，增强 MC 聚酰胺管已经普遍被化工行业认可，并逐步替代铸铁管或其他非金属管道。如 2009 年建成的江苏井神股份公司、淮安实联化工、昆山化工、青海五彩矿业等化工厂在建设项目中，除蒸汽和水管道外，几乎全部使用了增强 MC 聚酰胺管或钢衬聚酰胺管。此外，连续纤维增强 PA6 片材用于大型污水管道的骨架材料，既耐腐蚀，又可实现大型管道的轻量化，便于运输安装，具有十分广阔的市场应用前景。

6.10.2.3   气体管道

随着城镇天然气管网的快速发展，PE 管道和金属管道已被广泛地应用于城镇燃气管道。PE 管道以其使用寿命长、耐腐蚀、较好的柔韧性、重量较轻、连接方便等优势，已经在中低压燃气管网中取代了传统钢管、铸铁管。然而，对于次高压段及以上压力级别高的管道，PE 管道和金属管道都存在着各自的问题。PE 燃气管道最大允许工作压力为 7Pa，无法用于次高压燃气管道。对于次高压以上的燃气管道，钢管是城市燃气管网的传统管材，包括无缝钢管、直缝钢管、螺旋焊缝钢管等。但是，金属管道面临着日益严峻的腐蚀问题，为管道的维护和运营带来巨大风险和压力。

在压力范围为 10～20Pa 的燃气输送领域，现在已经出现了商业化的非金属管道解决方案，如 PA12 及其增强复合材料。与普通塑料管道相比，PA12 管道具有更好的耐化学腐蚀性、更低的气体渗透率、更高的抗拉抗压性能以及更优异的耐刮擦、耐裂纹扩展性能，是许多使用条件严苛场合的首选材料。在过去的 15～20 年中，很多国家大面积应用 PA12 燃气管道。如巴西可再生天然气输送管道项目、印度尼西亚工业区天然气输送管道项目、哥伦比亚近海岛屿天然气管道项目、巴西定向钻进铺设天然气管道项目等，部分项目运行压力高达 17bar。在所有安装工程中，PA12 管道系统一直安全运行且未出现泄漏事故。

目前，PA12 管道在世界范围内已被应用于次高压段的燃气管道和输送腐蚀性流体的金属管道内衬，特别是 MCPA6 陆地大型原油输送管道及 PA12 等长碳链聚酰胺用于深海油气输送管道，具有耐磨、耐腐蚀等优点，具有广阔的应用前景。

6.10.3   热熔胶

聚酰胺热熔胶以长碳链聚酰胺树脂为主，其突出优点是软化点范围窄，在加热和冷却时，树脂的熔融和固化都在较窄的温度范围内发生。这一特点使聚酰胺热熔胶在应用时，加热熔融涂布后稍加冷却即可迅速固化；也能使它在接近软化点的温度下，仍具有较好的胶接性能。与乙烯-醋酸乙烯共聚体热熔胶相比，聚酰胺热熔胶具有较高的软化点，因此其耐热性也更好。目前用作热熔胶基体的聚酰胺树脂的分子量，一般在 1000～9000 之间，随着聚酰胺树脂分子量的增大，其柔韧性、耐油性和胶接性能也相应提高，如表 6-22 所示。

表 6-22　不同分子量的聚酰胺热熔胶的性能

项目		低分子量	中分子量	高分子量
软化点/℃		85～160	95～200	125～200
黏度/(Pa·s)	160℃	0.5～固状	12～固状	—
	210℃	0.1～1	2～11	25～500
	260℃	—	0.5～2.5	2～100
抗剪强度/MPa		1.4～7.0	4.9～13.3	15.5～26.0

聚酰胺热熔胶主要分为三类：二聚酸与脂肪族二胺的缩聚物；PA6、PA6/12、PA6/66/1010 等的共聚物；芳香族二元酸与脂肪族二元胺或脂肪族二元酸与芳香族二元胺的二元或三元共聚物。常用的聚酰胺热熔胶为前两类。第三类由于在分子中引入了芳香基团和其他支链以及多元共聚物，采用的是溶液聚合的制备方法，在溶剂分离的后处理中不可避免地会污染环境，一般多用于电子及精密仪器行业。

聚酰胺分子链中含有氨基、羧基和酰氨基等极性基团，对许多极性材料有较好的粘接性能，广泛应用于制鞋、服装、电子、电信、家电、汽车和机械等行业。PA11、PA12 等长碳链聚酰胺具有与金属黏结性强、固化时间短的优点，可用于纤维、皮革、木材、纸张等的粘接。聚酰胺热熔胶由于具有优异的耐水洗性、耐干洗性、不伤纤维，也是服装行业的高级热熔胶。加上具有柔韧性、耐油性、介电性能和对各种材料均有良好的粘接性等特点，因此，聚酰胺热熔胶也广泛地用于电器等行业中。鞋用聚酰胺热熔胶一般使用低分子量的聚酰胺类热熔胶，若将聚酰胺与少量环氧树脂及增塑剂热混反应后，制得的鞋用热熔胶条的粘接强度和韧性会大幅度提高，该胶带（条）可缠绕成卷，脆性温度低，特别适用于鞋类及皮革的粘接，如制鞋楦前尖、腰窝及包鞋跟等处的粘接。国外高档聚酰胺热熔胶，均采用 PA6/PA66/PA12 三元共聚物，其中 PA12 的比例高达 40% 以上。随着长碳链聚酰胺品种的开发，其市场应用发展快速，特别是在高档热熔胶市场方面。

6.10.4　建筑隔热条

保温节能对建筑物至关重要。随着人们对保温节能要求的增强，许多先进的节能产品及节能工艺已经逐渐运用于我国的建筑行业。目前，我国建筑能耗占全社会总能耗的 27% 以上，而玻璃门窗造成的能耗占到了建筑能耗的 40% 左右，因此隔热铝型材保温节能窗是最佳的选择。作为隔热铝合金门窗及幕墙的关键组件——隔热条，就显得十分重要。市场调查显示，目前，每年竣工的铝合金门窗在 4 亿平方米，按照每平方米使用 8～16m 隔热条计算，每年隔热条的用量将达到 40 亿米，年产值将超过 50 亿元。欧洲于 20 世纪 70 年代开始使用隔热条，其主要材料是 25% 的玻璃纤维增强 PA66，也会根据工程需要适当地增加玻璃纤维的用量。

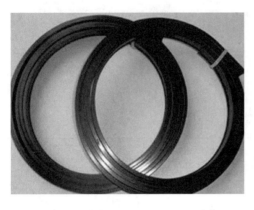

图 6-33 玻璃纤维增强 PA66 隔热条

目前，国内用作建筑隔热条的材料有 PA66 和 PVC。25%玻璃纤维增强 PA66 隔热条，如图 6-33 所示，其热变形温度可达到 230℃ 以上，完全能满足先穿条后喷涂的工艺要求；其热导率为 $0.3W/(m^2 \cdot K)$，仅为铝合金的 1% 左右；而其线膨胀系数为 $(2.5 \sim 3.0) \times 10^{-5}/K$，与铝合金 $(2.35 \times 10^{-5}/K)$ 相近，保证它在外界温度变化过程中与铝合金同步；耐紫外线和热老化性能更能保证其长期的使用寿命。而 PVC 的线膨胀系数 $(8.3 \times 10^{-5}/K)$ 与铝合金相差甚远，而且其具有强度低（$30N/mm^2$ 左右），耐热性（80℃）、抗老化性能差等缺点，在热胀冷缩的情况下造成 PVC 隔热条在铝型材内出现松动、变形，破坏门窗的气密性和水密性，严重时造成窗体整体松散、脱离等现象。在欧洲，PVC 是不能用作铝合金隔热条的。

参考文献

[1] 邓如生，魏运方，陈步宁.聚酰胺树脂及其应用 [M].北京：化学工业出版社，2002.

[2] 朱建民.聚酰胺树脂及其应用 [M].北京：化学工业出版社，2011.

[3] 郭宝华，张增民，徐军.聚酰胺合金技术与应用 [M].北京：机械工业出版社，2010.

[4] 宁军.2020~2021 年世界塑料工业进展（Ⅱ）：工程塑料和特种工程塑料 [J].塑料工业，2022，50 (5)：1-31，98.

[5] 朱芝培.中国聚酰胺生产、科研和市场概况（下）[J].化工新型材料，2000 (7)：10-13.

[6] 王萍丽，任中来，邹光继，等.半芳香族聚酰胺的发展与应用研究 [J].化工新型材料，2016，44 (6)：233-234，239.

[7] 彭晓东，刘相果，李玉兰，等.聚酰胺复合材料的研究进展及工程应用 [J].机械工程材料，2000 (2)：1-4，47.

[8] Pervaiz M，Faruq M，Jawaid M，et al. Polyamides：developments and applications towardsnext-generation engineered plastics [J].Current Organic Synthesis，2017，14 (2)：146-155.

[9] Tyuftin A A，Kerry J P. Review of surface treatment methods for polyamide films for potentialapplication as smart packaging materials：surface structure，antimicrobial and spectral properties [J].Food Packaging and Shelf Life，2020，24：e100475.

[10] 张明成，曹新荣.24 头 22 dtex 半光聚酰胺 6 全拉伸单丝纺丝技术 [J].合成纤维，2018，47 (10)：16-19.

[11] 曹海兵，邵小群，戴礼兴，等.深冷处理对共聚酰胺单丝性能的影响 [J].合成纤维，2017，46 (7)：1-4.

[12] Stamoulis G，Wagner-Kocher C，Renner M. Experimental study of the transverse mechanical properties of polyamide 6.6 monofilaments [J].Journal of Materials Science，2007，42 (12)：4441-4450.

[13] Thomas S N，Hridayanathan C. The effect of natural sunlight on the strength of polyamide 6 multifilament and monofilament fishing net materials [J].Fisheries Research，2006，81 (2-3)：326-330.

［14］　Boesono H，Layli F S，Suherman A. The effect of storage diversity on the breaking strength and elongation of polyamide monofilament in gill net fishing gear ［J］. Pertanika Journal of Science and Technology，2021，29（4）：2531-2541.

［15］　李志嘉，陈曦，林新土，等. 国内食品领域聚酰胺薄膜的发展现状 ［J］. 食品安全质量检测学报，2018，9（12）：3034-3039.

［16］　王殿铭. 消费升级下 BOPA 膜产业发展及前景 ［J］. 当代石油石化，2019，27（2）：28-30.

［17］　张丽. 双向拉伸尼龙薄膜在包装领域应用分析 ［J］. 化工技术经济，2006，24（1）：25-26，39.

［18］　王琪. 双向拉伸尼龙 6 薄膜概述 ［J］. 塑料包装，2005（2）：29-31.

［19］　刘轶，刘跃军，崔玲娜，等. 双向拉伸工艺对尼龙 6 薄膜的微观结构与宏观性能的影响 ［J］. 塑料工业，2020，48（6）：35-42.

［20］　Masao T，Toshitaka K. Physical properties of biaxially oriented PA6 film for simultaneousstretching and sequential processing ［J］. Journal of Polymer Engineering，2011，31（1）：29-35.

［21］　LiuL C，Lai C C，Lu M T，et al. Manufacture of biaxially-oriented polyamide 6（BOPA6）filmswith high transparencies，mechanical performances，thermal resistance，and gas blockingcapabilities ［J］. Materials Science and Engineering B：Advanced Functional Solid-State Materials，2020，259：e114605.

［22］　Penel-Pierron L，Seguela S，Lefebvre J M，et al. Structural and mechanical behavior of nylon-6 films. Ⅱ. uniaxial and biaxial drawing ［J］. Journal of Polymer Science Part B：Polymer Physics，2001，39（11）：1224-1236.

［23］　Fereydoon M，Tabatabaei S H，Ajji A，et al. Rheological，crystal structure，barrier，and mechanical properties of PA6 and MXD6 nanocomposite films ［J］. Polymer Engineering and Science，2014，54（11）：2617-2631.

［24］　Lin F L，Hao X H，Liu Y J，et al. The linear tearing properties of biaxially oriented PA6/MXD6 blending films ［J］. Journal of Applied Polymer Science，2020，137（37）：e49108.

［25］　Vannini M，Marchese P，Celli A，et al. MXD6 in film manufacturing：State of the art and recent advances in the synthesis and characterization of new copolyamides ［J］. Journal of Plastic Film &Sheeting，2020，36（1）：16-37.

［26］　Kanai T，Okuyama Y，Takashige M. Dynamics and structure development for biaxial stretching PA6/MXD6 blend packaging films ［J］. Advances in Polymer Technology，2019，37（8）：2828-2837.

［27］　Sallem-Idrissi N，Miri V，Marin A，et al. The role of strain-induced structural changes on the mechanical behavior of PA6/PE multilayer films under uniaxial drawing ［J］. Polymer，2012，53（23）：5336-5346.

［28］　Ritter M，Schlettwein D，Leist U. Specific migration of caprolactam and infrared characteristics of a polyamide/polyethylene composite film for food packaging under conditions of long-term storage before use ［J］. Packaging Technology and Science，2020，33（12）：501-514.

［29］　易著武. 双向拉伸 PA6/EVOH 高阻隔薄膜的制备、性能及其机理研究 ［D］. 株洲：湖南工业大学，2020.

［30］　汪瑾，谢芮宏，宁敏，等. MXD6 和黏土对 PA6 复合薄膜阻隔性能影响的研究 ［J］. 塑料工业，2015，43（11）：77-80.

［31］　徐雅慧，陈思琦，黄冉军，等. 软包电池在纯电动汽车中应用的机遇与挑战 ［J］. 电源技术，2022，46（6）：585-590.

［32］　邓可. 锂离子电池软包装铝塑复合膜综述 ［J］. 有色金属加工，2021，50（5）：9-11，17.

[33] 冯慧杰，张学建，马亚男．锂离子电池铝塑复合膜发展趋势综述［J］．信息记录材料，2019，20（8）：9-13.

[34] 王春江，诸葛小维．尼龙12在野外特种用途通信电缆及其他专用电线电缆中应用［J］．电线电缆，2008（6）：4-8，12.

[35] 王忠强，卢健体，易庆锋，等．聚酰胺纳米复合材料的应用进展［J］．合成材料老化和应用，2022，51（2）：85-87.

[36] 曹亮．用于汽车发动机罩盖的增强尼龙6材料的制备［D］．北京：北京化工大学，2015.

[37] 高春雨．我国车用改性塑料的发展趋势［J］．上海塑料，2017（2）：1-7.

[38] 刘俊聪，王丹勇，夏敏，等．汽车用改性尼龙研究进展［J］．工程塑料应用，2012，40（10）：100-104.

[39] 陈剑锐，张海生，张杨．汽车动力系统尼龙材料发展趋势［J］．工程塑料应用，2022，50（4）：159-164.

[40] Hassan E A M，Elabid A E A，Bashier E O，et al. The effect of carbon fibers modification on the mechanical properties of polyamide composites for automobile applications［J］. Mechanics of Composite Materials，2022，58（2）：261-270.

[41] Lee K H，Sinha T K，Choi K W，et al. Ultra-high-molecular-weight polyethylene reinforced polypropylene and polyamide composites toward developing low-noise automobile interior［J］. Journal of Applied Polymer Science，2020，137（21）：e48720.

[42] Guler T，Demirci E，Yildiz A R，et al. Lightweight design of an automobile hinge component using glass fiber polyamide composites［J］. Materials Testing，2018，60（3）：306-310.

[43] 岳成．阻燃型PA6材料在电动汽车中的应用［J］．中国石油和化工标准与质量，2018，38（19）：104-106.

[44] 赵民，殷红敏，陈旭明，等．尼龙管特点以及在汽车燃油管路上的应用［C］//中国汽车工程学会会议论文集，2010：1049-1052.

[45] 万星荣．尼龙水管在新能源汽车上的应用［J］．汽车实用技术，2020（14）：51-53.

[46] 治明．聚酰胺在汽车和电子行业的深入推广应用［J］．国外塑料，2007（11）：66-68.

[47] 王进，杨军，许双喜，等．轨道交通新型高分子材料研发及应用进展［J］．机车电传动，2021（1）：10-14.

[48] 戴家桐，邵静玲．聚酰胺复合材料在轨道交通中的应用［J］．上海塑料，2013（2）：17-23.

[49] 叶杨．聚酰胺在高速铁路上的应用［J］．国外塑料，2012，30（6）：38-41.

[50] 仇鹏，崔永生，李双雯，等．30t轴重重载铁路PA66基复合材料性能［J］．工程塑料应用，2020，48（2）：44-48.

[51] 李春艳．高速铁路用玻纤增强尼龙66材料性能研究［D］．北京：北京化工大学，2012.

[52] 黄有松．增强增韧PA66套管在铁路岔枕中的应用［J］．工程塑料应用，2002（6）：23-25.

[53] 刘素侠，杜宁宁．基于尼龙的高速铁路复合材料研究［J］．江苏科技信息，2016（32）：50-53.

[54] 张娜．芳纶材料在轨道交通领域的应用现状［J］．纺织导报，2020（7）：30-33.

[55] 夏学莲，史向阳，赵海鹏，等．工程塑料尼龙在机械零件中的应用［J］．工程塑料应用，2017，45（2）：128-132.

[56] 孟进军，陈卫东，孙影，等．轻质材料在工程起重机上的应用［J］．建筑机械，2014（9）：61-64.

[57] 魏凤兰，林淑芝，石宏，等．工程塑料在农业机械上的应用现状及发展前景［J］．沈阳农业大学学报，2002（4）：305-308.

[58] 黄晓艳，刘源，李雪，等．工程塑料在农业机械上的应用［J］．农机化研究，2009，31（3）：

183-185.

[59] 张金刚 . MC 尼龙在农业机械上的应用 [J] . 新疆农机化，2003 (6)：20.

[60] 陈晓东，杨涛，吴小龙，等 . 用于低压电器壳体环保型无卤阻燃增强聚酰胺材料的研究 [J] . 低压电器，2006 (4)：59-61.

[61] Griffiths K. Polyamides in aerospace industry [J] . Transactions of the Institute of Metal Finishing，2007，85 (5)：235-236.

[62] Qian M B，Xu X D，Qin Z，et al. Silicon carbide whiskers enhance mechanical and anti-wear properties of PA6 towards potential applications in aerospace and automobile fields [J] . Composites Part B：Engineering，2019，175：e107096.

[63] 廖子龙 . 芳纶及其复合材料在航空结构中的应用 [J] . 高科技纤维与应用，2008，33 (4)：25-29.

[64] 赵浩 . 芳纶树脂基复合材料的应用与发展 [J] . 新材料产业，2019 (1)：13-15.

[65] 陈虹，虎龙，艾青松，等 . 芳纶复合材料在防弹车上的应用研究 [J] . 中国个体防护装备，2017 (2)：5-8.

[66] 王怀颖，彭涛，王煦怡 . 芳纶Ⅲ材料在防弹装备领域的应用 [J] . 警察技术，2017 (1)：64-71.

[67] 王凤德，陈超峰，朱建生，等 . 对位芳纶在防弹领域的应用 [J] . 高科技纤维与应用，2011，36 (3)：8-12.

[68] 王丽微 . PA 增韧改性研究及在运动器材领域中的应用 [J] . 塑料科技，2018，46 (9)：90-93.

[69] 李春霞，王双成，邱召明，等 . 对位芳纶在运动器材领域的应用 [J] . 高科技纤维与应用，2013，38 (3)：57-61.

[70] 李娜 . 芳纶复合材料在体育领域中的应用优势 [J] . 合成纤维，2022，51 (3)：54-56，59.

[71] 江伟 . 塑料复合材料在体育设施和健身器材中的应用 [J] . 塑料工业，2019，47 (1)：152-155.

[72] 赵永刚 . 高分子材料在体育器材中的应用研究 [J] . 塑料助剂，2022 (1)：78-80.

[73] 刘亚飞 . 体育器材用 CFRPA6 复合材料的制备及其性能 [J] . 合成树脂及塑料，2020，37 (1)：51-55.

[74] 蒋莹 . 基于聚酰胺的改性碳纤维复合材料在体育器材中的制备和性能研究 [J] . 粘接，2021 (10)：67-70，102.

[75] 江伟 . 塑料复合材料在体育设施和健身器材中的应用 [J] . 塑料工业，2019，47 (1)：152-155.

[76] 张国胜 . 体育器材中碳纤维增强塑料的应用研究 [J] . 塑料工业，2019，47 (6)：166-169.

[77] 李豫 . 新型纤维材料在体育器材中的应用及性能研究 [J] . 材料保护，2020，53 (10)：179-180.

[78] 刘波 . 纤维增强树脂复合材料在运动器材中的应用 [J] . 塑料科技，2017，45 (12)：66-69.

[79] 彭蛟，张黎明 . 钢-尼龙复合管在舰船海水管路系统中的应用研究 [J] . 广东造船，2019，38 (4)：90-92，89.

[80] 邱培宏 . 增强 MC 尼龙管的研发与应用 [J] . 海峡科技与产业，2017 (8)：164-165.

[81] 王玉江 . MC 增强尼龙管及钢衬尼龙管在胜利油田的应用 [J] . 全面腐蚀控制，2014，28 (3)：23-25.

[82] 沈波 . 尼龙钢复合管在纯碱厂的安装使用 [J] . 纯碱工业，2012 (4)：37-38.

[83] 海明 . 北美第一次采用尼龙 12 天然气管 [J] . 上海塑料，2010 (2)：57-57.

[84] 郑彬 . 聚酰胺 12 管道性能研究与应用 [J] . 非开挖技术，2019 (5)：44-48.

[85] 郑彬 . 用于高压城市燃气管道的新型聚酰胺材料性能研究 [C] //第 20 届全国塑料管道生产和应用技术推广交流会论文集，2018：85-96.

[86] 金旭东，杨云峰，胡国胜，等 . 聚酰胺热熔胶性能研究及其应用 [J] . 中国胶粘剂，2007 (11)：49-52.

［87］ 方万漂，宋玉兴，黄志杰，等．PA66GF25 尼龙隔热条材料热氧老化性的研究［J］．装备环境工程，2012，9（4）：47-51.

［88］ 徐积清．聚酰胺隔热条吸水性对铝合金型材加工过程的影响［C］//2020 年中国铝加工产业年度大会论文集（下册），2020：446-453.

［89］ 刘艳斌，谭月敏．阻燃型玻纤增强聚酰胺门窗隔热条的研制及性能［J］．广州化工，2022，50（19）：118-119，141.

第7章
聚酰胺树脂废料回收利用

7.1　概述

近十年来，全球聚酰胺及其复合材料年产销量过千万吨，其中，我国占比约 60%。在聚酰胺及其复合材料生产、加工过程中会产生一定的边角和废品，特别是每年的汽车、机械、家电及日常用品维修与报废中产生大量的废品。这些废品如不回收利用，将浪费有限的资源，尤其是将严重污染生态环境。因此，如何充分利用资源，减少环境污染，实现材料的循环利用已成为全球高度重视的课题。

7.1.1　塑料回收利用的发展现状

2021 年，全球市场聚酰胺树脂年产量超过 800 万吨，且该数字预计以 2.2% 的速度增长，到 2027 年将达到 1040 万吨，产值约 470 亿美元。然而，聚酰胺消费量的增长及其不可生物降解的特性导致了土地和海洋的污染，对生态系统构成了严重的威胁。因此，废旧聚酰胺的回收再利用技术引发了人们的广泛关注。世界各国处理回收塑料废弃物的主要方法是丢弃、填埋、焚烧，或者运往他国，实际情况是废弃塑料仅做到了部分"回收处理"，并没有真正做到"再利用"，如欧洲 2003 年回收的废旧塑料仅有约 11% 得到了再利用，14% 运往国外，21% 被焚烧，54% 被填埋。而我国废弃塑料处理状况更加令人担忧，绝大部分被填埋处理，回收利用率仅为 5%。

焚烧和填埋塑料垃圾不仅会造成环境污染，危害人类的生存和发展，而且会造成巨大的资源浪费，与可持续发展战略相悖。面对日益严重的塑料垃圾污染，许多发达国家已经建立了比较完善的塑料垃圾回收体系并制定了相应的法律法规。近年来，我国也越来越重视塑料废弃物的回收和再利用，特别是制定和调整的《中华人民共和国循环经济促进法》、废旧物资回收利用增值税政策等相关配套政策和措施将对我国再生塑料产业的发展产生深远的意义和影响。

7.1.2 国内外聚酰胺工程塑料的消费、回收现状

2021 年，我国聚酰胺树脂产销量约为 500 万吨，聚酰胺复合材料产销量约 200 万吨，并将以年均 10％左右的速率增长。每年如此大量的聚酰胺树脂及其复合材料的使用，必然产生相当量的聚酰胺废弃物。每年将有大量的废旧服装、地毯、篷布等织物，绳索、渔网，汽车、家电、机械、电子电气等部件报废，如果不对这些废弃聚酰胺进行有效的管理和处理，将给人们赖以生存的环境造成严重污染。

与其他高分子材料一样，聚酰胺工程塑料的回收利用也受到了国内外业内人士的高度重视，除了一般的物理回收利用方法外，目前已开发了多种化学回收方法，如氨解、水解等方法，为聚酰胺的回收利用提供了有力的技术支撑。

7.2 回收料的来源与预处理

废弃聚酰胺的预处理是指在进行聚酰胺的回收和再利用之前的一些准备工作，主要包括对废弃聚酰胺的清洁、分类、掺杂物的去除等。

在进行废弃聚酰胺的预处理之前，需要将废弃聚酰胺进行分类，将不同种类的聚酰胺区分开来。这是因为不同种类的聚酰胺在回收和再利用的过程中，可能会有不同的要求和注意事项。

废旧聚酰胺的来源一般分为三种。

① 聚合过程中产生的废料　聚酰胺是由单体经缩聚、加聚等反应而制得的，合成条件的变化或合成原料的变化都会引起聚酰胺质量的变化，形成聚合物废料。这部分废料由于具有较高的利用价值，一般都由生产厂直接进行回收利用或者作为一种副产品外销给相关企业直接投入生产。如 PA6 生产中的低聚物就可直接用于高黏切片的生产。

② 制品产生过程中产生的废料　这是热塑性聚酰胺材料加工过程中不可避免的，如模塑过程产生的边角料、废坯、废品；纺丝过程产生的废丝、引料；拉膜过程产生的废料、废品；吹塑、热压等过程产生的废料。这些废料的特点是组分单一，比较干净，往往由厂家直接回收利用。

③ 使用后产生的废料　聚酰胺材料在服装、地毯、汽车、机械、电子电气、渔业、商业、包装材料、胶黏剂、油墨等领域的广泛应用，产生了大量聚酰胺使用后的废弃品，这些是聚酰胺回收利用研究的重点。

7.3 回收利用方法

回收利用废弃聚酰胺的主要方法有物理回收、化学回收和能量回收，从资源利用的角度来看，物理回收应该是优先考虑的，其次是化学回收，最后是能量回收。

7.3.1 物理回收

物理回收（也称为机械回收）指的是将废旧聚酰胺材料进行物理分离，包括对材料进行

鉴别、分离、粉碎、清洗、干燥等工艺操作，以获得可再生的塑料原料，这种方法无须使用任何化学药品。物理回收的优点在于简单、成本低廉、技术成熟，可以应用于各种塑料材料的回收，并且这种方法可以有效减少塑料废弃物的填埋和焚烧对环境的污染。

7.3.1.1　废旧聚酰胺的鉴别

塑料的品种很多，按其性能可分为热塑性和热固性塑料。热塑性塑料可溶、可熔；热固性塑料不溶、不熔。因此，利用加热和溶解的方法可将热固性和热塑性塑料分辨出来。识别塑料的方法有许多，常用的方法有：燃烧法、溶解法、熔点法。

燃烧法是指在燃烧条件下观察材料的燃烧性质，以判断材料的种类。通常可以通过观察燃烧火焰的颜色、燃烧烟雾的味道和燃烧后残留物的颜色和形态来判断材料的种类。燃烧法是一种简单、实用的材料鉴别方法，常用于各种高分子材料的鉴别，如塑料、橡胶、涂料等。

溶解法是通过观察材料是否能被某种溶剂溶解来鉴别材料种类的方法。该方法的原理是不同材料对不同溶剂的溶解性是不同的，因此通过对材料进行溶解实验，可以判断出材料的种类。

熔点法是通过观察材料的熔点来鉴别材料种类的方法。该方法的原理是不同的材料在加热到一定温度时会出现熔融的现象，而熔融的温度是不同的，因此可以通过测量材料的熔点来判断出材料的种类。除此之外还有仪器分析法，如红外光谱、核磁共振、热分析、热化学分析等，仪器分析法在某种程度上更有效、更可靠。

7.3.1.2　废旧聚酰胺的分离

废旧聚酰胺的分离是指在塑料回收过程中，将不同类型的塑料分离开来的过程。这是因为不同类型的塑料在加工和再生利用过程中需要使用不同的技术和工艺，分离后可以提高再生材料的质量和价值。可采用的分选方法有：手工分选法、风力分选法、磁力分选法、静电分选法等（表7-1）。

表 7-1　四种常见分选方法及其操作原理

分选方法	操作原理
手工分选法	通过人工将混在废塑料里的杂质与不同的塑料分开
风力分选法	利用空气动力学，将物料打散，然后将轻重物料分离
磁力分选法	主要目的是除去混入废旧塑料中的钢铁等金属碎屑杂质
静电分选法	利用不同塑料的摩擦带电差异，从而将不同塑料分离出来

7.3.1.3　废旧聚酰胺的粉碎

废旧聚酰胺的粉碎是指将废弃的聚酰胺塑料进行破碎处理的过程。一般来说，粉碎的目的是将废弃的聚酰胺塑料制成较小的粉末，以便于后续进行再生利用。粉碎过程一般采用机械方式完成，如使用粉碎机、折边机等。按照粉碎机的工作温度，又有常温粉碎和深冷粉碎两种。

7.3.1.4　废旧聚酰胺的干燥

废旧聚酰胺的干燥是指将废旧聚酰胺中的水分去除，使其达到适宜进一步加工的状态。一般来说，废旧聚酰胺含水率较高，在加工过程中会产生蒸汽，影响加工质量，因此必须进行干燥处理。

废旧聚酰胺的干燥方法有很多种，常用的有烘干、蒸汽干燥、热风干燥等。具体方法取决于废旧聚酰胺的特性、要求以及加工设备的条件。烘干是指将废旧聚酰胺放在烘箱中加热干燥，热风干燥是指将废旧聚酰胺与热风接触，使其中的水分蒸发掉。蒸汽干燥则是通过蒸汽的热能使废旧聚酰胺中的水分蒸发。

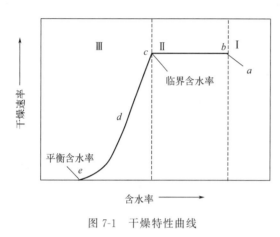

图 7-1　干燥特性曲线

干燥速度与含水率之间有一定的关系，这个关系被称为干燥特性曲线（图 7-1）。从干燥的原理上来看，任何干燥过程都包括三个时期：预热区（Ⅰ）、等速干燥区（Ⅱ）、降速干燥区（Ⅲ）。一般来说，薄层物料的干燥通常处于等速干燥区；而对于吸湿树脂的干燥，通常处于降速干燥区；而对于含水分和可挥发成分较多的粒状物的干燥，则表现为上述两种情况的混合。在实际干燥中，大多数情况都表现为降速干燥。非吸湿性粉料、直径小于 5mm 的成型材料、液滴和粉粒料在热空气中分散或被机械搅拌时都属于这种情况。

7.3.1.5　国内外回收技术实例

废旧聚酰胺地毯的组成主要为 PA6（聚己内酰胺）纤维构成的绒面、聚丙烯衬层、填充了大量碳酸钙的丁苯胶乳胶黏剂。通过机械分离的方式可以将聚酰胺纤维和聚丙烯衬层、胶黏剂分开。小工厂可以采用半人工的方式将衬层分离，然后将粘有部分胶黏剂和其他污染物的聚酰胺纤维用开松和粉碎机械打松散，再进行筛分，除去脱落的胶黏剂和沙土粒等脏物。大工厂通常将聚酰胺地毯破碎切割以后使用锤式粉碎机粉碎成短纤维毛，筛除胶乳、填料和土以后进行洗涤，之后采用沉降工艺根据聚丙烯和聚酰胺的密度差进行分离。分离后的聚酰胺短纤维经过干燥，使用挤出机熔融造粒进行物理回收。

在美国地毯纤维市场中聚酰胺纤维大约占 63%。用旧地毯的纤维组分制造新的地毯纤维，是地毯业热切期望的一个主要目标。但这种回收工艺的生产成本一直居高不下，使大量旧地毯纤维无法进入这个闭合回收系统。经过美国地毯业的不断努力，终于由 DSM 公司开发出一个经济合算的闭合回收工艺。美国还有一些公司在把旧地毯修整翻新，然后作为廉价产品重新上市。Milliken 地毯公司把用过的旧地毯进行清洗、剪切、重新上色或罩印，并把旧地毯的单色表面用有趣的彩色图案重新印染，其成本仅为同尺寸新地毯的一半。

回收的聚酰胺废料根据需要与新树脂混合，可作为汽车部件和其他塑料制品使用。例如 BASF 公司回收废旧卡车散热器水箱中的玻璃纤维增强 PA66，与新材料共混来生产新的散热器。Bayer 公司和 Mercedes-BenzAG 公司回收由玻璃纤维增强、弹性体改性 PA6 制成的椅背和外壳，经粉碎分离处理后与新 PA 共混重新制成工程部件。Ford 公司和 DuPont 公司开发了含有 25％旧地毯回收物的 PA66 用于生产汽车空气净化箱。为了不显著降低新制品的性能，需要控制回收 PA 的添加量，不含有玻璃纤维增强的回收 PA 最多可以添加到 50％，而玻璃纤维增强的回收 PA 通常添加量在 25％～30％之间，这是由于玻璃纤维在反复加工过程中造成大量断裂。图 7-2 给出了 30％玻璃纤维增强 PA 的冲击强度与挤出次数的关系，可以看出每重复加工一次后它的冲击强度下降约 10％。

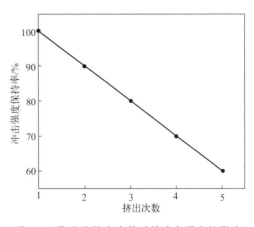

图 7-2　聚酰胺挤出次数对其冲击强度的影响

杜邦公司和电装公司利用回收聚酰胺生产汽车发动机进气歧管的循环利用技术获得了 2004 年欧洲塑料材料工程师协会（SPE）颁发的环境新技术奖。这项复合材料循环回收过程包括溶解废旧聚酰胺混料、过滤除去杂质和填料、再用玻璃纤维或无机物填充制成改性增强回收 PA6 和 PA66 部件。这项技术将提高未来报废汽车的可再生循环利用率。

溶解/再沉淀法是一种特殊的二级物理回收形式，该方法是通过选用适当的溶剂去溶解废旧聚酰胺，然后通过非溶剂选择性沉淀已经溶解的聚酰胺，从而达到回收聚酰胺的目的。目前，氯化钙/乙醇/水（CEW）溶剂体系与离子液体是研究较多的绿色溶剂。Rietzler 等通过使用不同比例的 CEW 混合溶剂来处理 PA66 长丝，研究其表面物理特性，例如粗糙度、吸附行为和纤维直径的变化。为了研究溶剂组成和处理时间对纤维形貌的影响，观察在溶剂中的和溶剂洗去后的长丝表面微观形貌。研究表明，混合溶剂中 3 种成分的相对含量会影响纤维与溶剂的相互作用，发现水和乙醇的摩尔比，以及混合物中氯化钙的量是关键参数。在水含量较高、乙醇含量较低的溶剂中，纤维会明显膨胀；反之，纤维则会溶解于溶剂中。

在此基础上，Rietzler 等基于聚酰胺的络合和分解作用，对聚酰胺/羊毛混合纺织废料模型进行研究。研究表明，采用 CEW 溶剂体系，可以从混合纺织废料中选择性地无损溶解聚酰胺纤维，溶解后，简单地添加水，聚酰胺就会从溶剂中沉淀出来，并且之前结合的钙离子大部分也将被洗去。由此可知，CEW 溶剂体系可以实现聚酰胺纤维和羊毛纤维的分离。

与 CEW 溶剂体系不同，离子液体不涉及残余金属离子的去除问题。夏晓莉等将 PA6 溶解于 1-乙基-3-甲基咪唑溴盐（[Emim] Br），并使用去离子水作为非溶剂回收 PA6。利用红外光谱、热重、差热分析和 X 射线衍射研究了再生 PA6 的结构性能，并考察了物料配比、反应温度和反应时间对 PA6 回收率的影响。结果表明：[Emim] Br 能够溶解 PA6，回收得到的 PA6 的结构和热稳定性均未发生变化，晶体类型为 α 型。在 PA6 的质量分数为 6.25％、反应温度为 180℃反应 1.5h 后，PA6 的回收率为 96.18％。

CEW 溶剂体系和离子液体均为环境友好的绿色溶剂，不仅操作简单，而且条件温和，适用于废旧聚酰胺混纺织物的分离，但离子液体价格较高，且溶剂体系的选择仍有待研究。CEW 溶剂体系回收和离子液体回收所得的聚酰胺粉末的力学性质、流变性能等还有待进一步研究，期望未来能找到更绿色、更高效的溶剂体系，实现废旧聚酰胺混纺纺织品的循环再利用。

利用聚酰胺废弃物作为沥青的改性剂来改善其特性可能是一种环保和经济的回收方法。为此，Gokalp 等人通过考察废透明聚酰胺（WTN）在沥青中添加 0.5%～3.0%（质量比）作为改性剂用于可持续回收的效果，并对沥青样品进行了一系列物理和流变试验，以确定其性能的变化。

对未老化试样进行了渗透力、软化点、黏度、闪点等物理测试，另一方面，对未老化和老化试样进行了动态抗剪和弯曲梁流变仪试验等流变学试验方法。为了确定废弃透明聚酰胺与沥青的相容性，进行了储存稳定性试验。试验结果表明，用废弃透明聚酰胺改性沥青能显著改变沥青的特性。软化点、黏度和闪点均有一定的增加，闪点增加至 20℃，因此有可能生产具有更安全的加热温度的沥青与废弃透明聚酰胺改性物，而渗透值则有所降低。流变学评价结果表明，沥青试样的车辙性能和抗热裂性能明显提高，抗疲劳性能降低。在沥青中使用时，可取得一定的经济效益和环境效益。所以废弃透明聚酰胺改性沥青是一种既可回收废弃透明聚酰胺又可改善沥青性能的可持续解决方案。

聚酰胺具有优异的性能，经多次加工后，其性能下降不大。如 PA66 在多次加工后，其拉伸强度仅下降 6.4%。回收聚酰胺可与新的聚酰胺共混使用，回收聚酰胺的比例高低，对共混物的力学性能有一定的影响。图 7-3 示出了玻璃纤维增强 PA6 的力学性能随着添加旧汽车座椅回收 PA6 含量增加的变化曲线。

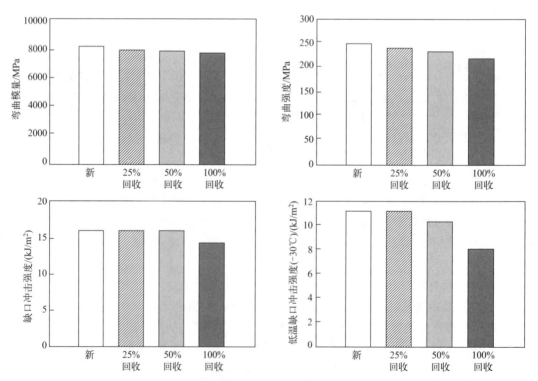

图 7-3　玻璃纤维增强的聚酰胺 6 的力学性能随着回收聚酰胺 6 含量增加的变化情况

将聚酰胺废料与回收的聚乙烯共混，可以改善聚酰胺的低温脆性，制得吸水率低、冲击韧性及摩擦性能好的共混物，见表 7-2 所列。

表 7-2　回收聚酰胺与回收聚乙烯的共混物性能

质量分数/%		熔体流动速率	拉伸强度	断裂伸长率	缺口冲击强度	吸水率	介电损耗角
HDPE	PA6	/(g/10min)	/MPa	/%	/(kJ/m²)	/%	正切(100Hz)
100	0	1.0	11.5	230	19.0	0.1	0.0002
90	10	1.2	12.5	190	18.3	0.1	0.0012
70	30	1.25	17.0	80	17.5	0.2	0.0035
30	70	17.8	47.0	50	12.8	1.0	0.0100
10	90	25.1	67.0	85	9.5	3.0	0.0135
0	100	38.0	57.0	300	5.5	3.8	0.0170

　　由于传统回收技术的局限性，目前只有部分废塑料被回收，大多数回收过程产生的产品在性能和价值方面都不尽如人意。为了从塑料垃圾中生产高质量的产品，并在这些有价值的材料寿命结束后将其带回经济领域，了解循环再处理过程中聚合物性质的变化非常重要。M. S. Nur-A-Tomal 等人对循环再加工对 PA12 性能的影响进行研究。首先，通过模具对拉伸强度和冲击强度的研究，确定了最佳加工条件。通过实验对工艺参数进行优化，通过对成型产品拉伸强度和冲击强度的考察，确定了优化条件。结果表明，注射成型工艺变量的变化可以制约成型产品质量的变化。熔体温度和注射压力对最终产品的性能有显著影响。熔体温度设定在 250℃，高于聚合物的熔体温度，因为聚合物在高温下流动更好，并且在冷却后不会产生任何可见的流动痕迹。随着熔体温度的升高，拉伸强度和冲击强度均降低。熔体温度越低，力学性能越好。

　　对再处理试样的玻璃化转变温度和结晶度也进行了测定，随着再处理量的增加，玻璃化转变温度略有下降，结晶度略有上升。这种性能变化的行为以前在其他聚合物中也曾观察到。再加工样品的性能变化可能是由聚合物降解引起的。聚合物大分子在再加工过程中会由于氧化、热、化学和机械降解而变质。聚合物的降解会引起聚合物大分子的链断裂。链段拓宽了聚合物的分子量分布，从而降低了聚合物的分子量。分子量对聚合物的性质有直接影响。当聚合物的分子量发生变化时，聚合物的性质也会发生变化。所获得的结果表明，PA12 可以循环利用至少四次，而不会显著改变其性能。随着再加工次数的增加，拉伸强度、冲击强度、玻璃化转变温度和结晶度略有下降。此外，FTIR 光谱没有明显变化，表明多次再加工并没有改变 PA12 的分子结构。这项研究加强了人们对 PA12 的认识，有助于开发更有效和高效的废塑料回收工艺。

7.3.2　化学回收

　　化学回收是指将废旧高分子材料通过化学方法分解成其原来的单体或相似的单体，然后再进行聚合得到新的高分子材料。化学回收主要适用于那些经物理回收难以得到再生材料的废旧高分子材料。表 7-3 列出了国外聚酰胺废料化学回收厂商及规模。

表 7-3　国外聚酰胺废料化学回收主要厂商及规模

开发公司	回收工艺	废料名称	产能/(t/a)	装置所在地
Zimmer A. G.	酸解聚	PA6 地毯	20000	德国 Frankfurt
BASF	酸解聚	PA6	20000	美国
	酸解聚	PA6	20000	加拿大
	碱解聚	PA66 产业废弃物	24000	德国 Ludwigshafen
	酸解聚	PA6 地毯	590	加拿大
罗拉普朗克	碱解聚	PA66	50000	法国
杜邦	甲醇醇解	PA66 地毯	230	美国 Glasgow

7.3.2.1　聚酰胺酸解聚回收工艺

废旧 PA6 用酸催化解聚生成其单体——己内酰胺。将切碎的 PA6 废料加入连续的反应器中进行解聚反应，并用蒸汽汽提，蒸馏出己内酰胺，再进行浓缩除去己内酰胺中的水分，用高锰酸钾氧化去掉杂质，过滤后得到回收的己内酰胺。将其加入聚合工艺中不会影响聚合物产品的质量。式（7-1）为废旧尼龙 6 的酸解反应式，采用磷酸作为催化剂可有效地促进尼龙 6 的酸解。图 7-4 是尼龙 6 酸解工艺流程。

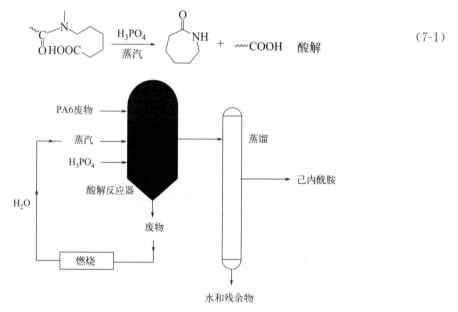

图 7-4　尼龙 6 酸解工艺流程

酸解过程存在的缺点：①聚合物中的填料和织物增强剂能够与酸催化剂反应，降低了该过程的效率；②催化剂的成本较高；③副产物和废水的处理费用较高。这些缺点限制了其工业应用。

7.3.2.2　聚酰胺水解回收工艺

PA6 在高压蒸汽反应器中解聚的专利由 Snider of Allied 化学公司申请。PA6 在水中高压下水解解聚，得到己内酰胺的收率高达 60%～70%，其化学反应式如式（7-2）～式（7-4）所示。该反应水与聚合物比例为 10:1，在 250℃的氮气中进行。虽然该反应过程中不使用催化剂，但在产品提纯时需要除去己内酰胺中的水，能耗高，所以成本相对也较高。

（1）端氨基的 PA6 水解成 6-氨基己酸

$$\sim\sim N-C-(CH_2)_5-NH_2 \ + \ H_2O \ \rightleftharpoons \ \sim\sim NH_2 \ + \ HO-C-(CH_2)_5-NH_2 \tag{7-2}$$

（2）端羧基的 PA6 水解成 6-氨基己酸

$$\sim\sim C-N-(CH_2)_5-COOH + H_2O \ \rightleftharpoons \ \sim\sim COOH \ + \ HO-C-(CH_2)_5-NH_2 \tag{7-3}$$

（3）6-氨基己酸转化成己内酰胺和水

$$HO-C-(CH_2)_5-NH_2 \ \rightleftharpoons \ \underset{NH}{\bigcirc}=O \ + \ H_2O \tag{7-4}$$

图 7-5 显示了水解过程中反应温度对己内酰胺收率的影响，反应温度高时能够提高己内酰胺的收率，但也会使反应体系的压力升高。因此，要使己内酰胺的收率超过 70%，必须提高反应压力，这势必要增加设备投资成本。

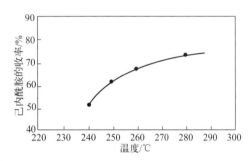

图 7-5　反应温度对己内酰胺收率的影响
水：聚酰胺＝10∶1，反应时间 5h，无催化剂

7.3.2.3　聚酰胺氨解回收工艺

氨解法是指在氨气存在的条件下对废旧聚酰胺进行解聚反应，使其转化为单体的回收方法，可以应用于废旧聚酰胺地毯的回收利用。氨解法回收的聚酰胺解聚单体纯度较高，回收效果较好，可直接用于 PA6 和 PA66 的合成，能够真正实现闭环回收。

乙腈（ACN）和 3-乙酰氨基-4-（N,N-二甲氨基）-硝基苯（DAN）可以加氢生成高纯 HMD，而己内酰胺可以进一步氨化成 ACN 或者直接提纯为高纯己内酰胺，该工艺生产 HMD 的纯度可达 99.8%。主要杂质氨甲基环戊基胺（ACM）和 1,2,3,4-四氢-5-氨基吖啶（THA）的含量在采用大型蒸馏塔的工厂装置中可大大降低。表 7-4 为杜邦公司氨解工艺回收的 HMD 的质量与参比样 HMD 进行的比较。

表 7-4　杜邦公司氨解工艺 HMD 与参比样的质量对比

杂质名称	标样 HMD	回收 HMD
亚胺	25	<10
1,2,3,4-四氢-5-氨基吖啶	60	120
二氨基环己胺	25	<20
氨甲基环戊基胺	25	213
己二腈	25	26
己内酰胺	0	49

7.3.3　能量回收

聚酰胺废料的能量回收是指将废旧的聚酰胺材料经过燃烧或其他方式转化为能量的过程。这种方式的优点在于可以有效利用废料中的化学能，生产电能、热能或动力等，从而减少对化石能源的依赖。

7.3.3.1 聚酰胺废料的焚烧

焚烧是一种处理废弃聚酰胺的方法，但是并不是最理想的选择。焚烧可以将废弃聚酰胺转化为能量，但这种方法会产生大量的有害物质，如二氧化碳、氮氧化物和微粒物等。这些物质对空气质量和人类健康有潜在的危害。此外，焚烧还会使本来可以回收利用的资源浪费掉。所以，废弃聚酰胺的回收利用应该优先考虑物理回收或化学回收方法，以减少废弃聚酰胺的焚烧。

7.3.3.2 聚酰胺废料制成燃料

聚酰胺废料可以制成燃料，例如通过加工聚酰胺废料可以制成聚酰胺燃料油，这种燃料可以用于柴油机和锅炉。聚酰胺燃料油具有高热值、低硫含量、高抗氧化能力和良好的抗渣性能，且能有效抑制烟尘的产生。也可先液化成油类，再制成液体燃料。这些利用废弃物制成的燃料称为废弃物燃料（refuse-derived fuel，RDF）。含有部分废塑料的 RDF 具有较高的能量，其热值可达 22MJ/kg。

7.3.4 回收利用实例

聚酰胺回收利用的实例有很多。例如，英国的阿迪达斯公司曾使用聚酰胺废料制成了运动鞋。据悉，每双运动鞋使用了约 7% 的聚酰胺废料。此外，美国的波音公司也曾使用聚酰胺废料制成飞机座椅。在我国，聚酰胺废料也被用于制造一些建筑材料，如隔墙板、塑料地板等。

7.3.4.1 PA6 废料回收利用方法

（1）利用回收 PA6 制备多孔聚酰胺粉末

一般采用机械粉碎法和高温高压法制备聚酰胺粉末。机械粉碎法能耗大且效率低，粉末为不规则球状，表面积小，用途有限。高温高压法有两种方式：一是在高温高压下接枝以改变聚酰胺结构，再重新结晶成粉，产品多用作热熔胶或高分子粉末冶金原料；二是溶解法，用乙二醇、丙二醇、脂肪族酮水溶液或盐酸溶液作溶剂，在一定温度压力下将聚酰胺溶解，再结晶或沉淀精制得到多孔聚酰胺粉末，粒径 0.01～0.50mm，孔径 4nm 左右，具有吸附性能，用于天然植物有效成分的提纯。

所用原料见表 7-5 所列。先将无机盐回流溶于低级醇中，然后加聚酰胺继续回流并搅拌使之溶解，完全溶解成透明膏状黏稠液后高速搅拌，同时滴加过量醇-水混合溶剂，使聚酰胺从溶液中结晶沉淀出来。用布氏漏斗过滤，再用 40～50℃ 温水洗涤，必要时用丙酮洗，湿粉在 60～80℃ 热风干燥箱中干燥 2～3h，脱除多余的水分和醇，得到干燥的多孔聚酰胺粉末。

表 7-5　生产粉末的主要原料

原料	实例
废聚酰胺	PA6 等，主要用帘子布厂和针织厂的 PA6 废丝(块)，白色透明液体
无机盐	无水氯化钙，工业级
低级醇	甲醇、乙醇，工业级

采用上述溶剂体系时各种组分的配比见表 7-6 所列。根据不同的聚酰胺品种和孔径大小，可有多种配比。所得产品经 X 射线小角光散射研究分析表明，大部分孔为针形状，孔与孔交错相连。

表 7-6　各组分配比

原料	废聚酰胺	无机盐	低级醇	醇-水（体积比为 1:3~1:5）
组成/%	8~15	10~15	35~40	40~50

用废聚酰胺制的多孔聚酰胺粉末因其吸附性能而获得多种用途。如聚酰胺粉末可作为稳定剂用于啤酒、葡萄酒和果汁的脱酚处理。在成品啤酒、葡萄酒中残存少量多酚化合物，这些化合物经氧化会造成低度酒浑浊和变质，利用多孔聚酰胺粉末的吸附性能可将多元酚含量降低 3/4（表 7-7），存放期可延长 2 倍以上，处理成本低。

表 7-7　多元酚吸附实验结果

吸附试样	多元酚含量	测试方法
1 号	30×10^{-6}	
2 号	85×10^{-6}	100mL 啤酒加 1g 试样,搅拌放置 5min,测清液
空白	121×10^{-6}	
3 号	5.2×10^{-6}	
4 号	19.5×10^{-6}	100mL 白葡萄酒加 1g 试样,搅拌放置 5min,测清液
空白	37.3×10^{-6}	
5 号	52×10^{-6}	
6 号	85×10^{-6}	将试样与 9 倍纸浆做成片材,将啤酒以 $1200mL/(m^2 \cdot h)$ 的速度过滤
空白	100×10^{-6}	

此外多孔聚酰胺粉末可用于吸附烟草中的尼古丁、多酚类和焦油，作为有机物固相萃取载体可于制药工业吸附天然有机苷元物质。

多孔聚酰胺粉末使用失效后可以再生。需要回收再生时可先用水洗，再用 0.1mol/L 的氢氧化钠溶液洗涤至无颜色后再用水洗，随后依次用丙酮或乙醚洗涤，真空抽滤并干燥后即可再使用。

（2）PA6 生产中己内酰胺低聚物残渣的直接回收利用

在 PA6 生产中，从原料己内酰胺到产物 PA6 切片的产率一般在 90% 左右，剩余原料则含在单体萃取水及聚合物废块中。PA6 生产的几个主要步骤均可能产生废料，如图 7-6 所示。

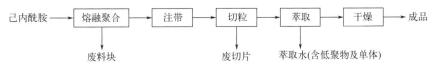

图 7-6　PA6 生产中废料的来源

目前聚酰胺低聚物回收一般采用碱或酸作催化剂，使低聚物解聚回收己内酰胺单体。采用酸作催化剂，对设备要求较高，设备投资较大；采用碱作催化剂，设备要求虽然比较低，投资少，但单体回收率不高。而且，不管是酸解聚还是碱解聚都存在工艺过程比较烦琐，能耗高，并会产生一定的二次污染等问题，不是一种最理想的方法。因此将低聚物直接聚合生产 PA6 工程塑料，是最好的处理方法。

将低聚物加入熔融釜中，熔融温度为 210～230℃，熔融 6h，利用液位差，使熔融液体通过过滤器，除去机械杂质后进入聚合釜。再加入一定量的蒸馏水、热稳定剂、抗氧剂，在聚合温度 280℃、压力 1.5MPa 下聚合 6h 后，泄压并抽真空 4h。然后注带、切粒、萃取和干燥，得到成品。

与己内酰胺单体聚合不同之处在于利用低聚物聚合时所用的稳定剂不同。如果在低聚物直接聚合中采用己二酸作稳定剂，则所得聚合物的分子量较小，黏度偏低，性能也不稳定。同时在聚合过程中必须添加合适的抗氧化剂，避免低聚物中的少量易氧化性杂质参与反应，降低产品质量。

（3）PA6 废地毯回收技术

Allied Signal 和 DSM 公司开发出了两种新仪器用于鉴定地毯织物的成分，从而提高地毯回收操作的效率。利用这种仪器可以准确地区分聚丙烯和 PA6 地毯。这种仪器成本低廉，且能在 10s 之内准确鉴定地毯的表面织物成分，因此显著降低了地毯分类的成本。

手持式熔点地毯鉴别仪有两个热探针，一个探针的温度设定为 255℃，另一个为 180℃，分别略高于 PA6 和聚丙烯的熔点。热探针压在与样品表面接触的一小块铝箔上。如果地毯有 PA6 织物，则探针会在地毯的表面留下一个标记。如果地毯含有聚丙烯织物，则地毯表面留下两个熔融痕迹。如果地毯表面的织物是聚酯、PA66、羊毛或丙烯酸酯，则地毯表面不会留下标记。为了将 PA66 和聚酯与羊毛和丙烯酸酯区分开，可在该仪器中加入第三个探针，温度设定为 280℃，该探针只会在 PA66 和聚酯上留下标记。但因 PA66 和聚酯有着相近的熔融温度，该仪器不能区分这两种织物。

另外一种更精密的地毯织物鉴定仪器是根据近红外（NIR）反射系数制成。该仪器由 LT Industries（Rockville，MD）生产，能在不到 10s 内鉴定出地毯的表面织物成分，并能准确地鉴定 PA6、PA66、聚酯、羊毛或聚丙烯。近红外探测仪有一个手提式的 N1R 探测器，探测器直接放在地毯表面，得到的 NIR 谱图与谱图库中含有的 300 多张从新地毯到各种旧地毯的样品谱图进行对比。大量样品的谱图可使该仪器快速、可靠地鉴定出地毯的成分（即使用防护剂处理过的地毯）。

手提式 NIR 探测器连在纤维光学电缆上（6m 长），并有一个彩色的 LED 板使操作者用一个按钮快速、便捷地鉴定地毯表面（图 7-7）。该仪器在波长为 1200～2400nm 的范围内每分钟扫描 5 次，分辨率为 1nm。尽管 PA6 和 PA66 的 NIR 光谱非常相似，但它们的次级衍生光谱可以很容易地将两者区分开来。

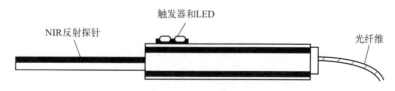

图 7-7　近红外反射探针鉴定旧地毯表面织物示意图

中国专利公开了DSM公司从废聚酰胺地毯中回收己内酰胺的方法，美国专利公开了BASF公司的一种PA6地毯解聚的方法。在中国专利中，着重申明了使用烷基酚作为解聚产物的萃取剂的专利。首先将PA6废料于200～400℃的高温下溶解在水中以进行解聚，解聚时间约为1h，得到含有CPL、低聚物（两者质量比约4∶1）的混合物。解聚过程并不要求有催化剂或促进剂，但使用合适的解聚催化剂或促进剂如Lewis酸、布朗斯特酸则有利于控制反应速率和选择性，也可以使用碱性催化剂如氢氧化钠、氢氧化钾、碳酸钠等，催化剂的用量为PA6的0.1%～5%。

萃取出的有机相中含有不高于50%（质量分数）的CPL和0～15%的水分，环状低聚物一般低于5%，线型低聚物一般低于0.1%。进一步通过蒸馏等分离操作可以从有机相中回收纯CPL。

在美国专利中，特别声明了解聚条件为温度200～350℃，压力2～10MPa，同时使用氢氧化钠为解聚催化剂，水解时间为3～6h，加水量为废聚酰胺的10%～20%。PA6水解的转化率不低于60%，所得产物是CPL单体及其低聚物或其他不溶物（如PP等）的混合物，再采用非水溶性的有机溶剂将CPL从解聚混合物中分离出来，经蒸馏得到纯CPL。

（4）PA6废料碱解聚回收单体用于聚合工艺

① 回收己内酰胺生产MCPA，以废PA6为原料，经碱解聚，过热蒸汽吹洗，蒸馏后，再经碱性聚合得到MCPA，具有工艺流程短、成本低等特点。

在聚合釜中加入废PA6，再加入废PA质量3%的KOH，在真空下解聚，向上述熔体中加入0.1%～1%的己二胺，搅拌1h，再将物料导入专用吹洗塔中，维持塔温在110～120℃，以150～200℃的过热蒸汽充分吹洗2h后，再加入0.1%～0.5%的NaOH，在140℃、0.67kPa绝压下减压蒸馏得到活性己内酰胺（CPL）。以该熔体为原料，再按常规方法加入NaOH和0.002～0.003mL/kg（CPL）的三苯基甲烷三异氰酸酯为助催化剂进行聚合，即可制得机械强度好的MCPA，分子量可达3.5万～7万，收率为75%～80%。

② PA废料碱解聚生产聚合级己内酰胺。将PA的各类废料如废丝（无油和有油）、废塑料或开停车废料、蒸馏低聚体残渣（包括不清洁的），除去机械杂质后加入熔融锅中，在300℃下熔融，再加入物料重量3%左右的碱，在压力为0.09MPa，温度为300～350℃的条件下解聚，将解聚得到的CPL单体吸入吸收塔中用水喷淋吸收，用硫酸中和以后在萃取塔中用三氯乙烯萃取水溶液中的CPL，然后再用软化水在第二个萃取塔中将CPL萃取回水中，经二次萃取将能溶于有机溶剂和水中的杂质除掉，精制得到较纯的CPL水溶液，送CPL回收系统蒸发。此法在解聚和两次萃取中CPL单体损失较大，总收率仅为60%～70%，但所得CPL单体质量能达到聚合生产要求。

（5）PA6废料酸解聚回收己内酰胺

首先将聚酰胺废料溶解在磷酸中，再用160～250℃、0.5～1.4MPa的高压蒸汽加热1～4h，连续送入解聚釜中。从解聚釜底部导入350℃的高压蒸汽，将物料加热到220～275℃，得到的CPL单体随蒸汽蒸出解聚釜，含量80%（质量分数）。连续降解中，磷酸的用量为100份（质量份），固体聚合物加入0.1～1份，间歇法则为0.1～5份。当磷酸用量过小时，降解过程中会失去催化活性物；用量过大则会降低CPL回收率，同时会加大对设备的腐蚀。表7-8为不同条件下CPL回收率比较，图7-8是德国Lurgi公司的酸催化解聚流程。

表 7-8　不同条件下 CPL 的回收率

条件	A	B	C
回收 CPL 的浓度/%	55	55	55
蒸汽流量/(g/h)	300	360	720
蒸汽温度/℃	400	400	400
解聚温度/℃	360	340	320
磷酸用量（质量分数）/%	1.8	2.4	3.0
CPL 产物流量/(g/h)	367	440	880
重金属含量/(mg/kg)			
Cu	10	—	70
Mn	20	20	50
Sn	—	10	—
回收效率/%	98	94	93

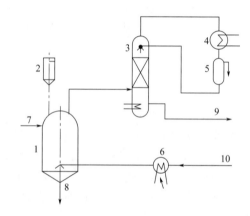

图 7-8　德国 Lurgi 公司酸催化解聚流程

1—解聚釜；2—磷酸槽；3—冷凝塔；4—冷凝器；5—回流槽；6—电加热器；
7—废料；8—残渣；9—CPL 水溶液；10—蒸汽

7.3.4.2　PA66 废料回收利用方法

　　杜邦公司采用解聚工艺生产己二酸和己二胺单体完成 PA66 的闭路循环回收。由民主德国的 Brandenburg 州政府及几个私人投资者出资兴办的 Polyamid 2000 公司 1999 年开始采用"解聚"工艺回收来自整个欧洲的 PA 地毯，整套装置的安装费用约为 2 亿美元。国内的技术研究成果主要有：辽宁省营口物资回收公司于 1987 年 6 月申报了一种盐酸水解 PA66 的专利，但由于盐酸的强挥发性给实际应用带来了很多不便。山西应用化学研究所于 1995 年发表了碱法解聚 PA66 的中试报告。辽宁天成化工有限公司和沈阳工业大学于 2004 年 5 月申报了一个以废弃 PA66 为原料生产己二胺、己二酸的专利，该专利采用硫酸、磷酸、盐酸等多种酸的一种或多种混合物对废弃 PA66 进行酸解，再经分离纯化后得到己二胺和己二酸单体。宁波敏特 PA 有限公司于 2003 年 10 月也申报了一种用 PA66 解聚生产己二酸、己二胺工艺的专利。

（1）PA66 废丝再纺工业用丝

在 PA66 帘子布原丝生产过程中会有一定量的废丝产生，将这部分废丝经过造粒、真空转鼓烘干、螺杆熔融挤压纺丝、卷绕成形等工序生产"再纺工业用长丝"，该再纺丝可以用来织轮胎子口布及其他工业用帆布。另外，PA66 废丝也可经造粒生产各种 PA66 工程塑料。

PA66 废丝再造粒一般有两种方法。一种方法是熔融废丝造粒，其工序是：干丝挑选和油丝洗涤干燥后切断，再熔融挤出、冷却、切粒、分级、烘干得到成品。该方法生产的切片由于经过较高的熔融温度（264℃），使聚酰胺分子链受热断裂，分子量分布较宽，造粒前废丝分子量为 22000，造粒后切片相对分子质量约为 18000。这种切片再纺丝时，可纺性差，断头率增多，物理性能指标下降，具体数据见表 7-9 所列。

表 7-9　熔融法造粒 PA66 切片测试结果

性能	测试方法	测试结果
熔点/℃		252~256
密度/(g/cm^3)	GB/T 1033.1—2008	1.14
分子量		18000
收缩率/%		1.5~2.0
拉伸强度/MPa	GB/T 1040.2—2022	50~60
弯曲强度/MPa	GB/T 17037.4—2008	95~110
伸缩率/%	GB/T 17037.4—2008	50~60

另一种方法是 PA66 废丝再造粒，采用德国 Condux 公司的压搓造粒工艺。其原理和特点是：造粒时不用外部加热，而是靠压搓摩擦生热，将 PA66 废丝在 180℃ 左右压搓成条状，再粉碎成粒子。其生产工序是：废丝经挑选、切断后进入压搓机成条、粉碎、分选得到成品。由于压搓造粒避免了热降解，高聚物的分子量在加工过程中变化很小。具体数据见表 7-10 所列，纺丝结果见表 7-11 所列。

表 7-10　压搓造粒 PA66 切片测试结果

性能	测试结果	测试方法
熔点/℃	252~256	
密度/(g/cm^3)	1.14	GB/T 1033.1—2008
分子量	18000	
收缩率/%	1.5~2.0	
拉伸强度/MPa	55~60	GB/T 1040.2—2022
弯曲强度/MPa	100~110	GB/T 17037.4—2008
伸缩率/%	55~60	GB/T 17037.4—2008

表 7-11　不同回收料纺丝情况对比

原料	可纺性	原丝强度/(cN/dtex)
熔融回收切片	较差	5.3~5.6
压搓造粒切片	较好	6.4~6.6
30%熔融切片+70%造粒	一般	5.7~6.1

（2）PA66 废料碱解聚回收单体

PA66 废料来源于化纤、纺织厂废品（包括块、条、无油丝、油丝等），对其分类包装，使泥土和机械杂物、水分控制在 5％以下，PA66 成分占 95％以上，在 30％的 NaOH 存在下碱解聚，再经萃取、分离、酸化、过滤得到成品。其反应原理如下：

$$HO[OC(CH_2)_4CONH(CH_2)_6NH]_nH \xrightarrow{NaOH} nNH_2(CH_2)_6NH_2 + nNaOOC(CH_2)_4COONa$$

$$NaOOC(CH_2)_4COONa + H_2SO_4（或 HCl）\longrightarrow HOOC(CH_2)_4COOH + Na_2SO_4（或 NaCl）$$

将洗净、干燥的 PA66 废料与配好的碱液放到水解釜内，在反应温度为 150～240℃，压力为 0.8～1.6MPa 下进行水解，反应完成过滤后送至水解液贮罐。将配好的混合溶剂和水解液按 1：1 的配比投入萃取釜，在 40～80℃条件下搅拌一定时间后，送入静态分离器，有机相进入蒸馏塔进行蒸馏，回收己二胺。

将水相（己二酸钠水溶液）送入酸化釜，在冷却、搅拌下缓慢地将定量硫酸或盐酸加入酸化釜，进行酸析反应，当反应液达到酸化终点时，己二酸以结晶态析出，经过滤、洗涤得己二酸粗品。之后再用活性炭脱色，脱色后的液体送结晶釜冷却、结晶、离心、干燥，得己二酸精品。

己二酸平均收率为 85.36％，外观呈白色结晶或粉状物；水分≤0.5％；含量 99.51％；熔点≥150℃；灰分≤0.02％；色度（铂钴）≤40#；铁含量≤0.0008％。

己二胺平均收率 92.43％，外观呈无色片状结晶；水分≤1％；含量 99.49％；凝固点≥39.5℃；铁含量≤0.0008％。

如果工艺中采用盐酸为酸析剂，己二酸收率可以提高约 6.4％，这是由于硫酸钠与氯化钠在水中的溶解度不同。

（3）PA66 废料酸解聚回收单体

辽宁天成化工有限公司与沈阳工业大学合作申请了一项中国专利，该专利涉及 PA66 废料回收。根据专利权要求，将 1000kg 废弃的 PA66 和 2kg 12-磷钨酸催化剂加入水解反应器中，并加热至 100℃，搅拌 6.5h。将混合物冷却至 25℃，并过滤，从而使固体物和液体物

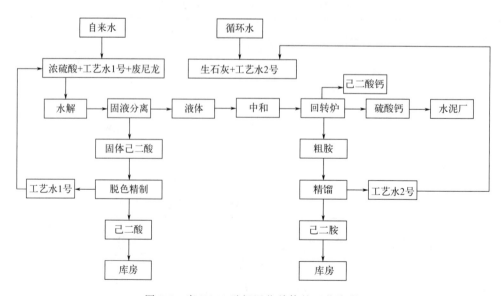

图 7-9 废 PA66 酸解回收单体的工艺流程

分离。固体物为粗己二酸，液体物为 A。然后，将固体物粗己二酸加入自来水和工业用活性炭中，加热至 90℃，搅拌 2.5h，过滤掉活性炭，将滤液冷却至 25℃，析出产品己二酸。该产品质量符合 SH/T1499 己二酸工业一级标准。

在固液分离得到的液体 A 中，按质量比（0.2～1）∶（0.02～0.6）∶（0.4～0.6）（液体物 A∶碱性中和剂∶自来水），中和至中性，搅拌均匀后得到液体混合物 B，将 B 加入回转炉内，在 133～3990Pa 压力、温度 150～220℃ 条件下进行蒸馏，塔顶馏出物液体 C，经精馏截取 133～2660Pa/220℃馏分得己二胺。工艺流程如图 7-9 所示。

7.4　小结

废弃聚酰胺回收已成为当前环境保护和可持续发展的重要课题。近年来，许多国家和地区都在加强对废弃聚酰胺的回收管理，并制定了相应的法律法规和政策措施。在回收技术方面，废旧聚酰胺制品的回收利用目前主要采用物理或机械回收的工艺，虽然此方法简单方便，能够延长聚酰胺的使用周期，但循环多次后会由于高分子链的大量断裂不能继续采用此方法回收，因此通过解聚工艺直接回收单体的化学回收工艺将是未来发展的必然趋势，生物降解和能量回收等新型回收技术也将成为废弃聚酰胺回收的重要选择。另外，在废弃聚酰胺回收中，关键在于如何有效地回收、分离和净化废弃聚酰胺，以提高回收利用的效率和质量。

废弃聚酰胺的回收是一个系统工程，需要综合考虑资源利用、经济效益和环境保护等因素。首先，废弃聚酰胺的回收前期处理至关重要，废弃聚酰胺需要进行分类、清洁、破碎和干燥等工序，以保证回收后的材料质量。其次，废弃聚酰胺的回收方式多种多样，可以采用物理回收、化学回收或能量回收等方式。最后，废弃聚酰胺回收后的材料需要进一步加工、制造成各种再生塑料产品，以提高资源的利用率。

在具体实践中，废弃聚酰胺的回收可以建立联合回收体系，通过资源共享、共建共管的方式，实现资源最大化利用。同时，可以通过建立废弃聚酰胺回收网点、推广废弃聚酰胺回收商业模式等方式，加强废弃聚酰胺回收。未来，废弃聚酰胺回收将继续受到关注和推广，并有望在资源保护和可持续发展方面发挥更大的作用。

参考文献

[1]　张婷婷. 尼龙-6 己内酰胺回收工艺发展 [J]. 山西化工，2017，37（6）：30-31，50.
[2]　徐千惠，胡红梅，朱瑞淑，等. 废旧尼龙再生技术的研究进展 [J]. 中国材料进展，2022，41（1）：14-21，66.
[3]　黄梅，胡为阅，宋修艳，等. 离子液体催化废旧尼龙 6 水解反应 [J]. 工业催化，2018，26（9）：79-84.
[4]　黄海滨，刘锋，李丽娟，等. 塑料回收利用与再生塑料在建材中的应用 [J]. 工程塑料应用，2009，37（7）：56-59.
[5]　吴滚滚，冯美平. 废聚酰胺纤维回收利用的研究进展 [J]. 合成纤维工业，2014，37（2）：51-55.
[6]　Mihut C，Captain D K，Francis G，et al. Review：Recycling of nylon from carpet waste [J]. Polymer

Engineering and Science，2001，41（9）：1457-1470.

［7］ Schwarz R. Polyamide and polyester recycling-twin-screw extrusion and its application ［J］. Chemical Fibers International，2007，57（5）：272-273.

［8］ Seelig J，Steinbild M. Raw material recycling of nylon 6 carpets ［J］. Interna-tional Fiber Journal，2003，18（5）：48-49.

［9］ 胡为阅，宋修艳，卞兆荃，等. 废旧聚酰胺类材料的化学解聚研究进展 ［J］. 高分子材料科学与工程，2018，34（4）：159-164.

［10］ Sekiguchi A，Terakado O，Hirasawa M. Nylon recovery from carpet waste through pyrolysis under the presence of zinc oxide and the roll-milling treatment ［J］. Journal of Material Cycles and Waste Management，2014，16（2）：53-54.

［11］ 丁明洁，陈新华，席国喜，等. 我国废旧塑料回收利用的现状及前景分析 ［J］. 中国资源综合利用，2004，（6）：36-68.

［12］ 肖朝辉，刘浩，陈庆，等. 聚酰胺6纤维浓缩液直接聚合工艺初探 ［J］. 化工进展，2005，24（3）：319-321.

［13］ 马金亮，麻文效，张博文. 废旧尼龙66纤维的化学降解研究 ［J］. 合成纤维工业，2019，42（4）：56-60.

［14］ Marzouk O Y，Dheilly R M，Queneudec M，et al. Valorization of post-consumer waste plasticin ce-mentitious concrete composites ［J］. Waste Management，2007，27：310-318.

［15］ Panyakapo P，Panyakapo M. Reuse of thermosetting plastic waste for lightweight concrete ［J］. Waste Management，2008，28（9）：1581-1588.

［16］ 梁腾，全小芳，陈丰，等. 废旧衣物纤维在道路工程中的应用研究探索 ［J］. 交通建设，2019（3）：266-267.

［17］ Dweik H S，Ziara M M，Hadidoun M S，et al. Enhancing concrete strength and thermal insulation using thermoset plastic waste ［J］. International Journal of Polymeric Materisls，2008，54（11）：635-656.

［18］ 李智范. 用废旧尼龙6生产己内酰胺的方法 ［P］. 中国专利：CN1374296A，2003.

［19］ 戚嵘嵘，周宁，周持兴，等. 回收 PET/PA66 复合材料的研究 ［J］. 工程塑料应用，2006，34（10）：4-6.

［20］ 约翰·沙伊斯. 聚合物回收：科学、技术与应用 ［M］. 纪奎江，陈占勋，等，译. 北京：化学工业出版社，2004：216-226.

［21］ Goto M，Sasaki M，Hirose T. Reactions of polymers in supereritical fluids for chemical recycling of waste plastics ［J］. Journal of Materials Science，2006，41：1509-1515.

［22］ Moran J. Separation of nylon-6 from mixtures with nylon-66 ［P］. US Patent：5280105，1994.

［23］ 吴滚滚，冯美平. 废聚酰胺纤维回收利用的研究进展 ［J］. 合成纤维与工业，2014，37（2）：51-55.

［24］ 马金亮，麻文效，张博文. 废旧尼龙66纤维的化学降解研究 ［J］. 合成纤维工业，2019，42（4）：56-60.

［25］ 黄梅，胡为阅，宋修艳，等. 离子液体催化废旧尼龙6水解反应 ［J］. 工业催化，2018，26（9）：79-84.

［26］ 胡为阅，宋修艳，卞兆荃，等. 废旧聚酰胺类材料的化学解聚研究进展 ［J］. 高分子材料科学与工程，2018，34（4）：159-164.

［27］ 黄梅. 聚酰胺类材料化学解聚反应研究 ［D］. 青岛：青岛科技大学，2018.

［28］ 毛晨曦，李向阳，张鸿宇，等. 回收尼龙的扩链改性研究 ［J］. 塑料助剂，2014（6）：46-48.

［29］ 王艇. 年产15000吨尼龙6切片聚合装置单体回收系统的设计 ［D］. 大连：大连理工大学，2014.

［30］　何友宝．亚超临界水技术在废旧尼龙 6 解聚中的应用［D］．大连：大连大学，2008.

［31］　魏丹毅，王邃，张振民，等．废旧尼龙制品的循环利用［J］．广东化工，2008（2）：58-61，92.

［32］　魏丹毅，张振民，孙利民，等．废旧地毯的回收再利用综述［J］．山东纺织经济，2008（1）：87-90.

［33］　詹世平，何友宝，王晓宁，等．亚超临界水技术在废旧尼龙 6 解聚中的应用［J］．环境污染与防治，2008（1）：68-71.